Lothar Vogel / Der Dreigliedrige

LOTHAR VOGEL

DER DREIGLIEDRIGE MENSCH

MORPHOLOGISCHE GRUNDLAGEN
EINER ALLGEMEINEN MENSCHENKUNDE

MIT ZEICHNUNGEN
VON ALFRED STOLLE UND
ANDREAS SAUER

HERAUSGEGEBEN VON DER NATURWISSENSCHAFTLICHEN, DER
PÄDAGOGISCHEN UND DER MEDIZINISCHEN SEKTION DER FREIEN HOCHSCHULE FÜR
GEISTESWISSENSCHAFT AM GOETHEANUM, DORNACH

PHILOSOPHISCH-ANTHROPOSOPHISCHER
VERLAG AM GOETHEANUM

Es soll sich eine Methode bilden,
die dem Anschauen gemäß ist.

Goethe
(Entwurf einer Farbenlehre)

1. Auflage 1967
2., erweiterte Auflage 1979
3., umgearbeitete und
nochmals erweiterte Auflage 1992

Einbandgestaltung Alfred Stolle

Satz: Utesch Satztechnik GmbH, Hamburg
Drucken und Binden: Freiburger Graphische Betriebe
ISBN 3 7235 0490-6

Inhalt

TEIL I

I
Erkenntnismethodische Betrachtung zur Morphologie

II
Das Knochensystem

III
Der Säfteorganismus

IV
Die Dreigliederung von Haut- und Nervenorganisation und die Welt der Sinne

TEIL II

V
Der rhythmische Organismus

VI
Lebensorganisation, Ernährung

VII
Der Bewegungsorganismus

VIII
Die Temperamente

IX
MENSCH UND TIER

X
DREIGLIEDERUNG

XI
ZUM MENSCHENKUNDLICHEN LEHRPLAN DER WALDORFSCHULE

ANHANG
TEIL 1 UND 2

Geleitwort zur dritten Auflage

Die Neuauflage dieses grundlegenden Werkes zur Menschenkunde wird von vielen seit langem erwartet.

Die Darstellungen zur Dreigliederung des Menschen, entstanden aus der langjährigen Erfahrung einer allgemeinmedizinischen und schulärztlichen Tätigkeit, sind vor allem für die Lehrer der Waldorfschulen vielerorts zu einem wesentlichen Bestandteil ihrer menschenkundlichen Arbeitsgrundlagen geworden. Darüberhinaus trägt die erweiterte, dritte Auflage auch der Tatsache Rechnung, daß dieses Werk inzwischen ebenso vielen künstlerischen Therapeuten und Medizinern zum Grundstudium der Menschenkunde dient.

Gerade die neu hinzugekommenen Kapitel zur Haut und zum Nerven-Sinnes-Organismus zeigen beispielhaft die hier geübte goetheanistische Betrachtungsweise; ihr Licht erhellt die zusammengetragenen Erkenntnisse aus Embryologie, Anatomie und Physiologie so, daß auch in der Fülle der Einzelheiten das Gesetz der Dreigliederung stets erkennbar bleibt.

Damit folgt der Autor einer Aufforderung Rudolf Steiners und schöpft bei seinen menschenkundlichen Studien aus der „Fundgrube" der durch die Naturwissenschaften bekannten Tatsachen.

Das Thema des „Dreigliedrigen Menschen" und seine Verbreitung weit in unsere medizinisch-therapeutischen Arbeitszusammenhänge hinein lassen es berechtigt und folgerichtig erscheinen, jetzt die Herausgabe im Zusammenhang mit der Medizinischen Sektion am Goetheanum vorzunehmen.

Dr. med. Marcus Roggatz
im Auftrag der Medizinischen Sektion
der Freien Hochschule für Geisteswissenschaft
am Goetheanum

Vorwort zur ersten und zweiten Auflage

> Wie findet der Leser zu den Tatsachen, deren zusammengeschaute Summe dem Buche den Namen gibt? Die «Dreigliederung» des Menschen, zuerst nur vorläufig vereinfachend skizziert, an den drei Regionen des Skeletts wie tastend versinnlicht, wird als Gestaltungsmotiv und Grundakkord immer ersichtlicher, bis sie im Widerspiel der Seelenerlebnisse wiedergeboren erscheint. Zuletzt krönt sie die sichtbare Erscheinung als Ich-Baustil des Menschenwesens.
>
> Hermann Poppelbaum *

Bei der neuen Herausgabe des Buches *Der dreigliedrige Mensch* darf mit Dankbarkeit auf die positive Wirkung der ersten Auflage zurückgeblickt werden. Es hat sich gezeigt, daß dieses Buch einem großen Kreis von Pädagogen, Medizinern, Kunststudierenden, Therapeuten und Sozialgestaltern zum praktischen Wegleiter geworden ist, der die aus der Anthroposophie gewonnene menschenkundliche Grundlage erschließt.

In der Thematik wird ein Hinweis verfolgt, den Rudolf Steiner im Jahre 1917 gegeben hatte, als er zum ersten Mal mit seiner großen morphologischen Entdeckung der *Dreigliederung der menschlichen Organisation* hervortrat. Er schrieb damals:

«Skizzenhaft möchte ich nun darstellen, was sich mir ergeben hat über die Beziehung des Seelischen zu dem Physisch-Leiblichen. Ich darf wohl sagen, daß ich damit die Ergebnisse einer dreißig Jahre währenden geisteswissenschaftlichen Forschung verzeichne ... Ihre Begründung kann durchaus mit den heute vorhandenen wissenschaftlichen Mitteln gegeben werden. Dies würde der Gegenstand eines umfangreichen Buches sein, das in diesem Augenblick zu schreiben mir die Verhältnisse nicht gestatten.» **

Seither wurde in einzelnen Aufsätzen und Arbeiten (siehe Literaturverzeichnis) immer wieder das Thema «Dreigliederung des Menschen» verfolgt. Man kann sagen, daß es als Motiv die gesamte Literatur der auf Anthroposophie bauenden Pädagogik, Medizin und Sozialwissenschaft durchzieht. Insofern jeder Mensch in seinem Erkennen und Handeln an der Gegenwart und Zukunft des Daseins mitgestaltet, kommt es zutiefst auf das ihn leitende Menschenbild

* Zeitschr. Das Goetheanum (Dornach 1967) Buchbesprechung.

** Von Seelenrätseln, S. 231.

an. Es ist das Anliegen dieser Arbeit, dazu beizutragen, daß menschliche Wesenserkenntnis im Sinne der organischen Dreigliederung ausstrahlen möge auf eine menschengemäße organische Sozialordnung.

Ganz neu ist die Gestaltung der Bilder. Alfred Stolle, Zürich, hat sich mit großem Einfühlungsvermögen in die anatomische Darstellung eingearbeitet. Mit Sorgfalt und Konsequenz hat er die von Rudolf Steiner zur Erneuerung der graphischen Kunst angegebene Schraffurmethodik angewandt. Es hat sich gezeigt, daß organisch-ätherische Bildungen in der Durchlichtung, die diese Schraffur ermöglicht, wesensgemäß zur Darstellung gelangen.*

Daß ich diese Arbeit schreiben konnte, verdanke ich meiner langjährigen Tätigkeit als Arzt und Lehrer, meinem Lehrauftrag für Menschenkunde an der Rudolf-Steiner-Schule Wuppertal, an der Freien Schule Ulm und am Lehrerbildungsseminar der Freien Waldorfschule Stuttgart.

Besonderen Dank schulde ich Herrn Dr. Poppelbaum, der mich im Anschluß an ein Referat über den Menschenkunde-Unterricht der Oberstufe während der internen Lehrertagung (Stuttgart 1959) zur Niederschrift meiner Gedanken veranlaßte und mich bis zur Fertigstellung des ersten Manuskriptes (1966/67) mit Rat und Tat unterstützte. Auch der reichen Anregungen möchte ich an dieser Stelle dankbar gedenken, die mir in wissenschaftlicher Hinsicht durch Gespräche und Literaturaustausch von meinem Bruder, Dr. Heinz Hartmut Vogel, zuteil wurden.

Bei der Neuauflage stand mir Dr. Hans Jürgen Scheurle, besonders im Hinblick auf physiologische Fragen, mit Rat und Hilfe zur Seite, ebenso Dr. Volker Seelbach bei Fragen der vergleichenden Anatomie. Beiden sei hier sehr herzlich gedankt.

Besonderen Dank spreche ich auch dem Verlag aus, der es in großzügiger Weise ermöglicht hat, dem Buche diese erweiterte neue Gestalt zu geben.

Februar 1979 *Lothar Vogel*

* Bei den Abbildungen war es bei der angewandten Schraffur nicht möglich, letzte anatomische Genauigkeit zu erreichen. Es empfiehlt sich daher, zusätzlich einen für anatomische Studien bewährten Atlas heranzuziehen.

Vorwort zur dritten Auflage

Die Dreigliederung als umfassende Phänomenologie der menschlichen Organisation – in Anschauung und Methode geübt – verlangt vom Gegenstand her eine immer weiterentwickelte Vertiefung. Die Morphologie, die Betrachtung der «Bildung und Umbildung organischer Naturen» (Goethe), wird in der nachvollziehenden Beschreibung der Dreigliederung des Menschen zur hohen Aufgabe dieser Wissenschaft. Dadurch ergibt sich immer wieder die Notwendigkeit, neue Organbeziehungen und Ordnungen zu berücksichtigen und charakterisierend nachzuzeichnen. Dies ist für die neue Auflage in drei neuen, aufeinander zu beziehenden Kapiteln – «Die Haut», «Das Nervensystem» und «Die Sinnesorganisation» – in Angriff genommen worden. Außerdem versuchte ich durch Umstellung und Konzentration der Kapitelfolge, deutlicher in die wissenschaftliche Aktualität der von Rudolf Steiner gegebenen Wesensgliederfunktionen einzuführen.

«Der dreigliedrige Mensch» war in den beiden ersten Auflagen in erster Linie für Lehrer, Kunststudierende und Künstler gedacht. Er wurde inzwischen darüber hinaus für Medizinstudenten, Therapeuten und für allgemein medizinisch Interessierte immer wichtiger.

Um den Lesern die Orientierung in den verschiedenen Sachbeziehungen zu erleichtern, wurden die Register vervollständigt und nach Sach- und Namensregistern getrennt. Außerdem wurde das Anmerkungsmaterial in die Register aufgenommen.

Besondere Sorgfalt wurde – wie schon in den früheren Auflagen – der sprachlichen Erhellung der Begriffe gewidmet (Fußnoten). Mit den neuen Kapiteln wurden eine Reihe neuer Abbildungen eingeschaltet. Hier sei mit besonderem Dank erwähnt, daß für die neue Auflage Herr Walter Roggenkamp die graphische Gestaltung des Buches übernommen hat. In Weiterführung der Arbeit von Herrn Alfred Stolle ließ er zahlreiche neue Abbildungen durch seinen Mitarbeiter Herrn Andreas Sauer ausführen. Die Quellenangaben wurden überprüft und vollständiger gegeben.*

Michaeli 1991

Lothar Vogel

* Goethezitate sind hauptsächlich folgenden Ausgaben entnommen:
J. W. Goethe, Naturwissenschaftliche Schriften. Mit Einleitungen, Fußnoten und Erläuterungen im Text herausgegeben von Rudolf Steiner. Nachdruck Dornach 1975.
J. W. Goethe, Gedenkausgabe der Werke, Briefe und Gespräche in 24 Bänden. Hrsg. v. Beutler, Ernst (Artemis).

TEIL I

I
Erkenntnismethodische Betrachtung zur Morphologie

Begründung der Erkenntnismethode der Morphologie

> Goethe fordert von uns, daß wir mit ihm arbeiten, mit ihm denken, mit ihm fühlen, daß wir seine Aufgabe, so wie wenn er überall hinter uns stünde und uns auf die Schulter klopfte und Rat erteilte, weiterführen. In diesem Sinne ist das ganze neunzehnte Jahrhundert und bis in unsere Zeit herein – man kann sagen – von Goethe abgefallen. Und die Aufgabe unserer Zeit ist: den Weg zu Goethe wieder zurückzufinden.
>
> Rudolf Steiner*

Bevor wir in die eigentliche Menschenkunde eintreten, ist es erforderlich, einiges über die Grundlage unserer Methode darzulegen. Die Aufgabe, die wir uns gestellt haben, können wir nur erfüllen, wenn wir sie im Geiste der Goetheschen Morphologie als Wissenschaft ergreifen. Zunächst muß einmal festgestellt werden, daß diese Morphologie zwar anfangs in hoffnungsvoller Weise auf den Hochschulen Fuß faßte und sich vielfach direkt auf Goethe berief (siehe Hueck und Troll), dann aber sowohl in der Konsequenz der Methode als auch dem Stand der Sache nach weit hinter Goethe zurückblieb, womit sich ihr Schicksal vorläufig besiegelte. In Botanik, Zoologie und Medizin siegte in weiten Bereichen die kausalgebundene und zweckgerichtete Sachwissenschaft. In sich selber mußte die dem heutigen Wissenschaftsbetrieb konvenierende morphologische Schule scheitern, weil sie weder Fähigkeit noch Mut besaß, sich wirklich der künstlerischen Ideenunmittelbarkeit Goethes zu bemächtigen, noch die moralische Kraft, ein uneingeschränktes Ja zur Erkenntnistheorie der Goetheschen Weltanschauung zu sagen, die durch Rudolf Steiner in allen ihren philosophischen Konsequenzen («Grundlinien einer Erkenntnistheorie der Goetheschen Weltanschauung», «Die Philosophie der Freiheit») entwickelt worden ist. Die Metamorphosenlehre war als Prinzip anerkannt und an vielen Beispielen methodisch nachvollzogen. Sie wurde jedoch nicht, wie es Goethe bereits vor dem inneren Blick stand, bis zur archetypischen Seinssphäre des Menschen gesteigert. Die höchste morphologische Stufe in der Gliederung des

* Der Goetheanismus, ein Umwandlungsimpuls und Auferstehungsgedanke; 12 Vorträge, Januar 1919 Dornach, GA Bd. 188.

menschlichen Organismus, die sich bei Goethe urphänomenal ankündigte, wurde einzig und allein durch Rudolf Steiner erkannt und in zahlreichen methodischen Hinweisen für die künftige wissenschaftliche Ausarbeitung erschlossen[1]. Die morphologische «Schule» dagegen scheute sowohl vor der Tiefe der Quellen, aus der sie schöpfte, als auch vor allem vor dem Menschenbild, das nun weltverwandelnd entstehen mußte, zurück.

Der eigentliche Grund dieses Versagens liegt in der Erkenntnisfrage selbst. Angesichts einer immer weiter fortschreitenden Wissenschaft, die durch ihre wertneutrale Tatsachenmethodik nicht vor der Zerstörung der Naturzusammenhänge und nicht einmal vor der menschlichen Sphäre selbst zurückschreckt, genügte eine bloße «Ganzheitsbetrachtung» nicht, solange sie nur aus einem an sich gesunden Gemütsbedürfnis, aber ohne durchgreifende Erkenntnisbegründung gesucht wurde.

Die Entdeckung der Dreigliederung des menschlichen Organismus durch Rudolf Steiner (1917) dagegen stellt die Weiterführung der Goetheschen Morphologie aus einer erkenntnismethodisch exakt begründeten Wissenschaftlichkeit dar, durch welche die Morphologie als Wissenschaft eine vollkommen neue Ausgangsbasis erhalten hat, die nicht übersehen werden kann.

Skizzenhaft soll nun die Erkenntnistheorie der Morphologie in ihren Hauptzügen zur Darstellung kommen.

Unseren Ausgangspunkt haben wir von der zentralen menschlichen Geistigkeit zu nehmen, vom Selbstbewußtsein. Das Selbstbewußtsein ist das Urphänomen, das unmittelbar demjenigen der aufrechten menschlichen Haltung entspricht. Bewußtsein kommt auch der tierisch-seelischen Organisation im Zusammenwirken mit einer oft hochspezialisierten Sinneswahrnehmung zu. Es führt aber nicht zum «Selbstbewußtsein», bleibt gewissermaßen horizontalsinnesgebunden, während sich das Selbstbewußtsein über den Sinneshorizont «vertikal» erhebt. Das Wort in Goethes Dramenentwurf «Prometheus»: «Ich stand, als ich zum erstenmal bemerkte die Füße stehn*» charakterisiert das Wesen der Urerkenntnis. Es ist ein innerer Aufrichteakt, der uns als Bewußtsein bewußt wird, wenn er bereits vollzogen ist. Was hier vorliegt, ist ein Identitätsgeschehen, in welchem sich unser ganzes organisches Sein – eine ganze Natur – seiner selbst bewußt wird.

Zu diesem vertikalen Selbsterleben kommt das Tier nicht, weil es sich nicht über seine sinnenweltbezogene Organisation zu dem Selbst-Sein erheben kann. *Selbstbewußt-Sein* ist immer bereits Bewußt-Sein des Bewußt-Seins – das heißt urphänomenaler Seinszustand. Diese innere Erkenntniseinheit des wesenhaften *Selbstes*, das sich mit dem *Sein* der Welt durch die *Bewußtheit* verbindet, ist zwar in der Urerkenntnisanlage des Menschen von Anfang an als innere Aufrichtekraft gegeben, doch in ihrer Fülle und Totalität in der neueren

* Bd. IV, S. 186 f. (Artemis).

Philosophie, die sich auf Kant stützt, nicht erlebt worden. Das Denken wurde als bloß subjektive Seelentätigkeit aufgefaßt, die über das wirkliche Wesen des Seins, der Objektwelt nichts auszusagen in der Lage sein sollte, das heißt, das Denken wurde auf die Stufe eines nur seelischen Bewußtseins, wie es auch den Tieren zukommt, herabargumentiert. Dabei wurde vollständig übersehen, daß das Urteil: hier Objektwelt, hier seelisch begrenztes Subjekt, bereits durch eine über beiden stehende Erkenntnisinstanz entschieden worden ist.

Durch die Kantsche Denkoperation wurde dem Denken seine innere Wirklichkeitskraft abgesprochen und ebenso der Sinneswahrnehmung. Was die Sinne erleben, soll nur die organgebundene Reaktion auf Reize sein (physikalische Schwingungsenergien ganz verschiedener Herkunft), deren objektiv-wesenhafter Ursprung (das Ding an sich) uns ewig verborgen bleiben muß.

Hier setzt nun die Goethesche Weltanschauung ein, die zur Begründung der Morphologie als Wissenschaft führt. Die Wahrnehmungsseite des Erkenntnisprozesses ist für Goethe von Anfang an der Ausgangspunkt seiner Forschung. Der einseitigen naturwissenschaftlich-philosophischen Strömung seiner Zeit ruft er zu: «Die Sinne trügen nicht», und in dem Gedicht «Vermächtnis» wird es bekräftigt:

> Den Sinnen hast du dann zu trauen:
> Kein Falsches lassen sie dich schauen,
> Wenn dein Verstand dich wach erhält.*

Goethe als schaffender, produktiver Mensch geht also vom Seinspol aus, dem er sich durch reine, ungetrübte Sinne aufschließt, während Bewußtsein und Selbsterleben zunächst naiv mitschwingen, ohne für ihn in gleicher Weise Gegenstand der Forschung zu sein.

In dieser sinnesoffenen Art tritt das Erkennen bereits im Kinde in einem sehr frühen Lebensalter auf. Man kann sagen, das Kind ist von Anfang an bis zum dritten Lebensjahr ein durchaus geistiges Wesen, dessen ganze Bewußtseinskraft aber in der Wahrnehmung, also im Seinserleben liegt. In dieser reinen Sinnesoffenheit wirken die Naturkräfte in den Menschen herein und wirken an dem Aufbau der wachsenden Organe lebendig mit[2].

Dieses reine Sinnes- und Wahrnehmungsleben hat sich Goethe durch sein ganzes Leben hindurch erhalten, indem er bewußt alles Störende und Trübende um dieser reinen Wahrnehmung willen von sich fernhielt. Seine «Treue, das Auge Licht sein zu lassen» übte er schon konsequent von frühen Jahren an.

Am 11. März 1781 schrieb er in einem Brief: «... so still bin ich lange nicht gewesen, und wenn das Auge Licht ist, wird der ganze Körper licht sein et vice versa[3].»

* Gedichte Bd. I, S. 515 (Artemis).

Er war sich dieses Motivs, wie viele Briefstellen zeigen, voll bewußt. Wir müssen diese Goethesche Fähigkeit noch genauer charakterisieren. Es handelt sich um eine höhere und höchste Stufe der Wahrnehmung, bei welcher durch vollkommene Sinnesoffenheit Wesenskräfte der Welt noch organschaffend und bildend in uns wirksam werden.

Wär' nicht das Auge sonnenhaft,
Die Sonne könnt' es nie erblicken;
Läg' nicht in uns des Gottes eigne Kraft,
Wie könnt' uns Göttliches entzücken?
Goethe*

Die Sonne selbst, das Licht hat das Auge geschaffen, wie umgekehrt aus dem Auge eigene Geisteskräfte unmittelbar ausstrahlen. Es ist daher «ein Unterschied zwischen Sehen und Sehen, daß die Geistesaugen mit den Augen des Leibes in stetem lebendigen Bunde zu wirken haben, weil man sonst in Gefahr gerät zu sehen und doch vorbeizusehen», Goethe**. Für Goethe wird der ganze Mensch zum Sinnes-Wahrnehmungsorgan, das sich mit der Naturwesenheit so identisch macht, daß ihm das Wahrgenommene ähnlich nahekommt wie die Wahrnehmung des eigenen Wesens.

Der Wahrnehmungsgegenstand ist nicht äußeres Objekt nur, sondern Erscheinung von Wesenskräften innerhalb eines größeren naturorganischen Prozesses, den wir als Phänomen bezeichnen. Ein Phänomen ist nicht bloßes Beobachtungsfaktum, das in irgendeinem Sinnesbereich auftaucht und als Sinnesreiz empfunden wird, sondern in ihm begegnet dem geistig-physischen Auge eine physisch-geistige Natur- und Welterscheinung, das heißt eine Erscheinung, die ihre geistig-ideelle Wesenheit unmittelbar der Wahrnehmung übergibt. Die heute übliche Wahrnehmungstheorie trennt den Bewußtseinsakt von der Objektwelt. Die Wahrnehmung im Sinne Goethes verbindet sich durch willenshaft geistige Steigerung der Sinnesorganisation mit dem Phänomen, indem zunächst alles kritisch-urteilende, hypothetisch theoretisierende Denken verbannt bleibt. So kommt es zur reinen Wahrnehmung, durch die uns die Natur selbst wesenhaft als Urgestein, Urpflanze, Urtier und als menschliche Entelechie entgegentritt. Die in der reinen Wahrnehmung erscheinenden Urphänomene sprechen ihr Wesen unmittelbar aus.

Über die charakteristischen Besonderheiten dieser Wesenserscheinungen hinaus, die sich in den Urbildern und im archetypischen Sein des Menschen offenbaren, wird das Ganze der Natur als ein einziger monadischer Ideenorganismus erlebt, dessen Erscheinungsstufen durch die Metamorphosen miteinander verbunden sind.

* Gedichte Bd. I (Artemis) S. 629.
** Naturw. Schr. Bd. I, S. 107.

«Die Idee ist ewig und einzig; daß wir auch den Plural brauchen, ist nicht wohlgetan. Alles, was wir gewahr werden und wovon wir reden können, sind nur Manifestationen der Idee ...»* So steigt vor Goethes reiner Beobachtung des «ewig Einen» die Natur zum erstenmal wieder als Wesenheit, ja als Gottheit auf[4].

In der Faustdichtung erscheint der göttlichen Natur gegenüber der erkennende Mensch im «Höhlengleichnis der modernen Menschheit»[5].

Erhabner Geist, du gabst mir, gabst mir alles,
Warum ich bat. Du hast mir nicht umsonst
Dein Angesicht im Feuer zugewendet.

Gabst mir die herrliche Natur zum Königreich,
Kraft, sie zu fühlen, zu genießen. Nicht
Kalt staunenden Besuch erlaubst du nur,
Vergönnest mir, in ihre tiefe Brust,
Wie in den Busen eines Freunds, zu schauen.
Du führst die Reihe der Lebendigen
Vor mir vorbei und lehrst mich meine Brüder
Im stillen Busch, in Luft und Wasser kennen ...

Dann führst du mich zur sichern Höhle, zeigst
Mich dann mir selbst, und meiner eignen Brust
Geheime, tiefe Wunder öffnen sich.

Goethe**

Hier haben wir bereits den großen Wendepunkt des Menschheitsbewußtseins durch Goethe erreicht. Die reine Wahrnehmung führt zur Wesenserkenntnis der Natur und des Menschen[5].

Denn die Natur ist aller Meister Meister!
Sie zeigt uns erst den Geist der Geister.

Goethe***

«Die Natur gehört sich selbst an, Wesen dem Wesen; der Mensch gehört ihr, sie dem Menschen.» Goethe****

Mit diesen Formulierungen ist ein Selbsterkenntnisakt im Wahrnehmungsbereich bezeichnet, durch welchen die Wahrnehmung wie das Wahrgenommene eine vollkommen neue Bedeutung gewinnen[6].

Die Geistesaugen haben «mit den Augen des Leibes in stetem Bunde zu wirken», das ist es, was ein *Sehen des Sehens* bewirkt. Dieses *Geistesauge* ist es

* Naturw. Schr. Bd. IV, S. 379.
** Faust I, Monolog Wald und Höhle (Artemis), Bd. V, S. 244.
*** «Künstlers Apotheose», Insel, Bd. 8, S. 259.
**** Naturw. Schr. Bd. II, S. 57; («Vorschlag zur Güte»).

nun, was das Sinnes-Chaos zu einem Sinneskosmos gestaltet, das den Wahrnehmungsgegenstand zum Phänomenon jener Kräfte macht, denen *es* seine Entstehung verdankt. Diesem schauenden Blick präsentiert jede empirische Pflanze die Urpflanze, jedes Tier den Typus, jeder Organismus das Urbild, durch das er von innen heraus verstanden werden kann. So wurde Goethes Morphologie eine geisteswissenschaftliche Naturanschauung, bei der der Naturgeist in der reinen Wahrnehmung selber als Lehrer die Lehre gab. Mit dieser Natur- und Weltanschauung stand Goethe einer Wissenschaftslehre gegenüber, die ja gerade der Wahrnehmung und dem Denken alle innere Kraft absprach.

Da nach der gültigen Wissenschaftslehre das Denken als das subjektiv beschränkte Spekulationsbild der Psyche aufgefaßt wird, dem nur hypothetische Bedeutung zugemessen werden kann, erhält von dieser Seite die Goethesche Morphologie keine Stütze, im Gegenteil. Wenn die Goethesche Sinnes- und Wahrnehmungslehre (Morphologie) Bestand haben sollte, dann bedurfte sie der erkenntnistheoretischen Begründung, die zu dem Goetheschen «die Sinne trügen nicht» ein «das Denken trügt nicht» hinzufügte.

Rudolf Steiner hat durch seine Erkenntnistheorie der Goetheschen Weltanschauung der Morphologie erst die Wissenschaftsgrundlage bereitet. Der Wahrnehmung der äußeren Erscheinungen entspricht im Inneren die Wahrnehmung des Gedankens. Beide werden «beobachtet», und zwar von einer Bewußtseinsinstanz, die ihrem Wesen nach zugleich über «subjektiver» Innenwelt und äußerer «Objektwelt» steht. Wird nun das bisher als bloß subjektiv aufgefaßte Denken einem inneren Beobachtungsprozeß unterworfen, so erhebt es sich selbst als geistiges Objekt vor dem inneren Auge.

Wir können jetzt im Hinblick auf die Wahrnehmung der Phänomene umgekehrt sagen: Der Beobachtung des Denkens steht auf der Sinnesseite das Denken des Phänomens (ein Sehen mit geistigem Auge) gegenüber. Das den Denkprozeß *beobachtende* «Ich» wird erst zum wahren objektiven *Denker*, zum Erkenner der Ideenwirklichkeit. Das den Sinnesprozeß *denkend* erfassende Ich wird dagegen erst zum wahren *Beobachter* der Natur, zum Schauer der Naturgeistigkeit. Im inneren Wahrnehmungsprozeß wird der Gedanke als echtes Objekt erfaßt, im Sinneswahrnehmungsprozeß das Phänomen als Ausdruck eines in ihm wirkenden und schaffenden Wesens (Weltsubjekt)[6]. Damit ist das Wesen der Morphologie in Einheit mit ihrer erkenntnistheoretischen Begründung ausgesprochen.

Das Wesen der Gestalt

Bei der Betrachtung des Gestaltwesens eröffnet sich eine ganze Fragenreihe: Was bedeutet die menschliche Gestalt im Ganzen der Welt, innerhalb der Naturbildungen und Naturformen? Wie erscheint die menschliche Gestalt gegenüber dem Mineralreich, dem Pflanzenreich und vor allem gegenüber der Tierwelt? Zuletzt, wie stellt sich das Gestalterlebnis im Menschen selbst als Ausdruck der geistigen Physiognomie seines eigenen Wesens dar? *

Das Menschenbild der Griechen zeigt die Gestalt des betenden Knaben mit erhobenen Händen in tiefer «Inspirationsstellung», völlig in kosmischer Orientierung. Der Naturphilosoph erlebt den Menschen «Anthropos» als den nach oben Schauenden.

Unter allen «Gestalten» der Natur ist diejenige des Menschen die vollkommenste. Nur beim Menschen können wir im eigentlichen Sinne des Wortes von Gestalt sprechen, insofern das Gestaltete sprachlich mit dem «Gestellten» verwandt ist und bereits die aufrechte Haltung ausspricht[7].

Die Gestalt des Menschen ist die Gestalt aller Gestalten. Den Formen und Gebilden der Natur verleiht sie, indem sie den Maßstab gibt, die ihnen zukommende Bedeutung.

Sie steiget hernieder in tausend Gebilden,
Sie schwebet auf Wassern, sie schreitet auf Gefilden,
Nach heiligen Maßen erglänzt sie und schallt,
Und einzig veredelt die Form den Gehalt,
Verleiht ihm, verleiht sich die höchste Gewalt.
Mir erschien sie in Jugend – in Frauengestalt.
Goethe**

In der Pandora hat Goethe das Wesen der Gestalt, die alle Naturformen in sich einschließt, dargestellt. In diesem Sinne geht Goethes gesamte Morphologie, die als Wissenschaft mineralogische, botanische, zoologische und meteorologische Gegenstände behandelt, vom umfassendsten Objekte, von der Menschengestalt, aus. Das Urbild des Menschen ist es, das aus allen Naturerscheinungen die Maßstäblichkeit, den Gehalt und die Bedeutung heraustreten läßt. Dies hat Goethe vor allem in der Dichtung aufs deutlichste ausgesprochen. Pandora offenbart dieses umfassende Wesen menschlich göttlicher Gestalt[8]. In ihr ist die Gesamtnatur lebendig.

* Vergl. Karl Julius Schröer und Rudolf Steiner: «Einleitungen in Goethes Naturw. Schriften», Bd. I, S. IV; S. X f.–S. XIX f.

** Pandora Bd. 6, S. 430 (Artemis)

«Sie zog die Welt auf ihren Pfaden nach sich her.»
«Gewundne Riesenblumen, Füllhorn jegliche.»
«Den reichen Kelchen mutiges Gewild entquoll.»
«Das Reh, zu fliehen; es zu verfolgen, sprang der Leu.»

Wer Pandora erkennt, erkennt die Allnatur – und erkennt damit erst ganz sich selbst. So spricht Epimetheus:

Der Allbegabten wußt' ich nichts zu geben mehr;
Die Schönste, die Geschmückteste, die Meine war's!
Ich gab mich selbst ihr, gab mich mir zum erstenmal!

Dies höchste Gestaltwesen Pandora, das in sich zugleich die mythisch göttlichen Kräfte der Artemis-Persephone trägt, führt uns zu dem geistigen Urbilderhintergrund der Goetheschen Morphologie. Es offenbart sich durch die Metamorphosen auf allen Naturstufen, um zuletzt im vollbewußt erfaßten Menschenbild zu gipfeln. Dieser Ausgangspunkt und dieses Ziel charakterisieren das Ganze der Goetheschen Morphologie. Gestalt schließt immer die höchste, lebendig geistige Gestaltung ein.

Alle Gestalten sind ähnlich und keine gleichet der andern;
Und so deutet das Chor auf ein geheimes Gesetz,
Auf ein heiliges Rätsel. Metamorphose der Pflanzen*

Dies heilige Rätsel und geheime Gesetz bezieht sich hier auf das Pflanzenurbild, die Urpflanze, die allen Pflanzen zugrunde liegt, die auch geistig ideell im Menschenwesen lebt – «denn wodurch könnten wir bei der Mannigfaltigkeit der Formen auf den ersten Blick erkennen, daß diese oder jene Bildung eine Pflanze sei, wenn nicht das Urbild in uns lebte» (Goethe)**. Das «heilige Rätsel» der Metamorphose und der Morphologie bezieht sich also im tiefsten Sinne auf uns selbst – auf das Vermögen des Menschen, die Urbilder aller Natur, die Urgestalten in sich selbst zu erleben und exakt zu erfassen.

Die allgemeine Bedeutung des Begriffes «Gestalt» ist es, die ihn gerade für die Wesenserfassung des Menschen selbst so geeignet macht, denn er schließt alle Gestaltung der Natur im Umkreis des Menschen ein.

Als Goethe die «Gestaltlehre», die Morphologie begründete, betrachtete er die ganze Natur vom Menschen her für den Menschen. Von der menschlichen Gestalt her sind alle Seinsstufen in ihren Bildeprinzipien verständlich. Nur bedurfte er für die Anschauung dieser großen Natureinheit eines umfassenden Wandlungsgesetzes der Bildung und Umbildung organischer «Naturen».

«Betrachten wir alle Gestalten, besonders die organischen, so finden wir, daß nirgend ein Bestehendes, nirgend ein Ruhendes, ein Abgeschlossenes vor-

* Gedichte (Artemis) Bd. I, S. 203.
** Palermo, 17. April 1787.

kommt, sondern daß vielmehr alles in einer steten Bewegung schwanke. Daher unsere Sprache das Wort Bildung sowohl von dem Hervorgebrachten als von dem Hervorgebrachtwerdenden gehörig genug zu brauchen pflegt.»*

Um die Gestaltwesen der Natur in ihrem großen Zusammenhang zu erleben, muß zu der zeitlos ewigen Uridee des Seins das Anschauungsvermögen für den zeitlichen Bildeprozeß methodisch entwickelt werden. Diesen Weg hat Goethe in seiner Metamorphosenlehre beschritten. Das Pflanzenreich gab ihm dabei in seinem jahreszeitlich periodischen Zyklus das vollkommenste Forschungsfeld ab; die *Metamorphosenlehre* war ihm darüber hinaus der methodische Schlüssel für die Beobachtung des Werdens aller Natur und des Menschen. «Alles ist Metamorphose im Leben, bei den Pflanzen und bei den Tieren, bis zum Menschen und bei diesem auch. Je vollkommener, je weniger Fähigkeit, aus einer Form in die andere überzugehen.»**

Metamorphosengesetz und Urbilderlebnis sind das dynamische Instrumentarium der Goetheschen Morphologie, in der Mensch und Welt eine Einheit bilden.

In Natur- und Kunstanschauung findet sich die morphologische Methode. Reihen werden aufgestellt, die den Lebensprozeß in Kunst und Natur als Ganzheit, als Organon verstehen lehren, Reihen, in denen die Lebensprozesse durchgehend menschenkundlich erscheinen.

Solch eine Reihe findet sich in den «Noten und Abhandlungen zum Divan», in der Goethe wichtige Teile einer «Organischen Poetik» im Sinne der Morphologie darstellt. Es werden «Gestaltstufen» zwischen «Form» und «Stoff» beschrieben und damit die Durchgangsphasen der Metamorphose bezeichnet.***

«Die Besonnenheit des Dichters bezieht sich eigentlich auf die Form, den Stoff gibt ihm die Welt nur allzu freigebig, der Gehalt entspringt freiwillig aus der Fülle seines Innern; bewußtlos begegnen beide einander und zuletzt weiß man nicht, wem eigentlich der Reichtum angehöre. Aber die Form, ob sie schon vorzüglich im Genie liegt, will erkannt, will bedacht sein und hier wird Besonnenheit gefordert, daß Form, Stoff und Gehalt sich zueinander schicken, sich ineinanderfügen, sich einander durchdringen.» Die Reihe: «Form», «Gehalt», «Stoff» begegnet uns in ähnlicher Folge immer wieder, z. B. in dem Gedicht «Dauer im Wechsel». Da drückt Goethe ebenfalls aus, wie sich Gehalt und Form in der menschlichen Natur wirksam erweisen.

Den Gehalt in deinem Busen
und die Form in deinem Geist.****

* Naturw. Schr., Bd. I; S. 8 f.
** Goethes Gespräche nach Biedermann, Wiesbaden 1815, S. 1033.
*** Noten und Abhandlungen zum «Divan» (Artemis), Bd. III; S. 470.
**** Gedichte (Artemis), Bd. I, S. 513.

Und weiter aus «Sprüche in Prosa»: «Den Stoff sieht jedermann vor sich, den Gehalt findet nur der, der etwas dazu zu tun hat, und die Form ist ein Geheimnis der Meister.» (Naturw. Schr., Bd. IV, S. 500; Sprüche in Prosa, Nr. 838).

Nun ist es leicht möglich, die Reihe zu vervollständigen, indem wir im Sinne der bestehenden polaren Beziehungen den Begriff der Gestalt als «den Komplex des Daseins eines wirklichen Wesens, als festgestellt, abgeschlossen und in seinem Charakter fixiert» und den Begriff der «Bildung, bei der alles in steter Bewegung schwanke», hinzufügen. Wir gelangen dann im Sinne Goethes zu folgender Funktionsreihe, die uns Aufschluß über die Kräfteverwirklichung der ganzen Natur gibt:

Abb. 1A: *Metamorphosenreihe.*

Für eine «Begriffsmorphologie» ergibt sich aus dieser Reihe die ganze Naturstufung, wenn wir die Polarität Geist – Natur, die im ganzen Werke Goethes eine so umfassende Rolle spielt, einbeziehen.

Abb. 1B: *Metamorphosenreihe vervollständigt.*

In den Begriffen Geist und Natur erscheint uns die Polarität des gesamten Weltwesens ausgesprochen. Form und Stoff stellen die Kräftepolarität des mineralischen Seins dar. Die Form offenbart sich im reinen Kristall, der Stoff in der amorphen Masse. Gestalt und Bildung repräsentieren gemeinsam das Reich des Lebens.

Der Gestaltbegriff im Wirkensbereich der seelisch-geistigen Formkraft beschreibt die Gestalt als *Raumfunktion*. Bildung dagegen umschreibt ein Gestalthaftes, das in der *Zeit* erst heranreift und sich wachsend bildet.

Tritt in einem Naturwesen die Bildung im zeitlichen Werden stark hervor und bleibt dabei die den Raum ergreifende Gestaltdynamik mehr verhüllt, wirkt also mit der Überbetonung des Wachstums vorwiegend die Bildekraft, dann haben wir es mit der physisch-ätherischen Erscheinung der Pflanze zu tun. Tritt die Gestaltfunktion gegenüber der Bildung stärker hervor, dann erscheint das Formelement mehr seelenleiblich, tierische Typen bildend.

Zuletzt der Gehalt, der geheimnisvolle Begriff, durch welchen Goethe die vollkommene Mitte unserer Begriffsreihe charakterisiert. Im Gehalt liegt die Steigerung der Folge der ganzen Reihe. Dieser Begriff birgt das Geheimnis des Menschseins, die Qualitätssphäre, in welcher das Ich zu erscheinen vermag, die individualisierte Welt als Kraft im Zentrum des Seins.

Der *Gehalt* steht mit der Polarität Natur und Geist in einem unmittelbaren trinitarischen Verhältnis. Indem Natur und Geist in ihrer vollkommenen sinnlich-übersinnlichen Polarität die gesamte Welteinheit umschließen, ist durch sie die Morphé des Alls gegeben. Für beide gibt es zunächst keine Faßbarkeit, sie sind völlig allgemein und unendlich, aber im Gehalt haben sie sich individualisiert, zu Wirklichkeit und Gegenwart gesteigert. Nur in der organischen Zentralsphäre des Herzens kann ihre Unendlichkeit in der Erlebniskraft des Ichs zusammengefaßt werden[9].

Letztlich können wir sagen, dies alles – Geist, Form, Gestalt, Gehalt, Bildung, Stoff, Natur – ist ja der ganze Mensch. Aller dieser Stufen bedarf er zur Verkörperung seines Ichs und zur Verwandlung der Welt.

Wenn wir die Gestaltlehre Goethes so verstehen, wird es uns deutlich, wie durch ihn die Wendung von einer Wissenschaft als bloßer Stoffkunde zu einer Wissenschaft als Wesenskunde eingeleitet worden ist[10].

Mit dem Ganzen der menschlichen Gestalt hat man sich bisher noch viel zu wenig beschäftigt. Wo es geschah, wagte man nicht, entschieden genug den vollen Wesensgehalt der Natur- und Geisteskräfte des Menschen als Einheit zu fassen, sondern man verharrte mehr oder weniger bei der Beschreibung der Teile und Funktionen[11].

Vor allem für die Medizin ist der Gesichtspunkt der Gestalt, wie wir ihn hier gefaßt haben, noch kaum erschlossen worden. Morphologie als Grundlage von Anatomie und Pathologie reicht meist nur bis zur Formbetrachtung einzelner Organbereiche, geht aber selten von der Gestalt als Einheit und Ganzheit

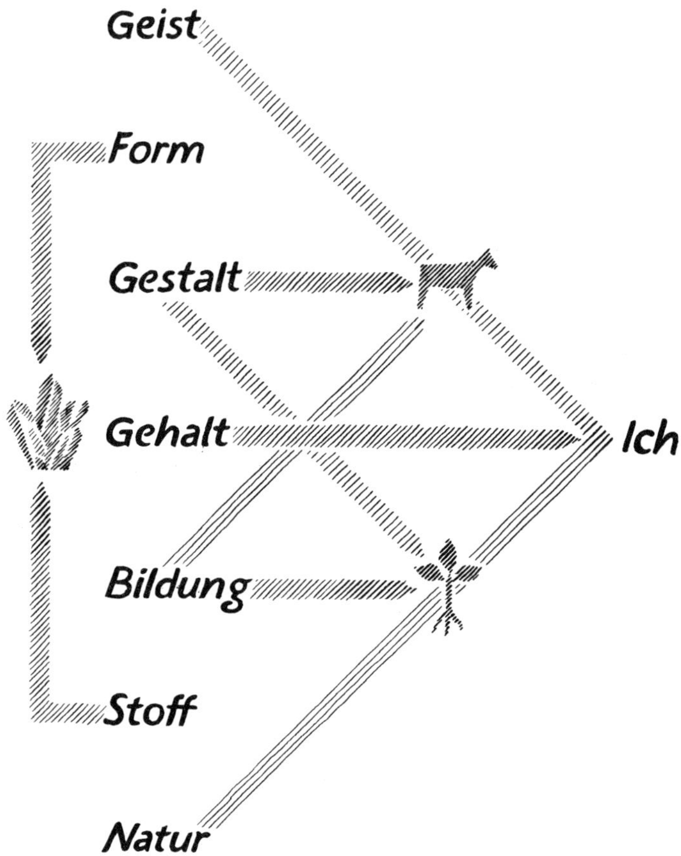

Abb. 2: *Metamorphosenreihe* (Naturreiche).

aus, die dann bis in die Organsysteme und zuletzt erst in die Formdifferenzierung zelliger Gefüge zu verfolgen wäre. Mit dem vollgehaltlichen Begriff der Gestalt ist der Mensch über die Naturreiche in den Kosmos hereingestellt, so wie die Kunstgestalt des antiken Menschen als Götterbild erscheint.

Bei der Betrachtung der aufrechten Haltung erscheint uns die Einheit des geistigen Vermögens mit der gefügigen physischen Organisation, deren sich der Mensch viel zuwenig bewußt ist. Die Aufrechtheit der menschlichen Gestalt, die in der organischen Welt den Vorrang über alle Gestalten einnimmt, ist das Realsymbol der geistigen Würde.

Vom Goetheschen Begriff des Typus zum organischen Prinzip der Dreigliederung des Menschen

– Die Lehre von der Metamorphose –

> Die menschliche Gestalt tritt in alle ihre Rechte und das übrige fällt mir wie Lumpen vom Leibe. Ich habe ein Princip gefunden, das mich wie ein ariadnischer Faden durch die Labyrinthe der menschlichen Bildung durchführen wird. Goethe*

Von der Betrachtung der Gestalt aus hat sich uns zugleich die Methode der Goetheschen Morphologie erschlossen. Goethe betrachtet die Natur in allen ihren Stufen und Formen, um über das Wesen des Menschen Licht zu bekommen. Im Aufsatz über den Granit rührt er an die Urentwicklung des menschlichen Herzens[12]. In seinem Naturgedicht «Die Metamorphose der Pflanzen» regt Goethe zugleich im Miterleben die Empfindung eigener Entwicklungsgesetze an.

> Aber entzifferst du hier der Göttin heilige Lettern,
> Überall siehst du sie dann, auch in verändertem Zug:
> Kriechend zaudre die Raupe, der Schmetterling eile geschäftig,
> Bildsam ändre der Mensch selbst die bestimmte Gestalt!
> Goethe**

Mit der geistigen Wahrnehmung des Typus, der über der gesamten Tierwelt steht, ist Goethe schon dem Menschenbild nahe, indem er diesen im Interesse einer neu zu begründenden morphologisch-vergleichenden Anatomie von der gattungsgebundenen Einseitigkeit mehr und mehr befreit und ihm die allgemeine Gültigkeit verleiht. Der Typus muß über jeder Einseitigkeit tierischer Bildung stehen, wenn von ihm aus jede der tausendfältigen «Verirrungen» der Arten untereinander vergleichbar werden soll. Er ist ein Urbild, das im geistigschauenden Menschen der Tierwelt gegenüber lebt. Wir dürfen im Sinne Goethes sagen: «Denn wodurch könnten wir bei der Mannigfaltigkeit der Formen auf den ersten Blick erkennen, daß diese oder jene Bildung... ein Tier sei...»*** Vom Typus aus gewinnt die schrankenlose Mannigfaltigkeit tierischer Formen ihre Einheit «Tierwelt».

> Freue dich, höchstes Geschöpf der Natur! Du fühlest dich fähig,
> ihr den höchsten Gedanken, zu dem sie schaffend sich aufschwang,
> nachzudenken. Hier stehe nun still... Metamorphose der Tiere****

* An Frau von Stein, 25. August 1787.
** Naturw. Schr., Bd. I; S. 97 ff.
*** An Herder, 17. Mai 1787, Ital. Reise, Briefe.
**** Gedichte (Artemis), Bd. I, S. 12.

Die Erfahrung, daß die Metamorphosengesetzmäßigkeit für alles Leben gilt unter Einschluß des Menschen, läßt uns mit Goethe auf die bedeutendsten morphologischen Entdeckungen über das Wesen des Menschen hoffen.

«Hätten wir aber nötig gehabt, uns durch die Betrachtung der Pflanzen- und Insekten-Metamorphose herauf zu winden, wenn wir nicht hoffen könnten, dadurch auch über die Gestalt der vollkommeneren Tiere einigen Aufschluß zu erhalten?»* Hier gibt uns Goethes Ausdrucksweise schon die Richtung seines Forschens und Suchens, bei der er das letzte Motiv durchaus verschweigt, und zwar im Sinne des Gültigkeitsbereichs der Metamorphose bis zum Menschen selbst. Hier liegt das bedeutendste Problem der morphologischen Forschung Goethes, über das wir von ihm nie eindeutig Aufschluß erhalten, und doch können wir kraft der Überschau über das Ganze des vorliegenden Materials den Schlußstein in den Bogen einfügen: Die Metamorphosen-Gesetzmäßigkeit reicht bis herauf zum Menschen: Durch sie erhalten alle anderen Metamorphosen erst ihren Sinn:

«Es ist immer nur dieselbe Metamophose oder Verwandlungsfähigkeit der Natur, die aus dem Blatt eine Blume, eine Rose, aus dem Ei eine Raupe und aus der Raupe einen Schmetterling heraufführt...»[13]**

Wie weit Goethe die Metamorphose in der Dichtung auch zu entwickeln vermochte, auf dem Felde der Naturerkenntnis hatte er zuerst seine Entdeckungen zu sichern. Der Metamorphosengang bei Tier und Mensch forderte zuerst die Prüfung des organisch Gemeinsamen. Diese Prüfung führte zur Entdeckung des Zwischenkieferknochens beim Menschen. Die vergleichend-anatomische Forschung vor Goethe hatte beim Menschen den Zwischenkieferknochen nicht gefunden und hatte in diesem scheinbaren Mangel das wichtigste Unterscheidungsmerkmal zwischen Tier und Mensch konstatiert.

Jetzt erst erscheint über der organischen Metamorphosenreihe des «höchsten Geschöpfes höchster Gedanke», der Entwicklungsgedanke selber. Die schaffende, verbindende und verwandelnde Entität bei der Metamorphose ist die Idee, die sich auf den verschiedensten Stufen realisiert. Sie leuchtet durch die Erscheinungen als «Urgestein», als «Urpflanze», als «Typus» und erscheint schließlich als Entelechie***.

Der nahe Zusammenhang tierischer und menschlicher Organisation verbietet es Goethe aber, vom «Urtier» zu sprechen. Er faßt seinen Begriff höher, wenn er den Ausdruck «Urtier» meidet und Typus setzt. Er erkennt das Wesen, «worin die Gestalten sämtlicher Tiere der Möglichkeit nach enthalten» sind.****

«Die Tierwelt ist eigentlich der auseinandergebreitete ganze Mensch.»

* Naturw. Schr., Bd. I, S. 12.

** Gespräche (Artemis, Bd. 22) S. 674 (Falk).

*** Entelechie = Wesenskern des Menschen; gr. ἐντελέχεια = vollkommene Wirksamkeit.

**** Naturw. Schr., Bd. I; S. XXXIX.

Dieser Okensche Satz charakterisiert durchaus auch das Verhältnis Goethes zu Tierwelt und Mensch. Goethe stellt zunächst klar, daß die Organik des Menschen mit derjenigen der höheren Tiere identisch ist. Um aber das Wesen des Menschen zu erfassen, muß eine Metamorphose aufgesucht werden in dem Bereich, in dem das «höchste Geschöpf» den «höchsten Gedanken» denkt: «Alle Metamorphosen in der Natur machen den Menschen aus.» Wenn wir daher den Typus als den urbildlichen Organismus der Tierwelt im Goetheschen Sinne näher betrachten, so verlieren wir dabei nichts vom Menschen – ganz im Gegenteil: Der Typus als reine Ideenerfahrung ist selbst das über allem tierischen Sein schwebende Urbild des Menschen. «Die Erfahrung muß uns vorerst die Teile lehren, die allen Tieren gemein sind, und worin diese Teile verschieden sind. Die Idee muß über dem Ganzen walten und auf eine genetische Weise das allgemeine Bild abziehen ... *Schon aus der allgemeinen Idee eines Typus folgt, daß kein einzelnes Tier als ein solcher Vergleichungskanon aufgestellt werden könne;* kein einzelnes kann Muster des Ganzen sein.» *

Der Typus aber, der über aller Kreatur steht, ist von Goethe in folgender Weise umschrieben worden:

«Alle einigermaßen entwickelten Geschöpfe zeigen schon am äußeren Gebäude drei Hauptabteilungen. Man betrachte die vollendeten Insekten! Ihr Körper besteht in drei Teilen, welche verschiedene Lebensfunktionen ausüben, durch ihre Verbindung untereinander und Wirkung aufeinander die organische Existenz auf einer hohen Stufe darstellen. – Diese drei Teile sind das Haupt, der Mittel- und Hinterteil; die Hilfsorgane findet man unter verschiedenen Umständen an ihnen befestigt. – Das Haupt ist seinem Platze nach immer vorn, ist der Versammlungsort der abgesonderten Sinne und enthält die regierenden Sinneswerkzeuge in einem oder mehreren Nervenknoten, die wir Gehirn zu nennen pflegen, verbunden. – Der mittlere Teil enthält die Organe des inneren Lebensantriebes und einer immer fortdauernden Bewegung nach außen ... Der hinterste Teil enthält die Organe der Nahrung und Fortpflanzung, sowie der gröberen Absonderung. – Sind nun die genannten drei Teile getrennt und oft nur durch fadenartige Röhren verbunden, so zeigt dies einen vollkommenen Zustand an** ...»

Noch an anderer Stelle findet sich diese Gliederung bei Goethe dargestellt, nämlich in den Fragmenten zur Anatomie und Zoologie:

«Allgemeinste Einteilung des Typus

Haupt, Rumpf, Extremitäten.

Haupt: Hauptsitz der Sinne und Sensibilität, Konzentration der Lebenskräfte, Führung, Leitung, Beherrschung des Ganzen. Immer oben, oder vorn ...

* Naturw. Schr., Bd. I, S. 244.

** Ebenda, S. 245.

Rumpf: Dreierlei Systeme von Kräften enthaltend. Lebensantrieb, Ernährung, Erzeugung.
Extremitäten: Besser Hilfsorgane. Adminicula, untere Kinnlade, Arme, Beine. Rechtfertigung dieser Einteilung durch die Ausarbeitung»[14]*.

Zuletzt sei als drittes Zeugnis für die Gliederung des Typus eine Notiz aus den «Paralipomena» der naturwissenschaftlichen Schriften angeführt:

> «Drei Systeme im organischen einigermaßen vollkommenen Wesen.
> Das empfangende, herrschende.
> Das bewegende.
> Das nährende, fortpflanzende.
> Das empfangende Haupt:
> Sowohl der obere Teil der Sinne, als der untere
> durch die Empfänglichkeit für Speise und Trank.
> Die bewegende Brust:
> Innerlich durch Herz und Lunge, äußerlich durch
> Arme, Flügel, Beine.
> Der ernährende Unterleib:
> Sowohl indem er das empfangene mitteilt, als die
> fortpflanzenden Teile in sich enthält.»**

Hier hat Goethe die Gliederung des Typus bereits klar als *Dreigliederung*, wie sie erstmalig von Rudolf Steiner 1917 beschrieben wurde, dargestellt. Obwohl diese Typusdarstellungen eindeutig auf die menschliche Gestalt zutreffen (Arme!), hält sich Goethe zurück, diesen Bezug besonders hervorzuheben. Er vermeidet es, in der Typuscharakteristik Unterschiede zwischen Mensch und Tier zu machen. Man hat den Eindruck, daß er das Menschenbild völlig in der Sphäre des Urbildlichen zurückhält (wo es mit dem Typus ideell eine Einheit bildet), um der Mannigfaltigkeit der Gattungen unter der geheimen Leitung des Typus gerecht zu werden. Das Goethe-Wort: «Der Mensch belehrt die Organe, während die Tiere durch ihre Organe belehrt werden»[15], offenbart sein Geheimnis. Der Mensch ist nicht als Typus gefragt, er ist «ein Bild des eigenen Geistes»***, während das Tier als «Typus» in seiner elementarischen und organischen Unterordnung bestimmt ist[16].

Das Goethesche Gestaltgesetz (Morphologie) – oder wie wir im Hinblick auf den Menschen mit Rudolf Steiner sagen können – die Organordnung der *Dreigliederung* lautet: Die Glieder des Organismus Haupt, Brust, Stoffwechselorganismus stehen in einer Weise in einem Harmonieverhältnis zueinander, *«daß keinem Teil etwas zugelegt werden könne, ohne daß einem anderen dagegen etwas abgezogen werde und umgekehrt»*.***

* Naturw. Schr. (Artemis), Fragmente, Bd. XVII., S. 422 ff.
** Naturw. Schr. (Insel), Bd. 16, S. 659.
*** Naturw. Schr., vergl. Bd. I, S. 247 f.; 252, 2.

In dieser geistigen Harmonie der Teile liegt die grenzenlose Mannigfaltigkeit und Willkür der tierischen Erscheinungswelt wie auch die Einseitigkeit und physiologische Gebundenheit der Tierarten. «Hier sind die Schranken der tierischen Natur, in welchen sich die *bildende Kraft* auf die wunderbarste und beinahe auf die willkürlichste Weise zu bewegen scheint, ohne daß sie im mindesten fähig wäre, den Kreis zu durchbrechen oder ihn zu überspringen ... Wir wollen ihn [den Leitfaden des Typus] an der Form prüfen, um ihn nachher auch bei den Kräften brauchen zu können.»

Es folgen nun noch weitere für unsere Studie wesentliche Hinweise: «Allgemeine Idee zu einem Typus:

> Rumpf, Rückgrat, Brustgrat.
> Länge und Stärke des ersten,
> Kürze und Weiche des zweiten.
> Kopf oberer Teil.
> Eigentliche Existenzbase des Lebens, unter sich zusammenhängend.
> Hilfsmittel des Lebens: Untere Kinnlade, Arme, Füße.»

Wir fragen, warum Goethe nicht eindeutiger Typus und Dreigliedrigkeit als Einheit aufgefaßt hat. Auf seinem Forschungsweg mußte der Typus als ideelle Wirklichkeit über Tier und menschlicher Organisation stehen, weil in den einzelnen Geschöpfen einzelne Teile gewissermaßen unsichtbar bleiben und nur durch den «geistigen Punkt der Vergleichung», der über beiden steht, erfaßt werden können, denn «wir dürfen behaupten, daß der Knochenbau aller Säugetiere, um vorerst nicht weiter zu gehen, nicht allein im Ganzen nach einerlei Muster und Begriff gebildet ist, sondern daß auch die einzelnen Teile in einem jeden Geschöpfe sich befinden und nur oft durch Gestalt, Maß, Richtung, genaue Verbindung mit anderen Teilen unserem Auge entrückt und nur unserem Verstande sichtbar bleiben. Alle Teile, ich wiederhole es, sind bei einem jeden Tiere gegenwärtig; nur unsere Bemühung, unser Scharfsinn muß sie aufsuchen und entdecken, aber jener Begriff ist der Ariadneische Faden. Geben und Entziehen. Allgemeines Gesetz der Bildung.»* Immer wieder sind es Einzelheiten menschlicher oder tierischer Bildung, die Goethe veranlassen, den Typus über Mensch und Tier zu stellen, wenn zum Beispiel beim Menschen der Zwischenkieferknochen scheinbar verschwindet oder ursprünglich getrennte Knochen (Schläfen und Felsenbein) miteinander verschmolzen erscheinen. So gelangt Goethe aus der Ebene der Detailbetrachtung zu dem Urteil: «Wir können den Menschen nicht als das Urbild der Tiere, die Tiere nicht als das Urbild des Menschen anschauen.»** Wie nahe er dem reinen Typus in der Menschensphäre allerdings ist, beweisen gleich die folgenden Sätze, wo Goethe auf die Anatomie

* W. A., Bd. 77, S. 202, Paralipomenon 205.

** Ebenda.

des menschlichen Körpers hinweist, die aller vergleichenden Anatomie zugrunde gelegt wurde, und wo er sagt: «... daß sich bei den übrigen Säugetieren alle diejenigen Teile finden, woraus der menschliche Körper besteht.»* Dennoch sucht Goethe zunächst ein allgemeines Bild des Typus, welchem der Mensch ebenfalls untergeordnet sein soll, denn der Typus soll auch jene Besonderheiten einschließen, die selbst beim Menschen einen gewissen Grad von Spezifität erreichen. Aus diesem Grunde sucht Goethe nach einem «Urbild, nach welchem alles künftig Beobachtete verglichen ... werden könnte. Sowenig der Mensch als irgendein Tier kann der Typus sein».** Diese Notiz, wie alle skizzenhaften Aufzeichnungen zur Metamorphose der Tiere, sollte nicht statisch aufgefaßt werden, denn wirklich tritt ja gerade beim Menschen der Typus als Gliederung durchaus ideell hervor und will in seiner Bedeutung ideell verstanden werden, das heißt aber, daß er sich in der bloßen Gestalthaftigkeit immer nur mehr oder weniger verwirklicht.

Das Wesentliche bei den mannigfaltigen Erscheinungen und Formen liegt nicht so sehr in der nach außen gekehrten Verschiedenartigkeit als vielmehr in dem bei aller Einseitigkeit tierischer Bildung konsequent waltenden Balancement der dreigliedrigen Grundorganisation. Denn wenn ein Glied immer nur auf Kosten eines anderen Gliedes verstärkt ausgebildet werden kann, so verschwindet zwar das Urbild des Typus in der Erscheinung, bleibt aber in der Funktion in voller Herrschaft. Die Einseitigkeit der tierischen Organisation fordert ihre lebensnotwendige Ergänzung durch die elementaren Sphären der Natur. (Der Fisch ist auf das Wasser bezogen, der Vogel auf die Luft, der Wurm auf die Erde.) Der Mensch jedoch steht über den Elementen. Ein Organismus tritt um so vollkommener in Erscheinung, je harmonischer das organische Balancement der Kräfte erscheint, je vollkommener er sich in der Harmonie seiner Glieder in sich selbst ausbildet und sichtbar wird, «ein Bild des eigenen Geistes».

«Daher entspringt aus der völligen Entschiedenheit der *Glieder* die Würde der vollkommensten Tiere und *besonders des Menschen*. Hier hat in der regelmäßigsten Organisation alles bestimmte Form, Stelle, Zahl, und was auch die mannigfaltige Tätigkeit des Lebens für Abweichungen hervorbringen mag, wird das Ganze sich immer wieder in sein Gleichgewicht stellen.»[17]***

Die von Goethe eingeleitete Methode morphologischer Naturbetrachtung konnte nicht bei der «Gestalt» stehenbleiben, sondern sie war erst wirklichkeitsgemäß erfüllt mit der genauen Gliederung sowohl der organischen Bildungen als auch ihrer Funktionen, die Rudolf Steiner mit der Erkenntnis der *«Dreigliederung des Menschen»* in ihr Ziel führte. Metamorphosenlehre und Morphologie bildeten den Weg.

* W. A. Bd. 77, S. 202, Paralipomenon 205

** W. A. Paralipomenon 204.

*** Naturw. Schr., Bd. I, S. 248.

Wir beschließen unsere Typusbetrachtung mit dem Hinweis auf das Erkenntnisprinzip, das Goethe immer wieder antönt, daß der Mensch als ein «Bild des eigenen Geistes» unter der organischen Verwendung der Kräfte nach innen jenes allgemeine Prinzip auch für die Tierwelt verwirklicht. Schlüssig wird für die Phänomenologie Goethes der Zusammenhang erst, wenn das vollkommene Prinzip der Gliederung als Dreigliederung im Sinne Rudolf Steiners in die Morphologie des Typus eintritt.

Der Mensch, der das Urbild erfaßt und es mit sinnlichen wie mit geistigen Augen schaut, trägt es auch als Organisationsprinzip in sich selber, sonst könnte er es in der Natur nicht erkennen.

«Durch alle diese Betrachtungen steigen wir zuletzt zum Menschen herauf, und es wird die Frage sein, ob und wann wir den Menschen auf der höchsten Stufe der Organisation antreffen. Hoffentlich wird uns unser Faden durch dieses Labyrinth durch bringen und uns auch über die verschiedenen Abweichungen der menschlichen Gestalt und zuletzt über die schönste Organisation Aufschlüsse geben.» *

* Goethes Naturw. Schr., Bd. I, S. 252.

II
Das Knochensystem

Die Aufrechte

> Es gibt nur einen Tempel in der Welt, und das ist der menschliche Körper. Nichts ist heiliger als diese hohe Gestalt...
>
> Novalis*

> Das Knochengebäude ist das deutlichste Gerüst aller Gestalten, einmal wohl erkannt, erleichtert es die Erkenntnis aller übrigen Teile, ja ich behandle die Knochen als einen Text, woran sich alles Leben und Menschliche angliedern läßt.
>
> Goethe**

Die menschliche Gestalt zeichnet sich durch ihre innere und äußere Freiheit aus.

Das Gestein ruht, in sein festes Lager gefügt. Die Pflanze ist an bestimmte Lebensströmungen in Verbindung mit den sie umgebenden Elementen des Lichtes, der Luft, des Wassers und der Erde gebunden. Das Tier ist zwar durch seinen Organismus beweglich, aber es ist dennoch in eine organisch begrenzte Umwelt eingeschlossen, die es nicht ohne Schaden zu verlassen vermag.

Nur der Mensch ist bereits vom Organismus her frei. Wie die Kunst, die der Mensch schafft, über der gewordenen Natur steht, so steht seine Leibesgestalt über allen Naturstufen.

Ohne daß wir hier schon auf anatomische oder physiologische Einzelheiten des menschlichen Leibes eingehen, tritt uns das Wesen seiner Gestalt in ihrer Gesamtordnung und Gliederung klar und deutlich entgegen.

Das Haupt ist sowohl in seiner knöchernen Grundlage, in seiner geschlossenen, der Kugel angenäherten Form, wie auch in seiner aller Vitalität entgegengesetzten Nervenfunktion am meisten Körper, das heißt als Organ am entschiedensten physische Natur.

Der Rumpf ist in seiner elliptischen Bildung am meisten «Leib».

Die Gliedmaßen verwirklichen weitgehend ein Radialprinzip, durch welches der Organismus sich zu den dynamischen geistigen Kräften des Umkreises in eine unmittelbare Beziehung zu setzen vermag.

* Fragmente (Herausgeg. von Ernst Kamnitzer), S. 438.

** An Lavater, 14. November 1781, Briefe.

Die Besonderheit der menschlichen Organisation beruht auf der harmonischen Ausgewogenheit dieser Dreigliederung der Gestalt in Haupt, Rumpf und Gliedmaßen*. Sie stellt sich bei genauerem Zusehen in drei Gestaltfunktionen dar, die einander ergänzen und durchdringen:

Zuerst die *aufrechte Gestalt*. In ihr wirkt die zentralmenschliche Kraft, der aus der Mitte heraus individualisiert wirkende geistige Wille des Ichs.

Aus dem Umkreis wirkend und mit den Kräften des Umkreises verbunden erscheint die *Bewegungsgestalt*, die sich hauptsächlich in den Gliedmaßen- und Gebärdenbewegungen ausspricht.

Zuletzt die *Formgestalt*, in der alle Funktionen zur Ruhe kommen. Sie hat sich in der Hauptbildung am vollkommensten abgeschlossen, ja abgesondert.

Diesen organischen Funktionsdreiklang wollen wir als allgemeine Vorbetrachtung – ehe wir das Knochensystem darstellen – noch etwas genauer anschauen[1].

Die wichtigste Grundfunktion der menschlichen Gestalt, durch die sie sich elementar als menschlich erweist, ist die Aufrechte. Sie beherrscht den Kräftestrom der Bewegung, der aus den Gliedmaßen einströmt, sie allein erhebt das Haupt über das Ganze. Tragen, In-sich-selbst-aufgerichtet-Sein und aufrechtes Schreiten bilden die dreieinige Dimension der menschlichen Raumgestalt.

In dieser Raumgestalt hat sich der Mensch über alle Seinsstufen erhoben, in deren Kräftefelder Stein, Pflanze und Tier in ihrer charakteristischen Weise hineingebannt sind[2].

Der Aufrichteimpuls des Menschen ist der Eigengehalt, den er allen Naturwesen voraus hat. Es ist das Urphänomen der Individuation, das wir nicht erst im höchsten Endergebnis bei der sich bewußt tragenden Persönlichkeit wahrnehmen, sondern das wir bereits in jeder Entwicklungsphase der innerorganischen Bildung vorfinden.

Wir werden die Aufrichtekraft in der besonderen Anlage des menschlichen Blutkreislaufs, des Lymphsystems, aber auch in der Besonderheit des menschlichen Nervensystems, der Gehirnanlage und in der Sinnesorganisation sowie in der dazu polaren Generationsorganisation finden. Schon im Organismus der Embryonalzeit wirkt durchgängig die Kraft der Aufrichte voraus[3], die sich erst viel später in den selbständigen Lebensphasen als geistig-physisches Freiheitsphänomen äußern wird. Und zwar finden wir diese Aufrichtekraft der Embryonalentwicklung in der harmonischen Gliederung des Hauptes, des Rumpfes und der Gliedmaßen, in deren Gleichgewichtigkeit das spätere Gleichgewicht der aufrechten Gestalt begründet ist. Gerade an der embryonalen Phase der «Aufrichtung», ebenso an der inneren Gliederung, läßt sich ablesen, was harmonikale Gliederung des Menschenwesens im Vergleich zum Tierwesen be-

* Wir gehen hier zunächst von dieser einfachen und augenfälligen «Dreigliederung» aus, um später zu vertiefteren Anschauungen zu kommen.

deutet, das disproportioniert aus der Dreigliederung herausfällt bis zu Verhältnissen, die die Urordnung kaum mehr erkennen lassen, und das daher die Aufrichtung verliert.

Die harmonische Dreigliederung des Ganzen ist also der Grund der Möglichkeit zur Aufrichtung der Gestalt. Die Aufrechte allein im festen, statischen Knochenapparat begründet und begreiflich zu finden zeigt nur den außerhalb alles organischen Verständnisses gefaßten Standpunkt. Wir wollen dagegen das Knochensystem als das Ende eines strömend bewegten, dynamisch gliedernden Lebensprozesses anschauen. Das kann uns über die bloße Mechanik, die im Skelett scheinbar vorliegt, zu höheren Lebenserfahrungen heraufheben[4].

Haben wir im Betrachten der Embryonalentwicklung die Aufrichte auf die harmonische Dreigliederung zurückgeführt, so bleibt uns doch die sorgfältigere Betrachtung dessen, was die einzelnen Glieder der ausgebildeten Gestalt in besonderer Art zur Aufrechten beitragen.

Rhythmus ist funktionelle Gliederung. Im mittleren Glied des Organismus herrschen die rhythmischen Funktionen vor (vor allem Herz-Blutkreislauf-Funktion und Atmung). Aber im mittleren Organismus finden wir auch die Gliederung der Wirbelsäule. Hier ist alles rhythmische Geschehen in die Eigenaufrichtefunktion umgewandelt. Durch die Wirbelsäule und von der Wirbelsäule ausgehend, verwirklicht sich die «Aufrichtegestalt» des Menschen. Für die Aufrichte gebührt der Mitte der menschlichen Organisation das Primat[5].

Das Haupt ist am meisten Formgestalt, zu Ende gekommene Willensbewegung, verklungener Rhythmus, beide zur Ruhe gelangt. In dieser Ruhe vollzieht sich die Metamorphose zur letzten Seinsvollkommenheit, die wiederum über die bloße Leiblichkeit hinausführt – zum Selbst-Bewußtsein, zum Denken. Im knöchernen Haupte haben wir daher die Architektur als Bild des geistig bewußten Seins, die vollkommene Formgestalt vor uns. Sie kann nur getragen werden.

Die Bewegungsgestalt, die sich in den Gliedmaßen ausgebildet hat, gehört dagegen dem Umkreis an. Die Bewegungsdynamik gliedert sich der Mensch aus den Weltkräften ein, wie er sich durch seine Gliedmaßen mit den Weltumkreiskräften in Verbindung setzt. Hier, wo die Weltkräfte im Menschen als Wille zur Wirkung kommen, schläft das Selbst-Bewußtsein. Der Bewegungsorganismus (und alle dynamischen Funktionen des Willensbereiches) leisten ihren Dienst «selbstlos».

Nur in der mittleren Organisation der «Aufrichtegestalt» ist Welt und Selbst in vermittelnder Rhythmik wirksam. Aus dieser Kräftevereinigung entspringt die Aufrechte.

Die Ichgeistigkeit, die hier als Steigerung aus dem Zentrum heraus wirkt, richtet von hier aus die menschliche Gestalt auf. Aus dieser Mitte strahlen alle Aufrichtemuskeln.

Das Skelett

> Das Hauptorgan, und zwar in der äußersten und weitesten Beziehung, ist nun aber das Knochensystem, sozusagen ein Typolith des irdischen Lebensgeistes ... Das Skeleton[6] ist demnach das wichtigste und gültigste physiognomische Zeichen, welch ein schaffender Geist und welch eine geschaffene Welt sich im irdischen Leben durchdrangen. Troxler*

Das Urbild der menschlichen Gestalt tritt uns im Skelett am reinsten entgegen. Es erfüllt als Gestaltträger in seiner «geprägten Form» am vollkommensten, was Goethe unter «Typus» verstand. Daher schloß er seine Morphologie, um dem Typus möglichst nahe zu sein, unmittelbar an die Ur-Teile der Skelettbildungen an.

Die drei Organeinheiten des Typus, die Goethe beobachtete, Kopf, Rumpf und Gliedmaßen, entsprechen demselben um so mehr, je klarer und deutlicher die Gliederung erscheint. Diese Gliederung findet sich unter allen Wesen, die wir kennen, am eindeutigsten beim Menschen und innerhalb der Systeme am unmittelbarsten beim menschlichen Skelett. In diesem Sinne dient uns die ausführliche Betrachtung des Skeletts als Übungskanon der Dreigliederung für die Gesamtorganisation.

Nach dieser morphologischen «Vorschule» sind wir dann in der Lage, die mannigfaltigen funktionellen Gliederungen und Kräfteproportionen der drei Systeme:

Nerven-Sinnes-System
rhythmisches System
Stoffwechsel-Gliedmaßen-System

genauer kennenzulernen.

Schon die sprachliche Charakteristik des menschlichen Knochensystems folgt der in seinem Wesen liegenden klaren Dreigliederung:

Schädel
Gerippe
Gebein.

Der Begriff des «Schädels» faßt die Besonderheit des knöchernen Hauptes[7].

«Gerippe» gilt schon für das ganze Skelett, wenn es auch seinen Wesensausdruck vom Brustkorb-Wirbelbereich, also eigentlich nur vom «mittleren Glied» des Ganzen erhält. Die Mitte steht für das Ganze.

* I. P. V. Troxler: Blicke in das Wesen des Menschen, S. 106.

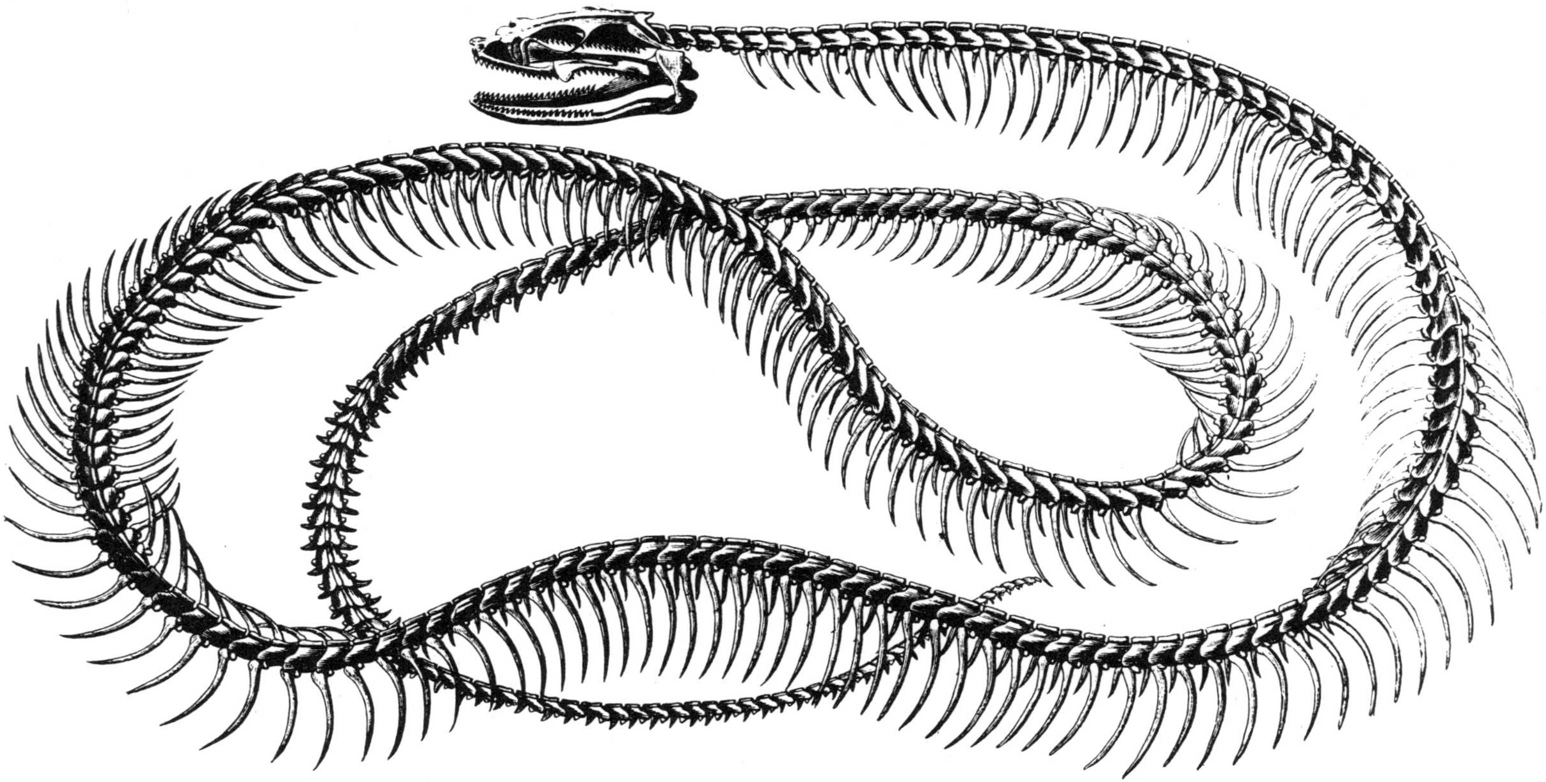

Abb. 3: *Schlangenskelett* (nach Oken). Extreme Wirbel- und Rippengliederung (Metamerie), die von den Funktionen einer übermäßigen Lungenanlage, von Darm und Bewegungsorganen (Rippen wie Gliedmaßen) bestimmt ist.

«Gebein», als Begriff von den unteren Gliedmaßen hergeleitet, bezeichnet die allgemeinste Anschauung des Ganzen[8].

Die Gesamtgliederung ist daher im Schädelskelett, im Brust-Rumpf-Skelett und im Gliedmaßenskelett gegeben.

Durch die Halswirbelsäule ist der Schädel zum selbständigen Glied erhoben, durch die Lendenwirbelsäule der Becken-Gliedmaßen-Organismus. Der Schultergürtel mit den Armen bildet eine Metamorphose des Beckenringes.

Im Sinne der Metamorphose zieht sich im Hals- und Lendenbereich der Skelettorganismus ganz in die Wirbelbildung zurück. Schädel, Brust-, Rippen- und Beckenknochen sind Metamorphosen des Wirbels, so daß von diesem Gesichtspunkt aus der Wirbel als Urtyp des Skeletts erscheint[9].

Die gliedernden Gestaltengen der Hals- und Lendenwirbelsäule, bei welchen die Wirbelsäulenfunktion für sich allein zur Wirkung kommt, sind besonderer Beachtung wert, denn gerade in ihnen erhält die ganze Gestalt die zentrale Aufrichtedynamik.

Die durch Wirbelmetamorphose herausgegliederten sphärischen Skeletteile – Schädel, Brustkorb und Becken – dagegen bilden geschützte Innenraumzentren im Dienste höherer Organfunktionen. Für diese Organfunktionen wird im Haupt durch die Schädelkapsel vollkommen geschützte Ruhe bewirkt. Im Becken wird schreitende und tragende Bewegung der unteren Gliedmaßen in tragende Geborgenheit für die inneren Beckenorgane transponiert. Die Organisation des Brustkorbs vereinigt in rhythmischer Wechselfunktion für die inneren Lebensorgane schützende Umhüllung und die für die Atmung erforderliche Beweglichkeit, wobei jede einzelne Rippe eine gewisse Verwandtschaft mit der Gliedmaßenorganisation zeigt[9]. Ruhe und Bewegung wirken im Brustbereich zusammen (Rhythmus).

Es treten also drei Funktionen des ganzen Skeletts hervor:

Wirbelsäule — Kopf, Brust, Becken — Gliedmaßen
↑ ↓ ——— schützen ——— ↓ ↑
stützen ←——————————→ bewegen

Die Konsequenz dieser Gliederung wird offenbar, wenn wir beobachten, daß nicht allein das Ganze in drei Gliedern erscheint, sondern daß jedes dieser Glieder für sich wiederum selbst wie ein Ganzes wirkt, das die dreigliedrige Gestalt mehr oder weniger deutlich zum Ausdruck bringt.

In diesem Sinne ist das Haupt des Menschen eine vollkommene Einheit, die in ihrer Dreigliederung eindeutig ausgestaltet und geprägt ist – es ist selber Bild des reinsten Typus, Physiognomie des wirkenden Geistes[10].

Gehirn-Schädel
Sinnesorgan-Schädel
Stoffwechsel-Gliedmaßen-Schädel

Auch die Rumpfgestalt und die Gliedmaßen sind in sich wieder dreigegliedert, worauf wir am gegebenen Orte eingehen wollen. Jedes einzelne Glied ist in sich, was die Gliederung betrifft, ein Bild des Ganzen.

Die Wirbelsäule

> Die erste Anlage der Wirbelsäule im Embryo geht jener aller übrigen Knochen des Skeletts voraus[11]. Es sollte deshalb die beschreibende Osteologie mit der Betrachtung der Wirbel beginnen.
> Hyrtl*

Die Wirbelsäule bildet für das ganze Skelett die Mitte, ja man kann sagen, sie selbst ist das Urskelett, von dem sich der bewegliche, mannigfaltige Gliederbau der «Grundsäulen des Körpers», wie Goethe das Skelett nennt, herleitet. Als Säule, Wirbelkörper auf Wirbelkörper aufgebaut, Säulentrommel auf Säulentrommel, durch elastisch polsternde Zwischenwirbelscheiben der reinen Schwere enthoben, vermittelt sie als Zentralorgan der aufrechten Haltung ein urarchitektonisches Erlebnis.

Überall, wo wir in der Tierwelt der Wirbelsäule oder auch nur ihrer Vorläuferin, der Chorda dorsalis**, begegnen, kündigt sich der Mensch in der Tendenz zur Aufrichte an.

In der Tierreihe erscheint die Wirbelsäule als Chorda dorsalis in frühester Vorwegnahme späterer Zustände bereits bei der Tunikatenlarve, während der ausgebildete Tunikatenorganismus, wieder völlig in vegetative Organisation zurückkehrend, die potentielle Aufrichtetendenz, die mit der Chorda gegeben war, verliert. Erst die Fische führen von der Rückensaite, der Chorda dorsalis, die Metamorphose zum knorpelig und knöchern ausgebildeten und geglieder-

* Joseph Hyrtl, «Lehrbuch der Anatomie des Menschen», Wien 1885, S. 337.
** Chorda dorsalis = Rückensaite, von gr. χορδή = Seite, dorsum = lat. = Rücken.

Abb. 4: *Wirbelsäule des Menschen* (von vorne und von der Seite in symmetrischer Anordnung). Die seitlichen Ansichten geben den Rhythmus der Wirbelsäulenbiegungen. Von oben nach unten: Halslordose vom Atlas bis zum siebten Halswirbel; Brustkyphose, von den zwölf Brustwirbeln gebildet; Lendenlordose, von fünf Lendenwirbeln gebildet; Kreuzbeinkyphose, von fünf miteinander verwachsenen Kreuzbeinwirbeln gebildet. – Die Vorderansicht der Wirbelsäule (mittleres Bild) zeigt die charakteristische Anschwellung der Wirbelkörper um den siebten Halswirbel und im Lendenbereich, die der inneren Anschwellung des Rückenmarks im Wirbelkanal entspricht. Deutlich tritt zwischen fünftem Lendenwirbel und Kreuzbein das «Vorgebirge» (Promontorium) hervor. ▶

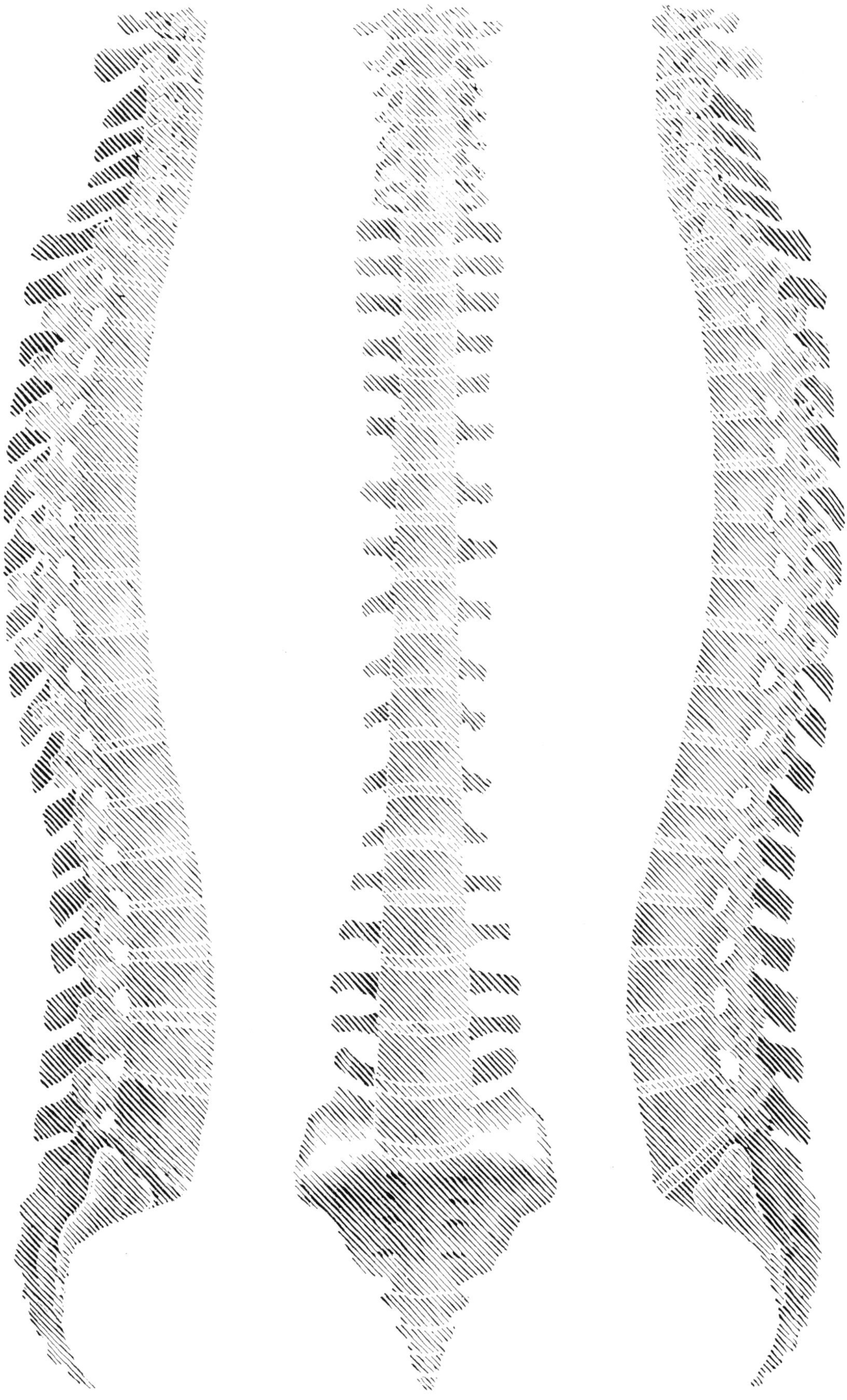

ten *Rückgrat* herauf, von dem man nunmehr mit Goethe sagen kann, daß damit die «vertikale Tendenz» erreicht ist, die «wie ein geistiger Stab» anzusehen ist, welcher das Dasein begründet und solches auf lange Zeit zu erhalten fähig ist.»[11]

In der Evolutionsreihe der Tiere tritt für die Aufrichtetendenz der Wirbelsäule eine dramatisch anmutende Spannung zwischen Reptilien und Vögeln ein. Die Reptilien, besonders die Schlangen (Abbildung 3), steigern die Wirbelgliederung ins «Unendliche». (Es gibt Schlangen, die über vierhundert Wirbel ausgebildet haben.) Aber die bloße Gliederung ins «Unendliche» führt noch nicht zur Steigerung, zu dem, wozu die Rückgratbildung, wenn sie zur Wirbelsäule wird, berufen ist, zur *«Aufrichtung der Schlange»*[12]. Der Vogel hinwiederum erhebt sich in seiner ganzen Leibesgestalt in die Lüfte, seine «Aufrichte»

Abb. 5: *Die Chorda dorsalis* (Rückensaite) wandelt sich zum Linsenkern der Zwischenwirbelscheiben um. Verbindungen von Linsenkern zu Linsenkern (rudimentär) sind hier noch erhalten gezeichnet.

erobert sich das schwerefreie Element, verliert dabei aber die Erde. Nur der Mensch erreicht das höchste organische Ziel des freien Aufgerichtetseins, indem er die seelische Hingabe der Vogelnatur an die erdenfreien Elemente der Luft und des Lichtes und die einseitige Erdgebundenheit des Schlangenwesens meidet und beide Übertendenzen durch die Ichkräfte in die Harmonie bändigt. So erscheint in der Wirbelsäule das zentrale Prinzip des menschlichen Skeletts, das über alles Organische hinaus in der Kunstwirklichkeit der Tempelsäule wirksam ist.

Die Wirbelsäule als *Urskelett*, als die potentielle Einheit des gesamten Knochensystems*, birgt in sich die ganze dreigliedrige Organisation[13].

Die Halswirbelsäule, mit ihrem geweiteten Wirbelkanal und der beweglich-gleichgewichtigen Aufgabe, den Kopf zu tragen, hat in ihrer Grazilität und Durchformtheit am meisten den Charakter des Sinnesnervensystems. Sie bringt in der Art, wie sie das Haupt trägt, eine seelisch-bewußte Gebärdensprache zum Ausdruck. Die Brustwirbelsäule zeigt – wie wir sehen werden – den Charakter der rhythmischen Mitte; die Lendenwirbelsäule in ihrem kraftvollen Gefüge Gliedmaßencharakter. Die Lendenwirbelsäule ist diejenige, die am entschiedensten trägt und stützt. Sie bewirkt die Haltung des Ganzen.

Die Wirbelsäule leistet diese mannigfaltigen Funktionen nicht statisch, sondern in dynamisch-elastisch bewegten Schwüngen, in wechselnder Streckungs- und Beugungsstellung der drei Funktionsglieder in der Symmetrie-Ebene.

Die größte und wichtigste Kurvatur bilden die zwölf Brustwirbel, die durch ihre Rückenbiegung (Brustkyphose**) den gewissermaßen halbmondförmigen Brustraum einschließen und den Brustkorb tragen. Da die einhüllende und schützende Brustwirbelkurvatur gemeinsam mit dem Brustkorb die zentralen rhythmischen Organe Herz und Lunge umhüllt, kommen wir auf die Bedeutung dieser Kurvatur bei unserer Zusammenfassung über die Wirbelsäule im Gesamtzusammenhang des Skeletts noch einmal zu sprechen.

Durch die mächtigsten Wirbelkörper der ganzen Säule, durch die fünf Lendenwirbel, wird die Kurvatur der Lendenstreckung (Lenden-Lordose***) gebildet. Die Lendenstreckung in der Symmetrieachse, das heißt die Aufrichte aus der Beugehaltung des Rumpfes, ist die wichtigste Aufrichtebewegung der ganzen Gestalt. Der Lendenwirbelsäule ist nur diese Aufrichtebewegung und die Beugung möglich, dagegen keine wesentlichen Seitwärtsdrehungen oder -beugungen.

Gleichsinnig mit der Lendenstreckung ist die Streckung der Halswirbelsäule, die durch sieben Halswirbel gebildet wird. Durch die Hals-Lordose wird das Haupt erhoben, Beugung, Neigung und Drehung ergänzen die reine Streckbewegung der Wirbelsäule zur freiesten Bewegungsmöglichkeit. Sogar eine Spiraldrehung ist der Halswirbelsäule möglich; auch die Brustwirbelsäule vermag sie neben geringer Streckung bei der Inspiration in gemäßigter Weise auszuführen, während der Lendenwirbelsäule die reine Aufrichtestreckung bleibt.

Die Wirbelkörper sind in ihrer Gesamtheit aus der Chorda dorsalis, der Rückensaite der Urorganisation, hervorgegangen. In der knorpeligen Wirbelanlage der frühen Embryonalzeit finden sich in den Körpern noch die Spuren der

* Naturw. Schr., Bd. I, S. 218 ff.

** Κύφωσις = Biegung (rückwärts im Sinne der Konkavität).

*** Λόρδωσις = Vorwärtsbiegung.

Saite, die in den Zwischenwirbelscheiben sogar erhalten bleibt. Diese, die als elastische Polster in die «Gelenkkette» (G. Husemann) der Wirbelsäule eingefügt sind, sind die Restorgane dieser Chorda, deren «Schwingungsbäuche» sich in diese Zwischenscheiben mit ihren quellend federnden Linsenkernen verwandelt haben, während sich die Knochensubstanz der Wirbelkörper gewissermaßen in den «schwingungsarmen Zonen» der Chorda ablagerte.

Die aus der urrhythmischen Chorda hervorgegangene Wirbelsäule bleibt in ihrer Gestalt und in ihrer federnden Elastizität auch später ein Organ des rhythmischen Systems.

Der Bau der einzelnen Wirbel

Alle Wirbelkörper zusammen bilden die tragende Achse, jeder einzelne Körper ist Säulentrommel, tragendes Glied, das dem Ganzen die Haltung verleiht. Wie die ganze Wirbelsäule, so vereinigt auch der einzelne Wirbel in sich alle drei charakteristischen Skelettfunktionen. Er besteht aus dem Wirbelkörper, dem Wirbelbogen und aus den Wirbelfortsätzen. Der Wirbelkörper trägt. Der Wirbelbogen schützt und umhüllt. Er ist das Urbild aller schalig-schützend-umhüllenden Knochenfunktionen des Skeletts, wie sie sich besonders in der Schädelbildung zeigen. Die *Wirbelbogen sämtlicher Wirbel bilden gemeinsam den Wirbelkanal,* in welchem das vom Rückenmarkwasser umströmte Rückenmark geschützt und geborgen ist. Die Wirbelfortsätze wirken im Dienste der Bewegung als Hebel und als Bewegung richtende Gelenkführungen von Wirbel zu Wirbel (Gliedmaßenfunktionen).[14]

Brustwirbel

Die gemeinsame Grundform, der Typus aller Wirbel, ist charakteristischerweise wieder im Bereich der Mitte im Brustwirbelbereich gegeben. Dieser Typus der reinen (rhythmischen) Gliederung zeigt sich noch bei der ganzen Wirbelsäule des Neugeborenen. Erst nach und nach differenzieren sich die Wirbel der Lenden- und Halswirbelsäule nach ihren besonderen Funktionen.

Der *Wirbelkörper* des Brustwirbels ist fast zylindrisch mit einer dünnen kompakten Außenschicht. Er ist innen stark porös und von auffallend weiten Venen durchströmt. Diese Struktur nimmt beckenwärts zu. Die Wirbelkörper tragen seitlich Gelenkflächen für die Rippenköpfchen.

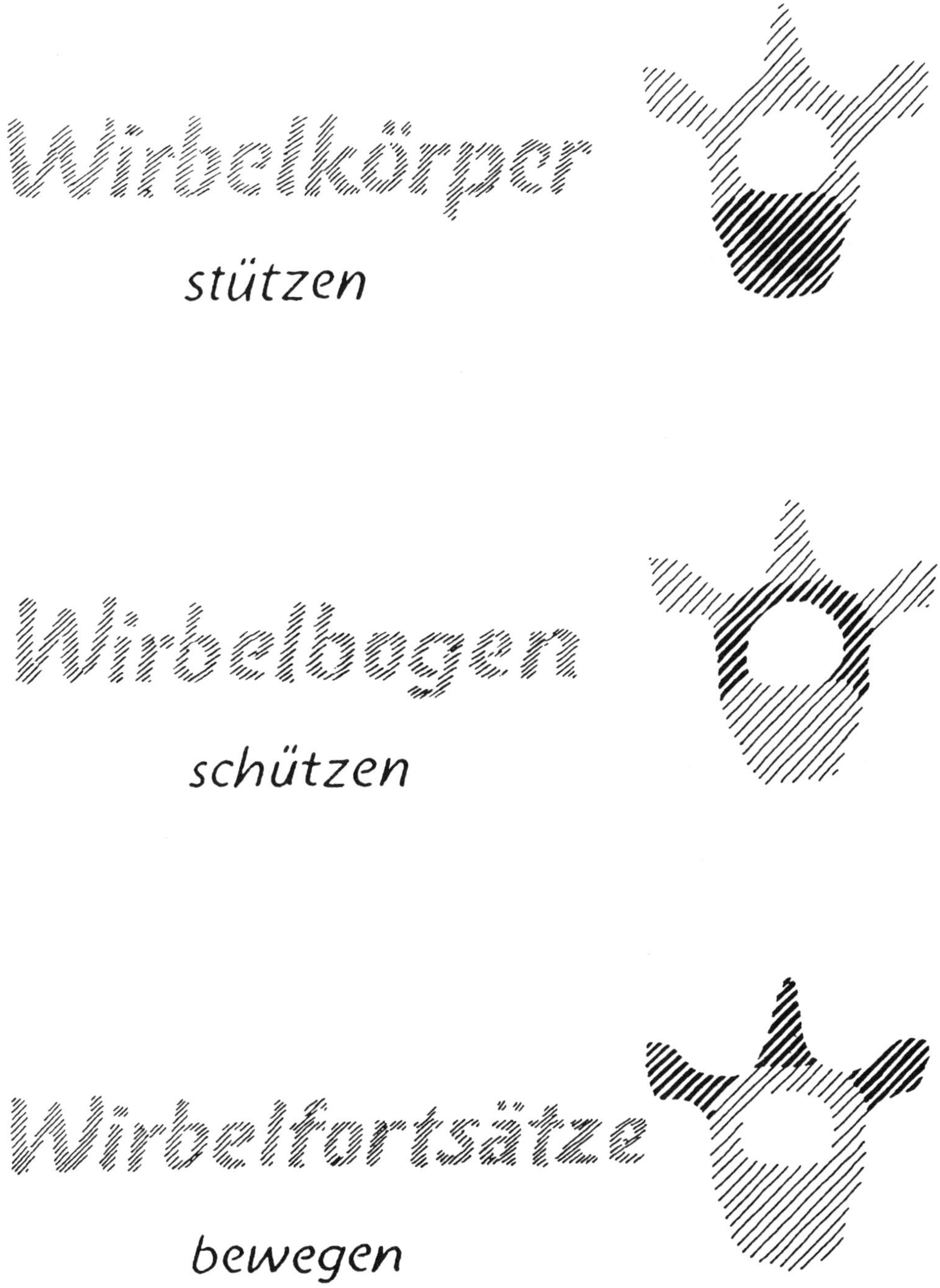

Abb. 6: Wirbeltypen

Der *Wirbelkanal* ist im Brustwirbelbereich verhältnismäßig eng und – verglichen mit den Hals- und Lendenabschnitten – im Querschnitt rund. Die Fortsätze sind bei den Brustwirbeln harmonisch zu den übrigen Gliedern der Wirbel ausgebildet. Die Dornfortsätze in der rückwärtigen Symmetrieachse sind schlank und von verhältnismäßiger Länge und neigen sich gegen die Wirbelbasis etwa um dreißig Grad abwärts.

Die *Querfortsätze*, vom Wirbelring ausgehend symmetrisch, etwa zehn Grad über die Wirbelkörperbasis nach oben hinten aufsteigend, tragen Gelenkflächen für den zweiten Gelenkansatz der Rippen (Rippenhöcker) und sind besonders kräftig. Zwischen Querfortsatzwurzel und Wirbelkörper setzen oben und unten die Gelenkfortsätze zur gelenkigen Verbindung der Wirbel untereinander an. Diese Gelenkflächen sind bei den Brustwirbeln besonders flach und annähernd frontal gestellt, so daß die Bewegung der Brustwirbel gegeneinander nur eine geringe Streckung und Spiraldrehung zuläßt.

Charakteristisch für die Brustwirbel sind die Harmonie der Glieder (Wirbelkörper, Wirbelring, Wirbelfortsätze) sowie die Gelenkansätze für die Rippen.

Lendenwirbel

Die fünf Lendenwirbel bilden den Stoffwechselgliedmaßencharakter der Wirbelsäule aus, daher sind alle ihre Glieder morphologisch und funktionell zunehmend derb und grobflächig ausgebildet. Die Wirbelkörper vergrößern gegen das Kreuzbein zu ihre Zwischenwirbelgelenkflächen in sagittaler*, vor allem aber in seitlicher Richtung, auch die Einbettung der Zwischenwirbelscheiben wird vertieft – Ausdruck der zu tragenden Last –, so daß die Wirbelkörperflächen bei ebenfalls stark erweitertem Wirbelkanal bohnenförmig erscheinen.

Der Wirbelkanal nimmt dreieckige Form (Basis Wirbelkörper) an, die Weitung deutet auf funktionell-nervliche Schwerpunktbildung der Streckungszone hin.

Die Querfortsätze verstärken in ihrem massigen Bau nochmals den Gliedmaßencharakter des ganzen Abschnitts. Sie haben die Rippen in sich funktionell aufgenommen, erscheinen daher verstärkt. Die Dornfortsätze sind in seitlicher Ansicht in quadratischen Flächen ausgebreitet mit kräftigem Rückenfalz; über sie ziehen mächtige, die Wirbel miteinander verbindende Bänder und Muskeln.

* Sagittal von lat. sagitta, Pfeil = Richtung von vorne.

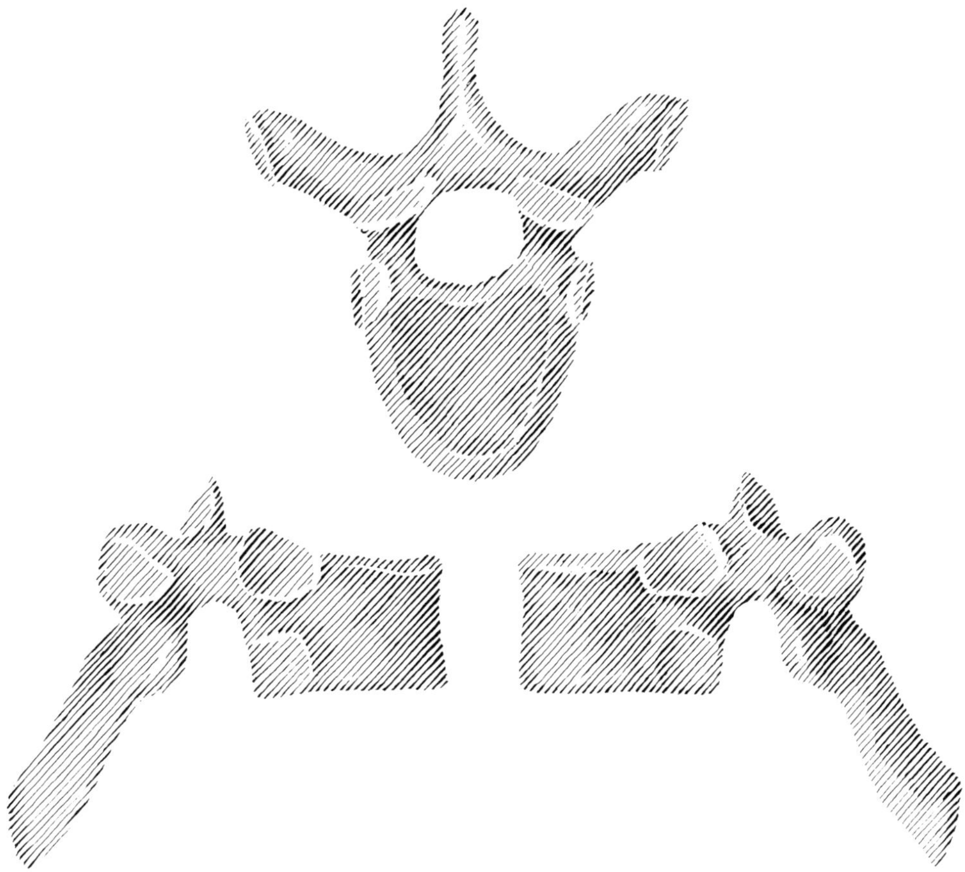

Abb. 7: *Typus des Brustwirbels* (sechster Brustwirbel) in symmetrischer Darstellung. 1. Der mittlere Brustwirbel von oben zeigt die Dreigliedrigkeit der Wirbelgestalt: a) Wirbelkörper herzförmig, mit seinem Schalenbett zur Aufnahme der Zwischenwirbelscheibe. Seitlich am Wirbelkörper gegen den Wirbelring links und rechts die Gelenkflächen für die Rippenköpfchen. b) Wirbelring: annähernd rund, den Wirbelkanal bildend, er trägt am hinteren Bogen die Gelenkflächen zum nächstoberen Wirbel. c) Wirbelfortsätze: in der Sagittalachse nach hinten der Dornfortsatz, links und rechts die beiden Querfortsätze, abschließend mit der zweiten Gelenkfläche für die Rippen. – 2. Brustwirbel in seitlicher Ansicht: a) Beide Wirbelkörper zylindrisch. b) Rippenbogen seitlich nur als Taille des Wirbels erscheinend. Unten das Nervendurchtrittstor (incissura inferior); nach oben hinten der Gelenkfortsatz zum nächsten oberen Wirbel. c) Wirbelfortsätze: Dornfortsatz, 30 Grad abwärts geneigt; unten der Gelenkflächenwulst für den nächstunteren Wirbel; Querfortsätze, leicht nach hinten oben ansteigend (10 Gradwinkel) mit dem zweiten Rippengelenkansatz am äußeren Ende.

Die Gelenkflächen von Lendenwirbel zu Lendenwirbel stehen sagittal, so daß nur Beugung und Streckung harmonisch ausgeführt werden können (Benninghoff).

Halswirbel

Die sieben Halswirbel stehen polar zu den Lendenwirbeln. Hier herrscht nicht der massive Stoffwechsel-Gliedmaßen-Charakter, sondern alle Glieder der Wirbel sind aufs feinste durchformt. Die Form hat die Masse aufgezehrt. Traten bei den Lendenwirbeln besonders die Fortsätze hervor, so dominiert jetzt der Wirbelring als Ausdruck der sphärischen Gestaltungskräfte, die den Kopfpol des Skeletts auszeichnen. Der Wirbelkanal selbst zeigt dabei wieder wie im Lendenbereich dreieckiges Lumen. Die Wirbelkörper sind im Halswirbelbereich besonders zart gegliedert; queroval, querkonkav zeigen sich die Zwischenwirbelflächen einem länglichen Rechteck angenähert. Die Halswirbel selbst besitzen die geringste Porosität, welche nach abwärts immer mehr zunimmt. Die Dornfortsätze nehmen nach unten langsam an Länge zu und sind an der Dornspitze leicht gespalten; der siebte (Vertebra prominens, der hervorragende) erreicht die volle Länge der folgenden Brustwirbeldornfortsätze, ist aber durch seine mehr waagrechte Stellung besonders hervorgehoben und daher gut tastbar, die Spitze ist nicht mehr gespalten. Die Querfortsätze nehmen im Halswirbelbereich wie im Lendenbereich Rippenrudimente auf und verschmelzen so mit ihnen, daß eine charakteristische Blutgefäßöffnung für die Wirbelarterie, die zum Gehirn führt, offen bleibt. Die Gelenkfortsätze von Wirbel zu Wirbel sind flach und etwa um 45 Grad gegen die Horizontalebene von vorn nach hinten geneigt. Die Bewegungsmöglichkeit ist außerordentlich groß: Beugung und Hebung des Hauptes, Neigung und Drehung. Die allerzartesten Bewegungen der Halswirbelsäule haben stärkste gebärdenmäßige und physiognomische Ausdruckskraft. Die wichtigste Bewegung der Halswirbelsäule als unmittelbarer Trägerin des Hauptes ist aber die Streckung rückwärts (Hals-Lordose), wobei sich das Antlitz und der Blick des Menschen nach oben richten.

Je höher wir im Bereich der Halswirbelsäule von Wirbel zu Wirbel emporsteigen, um so mehr erweitern sich auf Kosten der Wirbelkörper und der Fortsätze die Wirbelringe[14]. Den höchsten Grad dieser Entwicklung erreichen die beiden obersten Halswirbel Axis (Epistropheus) und Atlas. «Atlas, besonders in die Breite gebildet. Deutet auf Verwandtschaft mit den Schädelknochen» (Goe-

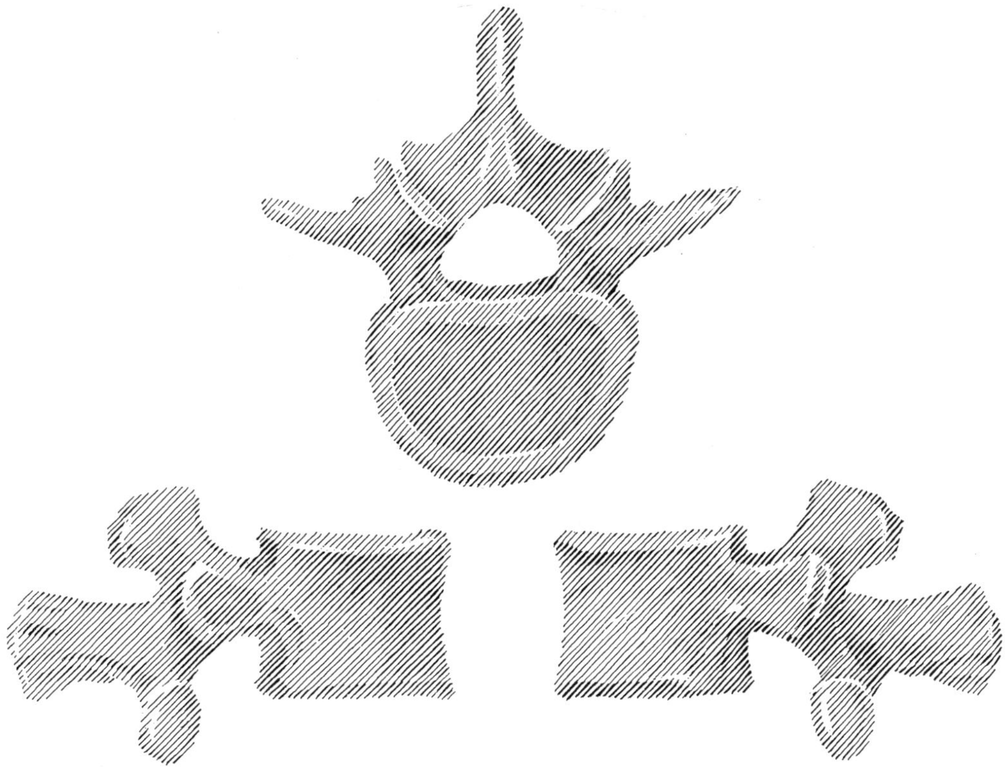

Abb. 8: *Typus des Lendenwirbels* (dritter Lendenwirbel). 1. Der mittlere Wirbel von oben: a) Querovaler Wirbelkörper mit fast bohnenförmigem Schalenbett zur Aufnahme der Zwischenwirbelscheibe. b) Wirbelring: schließt einen dreieckigen Wirbelkanal ein. c) Wirbelfortsätze: der Dornfortsatz im Zuge der starken Lendenmuskulatur sehr kräftig gebildet; ebenfalls die Querfortsätze (entwicklungsgeschichtlich Rippenrudimente). – 2. Seitliche Lendenwirbelansicht: a) Charakteristischer Wirbelkörper, Profilansicht. b) Die Mitteltaille, die dem Wirbelring entspricht, gibt wieder die Nervendurchgangseinschnitte, vor allem unten (incissura vertebralis inferior), aber bei den Lendenwirbeln auch oben sehr deutlich (incissura vertebralis superior). c) Fortsätze: der Dornfortsatz in seitlicher Ansicht, mächtig ausgebildet, fast rechteckig. Querfortsätze: waagrecht, leicht nach hinten geneigt (verwachsene Rippenrudimente). Nach oben und unten vom hinteren Wirbelbogen abzweigend der obere und untere Gelenkfortsatz zu den nächstgelegenen Wirbeln, annähernd in die sagittale Richtung gestellt.

the)* Der Atlas verliert dabei vollkommen seinen Wirbelkörper, so daß sich bei ihm nur ein mächtiger Wirbelbogen findet. Auch der Dornfortsatz ist gewissermaßen in die harmonische Sphäre des tragenden Ringes eingeschmolzen. Der Atlas bildet mit seinen beiden oberen, seitlich gelegenen längsovalen, leicht nach hinten zur Mittelachse gerichteten Gelenkpfannen das schalenförmige Lager des Hauptes[15]. Das Hinterhauptbein, das deutlich einen in die Schädelsubstanz eingeschmolzenen Wirbel erkennen läßt, ruht mit seinen fast walzenförmigen Gelenkflächen (Kondylen**) in diesen Gelenkpfannen des Atlas. Beide Gelenkverbindungen wirken gemeinsam als Scharniergelenk, der Kopf vermag sich in ihm zu senken und zu heben. Der Atlas dreht sich um den Zahnfortsatz des Axiswirbels und nimmt dabei das Haupt mit. Der Axiswirbel hat in seinem Achsenstab (Dens axis) den eigenen Wirbelkörper mit dem «Wirbelkörper» des Atlas verbunden und so die senkrechte Drehachse für den Atlas gebildet.

Die Gliederung der Wirbelsäule als Ganzheit

Unsere Betrachtung richtete sich bisher auf die bewegliche Wirbelsäule:

Halswirbelsäule
Brustwirbelsäule
Lendenwirbelsäule.

Zu dieser Beschränkung berechtigt uns die funktionelle Betrachtungsweise[16].

Die Morphologie stellt uns aber noch vor eine umfassendere Aufgabe: Die Wirbelsäule als Urskelett, als Mitte des ganzen Systems, steht zwischen den Polen des Schädels und des Beckens. Aus der Verwandlung der Wirbel von der Mitte des harmonischen Urwirbels gegen die Pole zu können wir schon etwas Wesentliches vom Bildegesetz des Ganzen ablesen. Je näher wir zum Beispiel gegen das Becken vorrücken, um so kräftiger erscheinen neben den Wirbelkörpern und Zwischenwirbelscheiben (die gleichsam einen mächtigeren Rhythmus antönen) die Fortsätze, insbesondere die Querfortsätze.

Im Beckenbereich stoßen wir auf eine völlig neue Erscheinung. Deutlich in seinem Ursprung erkennbar, finden wir das *Kreuzbein* aus fünf Wirbeln zusammengewachsen, die die Bildetendenz der letzten Lendenwirbel sogar verstärkt haben[17]. Neben den Wirbelkörpern sind es vor allem die Massae laterales des

* Naturw. Schr., Bd. I, S. 321
** Κόνδυλος = Kopf = Knochengelenk.

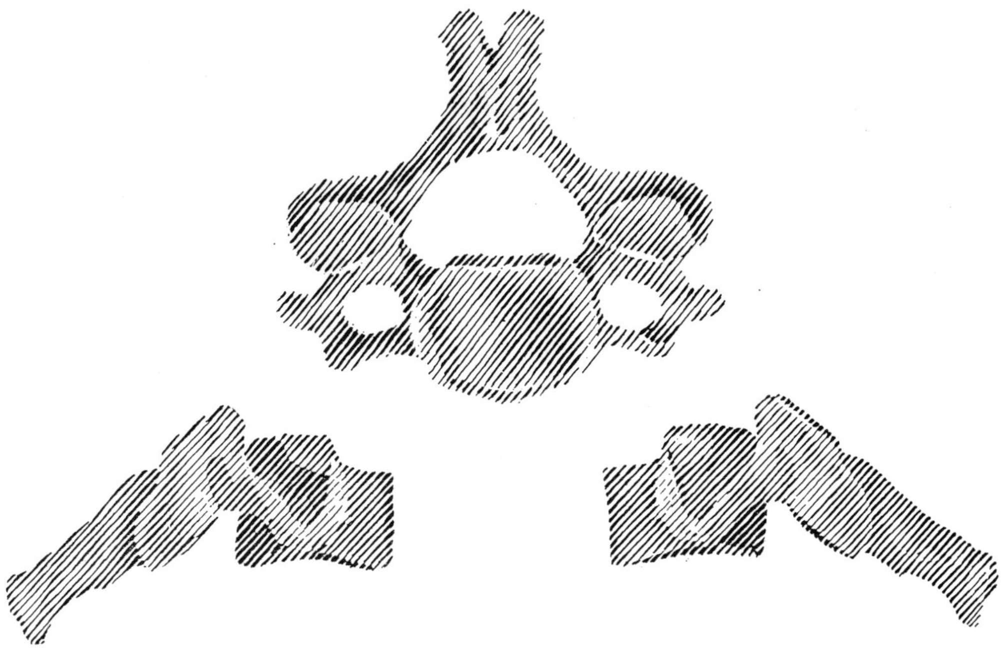

Abb. 9: *Halswirbel.* 1. Der mittlere Halswirbel von oben gesehen: a) Fast rechteckiger Wirbelkörper mit querem Bett für die Zwischenwirbelscheibe. b) Sehr weiter Wirbelring, dreieckiges Lumen des Wirbelkanals. c) Wirbelfortsätze: Dornfortsatz gespalten (nach unten gezeichnet). Querfortsätze: In einem vorderen Teil mit Öffnungen für die Wirbelarterien und einem hinteren Teil mit den Gelenkflächen zu den folgenden Wirbeln nach oben und unten – 2. Halswirbel von der Seite: Charakteristisch die Abwärtsneigung der Dornfortsätze (40 Grad) und der unteren und oberen Gelenkflächen.

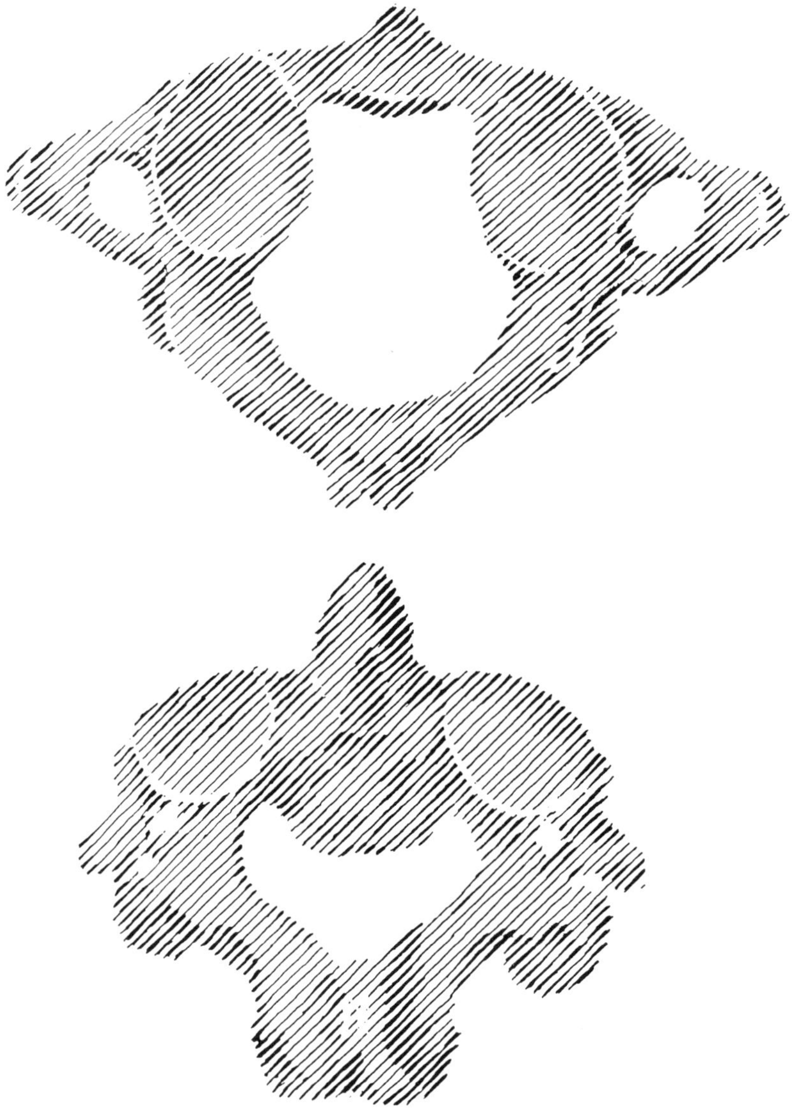

Abb. 10: *Atlas und Epistropheus* (Axis, Dreher). 1. Atlas, Ansicht von oben: a) Kein Wirbelkörper. b) Vollkommen ausgebildeter Wirbelring. Vorderer Bogen, innen mit Gelenkfläche für den Zahn des Drehers, außen Höcker. c) Fortsätze: am hinteren Bogen zwei rudimentäre Höckerchen, den Dornfortsatz andeutend. d) Querfortsätze: seitliche Öffnungen für die Wirbelarterien. e) Nach oben die länglich fußsohlenartigen Gelenkbetten zur Aufnahme der walzenförmigen Gelenkswulste der Schädelbasis (vergleiche Abb. 18). Nach unten ovale Gelenksflächen zur drehenden Artikulation mit dem Epistropheus. – 2. Epistropheus: a) Wirbelkörper (zierlich entwickelt) bildet mit dem Zahn (Drehachse) eine Einheit. b) Wirbelring mit weitem dreieckigem Lumen. c) Mäßig ausgebildeter Dornfortsatz; Querfortsätze mit Öffnungen für die Wirbelarterien.

Kreuzbeins, das heißt die massigen Querfortsätze und eingeschmolzenen Rippenhälse, also die Gliedmaßenelemente der idealen Wirbel, die hier dominieren und flächenbildend zum zentralen Schlußstein des «Beckengewölbes» verschmolzen sind.

Die letzten Halswirbel dagegen haben uns ganz die gegenteilige Entwicklung gezeigt. Nicht die Querfortsätze und Wirbelkörper gehen hier, wie im Beckenbereich, in Metamorphose, sondern polar dazu sind es nun die Wirbelbogen, die durch Ausweitung das dem Becken polare sphärische Knochensystem, den Schädel, bilden.

Jetzt sind wir durchaus veranlaßt, durch Vereinigung morphologischer und funktioneller Betrachtungsweise zum Ganzen der Wirbelsäule auch das Kreuzbein (Becken) und das Schädelsystem (besonders die Schädelbasis) hinzuzurechnen. Die vollständige Folge aller fünf Kurvaturen (Kyphosen und Lordosen) unserer rhythmisch gegliederten Säule nötigt uns sogar dazu: zuerst die Brustkyphose als die reine Mitte, gemeinsam mit dem Brustgerippe die rhythmischen Organe bergend. Nach unten anschließend die Lendenstreckung, Ausdruck des organischen Aufrichtewillens. Von der Brustkyphose nach oben die Halsstrekkung, Ausdruck bewußtseinserfüllter Aufrichtefähigkeit für das Haupt. Und jenseits der Lenden- und Halsstreckung die Polarität der Beckenkreuzbeinkyphose, welche die inneren Generationsorgane birgt, und die Schädelkyphose (Schädelkapsel), welche unser Bewußtseinsorgan, das Gehirn, umschließt.

Der *geistige Stab* unserer inneren Aufrichte wird von rhythmischer Kräftefolge umspielt, wobei seelische (streckende) und ätherische (beugende) Wirkungen im organischen Aufbau einander ablösen. Der Merkurstab mit der aufgerichteten Schlange ist Wirklichkeit.

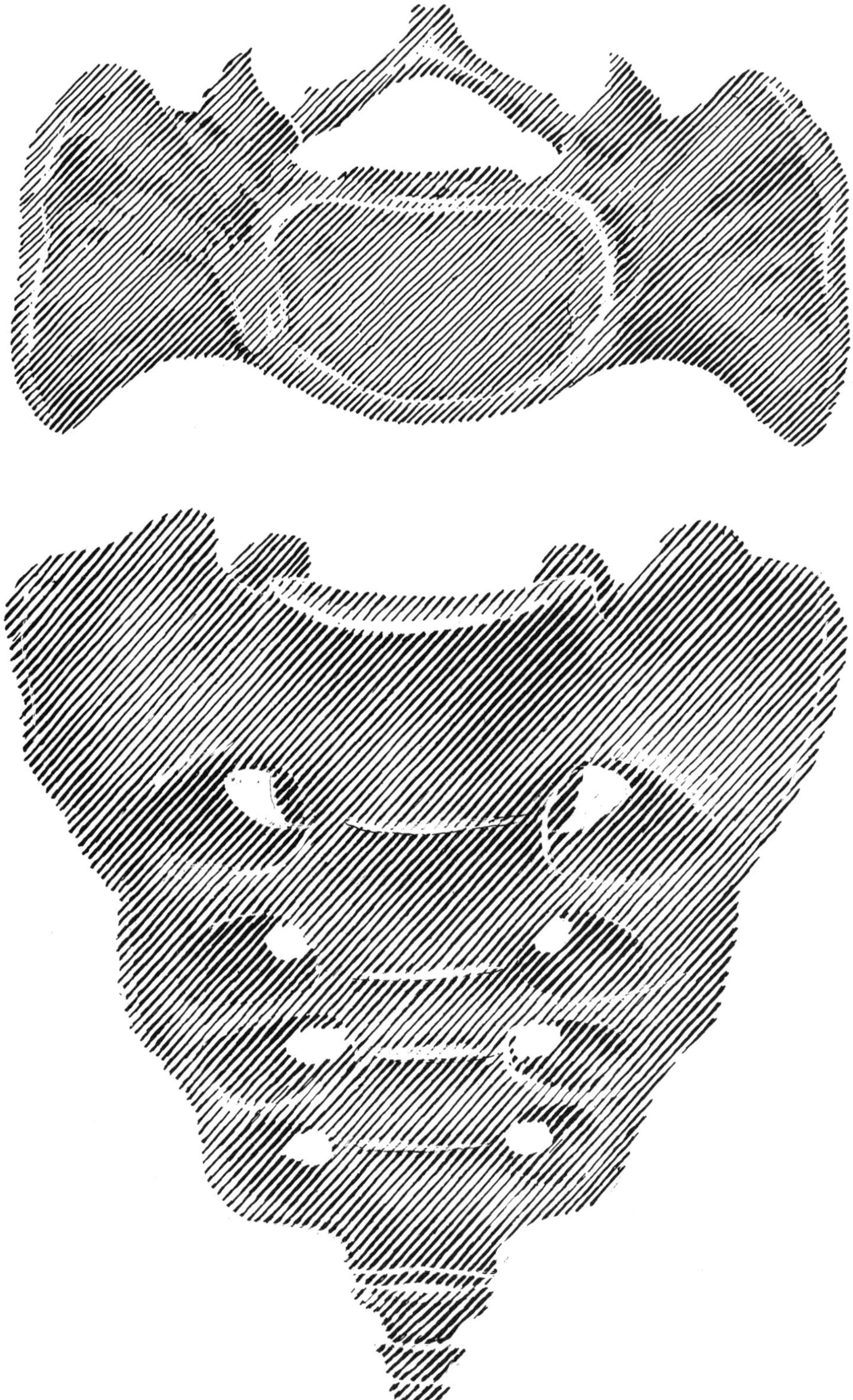

Der Schädel

Wie unser Haupt auf Rückenmark und Lebenskraft aufsitzt! Wie die ganze Gestalt als Grundpfeiler des Gewölbes dasteht, in dem sich der Himmel bespiegeln soll! Wie unser Schädel sich wölbet gleich dem Himmel über uns, damit das reine Bild der ewigen Sphären drinnen kreisen könne. Goethe*

Das Schädelskelett zeigt einen vollkommenen organisch-architektonischen Bau. Vom übrigen Skelett ist es am entschiedensten herausgegliedert, und es verdient gegenüber diesem durchaus die Bezeichnung «das Haupt», denn es erscheint in seiner leiblich-seelisch-geistigen Einheit und Würde mit solcher Bedeutungskraft, daß der ganze übrige Organismus und eben auch der Skelettorganismus gegenüber dem «Hauptskelett» gleichsam untergeordnet wirkt.

Während die Gliedmaßen in die Rumpfgestalt nur eingefügt erscheinen und die Gliederung eines Armes, eines Fußes als bloße Umkreisgliederung im Raume wirkt, spricht die Gliederung des Schädels unmittelbar den geistig physiognomischen Ausdruck des Menschenwesens aus. Was wir in der Rumpfgestalt und in der Gliedmaßenperipherie als Vielheit in der Gliederung sehen, ist im Schädel zur Einheit zusammengefaßt.

Um den geistig-seelischen Ausdruck der Schädelarchitektur hervorzubringen, bedient sich der Organismus wieder einer polaren Komposition, nämlich der Sphärengestalt bei der Schädelkapsel (Kugelellipsoid), welche das Ganze bestimmt, sie wird besonders rein in Stirnhaupt, Scheitelhaupt und Hinterhaupt verwirklicht sowie im Gesichtsschädel. Der Gesichtsschädel bildet im Antlitz des lebenden Menschen ebenfalls ein Ellipsoid, welches durch Stirnbildung,

* Naturw. Schr., Bd. II, S. 68.

◀ Abb. 11: *Kreuzbein.* Ansicht von oben: die Gliederung des Ganzen wie bei den Wirbeln. a) Quer-ovales, fast nierenförmiges Gelenkbett (wie bei den Lendenwirbelkörpern). b) Rückwärts oben die Öffnung des Kreuzbeinkanals (unteres Ende des Rückenmarkkanals), dreieckiges Lumen wie im Lendenabschnitt. c) Seitenteile (partes oder massae laterales), verschmolzene Querfortsätze, deutlich radial einstrahlende Struktur, sie schließen von Kreuzbeinwirbel zu Kreuzbeinwirbel die Kreuzbeinnervenöffnungen ein (entsprechend den «Zwischenwirbelöffnungen» der freien Wirbelsäule). Die Verbindung zwischen Kreuzbein und Hüftbein (Darmbein) des Beckens ist als Seitenfläche hier nicht sichtbar (vergleiche Abbildung 24), reicht aber von der Kreuzbeinbasis bis zur unteren Begrenzung der zweiten Kreuzbeinöffnung (Knochennaht). d) Die Dornfortsätze der Wirbelsäule sind beim Kreuzbein zur höckerigen Kreuzbeinleiste verschmolzen (crista sacralis). e) Es folgt dem Kreuzbein nach unten das Steißbein mit drei (vier) rudimentären Wirbelbildungen.

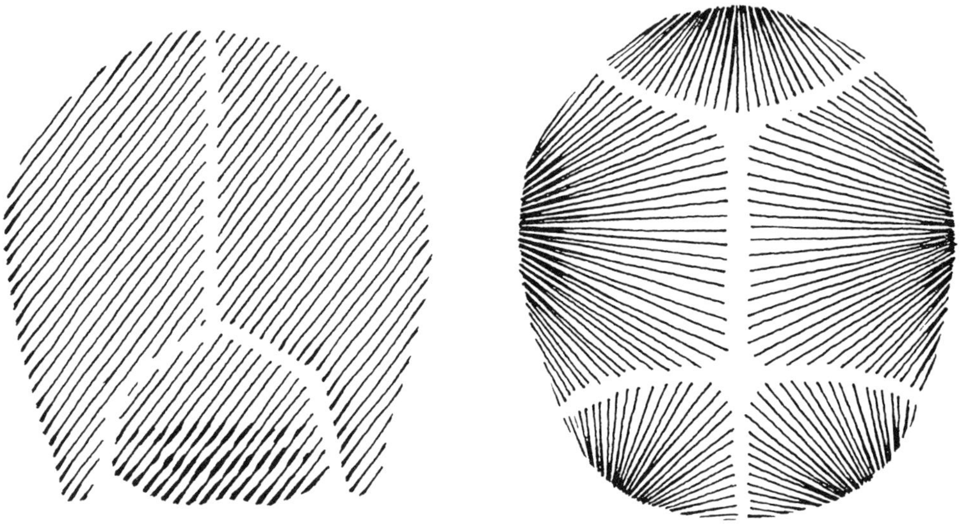

Abb. 12: *Ansicht des Schädels.* Links: Ansicht des Schädels von hinten, warzenförmige Fortsätze der Schläfenbeine, rechts: Ansicht des Schädels von oben, Schädeldachentwicklung aus fünf Knochenkernen.

Augenstellung, Nasenbildung und durch Mund- und Kinnbildung die intimste Formensprache der Persönlichkeit offenbart[18].

Das Gesicht, das Antlitz ist darin so bedeutend, daß es nicht nur wie alle übrigen Glieder vorwiegend durch Leibesbildung anschaubar ist, sondern daß es selber «schaut», durch die Augen etwas hervorleuchten läßt[18], durch die gesamte Mimik etwas ausspricht, was seelisch-geistige Bedeutung hat, was das Innere offenbart.

Dieses Antlitz ist in sich selbst wiederum «dreigegliedert». Vom Stirnhaupt erhält es die geistige Klarheit und Größe, vom bewegten Mund, von der Kraft der Ober- und Unterkieferentwicklung den Ausdruck starken organischen Willens und aus dem Mittelbereich den lebendig beseelten individuellen Blick.

Der Gesichtsschädel gliedert sich also in:

Stirnhaupt (Os frontale)
Sinnesorganschädel (er umfaßt Augenhöhle, Ohranlage und Nase)
Gliedmaßenschädel (Ober- und Unterkiefer).

Die Schädelkapsel

Das vollkommenste Bild des Schädels im Sinne eines sphärischen Körpers ergibt sich beim Blick auf das Scheitelhaupt. Fünf Schalenknochen (das Stirnbein ist aus zwei Knochenkernen gebildet) fügen sich zum Aufbau des Kugelellipsoids zusammen und bilden eine vollkommen schützend gestaltete, im Charakter einer Eischale ähnliche Hülle. Schützende Hülle um das Gehirn zu bilden ist hier die reine Aufgabe, in der die übrigen Skelettfunktionen (Stützen und Bewegen) aufgegangen sind. Wo sich die einzelnen Schalenknochen begegnen, ergeben sich Fugen, die sich im Laufe der Entwicklung mäandrisch verzahnen. Zwischen dem Stirnbein und den beiden Scheitelbeinen bildet sich so die Kranznaht. Die Scheitelbeine fügen sich entsprechend der Symmetrieachse in der Pfeilnaht zusammen. Das Hinterhauptbein fügt sich in kräftig mäandernder Verzahnung an die rückwärtigen Grenzen der Scheitelbeine mit der Lambdanaht an und bildet den kräftig knöchernen Pol zum Stirnbein.

Wir haben eben das «Eirund» des Schädels beim Anblick von oben hervorgehoben, in welchem sich das Ätherische im Physischen ausspricht (siehe Lymphkapitel). Da dem Knochen als dem «Erdig-Mineralischen» des Organismus immer eine wenn auch meist ganz verdeckte Beziehung zum Kristall eignet, darf an dieser Stelle die kristalloide Grundstruktur des Schädelrundes erwähnt werden, welche besonders in den frühen Ossifikationsstadien (zum Beispiel noch deutlich beim Neugeborenen) erscheint. Die Knochenschalen (Stirnbein [paarig], Scheitelbeine, Hinterhauptbein), die strahlig von Zentren (Knochenkernen) aus aufeinander zuwachsen, gestalten das Ganze zu einem deutlichen Pentagon.

Einen besonders eindeutig architektonischen Charakter zeigt der Schädelbau von der rückwärtigen Ansicht. Das Hinterhauptbein, abgesetzt gegen die hinteren Abschnitte der Scheitelbeine, verstärkt seine Knochenmassen in wellenförmigen Wülsten (Linien starker Muskelansätze) bis herab zu dem Knochenwall, der das große Hinterhauptsloch umschließt und seitlich durch die Gelenkwülste (Kondylen) zum Atlasgelenk verstärkt ist. Die warzenartigen Fortsätze der Schläfenbeine wirken wie seitliche robuste Stützpfeiler. Auch hier schimmert gewissermaßen das Pentagon durch die sphärische Bildung hindurch.

Die Warzenfortsätze bilden sich erst nach der Geburt mit der Aufrichtung der Gestalt als Ausdruck der bis zum Haupte heraufreichenden Gliedmaßenaktivität.

Der Gesichtsschädel

Das Stirnhaupt bildet den geistigen Pol des Gesichtsschädels. Seine Wölbung bringt bedeutungsvoll zur Anschauung, was es im Innern schützend birgt[18]. Dabei steht es in charakteristischer Weise mit dem mittleren Schädelbereich im Zusammenhang dadurch, daß es das Dach der Augenhöhle und den Ansatz der Nasenwurzel bildet und vor allem dadurch, daß funktionell der mittlere Schädel gewissermaßen in den Stirnbereich durch die Bildung der durchlüfteten Stirnhöhlen übergreift.

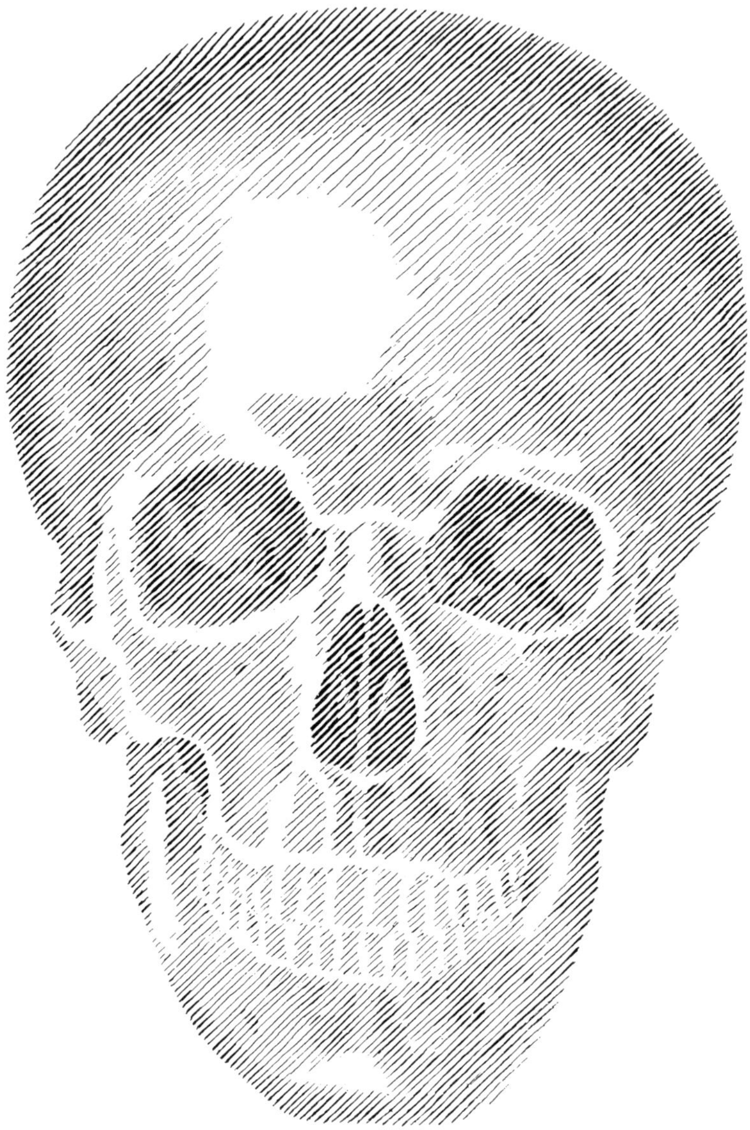

Abb. 13: *Gesichtsschädel von vorne.* Klare Dreigliederung; «Stirnhaupt»; «Sinnesorganschädel» (Augenhöhlen, Nasenöffnung); «Gliedmaßenschädel» (Ober- und Unterkieferbereich).

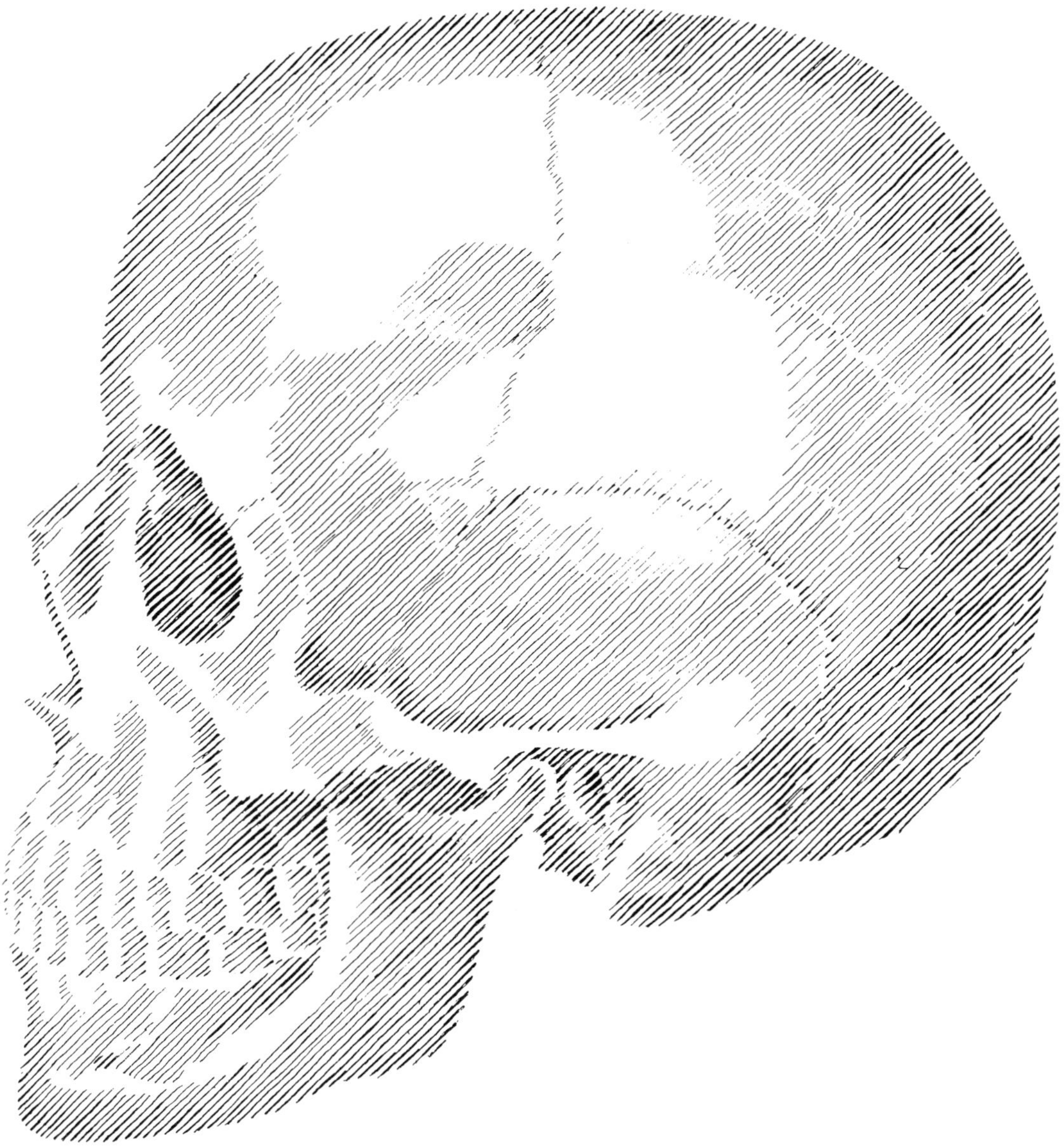

Abb. 14: *Schädel in seitlicher Ansicht.* a) Stirnhaupt mit oberem Augenrand (margo supraorbitalis), die Kranznaht, die Schläfenbeinschuppe und das Hinterhauptbein. b) Sinnesorganschädel: Augenhöhle, Nasenhöhle, Backenknochen (maxilla), Gehörgang (porus accusticus externus). c) Gliedmaßenschädel: Oberkieferbein (maxilla), Unterkiefer (mandibula). – Man beachte vor allem den Gliedmaßencharakter des hinteren Unterkieferastes mit dem Gelenkköpfchen und Hals. Wichtig für die Architektur des Gesichtsschädels ist besonders das Nasenbein, das Wangenbein (os zygomaticum) und der anschließende Jochbogen, sowie hinter der Öffnung des äußeren Gehörgangs das Warzenfortsatzbein.

Ober-Unterkiefer-Bereich (Gliedmaßenschädel)

Den entschiedensten Gegensatz zum Stirnbein und überhaupt zu allen knöchernen Elementen, die die Schädelkapsel als «Kuppelbau» zusammenschließen, stellt das Ober-Unterkiefer-System dar.

Ober- und Unterkiefer gemeinsam sind das «Gliedmaßensystem des Schädels». Vor allem der Unterkiefer entspricht schon weitgehend dem Gliedmaßentypus, indem er durch seine Äste der sphärischen Bildung des Hauptes entwächst. Charakteristisch für das Haupt ist am Unterkiefer, daß er sich zum Kinnbogen zusammenschließt[19, 20], also seine Gliedmaßenäste sozusagen vereint. Die parabelförmigen Zahnbogen deuten auf diese Metamorphose hin.

Besonders klar ist am jeweiligen Gelenk und Muskelast des Unterkiefers der Gliedmaßencharakter zu sehen. Die gliedmaßenartige Streckung beider Äste zeigt schon hyperboloiden Bau, wie er bei den Gliedmaßen besonders gegen die Peripherie zu immer deutlicher hervortritt. Das Gelenk des Unterkiefers ist in seiner embryonalen Anlage wie ein Oberschenkelgelenkkopf mit Trochanterknorren und Oberschenkelhals gebildet. Das durch den Kinnbogen vereinte, paarige Gelenk bildet ein Scharniergelenk.

Gegenüber den typisch radial gestalteten reinen Gliedmaßen behält das Kiefersystem, bei hufeisenförmigem Zusammenschluß seiner Äste in der Einordnung unter die sphärische Formtendenz des Hauptes, dennoch ein Urphänomen aller Gliedmaßenbildung bei, nämlich die aus der Peripherie einstrahlende Radialstruktur vieler Teile in loser Fügung, die Zähne[21].

Charakteristisch für das Haupt ist es nun, daß nur der Unterkiefer eine der Gliedmaßenorganisation entsprechende Bewegung zeigt, die aber gegen den Oberkiefer exakt greift und mit ihm gemeinsam so das «Gliedmaßenskelett» des Hauptes bildet. Die herrschende Formtendenz des Hauptes wird unmittelbar auch deutlich beim Vergleich zwischen Oberkieferbogen und Unterkieferbogen. Der Unterkieferbogen formt am unteren Rand eine klare Parabel, am Zahn-Alveolar-Rand eine an die Ellipse angenäherte Parabel, während die Alveolarlinie des Oberkiefers bereits eine eindeutige Halbellipse bildet (Abb. 15).

Beim tierischen Schädel greift bereits der Oberkiefer viel weiter gliedmaßenartig aus, denn hier sind die Kiefer durchaus Greiforgane, während beim Menschen der Gliedmaßencharakter des Kieferbereichs völlig in den Sprachbildungsorganismus umgewandelt ist und die Greiffunktion den Bewußtseinsfunktionen untergeordnet erscheint. Es stehen einander also in Stirn- und Kiefersystem höchste Ruhe und Abgeschlossenheit der Form und entschiedene Offenheit und Beweglichkeit der Bildung gegenüber. Die Mitte aber, die diese polaren Glieder in sich zur Steigerung bringt, vollendet erst die Gesichtsbildung durch den beseelten Gehalt in der Gestaltung des menschlichen Antlitzes.

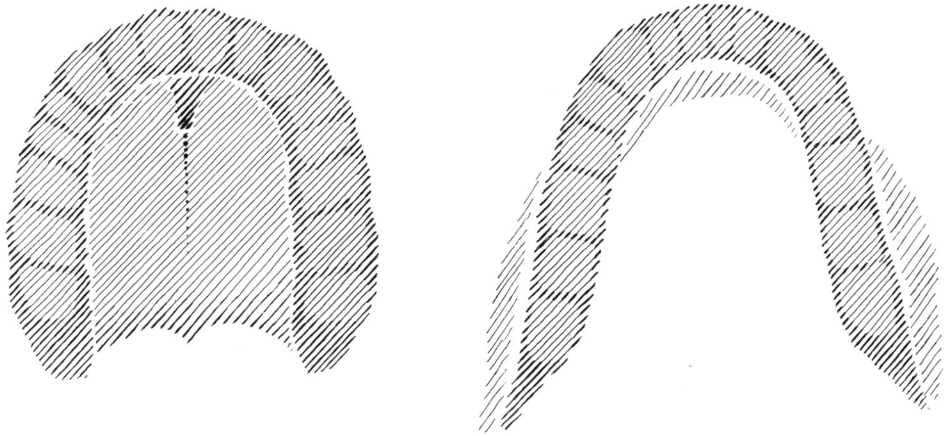

Abb. 15: *Oberkiefer mit Foramen incissivum:* (Zahnleiste und Alveolen sind nur angedeutet), elliptische Rundung. *Unterkieferbogen*, paraboloide Bildung.

Der Sinnesorganschädel

Die mittlere Organisation des Schädels zu beschreiben ist eine besondere Aufgabe, da der Schädel ja in seiner Ganzheit wie kein anderes Glied des Organismus die Dreigliedrigkeit offenbart, wobei gerade hier der Mitte – dem Sinnesorganbereich des Schädels – durch Mannigfaltigkeit der Form und der Funktion die größte Bedeutung zukommt.

Die Sinnesorgane im Ganzen der Organisation können erst an späterer Stelle unserer Arbeit dargestellt werden, da uns hierzu jetzt noch die notwendigen Elemente fehlen. Hier soll nur soviel gesagt sein: Die Sinnesorganisation bildet zwischen Blut- und Nervenorganisation eine funktionelle Mitte, eine höchste Steigerung des organischen Lebens überhaupt.

Der unserer Betrachtung vorliegende mittlere Bezirk des Schädels (Abb. 13) zeichnet sich dadurch aus, daß er in sich zugleich drei der wichtigsten Sinnesorgane in der knöchernen Raumgestaltung ausspart und aufnimmt[22]: das Auge, das Ohr und den Geruchssinn.

Das Auge repräsentiert unter diesen drei Sinnesorganen in seiner Funktion und im Ausdruck seiner sphärischen Gestalt das bewußteste, im Sinne der Dreigliederung dem Kopf am nächsten zugeordnete Organ[23]. Das Auge ist am entschiedensten «Nervensinnesorgan». Die Augenhöhlen des Schädels fügen sich aus den Teilen von sieben Knochen zusammen:

Nasenbein	Tränenbein
Stirnbein	Siebbein
Jochbein	Keilbein
Oberkieferbein	

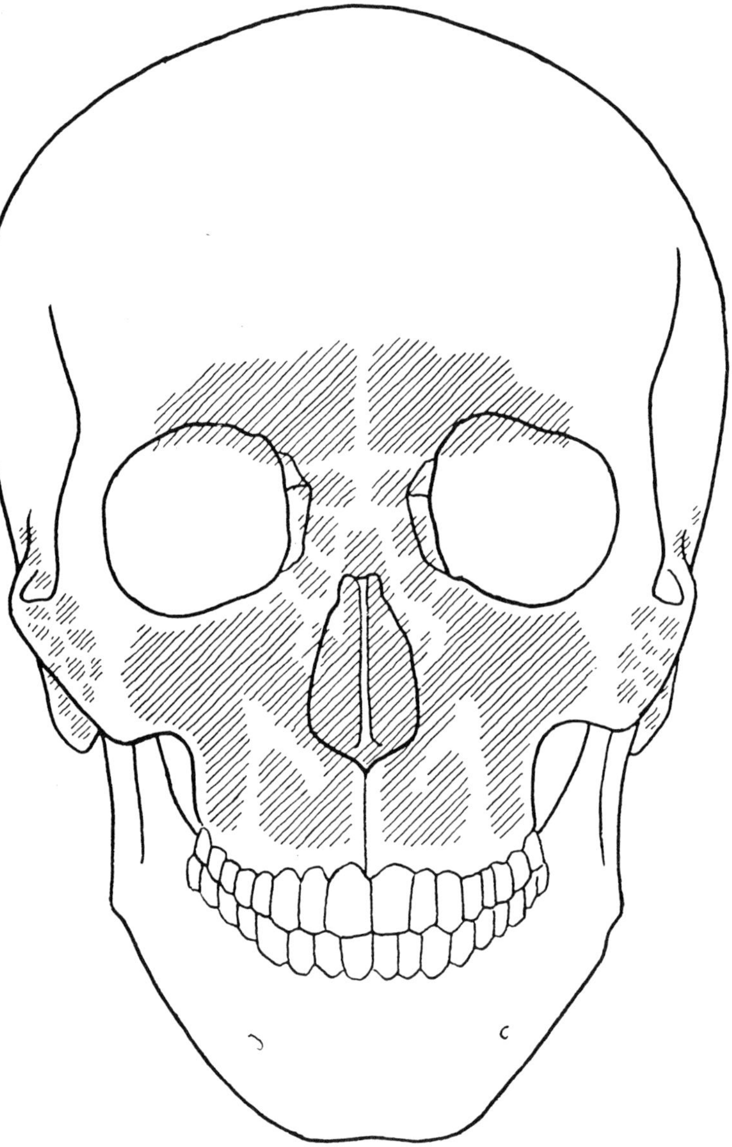

▲
Abb. 16 und 17: *Die pneumatischen* (beatmeten) *Räume des Schädels in Frontal- und Seitenansicht:* Man beachte die Ausdehnung dieser Räume, die projektiv in einer Ebene gezeichnet sind. Die Seitenansicht (Abb. 16) zeigt die gleichen pneumatischen Höhlen in ihrer räumlichen Folge: a) Stirnhöhle, b) Siebbeinzellen, c) Kiefernhöhle (sinus maxilaris), d) Keilbeinhöhle (unter der Hypophysengrube in der Schädelbasismitte), e) Mittelohr mit Ohrtrompete (tuba auditiva, gestrichelt) und f) die hinter dem Ohr gelegenen pneumatischen Zellen des Warzenbeins. ►

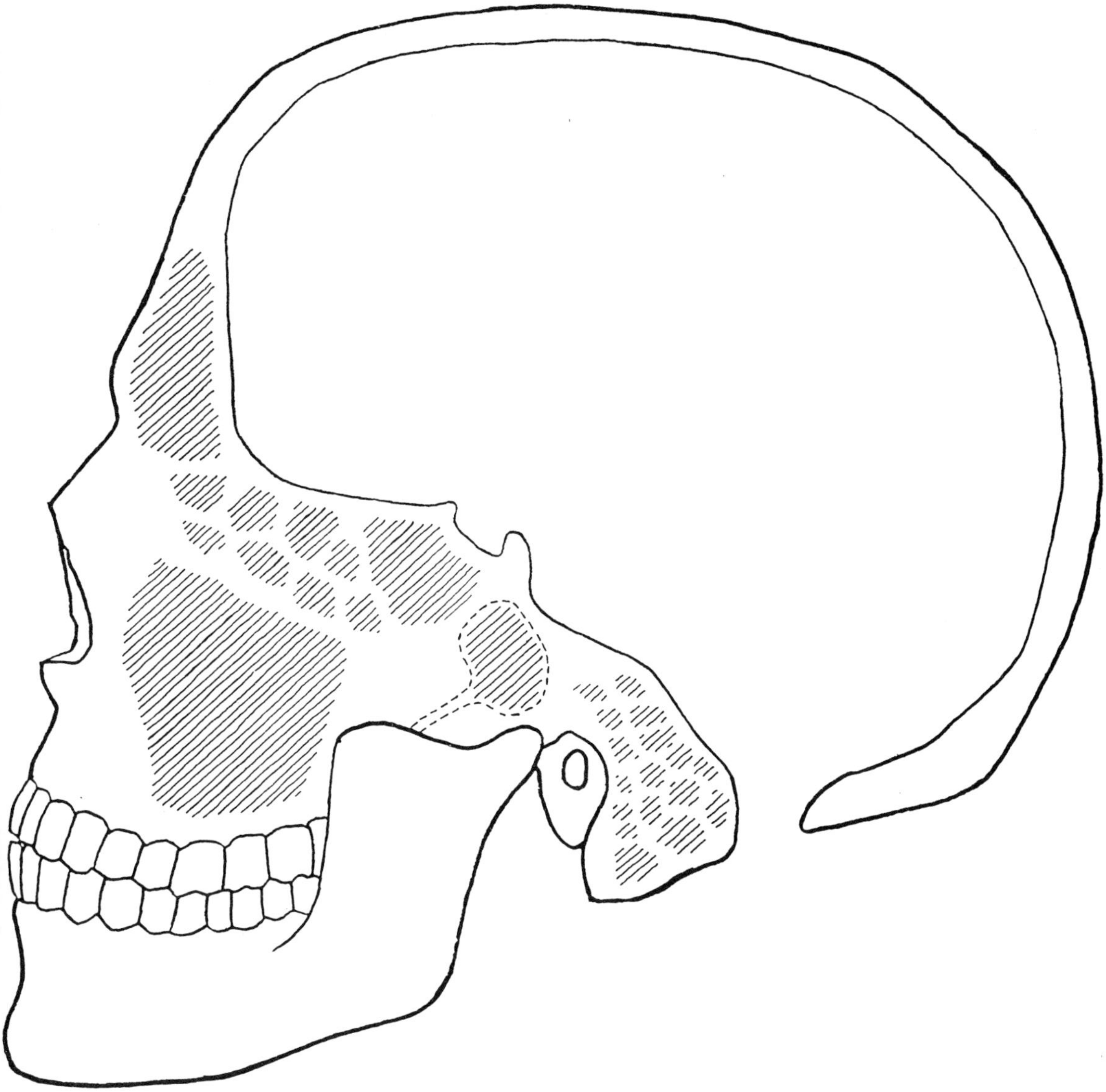

Diese Knochen bilden zusammen zwei deutlich erkennbare Hohlpyramiden, die beiden Augenhöhlen, deren Kanten Spalten offen lassen, durch welche Blutgefäße aus- und eintreten. Der «Sehnerv» tritt durch eine eigene Öffnung in der jeweiligen Pyramidenspitze in die Augenhöhle ein.

Im Gegensatz zum Auge, das ganz in die freie Raumeswelt hinaus orientiert ist, ist das Ohr tief in das Felsenbein hineinversenkt und eingekapselt. Als statisches und akustisches Doppelsinnesorgan erscheint es einerseits mehr dem Gliedmaßensystem, andererseits mehr dem Stoffwechselsystem in seinem Charakter zu entsprechen[24].

Auf das Gliedmaßenelement im Ohr deuten schon Hammer, Amboß und Steigbügel, die drei zartesten Gebilde unseres Skeletts. Sie bilden gewissermaßen ein Skelett im Skelett, wie das Felsenbein ein Schädel im Schädel genannt werden könnte, wozu sowohl seine Gestalt als auch seine Knochenhärte auffordern.

Die Lymphströme im Innenohr und im Bogengangsystem des Gleichgewichtsorgans akzentuieren das Stoffwechselwesen im Sinnesorganbereich.

So charakterisiert sich das Ohr vorzugsweise als «Stoffwechsel-Gliedmaßensinnesorgan».

Das Felsenbein schließt in sich die Ohrschnecke und die drei Bogengänge ein. Auch die Mittelohrräume mit Hammer, Amboß und Steigbügel gehören dem hier pneumatisierten Felsenbein an. Das Schläfenbein umschließt den äußeren Gehörgang.

Der pneumatische Schädel

Zwischen und unterhalb der Augen- und Ohrregion des Sinnesorganschädels gestaltet sich die atmende Mitte, der Nasenraum mit dem Geruchssinnesorgan, aus, als unmittelbare Entsprechung zum rhythmischen Atemsystem der Brust.

Bei der Geburt ist die atmende Mitte charakteristischerweise noch nicht vollständig ausgebildet. Zwischen den Kräften des Nerven-Bewußtseinspols und des Stoffwechsel-Willenspols muß sich die Mitte erst aus der Funktion heraus entfalten.

Diesen mittleren Abschnitt des Gesichtsschädels können wir den *pneumatischen* Schädel nennen, denn es ist der atmende Mensch selber, der ihn aufbaut und mittels des Atemstroms durchgestaltet.

Der pneumatische Teil des Sinnesorganschädels fügt sich aus folgenden Schädelknochen zusammen, die auch an der Bildung der Nasenöffnung beteiligt sind:

Nasenbein,
Tränenbein,
Oberkieferbein.
Im Innern der Öffnung:
Pflugscharbein (untere Mitte),
Perpendikularplatte (obere Mitte),
drei Nasenmuscheln (seitlich).

Neben der eigentlichen Nasenöffnung befinden sich im Atmungssystem der Nase noch weitere pneumatische Räume (Nasennebenhöhlen):

Stirnhöhle,
Siebbeinzellen,
Keilbeinhöhle,
Kieferhöhle.

Das pneumatische System greift bei der Stirnhöhle über die Mitte hinaus nach oben, bei den Kieferhöhlen gegen den «Gliedmaßenschädel» zu, bei den Siebbeinzellen und bei der Keilbeinhöhle greift es in den Bereich der Schädelbasis hinüber, und im Bereich des Felsenbeins erweitert es im Mittelohrbereich die Paukenhöhle und dringt noch weiter hinterhauptwärts bis in die Warzenfortsätze, wo es noch recht eindrucksvoll ausgeweitete Zellenräume bildet.

Über die Bedeutung des pneumatischen Systems hat man viel herumgerätselt und in der wissenschaftlichen Literatur letztlich wenig darüber ausgesagt[25]. Und doch spricht die Signatur dieser ausgedehnten Mitte eine bedeutsame Sprache. Zunächst hatten wir Veranlassung, die Atemorganisation des Schädels, den Nasenraum innerhalb des Sinnesorganschädels zwischen das «Nerven-Sinnesorgan» (Auge) und das «Stoffwechsel-Sinnesorgan» (Ohr) in seiner Mittelstellung zu erkennen. Jetzt sehen wir, daß diese Mitte durch die Nasennebenhöhlen die Sinnesorgane überflügelnd umgreift: die Stirnhöhle das Auge, die Warzenbeinzellen das Ohr. Die zusammenfassende Besprechung der Atmung wird über die pneumatischen Räume des Schädels und über ihre Entwicklung mit Inspiration und Exspiration noch Wesentliches eröffnen. Bei der reinen Betrachtung des Schädelskeletts müssen wir zunächst auf alle diese funktionellen Zusammenhänge verzichten. Um so mehr drängt sich uns die Bedeutung der Nasennebenhöhlen für den architektonischen Bau des Ganzen auf. Sie bilden den mittleren Funktionsbereich zwischen den vom Gehirn ausgehenden sphärischen Formkräften, die den Kuppelbau der Schädelkapsel bestimmen, und den Zugkräften, die von der Kaumuskulatur über die Kiefer den Aufbau mächtiger Verstärkungspfeiler (Unterkiefer, Oberkiefer, Jochbein, Warzenfortsatz) bewirken. Auch die Zugkräfte, die den Schädel im Gleichgewicht tragen, wirken verstärkend auf die Knochenpfeiler des Warzenfortsatzes und des Hinterhauptes[26]

Die pneumatischen Höhlen aber, die sich weitgehend erst nach der Geburt entwickeln, geben der Gesichtsarchitektur im ganzen Mittebereich bis in die Mittelachse der Schädelbasis hinein (Siebbeinzellen, Keilbeinhöhle) die innere funktionelle Aufrichte und Leichtigkeit, die dem Bau die physiognomische Freiheit und Würde verleihen[26, 27].

Die Entwicklung des dreigliedrigen Schädels

Die Schädelbasis, der Gesichtsschädel und die Schädelkuppel als Einheit

Jeder, der den Schädel von unten betrachtet, kann leicht zu dem Eindruck gelangen, daß das Hinterhauptbein mit der großen Hinterhauptsöffnung und den seitlichen Gelenkswülsten ein ausgeweiteter und eingeschmolzener Wirbel ist. Diese Beobachtung führt uns zu der Frage nach der Schädelentwicklung überhaupt. Goethe war es, der im Jahre 1790 auf dem Judenfriedhof in Venedig an einem auseinandergeborstenen Schöpsenschädel zum erstenmal die Idee von der Wirbelnatur des Schädels faßte[28].

Die Schilderung des Schädels aus der Polarität des sphärischen Gehirnschädels, der Kuppel des ganzen Gebäudes und des Gesichtsschädels bleibt unvollständig, solange nicht die Schädelbasis als das wesentlichste Bindeglied und Zentralstück zwischen diesen Polen dargestellt ist.

Abb. 18: *Architektonische Raumgliederung des inneren Schädelbaues:* a) Der Gehirnkapselraum mit Gewölbedach (calvaria) und Schädelbasis. Letztere gliedert sich in die vordere Schädelgrube, die Hypophysengrube und die zur Schädelbasis gehörende Neigungsfläche (clivus) zur hinteren Schädelgrube mit der großen Hinterhauptsöffnung. b) Mittelraumverhältnisse: zum Stirnbein übergreifend die Stirnhöhle, zur Schädelbasis übergreifend die Keilbeinhöhle (die übrigen pneumatischen Räume liegen seitlich und sind im Sagittalschnitt nicht sichtbar). Nasenraum mit Nasenscheidewand, vom Oberkiefer rückwärts strahlend das Pflugscharbein, nach unten der knöcherne Gaumen mit dem «foramen incissivum» (Zwischenkieferregion, Goethe). c) Mundhöhle: Gaumenwölbung oben; von Ober- und Unterkiefer gebildet: der «Gliedmaßenschädel». Beim Unterkiefer hinten oben der Gelenkast (processus condylaris mit ramus mandibulae) und der Unterkieferkörper mit dem für den Menschen so charakteristisch ausgebildeten Kinn (mentum). ▶

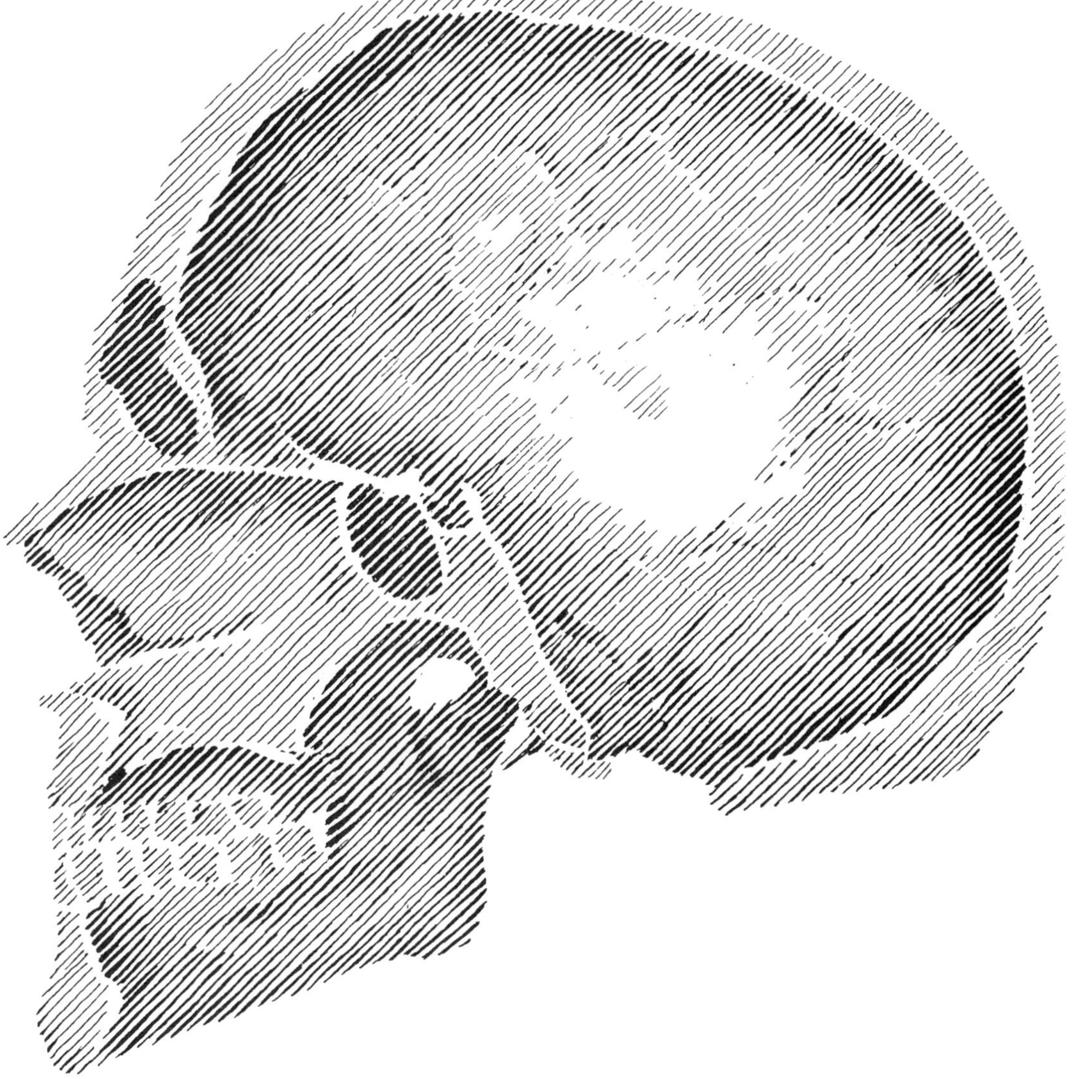

Das Stirnbein und das Schläfenbein (mit der Felsenbein-Pyramide) bilden gemeinsam mit dem Hinterhauptbein, das schon unmittelbar zur Schädelbasis zählt, die Kuppelwölbung der Schädelkapsel. Sie fügen sich aber beide zur vorderen und mittleren Schädelgrube so an die Glieder der zentralen Schädelbasis an, daß sie ebenfalls an der Schale der Basis mitbilden, die das Gehirn trägt.

Die zentralen Knochen der Schädelbasis liegen in der Längsachse, und zwar vorn, zwischen den basisbildenden Teilen des Stirnbeins: das Siebbein, in der Mitte das Wespenbein (Keilbein), hinten das Hinterhauptbein.

Gerade diese Mittelachse der Schädelbasis, mit dem zentralen Wespenbein als dem knöchernen Zentrum des ganzen Schädels, leitet zu den Entwicklungstatsachen des Knochensystems, wie wir sie schon bei der Betrachtung der Wirbelsäule aufgesucht haben. Wenn wir die Schädelentwicklung verstehen wollen, haben wir wieder von der funktionellen Morphologie der Wirbel in ihrer Gliederung von Wirbelkörper, Wirbelring und Wirbelfortsatz auszugehen. Wir haben festgestellt, daß in dieser Wirbelgliederung die Urkräfte aller Skelettbildung veranlagt sind, die sich nun auch für die Schädelentwicklung bewähren sollen.

Zunächst haben wir die Segmentation des perichordalen Mesenchyms, dessen rhythmische Gliederung von der Chorda dynamisch induziert wird, zu betrachten, die zuletzt zur rhythmischen Gliederung der Wirbelkörper und Zwischenwirbelscheiben führt. Ernst Haeckel als Zoologe und Gegenbauer als Anatom waren der Meinung, die segmentale Gliederung der Wirbelorganisation sei von der niederen Tierwelt herauf das Ergebnis vegetativer Sprossung. Beide Forscher erlebten bei dem Prozeß der Gliederung vor allem das ätherische Wachstum.

Neuere Forscher sahen in der Teilung des Mesenchyms zu regelmäßig und scharf abgeformten Segmenten die Induktion der nervalen Formkräfte. Die neuesten Ergebnisse zeigen aber den Entwicklungsweg weder von der einen noch von der anderen Seite her einseitig bestimmt. Das Mesenchym, aus dem Bindegewebe, Muskulatur und das Skelett hervorgehen, sammelt sich um die Chorda dorsalis zunächst in völlig kontinuierlichem Fluß. Dieses Mesenchym gliedert sich als Ganzes noch vor der Differenzierung der spinalen Nervensegmente. Ebenso vollzieht sich das Wachstum in jedem vorgebildeten Gliede, also nicht sprossend.

Diese Urwirbelbildung ist der Grundvorgang jeder später folgenden Segmentierung, derjenigen des Nervensystems und des Eingeweide-Ernährungssystems[29]. Hier handelt es sich um den rhythmischen Bildeprozeß der mittleren Organisation, bei dem die ätherisch-vegetativen und die animalisch-astralischen Bilde- und Formkräfte im Wechsel wirken. Doch in dem bloßen Wechsel der ätherischen und astralischen Funktionskräfte haben wir noch nicht das Wesentliche des Bildeprozesses, denn bevor sie zur Wirksamkeit kommen, ist schon die Rückensaite und der sie umgebende Mesenchymstrom veranlagt, die

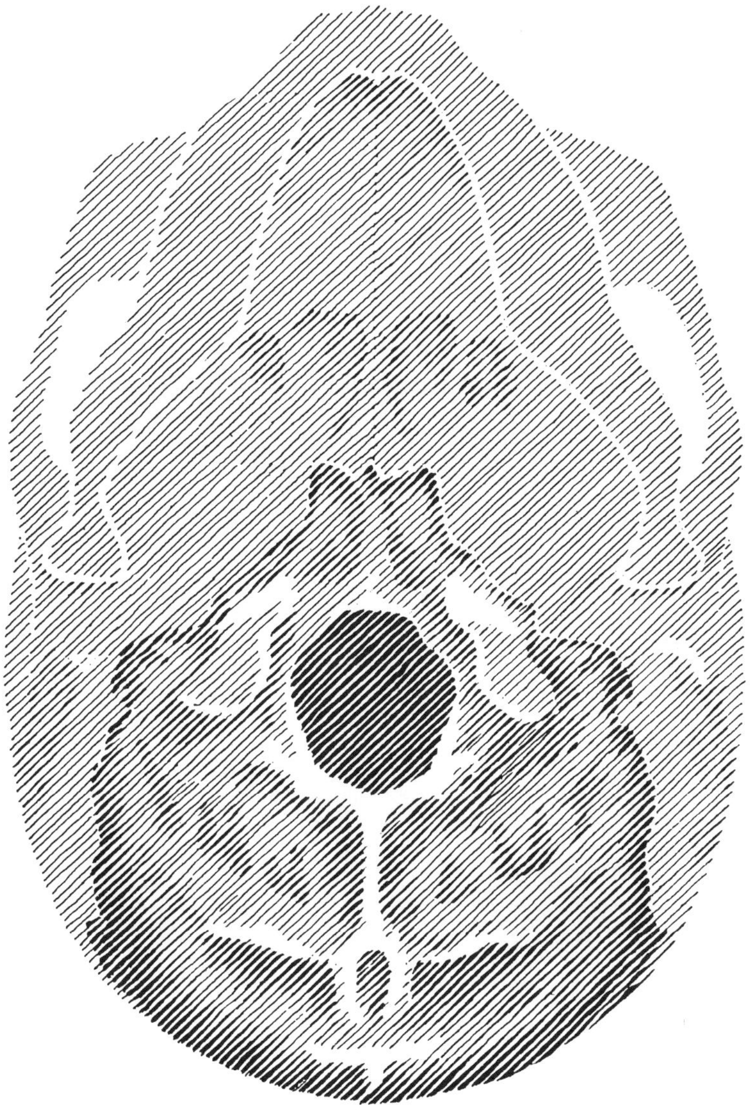

Abb. 19: *Schädel von unten:* a) Hinterhaupt mit den mächtigen Hinterhauptschuppen. b) Rhythmische Region der Gefäß- und Nervenöffnungen. c) Der stark gegliederte Vorderschädel: 1. Oberkieferregion, 2. die Jochbeinbögen, 3. die Gaumenflügelfortsätze des Keilbeins (nicht dargestellt), 4. um die große Hinterhauptsöffnung (foramen occipitale magnum) die walzenförmigen Gelenke zum Atlas. Mehr oder weniger deutlich sind in dieser Region beim Originalschädel etwa drei erweiterte und miteinander verschmolzene Wirbel in der Knochenmasse zu erkennen (Goethe).

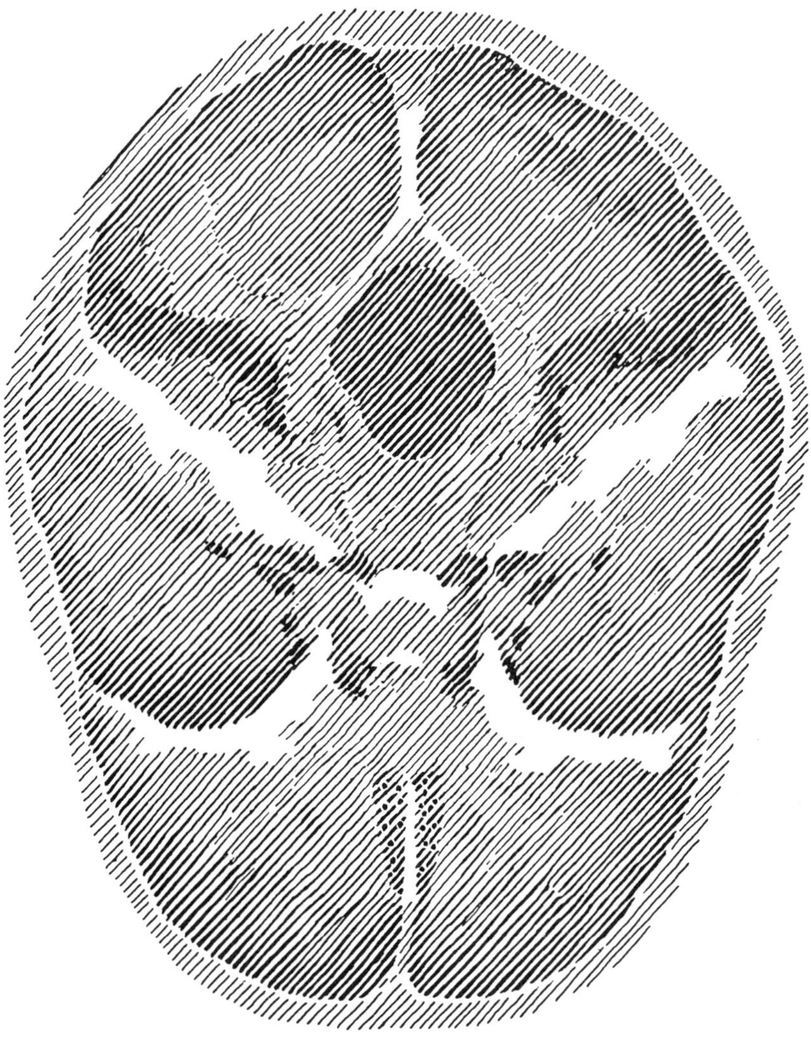

Abb. 20: *Schädelbasis* in der Aufsicht *von innen* (Dreigliederung der Schädelgruben). a) Vordere Schädelgrube, vom Stirnbein über den Augenhöhlen gebildet. In der Mittelachse das Siebbein mit dem Mittelkamm (crista galli), Siebbeinplatte mit Siebbeinlöchern. b) Mittlere Schädelgrube und Wespenbein mit den großen und kleinen Flügeln. In der mittleren Vorderfront des Wespenbeins der vordere Sattelrand (sella turcica, Türkensattel) mit den beiden Sehnervenaustrittskanälen. Nach hinten der hintere Sattelrand und die Neigungsfläche (clivus) zur großen Hinterhauptsöffnung. c) Seitlich zweigt, vom hinteren Sattelrand des Wespenbeins durch eine tiefe Furche getrennt, das Felsenbeinpaar in einem Winkel von etwa 40 Grad nach hinten außen ab. Das Felsenbein birgt in sich das statisch akustische Sinnesorganpaar. d) Hintere Schädelgrube: sie wird hauptsächlich vom Hinterhauptbein (os occipitale) gebildet, das die große Hinterhauptsöffnung nach hinten abschließt.

Urfunktion der Aufrichtekraft des Ichs, in der wir auch das eigentliche Regulativ im rhythmischen Prozeß, die steuernde Mitte der organischen Kräftepolarität sehen, ohne welche die bloße Wechselwirkung astralisch-ätherischer Kräfte unfruchtbar wäre und bald zum Erliegen kommen müßte. Alle organische Entwicklung geht aus diesen entelechisch gesteuerten rhythmischen Prozessen hervor. Dies gilt für die Entwicklung der Wirbelsäule im besonderen und der Rumpforganisation im allgemeinen. Alle diese Funktionen und Gestaltformen sind für den Schädel durch Metamorphose auf eine wesentlich höhere Bildungsstufe heraufgehoben, in der dennoch im Sinne Goethes der Urtypus ablesbar ist. Wir dürfen also nicht erwarten, im Schädel lediglich umgebildete Rumpfwirbel wieder zu entdecken. Im Sinne der Dreigliederung gilt für Kopfsystem, Rumpfsystem und Gliedmaßensystem bei aller Übereinstimmung des Urtypus jeweils ein eigenes vorherrschendes Gesetz, das sich durch die morphologische Entwicklung frühzeitig geltend macht, uns aber deshalb nicht völlig vom Urtypus zu trennen braucht.

Für die Schädelentwicklung erhebt sich nun die Frage: wie weit läßt sich die Chorda, die der Urwirbelbildung zugrunde liegt, in der Schädelentwicklung nachweisen?

Die Entwicklung der Schädelbasis geht von der Chorda dorsalis aus, ebenso wie die Entwicklung der Wirbelsäule, nur steht sie hier unter der Herrschaft anderer Kräfte. Im Brustbereich bildeten sich in jedem einzelnen Urwirbel drei Glieder*, die Chorda war dabei das Zentrum der rhythmisierenden Säule. Im Haupt hat das Mesenchym, das die Chorda begleitet, ein anderes Schicksal. Es bildet sich hier vielmehr eine einheitliche mittlere Platte, welche schon jetzt an ihren Rändern, Golfen vergleichbar (Rudolf Steiner), Räume für Ohr, Auge und Nase offen läßt. Die Chorda selbst ist in der Mittelachse bis zur Hypophysengrube, bis ins Zentrum des Wespenbeins nachzuweisen. Auch vor dem vorderen Chordaende sammelt sich Mesenchym und wandelt sich knorpelig zur Anlage der Nasenkapsel, welche mit der übrigen Schädelbasis verschmilzt. Auffallend ist es, daß im ganzen Schädelbereich für die Chorda und das sie umfließende Mesenchym keine rhythmische Gliederung mehr eintritt, im Gegenteil. Die ätherischen und astralen Kräfte wirken hier nicht mehr rhythmusbildend, sondern dienen direkt der Nerven- und Sinnesorganbildung[29].

In der knöchernen Schädelbasis aber, vor allem im Wespenbein erscheint in der physischen Bildung die reine Ichorganisation. Während das Ich in der Wirbelsäule die Aufrechte induziert, wirkt es im Schädelbasisbereich als Träger der großen Sinnesorgane. Wir können bei diesem Schädelteil vom *Ichorganisationsschädel* sprechen.

* Wirbelkörper, Wirbelring, Wirbelfortsatz.

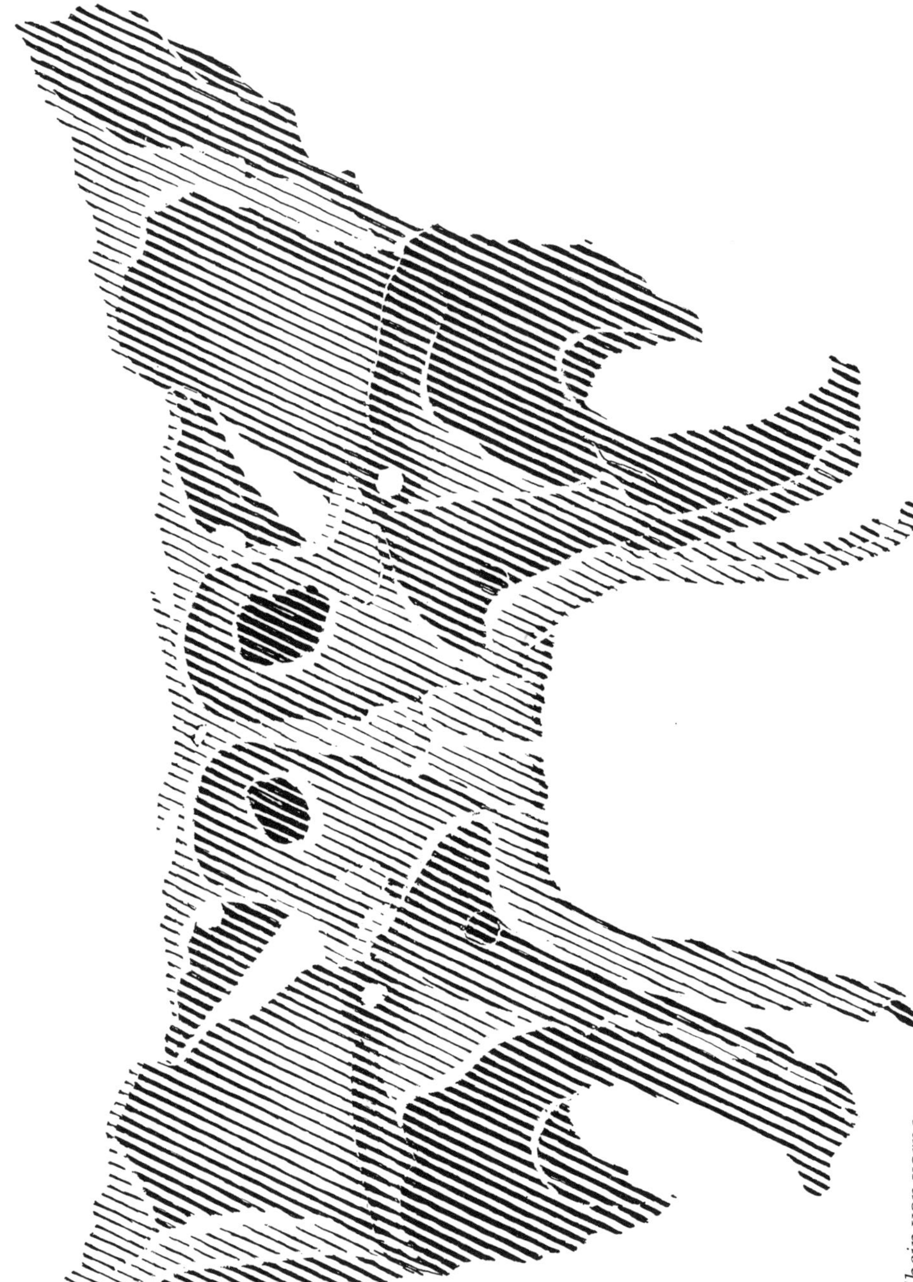

Abb. 21 A: *Keilbein von vorne*

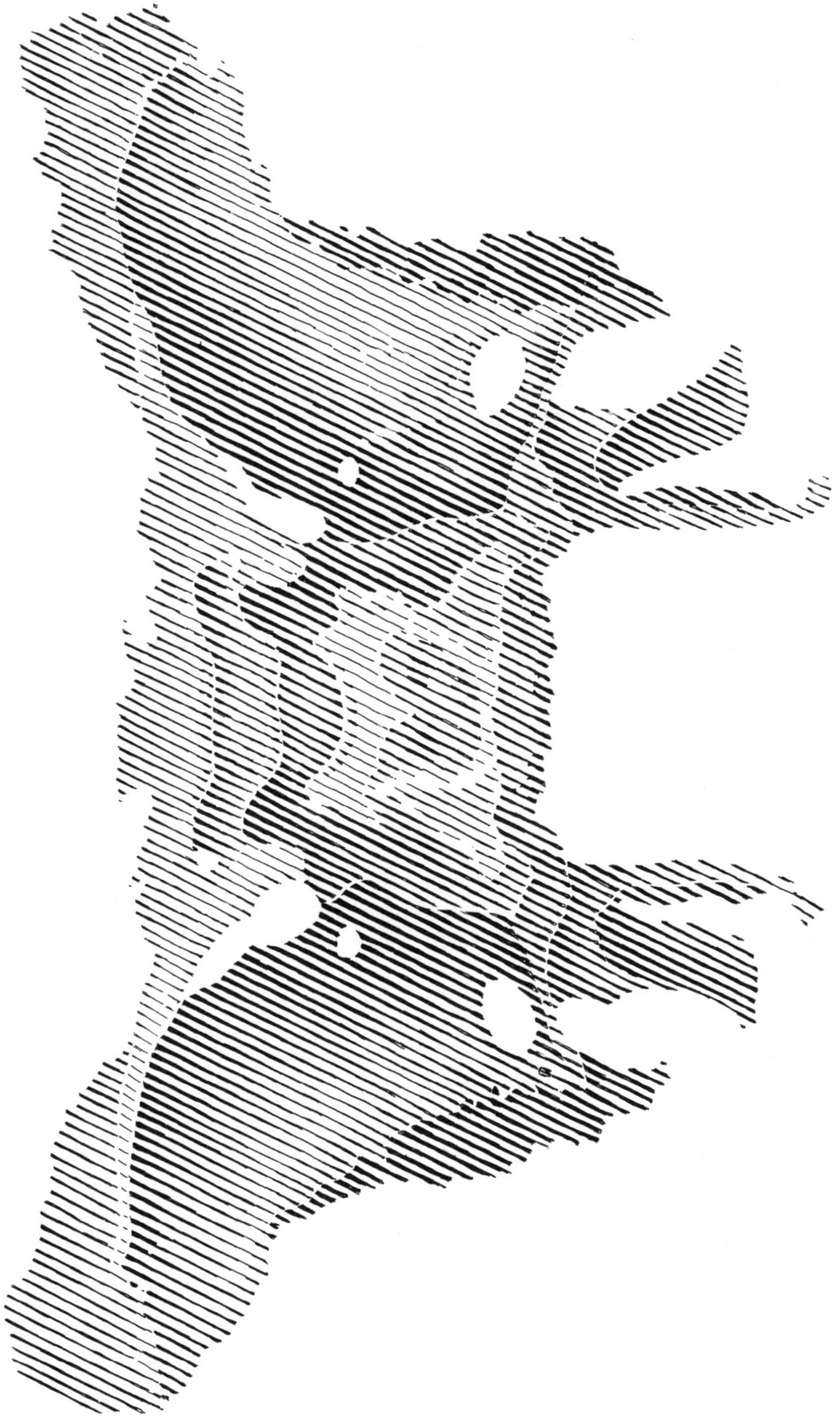

Abb. 21B: *Keilbein von oben*

Wie kommt es zur Schädelbildung?

Über der Schädelbasis, dem «Skelett der Ichorganisation», entfaltet sich das mächtige Gehirn, so daß das ursprüngliche Nervenrohr gewissermaßen gesprengt wird und die Nervensubstanz in die volle Gehirnsphäre auswächst.

Nun aber überwölbt sich die voll entwickelte Gehirnnervensphäre aus der mitwachsend lebendig-häutigen Hülle zur dreigliedrigen Schädelkuppel von Stirnbein, paarigem Scheitelbein und Hinterhauptbein, Knochenbildungen, die in ihrer Einheit und Gestalt an das «Hautskelett» des Eirundes erinnern können. Auch diese knöcherne Hülle hat sich von außen – oder wenn man will «von oben» – zum Ganzen hinzugefügt. (Man spricht von Beleg- oder Deckknochen.)

Was hier kugelellipsoider Abschluß und Hülle des Gehirns ist, war beim Urwirbel sphärisch umschließender Rückenmarksnervenring. Das Gehirn schließt alles zu einer Einheit zusammen. Es kommt hier nicht mehr zu einer rhythmischen Gliederung, sondern zur geschlossenen Kuppel, deren Bildung rein ätherischen Charakter zeigt.

Zum Ichorganisationsskelett der Schädelbasis fügt sich das *Ätherskelett*, das Eirund der Schädelwölbung[30].

Beim Gesichtsschädel finden wir ebenfalls keine unmittelbare Verwandlung aus Elementen der Urwirbel, dagegen eine durchgreifende Metamorphose des atmenden Kiemenskeletts[31], das bei niederen Tieren (Fischen und Amphi-

---

◀ Abb. 21A: *Keilbein, Os sphenoidale* (von vorne*). Körper. An der vorderen Fläche zwei unregelmäßige Öffnungen, *Ostia sphenoidalia*, welche in die Keilbeinhöhlen führen und durch die *Crista sphenoidalis* voneinander getrennt sind.
Die flügelartigen Fortsätze, *Processus pterygoidei*, bestehen aus zwei Platten, *Lamina pterygoidea externa* und *interna*, welche die *Fossa pterygoidea* zwischen sich fassen; die innere endet mit dem *Hamulus pterygoideus*. Zwischen beiden Lamellen die *Incisura pterygoidea* (nach Heitzmann).

◀ Abb. 21B: *Keilbein, Os sphenoidale* (von oben) Das Keilbein wird eingeteilt in: den Körper, die Flügel; letztere bilden Paare: die vorderen, kleinen Flügel, *Alae minores s. orbitales*; die hinteren, großen Flügel, *Alae magnae s. temporales* und die flügelartigen Fortsätze, *Processus pterygoidei*.
Körper. An der oberen Fläche der Türkensattel, *Sella turcica (für die Hypophysis cerebri)*. Die hintere Fläche der Sattellehne geht in die obere Fläche der *Pars basilaris ossis occipitalis* über – *Clivus*. Vor der Sattelgrube das *Tuberculum sellae*; beiderseits von diesem die *Proc. clinoid. medii*. An den Seitenflächen des Körpers der *Sulcus caroticus* (für die *Carotis*) mit der *Lingula*.
Kleine Flügel.
Große Flügel (nach Heitzmann).

* Os sphenoidale = Keilbein von gr. = σφῆν = Keil, sonst auch Wespenbein genannt.

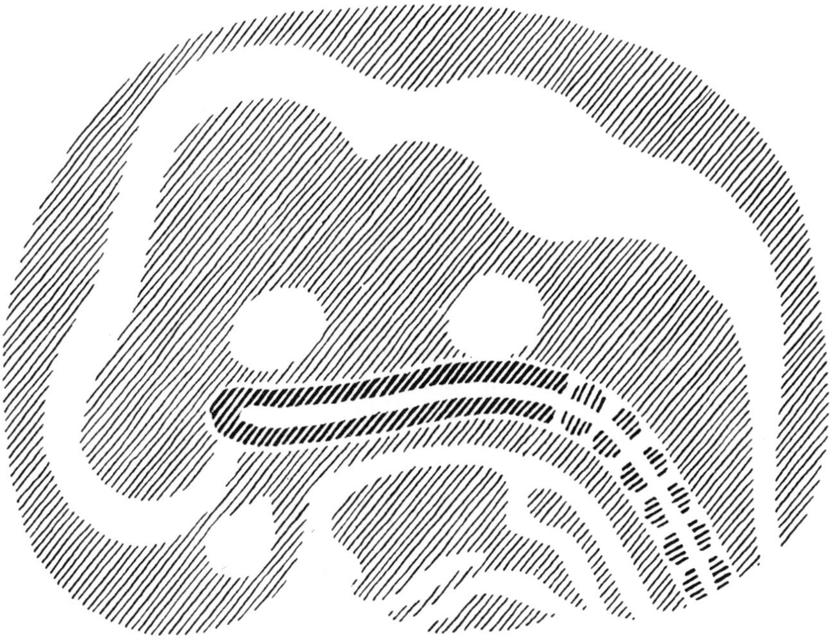

Abb. 22: *Schema der embryonalen Schädelbasisentwicklung.* Die Chorda dorsalis erscheint im Schädelbasisbereich ohne rhythmische Somitengliederung (in der Zeichnung weiß gelassen) mit homogenem parachordalem Mesenchym (schwarz schraffiert). Nasenbläschen (birnenförmig); Augenbläschen oben über der Chorda; Ohrbläschen über der Chorda mehr nach hinten gelagert. Im Umkreis ist Vorder-, Mittel- und Hinterhirnanlage durch Schraffur angedeutet (nach Hamilton, vereinfacht).

bien) als Kiemenspangen – ähnlich wie Rippen – das Brusteingeweide umschließt. Diese Kiemenorganisation ist bei den im Wasser atmenden Tieren durchaus seelenleiblicher, astralischer Natur. Die Metamorphose dieser Brustorgane zum Haupte hin führt hauptsächlich zur Gestaltung jenes Teiles des Gesichtsschädels, den wir «Gliedmaßenschädel» genannt haben (Ober- und Unterkiefer)[32].

Der Schädel als Ganzes besteht daher aus dem Schädelanteil des *Ichorganisationsskeletts* (Schädelbasis, unmittelbare Metamorphose der Urwirbelsäule), aus dem Anteil des *Ätherskeletts* (Schädelwölbung, Belegknochen) und aus dem *Astralskelett* (Gesichtsschädel-Gliedmaßenschädel, Metamorphose des Kiemenskeletts).

Bei aller Verschiedenheit zwischen Wirbelskelett und Hauptskelettbildung besteht so eine echte Metamorphose zwischen beiden im Sinne Goethes. Der Schädel ist dabei das vollendetere, reifere Glied[33]. In ihm erscheint früh der physiognomische Ausdruck der Persönlichkeit. Die Rumpforganisation und das Rumpfskelett dagegen verharren länger in keimhafter Indifferenz.

Schillers Reliquien

Im ernsten Beinhaus war's, wo ich beschaute,
Wie Schädel Schädeln angeordnet paßten;
Die alte Zeit gedacht ich, die ergraute.
Sie stehn in Reih geklemmt, die sonst sich haßten,
Und derbe Knochen, die sich tödlich schlugen,
Sie liegen kreuzweis, zahm allhier zu rasten.
Entrenkte Schulterblätter! Was sie trugen,
Fragt niemand mehr, und zierlich tät'ge Glieder,
Die Hand, der Fuß, zerstreut aus Lebensfugen.
Ihr Müden also lagt vergebens nieder.
Nicht Ruh im Grabe ließ man euch, vertrieben
Seid ihr herauf zum lichten Tage wieder,
Und niemand kann die dürre Schale lieben,
Welch herrlich edlen Kern sie auch bewahrte.
Doch mir Adepten war die Schrift geschrieben,
Die heil'gen Sinn nicht jedem offenbarte,
Als ich inmitten solcher starren Menge
Unschätzbar herrlich ein Gebild gewahrte,
Daß in des Raumes Moderkält' und Enge
Ich frei und wärmefühlend mich erquickte,
Als ob ein Lebensquell dem Tod entspränge.
Wie mich geheimnisvoll die Form entzückte!
Die gottgedachte Spur, die sich erhalten!
Ein Blick, der mich an jenes Meer entrückte,
Das flutend strömt gesteigerte Gestalten.
Geheim Gefäß, Orakelsprüche spendend,
Wie bin ich wert, dich in der Hand zu halten,
Dich höchsten Schatz aus Moder fromm entwendend
Und in die freie Luft, zu freiem Sinnen,
Zum Sonnenlicht andächtig hin mich wendend!
Was kann der Mensch im Leben mehr gewinnen,
Als daß sich Gott-Natur ihm offenbare:
Wie sie das Feste läßt zu Geist verrinnen,
Wie sie das Geisterzeugte fest bewahre. Goethe*

* Gedichte (Artemis), Bd. I, S. 522.

Das Brustskelett (Gerippe)

Was sich als Formung im pneumatischen Sinnesorganschädel in weitgehend starrer Verhärtung ausgebildet findet, das erscheint beweglich im Brustskelett. Die Brustkorbmitte, diese Mitte des Ganzen, ist im Gegensatz zur «Schädelmitte» (vor allem des pneumatischen Schädels) aus dem übrigen Skelett vollkommen herausgegliedert; denn gegen das Haupt und gegen das Becken ist der Brustkorb durch Gestaltengen, durch die nur stengelhaft tragende Hals- und Lendenwirbelsäule abgesetzt.

Wenn wir das Skelett als Ganzes betrachten, zeigt sich uns in der Mitte eine Steigerung polarer Kräfte. Diese polaren Kräfte sind die Sphäre bildenden Kopfkräfte und die radial wirkenden Gliedmaßenkräfte. Die Steigerung ist an der Vereinigung der sphärischen Gestalt und der radialen Bewegungsfunktion gegeben. Die Steigerung über eine bloße Poldurchdringung hinaus liegt darin, daß die aus dem radialen Umkreis stammende Bewegungsfunktion des Brustsystems der seelisch-geistig bestimmten Rhythmusbewegung dienstbar gemacht wird und daß die schützende Sphärengestalt des Brustkorbs sich hinwiederum vollständig aus den Elementen der dynamischen Bewegungsgestalt in jeder einzelnen Rippe aufbaut. Verinnerlichung der radialen Umkreiskräfte bedeutet Inspiration; Ausweitung der inneren (eigen-seelischen) Kräfte Exspiration.

Das Kugelellipsoid des Hauptes wiederholt sich nicht in der Brustgestalt, sondern es erscheint eine neue, höher dynamisierte Bildung, die dem Gliedmaßenartigen – wir wollen es vorläufig als zylindrisch-radial charakterisieren – entgegenkommt.

In der Kräftevereinigung des Sphärischen und des Radialen wird die gesamte Rumpfgestalt (unter Einschluß von Schulter und Beckengürtel) verständlich. Aber der Brustkorb zeigt seine eigenen Gestalt- und Funktionskräfte noch deutlicher auf: Der obere Pol des Thorax* ist vom ersten bis zum vierten Rippenbogen entsprechend der Kopfgestalt eindeutig sphäroid gestaltet. Das untere Drittel des Thorax von der achten bis zur zwölften Rippe dagegen zeigt der Radialgestalt angenäherte, gestreckte Rippenbogen. Die oberen Rippenbogen verhalten sich in ihrer Geschlossenheit vorwiegend inspirativ, die unteren in ihrer Streckung dagegen vorwiegend exspirativ. Der fünfte, sechste und siebente Rippenbogen halten die vollkommene Mitte, indem sie in der Hebung sich der Sphäre, in der Senkung sich der Streckung leicht annähern.

Es ist für das Brustskelett, für die Mittelsphäre unseres Gerippes, bezeichnend, daß wir ihm keine eindeutige Gestaltbestimmung geben können. Das war beim Kugelellipsoid des Schädels durch die charakteristische feste Fügung der

* Thorax = Brustkorb von θώραξ = Panzer.

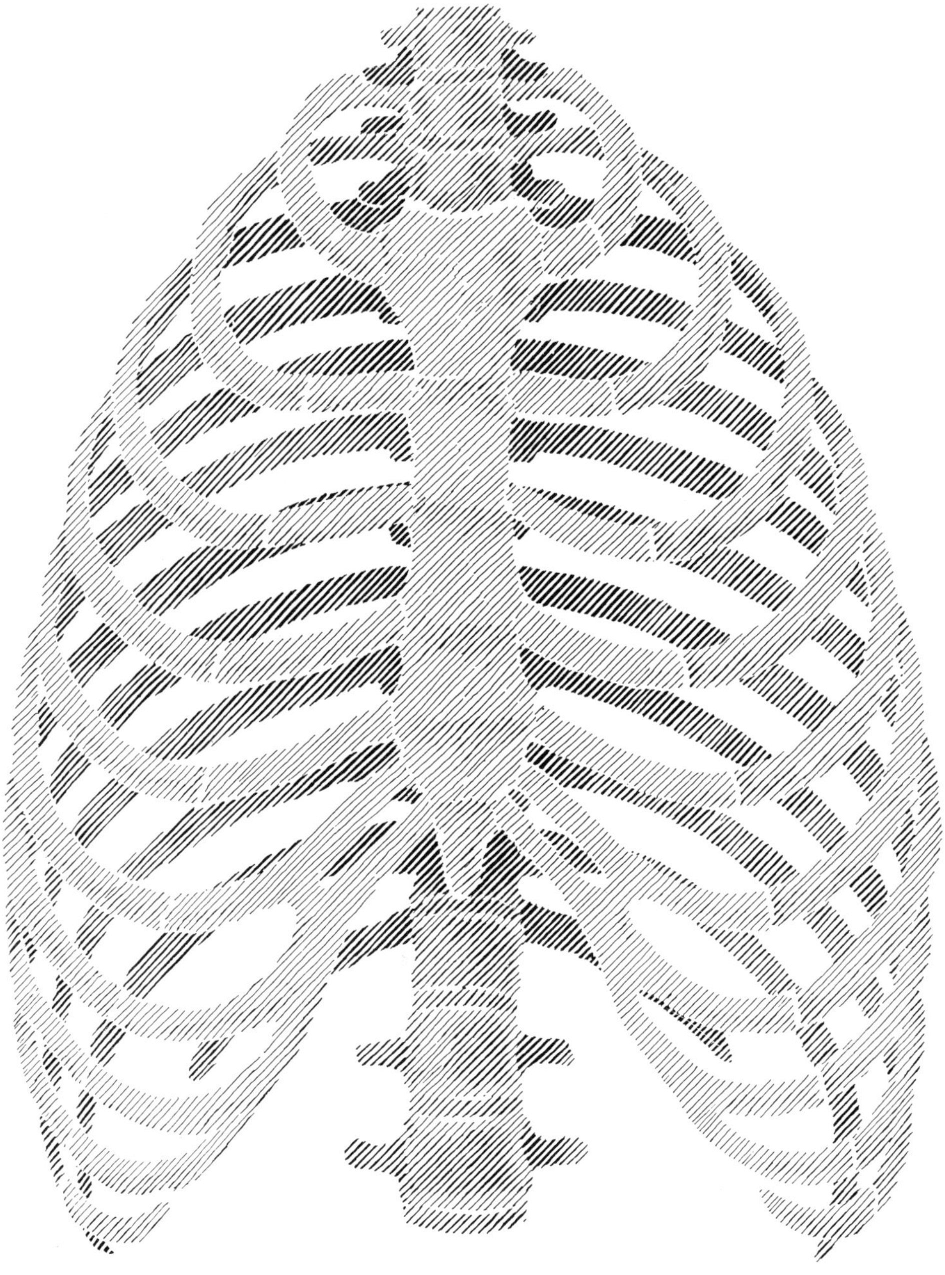

Teile noch möglich. Beim Brustkorb aber ist das Ganze beweglich, und die Funktionskräfte bewirken einen dauernd rhythmisch sich vollziehenden Gestaltwechsel durch Inspiration und Exspiration. Das gesamte menschliche Leben vollzieht ja diese große Inspiration und Exspiration in den Lebensaltern, im Jahres- und Tageslauf bis herab zum einzelnen Atemzug und zu Systole und Diastole des Herzens.

In der Kindheit und Jugend hält sich der Gesamtthorax in relativer Inspirationsstellung, also vorwiegend sphärisch; im späteren Alter dagegen in relativer Exspirationsstellung, vermehrt radial gestreckt.

Diese Polarität der Inspirations- und Exspirationsstellung des Brustkorbes ist auch in der Polarität des männlichen und des weiblichen Thorax ausgeformt. Der weibliche Organismus, der im Physischen das Ätherische stärker bewahrt, behält im Brustkorb deutlich den kindlichen sphärischen Typus bei (Inspiration = Leichte). Der männliche Organismus dagegen, entschiedener physisch-astralisch organisiert, wirkt im Brustkorb straffer, das Rippensphäroid erscheint im Ganzen in deutlicherer Streckung und Senkung (Exspiration = Schwere). In dieser Stellung verliert er etwa um das dreißigste Lebensjahr langsam seine inspiratorisch hebende und exspiratorisch senkende Beweglichkeit und erstarrt nach und nach, während der weibliche Thorax die Atmungsbewegung weitgehend bis ins höhere Alter behält.

Der Typus des Brustkorbes darf im Ganzen, gegenüber dem Kugelellipsoid des Hauptes, als ein Ellipsoparaboloid aufgefaßt werden. Die Polarität der elliptischen und der parabolischen Funktionen wogt in Ein- und Ausatmung gegeneinander. Diese mathematisch nicht eindeutig faßbare Gesamtgestalt des Thorax kommt durch die Folge der mit den Brustwirbeln zusammengeschlossenen Rippenbogen zustande. Die Rippen bilden «Glied um Glied» eine Kurvenschar, die in ihren Zusammenschluß am Brustbein zugleich ein schützendes System wie die Gehirnschale und Bewegungssystem wie die Gliedmaßen formt, beides in völliger Vereinigung.

An jeden einzelnen Wirbel schließt sich ein Rippenpaar, fast wie echte Gliedmaßen gestaltet, an[34], und zwar mit Gelenkkopf am Wirbelkörper (Rippenköpfchen, Rippenhals – dem Oberschenkelhals vergleichbar) und dem Rip-

---

◀ Abb. 23: *Das Brustskelett* (Gerippe), Ansicht von vorne. 1. Gliederung: a) Wirbelsäule = Rückgrat, b) Brustbein = Brustgrat, c) Rippen. – 2. Rippen, Gelenkansätze an der Wirbelsäule: a) Rippengelenkköpfchen, b) Rippenhals, c) Rippenkörper (nur bei der ersten Rippe sichtbar). – Unterscheide zwischen gebundenen und freien Rippen (10., 11. und 12. Rippe sind nicht durch Knorpelbrücken mit dem Brustbein verbunden, sondern frei). Besonders zu beachten: obere Brustkorböffnung, erster Brustwirbel, erste Rippe und Knorpelverbindung zum Brustbein fast rund. Untere Brustkorböffnung bei 10., 11. und 12. Rippe paraboloid erweitert. Bei 9., 8., 7. und 6. Rippe bildet sich durch miteinander verwachsene Knorpelbrücken der untere Rippenbogen (arcus costalis).

penkörper. Rippenkopf und zweiter Gelenkansatz am Wirbelquerfortsatz bilden gemeinsam ein echtes «Scharniergelenk».

Alle Rippenbogen sind mit dem Brustbein durch Knorpelbrücken verbunden (echte Rippen), nur zwei Rippenpaare endigen frei[35].

Die Dreigliedrigkeit der Bildung ist vollkommen verwirklicht. Der Wirbelanteil des geschlossenen Rippenbogens ist das Gestaltungszentrum, denn die Rippen sind in ihrer Bildung vom Urwirbelsystem ausgegangen, auch sind in der Embryonalzeit Rippen und Wirbelfortsätze am Anfang noch identisch.

Die Rippenkörper selber stellen den rhythmisch organisierten Mittelteil dar. Das alle Rippenbogen knorpelig zusammenfassende Brustbein ist in Gestalt und Funktion wieder entschiedener vom Vegetationsorganismus her bestimmt[36]. Es ist daher charakteristisch, daß es sich weitgehend der Verknöcherung entzieht und im Knorpelzustand verharrt.

Das Becken

Das Becken ist das Skelett des Lebenskräftepols. Es ist tiefer als der Brustkorb in die Rumpfgestalt einbezogen und innig mit den unteren tragenden und bewegenden Gliedmaßen verbunden.

Nach oben trägt es die Wirbelsäule und in seiner weiten Schale die unteren Lebensorgane.

Nach unten bildet es eine Einheit mit den tragenden-schreitenden Gliedmaßen. Beide Oberschenkel sind in die die Waage haltenden Hüftbeine des Beckens mit ihren mächtigen Kugelgelenkköpfen «eingelassen»[37]. Von ihnen aus nimmt das Becken die tragend-stützenden Funktionen im Stehen und Schreiten gleichgewichtig auf und leitet sie wie über «Schwingbogen» in der Architektur durch den Beckenring zum Kreuzbein, dem «Schlußstein» des Beckengewölbes, dem «Grundstein» der aufgerichteten Wirbelsäule.

Das Becken gliedert sich in drei Gefügeglieder. Zuerst im Zentrum das Kreuzbein, von dem wir schon im Zusammenhang mit der Wirbelsäule sprachen, und die beiden Hüftbeine. Sie bilden gemeinsam den Beckengürtel oder Beckenring. Die beiden Hüftbeine vereinigen sich vorn in der Schoßfuge (Symphyse), wo sie eine überaus dichte Bändervereinigung eingehen; auch zu dem Kreuzbein sind die Hüftbeine durch eine elastisch dichte «Verbänderung» im Sinne von Scheingelenken angefügt, so daß eine gewisse Nachgiebigkeit bei großer Festigkeit erreicht ist.

Das Hüftbein besteht wiederum aus drei knöchernen Anteilen, die bis zur Pubertät getrennt bleiben und ihre Fugen genau in der Hüftgelenkpfanne vereinigen. Zuoberst das Darmbein, nach vorn das Schambein, nach hinten unten – mit dem Schambein gemeinsam eine ovale Öffnung bildend – das Sitzbein.

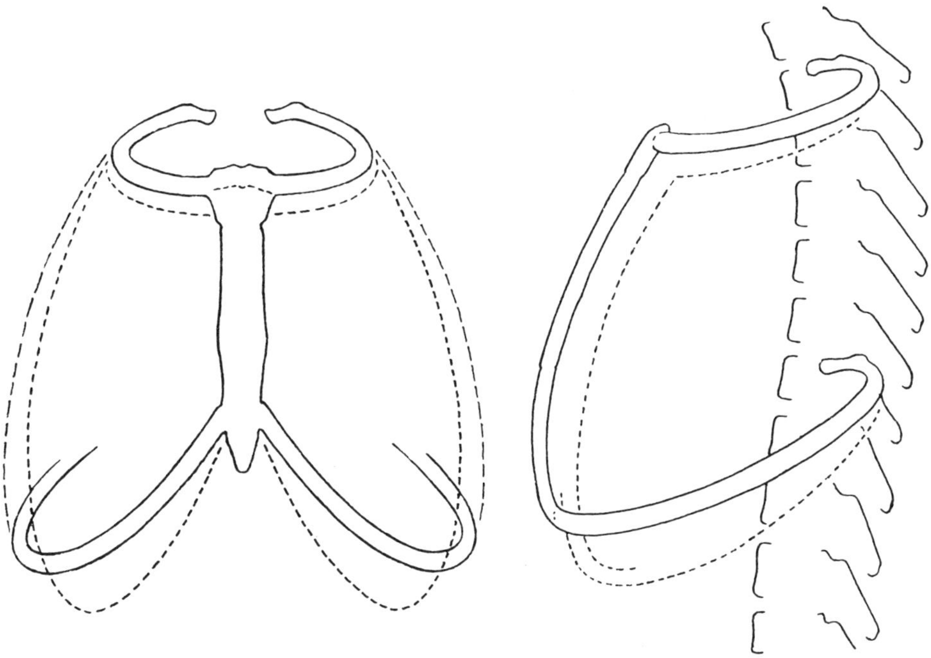

Abb. 24: *Hebung und Senkung der Rippen und des Brustbeins bei Inspiration und Exspiration.*

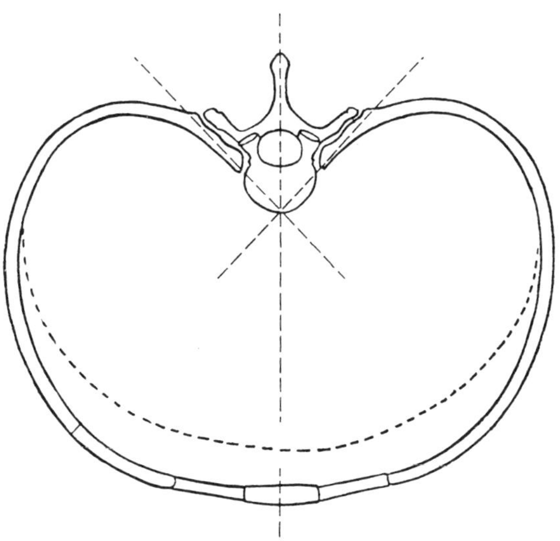

Abb. 25: *Rippenbogen und Rippenwirbelgelenkverbindung* zu einem der Brustwirbel (Rippenköpfchen, Rippenhals, Rippenhöcker). Darstellung der Gelenkachsen durch den Rippenhals. Die punktierte Linie zeigt die Rippensenkung bei der Exspiration; Rippenhebung bei Inspiration ist ausgezeichnet.

Abb. 26: *Architektur des Beckenbaues:* Kreuzbein als «Schlußstein» des «Gewölbes», Oberschenkel als «Pfeiler».

In sich gliedert sich das Becken in das große Becken, das sich nach oben wie eine flache Schale öffnet, und in das kleine Becken, das durch eine «Grenzlinie» (linea terminalis) vom oberen großen Beckenraum deutlich geschieden ist. Das kleine Becken, von der Kreuzbeinkyphose und den inneren Flächen des Schambeinringes und des Sitzbeines gebildet, schließt in seiner oberen Öffnung beim männlichen Becken einen herzförmigen, beim weiblichen einen mehr querovalen Raum ein. Der untere Beckenausgang ist viel kleiner und durch elastische Bänder zwischen den Knochenteilen, vor allem zwischen Kreuzbein und Sitzbein, teilweise abgeschlossen. Das männliche Becken ist enger und höher, das weibliche weiter (queroval) und niedriger gebaut.

Während der Schädel zur ganzen Gestalt dadurch in «Opposition» steht, daß er sich am meisten herausgegliedert und in allen seinen Teilen weitgehend abgeschlossen hat, erscheint das Becken umgekehrt in allen Teilen entfaltet und zu unmittelbarer Kräfteverbindung zu Rumpf und Gliedmaßen aufgeschlossen.

Abb. 27: *Beckengürtel* (weiblicher Typus). 1. In der Mitte das Kreuzbein als Basis der Wirbelsäule. 2. Die beiden Hüftbeine, auch Darmbeine genannt, mit dem Kreuzbein durch ein «Scheingelenk» mit überaus starker Verbänderung zusammengefügt; vorne durch die beiden Schoßfugenäste ebenfalls durch «Verbänderung» dicht verbunden (Schoßfuge = Symphysis). 3. Die beiden Sitzbeinkufen bilden mit der Kreuzbeinkavität das «kleine Becken» (der Beckendurchgang, durch die Linea terminalis nach dem großen Becken zu begrenzt, weiblich queroval, männlich längsoval ausgebildet). Zu beachten ist vor allem noch die Artikulation der mächtigen Gelenkköpfe der Oberschenkelknochen in ihren Kugelgelenkpfannen. ▶

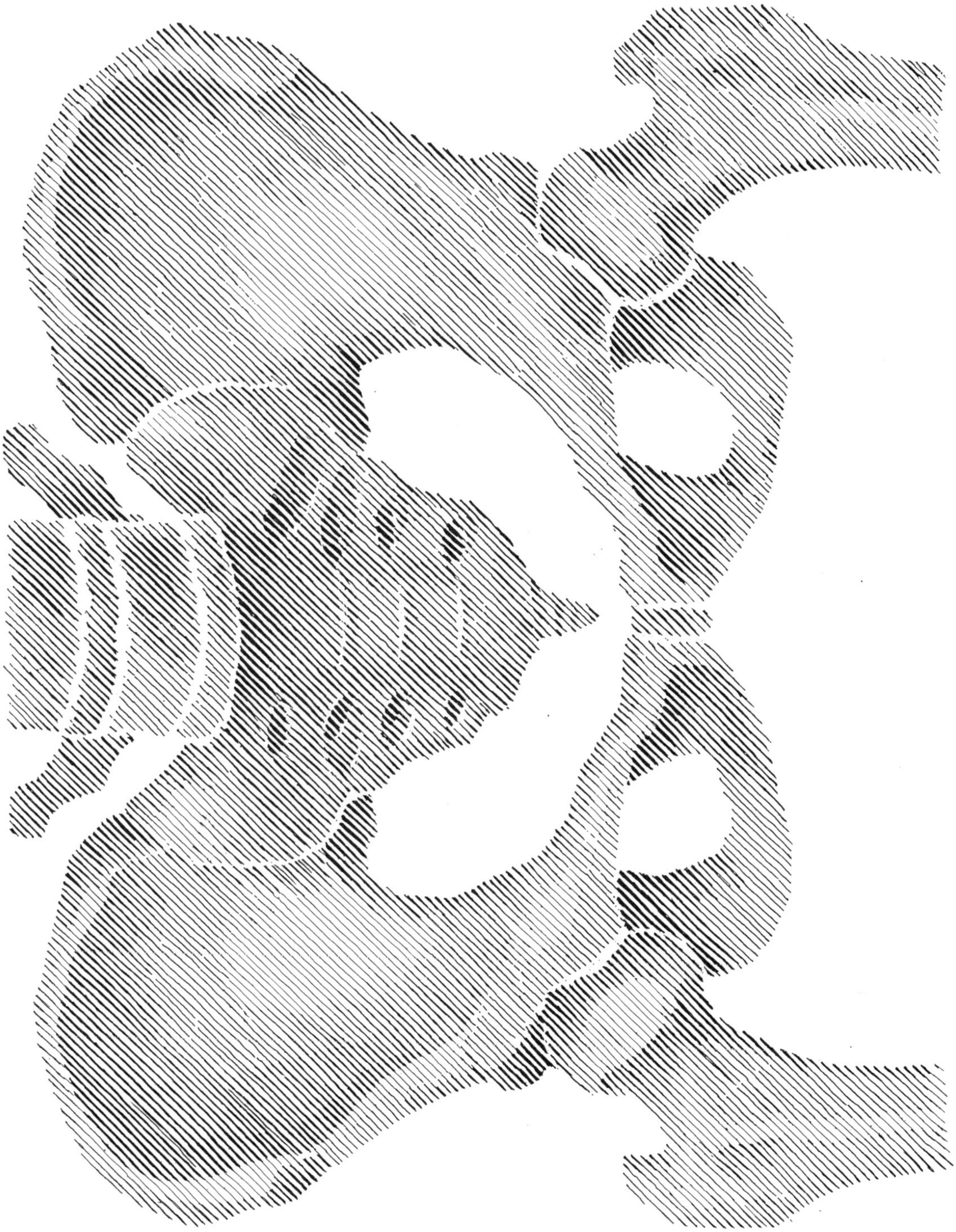

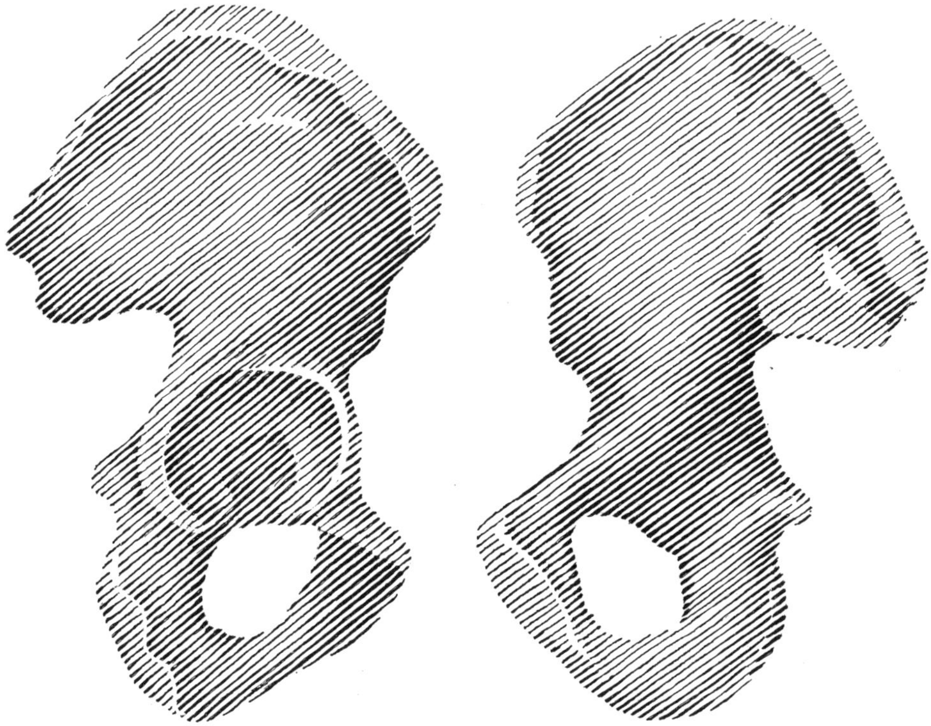

Abb. 28–29: *Das rechte Hüftbein* (Os coxae, von außen). Das Hüftbein gliedert sich in das Darmbein, welches den Hauptanteil des großen Beckens bildet, in das Sitzbein, durch das sich das Becken schlittenkufenförmig nach unten abschließt, und in das Schoßfugenbein (Os pubis), das spangenförmig-zweiästig zur Symphyse mit dem linken Hüftbein nach vorne strebt.
Der obere Rand des Darmbeins hat eine äußere, mittlere und innere Leiste (Labium).
Die tiefe Gelenkhöhle für den Oberschenkelgelenkkopf (Acetabulum*) wird durch den unteren Teil des Darmbeins und durch die beiden oberen Äste des Sitz- und Schoßfugenbeines gebildet.
Rechtes *Hüftbein von innen.* Deutlicher als bei der Betrachtung des Hüftbeins von außen lassen sich wieder die drei Elemente erkennen, die hier konkav gemeinsam die Bekkenschale bilden:
Oben die große Hohlfläche des Darmbeins (Darmbeinschaufel) mit ihrer dreifach verstärkten Randaufwölbung (Labium crista ossis ilei); nach unten folgt das kleine Becken, welches von dieser Linie begrenzt die obere Öffnung des kleinen Beckens bestimmt. Das kleine Becken selber wird vom Kreuzbein mit seinen fünf miteinander verschmolzenen Wirbeln, vom Sitzbein und von den beiden spangenförmigen Ästen des Schoßfugenbeins gebildet. Sitzbein und Schoßfugenbein bilden gemeinsam eine *ovale Öffnung* (Foramen obturatum), durch welche wichtige Blutgefäße, Muskeln und Nerven zwischen den unteren Gliedmaßen und der Rumpfregion die Verbindung herstellen. Besondere Beachtung ist noch der ohrmuschelförmigen Verbindung zwischen dem hinteren Drittel

Die Beckengestalt wird uns noch verständlicher, wenn wir ihre Orientierung zu den Lebensorganen des Rumpfes und zu den Bewegungsfunktionen der unteren Gliedmaßen betrachten.

Die Bezeichnung des dritten Gliedes unserer Organisation als «Stoffwechsel-Gliedmaßen-System» (Rudolf Steiner) wird in der Einheit und in der gleichzeitigen Doppelbeziehung des Beckens zu den unteren Gliedmaßen wesenhaft anschaulich.

Die obere Beckenschale nimmt ja die unteren Peritonealorgane*, das Darmsystem, auf (Darmbeinschaufeln). An ihrer Außen- und Innenfläche setzt die mächtigste Bewegungsmuskulatur, die Hüft- und Oberschenkelmuskulatur, an.

Die Generationsorgane dagegen nehmen (vor allem beim weiblichen Organismus unmittelbar anschaulich) zwischen dem Ernährungssystem und dem Bewegungssystem unterhalb der Grenzlinie des großen Beckens zum kleinen Becken (extraperitoneal) wiederum eine eigene Mittelsphäre ein. Die männlichen Generationsorgane außerhalb des Beckens sind dagegen gliedmaßenhaft organisiert.

In die Beckenöffnung, von oben herabblickend, läßt das Skelett des Beckenrings einen imponierenden freien Raum, der in seiner Weite und Offenheit das Erlebnis der Polarität zum abgeschlossenen Schädelrund unmittelbar weckt.

Die Raumordnung in der inneren Schädelbasis und die Raumordnung im Beckengrund zeigen auffallende Analogien, die wir nicht übergehen wollen: hier drei in der Sagittalrichtung einander folgende Schädelgruben mit der Hypophysengrube (Türkensattel) im Zentrum und mit den diagonal seitlich zu diesem Zentrum einstrahlenden Felsenbeingraten, die das innere Ohr bergen. Im Becken – im Zentrum –, nur bindegewebig von seitlich hereinstrahlenden Bändern getragen, der Uterus. Als hinterer Abschluß einer seitlichen Vertiefung die Ovarialtuben (Tuba ovarii) mit den seitlich rückwärts gelegenen Ovarien, vor dem Uteruskörper die kleinere Blasengrube, hinter ihm die größere Becken-

* Peritoneum = das Herumgespannte = Bauchfell; Peritonealorgane = Organe innerhalb des Bauchfells gr. = πεϱιτείνω = Herumspannen.

---

des Darmbeins und dem Kreuzbein zuzuwenden, da hier eine dichte Verbänderung (Syndesmose**) zur Verknöcherung gelangt. Dieser Knochenverbindung entspricht auch die dichte Verbänderung zwischen der rechten und der linken Schoßfugenbeinfläche, die sich in der Schwangerschaft – besonders in der Geburtsphase – entschieden lockern kann.

* Acetabulum, lat. = Essignäpfchen, flache Vertiefung.

** Syndesmose = Verbänderung, gr. = δεσμός = Fessel.

grube, durch die der Enddarm hindurchzieht (Excavatio vesicouterina, Excavatio rectouterina).

Die Organe, die diesen Raum ausfüllen, sind also nicht verknöchert, bilden keine feste Basis, aber die Analogie der Raumordnung und die Organbeziehung zwischen Hypophysengrube, Hypophyse und dem Lebensorganismus des Uterus, wie auch die Analogie der Lage zwischen Ovarium und Ohr, sollen nicht unbeachtet bleiben; es liegt eine bedeutsame Oben-Unten-Spiegelung vor. Formpol und Lebenspol erscheinen wie Stufen des Zeitorganismus, in dem Vergangenheitskräfte oben, Zukunftskräfte unten wirken. Vollkommene Gestaltbildung Haupt – entschiedene Lebensdynamik Becken stehen einander gegenüber.

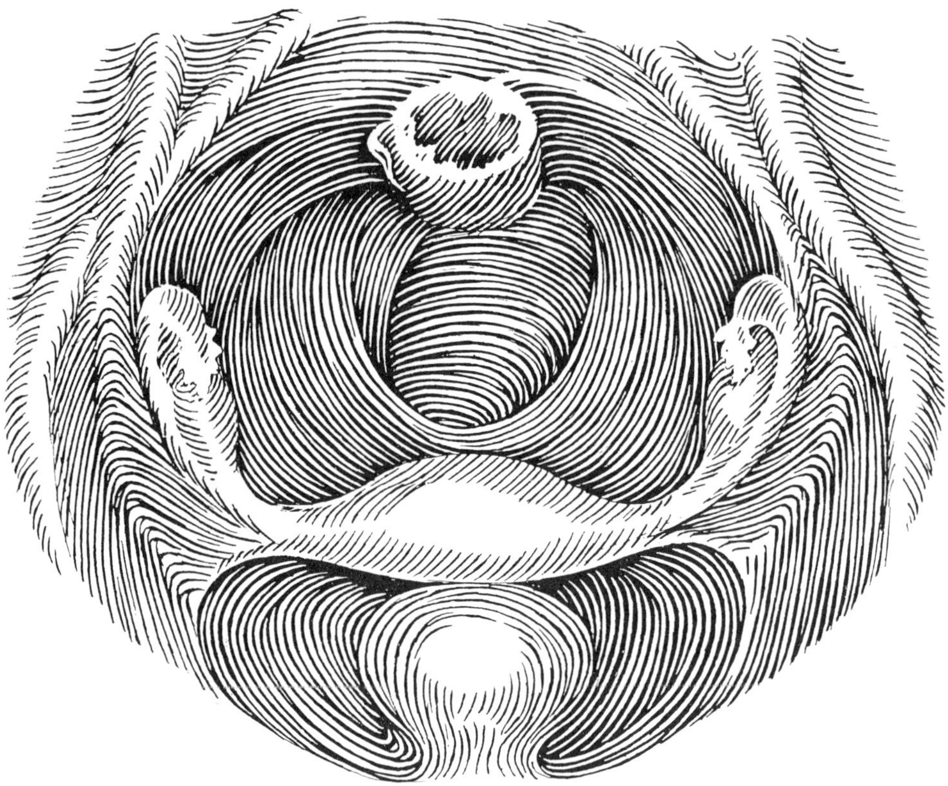

Abb. 30: *Die Weichteilorgane im weiblichen kleinen Becken*, von oben: vorne Blase; Mitte Uterus mit den Tuben und den beiden Mutterbändern und dem linken und rechten Ovarium; hinten der retrouterine Raum mit Rektum = Enddarm (nach Corning). Man ziehe zum Vergleich Abb. 19, die Schädelbasisebene, heran: Metamorphosenbeziehung zur Beckenbodenebene.

Das Gliedmaßenskelett (Gebein)

> Wollen Sie daher studieren, wie sich in den äußeren Leibesformen der Welt der Wille offenbart, so studieren Sie Arme und Beine, Hände und Füße.
> Indem wir in der Welt herumgehen, indem wir handelnd auftreten in der Welt, sind wir der Mensch der Gliedmaßen.
>
> Rudolf Steiner*

Mit dem Gliedmaßenskelett treten wir in den dritten Bereich des knöchernen Baues ein, der die Organe trägt. Wir sind dem Gliedmaßenelement schon mehrmals begegnet. Den Lendenteil der Wirbelsäule zum Beispiel fanden wir gegenüber ihrem übrigen Bau gliedmaßenverwandt. Auch bei den Rippen fanden wir, besonders bei den untersten, freien, den Charakter der Gliedmaßen angedeutet. Vor allem erkannten wir die Kiefer des Schädels als echte Metamorphosen des Gliedmaßensystems, die hier allerdings den Formkräften des Hauptes unterworfen sind.

Wir können von einer dreifachen Gliedmaßenorganisation des Skeletts sprechen, die jeweils zu einem der Glieder des Ganzen Bezug hat:

1. Kiefer zum Schädel
2. Arme zum Brustkorb-Schultergürtel,
3. Beine zum Becken.

Die reinste Manifestation des Gliedmaßenprinzips findet sich natürlich da, wo es sich gewissermaßen in seinem eigenen Bereich, in der vollkommenen Polarität zur Hauptesbildung ausbilden kann. Gerade in den unteren Gliedmaßen, unmittelbar der Beckenorganisation eingefügt, spricht sich das Gliedmaßensystem am kräftigsten aus.

Um das Bildungsprinzip der Gliedmaßen als Typus zu erfassen, gehen wir in unserer Betrachtung wieder vom Urtypus des Skeletts aus, von der Wirbelsäule, und innerhalb dieser vom einzelnen Wirbel des mittleren Brustabschnittes. Zugleich erinnern wir uns hier noch einmal der eingangs angeführten Wirbelfunktionen «Schützen», «Stützen» und «Bewegen». Im Schalenskelett des Schädels verwirklicht sich die schützende Funktion, am Wirbel findet sie sich im Wirbelring, der das Rückenmark umhüllt. Im Brustskelett fanden wir die Funktionen des Schützens und Bewegens zugleich ausgebildet. Für das Gliedmaßenskelett bleiben uns nun noch die Funktionen des Stützens und Bewegens, durch die sie ihre Willensfunktion für das Ganze aussprechen. Die zylin-

* Siehe Rudolf Steiner, Allgemeine Menschenkunde, S. 170 ff.

drische Gestalt des Wirbelkörpers führt zur «Stützfunktion». Was im zylindrischen Wirbelkörperbau nur keimhaft anschaulich ist, offenbart sich im eigentlichen Gliedmaßenbereich, vor allem der tragenden Gliedmaßen, vollständig; die zylindrische Form als stützende Funktionsgestalt vereinigt sich mit dem Gestaltprinzip der reinen Gliedmaßen, das wir urbildhaft als Radialprinzip zu charakterisieren haben[37].

Gegenüber dem Sphärenbau des Schädels und dem Schalenbau des Beckens bilden die Gliedmaßen den «Strahl» aus. Das Gliedmaßenskelett ist ein Strahlenskelett. Für das Erlebnis der menschlichen Gestalt ist diese Polarität besonders wesenhaft. Das Kleinkind lebt zuerst ganz im Erleben der Kugelgestalt. Kindermalereien zeigen bis zum dritten Jahr meist dieses Kugelkopferlebnis in den immer wiederholten Kreis-Spiral-Kugelbildern. Eines Tages fügt sich dann plötzlich das radiale Element hinzu, und die menschliche Gestalt ist, wenn auch nur als «Kopf-Füßler» (noch ohne Mitte), im polaren Erlebnis vorhanden[38]. Erst nach und nach, mit dem fünften, sechsten bis siebten Jahr, tritt zum Kopf- und Gliedmaßenerlebnis das Bild des Rumpfes in den Kinderzeichnungen auf.

Um das Wesen der Gliedmaßen zu verstehen, haben wir unseren Blick auf die Dynamik ihrer Entwicklung zu richten. Wieder gehen wir von der Mitte der Organisation aus, von der mittleren Wirbelsäule. Hier umgreift das Knochensystem einerseits schützend das Rückenmark (Wirbelring), andererseits durch die Rippen den Brust-Eingeweideraum; es bildet also um Rückenmark und Eingeweideraum «Achtertouren». Aus dieser funktionellen Urform des Knochensystems der Mitte wird bei Entfaltung des Nervensystems nach oben mit der Dehnung der hinteren Lemniskate der Nervenpol des Skeletts, der Schädelraum. Nach unten neigen und öffnen sich die Rippen immer mehr, und der von ihnen umfaßte Bogen wird immer weiter. Die Rippen erreichen schließlich das Brustbein nicht mehr, sondern bilden sich zu flacheren und flacheren Bogenstücken um, die ergänzt einen stets größeren Kreis bilden müßten. Die letzten Rippen orientieren sich schon nahezu in die Senkrechte der unteren Gliedmaßen ein[39]. Während sich so die Rippenschleife der Lemniskate mehr und mehr erweitert und öffnet, verengt sich gleichzeitig die Wirbelschleife zusehends.

Die Gliedmaßen erweisen sich nunmehr bei einer dynamischen Betrachtungsweise als Funktionsglieder unendlich großer Lemniskatenäste, deren Ge-

---

Abb. 31: *Das männliche und das weibliche Skelett:* Dreigliederung als konstituierendes Prinzip der ganzen menschlichen Gestalt. Die männlich-weibliche Polarität ist im Hinblick auf Proportion und Wesensgliederkonstitution zu betrachten. Die Unterschiede sind vor allem bei der Schädelwölbung, bei der Brustkorbbildung und bei den Beckenproportionen zu beachten. Die Gelenkgefüge sind beim weiblichen Skelett lockerer. (Die Zeichnung wurde nach Dürers Kupferstich «Adam und Eva» angefertigt. Es wurden dabei Originalskelette genau vermessen. Dürer ging bei seinem Stich bereits von exakten Proportionsstudien aus.) ▶

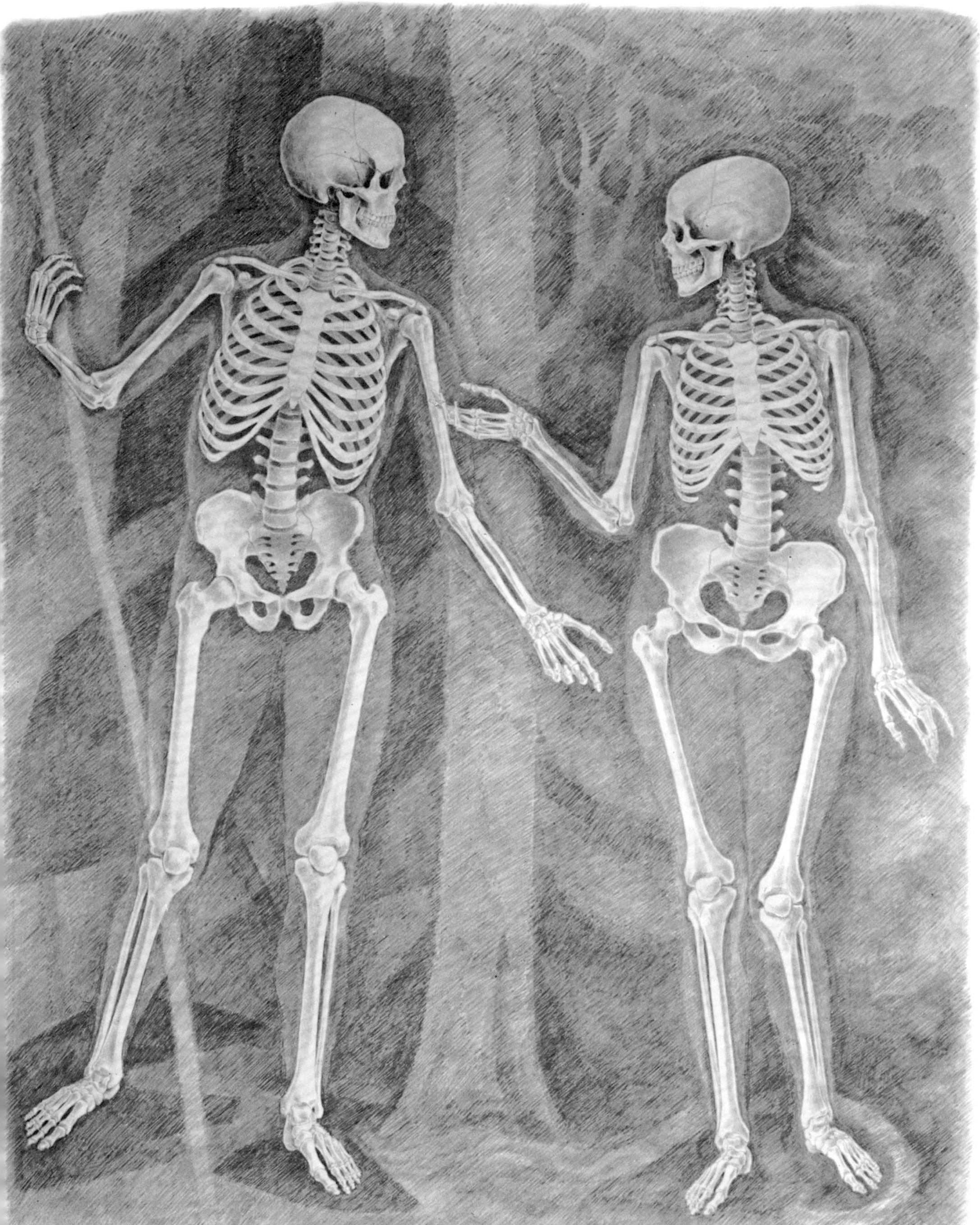

genpol, die Rückenmarksschlinge, verkümmert ist. Die hintere Lemniskatenschlinge ist verschwunden, die vordere, unendlich große, hat sich um neunzig Grad in die Richtung der Erdschwere gedreht[40]. Die dynamische Bedeutung dieser Anschauung ist erst ganz ausgeführt, wenn wir uns sagen, daß die Polarität Kopf–Gliedmaßen noch weiteres ausspricht: Der Enge der Schädelkapsel, Bild der räumlich irdischen Endlichkeit, steht das Strahlenprinzip der Gliedmaßen als Bild unendlicher Raumeskräfte gegenüber. Was am oberen Pol zum Abschluß kam, ist im Gliedmaßenbereich – morphologisch-funktionell gesprochen – offen geblieben. Hierin spricht sich aber das Entwicklungsprinzip des Gliedmaßenskeletts selbst aus: Es ist eingegliedert aus den Kräften des Umkreises.

Wenn wir die Embryonalentwicklung des Skeletts betrachten, so finden wir, daß tatsächlich das Gliedmaßenskelett aus der Peripherie entsteht und zentralwärts auf das Achsenskelett zuwächst. Zuerst bilden sich die Strahlen der Finger und Zehen, dann die der Mittelhand, des Mittelfußes, der Arme und Beine, und verhältnismäßig spät gliedern sich die Achsenstrahlen von Oberarm und Oberschenkel in Schulter und Beckenorganisation ein. Dies ist das Ergebnis neuester Untersuchungen: Schon die Rippenbildung fügt sich aus der Peripherie gegen die Zentralachse zu ein, geht also weder von der Nervenanlage noch von der Chorda aus und erweist sich damit als gliedmaßenverwandt. Die Glieder bilden sogar ein «selbstdifferenzierendes System», das sich unabhängig von den nervlichen Zentren entwickelt. Man hat hier ganz erstaunliche Tatsachen gefunden: Wenn Gliedknospen von Embryonen verpflanzt werden, ehe Nervenfasern in sie eingewachsen sind, dann differenzieren sich die Gliederenden dennoch normal. Ja sogar wenn Ursegmente (mesenchymale Substanz, die den Gliedknospen zugrunde liegt) zerstört oder entfernt werden, entwickelt sich die Muskulatur des betroffenen Gliedes in seiner gewöhnlichen Weise. Es bleibt noch die Frage, ob das Mesoderm der Gliedknospe fähig ist, eine eigengesetzliche Differenzierung zu bewirken oder ob das darüberliegende Ektoderm maßgeblich in den Prozeß der Gliedmaßeneinstrahlung und -einformung einbezogen ist. Dies ist ja bei den Zähnen der Fall, die wir an den Gliedmaßen des Schädels als die periphersten Glieder durchaus in Analogie zu Fingern und Zehen entstanden denken können. Vom Ektoderm aus senkt sich die Zahnleiste,

---

Abb. 32: *Skelett der linken Hand* (dorsal). Ansicht vom Handrücken (pronation). Die ▶ sieben Handwurzelknochen bilden gemeinsam ein kompliziertes Kugelgelenk. An Speiche (Radius, rechts) und Elle (Ulna, links) anschließend: 1. Kahnbein, 2. Mondbein, 3. Dreiecksbein, und über dem Mittelhandknochen des Daumens beginnend von rechts nach links: 4. Vieleckbein (os trapezium), 5. trapezoides Bein (os trapezoideum), 6. Hauptbein, 7. Hakenbein. Es folgen die fünf Mittelhandknochen und zuletzt die dreigliedrigen Finger. Nur der Daumen ist zweigliedrig.

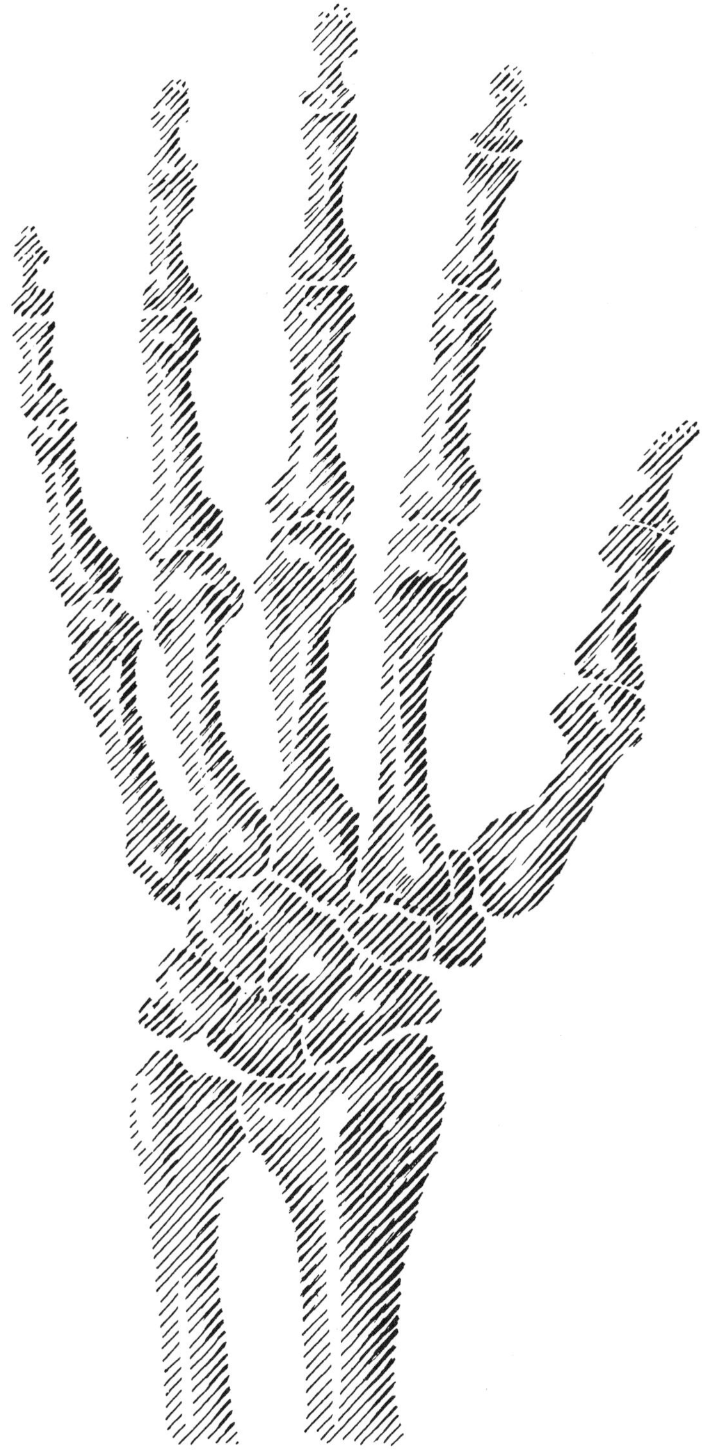

eine einfache Verstärkung des Mundepithels, in das tieferliegende Mesoderm ein und gliedert sich dabei bis zur Ausbildung der Zähne, die man als radial vereinfachte, extrem sklerotisierte «Eingliederungen» auffassen kann, die wie in funktionslosen Gelenken in ihre Alveolen eingefügt sind.

Bei Markierungsversuchen an Hühnerembryonen und Amphibienlarven hat es sich gezeigt, daß der aktivste Wachstumsteil eines Gliedkeimes seine äußerste Peripherie ist, nicht seine Wurzelzone. Gliedmaßen wachsen und gliedern sich also von außen nach innen und gewinnen erst zuletzt Anschluß an das Rumpfskelett, an Schulter- und Beckengürtel. Der Bewegungsorganismus hat seine eigene kosmische Dynamik. Auch das Kreislaufgeschehen, die kapillare Venenperipherie und die umkreisbildende Lymphströmung müssen hier mitbetrachtet werden, wenn das Wesen einströmender, ernährender, bewegender und Willen anfachender Kräfte aus dem «Umkreis» verständlich werden soll.

Die Gesamtgliederung der Gliedmaßen

Das Bild des dreigliedrigen Typus unseres Organismus vollendet sich in der Dreigliederung der Gliedmaßenordnung, in der sich die Gesamtgliederung des Skeletts wiederholt. Bei dieser haben wir drei Skelett-Funktionskreise:

Das Kopfskelett (Kugelellipsoid),
das Rumpfskelett mit den drei Einheiten von Brustkorb,
Wirbelsäule und Becken,
das Gliedmaßenskelett.

Die Gliedmaßenorganisation fügt sich in das Schulter- und Hüftgelenk als Kugelgelenkkopf in die Rumpfgestalt ein (Wiederholung des Kopf-Kugelprinzips). Oberarm-Unterarm-System und Oberschenkel-Unterschenkel wiederholen in radial-strahliger Form die zylindrische Wirbelkörpergestalt. Dabei bildet sich analog zur Bewegungsfunktion des Brustkorbes die Eigenfunktion der Ellen-Speiche-Drehung, durch die – wie bei Hebung und Senkung der Rippen – hier einholend-empfangende, da abweisend-abstoßende Bewegung (Pronation und Supination) für die Hand ermöglicht wird. Man könnte bei dieser Wendung der

---

Abb. 33: *Linker Fuß* (Fußgewölbebrücke). 1. Schienbein (Tibia) und Wadenbein (Fibula), Ansatz in gelenkiger Verbindung zum Sprungbein (Talus). 2. Sprungbein, 3. Hakenbein (Calcaneus), 4. Fußwurzelknochen: a) Kahnbein, b) Kuboid, c) drei keilförmige Fußwurzelknochen, 5. Mittelfußknochen, 6. Zehen. ▶

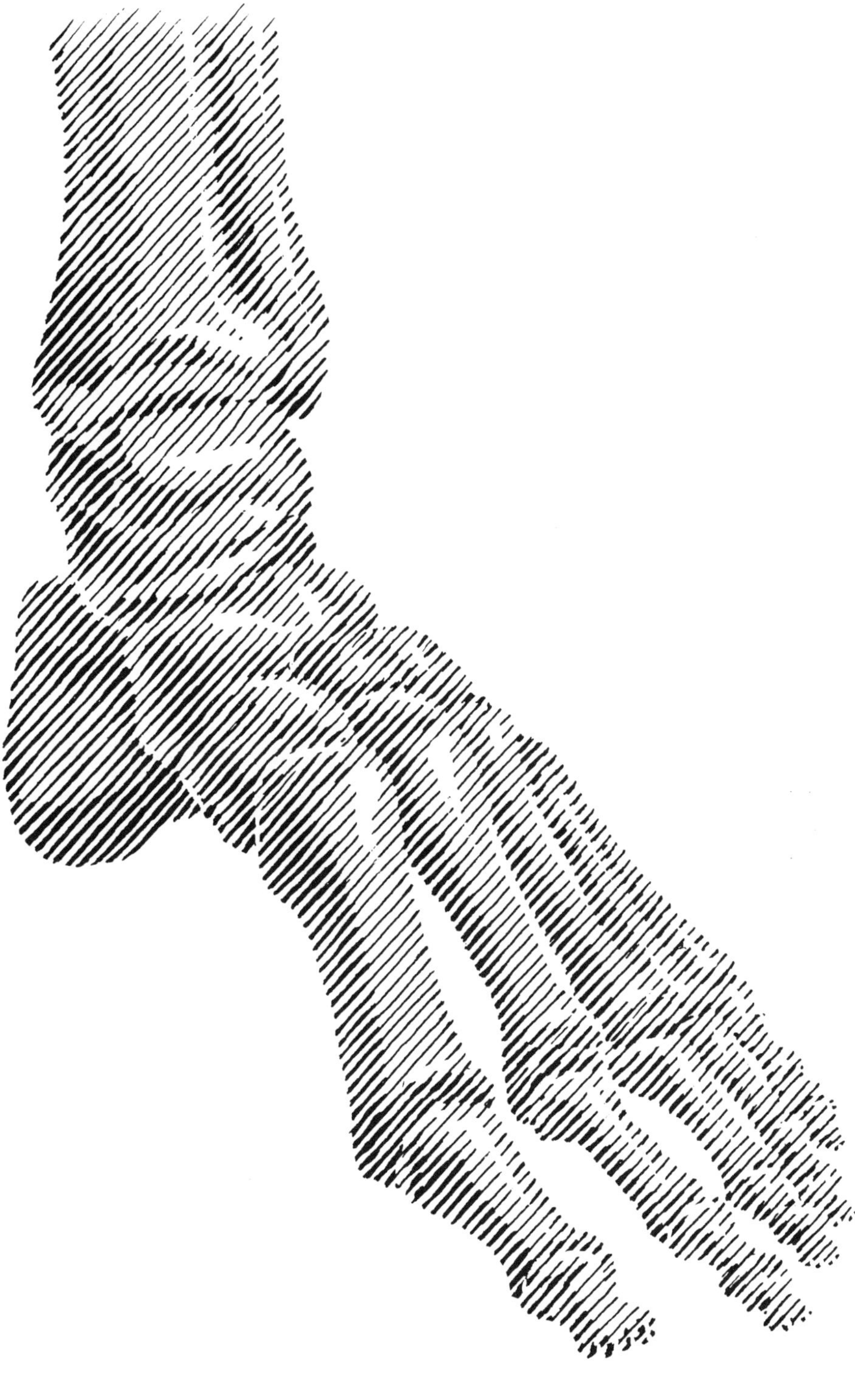

Hand nach oben und nach unten von einer «Gebärdenatmung» sprechen, durch die wir uns in Sympathie oder Antipathie zur Welt wenden. (Bei den unteren Gliedmaßen fügt sich das der Speiche entsprechende Wadenbein ganz in die Stützfunktion des Schienbeins ein und wirkt hier als Pfeiler ohne eigene Bewegungsfunktion.)

Hand- und Fußskelett sind zuletzt die «Gliedmaßen des Gliedmaßensystems». Aber auch dieser periphere dritte Funktionskreis wiederholt noch einmal in Vollkommenheit das Ganze. Die sphäroiden Hand- und Fußwurzelknochen korrespondieren mit dem Kugelprinzip der Kopfgestalt, Zwischenhand und Zwischenfuß zeigen die rhythmische Gliederung der Mitte, bei der Hand die Handfläche, beim Fuß mit den Fußwurzelknochen das federnde Fußgewölbe bildend. Die fünfstrahligen Finger bringen dann das höchst bewegliche reinste Gliedmaßenelement zur Erscheinung, je aus drei Gliedern bestehend. Nur der Daumen bleibt in Opposition zu den übrigen Fingern um ein Glied zurück, dafür aber jedes einzelne Glied verstärkend und sich mit seinem Mittelhandanteil beweglich haltend. Die Endglieder zeigen als Formprinzip die um den zentralen Achsenstrahl gedrehte Hyperbel. Durch dieses Kurvenelement wird die Unendlichkeitsfunktion der einstrahlenden Raumeskräfte ausgedrückt (vgl. H. Bauer).

Hand und Fuß sprechen im höchsten Sinne das Wesen des Menschen aus. Dies offenbart schon der Sprachgebrauch: Die Hand gehört zum «Handeln», zu heiligen und profanen «Handlungen». Die Gebärden der Hand tragen den vollkommensten Ausdruck seelischen und geistigen Wirkens, das durch die große Bewegungsfreiheit der Arme sich geradezu unbeschränkt entfalten kann. Die Hand ist ein universelles Glied, durch das sich der Mensch nicht spezialisiert und wie die Tiere an das Ende einer Entwicklung gestellt hat, sondern sich als ein universell freies Wesen in seinen Handlungen zu erkennen gibt. Die Werke der Hand sind im eigentlichen Sinne Kunstwerke. Handlung ist geistige Tat der Vernunft.

Die Füße dienen, tragen, sie beziehen sich aber im besonderen auf Willensfunktionen. Welche Schicksalsbedeutung kann in dem «Schritt» liegen, den wir tun! Und durchmessen und bemessen wir nicht mit unseren Gliedern die Welt?

Für das Verständnis der Gliedmaßenorganisation ist die Betrachtung der Gestaltebenen, in die sie einstrahlen, besonders wesentlich. Wir haben dabei drei Ebenen anzuschauen, deren mittlere, der Schultergürtel, die freie Bewe-

---

Abb. 34: *Gliederung des Arm- und des Beinskelettes:* 1. Rechtes Bein mit Oberschenkelkopf: a) Oberschenkel (Femur), b) Kniegelenk mit Kniescheibe (Sesambein = Sehnenbein), c) Schienbein und Wadenbein (Tibia und Fibula), d) Fußskelett (s. Abb. 29). – 2. Rechter Arm: a) Oberarm mit Oberarmkopf (Humerus), b) Ellenbogengelenk mit Speiche und Elle (Radius und Ulna), gekreuzt in Pronationsstellung (Handfläche nach unten), c) Handwurzelknochen (Carpus), d) Mittelhand (Metacarpus), e) Finger (Phalangen). ▶

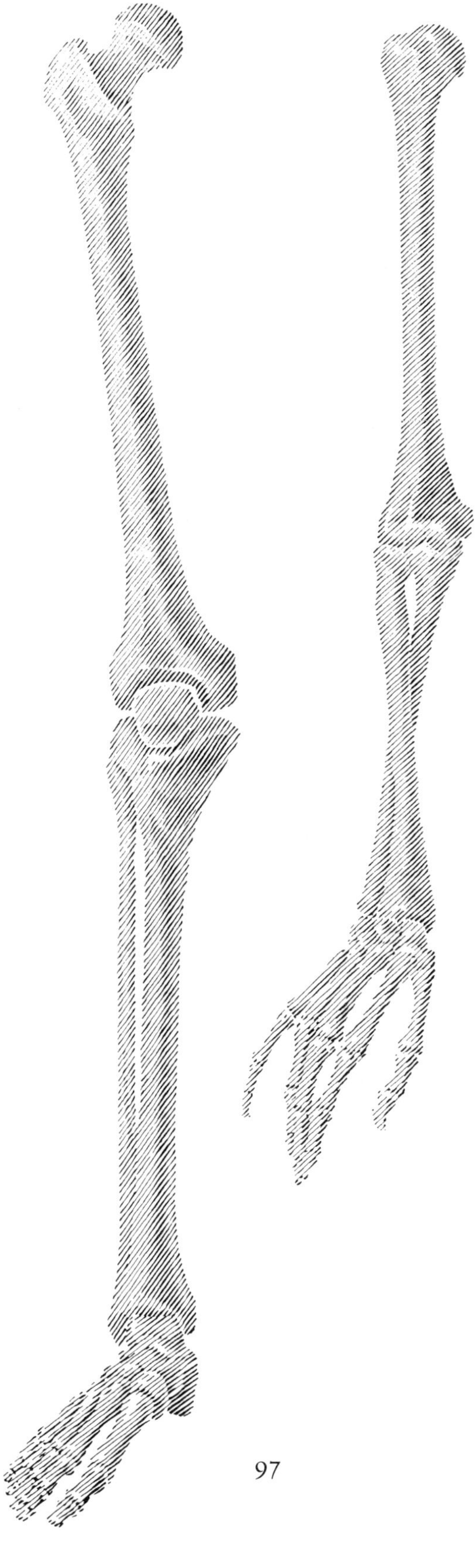

gung unserer Arme trägt und empfängt. Die beiden anderen Gestaltebenen, Bekkengürtel und Schädelbasis, verhalten sich dabei zur gesteigerten Mitte in charakteristischer Polarität.

Am Hauptespol gelangt das Bewegungssystem der Kiefer, wie wir darstellten, weitgehend unter die Herrschaft der sphärebildenden Kräfte, so daß ein einziger hyperbelartiger Gliedmaßenbogen, der Unterkiefer, scharniergelenkartig mit der Schädelbasis verbunden ist. Die Schädelbasis selber in ihrer totalen Verknöcherung, mit dem Wespenbein im Zentrum, wird bei unserer Betrachtung nach Polaritäten zum analogen Bereich der Beckenebene, wobei hier nur angedeutet zu werden braucht, daß das große und kleine Becken gegenüber dem Zentrum der Schädelbasis sich durch seine vitalen Weichteilorgane auszeichnet. Die unteren Gliedmaßen als tragende Säulen unserer Gestalt übernehmen senkrecht zur Erde hin die Vertikaltendenz der Wirbelsäule. In ihrer Bewegung sind sie vor allem durch die Festigkeit des Beckens immer ihrer statischen Aufgabe unterworfen und gewinnen nur im Tanze, in dem sie dem ganzen Leib ihre Bewegungskräfte übertragen, selbst größere Bewegungsfreiheit.

Schultergürtel – Schlüsselbein

Die höchste und, man muß schon sagen, die den Menschen als Bewegungswesen auszeichnende Freiheit ist durch den Schultergürtel für unsere Arme und Hände ermöglicht. Während die Schädelbasis fest mit dem Schädel verbunden und der Beckengürtel über das Kreuzbein an die übrige Wirbelsäule fixiert ist, besitzt der Schultergürtel überhaupt keine statische Befestigung gegen den Rumpf hin, sondern ist allein durch die beiden Schlüsselbeingelenke mit dem Brustbein verbunden, das seinerseits, bei der Atmung sich hebend und senkend, beweglich ist. Goethe nennt das Brustbein auch Brustgrat, und es ist für den Menschen charakteristisch, daß das Oberarm-Schlüsselbein-System diesem «Gegengrat» des Rückgrates zugeordnet ist, womit auch eine Beziehung der Schulter-Arm-Bewegungs-Kreise zum «Gesichtskreis» des menschlichen Blickfeldes gegeben ist.

◀ Abb. 35: *Schultergürtel:* Vorne in der Mitte das Brustbein; nach den Seiten ausschwingend die beiden Schlüsselbeine, die die Bewegungsfreiheit der Schulter gemeinsam mit den relativ frei beweglichen Schulterblättern gewährleisten (höhere Säugetiere – Rind, Pferd, Hund und so weiter – besitzen kein Schlüsselbein, vergleiche Kap. Mensch und Tier). – Metamorphose: Schultegürtel – Beckengürtel. Die Brustwirbel entsprechen der Kreuzbeinbildung; die Schulterblätter der Darmbeinbildung; die Schlüsselbeine den Schoßfugenästen des Beckens. Beim Schultergürtel ist alles beweglich, beim Becken sind alle Glieder durch dichte Verbänderung fixiert.

Die Schulterblätter sind frei beweglich schwebend in einer besonders dynamischen Muskulatur eingebettet. Die Schlüsselbeine bilden eine artikulierende Verbindung zwischen Brustbein und Schulterblättern. Wie ein Bogen spannt sich der Schultergürtel waagrecht nach links und rechts in den Raum über die Kuppel des Brustkorbes hinaus und empfängt so die sphärischen Einstrahlungen aller radialen Oberarmbewegungen. Die frei kreisende Bewegung des Oberarmgelenkkopfes wird durch die weitere Kreisbewegungsfähigkeit, die durch die flache Schulterblattgelenkspfanne und durch die kreisende Beweglichkeit von Schulterblatt und Schlüsselbein ermöglicht wird, noch wesentlich gesteigert. Diese Fülle von Bewegungsmöglichkeiten findet in der geradezu grenzenlosen Differenzierung der menschlichen Gebärdensprache ihren Ausdruck.

So wie die Schädelbasis in ihrem Zentrum das geheimnisvolle Wespenbein, den Träger der Hypophyse, einschließt und das Becken die dynamischen Lebensorgane Uterus und Ovarien, so erscheint über dem Schultergürtel der Kehlkopf als ein ins Geistige gewendetes Bewegungsorgan, als ein Übergang von der sichtbaren zur hörbaren Bewegung. Er ist der Erzeuger der Stimme, der Geburtsort der Sprache. Bewegungs- und Sprachorganismus bilden einen gemeinsamen ichhaft menschlichen Bereich.

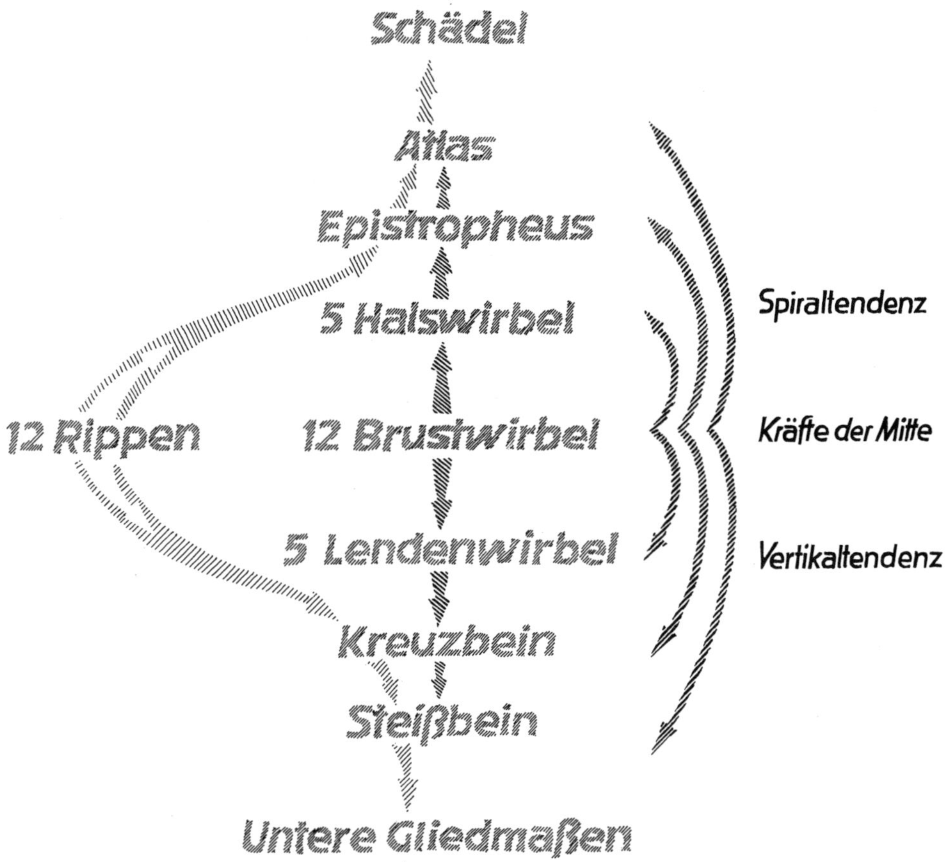

Abb. 36: *Das Skelett als Ganzheit:* «Hier liegt der innere Bau klar zutage. Dieses gewaltige architektonische Kunstwerk, das als Wirbelsäule in jeder Menschengestalt ruht, eröffnet seine ersten Pforten und läßt uns Einblick tun in die Macht der Meister, die es gestaltet haben. Die Stille überkommt uns, die wir sonst vor den erhabensten Schöpfungen der Kunst empfinden, und lehrt die Allgewalt der lebendig bildenden Natur.»
(Aus: Karl König, Zeitschrift Natura, Beiträge zu einer Anatomie des menschlichen Knochengerüstes, III. Teil, S. 37 ff.)

III
Der Säfteorganismus

Antimechanisch und antihydraulisch legt der Naturforscher ein organisches Chaos allen Organismen zu Grunde, denn eh wir ein Gebildetes mit Augen erblicken, sehen wir ein Ungebilde, in welchem und aus welchem jenes sich gestaltet ...*

Es sollte nicht Evolution sein, auch nicht Epigenese im angenommenen Sinn, nicht Präformation, nicht Prädevination, weil alle diese Worte den Begriff eines freien Werdens beschränken ...*

Nicht die Gefäße machen die Säfte, nein die Säfte bringen die Gefäße hervor ...

Goethe**

Über das Wesen des flüssig-organischen Geschehens (Betrachtung zur Humorallehre)

In der Gestalt des Skeletts wurde uns das Bild des höchsten Geistigen in der Verkörperlichung offenbar. Damit haben wir zugleich das «Bild des Todes» gezeichnet. Im Lymphstrom, der aller Säfteströmung zugrunde liegt, begegnen wir dagegen der reinsten Erscheinung des Lebens. Im leiblichen Säftestrom sahen die Griechen die Mischung der Elemente, die den Weltbau als Ganzen durchströmen:

Sie herrschen wechselnd in des Kreises Umlauf,
In sich entstehend, schwindend, festen Wandels.
Denn Elemente sind's, die sich vermengen
Und Menschen so wie Tiergeschlechter zeugen,
In einer Ordnung bald vereint durch Liebe,
Bald eins vom andern abgetrennt durch Streit,
Bis dieses eins gewordne All zerfällt.
Weil so aus mehrerem oft eins entsteht
Und eins durch Spaltung wieder sich vervielfacht,
So ist ein Werden ohne feste Dauer;
Doch weil dies Wechselspiel kein Ende nimmt,
So ist im Kreislauf wandelloses Sein.

Empedokles***

* Naturw. Schr., W. A., Bd. 11, S. 365, Paralipomena.
** Bd. XIII, S. 50–51, Nr. 52
*** Empedokles von Agrigent (Lit.-Verz. siehe Romain Roland).

In der harmonischen Mischung der Säfte* liegt nicht nur Leibesgesundheit, sondern auch die Harmonie des wohlabgestimmten (temperierten) Seelenlebens. Die Krankheit beruht auf schlechter Mischung der Säfte, wie zuletzt der Tod auf einer «Entmischung» der Elementarströme beruht[1].

Der Organismus ist einzig durch seine Säfteströmung eine Ganzheit, der Säftestrom bildet durch alle und über aller Gestaltdifferenzierung die belebende und ernährende Kontinuität.

Die historische Säftelehre, wie sie seit der griechisch-hippokratischen Medizin bis zu Karl von Rokitansky (1804–1878) vorherrscht, läßt den ganzen Organismus mit allen seinen Zellarten und Geweben aus flüssigen und fließenden Prozessen hervorgehen. Alle Gewebearten, auch die geformtesten und festesten wie das Nerven- und Knochengewebe, sind nur scheinbar fixe Gebilde.

Wir finden Vorstufen in fließenden Übergängen vom Hydrosol bis zum Hydrogel. Erst jenseits der Lebensgrenzen erscheint das «Mineral», der Kristall als ein Ergebnis der *Entmischung*[1] der fließenden Lebenselemente. Oder es kommt vorher durch Wiederauflösung zu neuem Lebensfluß. Leben verlangt fließende Gestaltwandlung. Es leuchtet ein, daß diese Tatsachen in frühembryonalen Zuständen am deutlichsten beobachtet werden können, weil der Organismus auf diesen Stufen noch zahllose Formverwandlungen vor sich hat. Hier ist Fließgewebe am unmittelbarsten anschaubar. Die Gewebsflüssigkeit dominiert funktionell über die zelligen Elemente. Sie ist das Urmesenchym, ist organische Urbewegung, organischer Bildungsursprung überhaupt**. Alle Bindegewebe sind aus ihr hervorgegangen, sie stellen urprotoplasmatische Organisationsverdichtungen dar, die in ihrer letzten Formung, zum Beispiel im Knochengewebe, den Todespol des Lebens berühren.

Die meisten Gewebe zeigen daher auch in ihren dichtesten und sogar noch in atrophischen Zuständen das Strömungsbild, aus dem sie hervorgegangen sind, während die lebendig strömende Gewebsflüssigkeit sich selbstverständlich nicht als Bild darstellen läßt! Nur die Kongelationen werden sichtbar. Über diesen Tatbestand muß man sich im Hinblick auf die eigene Lebensanschauung Rechenschaft geben. Anatomie und Pathologie gehen zunächst von den festen, geronnenen Formbestandteilen, gewissermaßen von den letzten «Abgüssen» des Lebens aus. Die Beurteilung der Lebenszusammenhänge nach dem festen (solidaren) niedergeschlagenen Stofflichen entspringt dem Hang der Naturwissenschaft seit der Mitte des neunzehnten Jahrhunderts, nur die statische Dokumentation als «exakt» gelten zu lassen, wobei der auf die Materie gerichtete Blick die funktionellen Zusammenhänge leicht übersehen kann. So werden bereits in der protoplasmatischen Urlymphe – im reinen Mesenchym – die ersten

* Krasis = gr. κρᾶσις = Mischung; Eukrasie = gute Mischung = Gesundheit; Dyskrasie = schlechte Mischung, Krankheit.

** Mesenchym von μεσεγχέω = mitten hineingießen.

vereinzelten zelligen Elemente als «Gewebe» angesprochen, und das fließende Urmesenchym wird lediglich als «Interzellularsubstanz» oder als «Grundsubstanz» bezeichnet – nicht jedoch als das, was es seiner Bedeutung nach eigentlich ist, als Organlymphe, als die fließende Bildesubstanz, aus der alle Organgestaltung und Umgestaltung hervorgeht, in deren ununterbrochenem Strömen alle Bildungen, Gewebe, alle abgesonderten Organe wachsen, ernährt werden und wiederum aufgelöst einmünden. Zwar bleiben die einmal gebildeten Formen das Leben hindurch im wesentlichen erhalten, aber der Substanz nach befinden sie sich in einem dauernden fließenden Austauschprozeß.[2]

Der Lymphorganismus

Allgegenwärtiger Balsam allheilender Natur. Goethe*

In den Wechselströmen der Säfte des Organismus wirkt die reinste Lebenstätigkeit. Ja, es darf gesagt werden: die Lymphe, die «klare Feuchte», wie das Wort vom Griechischen her zu verstehen ist**, bildet einen universellen Organismus.

Unter allen Säften des Leibes ist die Lymphe das indifferenteste und allgemeinste Element. Sie bildet kein in sich abgeschlossenes «System», sondern sie durchdringt, durchflutet und durchfeuchtet als ein wahres «Wasser des Lebens» den ganzen Organismus, alle Organe, ja sogar die festesten und dichtesten Gewebe.

Wenn man sich das besondere Wesen dieser universellen Durchflutung des Organismus durch einen Vergleich verdeutlichen will, so kann man eine der mannigfaltigen Kreislauferscheinungen des Wassers im Erdorganismus heranziehen, die laminare Strömung des Grundwassers***. Dieses fließt nicht wie das Wasser in Bächen und Flüssen vor unseren Augen, sondern unserem Blick entzogen in den Kapillaren und Spalten des Erdreiches. Die Grundwassersickerströmung breitet sich im Verborgenen um ein Vielfaches der Ausbreitung der Oberflächenwasserläufe aus und bildet so den strömenden Lebensgrund für das Pflanzenreich. Sie besitzt keine Mäanderung, kein Gefälle, keine Wirbel- und Uferbildung, sondern zeigt ein stilles, saugendes Fließen in Steigen und Fallen.

In ähnlicher Art zieht der Lymphstrom im Organismus seine Bahn, diffus verbreitet, nicht wie das Arterien- und Venenblut in Adern gefaßt. Die Durch-

* Gedichte (Artemis), Bd. I, S. 318.
** Lympha, lat. = klare Feuchte, Wasser; (gr. = νύμφα = Lebensgottheit).
*** Lamina, lat. Fläche, flächenhaft.

feuchtung der Organe und des ganzen Organismus vollzieht sich vielfach ohne spezielle Leitungsbahnen, ohne Kanäle. In Gewebespalten, Organscheiden, Faszien und Hülsen, zwischen den Schichten der Blutgefäßwandungen, zwischen den Muskelfibrillen, in den Nervenscheiden und im Nervenbindegewebe, überall steigt die Lymphe durch kapillare Spalten. In freien Körperhöhlen vermag sie, durch besondere «Aquädukte» geleitet, in reicherer Fülle in Erscheinung zu treten, oder sie überzieht in zartesten Schleiern die Flächen der inneren Organe.

Es gibt freilich in allen Bereichen unseres Organismus auch eigene Lymphbahnen, Gefäße des Lymphzusammenstroms. Diese bilden aber gleichsam nur die «Endstrombahnen» der geschilderten allgemeinen «Saugströmung», denn alle interkapillaren, alle zwischenzelligen und umzelligen Durchströmungsräume, selbst Spalten und Scheiden, die mikroskopisch kaum nachweisbar sind, sie alle sind Brunnenstuben der Lymphe; ja es gibt keine Bindegewebsfaser, keine Zelle, die nicht perilymphatisch umflutet und ernährt wäre.

Die reine Lymphe läßt sich am besten an den Phänomen des *Protoplasmas**, der Lymphe des einzelligen Organismus, studieren. Im Protoplasma zeigt sich das ätherische Lebensphänomen am unmittelbarsten in seiner Aktion. Ohne äußere Verursachung zirkuliert die Lymphe des einzelligen Lebewesen! – das Urphänomen jeder organischen Strömung. Alle weiteren Protoplasmaeigenschaften nehmen bereits hochdifferenzierte Organfunktionen in einer universellen Weise voraus. Zuerst:

Ernährung,
Wachstum,
Vermehrung;

dann die rhythmischen Funktionen:

Pulsation,
Kreislauf,
Atmung;

zuletzt Funktionen des «Bewußtseins» (hier natürlich noch ohne Ausbildung eines eigenen Nervensystems):

Kontraktilität,
Sensibilität,
Gestaltung**.

* Protoplasma = urplastische Substanz; von gr. πρῶτος = der erste; es ist aber auch an Proteus, den Gott der Verwandlung, zu denken. Plasma, gr. = πλάσμα = Gebilde, plastische Substanz. Zuerst von Purkinje (1787–1869) eingeführt.

** Funktionen des Protoplasmas (Schema).

Alle diese reichen und verschiedenartigen Leistungen vermag die undifferenzierte «Lymphe» bereits im Sinne des dreigliedrigen Organismus funktionell zu vollziehen.

Es war der Goetheanist Purkinje, der dieses universelle Lebenselement als Bildungssubstanz jüngster Embryonen Protoplasma nannte[3]. Die englische Biologie deutet Gleiches mit dem Begriff «the building matter» an. Es ist die Substanz, die am unmittelbarsten dasjenige trägt, was Rudolf Steiner die ätherische Bildekraft nennt.[4]

Begegnet uns die Lymphe im selbständigen Protoplasmaorganismus (zum Beispiel im einzelligen Lebewesen im flüssigen Milieu), so bildet sie ihrer Natur gemäß die Kugelgestalt aus. Als Lebensfunktion ist diese Neigung im höheren Organismus dadurch erhalten, daß sie über alle Organe hinüber ihren lebendigen Mantel, ihre ätherische Umhüllung zieht und so die absolute Lebenseinheit herstellt. So kann man sagen: *Protoplasma ist die Lymphe der Zelle; Lymphe ist das Protoplasma des ganzen Organismus.* Unzählbare protophytisch-protozoische (urpflanzlich-urtierische) Organismen bilden die *«Kugelsphäre»*, dieses vollkommenste *Urbild des Lebens* ab, die wesenhaft über allem Organischen, auch über dem höchsten Organismus, als Urgestalt steht.

> So liegt im dichten Schoß der Harmonie
> Die Kugelsphäre, des Alleinseins froh;
> Nicht lebt unheil'ger Streit und Zwist in ihr...
> Von allen Seiten gleich und endlos ist
> Die Kugelsphäre, des Alleinseins froh,
> Ihr zweigen nicht zwei Arme von den Schultern,
> Sie hat nicht Fuß noch Knie, noch zeugend Glied,
> Ruhend ist sie und in sich gleich von allen Seiten.
> Empedokles*

Ernährende Lymphe

Die Lymphe, die vor jeder Organdifferenzierung und über aller Organbildung als die Trägerin der Lebenseinheit wirkt, hat ihre entscheidende Funktion als ernährende Lymphe[5]. Im höheren Organismus bildet die Lymphe da, wo sie den Ernährungsstrom aufnimmt, regelrechte Stromufer, die allerdings – mit den

* Empedokles (um 550 v. Chr.), Übersetzung von Eduard Saenger.

Abb. 38: *Oberflächenlymphbahnen der Leber* (nach einer photographischen Aufnahme ▶ aus Ruszynyak/Földi/Szabó). Die Mannigfaltigkeit der Verzweigungen und die quellenden Formen sind überaus charakteristisch.

Blutbahnen verglichen – durch ihren unregelmäßigen, zarten Bau auffallen. Diese Lymphgefäße sind charakteristische «Endstrombahnen», welche die Lymphströmung aus der äußeren Peripherie der Gliedmaßen und aus dem Inneren der Organe, vor allem aus dem Darmbereich, aufnehmen. Besonders umfangreich sind solche Bahnen in den Gliedmaßen ausgebildet, wo sie die aus der Peripherie zusammenströmende Lymphe über die Lymphknoten der Leistenbeuge und der Achselhöhle in Becken und Brustbereich führen. In der Beckentiefe finden sich charakteristische, mannigfaltig erweiterte Lymphgefäßnetze, sogenannte Zisternen, die mit ihrem Strom den Brustlymphgang speisen. In den Lymphgefäßen der Dünndarmzotten, in Spalträumen der arteriovenösen Anastomosen wird der Chymus des Darmlumens* als Chylus aufgesaugt. Der Brustlymphgang erhält diesen besonderen Zustrom der ernährenden fett- und eiweißreichen «Milch». Dabei erscheint es uns wesentlich, daß der Chylus[6] nicht in einer eigenen, vom übrigen Lymphstrom gesonderten Bahn fließt, sondern seinen Strömungsimpuls, seine Vorflutung aus dem Gliedmaßen-Lymphstrom der äußersten Peripherie erhält. (Was diese «Peripherie» im Kräftedynamismus der Leiblichkeit bedeutet, das wurde schon bei der Betrachtung der Polarität Kopf–Gliedmaßen berührt[7].)

Der Brustlymphgang steigt nun, der Wirbelsäule folgend, aufwärts, verläßt die Bauchhöhle, indem er durch das Zwerchfell hindurchtritt, und steigt weiter durch den Mittelraum der Brusthöhle rechts der Wirbelsäule, bis er im oberen Brustraum in Höhe des sechsten Halswirbels auf die linke Seite herüberwechselt, um hier zuletzt unter dem linken Schlüsselbein in die linke Jochvene einzumünden. Hier fließt in den Venenwinkel der Jochvene (Jugularis) und der linken Schlüsselbeinvene (Subclavia) alle Lymphe aus beiden Beinen, aus dem gesamten Bauchraum, dem linken Arm, der linken Brust- und Lungenseite und aus der linken Kopfhälfte zusammen. In den rechten Jochvenen-Schlüsselbein-Venenwinkel strömt nur die Lymphe der rechten Brustseite, des rechten Arms und der rechten Kopfhälfte ein. Das Lymphsystem zeigt also entschiedene *Asymmetrie* (was für das Wirken ätherischer Kräfte charakteristisch ist, während das Einwirken astraler Kräfte symmetrische Bildungen bevorzugt). Die Jochvenen führen ihr Blut über die obere Hohlvene zum Herzen.

Unter dem linken Schlüsselbein also vereinigt sich die vegetativ-ernährende Chylus-Lymphmilch mit einer oberen Venenblutströmung, die organische Qualitäten aus dem Sinnes-Nerven-Bereich des Hauptes (Auge, Ohr, Gehirnperipherie) zum Herzen leitet. Der irdisch ernährende Strom hat sich mit den Lichtqualitäten des Sinnes-Nervenpols vereint. Für diese erstaunliche Signatur hat die allgemeine Naturwissenschaft bisher keine Deutung gefunden. Uns spricht diese Vereinigung polarer Sphären allerdings eine beredte Sprache über das Geheimnis der Ernährung überhaupt.

* Lumen, lat. = Lichtung.

Die erste Nahrung des neugeborenen Kindes ist die Muttermilch. Vor der Geburt flossen dem werdenden Kinde alle ernährenden Ströme durch die Nabelgefäße vom mütterlichen Blut her zu. Die erste Nahrung nach der Geburt, die das «Brustkind» aufnimmt, ist nicht mehr in gleicher Weise von innerorganischer

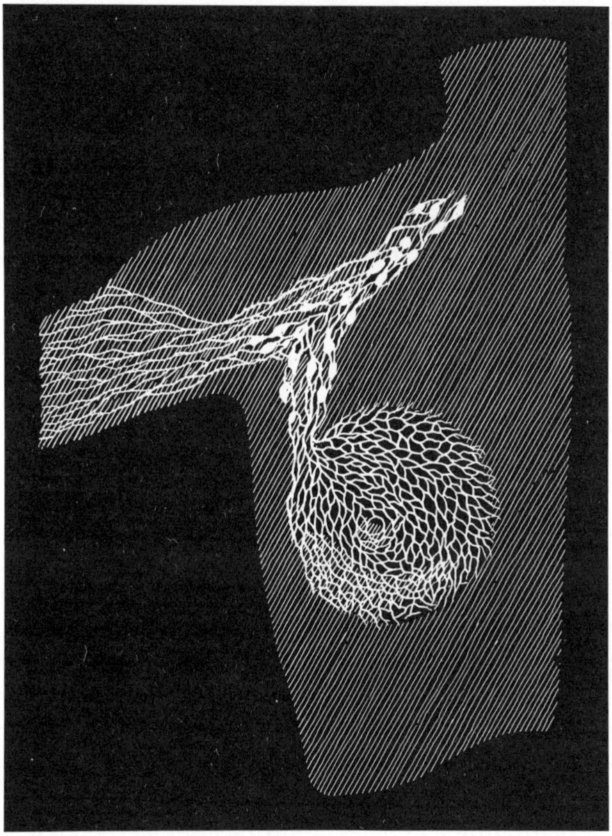

Abb. 39: *Arm-Brust-Lymphregion* (nach Corning).

Qualität wie das Blut, und doch ist ihre Substantialität nicht weniger wesenhaft. Wir haben das Quellgebiet des uns ernährenden Chylus in den Darmzotten erwähnt und erfahren, wie der Lymphstrom, der den Chylus aufnimmt, bereits aus der Peripherie der unteren Gliedmaßen einströmt. Ähnlich ist es hier mit dem Lymphstrom der Arme. Auch er mündet in den Brustlymphgang (beziehungsweise in den rechten Lymphgang) ein und gelangt auf diesem Weg in das Venenblut der oberen Hohlvene. Aber ein Teil dieses peripheren Lymphstromes aus der Subcutis der Arme nimmt einen eigenen Weg (vgl. Abb. 39).

Bei der stillenden Mutter fließt ein wesentlicher Lymphstrom aus Händen und Armen unmittelbar zur Brust. Wie im Darmbereich alle Darmzotten den Chymus des Darminhaltes ansaugen, so spendet umgekehrt die Brust der Mutter die Milch für das Kind. Diese Lebensspende der Muttermilch ist aber nicht allein Leistung der Brustmilchdrüsen, die einen Teil ihrer Substanz bei immer erneutem Wiederaufbau in «Chylus», das heißt in die fließende Milch verwandeln, sondern hier – wie im unteren Ernährungsgebiet – gibt der Lymphstrom selber das Seine aus der Peripherie der oberen Gliedmaßen dazu.

Für das gesamte Lymphsystem ist die Einströmung aus der Peripherie (zentripetale Strömung) charakteristisch[8]. Der ernährenden Lymphe aus den Darmzotten (Chylus) wie der Muttermilch aus der Brustdrüse fügt sich dieser Gesamtstrom als notwendige Anflutung oder Vorflutung bei. Es ist dabei gar keine Frage, daß die Gliedmaßenbewegung sich als außerordentlich wesentlich erweist, sowohl für die ätherische Strömungsdynamik selbst als auch für die inneren Ernährungsqualitäten bei Chylus- und Milchbildung[9].

Sinnesorganlymphe

Eine der erstaunlichsten Erscheinungsformen einer Organflüssigkeit ist die «Sinnesorganlymphe», wie wir sie als Augenlymphe (Kammerwasser), als Ohrlymphe (Otolymphe) und als Gehirnwasserlymphe finden.

Kein Organ lenkt so unmittelbar wie das Auge unsere Aufmerksamkeit auf seine innere Strömungs- und Säfteorganisation. Sein sphärischer Bau schon spricht die deutlichste Sprache. Würde nicht unser ganzer Leib zur Sphäre, zur Kugelgestalt hintendieren, wenn allein die ätherisch flüssige Organisation dominierte? Von diesem Gesichtspunkt aus ist das Auge morphologisch das vollkommenste Organ unserer Leiblichkeit, ja es ist geradezu symbolisch in der Art, wie seine Gestalt sein Wesen ausdrückt. Nach allem, was sich bisher vom Wesen der Lymphe in der Organisation aussprach, wundert es uns nicht, daß bei einem solchen Organ die Lymphe ganz entschieden hervortritt.

Die Sinnesorganlymphe und das Gehirnwasser werden wir bei der Darstellung des Gehirns und der Sinnesorgane noch genauer betrachten.

Als Beispiel der Bedeutung der Lymphe für das Leben und für ihre gewaltige Eigenleistung sei hier noch die Funktion des Fruchtwassers bei der Embryonalentwicklung erwähnt. Das Kind schwimmt am Ende der Schwangerschaft in etwa 1500 bis 2000 ccm Fruchtwasser-Lymphe. Diese wird täglich ausgetauscht und vom mütterlichen Organismus über die Eihäute neu gebildet – eine kaum

---

Abb. 40: *Der Gesamtflüssigkeitsorganismus.* ▶

Ektochym
Nachorganisch freiwerdende Ätherität
Nervenlymphe (Liquor cerebrospinalis und Sinnesorganlymphe)
Gewebeflüssigkeit
Arterielles Blut
Mesenchym
Venöses Blut
Organlymphe
Chyluslymphe
Vororganische Ätherkräfte
Perichym

faßbare Leistung der ätherischen Organisation! «Der Embryo nimmt das Fruchtwasser durch Schluckbewegungen in den Darm, aber auch durch Einatmungsbewegungen über die Bronchien in die Lungen auf. Dort wird es wie im Darm resorbiert und in das Blutgefäßsystem gebracht. Auch die embryonale Haut spielt wahrscheinlich bei der Aufnahme des Fruchtwassers eine Rolle» (Petry).

Die Eihäute, besonders das Amnion*, haben also eine bedeutende ätherische Funktion für das Werden des Kindes. Sowohl die gewaltige Fruchtwasserströmung als auch die offenbar ernährende Durchflutung des embryonalen Darm- und Lungensystems verweist uns wiederum auf das Wesen der Lymphe. Hier tritt uns eine deutliche Analogie zwischen Gehirnhäuten, Gehirnlymphe, Gehirn- und Eihäuten, Fruchtwasser und Embryo entgegen (siehe Abbildungen 58 und 59).

Die Lymphe – das Wesensorgan des ätherischen Menschen

> «Das Leben läßt sich schlechterdings nur aus Leben erklären.»
> «Sollte nicht im Kreislauf der Säfte Saft und Gefäß sich zugleich fortbewegen und dadurch sich gegenseitig forthelfen?»
>
> Novalis**

Die Lymphe bildet in unserer Organisation die protoplasmatische Einheit des ätherischen Menschen. Ihre allgemeine Ausbreitung als das organische «Wasser des Lebens» war den Anatomen schon in früherer Zeit interessant. Sie suchten den Lymphorganismus auch gestaltlich zu fassen, fanden aber besonders bei den mannigfaltigen Fließnetzen immer wieder die zahlreichsten Variationen dieses gewaltigen Themas. Häufig vereinigen sich Lymphgefäßnetze zu Drüsen oder bilden bestimmtere Lymphbahnen. Aber selbst der zentrale Brustlymphgang zeigt immer wieder Abweichungen (z. B. geht seine Bahn aus den geschilderten netzförmigen Lymphräumen, den Zysternen des Beckenraumes, hervor, welche wie Nebenströme eines Urstromgebietes die verschiedensten Wege einschlagen können. Außerdem wird der gesamte Bindegewebebereich des Organismus vom Lymphsystem ohne besondere Bahnen in Anspruch genommen [Gegenbauer]). So stand das Lymphsystem, charakteristisch für seine ätherischen Qualitäten, wegen seiner formverneinenden Überfülle dem beschreibenden Geist der Anatomie und Topographie entgegen, und im gleichen Maße trat

* Amnion = Schafhaut, gr. = ἀμνιον.
** Fragmente 971 und 969.

auch das Interesse für dieses Reich zurück. Erst in neuerer Zeit wendet sich die Forschung vor allem im Zusammenhang mit dem Krebsproblem entschiedener der Lymphe und ihren Funktionen zu.

Es ist unglaublich, wie wenig man sich bisher mit dem Lebensprimat, das der Lymphe in allen organischen Entwicklungsstadien zukommt, beschäftigte. Man kann eine ganze Embryologie durchlesen, ohne Sonderliches über ihre Rolle im Lebensgeschehen zu erfahren. Bei der einseitigen Blickrichtung auf ausgeformte und solidar differenziert «zellige» Gestaltungen konnte ihr nur eine beiläufige Bedeutung zuerkannt werden. So entzog sich die Lymphe der Beurteilung. Wer im Hinblick auf die organischen Leistungen «Technomorphismus» betreibt, wird immer wieder nur physikalisch-chemischen Stofftransport und «Stoffwechsel» finden. Das Wesen der Lymphe aber verfehlt auch, wer lediglich in diesem mechanischen Sinne vom «Wasserhaushalt» spricht. Gewiß nehmen wir Wasser auf, aber was jenseits der Darmwand kreist, ist kein «Wasser» mehr, sondern ist lebendige Lymphe.

Kommt es im Organismus zu Ödembildungen («Wasser» im Gewebe, Anasarka*), dann liegt ein Versagen des Ätherorganismus im umfassenden Sinne vor. Die Flüssigkeitsausscheidungen (Schweiß, Harn) sollten im Grunde nicht als Wasserausscheidung bezeichnet werden, da in ihnen ein ganzer Teil abgelebter Organsubstanz enthalten ist. Zwischen dem, was wir den Wasserhaushalt der Natur nennen, und dem, was im flüssigen Organprozeß geschieht, kann nur ein übertragener Vergleichszusammenhang, kein identisches Geschehen gesucht werden.

Ebenso werden Wesen und Bedeutung der Lymphe verkannt, wenn man sie nur als Nebenkreislauf des Blutsystems auffaßt, wie man es häufig in der Fachliteratur findet[10]. Wir stellen dagegen die Identität sowohl der innerzelligen «Endolymphe» wie der umzelligen «Perilymphe» wie überhaupt des gesamten Protoplasmas fest, das ernährend und humoral verbindend alle organischen Elemente, jede Faser, jede Scheide, jede Organelle umgibt. Das Mesenchym erfüllte als Protoplasma den werdenden Organismus lange bevor sich der Blutkreislauf und differenziertere Organe gebildet haben.

Man darf daher die Lymphströmung nicht als einen Neben- oder Zwischenkreislauf des Blutkreislaufes auffassen, vielmehr stehen diese Kreisläufe, indem sie einander durchdringen, in einem polaren Verhältnis zueinander, wobei der entwicklungsgeschichtlich ursprünglichere Lymphkreislauf als Plasma sich dem höher dynamisierten Blut einfügt. Der Lymphstrom endet im Venenkapillarbereich; er entsprang in der arteriellen Kapillarperipherie, von wo aus der gewaltige freie Lymphstrom im Dienste mannigfaltiger zwischenorganischer Lebensprozesse in das Bindegewebe des Gesamtorganismus einströmt. Das polare Verhältnis zwischen Blut und Lymphe wird auch durch die Tatsache be-

* Anasarka, gr. = ὕδρωψ = ἀνασάρκα = Wassersucht, Wasser zwischen dem Fleisch.

leuchtet, daß wir fünf- bis siebenmal mehr Lymphe als Blut haben (vergl. auch unsere Darstellung des Blutkreislaufes S. 266 f. und die Abb. 113).

Das Besondere des Blutes liegt darin, daß es Träger höherer Wesenkräfte ist, die sich in der Kreislaufdynamik der Adern und des Herzens ausdrücken, während die Lymphe in ihrem allgemeinen Fluten und Strömen im Ätherischen dahinfließt.

Lymphe, kann man sagen, *ist in uns die Pflanze*, das Ernährende und Wachsende; aber verglichen mit der Pflanze unserer Umwelt, sind wir in unserer Lymphe «pflanzlicher als die Pflanze»[11].

Leben und Gestalt (das Zellproblem)

Der mesenchymal-lymphorganische Gesamtorganismus und die Entwicklungsbedeutung zelliger Differenzierung.

> «... Die wichtigste Bildung des Tanzes der Stoffe nach der Weltenmusik ist das Eiweiß, das Protoplasma, wie es die Grundlage ist aller lebendigen Bildung... Verhältnismäßig spät, als letzte der Bildungen entstand erst die Zelle. Niemals ist es so gewesen, daß sich Organismen aus Zellen heraus gebildet haben; sondern die Zelle hat sich erst aus Lebendigem gebildet.»
>
> Rudolf Steiner*

Methodischer Grundsatz

«Es wird hier nicht von derjenigen Zergliederung gesprochen, welche die organischen Körper in ihre einfacheren Theile, in ihre organischen Fasern und Fibern, ja noch weiter diese in ihre Elemente zerlegt; sondern wir betrachten den organischen Körper in so fern als seine Theile noch Form haben, eine gewisse entschiedene Bestimmung bezeichnen und mit anderen Theilen im Verhältnis stehen. Alles was die Form des Theils zerstört, was den Muskel in Muskelfasern zertrennt, was den Knochen in Gallerte auflöst, wird von uns nicht angewandt. Nicht als ob wir jene weitere Zergliederung nicht kennen wollten und nicht zu schätzen wüßten, sondern weil wir, schon indem wir unseren ausgesprochenen Endzweck verfolgen, ein großes und unbegrenztes Tagwerk vor uns sehen.»

Goethe**

* Das Hereinwirken geistiger Wesenheiten in den Menschen, GA 102, V, 89/90.
** W. A. II, Bd. XII, S. 213.

Für das Verständnis des Wesens des lebendigen Organismus ist bis zum heutigen Tage nichts hemmender gewesen als die Zellentheorie und die Lehre, der Organismus sei das Ergebnis eines umfassenden Zellteilungsprozesses und eines additiven Zellenzusammenschlusses. Es ist daher im Sinne unseres Mottos entscheidend, die in Betracht kommenden Phänomene in den richtigen Lebenszusammenhang zu stellen, um dem Lernenden nicht den Weg zu einem wahrheitsgemäßen Menschenbild zu verbauen.[1]

Es war Robert Hooke (1635–1703)[2], der als erster die von ihm unter dem selbstkonstruierten Mikroskop untersuchten Pflanzenstrukturen (Kork, Holundermark) als «Zellen» bezeichnete. Während die allgemeine Medizin bis in die Mitte des 19. Jahrhunderts ihre Lebensanschauung auf die Säftelehre des Hippokrates gründete, drang die Zellenlehre langsam immer tiefer in die biologischen Wissenschaften ein. Man hatte dabei allerdings übersehen, daß die zelligen Strukturen stets nur *Ergebnisse* einer Lebenstätigkeit, nicht aber ihr *Ursprung* sind[3].

Im allgemeinen ist «Anthropomorphismus», die Übertragung menschlicher Lebensverhältnisse auf Naturvorgänge, in der Wissenschaft mit Recht verpönt. Statt seiner schleicht sich eine viel schwerer zu erkennende Begriffsallegorie ein, um dem Bedürfnis nach festen, statischen Vorstellungen zu dienen: die technomorphe Begriffsbildung. Die neueste biologische Literatur wimmelt von solchen Begriffen. Im Grunde ist der Begriff «Zelle» bereits ein solcher.

Es braucht uns nicht wunderzunehmen, daß der Erforscher des reinen Phänomens, der Betrachtung lebendiger Wandlung und Umwandlung organischen Seins, Goethe, sich niemals solcher Begriffe bediente. Der Zellbegriff begegnet uns bei ihm weder in seiner Pflanzenbetrachtung noch in seiner zoologischen Morphologie[4].

Durch Rudolf Virchow (1821–1902) wurde für die Biologie des Menschen und damit für die Gesamtbiologie die Zelle in ihre heute immer noch gültige Stellung heraufinterpretiert, aus der sie trotz gewichtigster Einwendungen noch nicht gestürzt werden konnte. «Charakter und Einheit des Lebens sind (bei Virchow) so ausschließlich an die Zelle gebunden; der Mensch, das ‹sogenannte› Individuum, wird zu einer Summe vitaler Einheiten, eben der Zellen als Individuen, Personen, Elementarorganismen, die einen ‹Organismus sozialer Art› darstellt» (Ricker).

Mit Virchows Zellularpathologie (1858) schwand endgültig das Bild eines Lebenskontinuums, das die Erscheinungen miteinander verbinden konnte, und machte einem biologischen Atomismus Platz[5].

In unserer Darstellung der Lymphe als eines gesamtleiblichen Protoplasmas und des Protoplasmas als einer zellulären Lymphe haben wir schon die ätherische Einheit des Organismus dargetan und das Auftreten der Zellstruktur als ein akzidentelles und sekundäres Phänomen aufgezeigt. Unser Leib ist kein Konglomerat von Zellen, sondern ein Kontinuum fließender, ineinander übergehender und sich in Organsphären wandelnder Lebensprozesse. Daß hierbei zelluläre Strukturen auftreten, geschieht im Dienste übergeordneter Funktionen. Die zellige Ausformung und Sonderung aus dem Lebensfluß ist der Tribut an Differenzierungs- und Individualisierungsvorgänge, in welchen sich das Leben gegenüber physischen Daseinsbedingungen aus seelischen Formkräften heraus behauptet.

Aber betrachten wir uns einmal die Organbereiche nach ihrem «zelligen Aufbau» genauer. Zuerst das Blut, das man mit Recht ein flüssiges Organ genannt hat.

Das Blut bietet uns Zellen, und zwar in ihrer reinsten Form in den roten und weißen Blutkörperchen. Aber diese Zellen sind im Blute voneinander isoliert, sie schwimmen in völliger Trennung im Blutplasma. Das Plasma ist das verbindende, Lebenskontinuität schaffende Element, durch welches das Blut als flüssiges Organ erscheint («Blutlymphe»).

Würde im Blut ein Zellverband, statt des strömenden Zeitkontinuums ein statisches Raumkontinuum entstehen (wie bei der Thrombose), dann würde das Leben in den Organen erstarren. Das charakteristische Leben des Blutes liegt also in seiner fließenden Gesamtdynamik, während seine zelligen Elemente spezielle und differenzierte Aufgaben haben.

Aber auch festere Gewebe belehren uns in ähnlicher Weise über die Sonderstellung der zelligen Struktur im Organismus. Der Herzmuskel z. B. ist nicht aus Zellen aufgebaut, sondern er ist aus einem Synplasma hervorgegangen, dessen Plasmaströme ineinander überfließen und ein vollkommenes Lebenskontinuum bilden. (Es kann aus dem gesamten Herzmuskel keine einzige «Muskelfaser» – als Zelle – isoliert werden.)

Die Skelettmuskulatur besteht auch nicht aus «Zellen», wie obenhin oft gemeint wird, sondern ebenfalls aus Plasmafasern, besser Plasmaströmen, in deren Sarkoplasma einzelne Zellkerne zerstreut im Gewebefluß auftauchen. Die glatte Muskulatur ist ebenso als ein überzelluläres Kontinuum aufzufassen, das ein Synplasma mit zahlreichen Einmündungen und Zusammenflüssen (plasmatische Gewebebrücken) bildet (Hensel). In diesem Sinne nimmt die Muskulatur gewissermaßen eine Mittelstellung zwischen dem reinen Plasmafluß und der individualisierten Zelle ein. Das die Leibesgestalt und die Leibesfülle bildende zwischenzellige Bindegewebe (interstitielles Mesenchym), das den gesamten Organismus durchzieht, bildet ein synplastisch-synzytiales – also nicht zelliges – «Strömungskontinuum».

Das frühembryonale Mesenchym, die Vorstufe der Lymphe und des Plasmas, die wir als Perilymphe zu charakterisieren haben, stellt die Ureinheit des Organismus dar, in welcher die flüssigen Elemente und die sich später ausdifferenzierenden Strukturen noch eine Einheit bilden.

Neuere Untersuchungen an Gewebekulturen haben das Primat des Urmesenchyms für alle Organgestaltung erbracht:

«Bei Amphibienkeimen früher Entwicklungsstufen wurden zunächst reine Ektodermzellen gezüchtet. Es entstand ein unregelmäßiger Komplex atypischer Epidermiszellen. Wenn aber gleichzeitig Mesenchym gezüchtet wurde, so entstand eine Hautblase, deren Oberfläche von epithelartig angeordneten Epidermiszellen gebildet wird, während Bindegewebe (!) als lockeres Netzwerk das Innere ausfüllt».*

Aus Untersuchungen des Embryologen Huzella geht hervor, daß es die mesenchymale Perilymphe ist, welche die Zellen in ihre Organordnung einfügt und ihr zügelloses Weiterwuchern sinnvoll begrenzt. Er hat nachgewiesen, daß das undifferenzierte embryonale Mesenchym spätere Organgestaltungen potentiell in sich trägt. So wird zum Beispiel die Niere gestaltlich aus reinem Mesenchym induziert. Eine Gewebekultur ergänzt sich zu einem verkleinerten Herzorgan, wenn mesenchymale Flüssigkeit aus dem embryonalen Herzbereich zugefügt wird.**

Die Organbildekraft der interzellulären Lymphe ist so stark, daß sie auch fremden Zellelementen von andersartigen Organfragmenten die ihr eigentümliche Organgestalt aufnötigt. Die fremden Zellen wachsen dann in das Äthergefüge des Mesenchyms ein.***

Die Leibesentwicklung aus Ei und Samen (also aus «Zellen») bestätigt unsere Auffassung, wenn wir ihr Wesen genauer betrachten. Bei allem, was bei der Befruchtung geschieht, wird immer wieder nur auf Zell- und Zellkernstrukturen gestarrt und dabei vergessen, wie das Leben von Ei und Samen von Gewebeflüssigkeit, Lymphe und Blut – also von einer überzellulären Lebenssphäre – umhüllt, geschützt und getragen wird.

Die morphologische Betrachtungsweise erkennt in Ei und Samen polare Organprinzipien, die nicht isoliert anzuschauen sind, sondern die in ihrer Polarität einem potentiellen Gesamtorganismus angehören, demgegenüber der Zellbegriff nicht genügt. Das Ei entwickelt sich in der weiblichen Keimdrüse im kleinen Becken zentrifugal aus der Tiefe des ovariellen Mesenchyms.

Schon vor ihrer Vereinigung sind Ei und Same das Ergebnis des vom «umzelligen Protoplasma» ermöglichten Wachsens und Reifens beider.**** Nach der Vereinigung und der «Auflösung» des Samens im Ei ist es vornehmlich das innerzellige Protoplasma des *Ei-Organismus* im Zusammenwirken mit allen in ihm und um ihn befindlichen Organelementen, die in rhythmischem Geschehen die Entwicklung weitertragen. In systolisch-diastolischen Wachstumsvorgängen sind *zellige Strukturen* – über ihre ektodermalen und entodermalen

* A. Fromme: «Das Mesenchym».

** Theodor Huzella: «Die zwischenzellige Organisation auf der Grundlage der Interzellulartheorie und der Interzellularpathologie».

*** Heinz Hartmut Vogel: «Der Flüssigkeitsmensch» in «Beiträge zu einer medizinischen Menschenkunde», S. 397.

**** Gustav Ricker: «Pathologie als Naturwissenschaft», S. 331.

Umhüllungs- und Begrenzungsfunktionen hinaus – rhythmische Bildedurchgangsphasen, die immer wieder um der Ganzheit des Organismus willen aufgelöst werden müssen, um dann wieder neu auf höherer Stufe zu entstehen. Dies nennen wir Wachstum.

Vom dynamischen Lebensgeschehen her betrachtet sind Zellen daher nicht Uranfänge, sondern Endbildungen des Lebens, wie dies das Motto dieses Abschnittes ausspricht[5] (vergl. S. 114).

Übrigens zeigen bereits die sogenannten *Einzeller* in ihren meist hochdifferenzierten Strukturen voreilig-vorzeitige «Endbildungen», die sich in ihrer Überformung nicht mehr weiterentwickeln, sondern in der «Sackgasse» ihrer «Vollkommenheit» erstarren. Hierdurch tragen Radiolarien und Foraminiferen Wesentliches zur Mineralisation jüngerer Erdschichten bei.

Die Zellentheorie ist der methodisch-weltanschaulich bis zum heutigen Tage immer noch nicht überwundene biologische Atomismus, der den Forschern, die das *Leben* aus dem Anorganischen herleiten möchten, entgegenkommt.

Wie das Licht, nach Goethes Anschauung – der wir hier methodisch folgen –, kein zusammengesetztes, sondern ein kontinuierlich wirkendes Element ist, so ist auch unser Organismus *kein zusammengesetztes Konglomerat* von Zellen, sondern *ein Lebenskräftekontinuum*[6]. Der Identität des Lichtes mit sich selbst entspricht die Identität des Lebens im Organismus.

Insofern sich im Organismus aus dem dynamischen Lebensstrom mehr oder weniger isolierte Organellen (wir wollen den Begriff Organelle an die Stelle des materiell-mechanisch befrachteten Zellbegriffs setzen) mit spezifischen Aufgaben absondern und ihre Funktionen dementsprechend in struktureller Formation in mannigfaltiger Anpassung erfüllen, dürfen wir die so entstehenden Formgebilde nicht als Urelemente der Organisation auffassen, wie es der Virchowsche Satz «Omnes cellulae ex cellulae» (alle Zellen sind aus Zellen hervorgegangen) behauptet. Dagegen folgen wir Francesco Redi (1626–1697) in seinem Satz «Omne vivum ex ovo» (Alles Leben stammt aus dem Ei), insofern wir im Ei keine isolierte Zelle, sondern den geschilderten Ur- und Universalorganismus erkennen. Zellen sind im gesamtorganischen Geschehen *sekundäre* Entwicklungserscheinungen. Es muß vieles vorausgehen, um diese spezielle *Organellenbildung* zu ermöglichen. Vom ganzen Organismus aus betrachtet sind Zellen als systolisch-rhythmische Verdichtungszustände innerhalb der allgemeinen Gesamtmorphologie aufzufassen, denen notwendig umfassendere diastolisch-gestaltauflösende Funktionsphasen der Lebensentwicklung nachfolgen (Zellolyse, Lympholyse nach Pischinger). Jede zelluläre Dauerform würde dagegen das Ende der Lebensentwicklung sein[7].

Das Verhältnis von Leben und Gestalt im Organischen hat Rudolf Steiner für unser Verständnis durch eine Gestaltfunktionsschilderung entschlüsselt. Er zeichnete drei Formen auf und charakterisierte ihr Verhältnis zueinander. Zu-

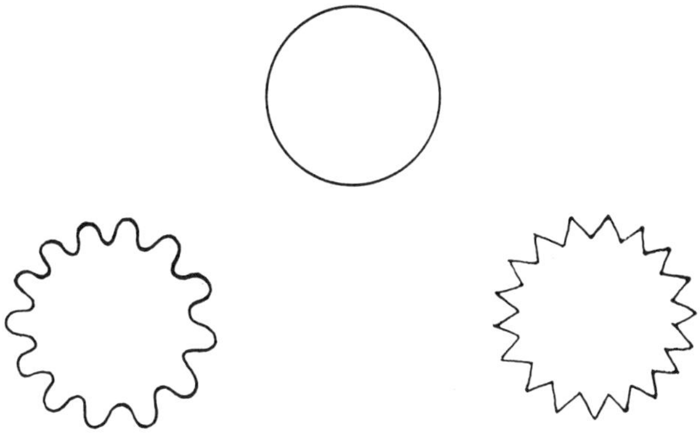

Abb. 41: *Wandlung des Kreises:* Oben = in sich ruhende Sphäre; links = das Innere hat gesiegt; rechts = das Äußere hat gesiegt (nach Rudolf Steiner).*

nächst die Kugelsphäre: «Wenn wir dem bloßen Kreis gegenüberstehen, dann können wir das Gefühl haben, daß die ganze übrige Welt nicht da sei, daß nur das sich im Kreise Abschließende da sei. Wenn wir den gegliederten Kreis betrachten, dann könnten wir nicht mehr das Gefühl haben, daß das, was durch den Kreis ausgedrückt ist, allein in der Welt ist. Die Gliederung der Kreislinie drückt aus einen Kampf, gewissermaßen eine Wechselbeziehung mit der Außenwelt. Und es ist charakteristisch, daß derjenige, der nun sich lebendig hineinfühlt in die Form, bei dem gegliederten Kreis (links) fühlt: das Innere ist stärker als das Äußere. Der ätherische Kräftezustand ringt mit den astralischen Formkräften. Beim zackigen Kreis: das Äußere hat sich eingebohrt und ist stärker als das, was im Kreise liegt.» *[8]

Diese drei Funktionsformen können als Schlüssel zum Verständnis organischer Zustände bis herab zu zelligen Organdifferenzierungen betrachtet werden. Die reine protoplasmatische Kugelsphäre offenbart einen Lebenszustand, wie er vor aller Differenzierung, vor aller Organgestaltung im schwebenden Tropfen in vollkommener, in sich beschlossener Ruhe zu sehen ist.

Setzt sich das Protoplasma gegen die Umgebung in aktive Bewegung, dann zeigt sich das Bild: «das Innere hat gesiegt», und wir können es vielfältig als amöboid-protoplasmatische Erscheinung beobachten. Da, wo sich Organismen in sphärischen Bildungen einschalen, wie bei den Foraminiferen, behauptet sich das innere Leben gegen die Außenwelt. Schwindet das Protoplasma im Lebenszusammenhang dahin, wie beim Altern der roten Blutkörperchen, dann erscheinen Stechapfelformen als Ausdruck der Funktion: «das Äußere hat gesiegt».

Immer wieder begegnet uns neben der universell lebendigen Sphäre die Gestalt bis zur Überformung.

* Rudolf Steiner: Wege zu einem neuen Baustil, GA 286, S. 77.

Sphärengestalt	*Radialgestalt*
Lauge	Säure
Wassertropfen	Schneekristall
Foraminifere	Radiolarie
(Kalk)	(Kiesel)
Ei	Samen
Blutzelle	Nervenzelle

Alle diese Polaritäten, die um viele Beispiele vermehrt werden können, deuten auf den eigentlichen Lebensprozeß hin, der weder im Formlosen noch in der Überformung, sondern in rhythmischen Wandlungen besteht.

Darum kommt es bei der Entwicklung immer wieder auf die Mitte, auf rhythmische Funktionen an.

Wenn wir in der Entwicklungsgeschichte des Menschen den Keimblättern begegnen, dann finden wir hier wieder die Polarität zwischen Entodermalem (Stoffwechsel-Ernährung) und Ektodermalem (Nerven-Sinnes-Organismus). Die mittlere Organisation aber geht vom Mesenchym aus, bildet die Organe des Mesoderms (Herz-Kreislauf, Knochen-Muskel-System) aus und erneuert das Ganze, indem alle geformten Bildungen wieder in mesenchymale Zustände aufgelöst und zurückgeführt werden. *So ist jede zellige Gestalt immer nur ein vorübergehendes Gebilde, differenziert, um einer höheren Individualisierung der Gesamtleiblichkeit dienstbar zu sein.*

IV
Die Dreigliederung von Haut-Nervenorganisation und die Welt der Sinne

Mit der Darstellung des Knochenbaues des Menschen (Kap. II) hatten wir schon das vollkommenste Bild der morphologisch-räumlichen *Dreigliederung* gewonnen. Der Säfteorganismus kleidet diese Architektur allseitig von innen und außen ein (Kap. III).

Mit der *Organdreiheit Haut, Nervenorganisation* und den *zwölf Sinnen* des Menschen kommt eine der bedeutsamsten funktionalen wie morphologischen *Dreiheiten* zur Betrachtung. Diese Dreiheit hat einen gemeinsamen Entwicklungsursprung, entfaltet aber ihre Aufgaben in ganz verschiedene Richtungen:[1]

Die ektodermale Haut wendet sich als schützendes Integument* nach außen, die *Nervenorganisation nach innen*, obwohl sie ebenfalls vom Ektoderm abstammt. Die Sinnesorgane entfalten ihre Tätigkeit zwischen beiden Organbereichen in mannigfaltig *rhythmischen Prozessen* nach innen *und* nach außen, die innere und die äußere Welt miteinander verbindend und das Leben zu einer neuen schöpferischen Produktivität steigernd.

Die Haut

> «Wie wir nun einen solchen Wunderbau betrachten und die Art, wie er hervorsteigt, näher einsehen lernen, so begegnet uns abermals ein wichtiger Grundsatz der Organisation: daß kein Leben auf einer Oberfläche wirken und daselbst seine hervorbringende Kraft äußern könne, sondern die ganze Lebenstätigkeit verlangt eine Hülle, die gegen das äußere rohe Element, es sei Wasser oder Luft oder Licht, sie schütze, ihr zartes Wesen bewahre, damit sie das, was ihrem Innern spezifisch obliegt, vollbringe. Diese Hülle mag nun als Rinde, Haut oder Schale erscheinen, alles, was zum Leben hervortreten, alles, was lebendig wirken soll, muß eingehüllt sein. Und so gehört auch alles, was nach außen gekehrt ist, nach und nach frühzeitig dem Tode, der Verwesung an. Die Rinden der Bäume, die Häute

* Integument: lat. integumentum = Decke, Hülle, Haut.

der Insekten, die Haare und Federn der Tiere, selbst die Oberhaut des Menschen, sind ewig sich absondernde, abgestoßene, dem Unleben hingegebene Hüllen, hinter denen immer neue Hüllen sich bilden, unter welchen sodann, oberflächlicher oder tiefer, das Leben sein schaffendes Gewebe hervorbringt.»

Goethe*

«Es ist der menschliche Organismus mit seinen verschiedenen Kraftsystemen selber, der sich in der Haut nach außen einen bestimmten Abschluß gibt...

Uns muß klar sein, daß der menschliche Organismus ein solches System von Kräften ist, welches durch sich selbst sich so bestimmt, daß es sich genau den Formumriß gibt, der in der Gestaltung unserer Haut zum Vorschein kommt...

Wenn aber in der Haut selber ein solcher Ausdruck dem Organismus gegeben werden soll, so müssen wir voraussetzen, daß *innerhalb der Haut eigentlich in einer gewissen Weise der ganze Mensch irgendwie zu finden sein müsse.* Denn wenn der Mensch wie er ist, sich so machen soll, daß die äußere Haut als Formbegrenzung das ausdrückt, was er ist, so muß in der Haut alles das gefunden werden können, was im Menschen zur Gesamtorganisation gehört...»

Rudolf Steiner**

Haut und Gesamtorganismus

Die Haut ist innerhalb der embryonalen Entwicklung ein sehr früh erscheinendes Organ. Ihre erste Anlage findet sich schon im perichordalen Mesenchym im Dermatosom***. (Abb. 42, S. 123). Die spezifische Organogenese der Haut entwickelt sich jedoch, wie dies bei allen einhüllenden und begrenzenden Organen der Fall ist, im Typus ektodermaler beziehungsweise entodermaler *Abgrenzungsbildungen.*

Im Dienste des im vorigen Kapitel geschilderten Gesamtflüssigkeitsorganismus bewahrt die Haut, trotz ihres nach außen gerichteten ektodermalen Form- und Funktionscharakters, wesentliche Eigenschaften ihres embryonalblastogenetischen****, das heißt mesenchymalen Wesens. Im Vergleich zu ihrer einfachen Anlage finden sich innere, ebenfalls aus Mesenchym hervorgegangene Organe höherer Differenzierungsstufen.

* Naturw. Schr., Bd. I, S. 12.

** Eine Okkulte Physiologie, IV. Vortr. S. 110, (Prag, 26. März 1911).

*** Dermatosoma, gr. = τὸ δέρμα = die Haut

gr. = σῶμα = Leib; etymol. = Samen.

**** Blastogenese, gr. = βλαστός = Blase.

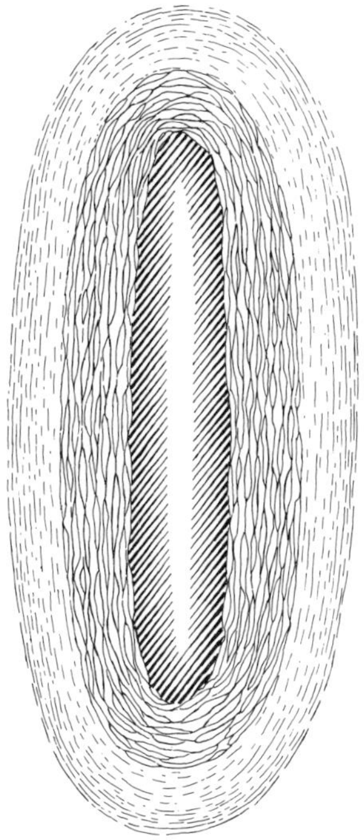

Abb. 42: *Chorda dorsalis mit perichordalem Mesenchym*. Die äußerste Hüllenschicht-Dermatosoma gestaltet sich als Ektoderm. Die innerste perichordale Mesenchymhülle wandelt sich später in die Knochen- und Skelettorganisation, daher ihr Name Sklerosoma. Zwischen beiden die mesenchymale Grundlage der rhythmischen Organisation und vor allem der Muskulatur (Myosoma).

Das Besondere ist, daß die Haut in ihren tieferen Schichten weder morphologisch noch funktionell entschiedenere Ausdifferenzierungen erfahren hat. Sie bewahrt vielmehr ihren universellen Urzustand, durch welchen sie die Einheit des Gesamtorganismus repräsentiert. In ihrer Schichtbildung zeigt sich dabei wieder die Dreigliederung.

Der Ursprungscharakter des Hautorgans tritt in seiner dynamischen Reaktionsweise auf äußere und innere Einflüsse besonders deutlich hervor, indem die Haut auf Reize in mannigfaltiger Weise antwortet und reagiert. Der ganze atmosphärische Umkreis ist hier wirksam: Wärme, Kälte, Feuchtigkeit, Trokkenheit, die mannigfaltigsten kosmischen und irdischen Einflüsse. Als Antwort erscheinen auf ihrer Oberfläche – wie abgespiegelt – Zustände des organischen Innenlebens. Solche Organspiegelungen können gelegentlich Symptome pathologischer Innenprozesse sein. Auf der Oberfläche zeigt sich die Verwandtschaft von Ektoderm und Entoderm, von Außensphäre und Innensphäre des Organismus.

So wie im Darmlumen die als Nahrung in Betracht kommenden Substanzen – bevor sie vom Organismus aufgenommen werden können – in einen ursprünglichen, elementaren Substanzzustand aufgelöst werden (vergleiche unser Kapitel über *die Organe der Ernährung und Ausscheidung* S. 326 ff.), wobei sich neue ätherische Qualitäten als Grundlage eines individualisierten Organaufbaues bilden, so vermag in gleichem Sinne die *Haut* eine gewisse «ernährende» Funktion zu übernehmen (Aufnahme von Wasser, von feinsubstantiellen Pflanzenschleimen und Ölen, wie sie als Trägersubstanzen in Salben in der Therapie vielfältige Verwendung finden usw.).

Die ernährend-ätherische Aktivität der Darminnenhaut (Entoderm) zeigt eine unmittelbare Verwandtschaft mit den embryonalen Funktionen des Zyto- und Choriotrophoblasts* der Keimblase nach ihrer Einnistung in die Uterusschleimhaut zu Beginn der Embryonalentwicklung. Auch hier wird der ernährende Substanzstrom aus der Uterusschleimhaut und ihren tieferen Bindegewebsschichten mit Lymph- und Venenzustrom von der Keimblase des Embryos nicht unverwandelt aufgenommen, sondern in der Trophoblasthülle individualisierend «neu konstituiert» (Abb. 43).

Ähnliche Qualitätsumwandlungen finden wir bei der Haut gegenüber der irdischen und kosmischen Sphäre (besonders im Hinblick auf Strahlungseinflüsse und deren Abschirmung).

Damit sind drei Entwicklungsstufen häutiger Organfunktionen gegeben:

a) Zuerst die der frühen Embryonalentwicklung angehörende Zytoblast-Trophoblast-Stufe. Die embryonale Keimblase – der Choriotrophoblastorganismus* – ist noch in sich selbst eine *kosmische Einheit* innerhalb der mütterlich uterinen Hülle. Die Chorionzotten, die in diese Hülle vordringen, bilden Grenze und Übergang zugleich, indem sie mütterliche Nahrungselemente individualisiert aufnehmen und weitgehend durch Assimilation verwandeln.

b) Als nächste Stufe ist die dem embryonalen Ernährungsprozeß verwandte nachgeburtliche Darmernährung zu betrachten, bei welcher die Darmhaut (Entoderm) in ihrer auswählenden und die Nahrung verwandelnden Funktion dem embryonalen Geschehen entspricht.

c) Durch die an der Organismusperipherie ektodermal ausgereifte Außenhaut ist der Mensch einerseits geschützt, andererseits in einer spezifischen Weise mit der irdischen und kosmischen Welt verbunden (Sinnesfunktion der Haut).

Gemeinsam ist diesen drei häutigen Organ-Entwicklungsstufen, daß sie an ihren *Grenzflächen* alles Fremde weitgehend abweisen oder verwandeln

* Choriotrophoblast = Zytotrophoblast gr. = χῶρος = Raum; κύτος = Höhlung; Trophoblast = von gr. τροφή = Ernährung.

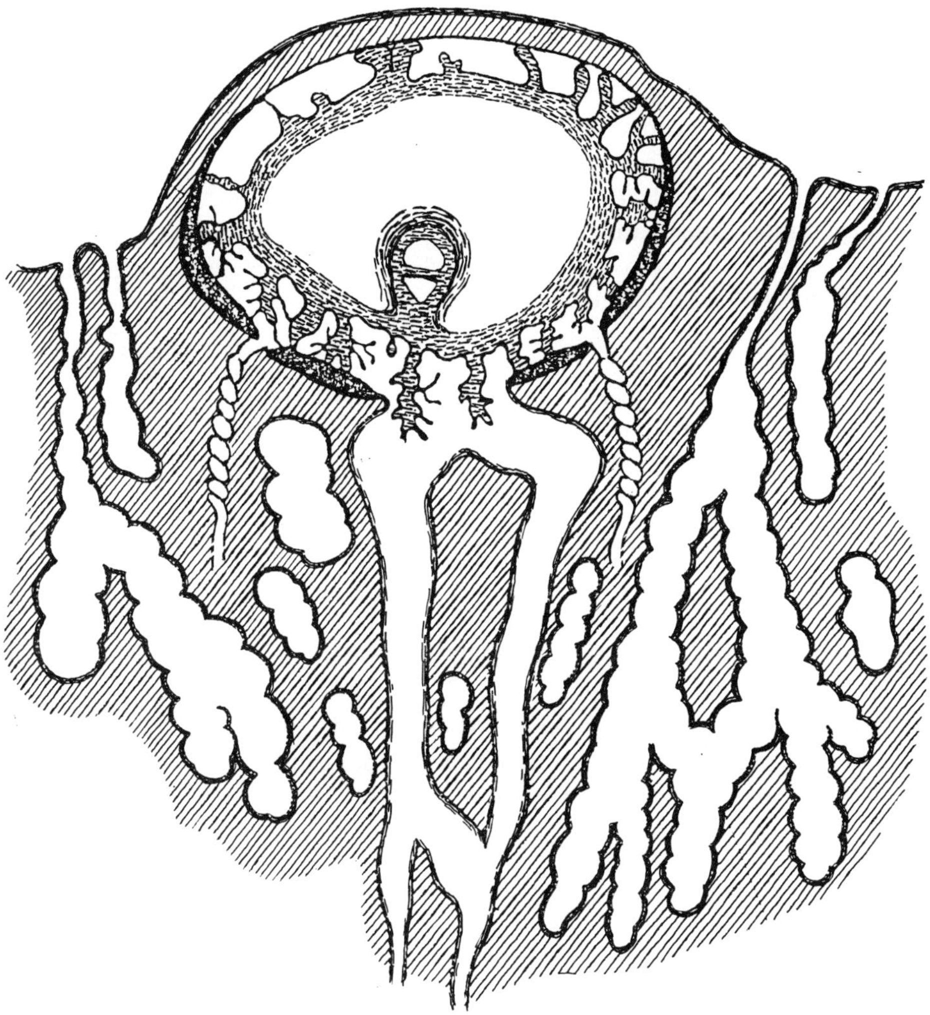

Abb. 43: *Choriotrophoblast* (mit Lymphgefäßen, Venen und Arterien). Keimblase der vierten Schwangerschaftswoche im Endometrium (Uterusschleimhaut). Die Chorionzotten der Keimblase tauchen ins mütterliche Venennetz (a). Arterien des Endometriums treten spiralig in das Chorion ein (b). Die Embryonalanlage im Chorion ist von Mesenchym umgeben: Dotterbläschen und Amnionbläschen (c) (Starck).

und assimilieren. Die Funktion aller häutigen Organe, Schutz und Hülle für das flüssig ätherische Leben zu gewähren, haben wir besonders zu würdigen. Diese Aufgabe leisten sie durch die ektodermale, dicht zelluläre Flächenbildung ihrer äußersten Schicht. – Gegenüber den flüssig-ätherischen Prozessen, die sie in den Tiefen des Unterhautgewebes einschließen, sind sie jedoch dienende Sekundärorgane.

Die Hauthülle in ihrer plastischen Schichtgliederung

Die Leibesbildung als plastisches Phänomen wird nicht allein durch die Tiefenstrukturen ihres Knochenbaues und durch die schwellenden oder straffenden Muskeln bewirkt, sondern sie vollendet sich durch die Organisation der Haut in kaum faßbarer Mannigfaltigkeit.

> «Aber nicht eine gerade Linie findet man im menschlichen Körper – alles wogt wie die Meereswelle und die Harfensaite ... Alles schwillt an und nimmt ab, fließt und macht Übergänge ... Es gibt doch keine gerade Linie.»
>
> August Strindberg*

Die Vollendung der Leibesplastik durch die Haut, durch ihren höheren oder niedrigeren Feuchtigkeitsgehalt, durch Quellung oder trockene Straffung erscheint in wölbenden und buchtenden Flächenbildungen. Als weitere Formen kommen individualisierende Farbqualitäten hinzu: die blühende Haut des Säuglings mit ihrem reinen Inkarnat und ihrem Pfirsichblütenduft; die straffe Haut des Jünglings; die Samthaut des Mädchens; die faltige oder narbige Haut des Alten oder Kranken, bei dem tiefe Lebensrunen eingegraben erscheinen; zu all diesem Individuellen kommen noch die «farbigen» Hauttingierungen der Rassen.

So breitet sich die Haut als ein ätherisches Gewand über die Gestalt. Von innen wirken Bildekräfte, von außen Licht, Wärme, Luft, Feuchte oder zusammenziehende Kälte – ein Ozean wechselnder, bewegter Elemente.

Das Unterhautgewebe (Subcutis)

Wir beginnen unsere Darstellung des Gesamthautorgans mit der Betrachtung der tiefen Ursprungsschicht, der Subcutis, dem Unterhaut(zell)gewebe. Es folgt dann die Hautmittelschicht, das Corium (Lederhaut), und zuletzt die Außenschicht, die Cornea.

* Aus: Ein drittes Blaubuch, S. 906.

Das wesentliche Organbildeelement des Unterhautgewebes (Subcutis) ist das Mesenchym. In dieses Unterhaut-Mesenchym-Fließgewebe beginnt mit dem vierten–fünften Schwangerschaftsmonat die Einlagerung von Lipoid (Fettgewebe), welches ebenfalls vom Mesenchym abstammt. Das geschieht durch die Steatoblasten (Fettgewebsbildner).*

Das Haut-Fettgewebe bildet wärmeenergetisch und statisch-funktionell schon jetzt, vor allem aber im nachembryonalen Leben die plastisch-schützende Grundmatrix der Gesamthaut. Bedeutungsvoll ist es, daß diese Bildung zeitlebens ihren urmesenchymalen Charakter behält. Es entwickelt sich hier nämlich immer wieder neues Mesenchymgewebe, sogar mit Blutbildungseigenschaften, wie dies auch entsprechende mesenchymale Felder der Thymusdrüse, des Herzbeutels und der Nebennieren in ihren Lipoid-Cholesterin-Organellen zeigen. Das spätere Fettgewebe (zum Beispiel der panniculus adiposus**) im Bindegewebe der Unterhaut charakterisiert die Subcutis als die wärmespendende, die ernährende und energiebewahrende Grundlage der Haut für alle Schichten. Typisches mesenchymales Fließgewebe, vor allem elastische Bindegewebsfasern, verbinden die Subcutis mit der Muskulatur in mannigfaltig lokkerer oder dichterer Weise, wie es die verschiedenen Leibesregionen erfordern. Weiterhin ziehen Faserströme zur Hautmittelschicht, zum Corium (Retinaculae cutis***). Über der Leibesmuskulatur vereinen sich die bindgewebigen Faserströme der Subcutis zu Körperfaszien, die vor allem in der Hohlhand und in der Tiefe der Fußsohle ein besonders dichtes Gewebe bilden.

Neben dem in der Subcutis verbreiteten Unterhaut-Fettgewebe finden sich auch fettarme Zonen. So zum Beispiel in der Subcutis der Augenlider, der Nase, des Ohres und der Lippen – also in den Haut-Sinnesorgan-Bereichen. Besonders reich mit subkutanem Fettbindegewebe sind neben der Fußsohle die vorwiegend plastischen Regionen des Leibes ausgestattet, so die Hüfte und die Glutealregion (Gesäß), die Beugeseiten der Gliedmaßen, die Bauchwand und die weibliche Brust, bei der das Unterhautfettgewebe geradezu zu einem *eigenen Organ* entwickelt ist. (Vergl. Abb. 45, S. 128)

* Steatoblasten: gr. = στέας = Fett und βλάστη = Sproß.

** Panniculus adiposus, lat. panniculus = Bäuchlein, adeps = Fett.

*** Retinaculum, lat. = netzförmiges Halteband.

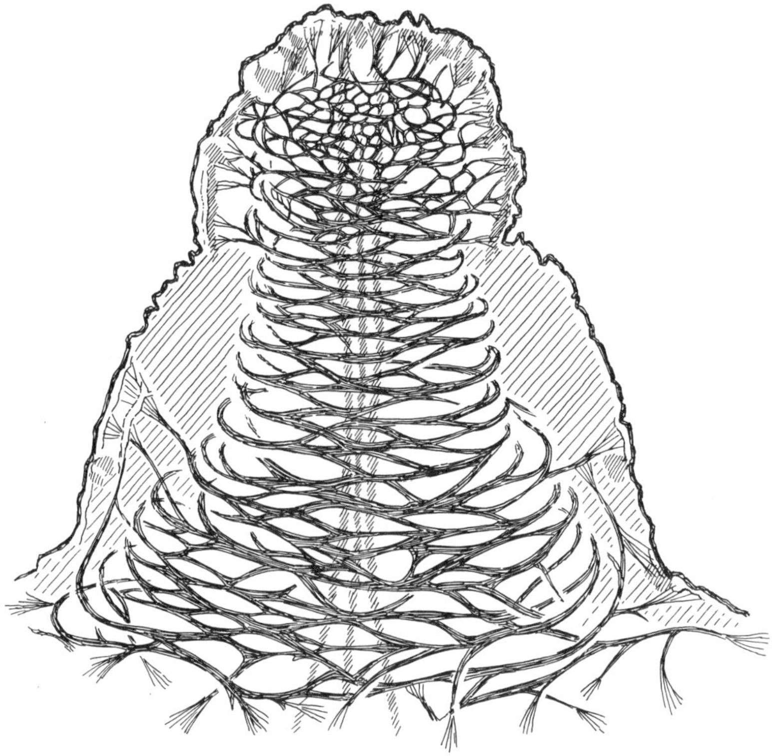

Abb. 44: *Mamilla der weiblichen Brustdrüse* (elastische Bindegewebsstruktur), nach Benninghoff.

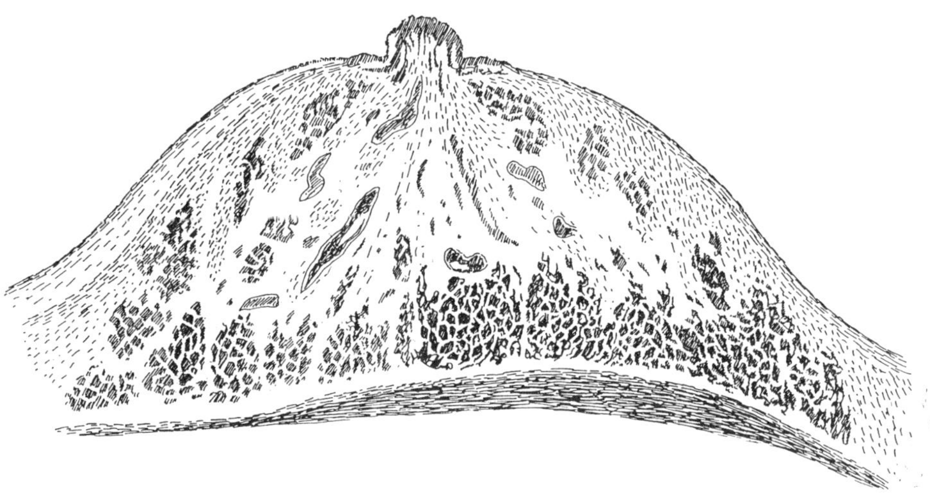

Abb. 45: *Die weibliche Brustdrüse* (Typus der Subcutis), Mamma und Mamilla.

Das Gefäßsystem des Unterhautgewebes – Subcutis (Lymphgefäße, Venen, Arterien)

Bei der Betrachtung des Unterhautfettgewebes sind wir vom mesenchymalen Charakter dieser Hauttiefenschicht ausgegangen. Ebenso dürfen wir eine besondere Entwicklung weiterer dem Mesenchym entstammenden Bildungen erwarten, nämlich eine spezielle Ausbildung aller Gefäßelemente: des Lymphgefäßnetzes, der Venenkapillaren und der Arterien. Diese Gefäßbildungen vervollständigen in typischer Weise die *synzytialen* Bindegewebsfasernetze der Subcutis. Wir haben es also mit vier Fließelementen zu tun, die die Haut zu einem plastischen (und gelegentlich im pathologischen Sinne auch zu einem *dysplastischen*) Organ machen. Flüssigkeitsverlust und tiefer eingreifender Fettschwund führt zu Runzelbildungen, zu dunklen Ringen unter den Augen, weil bei erschlaffter Haut die Venengeflechte der Subcutis durch die darüber gelegenen Schichten (Corium und Cornea) hindurchschimmern.

Im umgekehrten Fall kann es in der Subcutis zu mehr oder weniger deutlichen Flüssigkeitsstauungen (z. B. Ödemen bei Nierenversagen) kommen. Das Ödem der Augenlider ist schon bei leichtem Nierenversagen signifikant.

Diese und weitere ätherische Verhältnisse der Hauttiefenschicht zeigen Zusammenhänge mit dem hormonalen Geschehen des gesamten Organismus, besonders mit der Thymusdrüse und der Schilddrüse (Thyreoidea).

Die (weibliche) Brustdrüse – Mamma –, Organ der Subcutis

Die Subcutis wäre unvollständig geschildert, wenn wir nicht ihre vollkommenste gestaltliche und funktionelle Erscheinung, die entwickelte weibliche Brust, erwähnten. Hier ist vor allem die Brust der stillenden Mutter zu betrachten.

Das Brustorgan wird schon sehr früh – gegen Ende des ersten Embryonalmonats – angelegt. Dies geschieht durch Umwandlung der Epidermis (durch *Remesenchymalisierung* des Ektoderms*) an der Vorderseite des Rumpfes zwischen Achselhöhle und Leistenbeuge.

Diese «Milchleiste» ist als Uranlage des späteren paarigen Brustorgans nicht gattungsspezifisch. Man spricht in der Embryologie von dieser *Epidermisleiste* analog der *Neuralleiste* in der Nervenregion, aus welcher ebenfalls durch Remesenchymalisierung die Sinnesbläschen für Auge, Ohr und Geruchssinn hervorgehen (siehe unsere Schilderung der Sinnesorganbildung). Bei der Brustentwicklung senken sich ektodermale Hautelemente in die Tiefe der mesenchymalen Subcutis.

* Vergleiche Kapitel: Leben und Gestalt.

Die aus der ektodermalen Epidermis in die Tiefe der «mesenchymalen Subcutis» hinabsprossenden Milchgänge (ductus lactiferi) bewahren zunächst ihren epithelialen Charakter. Das freie Lumen dieser Gänge öffnet sich erst verhältnismäßig spät nach außen. Zur Ausbildung der Mamillen vermehrt sich in der Umgebung der primären Brustdrüsenanlage, symmetrisch über dem vierten Zwischenrippenraum, mesenchymales Gewebe (Starck). Dieser Bildevorgang vollzieht sich bei beiden Geschlechtern bis zur Reifezeit, wobei sich unter dem Einfluß des Follikelhormons die weibliche Brust vollendet, während die männliche sistiert. Zur Milchbildung (Laktation) kommt es in der Regel erst nach einer Geburt.

Beim Menschen ist die Brustentwicklung in der Mitte des dreigliedrigen Organismus im Bereich des oberen Brustkorbes charakteristisch, während bei den Säugetieren die Mamillen im hinteren (kaudalen) Stoffwechselbereich ausgebildet werden. Mit der Darstellung des Brustdrüsenorgans haben wir den «ernährenden Charakter» der Subcutis nochmals im besonderen zur Anschauung gebracht.

Die Mittelschicht der Haut – das Corium

Die mittlere Hautschicht, das Corium* (Lederhaut), bewahrt wie die Hauttiefenschicht den mesenchymal-embryonalen Charakter. Dies allerdings weniger durch ausgebreitete Lymphgefäße und die für die Subcutis so charakteristischen mesenchymalen Lipoidorganellen, sondern durch die starke Entwicklung venöser und arterieller Blutgefäße.

Im Unterschied zur stoffwechselhaften Subcutis herrscht hier die rhythmische Organisation vor. Mesenchymal-bindegewebig organisiert, zeigen sich Coriumpapillen*, warzenartige Erhebungen, in denen sich reiche Gefäßschlingen gegen die äußerste Hautschicht, die Oberhaut (Epidermis), emporwölben. Diese Gefäßschlingen bilden hier eine mehr oder weniger harmonische Drei-Einheit von Lymphgefäßen, Venen und Arterien (siehe Abbildung 46). An Gefäßreichtum steht das Flüssigkeitsgeschehen des Corium demjenigen der Subcutis in keiner Weise nach, wobei der mesenchymale Charakter durch diesen sogar besonders deutlich hervortritt.

Es gehört zum Wesen des Mesenchyms, daß es gemäß seiner embryonalen Wirksamkeit und seines ätherischen Charakters meist von der Organperipherie aus nach innen wirkt. Die Peripheriewirkung finden wir besonders deutlich beim Corium in seiner ununterbrochenen plastischen Fließnetzbildung. Dieses mesenchymale Fließgewebe bildet eine *Gallertsubstanz*, welche die Fähigkeit besitzt, ihren Milieucharakter dauernd zu verändern: einmal wird sie flüssig,

* Coriumpapillen, lat. Papilla = Warze.

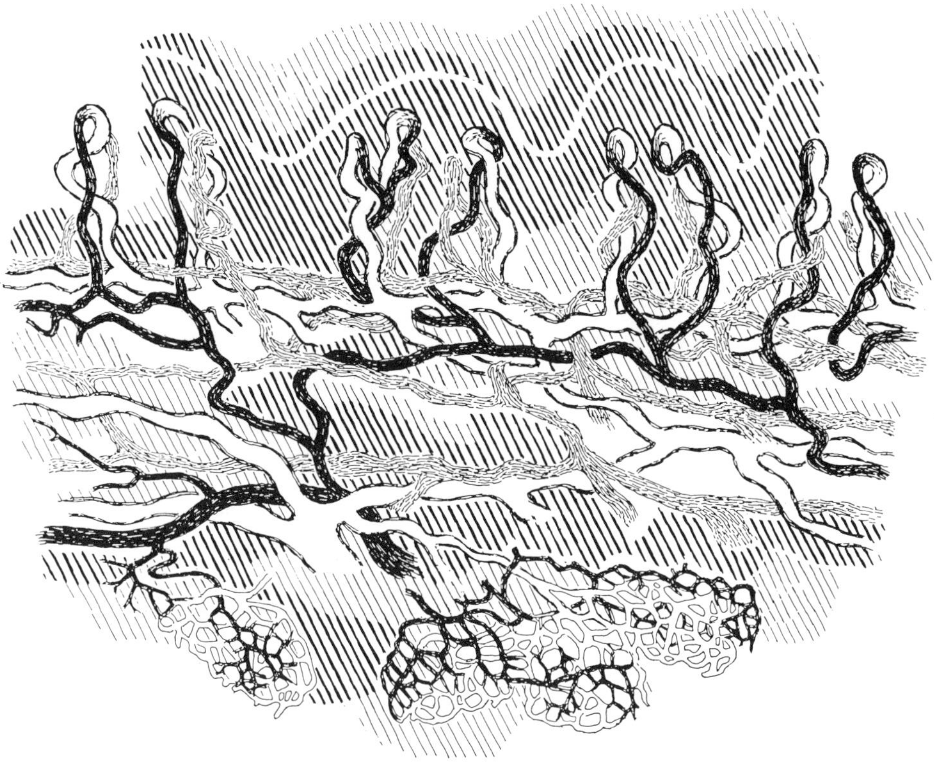

Abb. 46: *Blut- und Lymphkapillarnetze der Haut: Corium zwischen Subcutis und Cornea.*

dann wieder erscheint sie zähfließend oder sogar dicht. Durch diese Eigenschaft ist das Corium in der Lage, unterschiedliche Mengen von *Lymphe* als der Trägerin ätherischen Lebens aus der Peripherie oder aus den Tiefen des Organismus in sich aufzunehmen.

Das mesenchymale Gewebe des Corium gestaltet also in dieser Weise wechselnd den ätherisch-lebendigen Fließzustand unserer Haut. Diese Funktion ist entscheidend für den gesamten Lymphkreislauf des Organismus. Im Corium der Hautperipherie haben wir eine der wichtigsten Brunnenstuben der Lymphbildung.

Der Lymphkreislauf, der gegenüber dem Blutkreislauf ein fünf- bis siebenfaches Flüssigkeitsvolumen besitzt, wird im Corium als Plasmaausscheidung aus dem arteriellen Kapillarnetz, aus den Endarterien (Arteriolen), «ausgepreßt». (Vergleiche hierzu die Lymphgefäßbildung in den Darmzotten [siehe Teil II, der Verdauungsorganismus] und das gewaltige Lymphsystem der Nierenkanälchen jenseits der arteriellen Gefäßknäuel [Glomeruli].)

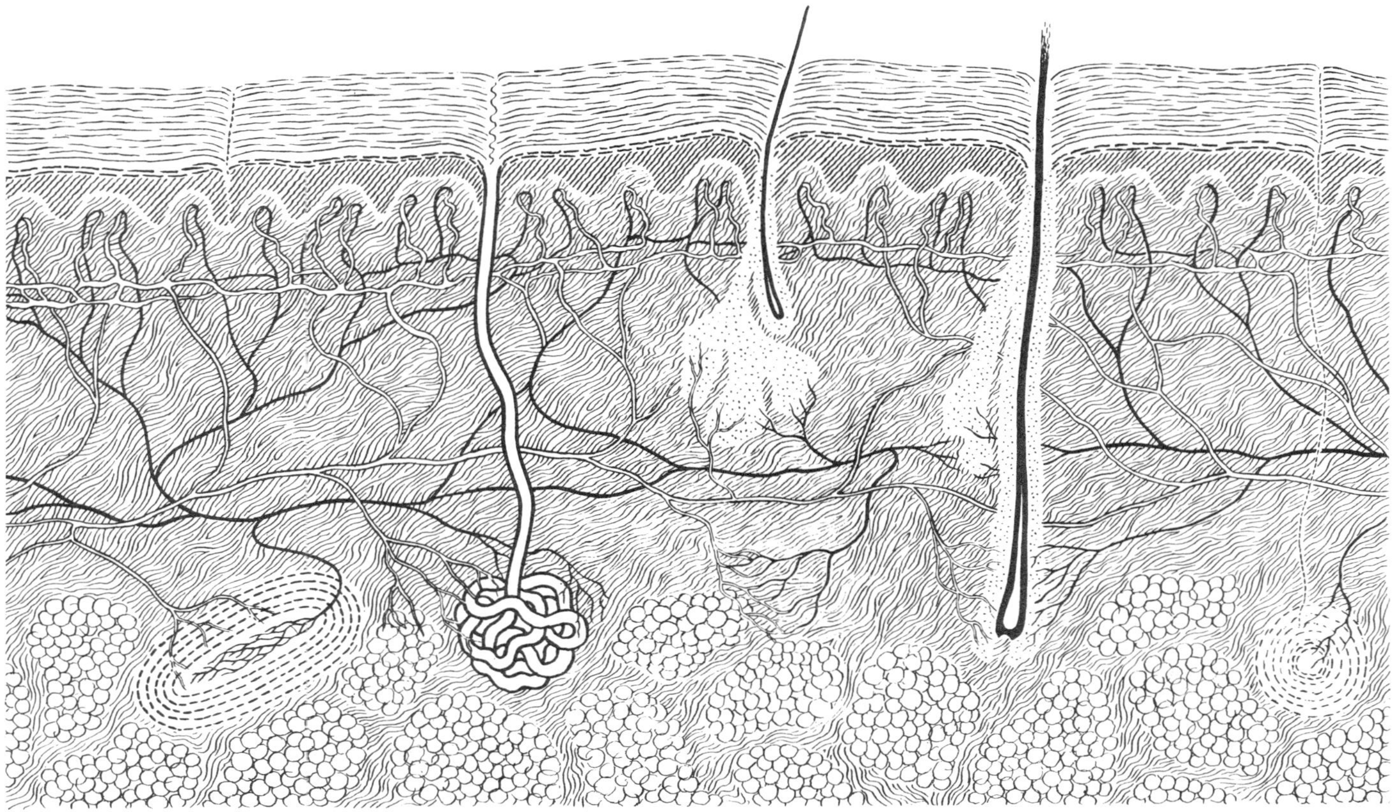

Abb. 47: *Die drei Schichten der Haut:* Epidermis – Corium – Subcutis.

Die Ultrafiltratbildung* – die Ausscheidungslymphe der Nieren – entspricht (auch im Hinblick auf den Eiweißstoffwechsel) der Lymphbildung im Corium.

Cornea (die ektodermale Entwicklung der Haut)[2]

Die Cornea entwickelt sich embryonal im wesentlichen aus dem zellulären Ektoderm.

Es ist das gleiche Ektoderm, aus dem auch das Nervensystem und die nervalen Elemente der Sinnesorgane hervorgehen.

Das Ektoderm, das zur Haut, zum allgemeinen *Integument* heranreift, bewahrt in der Epidermis jedoch zeitlebens etwas von seinem embryonalen Charakter.

Dieses Ektoderm ist in seinen «Zellteilungen» außerordentlich produktiv. Der Organismus drängt in der Peripherie in *zelluläre Endbildungen*. Diese formativen Peripheriekräfte, durch die die Haut unseren organischen Mikrokosmos abschließt und zugleich mit dem Makrokosmos verbindet, ist in vieler Hinsicht noch weiter zu erforschen.

Einen wichtigen Beitrag hierzu hat Erich Blechschmidt in seiner Embryologie durch den Nachweis gegeben, daß die Gliedmaßen sich in ihrer Gliederung *von außen nach innen* aus Hautarealen bilden, die aus dem umströmenden Fruchtwasser Entwicklungsimpulse aufgenommen haben. – Dies entspricht einem Hinweis R. Steiners 1919, daß Gliedmaßen – «wie von außen eingesetzt sind»** (vergleiche unser Kap. «Der Bewegungsorganismus» in Teil II). Die Gliedmaßenentwicklung (Melogenese***) beginnt also in der Hautperipherie.

Die Fingerbeeren und die Fußzehenkuppen sind die ersten Gliedmaßen-Keimbildungsansätze. Erstaunlich ist es, daß die Hautleisten der Zehen, Hand- und Fußflächen schon mit den ersten Gliedanlagen als Charaktersignaturen der Individualität erscheinen. Auch hieraus ergibt sich die Bedeutung der Haut und vor allem ihrer äußersten Schicht, der Epidermis, für das Ganze unserer Leiblichkeit.

* Ultrafiltrat = Vorharn, siehe Nierenkapitel.

** Rudolf Steiner: Erziehungskunst, Vortrag vom 28. August 1919, Methodisch-Didaktisches, GA 294.

*** Melogenese = Gliedmaßenbildung; gr. μέλος = Glied, (Lied = das Gegliederte). γένεσις = das Werden.

Die Epidermis als Hülle und Schutzorgan

Die Haut als Hülle und Schutzorgan, als ektodermal-epitheliales Gebilde[2], findet ihre Vollendung in der ganz nach außen gewendeten dritten Schicht der *Epidermis* (Cornea).

Die Epidermis ist wiederum dreigliedrig angelegt:

In der Tiefe die «Keimschicht»: = Stratum germinativum (Stratum basale)

In der Mitte die «Sinnesschicht»: = Stratum lucidum (Stratum granulosum)

Außen die «Hornschicht»: = Stratum corneum.

Über der Papillarschicht des Corium (Lederhaut) im Stratum germinativum* findet sich die dicht geschlossene Zellkeimschicht. Hier lehrt uns die Epidermis die Wesensfunktion zellulärer Bildungen im Organismus in idealtypischer Weise. *Überall, wo im Organismus Hüllen, Häute, Grenzflächen und feste Strukturen zu finden sind, wird der geschlossene Zellenverband gefordert.*

Das Stratum germinativum mit seinem zylindrischen Zellengrundbesatz hat die Doppelfunktion, das lockere Bindegewebe der Coriumpapillen zu begrenzen und weiter immer neue Generationen von Epithelien zu erzeugen, die sich mit dem Stratum granulosum gegen die Hautoberfläche dichter lagern. Die Germinativumzellen zeichnen sich durch starke Zunahme hyaliner** Keratinkörnchen*** aus, durch die der Hornschicht das verhärtende Keratin-Gerüsteiweiß (Skleroprotein) zugeführt wird. Bis hierher dringen die äußersten *Nervenfasern* gegen die Körperoberfläche vor, wodurch die Haut zu einem empfindlichen «Sinnesorgan» wird. (Von den Hautsinnesorganen einschließlich der Wärmerezeptoren wird im Sinnesorgankapitel berichtet.) Oberhalb der Körnerschicht ist vor allem noch das Stratum lucidum, die Glanzschicht zu erwähnen. Bei ihr handelt es sich um eine homogene Flächenschicht, in welcher sich zellige Strukturen – vor allem deren Kerne – in einer elaidinhaltigen Substanz**** auflösen. Durch die Beschaffenheit dieser Schicht ist die Epidermis des Embryos bis zum fünften Schwangerschaftsmonat durchsichtig (!). Die Verhornung und damit zugleich die Trübung der obersten Epithelschichten (vom fünften Schwangerschaftsmonat an) setzt also erst verhältnismäßig spät ein. Diese

* Stratum germinativum. Lat. = germinare = Keimen.

** Hyalin, gr. = ὕλινος = gläsern, kristallartig.

*** Keratin, gr. = Κέρας, Keras = Horn.

**** Elaïdin, gr. = ἔλαιος, ἔλαια = Olive, davon Elaïdinsäure, Ölsäure.

kernlosen, lamellären Hornlagen des Stratum corneum bilden die letzten, *absterbenden* und in dauernder Abscheidung begriffenen Hüllzellen.

So haben wir in den *dreimal drei Schichten* der Haut noch einmal den ganzen dreigliedrigen Menschen vor uns:

1. In der Subcutis die Lebensquelle,
2. im Corium das rhythmische Funktionsfeld,
3. in der Epidermis die Zone der Sinnes-Nerven-Organisation mit den absterbenden Hornzellen.

In der Haut finden sich also alle Übergänge zwischen Leben und Tod.

Übersicht

Epidermis	– Stratum corneum (Hornhaut). – Stratum lucidum (granulosum). – Stratum spinosum (basale).
Corium	– Stratum papillare = Dreieinheit von Venenkapillaren. Arterienkapillaren. Lymphgefäßen. – Stratum reticulare: Mesenchymales Bindegewebe und feinfaserige elastische Netze.
Subcutis	– Drüsengewebe. – Fettgewebe. – Unterhautgewebe, das sich mit Muskelfaszien, Periost und dem Perichondrium (Knorpelhaut) vereinigt.

Die besonderen Organe der Haut in Beziehung zu den vier Elementen

Die Hautorganisation wäre unvollständig beschrieben, wenn nicht die Funktionen der verschiedenen Hautschichten zur Darstellung gelangten. Dazu soll zunächst an ihre universelle Wirksamkeit erinnert werden, die sich in ihrer gestaltlichen Mannigfaltigkeit und gleichzeitigen Unbestimmtheit so schwer fassen läßt. Danach können wir stufenweise zu den besonderen Hautorganen und zuletzt zur Betrachtung extremer Bildungstendenzen fortschreiten.

Es lassen sich in Analogie zu den vier Elementen und den vier Ätherarten (Wärmeäther, Flüssigkeitsäther, Luft-Licht-Äther, Lebensäther) vier Organfunktionen der Haut aufzeigen. Der Natur der organischen Evolution gemäß haben wir mit dem dynamischen Universalelement zu beginnen.

Die Wärme

Die *Hautwärme* ist es, welche die Haut zum vollkommenen Hüllorgan des Organismus macht. Sie entwickelt sich aus der inneren Blutwärme und bildet eine über die ganze Körperoberfläche hinausstrahlende Wärmesphäre.

Dieser Tatbestand wird unmittelbar verständlich, wenn wir bedenken, daß rund 25 Prozent des Körperblutes zu jeder Zeit in der Haut – vor allem im Corium – zirkuliert. Der periphere Hautwärmemantel bildet so etwas wie eine gesamtleibliche *Wärmeaura*.

Das Licht- und Luftelement

Das Licht- und Luftelement der Haut lebt sich, gemeinsam mit der *Wärmeaura*, in dem für den Menschen so charakteristischen Lebensphänomen der pfirsichblütfarbenen Hauttingierung dar. Diese Farbtingierung ist eine Funktion der Licht-Wärme-Organisation, nicht von Farbträgern (Chromatophoren). Das Inkarnat breitet sich beim Gesunden über die gesamte Hautoberfläche aus und erhält sich nach individuellen Gegebenheiten bis in die Hochblüte der Jugend und manchmal sogar bis in höhere Altersstufen.

In bedeutenden Kunstepochen der Malerei war es ein hohes Ziel, das Inkarnat der Haut darzustellen. Das Pfirsichblüt ist beim Kleinkind, solange es mit Muttermilch ernährt wird, häufig von Pfirsichduft begleitet.

Hautatmung

Die *Hautatmung* darf in ihrer Bedeutung für den Organismus nicht unterschätzt werden. Die Abgabe von Kohlensäure und die Aufnahme von Sauerstoff macht zwar nur ein Prozent der Lungenatmung aus, bildet aber eine wichtige Einheit mit Wasserabgabe und Wärmeregulation.

Neuerlich werden höhere Zahlenwerte angegeben (1,9 Prozent für Sauerstoff und 2,7 Prozent für die Kohlensäureausatmung)*. Diese «Hautatmungsprozesse» dürften als qualitative licht-, luft- und wärmeätherische Wirksamkeiten zwischen Organismus und Kosmos aufgefaßt werden.

* Landois – Rosemann, Lehrbuch der Physiologie des Menschen, S. 238 f.

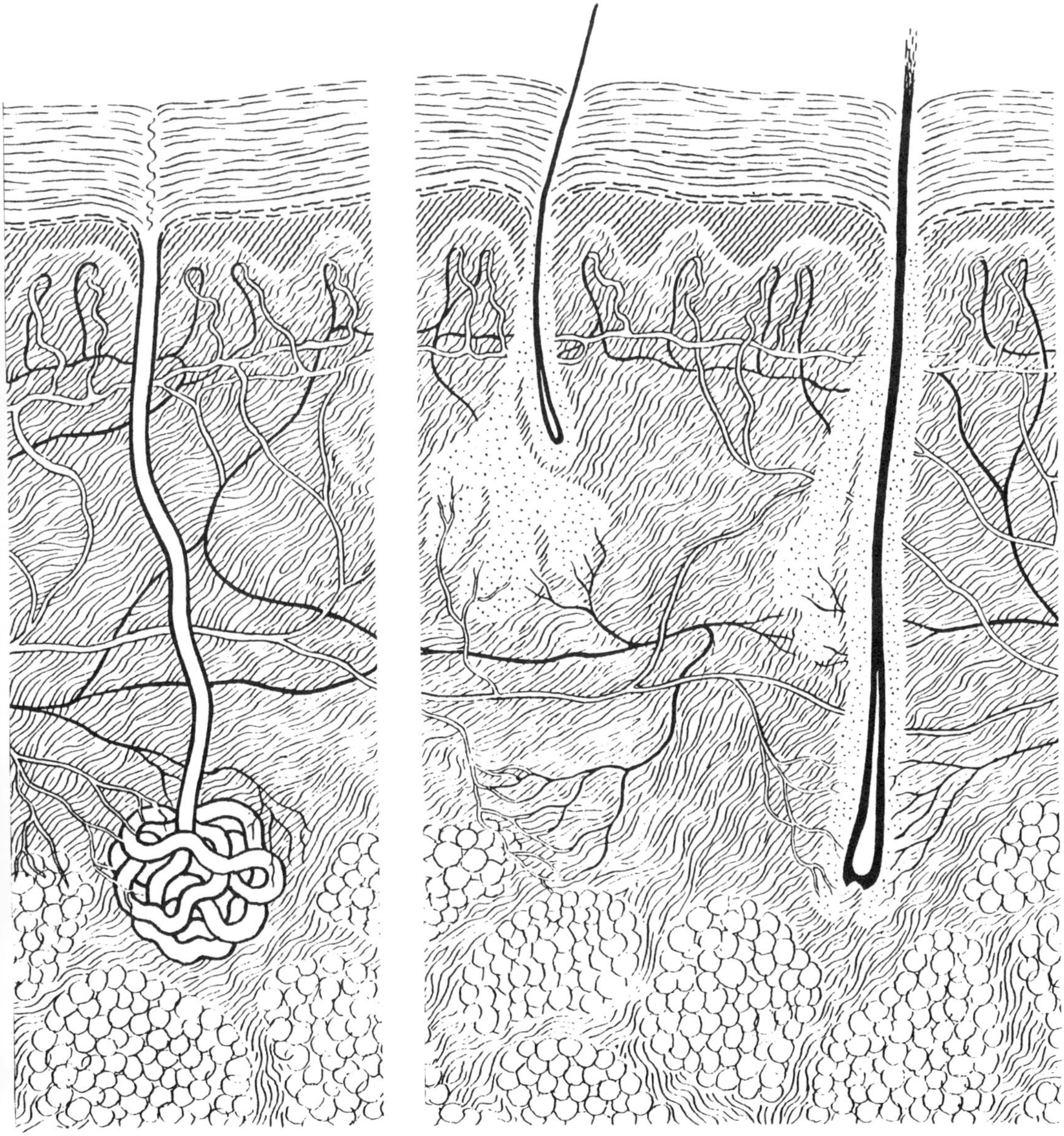

Abb. 48A, B: *Schweiß- und Duftdrüse in der Subcutis:* Cornea, Corium, Subcutis. *Talgdrüsen und Haarwurzeln der Haut.*

Die Haut und der Flüssigkeitsäther (Chemismus)

In der Haut haben wir – wie dargestellt – die vollkommenen Brunnenstuben des Lymphorganismus, die in Analogie zu denjenigen des Darm- und Nierensystems zu sehen sind.

Im Bereich der arteriovenösen Kapillaren der gefäßreichen Haut-Mittelschicht (des Corium) tritt die Lymphe – von nun an bis zu ihrer späteren Wiedereinmündung in herznahe Venen (vergleiche Brustlymphgang) – als selbständige Strömung, den ätherisch-plastischen Turgor der Hauthülle bildend, hervor. Die Bedeutung dieser Strömung ist zu ermessen, wenn wir uns klarmachen, daß 70 Prozent der Körperflüssigkeit – wozu auch der Wasseranteil unserer Nahrung zählt – durch die Lymphgefäße im Verein mit den großen Venenkapillaren ins Unterhautgewebe strömen.

Als besondere Organe der Haut sind in diesem Zusammenhang die Schweißdrüsen zu nennen, die in ihrer geringsten Aktivitätsphase in vierundzwanzig Stunden immerhin die beträchtliche Menge von einem halben Liter Schweiß absondern. Sie können aber bei großer Hitze und bei intensiverer körperlicher Arbeit bis zu zehn Liter absondern!

Was im physiologischen Geschehen als flüssigkeitsätherische Wärmeregulation bei der Schweißabsonderung erscheint, steht mit allen Flüssigkeitsorganen im Zusammenhang.

Hierzu gehören auch die *Inkrete* der Drüsen mit innerer Sekretion, der Hormondrüsen.

Neben den Schweißdrüsen sind die mit ihnen in Bau und Funktion verwandten Talgdrüsen und vor allem die den Schweißdrüsen nahe verwandten *Duftdrüsen* zu erwähnen.

Die Talgdrüsen neigen dazu, den Organismus stärker von der Außenwelt abzuschließen, während die Duftdrüsen in der Sympathiebeziehung zur Umwelt in Funktion treten.

Die Beziehung der Haut zum Lebensäther – Erde

Für die Haut des Menschen ist es im Gegensatz zu dem tierischen Hüllorgan charakteristisch, daß sie allzu feste Bildungen meidet.

Die Hautschuppen der Cornea, die sich über der Basilarschicht der Epidermis bilden, werden bereits in der Glanzschicht (Stratum lucidum) *kernlos* und werden rasch abgestoßen, also aus der Lebensbindung ausgeschieden. So erhält die von der Haut gebildete plastische Flächengestaltung die ursprunghafte Nacktheit, durch die der Mensch seine «embryonale Konstitution» mehr oder weniger durch die gesamte Lebenszeit bewahrt. Es wird kein Haarkleid gebildet, es findet sich lediglich die Behaarung der Kopfhaut und die geschlechtsspezifische Regionalbehaarung. Im Gegensatz zum Menschen findet man bei der tierischen Organisation mehr oder weniger ausgeprägt die Tendenz zu verhärtender, ja häufig sogar zu geradezu mineralisierender Schutzhüllenbildung. So schon bei niederen Tieren Kiesel, Kalk und Strontiumpanzer, die ganze geologische Schichten gebildet haben.*

Besonders charakteristisch sind bei niederen Tieren die Chitinpanzer-Hautbildungen**.

Bei den höheren Wirbeltieren begegnen uns dann dichtgeschlossene Fellbildungen auf der Grundlage stark entwickelter Lederhaut und der für die verschiedenen Tiergattungen typischen Epidermisverhältnisse. Hier treffen wir immer wieder besondere Verhornungstendenzen an. Es finden sich je nach Gattung und Typus

Schuppenbildung bei Fischen,
Schuppenhäute,
Hornplattenbildungen bei Amphibien und Reptilien;
Federn, Nägel, Klauen, Hufe;
Borsten, Stacheln, Gehörn und Geweih.

Geradezu unheimlich erscheinen die Hautzähne der Selachier***. Alle diese Formen sind Hautanhangsgebilde.

Metamorphosen im Epidermisbereich
(Schuppen – Haare – Nagelbildungen – Zähne)

Die Haare gehen aus epithelialen Knospen (Haarkeimen) der Epidermis hervor, die zunächst in die Tiefe wachsen. Es bilden sich Haarzapfen. Diese Haarzapfen dringen in das Corium, ja bis in die Subcutis hinab. Die Umwandlung vollzieht sich hier im *mesenchymalen Milieu*, wobei eine gewisse *Remesenchymalisierung* der epithelialen Zapfen nicht ausgeschlossen ist. Die ganze Haaranlage wird dabei in Faserzüge eingebettet, eine bindegewebige Wurzelscheide entsteht. Gleichzeitig bilden sich Ersatzwurzelscheiden für nachsprossende Haare (siehe Abb. 48 S. 137).

Schuppen stellen eine weitere Stufe der Haaranhangsorgane dar.

Stark entwickelte Epidermis mit beträchtlicher Hornschichtbildung zeigt die Fußsohle (2–3 mm Hornschicht). Auch die Schwielenbildung in der Innenfläche der Hand ist beachtenswert.

* Immerhin ist der Mineralanteil der Haut mit 0,68 Prozent und dem Siliziumanteil von 0,02 Prozent beim Menschen bemerkenswert.

** Chitin von gr. χιτών = Gewand, Panzer (bei Insekten).

*** Selachier, von gr. σέλαχος = Knorpelfisch.

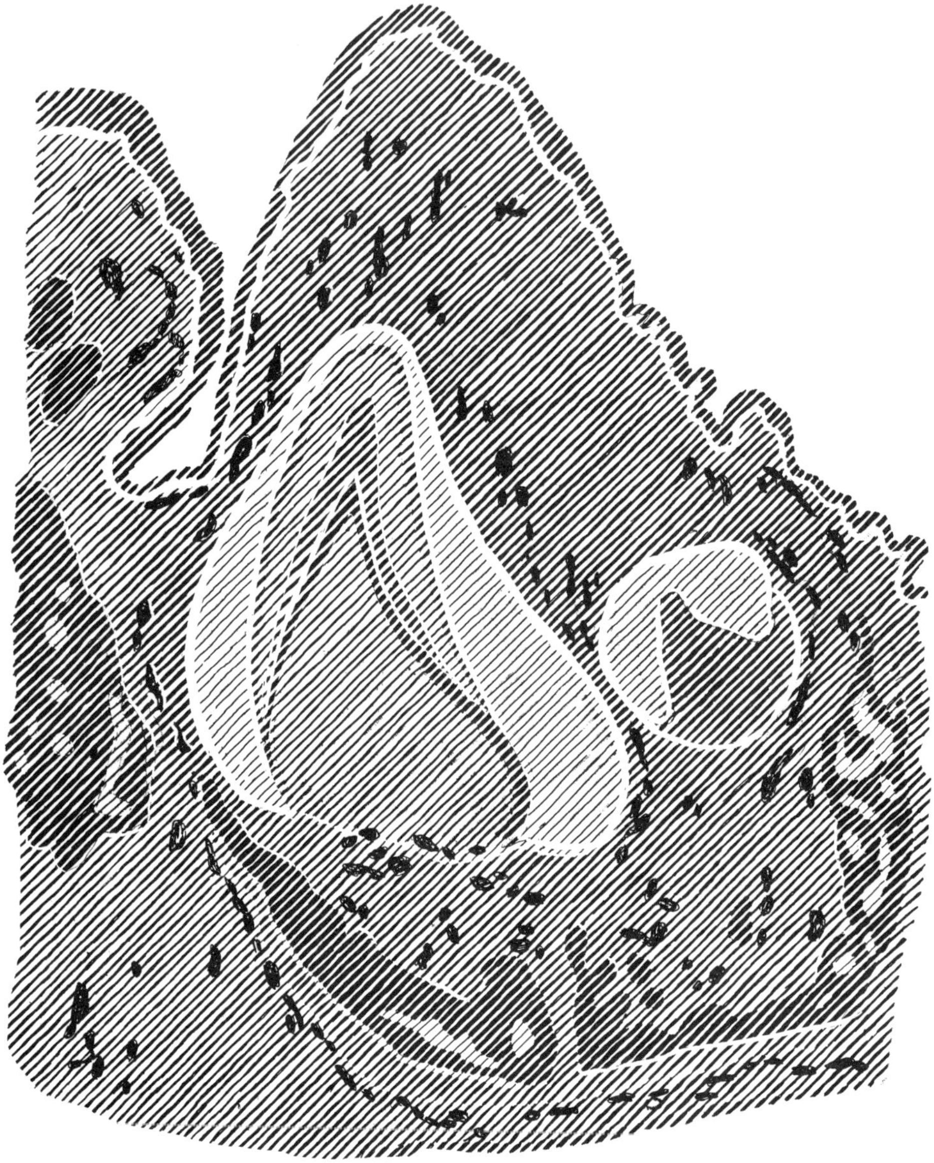

Abb. 49: *Anlage von Milch- und Ersatzzahn* (nach Rauber/Kopsch).

Zur Schuppenbildung kann es auch auf der Kopfhaut kommen. Als Krankheitsbild ist die Fischschuppenkrankheit zu erwähnen (Ichthyosis). Hierbei breitet sich eine epidermale Keratose* über weite Hautareale aus. Bei Fischen findet sich die typischste Schuppenbildung, die über Ganoid- und Plakoidschuppen** bis zu Panzerbildungen führen kann.

Zahnbildung

Zahnbildung findet im Ober- und Unterkieferbereich an der Umschlagstelle des Ektoderms zum Entoderm, gewissermaßen *zwischen* schützender Außenhülle der Haut und der bereits resorptiv-produktiven Schleimhaut des Mund-Darm-Entoderms statt. Die organischen Bildeelemente stammen embryologisch im Hinblick auf das Zahnbein (Dentin) von der Neuralleiste ab (vergl. Abb. 57 S. 156), welche durch *Remesenchymalisierung* zu der vorliegenden organischen Neubildung befähigt wird. Dabei sproßt Mundhöhlenepithel in die mesenchymale Unterlage der *Zahnleisten*, während sich der Schmelz als die härteste Substanz unmittelbar aus dem Ektoderm*** bildet.

Zahnbildung

Wenn mit dem Ende des ersten Jahrsiebents der Knabe den Zahnkreis
auswirft, gemäß der Natur, ist er noch unreif, ein Tier.
Wenn aber weitere sieben Jahre der Gott ihm vollendet,
kommen schon Zeichen hervor, daß ihm die Jugend nun reift.

Solon****

Daß mit dem Zahnwechsel, der idealtypisch mit dem Ende des ersten Jahrsiebents eintritt*****, für die physisch-ätherische Entwicklung eine signifikante Erscheinung gegeben ist, bezeugt die Tatsache, daß die ätherischen Kräfte von nun an mehr und mehr der Lernfähigkeit und dem Gedächtnis zugewendet werden, worauf Rudolf Steiner immer wieder hingewiesen hat. Dies bestätigt auch die häufig beobachtete Tatsache, daß ein Kind, das vor dem Zahnwechsel das Gehör durch Krankheit (Scharlach, kongenitale Lues, Penicillinschaden...) einbüßt, auch die bereits vollkommen beherrschte Sprache verliert – also taubstumm wird, während dieser Verlust nach eingetretenem Zahnwechsel nicht zu befürchten ist.

* Keratose = Verhornung, von gr. Κέρατος = Horn.

** Ganoidschuppen; ganoid: von gr. γάνος = Glanz, Schmuck
Plakoid: von gr. πλαξ = Platte.

*** Dietrich Starck, Embryologie, S. 440.

**** Vgl. «Das Naturgedicht», S. 217; Verlag am Goetheanum, Dornach 1989.

***** Die Erscheinung des «Sechsjahrmolars» spricht nicht gegen diese uralte Erfahrung, zumal er noch zur Milchgebißausstattung gehört.

Zahnwechsel

Die Morphologie der Zahnbildung spielt im Hinblick auf die spezifisch menschliche Entwicklungsrhythmik im Gegensatz zur Tierwelt, welche diesen Prozeß generell beschleunigt, eine wichtige Rolle.

Rudolf Steiner hat auf diese Entwicklungsrhythmik der Dentition* in seinen Kursen immer wieder nachdrücklich hingewiesen. Steht er doch im Rahmen der Siebenjahresrhythmik im unmittelbaren Zusammenhang mit der physisch-ätherischen Reife, das heißt mit dem Freiwerden der Ätherkräfte für Lern- und Gedächtnisprozesse. Im weiteren Sinne können die «Häutungen» der Kinderkrankheiten mit dem Abstoßen der Milchzähne als ein verwandtes Geschehen betrachtet werden.

Unter funktional-morphologischen Aspekten hat H. Poppelbaum** im Anschluß an die Anregungen Rudolf Steiners zusammenfassend Darstellungen zu Zahnbildung und Zahnwechsel gegeben, die wir hier im Auszug folgen lassen:

Bezahnung

Die Säugetiere haben bekanntlich eine reich durchgebildete und für jede Familie kennzeichnende Zahnbildung; die Vögel sind zahnlos.

Zunächst mag man die Zahnlosigkeit als ein Zeichen der Unvollkommenheit des Vorderdarms (denn die Zähne gehören ihm an) mit der schon besprochenen Unterentwicklung des Enddarms in Verbindung setzen. Die Polarität vorne–hinten tritt dabei hervor. Zunächst aber muß die Bedeutung der Bezahnung überhaupt noch tiefer erfaßt werden.

Die Zähne sind eben nicht nur Kauwerkzeuge. Sie haben noch eine andere Rolle zu spielen, die weniger trivial und selbstverständlich ist. Ihr Werden bedeutet nicht nur die Herstellung des Gebisses als eines Teiles der tierischen Körperausrüstung, sondern ist *ein wichtiger Teilakt in der Durchformung des Leibes*. Es ist die stärkste Welle eines den ganzen Körper durchlaufenden Verhärtungsprozesses, eine Welle, welche in der Mundhöhle *einen Damm setzt, an dem die nun folgenden Bildewellen sich stauen und auf ein anderes Gebiet abfluten*. Das Hervortreiben und die Bewurzelung der Zähne, mit der ihr Werden ja abschließt, bedeutet einen Höhepunkt der Formwerdung des Körpers, seine stärkste Auskristallisierung. Sie ist innen, was nach außen die Schädelkapsel ist: Damm und physischer Endpunkt. Aber indem die Zähne an Härte die Schädelknochen um ein Vielfaches übertreffen (sie haben nur noch 3–5 Prozent

* Dentition von lat. Dentitio = Erscheinen des Milch- und des bleibenden Gebisses.

** Hermann Poppelbaum, Tierwesenskunde, S. 96 ff.

organische Substanz im Schmelz!), bilden sie den dichtesten und am endgültigsten verfestigten Teil des ganzen Organismus. Ohne das Wissen von dem mineralischen Teile des Gesamtwesens als einem äußersten Ausläufer des ganzen *Verkörperungsvorganges* ist die Bedeutung der Zähne nicht zu fassen und damit auch nicht der tiefe Unterschied gegen die Vögel, die keine Zähne besitzen. Die Säugetiere stoßen in der Verkörperungsgebärde viel radikaler ins Mineralreich hinunter als die Vögel.

Daß die Bezahnung eine wichtige Beziehung zum Werden des Gesamtorganismus hat, geht auch daraus hervor, daß sie gewöhnlich *mehrmals* sich abspielt, und zwar im Einklang mit dem Heranreifen des Gesamtleibes. Man spricht von mehreren *Dentitionen*, von denen die zwei häufigsten, Milchgebiß und bleibendes Gebiß, vom Menschen her jedem vertraut sind. Spuren eines noch früheren, «prälaktealen» Gebisses tauchen bei einigen Gruppen während der Embryonalzeit auf.

Solange das Milchgebiß in Funktion ist, behält der Körper auch einen ausgesprochen kindlichen Habitus, wie er vom Kalbe und vom Füllen her bekannt ist. Doch ist es bedeutsam, daß bei den Säugetieren – im Gegensatz zum Menschen – gleich nach der Fertigstellung des Milchgebisses auch der Zahnwechsel schon beginnt, wobei die Milchzähne ersetzt und die Backenzähne hinzugefügt werden. Die Ausbildung des bleibenden (2.) Gebisses bedeutet bei Säugern das Ende des Wachstums und die endgültige Durchformung der erwachsenen Gestalt, worauf die Geschlechtsreife unmittelbar einsetzt. *Beim Menschen hingegen ist nach der Fertigstellung des Milchgebisses zunächst eine jahrelange «schöpferische Pause» eingeschaltet;* der Zahnwechsel beginnt erst im sechsten bis siebenten Jahre und bedeutet eine gründliche Verwandlung der gesamten leiblich-seelisch-geistigen Wesenheit des betreffenden Menschen. Von der Vollendung des zweiten Gebisses bis zur Geschlechtsreife bleibt wieder ein Zwischenraum von einigen Jahren, in welchem wesentliche Wandlungen des Kindes sich ereignen. Rudolf Steiner hat hierauf eines der wichtigsten Kapitel der Menschenkunde und Erziehung begründet. *Nach* der Geschlechtsreife ist das Säugetier «fertig», seine leib-umbildenden Kräfte erschöpft und nur noch in den Keimorganen weiter tätig. Beim Menschen hält die Ausformung noch immer an und kommt – in verinnerlichter Weise – eigentlich gar nicht zum Stillstand. Der Mensch kann lebenslang reifen*[3].

* Siehe Hermann Poppelbaum: Mensch und Tier, Basel 1928, 5. Auflage 1942. Bezahnungs- und Pubertätsrhythmen bei Mensch und Tier, in Gäa Sophia, Jahrbuch der Naturwissenschaftlichen Sektion der Freien Hochschule für Geisteswissenschaft am Goetheanum, Dornach 1927.

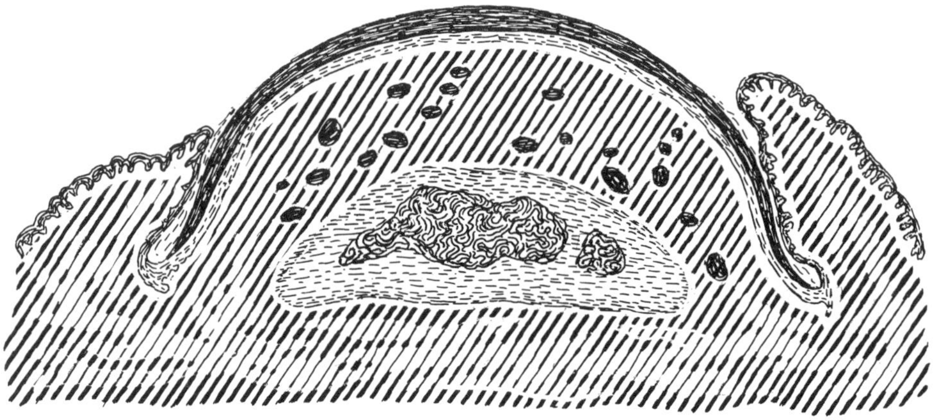

Abb. 50: *Nagelbettanlage, Hornschicht des Nagels, Nagelbett, Nagelwall und Keimschicht.*

Nagelbildung

Zu den Anhangsorganen der Haut im Sinne epidermaler Hornbildung sind noch die *Nägel* an Fingern und Fußzehen zu zählen. Sie entstehen vom dritten Embryonalmonat an und schieben sich erst nachträglich auf die Rückenseiten der jeweiligen Extremitätenendglieder. Die proximalen und seitlichen Ränder der Nagelplatten werden von der Epidermis zur Nagelfalzbildung überwachsen. Etwa mit dem achten Schwangerschaftsmonat haben die Nägel das freie Ende der Finger- und Zehenglieder erreicht (Zeichen der Entwicklungsreife).

Der Nervenorganismus

Epirrhema
Müsset im Naturbetrachten
Immer eins wie alles achten:
Nichts ist drinnen, nichts ist draußen;
Denn was innen, das ist außen,
So ergreifet ohne Säumnis
Heilig öffentlich Geheimnis.

Antepirrhema
So schauet mit bescheidnem Blick
Der ewigen Weberin Meisterstück,

Wie ein Tritt tausend Fäden regt,
die Schifflein hinüber herüber schießen,
Die Fäden sich begegnend fließen,
Ein Schlag tausend Verbindungen
schlägt!
Das hat sie nicht zusammengebettelt,
Sie hats von Ewigkeit angezettelt;
Damit der ewige Meistermann
Getrost den Einschlag werfen kann.

Goethe*

Die Dreigliederung der Nervenorganisation

Die Physiologie wird nie zu Begriffen kommen, die für die Nervenlehre wirklichkeitsgemäß sind, solange sie nicht einsieht, daß die wahrhaftige Nerventätigkeit überhaupt nicht Gegenstand der physiologischen Sinnesbeobachtung sein kann. Anatomie und Physiologie müssen zu der Erkenntnis kommen, daß sie die Nerventätigkeit *nur durch die Methode der Ausschließung finden können.*

> Was im Nervenleben nicht sinnlich beobachtbar ist, wovon aber das Sinngemäße die Notwendigkeit seines Vorhandenseins ergibt und auch die Eigenheit seiner Wirksamkeit, das ist Nerventätigkeit. Rudolf Steiner**

Ehe wir auf die Besonderheit der Nervenorganisation innerhalb der Gesamtleiblichkeit eingehen, sei zunächst noch einmal an die Dreigliederungskonstitution dieser *Ganzheit* erinnert. Als Hauptpolarität der Gestaltfunktionen erscheint im vegetativ-generativen Bereich eine organaufbauende Dynamik, deren unbewußt verlaufende Prozesse im Lebenskräftegeschehen mehr oder weniger indirekt als *Willensqualitäten* erlebbar sind. Als Energie ist ihrer imponderablen Natur nach die *Wärme* charakteristisch.

Am leiblichen Gegenpol finden wir vor allem in der Hauptesregion und von daher gegen den dynamischen Ernährungs-, Zeugungs- und Bewegungspol herabstrahlend wirksam den *Bewußtseins-, Form- und Strukturpol.* Die rhythmische Mitte des Ganzen ist vom Willenspol her entschiedener von ätherischen Lebensprozessen bewegt. Gegen den oberen Pol hin machen sich dissimilatorische*** Atmungsprozesse geltend, die direkt in den Kopf-Nervenbereich, aber auch indirekt über die Arterialisation des animalischen Pols zu den Nerven hin nach oben wirken. Das *rhythmische Geschehen selber* entfaltet sich unter der

* Gedichte (Artemis), Bd. I, S. 519.
** Von Seelenrätseln, 6. Anhang, S. 242.
*** Dissimilatorisch, lat. = dissimilis = unähnlich und Assimilation = Anpassung, Verähnlichung.

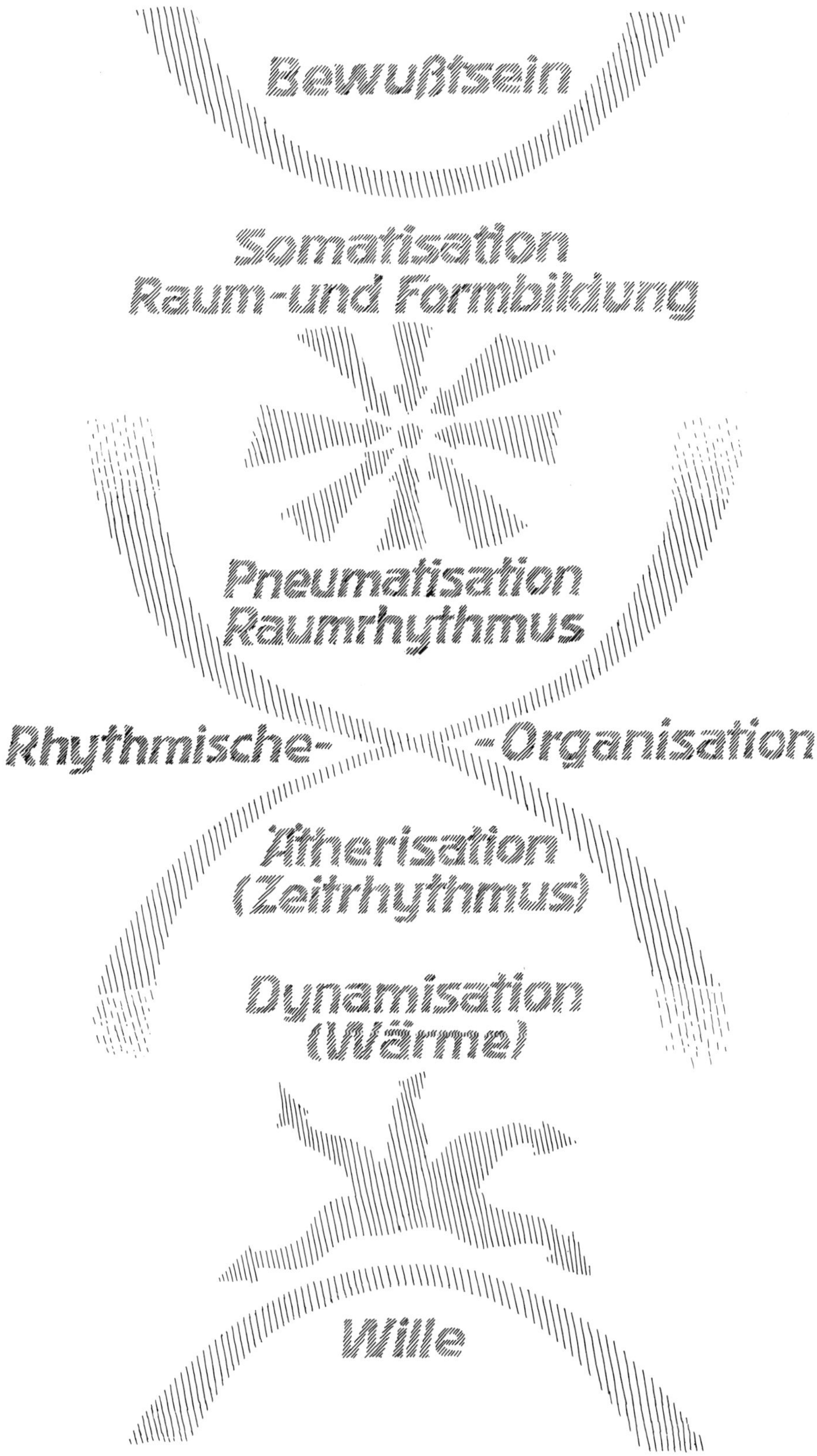
Bewußtsein
Somatisation
Raum-und Formbildung
Pneumatisation
Raumrhythmus
Rhythmische-
-Organisation
Ätherisation
(Zeitrhythmus)
Dynamisation
(Wärme)
Wille

ordnenden Wirkung einer dritten, höheren Kraft (die wir im Rhythmuskapitel ausführlicher zu schildern haben) im eigendynamischen Wechsel von Ätherisation und Pneumatisation (Systole – Diastole; Inspiration – Exspiration).

So finden wir im Haupte, dem Träger des Sinnes-Nerven-Systems, wieder den ganzen dreigliedrigen Menschen: In der Schädelhöhle das Zentrum des Nervensystems, den Formpol; im Mundbereich den stoffwechsel-gliedmaßen-verwandten Willenspol; in der Mitte, gleichsam als ein überhöhtes, mehr von Formkräften gestaltetes rhythmisches System, die Sinnesorganisation. (Den Willenspol des Hauptes werden wir besonders im Zusammenhang mit dem Sprachorganismus behandeln.) Wenn wir also nunmehr die Sinnes-Nerven-Organisation betrachten, wenden wir uns zunächst zu dem Haupte des Menschen, wo wir sie am ausgeprägtesten finden; wir betrachten dann aber auch, wie dieses System vom Haupte aus den ganzen übrigen Menschen durchdringt.

Indem wir den Kopf-Nervenpol als irdischen Pol begreifen, können wir ihn im Organismus als den *Raumbildner* verstehen.

Am dynamischen Willenspol dagegen vollziehen sich Prozesse in ununterbrochenen Bewegungs- und Gestaltmetamorphosen, die in unserem Erleben als Zeitgeschehnisse aufleuchten (siehe Abbildung linke Seite).

Wenn wir die Nervengestalt des Menschen für sich betrachten, wie sie sich aus der Peripherie in zahllosen Nervenwürzelchen nach innen durch die Gliedmaßen zum Stamm hin mehr und mehr vereinigt, um sich im Rückenmark zu bündeln – das seine Nervenfasern nach Kreuzung im verlängerten Mark seinerseits in die beiden Hemisphären des Großhirns auffächert –, dann haben wir wiederum ein klares Bild der Dreigliedrigkeit unserer Nervenorganisation vor uns:

Gehirn, das Ganze des Nervenwesens synthetisch wie ein großer «Fruchtkern» zusammenfassend (innen).

Rückenmark in rhythmisch-metamerer Ordnung, Mitte bildend.

Peripher orientiertes *sympathisches Nervensystem*.

(Vergleiche Abbildung 52)

Aber welch ein Organtypus ist uns hier im Vergleich zu den ernährend-aufbauenden Organen – etwa der Leber oder der Lymphorgane – gegeben!

Der Typus dieses Organbereichs, wo immer wir ihm im Organismus begegnen, zieht sich überall (wiewohl auf das umgebende Lebensfluidum im höchsten Maße angewiesen) aus der Gesamtlebenssphäre in immer dichter werdende Formen zurück. Wir befinden uns nicht mehr im einheitsschaffenden Ätherbereich der Lymphe, des Blutes und des alles erhaltenden Mesenchyms, sondern in einem sich absondernden, differenzierenden Organprozeß, der zur

◀ Abb. 51: *Polarität und Mitte des dreigliedrigen Organismus.*

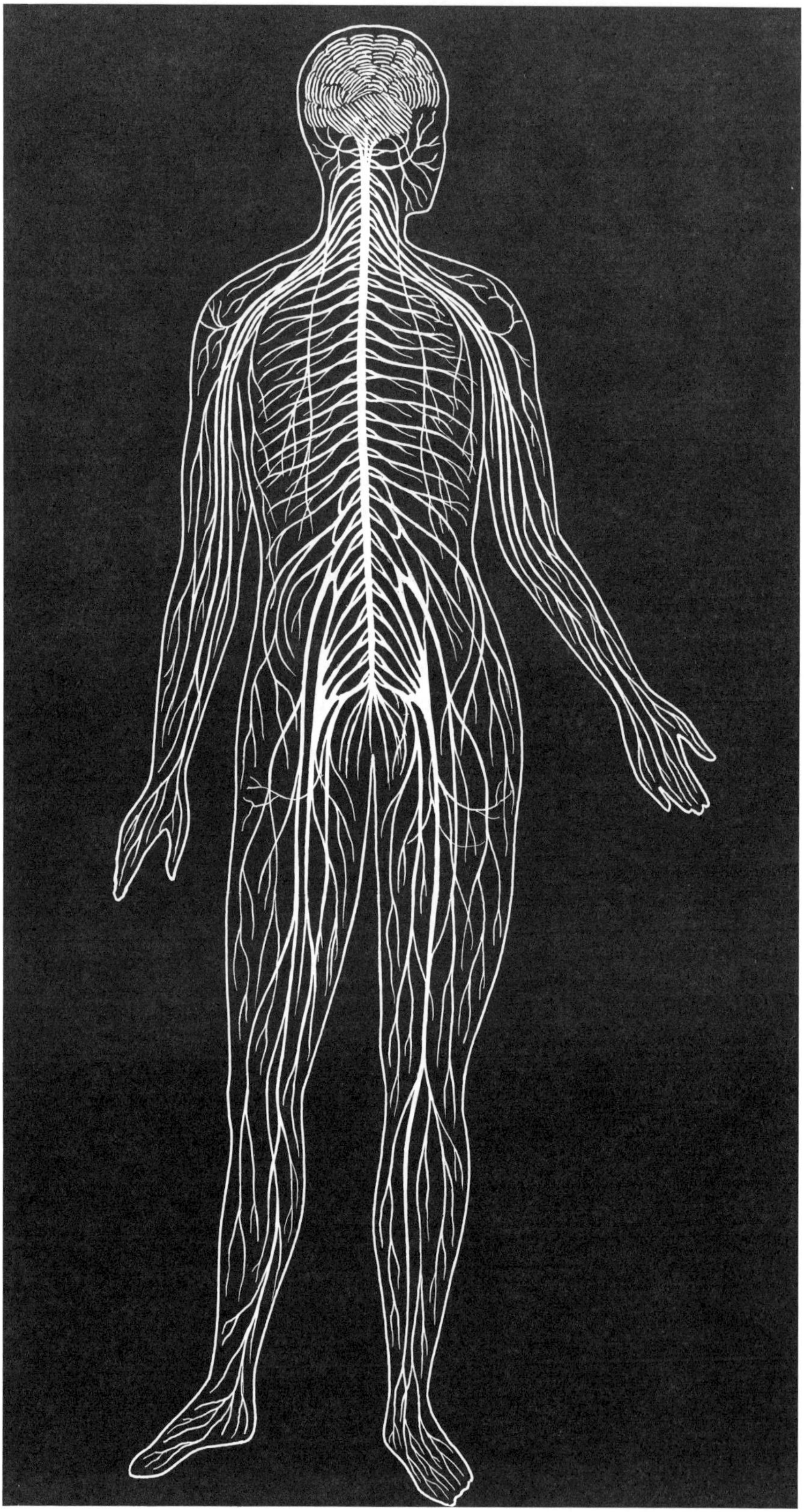

Form hindrängt und funktionell in transorganische Bewußtseinsbereiche hinausführt.

Wenn sich die Seele unmittelbar mit dem physischen Leib verbindet, dann kommen organische Verhältnisse zustande, bei welchen die *Formkräfte* vorherrschen, während die formverwandelnden Ätherkräfte frei werden. Um so stärker erscheint dann die *strukturell-symmetrische Gestalt.* Diese ist, nächst der Skelettbildung, bei der Nervenorganisation extrem ausgebildet. Das Gehirn stellt dabei für den ganzen übrigen Nervenorganismus den zentralen Prototypus dar.

Zur Embryologie des Nervenorganismus

Nach dem Blick auf die Ganzheit des Nervenorganismus wollen wir ihn nunmehr in seiner embryonalen Entwicklung betrachten.

Die sich inkarnierenden Kräfte treten am Willenspol ein und bilden hier in protoplasmatischen Organisationsformen zuerst einen kaum differenzierten «Zeitleib», der sich im Lymphorganismus in den zartesten Anfängen der Bildung des weichen Bindegewebes manifestiert (vergleiche unser Schema «Der Flüssigkeitsmensch» Abb. 40, S. 111).

In dieser Entwicklungsphase ist noch kein zentrales Nervensystem vorhanden. Es findet sich nur ein *diffuses, blastemartiges**, allseitig ausgebreitetes *primitives sensibles Netz.* Als nächste Bildungsstufe folgt dann die rhythmische Organisation, bei welcher die Innervation mehr oder weniger nur *tangential* an die Organe herantritt. Dies ist vor allem beim Herzen charakteristisch, in welchem statt der Nerven von Anfang an autonome neuromuskuläre Organellen das Feld beherrschen und ihre rhythmischen Impulse aussenden (autonomes Reizleitungssystem des Herzens; entsprechend hat auch die Lunge ein autonomes Nervennetz).

Die dritte Stufe der dreigliedrigen Organisation zeigt vorherrschende Somatisationsprozesse** in der Gehirn- und Schädelorganisation und im Rückenmark.

* Blastem = frühe protoplasmatische Organbildung.
** Somatisation = Verleiblichung.

◀ Abb. 52: *Der Nervenmensch* (morphologische Gesamtgliederung, nach Ranke): 1. Gehirn, 2. Rückenmark, 3. periphere Nerven. – Das Rückenmark zeigt sich metamersymmetrisch gegliedert: 8 Halsnervenpaare; 12 Brustnervenpaare; 5 Lendennervenpaare; 5 Kreuzbeinnervenpaare; 2 Endwirbelnervenpaare.

Im Bereich der physisch-organischen Grundlagen des Bewußtseins ist schon auf der Frühstufe der Embryonalzeit eine erstaunliche *Zell-Eiweißbildung* der Gehirn- und Nervensubstanz vorhanden, die in Häufigkeit und Dichte ihrer Mitosen* im Organismus einmalig ist.[4] Am Bewußtseinspol staut sich gewissermaßen organische Substanz in voreilender Somatisation (Verleiblichung), in der sich für den Gesamtorganismus das *zelluläre Prinzip* vor allem in den Pyramidenzellen («Eiweißkristalloiden»), aber auch in vielen anderen nervenspezifischen Zell- und Gewebeformen vollendet. Die Kopf-, Gehirn- und Nervenregion eilt der übrigen Leibesbildung in Verleiblichung und Differenzierung voran. Dietrich Starck, der seine «Embryologie» durch vergleichende zoologisch-embryologische Forschungen wesentlich erweitert und vertieft hat, schreibt hierzu: «Wir finden ... ebenso wie bei niederen Formen auch bei Tunikaten** ein *diffuses Nervennetz* im ganzen Körper. Hinzu kommt *ein dreifaches Zentralorgan*: eine rostrale Sinnesblase, ein Rumpfganglion im Zusammenhang mit dem Kiemendarm und ein primitives Rückenmark als Zentrum der segmentalen Muskulatur.
Die gleiche Dreigliederung des zentralen Nervensystems, die wir bei Tunikaten beobachten, kehrt bei Branchiostoma*** und im Grundprinzip bei allen Wirbeltieren wieder ...» Starck kommt dann zu folgender gliedernder Zusammenfassung:

«1. Rumpfganglion über dem Kiemendarm, Zentrum für die von Mund und Vorderdarm zufließenden Erregungen = Rhombencephalon**** der Wirbeltiere.
2. Rostrales***** Sinneszentrum, dem Prosencephalon****** der Wirbeltiere vergleichbar.
3. Rückenmark, entstanden im Zusammenhang mit der segmental gegliederten Leibeswandmuskulatur.

Diese Dreigliederung des Zentralnervensystems besitzt fundamentale Bedeutung für alle Wirbeltiere bis zum Menschen, weil sie gleichzeitig einer funktionell verständlichen Gliederung der Körperperipherie entspricht. Die drei nervösen Zentralorgane hängen untereinander durch Längsverbindungen zusammen,

* Mitose von gr. = μίτος = Schlinge, Faden. Der Begriff deutet auf chromosomale Zellkernteilung hin.
** Tunikaten, lat. = Manteltiere, Tunika = Mantel.
*** Branchiostoma, vergleiche Amphioxus, Lanzettfischchen.
**** Rhombenzephalon, Rautenhirn = Nachhirn.
***** Rostrum, lat. = Bug des Schiffes; rostral = vorn.
****** Prosenzephalon = Vorderhirn.

◀ Abb. 53: Embryonale Anlage der Nervenorganisation. Oben: Amnionblase über der ektodermalen Neuralplatte. Mitte: Rückenfurche, Chorda (perichordales Mesenchym). Unten: Neuralrohr und Chorda.

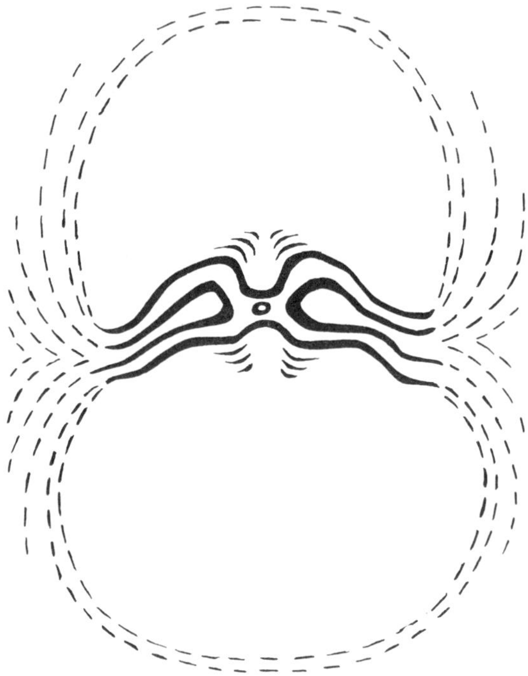

Abb. 54: *Bildung der Chorda dorsalis* in der Organismusmitte des embryonalen Keim-Zentrums der rhythmischen Prozesse (Aufriß und Querschnitt). Der obere punktierte Halbkreis stellt den Amnion-Lymphraum dar, der untere die Dottersphäre. In der Mittelzone Einstrom des «extraembryonalen» Mesenchyms (nach Hartmann).

denn sie sind nicht unabhängig voneinander entstanden, sondern sind lokale Verdichtungen und Zellanhäufungen in einem einheitlichen diffusen Netz.

Bereits hier wollen wir darauf hinweisen, daß die übliche Gliederung des Zentralnervensystems in Hirn und Rückenmark nur aus praktisch topographischen Gründen eine Berechtigung besitzt, daß aber eine biologische Betrachtungsweise aus den genannten Gründen der *dreifachen Gliederung* in Rückenmark, Rhombencephalon und Prosencephalon der Vorzug gegeben wird.» *

Die erste Anlage der Nervenorganisation erscheint als ektodermale Substanzverdichtung dort, wo später die Kopf-Rückenmarks-Region entsteht. Dies geschieht in der Basiszone der Amnionblase noch ohne spezifisch nervliche Differenzierung. Diese medial-dorsale Substanzverdichtung senkt sich dann als Kopf-Rumpf-Furche von der ektodermalen Rückenfurche aus ins perichordale Mesenchym ein. Diese Einfurchung können wir als frühes Wirken astralischer Gestaltungskräfte ansehen.

* Dietrich Starck, Embryologie, S. 356.

Mit der Furchung entsteht gleichzeitig in der Mittelachse zwischen Amnion und Dotterblase aus dem aus der Peripherie einströmenden Mesenchym die *Chorda dorsalis*, die Rückensaite (die primordiale Wirbelsäule).

Von der Chorda aus wirken in das gesamte perichordale Mesenchym «rhythmisch» gliedernde Gestaltungskräfte, von denen die künftige Gestaltordnung (Dreigliederung) abhängt. Die Chorda entspricht in ihrer Ganzheit dem von Spemann (1869–1941) an der Seeigellarve im Bereich der oberen Mundbucht nachgewiesenen Gestaltungszentrum, das er als «Organisator» bezeichnete.

Das Ergebnis dieser Gliederung sind die *Somiten*, die sich in drei Schichten um die Chorda lagern (Sklerosoma, Myosoma und Dermatosoma, vergleiche Abb. 42, S. 123).

Von der Bildung der Gehirnbläschen und der Bildung der Nervensubstanz bis zur Gestaltung des dreigliedrigen Gesamtnervenorganismus

Nun schließt sich die Neuralfurche zum Neuralrohr, das heißt, sie löst sich von der Epidermis nach innen. Im Kopfbereich bildet das Lumen des Neuralrohrs die

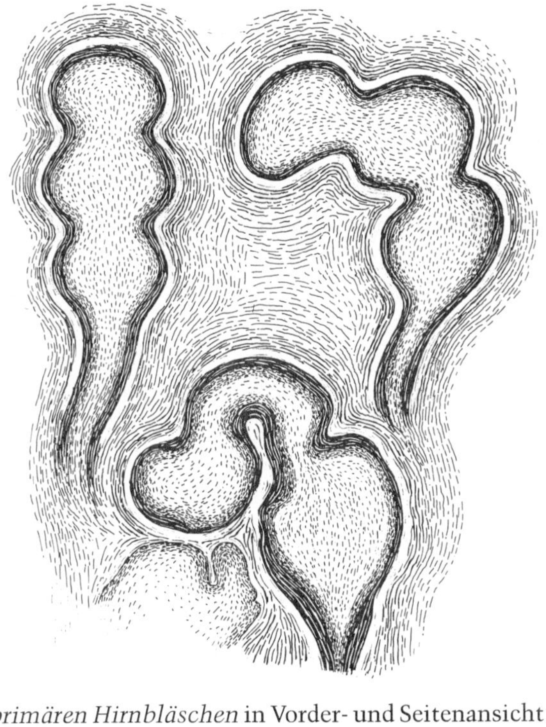

Abb. 55: *Die drei primären Hirnbläschen* in Vorder- und Seitenansicht (nach Villiger und Boenig).

für die weitere Nerven-Gehirn-Bildung so wesentliche Anlage der drei Gehirnbläschen: des ersten primären Hirnbläschens (Prosencephalon), des Mittelhirnbläschens (Mesenzephalon) und des dritten primären Hirnbläschens (Rhombenzephalon) oder Rautenhirnbläschens, welches sich in die Rückenmarksanlage fortsetzt. (Abb. 55, S. 153)

Bei der Entwicklung vollzieht sich im Mittelabschnitt eine Beugung, wodurch das Gehirn die Achse des Rückenmarks stirnwärts verläßt. Dadurch tritt gleichzeitig die entscheidende große «Stauung» der Nervensubstanz ein, als deren Folge das Großhirn erscheint. Gegenüber der Großhirnentwicklung bleibt das Mittelhirn, das anfangs am stärksten hervortritt, in seinem Wachstum so zurück, daß es bei stärkerer Entwicklung des hinteren und gewaltiger Ausbildung des vorderen Hirns ins Innere des Ganzen eingeschlossen wird. Das Großhirn breitet seine Oberfläche wie einen Mantel zuletzt so weit aus, daß es, bis zum Hinterhaupt reichend, sogar das Kleinhirn bedeckt.

Nervensubstanzbildung

Bei der Gehirnbildung beginnt jetzt sich das in den Gehirnbläschen (wie im Rückenmarkskanal) introvertierte Ektoderm gegen das Lumen zu durch extrem lebhafte Mitosen zu vermehren. Da aber sowohl in den Gehirnbläschen wie im Rückenmarkskanal die bereits vorhandene Gehirn- und Rückenmarksflüssigkeit (Liquor cerebrospinalis) sich nicht verdrängen läßt, bleibt für die neu gebildete «Nervensubstanz» trotz ihres «Wachstums nach innen» in ihrer zunehmenden Masse nur die Möglichkeit, sich nach außen auszudehnen, so daß gewissermaßen ein «paradoxes Wachstum» von innen nach außen entsteht. Die innersten, dem Lumen der Gehirnbläschen und dem Rückenmarksnervenrohr zugewandten Zellen sezernieren in diese Lumina dabei sukzessiv «zelluläres» Protoplasma (primärer Liquor).

Ausformung der Nerven, Neuronen und Neuriten

Sobald sich in den Gehirn- und Rückenmarksräumen die erwähnten Mitosen in mehreren Schichten nach innen übereinandergelagert haben (ventrikuläre Keimschichten), beginnt in den äußeren Bereichen der zentralen Nervenorgane die Ausformung der *Neuroblasten*, indem protoplasmatische Fortsätze, die zunächst *diffus-amöboiden* Charakter haben, von Formkräften erfaßt, ausgesponnen werden. Zuerst bilden sich Astroidzellen*, deren Hauptausläufer zu Neuriten ausgeformt werden.

* Plasmatische Astrozyten, fibriläre Astrozyten

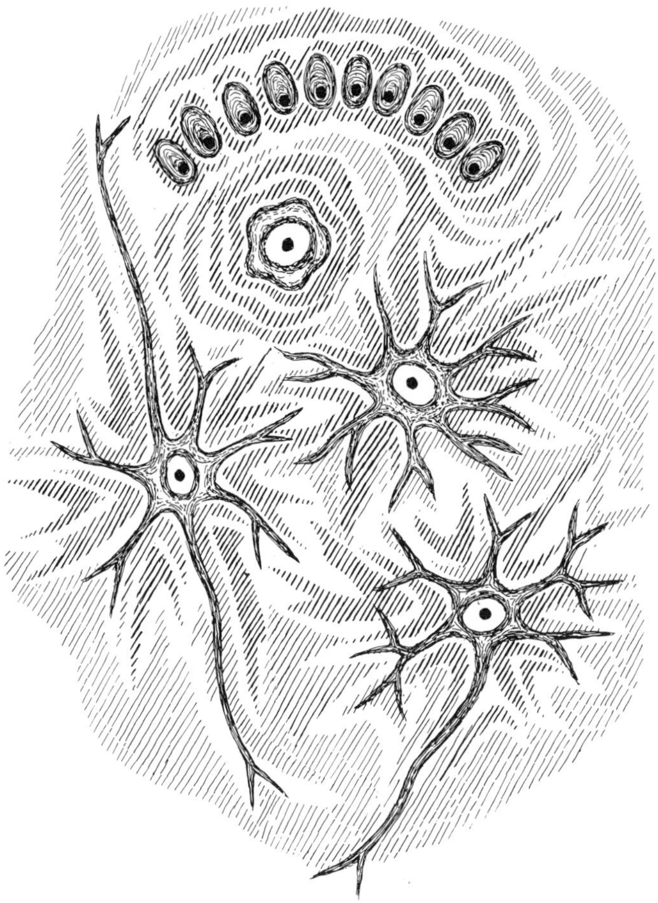

Abb. 56: *Ausformung der Nerven:* 1. Neuroepithel, 2. Neuroplast, 3. Astrozytenstadium, 4. bipolarer Neuroplast, 5. unipolarer Neuroplast mit vollständigem Neuron.

Bei bipolaren Neuroplasten bildet sich in der weiteren Entwicklung das zentrale Neuron zurück, während sich das periphere zum *Neuriten* weiter differenziert. Die zahllosen Neuriten werden in der Gehirn- und Rückenmarksanlage zu einem *peripheren Randschleier* (Starck; vgl. Abb. 57) ausgeformt, in welchem sich schon graue und weiße Substanz unterscheiden läßt.

Man möchte geradezu von einer «primären Substanzbildung in loco» sprechen, in der das Ende eines vorausgegangenen umfassenden Lebensprozesses erreicht wird. In keinem Bereich des Organismus ist das astrale Formgeschehen so deutlich herrschend wie im Nervenbereich, wo sich Zellen-«*Astrozyten*» unterschiedlichster Formungsgrade, vor allem die Pyramidenzellen der Gehirnrinde, differenzieren.

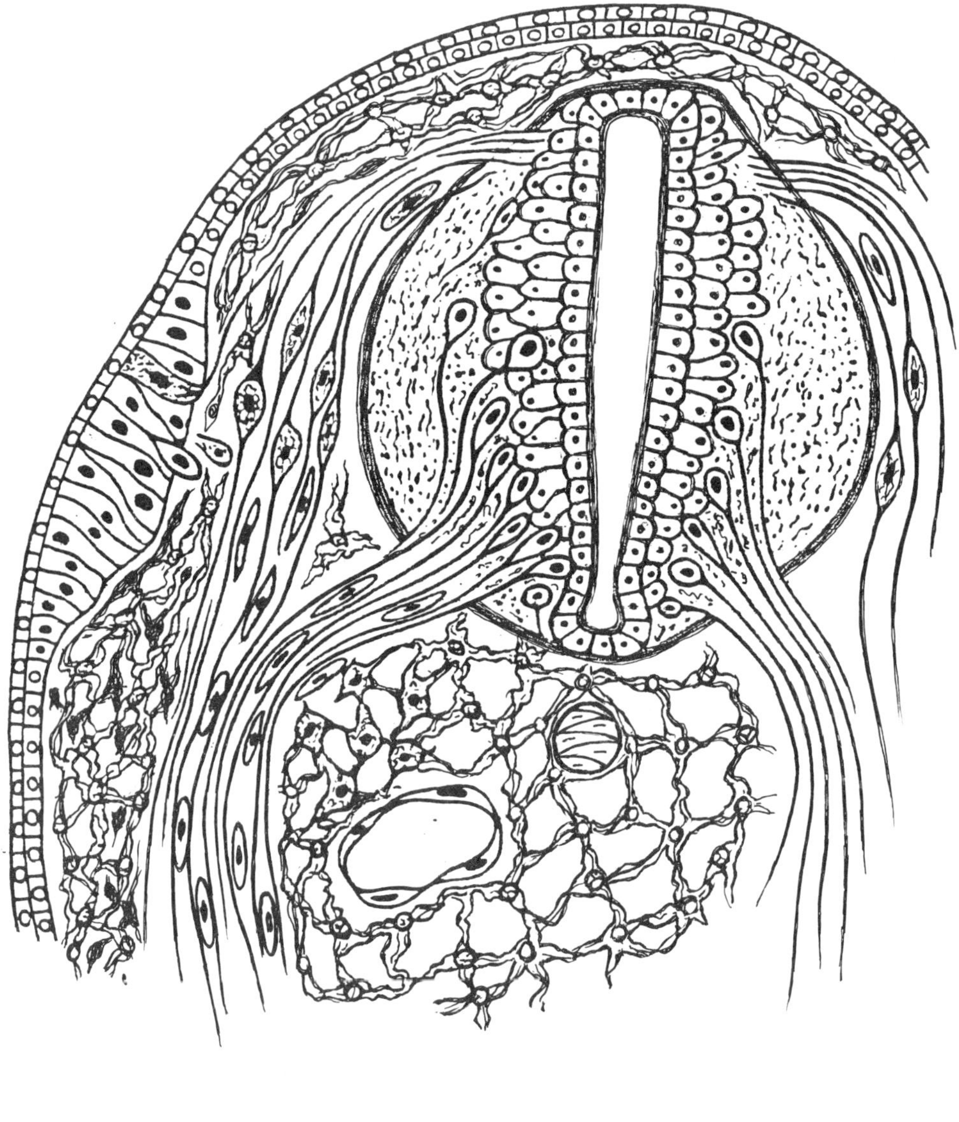

Abb. 57: *Differenzierung* von Neuronen aus Plakoden-Ektoderm und Neuralleiste (schematischer Querschnitt nach Starck).

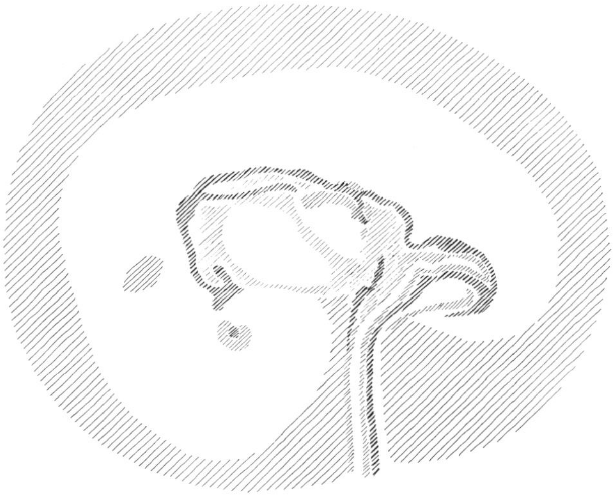

Abb. 58: Die Gestalt des Embryos erinnert an ein Gehirn.

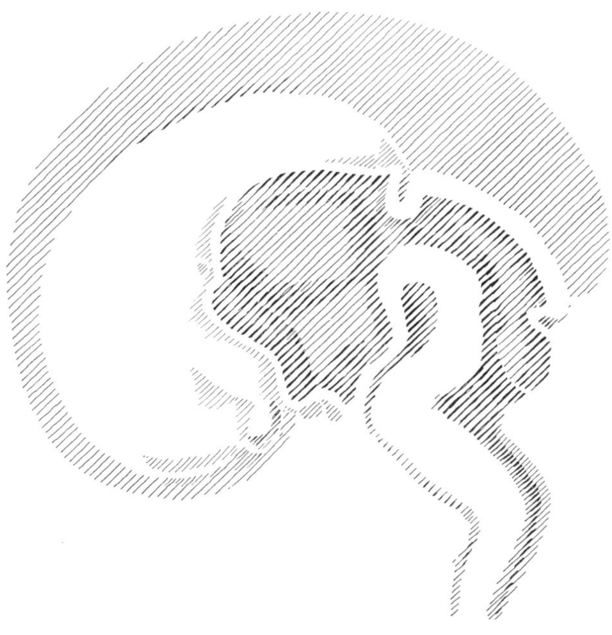

Abb. 59: Die Gestalt des Gehirns erinnert an einen Embryo.

Das Gehirn

Seine Einbettung in die Schädelkapsel, seine häutigen Hüllen

Wie der Kern der Walnuß in der Nußschale ruht das Gehirn in der Schädelkapsel. Die Knochen des Schädeldaches – aus dem embryonalen Mesenchym stammend – sind sogenannte Bindegewebs-, Deck- oder Belegknochen.

Wir haben bei der Darstellung der Gesamtschädelorganisation (Seite 58–59) diese Belegknochen, die das charakteristische «Eirund» des Schädeldaches bilden, als *Ätherorganisationsschädel* bezeichnet. Die urmesenchymale Knochenbildungsanlage, die allen übrigen Knochenbildungen vorauseilt und sich schon in der sechsten Keimlingswoche anlegt, möchte ich unmittelbar zu den Gehirnhüllen rechnen, wobei sich diese beim «Gehirnwachstum» nach außen kuppelhaft aufwölbt. Der Belegknochenhülle folgen nach innen drei weitere Hüllorgane, die harte Hirnhaut, die Spinnwebenhaut und die weiche Hirnhaut.

Wir betrachten zuerst die *harte Hirnhaut*, wegen ihrer faszienartigen Dichte Dura mater* genannt. Zum Schädeldach hin hat sie zugleich die Funktion der inneren Knochenhaut (Endost). In die Tiefe folgt die Arachnoidea**, während die Pia mater*** das Gehirn selber unmittelbar umhüllt und für dieses durch ihren kapillaren Gefäßreichtum die ernährende Hülle bildet.

Die Pia mater

folgt aufs genaueste allen Windungen und Buchten der plastischen Gehirngestalt. Gehirn und Rückenmark eng anliegend, führt sie den nervalen Organen, von Bindegewebe begleitet, Blut- und Lymphgefäße zu.

Zwischen harter Hirnhaut und Pia befindet sich, den rhythmischen Funktionen gewidmet, die Arachnoidea.

Die Arachnoidea (Spinnwebenhaut)

Sie besteht aus einem lockeren Bindegewebsgeflecht, das mehr an den subduralen inneren Schädelraum (bzw. Rückenmarksraum), also an die Pia anschließt. Durch diesen Raum ziehen in lockerer Bindung arterielle und venöse Kapilla-

* Dura mater = lat. durus = hart; mater = Mutter, «das Ernährende».
** Arachnoidea von gr. = ἀραχνοειδής = spinnwebenartig.
*** Pia mater = lat. pia = fromm, weich.

ren, die ihrerseits besonders die arterielle Durchblutung der Gehirnrinde vermitteln. Da die Bindegewebsnetze der Arachnoidea die Gehirnwindungen überspannen, bildet sich zwischen ihr und den Furchen und Buchten der Gehirnrinde und der ihr aufliegenden Pia der *Subarachnoidalraum*, der das ganze Gehirn (und das Rückenmark) umgibt, und in welchem in gleichmäßig-langsamem Strom der Liquor cerebrospinalis – die Gehirnwasserlymphe – fließt.[5]

Die Gehirnwasserzirkulation (der Liquor cerebrospinalis)[5]

Das Gehirnwasser entspringt in den Gehirnkammern in Blutkapillarnetzen (Telae chorioideae*).

* Tela chorioidea lat. = telum = Gewebe; gr. = χόριον = Chorion = Haut, Gefäßhaut.

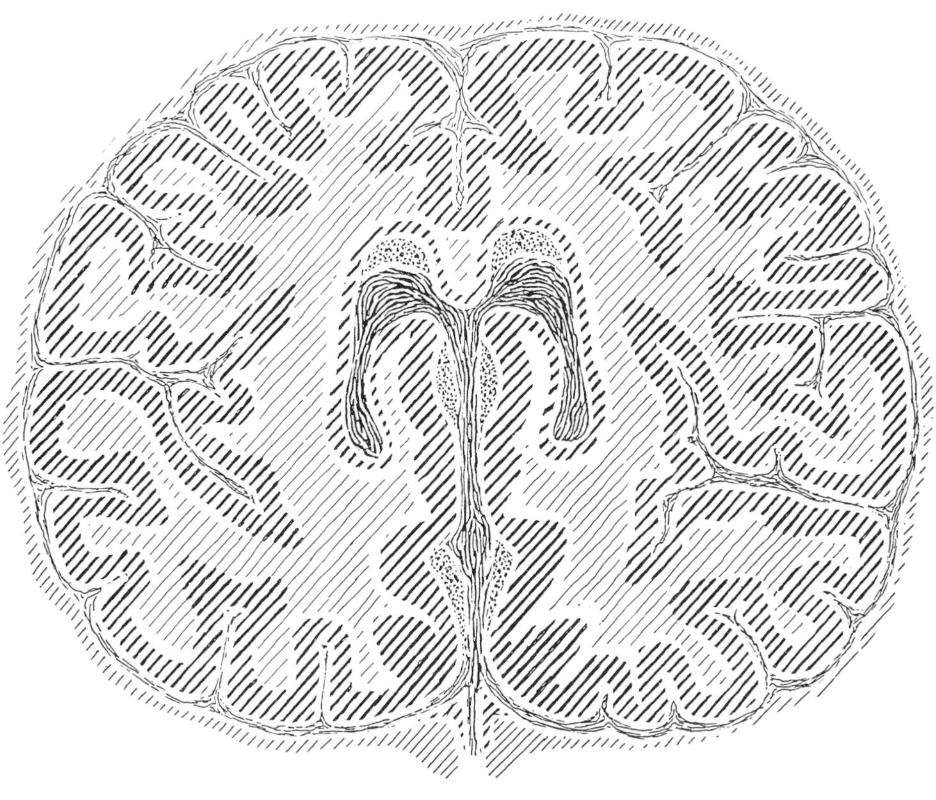

Abb. 60: *Das Gehirn und seine Liquorräume in der Entwicklung.* Von der Gehirnmittelachse aus unterscheiden wir die Gehirn-Seitenkammern (erster und zweiter Ventrikel); in der Mittelachse (kaudal) den dritten Ventrikel, sowie nach hinten, unten den vierten Ventrikel. Die Ventrikel sind die Brunnenstuben des Gehirnwassers.

Von hier aus gelangt es durch besondere «Aquädukte» in die Gehirnperipherie. Diese Strömung aus dem Inneren des Organs ist zu beachten, denn sie steht im Gegensatz zur Körperlymphe, deren Hauptströmung sich aus der Körperperipherie zum Zentrum hin bewegt, also von außen nach innen.

Das Gehirnwasser breitet sich sodann im Raum zwischen Spinnwebenhaut und weicher Hirnhaut – alle Buchten und Einschnitte der Gehirnwindungen umströmend – um das ganze Gehirn aus. Es vollzieht eine still kreisende Bewegung und fließt zuletzt in Lymph- und Venenkapillaren ab. Über die Einwirkung des Blutpulses und des Atemrhythmus auf die Gehirnflüssigkeit werden wir das Wichtigste im Rhythmuskapitel erfahren.

Da das Gehirn wie das «Kind im Fruchtwasser» schwimmt (vgl. Abb. 58, 59), drückt es mit seinem Eigengewicht kaum auf seine Unterlage. Blutgefäße und Nerven der Gehirnbasis können ihre Funktionen erfüllen, ohne unter dem Eigengewicht des Gehirns (1400 g) zusammengepreßt zu werden.[5] Wie das Augenkammerwasser und die Ohrlymphe ist auch das Gehirnwasser vollkommen klar (zellarm). Es ist diese Lymphe im besonderen Träger des Ätherischen, das hier am Bewußtseinspol wesenhaft zutage tritt, polar zur ernährenden Lymphe in Chymus und Chylus.

Das Gehirn in seiner ausgereiften Gestalt

Das Gehirn zeigt trotz seiner plastisch-flüssigen Gestalt einen streng symmetrischen Aufbau; im Innern ist es durch strahliges Nervengewebe bis ins letzte durchformt. In der sphärischen Gesamtgestalt und Weichheit und in seiner strahligen Innenstruktur vereint es im Reich des organischen Seins die größten Gestaltungsgegensätze! Diese treten äußerlich zwischen sphärischem Gehirn und dem als Nervenstrahlenbündel aufgebauten Rückenmark noch einmal hervor.

Entwicklungsgeschichtlich bilden sich Gehirn und Rückenmark gleichzeitig aus. Zunächst erscheint ein mit durchsichtiger Flüssigkeit gefüllter Kanal, dessen vorderes Ende sich zur Hirnblase ausdehnt. Diese primäre Hirnblase gliedert sich etwa in der dritten Woche in drei miteinander verbundene Blasenräume, nämlich in eine vordere Hirnblase, aus der sich später das Großhirn bildet, in eine mittlere, aus der sich dann die Vierhügelzone und die Mittel- und Zwischenhirnabschnitte bilden, und in eine hintere, aus der Kleinhirn und verlängertes Mark hervorgehen (siehe Abb. 55, S. 153). Aus dieser Uranlage bildet sich also unmittelbar das dreigliedrige Gehirn, bestehend aus Vorderhirn (Großhirn), Mittelhirn und Kleinhirn mit dem Stammhirn (verlängertes Mark).

Diese Gesamtgliederung offenbart uns aber wiederum die Beziehungen zu den Funktionen des ganzen Menschen. Das Großhirn wird Träger des Bewußtseins, das sich im Stirnhirn bis zum Selbsterleben der Persönlichkeit steigert.

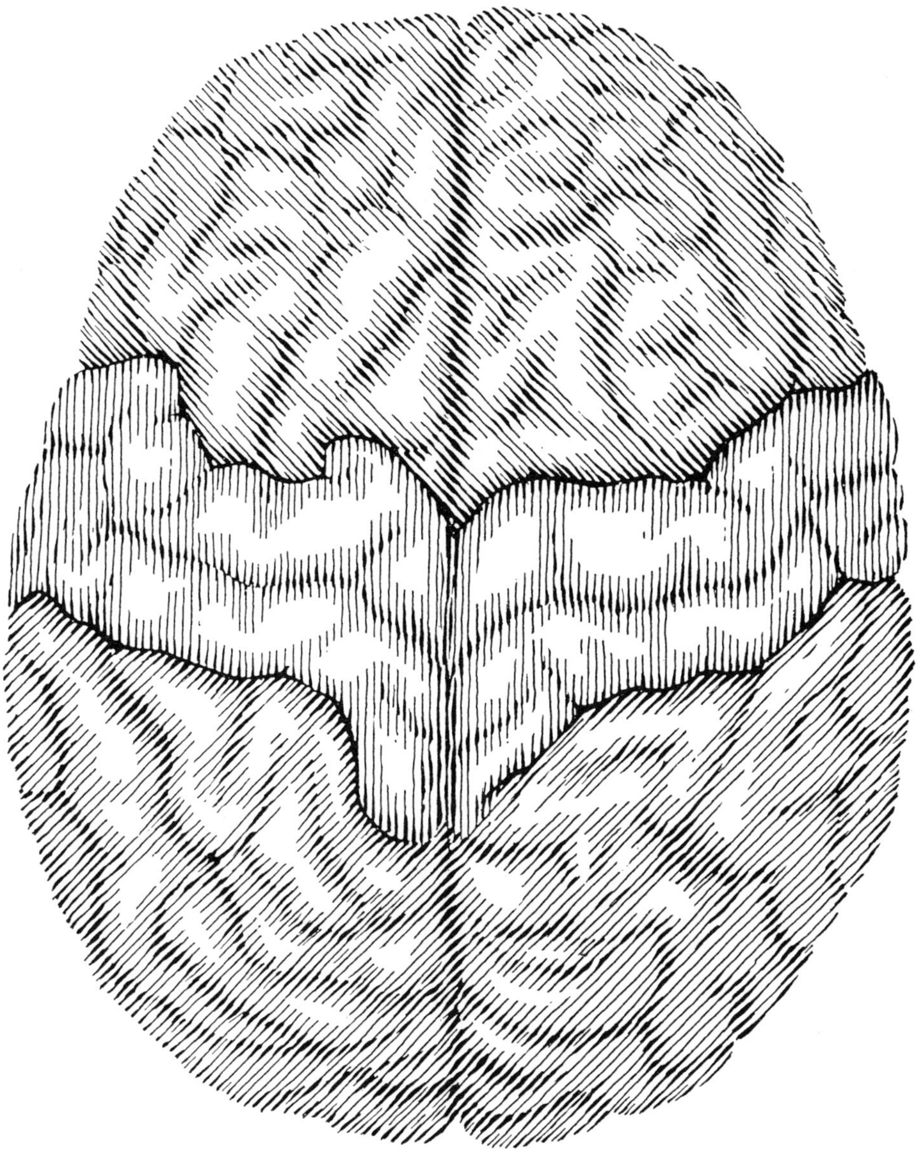

Abb. 61: *Das Großhirn:* Ansicht von oben: Sagittalfurche – quer dazu die vordere und die hintere Zentralfurche (Gyrus praecentralis und postcentralis).

Das Mittelhirn bringt besonders im Zwischenhirnabschnitt die Koordinierungsfunktionen für die rhythmischen Organprozesse. Es macht sich in der Wärmeregulation und in der Regulation des Zuckerstoffwechsels geltend; im Seelischen aber läßt es Gemütswärme und Liebesempfindung zum Bewußtsein

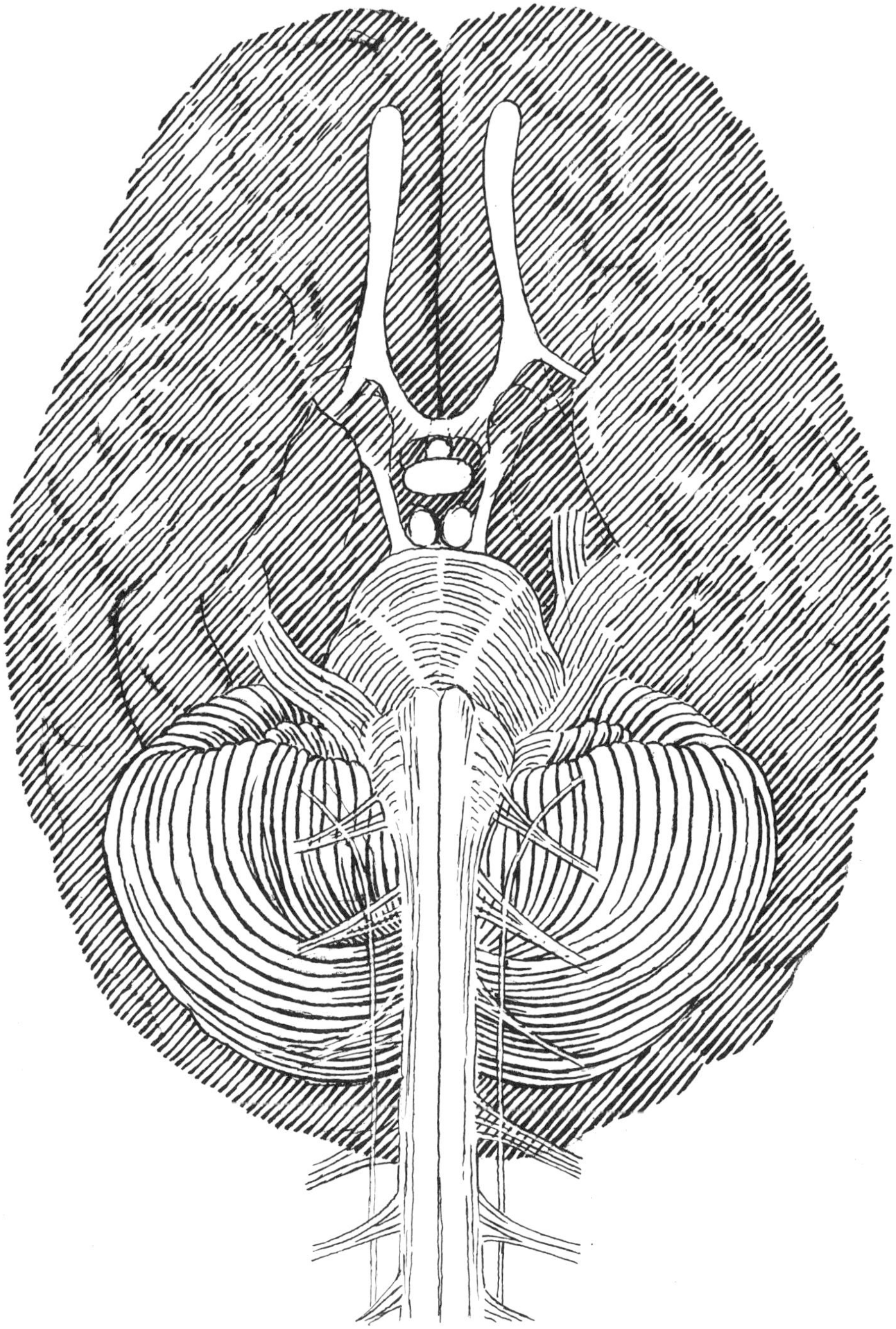

Abb. 62: *Gehirn:* Ansicht von der Basis her: Stirnhirn, Schläfenhirn, Brücke (Pons), Kleinhirn und verlängertes Mark.

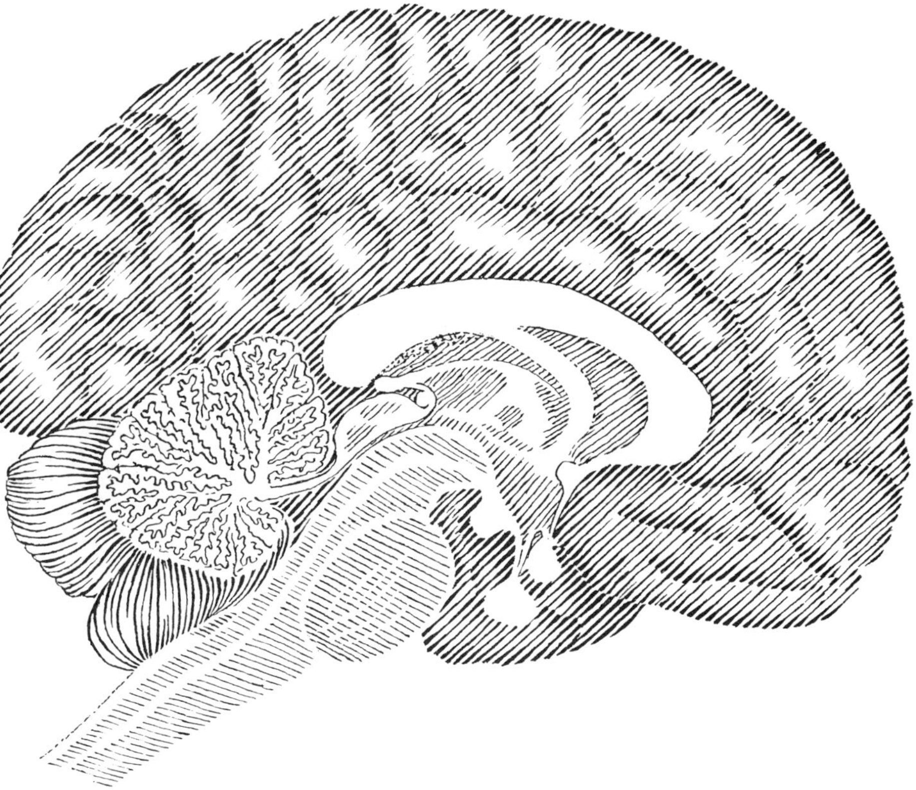

Abb. 63: *Das Großhirn* (linke Hemisphäre, Sagittalschnitt). Von vorne findet sich in der Tiefe des Stirnhirns bis zum Kleinhirn rückwärts reichend das Corpus callosum (callosus = lat. schwielenartig), die Querverbindung der beiden Gehirnhälften – bis zum Kleinhirn nach hinten reichend. Weitere topographische Angaben siehe Anmerkung 5.

gelangen. Kleinhirn und verlängertes Mark tragen die tief in der Organisation schlummernden Willensfunktionen, die sich im Tier als Instinkt-Organisation ausweisen. Es handelt sich vor allem um Ernährung, Bewegung und Triebnatur, um alle in der Nacht des Unterbewußten schlummernden Organfunktionen, die hier ihre Synthese finden.

Das in der Schädelkapsel im Gehirnwasser «schwebende» Gehirn ist nicht leicht bei seiner weichen Konsistenz hinsichtlich seiner Gestaltgliederung zu erfassen. Zur Orientierung gehen wir am besten von der Raumordnung der knöchernen Schädelkapsel aus, mit der die Gehirnweichteile eine gestaltlich-funktionelle Einheit bilden. Man betrachte hierzu vor allem die in den «festen» Knochen mehr oder weniger tief eingeprägten, sehr weichen Gehirnwindungen und Blutgefäßeindrücke oft zartester Adern (Impressionen und Digitationen). In der

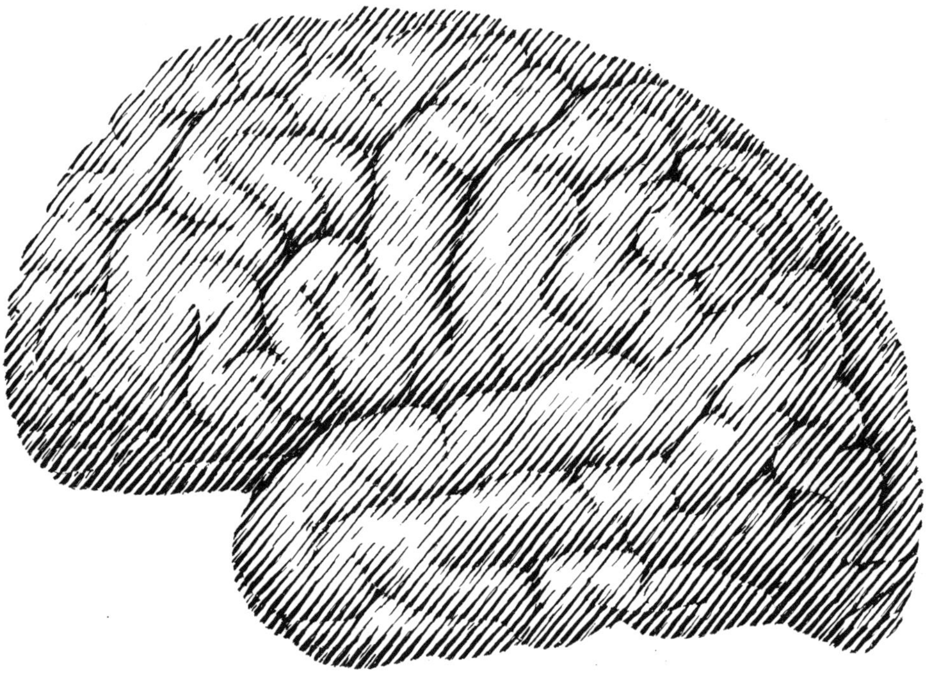

Abb. 64: Linke Großhirnhemisphäre, Furchen und Windungen.

Scheitelansicht zeigt das Großhirn am vollkommensten seine «ätherisch» anmutende Ovoidgestalt (Eirund). Das einheitliche Ovoid ist durch die Längsspalte (Fissura* longitudinalis cerebri) in die beiden Gehirnhemisphären geteilt. In diesen Spalt ragt von der harten Hirnhaut her die «Sichel» (Falx** cerebri), die als Scheidewand die beiden Hemisphären trennt. Eine mehr oder weniger deutlich hervortretende Dreigliederung des hier zur Betrachtung kommenden weichen Gehirnkörpers ist durch Furchen (Sulci***) und Gehirnwindungen (Gyri****) gegeben. (Abb. 61)

Das zur Zentralfurche quer verlaufende Gehirnwindungsmittelfeld (in unserem Bild absichtlich etwas überzeichnet) ist mit der *vorderen und der hinteren Zentralwindung* und durch die drei Furchen des *Sulcus praecentralis*, des *Sulcus centralis* und des *Sulcus postcentralis* in Beziehung gebracht. Damit wird zugleich der ganze Corpus in einen *Vorderlappen* (Lobus frontalis*****),

* Fissura, lat. = Spalte.

** Falx, lat. = Sichel.

*** Sulcus. lat. = Furche, lateralis = Seitenfurche.

**** gyrus, gr. = γυϱός = Das Gewundene.

***** Lobus, lat. = Lappen: frontalis – Stirnlappen.

Schläfenlappen (Lobus parietalis) und einen Hinterhauptslappen (Lobus occipitalis) zweiseiten-symmetrisch gegliedert.

Die Gehirnbasis zeigt – wie die Ansicht des Gehirns von oben – die für das Nervensystem typische Bilateralsymmetrie*, die nur durch ein Verbindungsstück im Mittelabschnitt – Pons** – überbrückt wird.

Die Dreigliederung ist durch folgende Nervenorganbereiche gegeben: Vorne der Stirnlappen, der vorderen Schädelgrube eingefügt. Der Mittelspalt tritt hier in der Schädelbasis deutlich in Erscheinung. Beachtlich sind die beiden links und rechts des Gehirnspaltes (über den Geruchsfurchen, Sulci olfactorii) gelegenen kolbenförmig endenden Geruchsnerventrakte.

Die Mitte der Basisregion wird nach den Seiten zu links und rechts von den Windungen und Furchen der Schläfenlappen eingenommen. Im Zentrum der Mitte – mit nicht mehr durchfurchter Zweiseitensymmetrie – sprechen wir von der *subthalamischen Region****, unter welcher sich der dritte Ventrikel befindet. (Vergleiche die Darstellung des Ventrikelsystems im Zusammenhang mit dem Gehirnwasser.) Die subthalamische Region ist das Wurzelgebiet der zwölf Hirnnerven.

Das Hauptnervenorgan der zentralen Gehirnbasismitte, die Brücke, haben wir erwähnt.

Es folgt der *Hinterhauptspol* des Gehirns, im Ovoid mit der breitesten Nervensubstanzmasse ausgestattet, weswegen vom entwicklungsgeschichtlichen Standpunkte her seine drei wesentlichen Glieder als Stammhirn bezeichnet werden. Vom *Hinterhaupt* her (Polus occipitalis) kommt zuerst der *Hinterhauptslappen* der Großhirnhemisphäre zur Betrachtung. Es folgen die *Kleinhirnhemisphären* und das *verlängerte Mark*, das schon in unmittelbarem Gestalt- und Funktionszusammenhang mit dem metamer-rhythmogenetischen Rückenmark zu sehen ist.

Wir betrachten die Windungen und Furchen der *linken Großhirnhemisphäre*, die als Fläche mit der ihr symmetrisch gegenüberliegenden rechten Hemisphäre den sagittalen Gehirnspalt bildet (Fissura cerebri longitudinalis). Für die Hemisphäre ist vor allem die Stirnhirnregion (Polus frontalis) charakteristisch und die oft etwas stärker ausgebildete Hinterhauptsregion (Polus occipitalis). Das Gehirnganze mit seinen Windungen und Furchen, wie wir es jetzt von außen betrachtet haben, wird als Gehirnmantel (Pallium****) – wohl im Hinblick auf die äußere graue Hirnsubstanz gegenüber der inneren weißen Substanz – bezeichnet.

* Bilateralsymmetrie, lat. bis = zwei; Zweiseitensymmetrie.
** Pons, lat. = Brücke.
*** Subthalamische Region, gr. = ϑάλαμος = Kammer.
**** Pallium, lat. = Mantel.

Nach unten innen findet sich die Schnittfläche der fast horizontal gelagerten *Verbindungsstücke* (Balken) zwischen den Gehirnhälften (Corpus callosum*). Sie erscheint gegenüber den unter ihr liegenden Hohlräumen (Thalami) wie ein Gewölbe. Die Thalamusregion, deren Organe mannigfaltige Koordinationen leisten, macht die *Mitte* des Organs aus, gemeinsam mit den unmittelbar über und unter dem Thalamus liegenden Nervenbereichen (hyper- und hypothalamische Region).

Nach hinten und unten folgen nun die tief unbewußt wirkenden Vegetativorgane für die Koordination bewegungsmäßiger, generativer und ernährungsbezogener Leibesfunktionen. Entwicklungsgeschichtlich handelt es sich um die Folgeorgane des dritten Hirnbläschens, nach der *Dreigliederung* der Gesamthirnanlage um das Rhombenzephalon. Aus ihm entwickelt sich das *Kleinhirn*, das quergeschnitten den so überaus charakteristischen «Lebensbaum» (Arbor vitae) zeigt, das *Brückenorgan* (Pons), das am okzipital-kaudalen Pol die Kommunikation der beiden Hemisphären herstellt, und das *verlängerte Mark*, das Zwischenorgan von Rückenmark und dem basalen Okzipitalhirn.

Die innere Nervengewebearchitektur des Gehirns

> «Verfolgt, wie ihr wollt, anatomisch den Gang der Nerven im menschlichen Organismus: ihr werdet nie auf den Sinn dieses Ganges der Nerven kommen. Verfolgt ihr aber diesen Gang musikalisch, mit Verständnis der Musikverhältnisse, aber alles tief innerlich hörbar, nicht mit physikalischer Akustik, verfolgt ihr so das Nervensystem, schaut ihr mit musikalischer Anschauung, mit geistig musikalischer Anschauung, wie diese Nerven von den Gliedmaßen hinverlaufen nach dem Rückenmark, da angespannt werden und von da aus nach dem Gehirn sich fortpflanzen, seht ihr das geistig musikalisch an, dann bekommt ihr durch das musikalische Anschauen das allerwunderbarste *Musikinstrument* des Menschen, das aus dem astralischen Leib gebildet ist und auf dem die Ich-Organisation spielt...
> Wenn man... anfängt, innerlich geistig zu hören, wie sich der Weltenrhythmus ausspricht aus dem wunderbarsten Musikinstrument, das aus dem Menschen gemacht wird durch den astralischen Leib, dann lernt man die astralische Natur des Menschen kennen...»

* Corpus callosum, lat. = callosus = schwielig-dicht.

... «Man wird als Physiologe zum Musiker und schaut den Menschen an, wie man ein Musikinstrument anschaut, wie eine Orgel oder eine Geige, indem man in ihr darinnen die verwirklichte Musik schaut.» Rudolf Steiner*

Das Ergebnis der ursprünglichen Eiweißbildung im Nervenbereich – besonders des Großhirns – ist Stauung und Rückstauung, wodurch das Pallium erst zum Hüllorgan des Gehirninneren mit seinen Stammganglien und Bahnen wird. Stauung und Rückstauung macht das Gehirn zu einem generellen Gegenorgan des übrigen Organismus. *Stauung, Widerstand* und *Hemmung* sind die drei Funktionen formschaffenden und formgestaltenden Bewußtseins. Dies ist das zusammenfassende Ergebnis schon der Betrachtung der Gehirnhemisphären von außen.

Nunmehr treten wir in die Betrachtung des geheimnisreichen inneren Substanzlabyrinthes ein, das in seinem sphärisch-plastischen Konvolut in der Anschauung kaum zu enträtseln ist. Die Morphologie gelangt hier wie in astronomischen Weltraumverhältnissen in gewissem Sinne an ihre Grenzen. Daher hat sich die Forschung geholfen, indem sie (den gordischen Knoten zerhauend) die Einheit in viele Ebenen zerschnitt, um dann die getrennten Flächen wieder zusammenzusetzen.

Der tiefe Schnitt durch die Hemisphären zeigt zunächst verschiedene Substanzschichten: den Außensaum der zusammengeschobenen graurötlichen «Wogen» und «Furchen» der Gehirnwindungen und den Saum der grauen Substanz (substantia grisea)**.

Die Grautingierung der Rinde, die sich ihrerseits in Schichten (Abb. 66, S. 169) darstellt, rührt von den zahllosen Nervenzellkeimen her, die sich unterschiedlich als granula oder als pyramidenförmige «Eiweißkristalloide» bis zu Gangliengröße differenzieren (Abb. 65, S. 168).

Alle Nervenbahnen des zerebrospinalen Doppelorgans endigen in der grauen Rinde der Großhirnhemisphären (vergleiche Abb. S. 66, S. 169).

Die Einheit des Nervenorganismus

Der Nervenorganismus vereinigt in seinen Geweben und Organellen in allen Bereichen die verschiedensten ektodermalen Elemente, die schon spezifischer sich ausformenden Neuroblasten – aus denen mannigfaltige Astrozyten hervorgehen – sowie Neurofibrillen, Neuriten und vor allem als Endbildungen der Reihe die Neuronen (vgl. Abb. 65, S. 168). Das Neuron, das den Schluß dieser

* Methodik des Lehrens ..., GA 308, S. 54.
** Substantia grisea, lat. = graue Substanz.

Reihe bildet, ist der eigentliche, vollkommen ausgereifte Nerv. Aus Neuronen ist das «Nervenkostüm» gebildet, das unser Tafelbild (S. 148) zeigt. In Gehirn und Rückenmark sind die Neuronen in Nervenbindegewebe (Glia), das ihnen Halt verleiht, eingebettet. Als Hülle des Neurons haben die Schwannschen- und Lipoidscheiden neben ernährenden Funktionen (Trophik)* die gleiche Aufgabe. Die Einheit dieses Nervenorganismus wird durch den erwähnten *Substanzstrom* der blastematischen Eiweißsynthese vom Neuroblasten bis zur äußersten Nervenfibrille gewährleistet.

Abb. 65: *Neuron mit Ganglion.* Dazu ergänzend: Nervenscheide mit ihrer charakteristischen Gliederung.

Die funktionelle Bedeutung der Gehirnrinde (graue Substanz)

Die makroskopisch schon auffallende Graufärbung der Rindensubstanz rührt von spindelförmigen Ganglienzellen her, die ein feinkörniges Pigment, das Melanin**, enthalten. Dieses Pigment, das für den Menschen spezifisch ist und bei Tieren nur in geringem Maße vorkommt (Stöhr), entwickelt sich vom vierten

* Trophik, gr. = τροφή = Ernährung.
** Melanin: dunkler Eiweißfarbstoff, gr. = μέλας = schwarz.

bis zum achtzehnten Lebensjahr, vermehrt sich aber dann nicht mehr weiter. Außer in der Gehirnrindenzone findet sich graue Substanz hauptsächlich im Bereich des Nucleus caudatus* und des Nucleus und Ganglion lentiformis**.

Großhirn und Kleinhirn weisen also eine das weiße Mark einhüllende graue Substanz auf. Aus der weißen Substanz strahlen Faserbündel (Radii) in das periphere Rindengrau hinaus.

In der grauen Substanz finden sich verschiedene Schichten oder Lagen. Über diesen Lagen der grauen Substanz folgen die ernährenden und schützenden Hüllen des Gehirns, die drei Hirnhäute, die wir oben beschrieben haben.

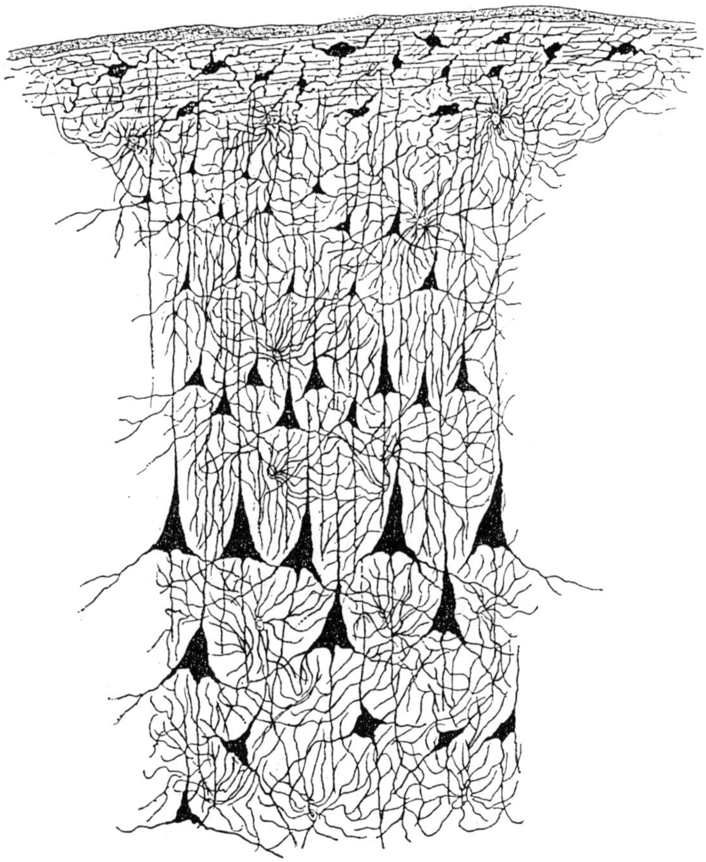

Abb. 66: *Nervengeflecht der grauen Hirnsubstanz* (Großhirnrinde). Mikroskopischer Durchschnitt (schematisch).
1. Höchste Ganglienschicht mit unregelmäßigen, atypischen kleinen Ganglien. 2. Schicht der kleinen und großen Pyramiden. 3. und 4. Schicht der Gangliensysteme.

* Caudatus, lat. = Schweif, geschweift.
** Lentiformis, lat. = linsenförmig.

Die weiße Hirnsubstanz

Unter der grauen Rindensubstanz befindet sich im Großhirnbereich die weiße, gallertig-leimartige, kolloidale *substantia alba*, die weiße Hirnsubstanz, die hauptsächlich aus *Glia** (das Nervenbindegewebe) besteht, welche die Nervenbahnen schützt und in ihrer Beziehungsordnung hält.

Bevor wir auf das Nervengewebe selber eingehen, haben wir zunächst die Nervenglia zu betrachten, die im Schädelraum die Grundlage der Substanzordnung in ihrer Fülle und in ihrem Gewebeturgor gewährleistet.

Die Betrachtung der Glia vermittelt uns in ihrer Gesamtheit den ätherischen Gestaltcharakter der Großhirnhemisphären, während der gliöse Anteil im Rückenmarksbereich, wo die Glia Nervenscheiden bildet, zurücktritt (vergleiche den Abschnitt über das Rückenmark).

Die Glia

Die Glia ist eine *Metamorphose des Mesenchyms* – also des embryonalen Bindegewebes – zur Nervenorganisation hin. In diesem Sinne ist sie – wie schon gesagt – die umhüllende Trägerin der Nervenorgane, wobei sie sich sogar in deren spezifische Funktionen einschaltet. Sie hält, verbindet und trennt die tausendfältigen zellulären und fibrillären Nervenorganellen.

Glia begegnet uns im zentralen Nervenorganismus (wie auch im peripheren Nervenbereich) nach Herkunft und Funktion ihrer Bindegewebselemente in zwei Gestaltmetamorphosen:

Die Makroglia besteht hauptsächlich aus mesenchymal-plasmoidalem Netzgewebe, welches das ganze Gehirn und Rückenmark in ununterbrochenem «Gewebefluß» durchzieht und deren Fasern in ihren Überschneidungen sternförmige Zellgebilde (Astrozyten) erscheinen lassen. Man spricht bei diesem nervalorientierten Bindegewebe seinem Wesen gemäß von «protoplasmatischer Neuroglia». Ihre Herkunft aus embryonalem Ektoderm veranlaßt uns hier wiederum, den erstaunlichen Vorgang der *Remesenchymalisierung* von bereits hochgradig zellig differenzierten Bildungen anzunehmen.

In das halbflüssige-halbfeste Gel der Neuroglia tauchen Nervenfasern und Nervenzellen ein, so daß eine vollständige Berührung und Durchdringung ohne Spalten und Lückenbildung gegeben ist (Braus).

Zu dieser Organeinheit tritt ein zweites gliöses Element, die *Mikroglia*, hinzu. Sie entstammt dem peripherisch-vaskulären Bereich der Pia mater, ist

* Glia = Leim, gr. = γλία.

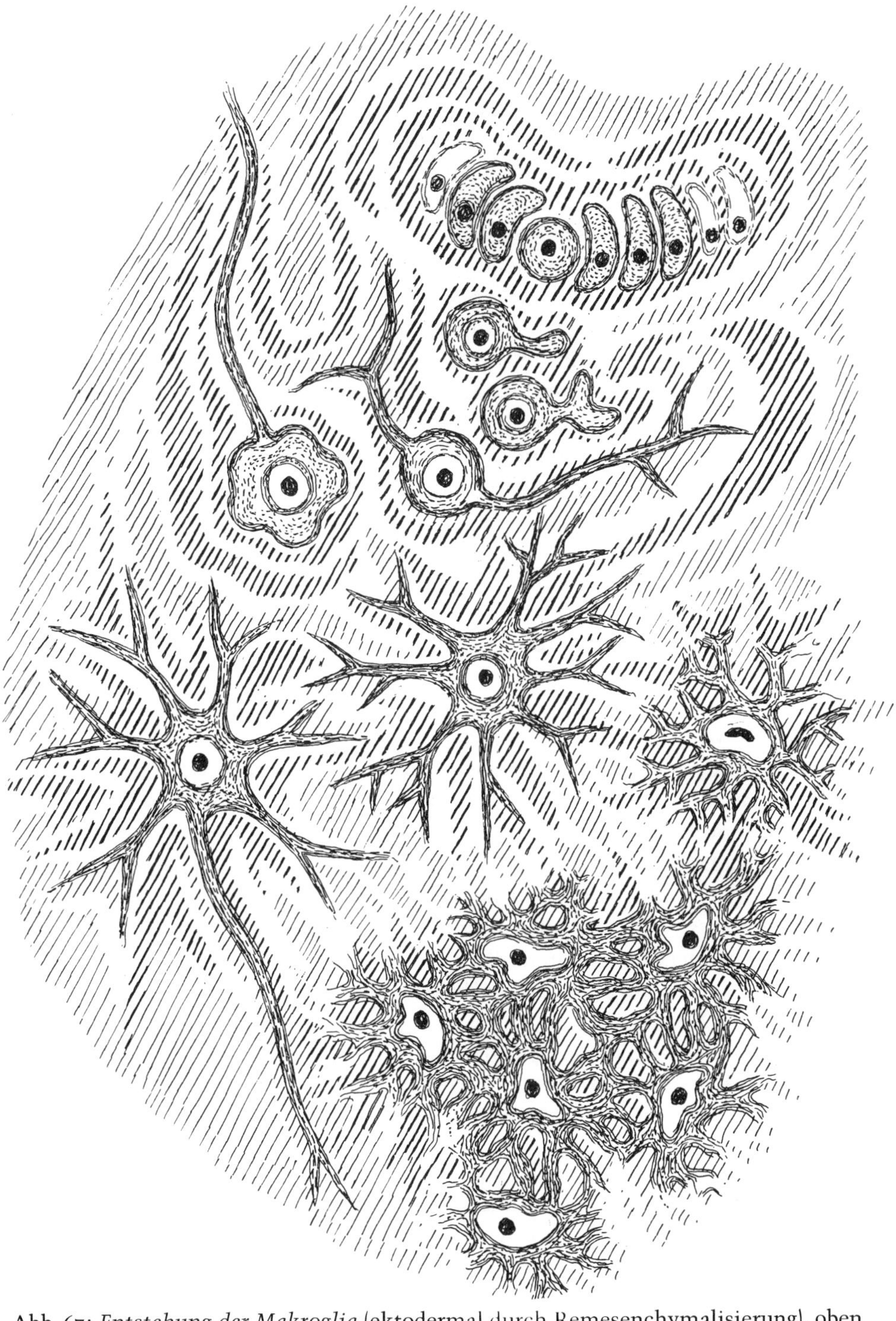

Abb. 67: *Entstehung der Makroglia* (ektodermal durch Remesenchymalisierung), oben, *und der Mikroglia* (primär aus dem Mesenchym entstanden), unten. Siehe Text.

also unmittelbar *mesenchymalen Ursprungs*. Die Gewebselemente der Mikroglia sind in der Lage, sich aus ihren protoplasmatisch-mesenchymalen Fließnetzen wie amöboide Leukozyten herauszulösen und sich so in das makrogliösnervale Milieu zwischenzuschalten. Dabei verbindet sich die *Makroglia* mit ihren lang ausgesponnenen Protoplasmafortsätzen mit den Nervenfasern, während sich die Mikroglia um die Blutkapillaren des Gehirns sammelt. Damit ergibt sich der funktionale Bezug, daß die Gliasynapse* zwischen *Nerv* und *Blut*, zwischen Form und Fülle, zwischen Struktur und Dynamik (ernährende Substanzströmung) eine *übergeordnet-verbindende «Mitte»* bildet.

Die Glia führt in ihrem Wirkensbereich Nerv und Blut zusammen, ohne daß diese sich direkt berühren, und trennt sie in einer nächsten Funktionsphase. So öffnet und schließt die Glia durch Vermittlung ernährender und formender Impulse tausendfältige Nervenverbindungen (Synapsen*) und ermöglicht so unendlich verschiedene Zustände und Impulsrichtungen im Wachen, Traumbewußtsein, Schlafen, Vorstellen, Erinnern und so weiter.

Die zwölf Hirnnerven

Angesichts der unübersehbaren Anhäufung von Fakten und Theorien, welche die Gehirnanatomie, Physiologie und Pathologie in den Forschungsinstituten der ganzen Welt zusammengetragen haben, ist es unserer Bemühung um die *Einheit von Wahrnehmung und Erkenntnis*, wie sie uns die morphologische Forschungsmethode im Sinne goetheanistischer Aufgabenstellung nahelegt, hier erste, anfängliche Schritte zum Gestaltverständnis zu tun.

In diesem Sinne kann nach der wesenhaft erscheinenden Dreigliederung des Gehirnganzen der Blick auf die Zentralbereiche der zwölf Hirnnerven, ihrer Ganglien und Kerne sowie ihrer nervalen Koordinationen zu einer künftigen gründlicheren Ausarbeitung den Weg öffnen. So gehen wir bei der Betrachtung der zwölf Hirnnerven nochmals vom Gehirnganzen in seiner Dreigliederung und den daraus hervorgehenden geschilderten Endorganen aus:

Vorderhirn (Prosenzephalon)
Mesenzephalon (Mittel = Zwischenhirn)
Rhombenzephalon (Kleinhirn und verlängertes Mark).

Die zwölf Hirnnerven entspringen in symmetrischer Folge innerhalb der Hirnhemisphären in den der Gesamtgliederung entsprechenden Ganglien. Von diesen Ganglien ausgehend haben sie – wie alle peripheren Nerven – jeweils eine

* Synapse = Berührung, von gr. = σύναψις = Verbindung.

innerzerebrale und eine außerzerebrale, periphere Bahn. Bei unserer (vorläufigen) Darstellung (siehe Anmerkungen 6) ist uns die Reihenfolge ihrer Ursprungsorte morphologisch wichtig.

Das Rückenmark

Wenn wir uns mit dem Rückenmark innerhalb der Ganzheit der Nervenorganisation beschäftigen, ist es notwendig, uns an die primordiale Wirbelsäule, d. h. an die Chorda dorsalis und die von ihr ausgehende und auf ihre Umgebung wirkende rhytmogenetische Ordnung (siehe Organisatorfunktion) zu erinnern.

Wie das Gehirn in die Schädelkapsel eingeschlossen wird, so hüllt das Sclerosom des perichordalen Mesenchyms die Anlage des Rückenmarksnervenstrangs in den Rückenmarks-Wirbelkanal ein. Dieser fügt sich dabei der bereits vorgegebenen metamer-rhytmogenetischen Ordnung.

Die den Rückenmarkskanal verlassenden Nerven treten in der Halsregion waagerecht, in der Brustregion schräg abwärts geneigt und vom Lendenwirbelbereich abwärts senkrecht in die Peripherie (siehe Abb. 68, S. 174).

Da das Wachstum des Rückenmarks gegenüber der Wirbelsäule in der zweiten Schwangerschaftshälfte stark zurückbleibt, ziehen die Spinalnervenwurzeln unterhalb des Rückenmarksendes (Conus terminalis*) in Höhe des ersten Lumbalwirbels als Nervenbündel – Cauda equina = Pferdeschweif genannt – abwärts.

Als letzter Ausläufer des Rückenmarks ist noch, an den Conus medullaris anschließend, der rudimentäre Nervenendfaden (Filum terminale) zu erwähnen, der bis zum Steißbein herabreicht.

Zusammenfassend sei nochmals hervorgehoben, daß die Segmentation des Rückenmarks gegenüber der vollständigen Rhythmogenese der Wirbelsäule zurückbleibt.[7]

Die Gliederung des Rückenmarks

Das Rückenmark zeigt in seiner Grundordnung – von seinem deutlich rhythmogenetischen Aufbau abgesehen – mit dem Gehirn verwandte Organverhältnisse. Dabei ist allerdings die Umkehr der Anordnung der grauen und weißen Nervensubstanz zwischen Gehirn und Rückenmark charakteristisch. Die

* Konus von gr. = κῶνος = Kegel.

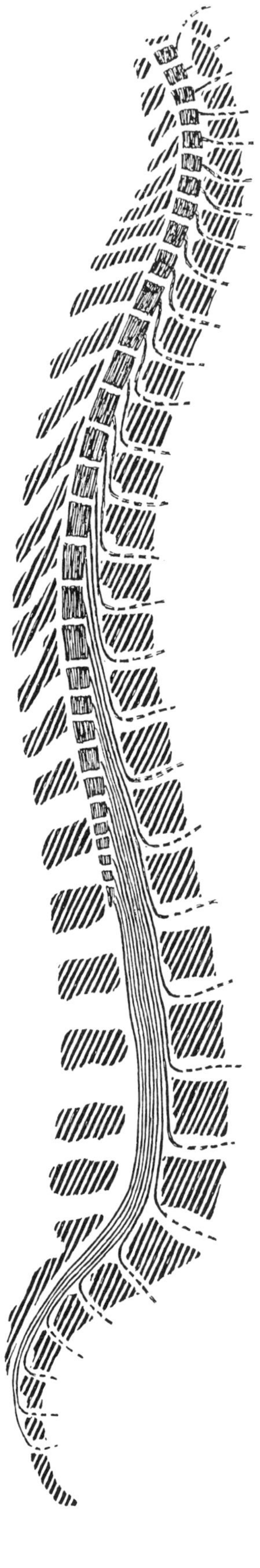

graue Substanz bildet bei den Hirnhemisphären die Rinde, beim Rückenmarksstrang das Mark.

Beiden gemeinsam ist der *zweiseitensymmetrische* Aufbau, der im Querschnitt besonders deutlich hervortritt. Die Zweiseitensymmetrie ist beim Großhirn durch die Fissura interhemisphärica, beim Rückenmark durch den Sulcus medianus dorsalis sowie durch die Fissura mediana ventralis gegeben (vergl. Abb. Nr. 69, 70).[8] Wie beim Großhirn die beiden Hemisphären durch den Balken (Corpus callosum) verbunden sind, so sind die seitensymmetrischen Hälften im Rückenmark durch die Commisura grisea (dorsale Verbindung) und die Commisura ventralis alba verbunden. Zwischen den beiden Kommissuren findet sich der Zentralkanal der Rückenmarkssäule, der mit den Hirnventrikeln verwandt ist, hier jedoch häufig verklebt. Dafür ist der die Rückenmarkssäule begleitende Subarachnoidalraum mit seinem Rükkenmarkswasser (Liquor cerebrospinalis) stark erweitert. Die Rückenmarkshäute entsprechen vollkommen nach Lage und Funktion den Hirnhäuten.

Die periphere Hülle des gesamten Rückenmarks bildet die *Dura mater spinalis*. Diese bildet nicht – wie die Dura mater cerebri – gegen die knöchernen Wirbelelemente Knochenhaut (Endost),

---

Abb. 68: *Die Rückenmarksnerven:* Dreißig symmetrisch angeordnete Paare: acht Halsnerven, zwölf Brustnerven, fünf Lendennerven, fünf Kreuzbeinnerven und ein Steißbeinnerv.
Jeder Spinalnerv entspringt in einer vorderen und hinteren Wurzel, die sich jeweils in einem Spinalganglion miteinander verweben (die Ganglien sind in der Abb. 71 nicht dargestellt; vergleiche Abb. 72).
Vom ersten Lendenwirbel an folgen als Nervenendbildungen der Conus terminalis*, der Cauda equina** und das Filum terminale***.

* Conus terminalis = Endkegel.
** Cauda equina = Pferdeschweif.
*** Filum terminale = Endfaden.

sondern einen epiduralen Spaltraum (Cavum epidurale), in welchem sich zwischen reichen Bindegewebsfasernetzen Lymphspalten und auffallend mächtige, sinusoide Venen befinden.

Der Dura mater nach innen folgend finden wir die *Spinnwebenhaut* (Arachnoidea spinalis), welche den außergewöhnlich weiten Flüssigkeitsraum des Rückenmarkswassers* im Subarachnoidalraum birgt.

Als letztes, drittes Hüllorgan folgt gegen den Rückenmarksstrang die *Pia mater*, mit gleicher Funktion wie die Pia mater cerebri und dem Angebot reicher Lymph- und Blutkapillaren (siehe Abb. 69, S. 177).

Das Nervenmark

Das Nervenmark des Wirbelkanals ist als Teilglied des Nervenorganismus in sich wieder *dreigliedrig* gestaltet. Dorsal der Brücke (Pons) – vergleiche Abb. 62 des Gehirns von der basal-ventralen Fläche aus – findet sich der Kopfpol des Rückenmarks nahe der Pyramidenkreuzung (Decussatio pyramidis), als *Mitte* die Halsschwellung (Intumescentia cervicalis) und als drittes Glied die Lendenschwellung (Intumescentia lumbalis). Diese «Schwellungen», die von vermehrten Nervenfaserbündeln herrühren, zielen auf die nervale Versorgung zum Haupt und zum oberen und unteren Gliedmaßenpaar hin.

In der rythmogenetisch-metameren Rumpfregion wird der Nerveneiweißfluß des Rückenmarks von der Wirbelsäulenanlage aufgenommen und gegliedert[9]. Es sei hier nochmals besonders hervorgehoben, daß das perichordale Mesenchym, aus dem das Sklerotom beziehungsweise die primordiale Wirbelsäulenanlage entstanden ist, auch die rhythmische Segmentation des Rückenmarks bestimmt.

Innere Gliederung des Rückenmarks (Querschnitte)

Den peripheren Teil der Rückenmarks-Nervensubstanz bildet als Markmantel die *weiße Substanz*. Diese besteht hauptsächlich aus markhaltigen Nervenfasern, woher ihre weiße Farbe rührt. Mikroskopische Anatomie und Neurophysiologie haben im Bereich der weißen Substanz auf- und absteigende Nervenfasern als Strangbildungen (Nervensäulen) bezeichnet.

Die innere *graue Substanz*, welche wegen ihrer weniger entwickelten markhaltigen Fasern dunkler (grau) erscheint, vereinigt fast alle nervlich-zellulären Bildeformen des Rückenmarks. Gegen die weiße Substanz ist sie verhältnismäßig scharf abgegrenzt und bildet so in allen Querschnittssegmenten hori-

* Liquor cerebrospinalis, 80–150 ccm.

zontalorientiert – im Gegensatz zu den auf- und absteigenden Säulen der weißen Substanz – horizontal-segmentale Verbindungen zur Leibesperipherie.

Wesentlich ist also, daß die weiße Substanz im Rückenmarksbereich als Marksubstanz der Spinalnerven in die Leibes- und Gliedmaßenperipherie hinauszieht, während die graue Substanz den inneren Rückenmarksnervenstrang bildet. Dieser zeigt in seinen Querschnitten in den Hals-, Brust- und Lendensegmenten in charakteristischen Abwandlungen die typische Schmetterlingsform (siehe Abb. 70, S. 178).

Rückenmark und Rückenmarksnerven als Empfindungsorganismus (der Reflexbogen)

Empfindung – Gefühl und Bewegung (Orientierung nach innen, Orientierung nach außen und deren beiden harmonisierende Ordnung als ichhafte Steigerung der Polarität) machen die Funktionselemente des physisch in der Nervensubstanz verankerten Astralleibes* aus.

Die chordal-rhythmogenetisch geordnete Brust-Rumpf-Organisation vereint mit den symmetrisch ausgesponnenen Neuronen, die sich wie ein Saiteninstrument zwischen dem zusammengeballten (quellwolkenartigen) Gehirn und dem diffus zerstreuten Sympathikus ausspannen, lassen es zu dem Gesamteindruck eines Musikinstrumentes in diesem mittleren Nervenorgan kommen**.

Im gesamten Rückenmarksbereich verlassen Neurite die hinteren und vorderen Säulen (nach den Querschnittsbildern der Abbildung 70 spricht man auch von Vorder- und Hinterhörnern) der grauen Substanz und bilden so die dorsalen und ventralen Nervenwurzeln (Radices), deren Neuronen sich von Rückenmarkssegment zu Rückenmarkssegment noch innerhalb der Wirbel-Intervertebralspalten im jeweiligen *Ganglion spinale* vereinigen, um dann symmetrisch (in den gleichgestuften Zwischenrippenräumen) zur zentral-ventralen Mittellinie des Rumpfes zu ziehen (siehe Abb. 69, S. 177 und Abb. 7, S. 49).

An dieser Stelle dürfen wir nicht weiter gehen, ohne uns noch die besondere Bedeutung der Spinalganglien bewußtzumachen: Die Mannigfaltigkeit verschiedenartiger kommunikativer Nervenorganellen innerhalb der Ganglien legt es uns nahe, diese neben der Nervensäule (Medulla spinalis) und den peripheren Neuronen als ein *drittes, eigenständiges Element der Rückenmarksorganisation* zu würdigen. In diesen Ganglien sind Nervenfasern des Vorder- und Hinterhorns – morphologisch kaum unterscheidbar – zu einem einheitlichen peripheren Neuron verwoben. Wir verdanken also die Einheit des Gefühls in

* Der Ausdruck «astralischer» Leib ist hier morphologisch besonders wesentlich.
** Neuron bedeutet gr. Sehne, Saite.

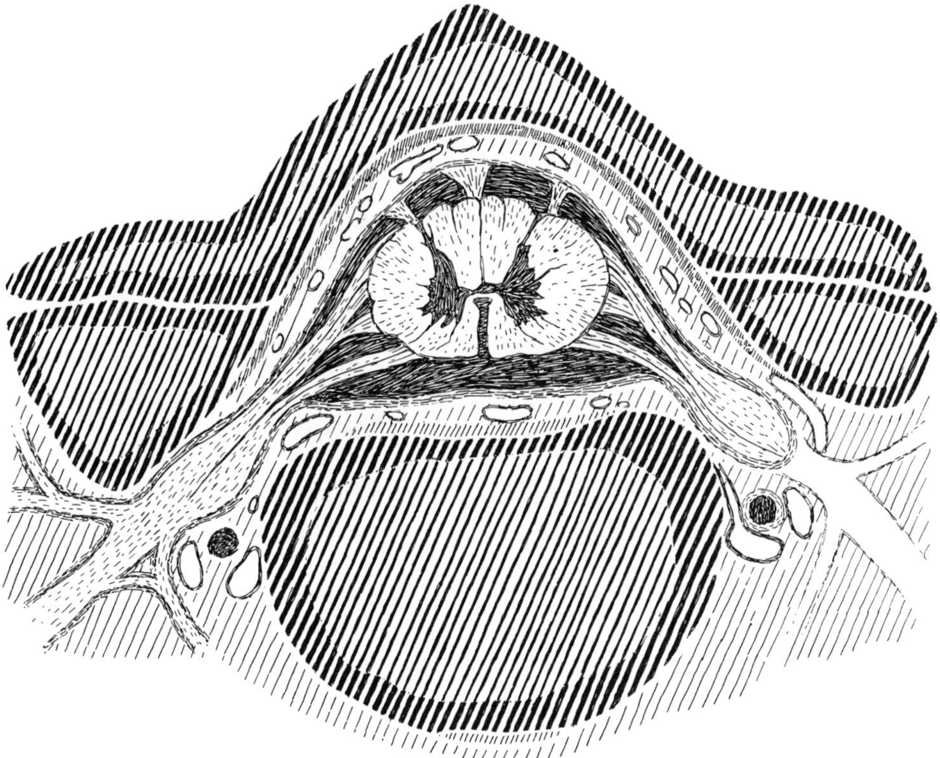

Abb. 69: *Rückenmarksquerschnitt in seinen Hüllen* – Dura-Arachnoidea – Subarachnoidalraum – Venen – Arterien.

Empfindung und Bewegung offenbar der Nervengewebssynthese in diesen Ganglien.

Die Nervensegmente des Rückenmarks (Abbildung 70) wurden bereits im frühen neunzehnten Jahrhundert von den französischen Physiologen Desmoulins und Flourens als «Modell» mechanisch vorgestellter Nervenleitung dargestellt. Hermann Rein charakterisiert die «reflektorische Erregung» der Nervenorganisation nach den «Prinzipien der Schule» in konsequenter Weise folgendermaßen:

«Die einfachste Art einer natürlichen Betätigung von Muskel und Nerv ist die ‹*reflektorische*›: Die Bezeichnung ‹Reflex› rührt daher, daß irgendein Vorgang aus der Umwelt auf den Organismus einwirkt, eine Erregung hervorruft, die auf dem Nervenwege einer Zentralstelle (Reflexzentrum), etwa dem Rükkenmark, zugeleitet wird. Von dort wird sie über einen Nerv an die Peripherie des Körpers zurückgeworfen, um zu irgendwelchen motorischen, sekretorischen oder sonstigen Vorgängen zu führen. Es handelt sich aber dabei keineswegs um eine einfache «Zurückwerfung» eines von außen in den Körper eindringenden energetischen Prozesses. Dieser bedingt vielmehr lediglich als Reiz eine Erregung, die dann auf einer genau vorgeschriebenen nervösen Bahn unter Energieverbrauch in jedem Abschnitt nach ganz bestimmten Eigengesetzmäßigkeiten abläuft. In jedem Augenblick ist der [...] Organismus Einwirkungen mechanischer, optischer, thermischer und anderer Art von der Umwelt her ausgesetzt, die fortlaufend Anlaß zu reflektorischem Geschehen geben. Der überwiegende Anteil der Lebensäußerungen unseres Körpers ist in dieser Weise ‹reflektorisch› bedingt. Auch die ‹Willkürbetätigung› des menschlichen Organismus ist nur zum kleinsten Teil wirkliche ‹Willkür›. Sie wird in wohlgeordneter Form erst möglich durch die Mitwirkung zuordnender und kraftabstufender Reflexe, die dann weniger durch die Umweltkräfte als vielmehr durch die Bewegungen des Körpers oder seiner Teile hervorgerufen werden. Die vorgeschriebene nervöse Bahn des reflektorischen Erregungs-Ablaufes wird als Reflexbogen bezeichnet.» *

* Hermann Rein: Einführung in die Physiologie des Menschen; «Über die reflektorischen Erregungen», S. 338.

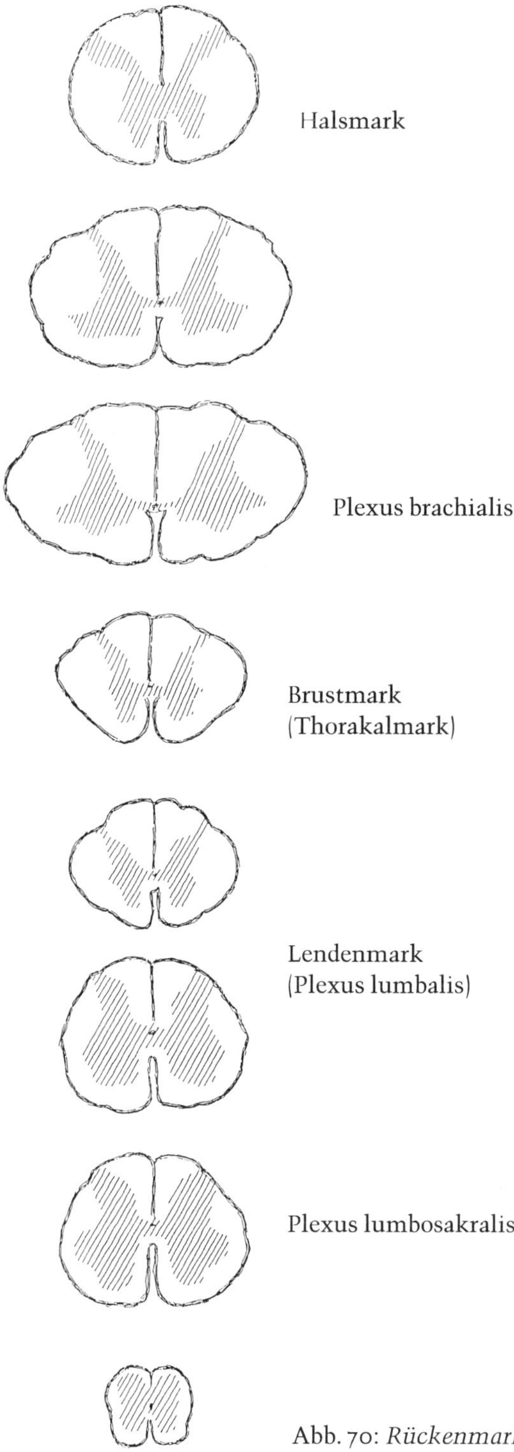

Abb. 70: *Rückenmarksquerschnitte.*

Rückenmarks- und Gehirnnervenbahnen (dargestellt am Beispiel der Pyramidenbahn)

Die im Rückenmark gebündelten Nervenstränge fächern sich im Gehirn in die beiden Hemisphären auf, und enden in den Ganglienschichten der grauen Rinde (siehe Abb. 71, S. 181).

Carl Ludwig Schleich vergleicht diese strahligen Nervenfasern mit Ährenbündeln, die im Rückenmark aufsteigen und ihre «Ähren», die Ganglien, in der Rindenschicht entfalten.

Es ist charakteristisch, daß die Nervenfaserbahnen mit ihren zugehörigen gliösen Umhüllungen im Rückenmark die Außenschicht bilden – dann jedoch, im Bereich des verlängerten Markes (Medulla oblongata) kreuzen und in die innere weiße Substanz des Gehirns herein ziehen. Es soll im folgenden die Verbindung der Nervenbahnen mit dem Gehirn und den Rindenfeldern am Beispiel der Pyramidenbahn zur Betrachtung kommen.

Das Problem der motorischen und sensiblen Nerven

> «Nerven, die motorisch sein sollen, gibt es nicht. Es gibt nur Empfindungsnerven. Die motorischen Nerven sind auch Empfindungsnerven; nur sind sie dazu da, die entsprechende Bewegung in den Muskeln selbst zur Empfindung zu bringen. Es wird gar nicht viel Zeit dazu gehören, so werden die Menschen es einsehen, daß der Muskel allerdings nicht in Bewegung gebracht wird durch Nerven, sondern daß er in Bewegung kommt durch unseren astralischen Leib, und zwar durch das in unserem Astralleib, was in diesem zunächst nicht unmittelbar so wahrgenommen wird, wie es ist. Denn das ist ein Gesetz, daß das, was wirken soll, nicht unmittelbar wahrgenommen wird ... Und daß wir etwas von unseren Muskelbewegungen kennen, dazu haben wir die motorischen Nerven, wie man sie unrichtig nennt. Dies ist jedoch nur eine Art von solchen Wahrheiten, die immer mehr und mehr die Menschen davon überzeugen werden, daß der Mensch wirklich ein geistiges Wesen ist; wirklich eingesponnen ist in die Weltensphärenharmonien, bis in die Muskeln hinein ... Gerade wie der Ton in einer gewissen Beziehung in eine höhere Sphäre herauf kommt, wenn er aus dem musikalischen Ton zum menschlichen gesprochenen Wort wird, so ist es auch im Weltenzusammenhang: Die Sphärenharmonie wird etwas Höheres, wenn sie zum Weltenwort, zum Logos wird ... Und wenn die Menschen ... sich als Geistwesen kennengelernt haben, werden sie nicht mehr an der Phantasterei festhalten, daß die Muskeln durch die motorischen Nerven in Bewegung kommen – sondern sie werden erkennen, daß die Muskeln aus der persönlich gewordenen Sphärenharmonie heraus bewegt werden.»
>
> Rudolf Steiner*

* GA 124; Vortrag vom 7. 3. 1911, S. 162 ff.

Bei der Betrachtung der Rückenmarksnerven haben wir uns mit der konventionell-wissenschaftlichen Annahme *motorischer und sensibler Nerven* auseinanderzusetzen.

Dies Begriffstheorem entstammt der Tendenz, letzlich alle organischen Regungen von zentral-nervalen Impulsen herzuleiten. Durch die Anschauung der Dreigliederung ergibt sich ein entschieden geschlosseneres Bild der vorliegenden Tatbestände:

Das gesamte Nervengeschehen ist morphologisch-funktional (vom Sympathikus abgesehen) kopforientiert und damit *bewußtseinsfunktional* bestimmt.

Im Rückenmarksbereich kann also für die entsprechende nervale Leistung der Funktionsbegriff «Sensitivität» die hier waltenden Gegebenheiten am besten charakterisieren. Dagegen entspringt alle *organische Motilität* ihrer eigenen *willensdynamischen Sphäre*, die dem Bewußtseinspol diametral entgegengesetzt ist. Dieser Sphäre, die den kosmischen Pol unserer Organisation bildet, gehören primär Wachstum und Bewegung, das gesamte generative Geschehen, sowie Ernährung und Stoffwechsel an, also alle jene Organbereiche, die schon tätig sind, ehe es Nerven, geschweige ein den Organismus mit seinen Nervenfasergespinsten durchziehendes Gewebe gibt.

Den Schlüssel zum Verständnis der Funktionsbegriffe für die Nervenorganisation im Hinblick auf *Sensitivität* und *Motorik* der Nerven gab Rudolf Steiner, als er 1917 formulierte:

«Der Leib als Ganzes, nicht bloß die in ihm eingeschlossene Nerventätigkeit, ist physische Grundlage des Seelenlebens. Und wie das letztere für das gewöhnliche Bewußtsein sich umschreiben läßt durch Vorstellen, Fühlen und Wollen, so das leibliche Leben durch *Nerven*tätigkeit, *rhythmisches Geschehen* und *Stoffwechselvorgänge*.»*

Auf dieser Aussage Rudolf Steiners in ihrer Bestimmtheit und Klarheit beruht – es sei mir das persönliche Bekenntnis an dieser Stelle erlaubt –, wie auf einem Grundstein, die Intention und die methodische Bemühung dieses Buches. Bei Rudolf Steiner beinhaltet obige Aussage, wie er im gleichen Zusammenhang sagt, das Ergebnis «einer dreißig Jahre währenden geisteswissenschaftlichen Forschung.» (Vergleiche Einleitung S. 18 ff.) Mit dieser Zeitangabe hat er auf die Periode seiner intensivsten Goethestudien, auf seine Arbeit an der großen Weimarer Sophienausgabe hingewiesen. Rudolf Steiners Menschenkunde steht in Übereinstimmung mit Goethes Morphologie, die auf der Wahrnehmung der Einheit von Leib, Seele und Geist beruht und in ihren Ergebnissen die dreigliedrige Lebensdynamik durchschimmern läßt. Der Anlaß zu dieser geistesgeschichtlichen Tat war für Rudolf Steiner die Auseinandersetzung mit der immer mehr um sich greifenden materialistischen Ideologie der zeitgenössischen Physiologie, Psychologie und Philosophie, deren Gemeinsamkeit darin

* Von Seelenrätseln, S. 243 ff.

bestand, alle Lebensphänomene wie das gesamte Seelenleben an das Nervensystem anzubinden. Bei dem hier vorausgesetzten *zerebralen Zentralismus* mußten die rhythmischen und willensdynamischen Organbereiche zu bloßen Anhängseln des Nervenmechanismus werden. Einseitige Intellektualität begründete sich «wissenschaftlich» immer fester, während gleichzeitig die Qualitäten des Gefühls- und Willensbereichs abgewertet wurden.

Im Sinne der *Dreigliederung* ist das Gefühlsleben mit den rhythmischen Organfunktionen der Mitte verbunden, ebenso wie dasjenige, was wir *Wille* nennen, mit bewegungsdynamischen, organaufbauenden und ernährenden Bildekräften identisch ist. Diese Organbereiche sind nicht Folgeorgane der Nerventätigkeit, sondern bilden die Grundlage späterer nervaler Differenzierungen, welche erst nachträglich formende, steuernde und vielfach geradezu hemmende Funktionen dem Primärorganismus entgegenstellen.

Das Nervensystem bildet für die Rhythmus- und Gefühlsorganisation, wie für die Impulse der Organe der Willenskräftedynamik, das umfassende Sensorium. In diesem Sinne sind die sogenannten «motorischen Nerven» nicht Bewegung schaffende, sondern Bewegung wahrnehmende und ordnende, ja sogar vielfach hemmende «Empfindungs- und Bewußtseinsorgane».

Die von der Nervenphysiologie verwendeten Begriffe sind von vornherein aus mechanischen Vorstellungen hervorgegangen. Immer wieder begegnen uns

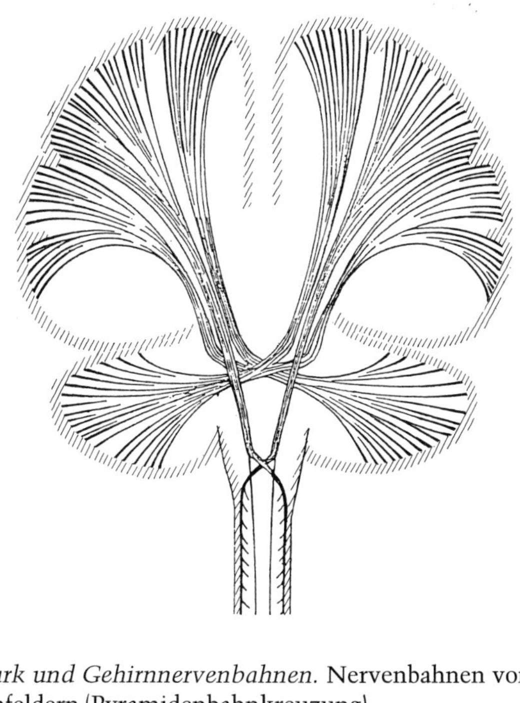

Abb. 71: *Rückenmark und Gehirnnervenbahnen.* Nervenbahnen vom Rückenmark zu den Großhirnrindenfeldern (Pyramidenbahnkreuzung).

technomorphe Begriffstheoreme wie Nervenleitung, Reflexbogen, Motorik, Bioelektrizität, biochemische Kettenreaktion und so weiter. Aber wie sollte man aus unserem Gegenwartsbewußtsein zu einer neuen Anschauungsmethodik gelangen können?

Hier setzt die morphologische Betrachtung Rudolf Steiners im Hinblick auf die Gesamtdreigliederung des Menschen an Fragen der Neurophysiologie ein. An Stelle des «motorisch-sensiblen Reflexbogentheorems», welches die Neurophysiologie für das Wesen der Nervenfunktion hält, setzt Rudolf Steiner die Anschauung der Dreigliederung.

Die hier fällige Diskussion soll durch das wissenschaftlich verantwortliche Votum Viktor von Weizsäckers vertieft werden:

«... Das Bedürfnis, den Erscheinungen des Lebens ein materielles Geschehen zu unterlegen, wird zunächst befriedigt durch die Vorstellung von einem Erregungsvorgang, der sich in der nervösen Substanz fortbewegt. Der Weg dieser Ausbreitung auf bestimmten Bahnen liefert das einfachste und klarste Bild; die Erregung läuft zentripedal und von dort reflektiert wieder zentrifugal zum Muskel (vergl. Abb. 72, S. 183).

Aber die Mannigfaltigkeit der Tatsachen und ihrer Bedingungen zwingt bald, dieses allzu einfache Bild zu ergänzen. Der Vorgang im Zentrum selbst muß doch komplizierter angenommen werden und wird so bald zur Hauptsache. Aber der Erfolg der reinen Reflexlehre bleibt auch bei dieser Komplizierung unentrinnbar: *Das Individuum war zerschlagen in dem Augenblick, als Flourens die periphere Excitabilität, als man den Rückenmarksreflex als selbständiges Element eingeführt hatte. Der Bruch mit dem naturphilosophischen Lebensbegriff war vollzogen ...*»* Weizsäcker deckt die hier vorliegende «wissenschaftliche» Problematik an einem noch entscheidenderen Punkte auf:

«Der Zwang, den der historisch so spät entstandene Dualismus von sensorisch afferenten und motorisch efferenten Funktionssystemen ausübte, war stark, so daß man damals überhaupt nur so experimentierte, als gälte es, entweder das eine oder das andere zu untersuchen. So gab es nur eine Sinnesphysiologie bei (äußerem) Reiz, aber keinerlei bei *Selbstbewegung* und es gab eine Bewegungsphysiologie bei Reflexen, aber keine bei willkürlichem Antrieb.»

Nach diesen Feststellungen kommt Weizsäcker zu seinem Ergebnis: «*daß eine Einteilung in motorische und sensorische Störungszustände unterbleibt,* da wir die Leistungen nur als Verschränkung dieser beiden Funktionsarten auffassen können».

Weizsäcker gibt in diesem Zusammenhang ein treffliches Beispiel, durch das er sich als *Morphologe* ausweist:

* Der Gestaltkreis, S. 141 ff.

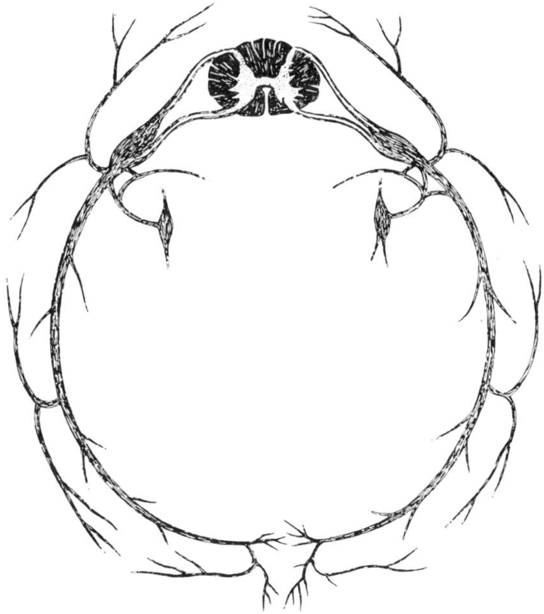

Abb. 72: *Brustsegment des Rückenmarks mit «Reflexbogen»* (nach Rauber-Kopsch).

«Beobachten wir, wie ein Tastorgan, die Hand, zugleich Fühler und Greifer, sich dem Gegenstand anschmiegt und gleichzeitig denselben hin und her bewegt, als wüßte sie schon das, was sie erst ertasten will, so ist es auch so, daß man nicht weiß, ob zuerst die Empfindung war, welche die Bewegung leitet, oder ob zuerst die Bewegung es ist, von der das ‹hier› und ‹jetzt› jeder zukommenden Empfindung bestimmt wird. Denn die Bewegung schafft wie ein bildender Künstler den Gegenstand nach, und die Empfindung empfängt ihn wie das hingebende Gefühl.*

So weit Viktor von Weizsäcker in seinem «Gestaltkreis», dessen Forschungsanliegen in einer Sinnesanthropologie weitergeführt werden müßten. Die abstrakt objektivistische Wissenschaftlichkeit droht mehr und mehr, wie es im Zitat heißt, *Zerstörung der Individualität* zu bewirken. Diese Erkenntnis, grundsätzlicher und allgemeiner formuliert, lautet: Zerstörung des Menschenbildes durch den wissenschaftlichen Zeitgeist. Das Understatement des einseitig wissenschaftlichen Positivismus, als welchen wir die herrschende Objektgebundenheit der Methode auch charakterisieren können, opfert Zug um Zug We-

* Der Gestaltkreis, S. 141.

senszusammenhänge des menschlichen Lebens dem nur noch ökonomischen Fortschrittskalkül der technischen Zivilisation.

Wann setzte diese Entwicklung ein? Als ideologische Tendenz verbreitet sie sich in der nachkartesianischen Wissenschaftslehre (Subjekt-Objekt-Spaltung) innerhalb der westeuropäischen Aufklärung im achtzehnten Jahrhundert, um dann in der Epoche nach Goethes Tod, besonders mit Beginn der vierziger Jahre des neunzehnten Jahrhunderts, in Mitteleuropa Fuß zu fassen. Als Schrittmacher dieser einseitigen Entwicklung seien hier nur die Schüler des Berliner Physiologen Johannes Müller (1801–1851) erwähnt, der diese Entwicklung durch sein Wirken für lange Zeit festgelegt hat.

Als Kronzeuge für die ganze Schule sei an dieser Stelle Du Bois-Raymond mit einer charakteristischen Briefäußerung zitiert:

«Brücke und ich, wir haben uns verschworen, die Wahrheit geltend zu machen, daß im Organismus keine anderen Kräfte wirksam sind als die genauen physikalisch-chemischen».*

Die autonome Nervenorganisation (der Sympathikus)

Polarität des zentralen und des peripheren Nervensystems

Zwischen dem zentralen (zerebro spinalen) Nervensystem und dem peripheren (sympathischen) Nervensystem besteht eine entschiedene Polarität. Ist das Zentralnervensystem streng symmetrisch angelegt, so zeichnet sich das sympathische durch Asymmetrie seiner Ganglien und Netzgeflechte aus (nur der doppelt-angelegte Grenzstrang nähert sich der zentralen Rückenmarkssymmetrie). Ist das Zentralnervensystem im Rückenmark und im Gehirn zusammengefaßt, so charakterisiert sich das sympathische System durch seine geradezu äußerste Peripherieausdehnung. Die sympathischen Nervenfasern verbreiten sich über den ganzen Organismus, indem sie den Rückenmarksnerven folgen oder sich Gefäßen anschließen oder die Organe mit eigenen Netzen durchziehen.

Das Zentralnervensystem dient weitgehend dem Bewußtsein, das sympathische System dagegen den organisch-vegetativen im Blut und Säfteleben wirkenden Prozessen. Auch hier waltet aber «Bewußtsein», wenn auch ein andersgeartetes, tieferes, das «Bewußtsein des Lebenssinns», das sich im Organgefühl bei Gesundheit und Krankheit äußert. Das «Mitgefühl» der Organe untereinander beruht auf diffus überfließender Sympathie, die universell den ganzen Orga-

* Jugendbriefe, Mai 1842, S. 108.

nismus durchzieht. Während im Zentralnervenbereich eine Verletzung die Funktion meistens aufhebt, stellt sich im Sympathikusbereich nach chirurgischer Entfernung ganzer Nervennetze nach einiger Zeit die Funktion wieder her.[9] Nachdem wir im Gehirn – eingebettet in das weiche Glia-Gewebe – die konzentriert kernhaften *Pyramiden-* und *Astroid-Zellbildungen* als vorwiegend *raumorientierte* und selbst räumlich funktionale Elemente der Nervenorganisation betrachtet haben, finden wir zu dieser Organisation polar einen *zeitorientierten Nervenorganismus*, der – so wie jener zentral – geradezu extrem *peripherisch* angelegt ist. Wieder bestätigt sich das Ordnungsgeschehen der Dreigliedrigkeit, wobei die vorliegende Polarität zwischen dem «raumnervlichen Zentralorganismus» des Gehirns und dem diffus-peripherischen «Zeit-Nervenorganismus» im konsequent durchrhythmisierten Rückenmark raumzeitlich, zeit-räumlich gesteigert erscheint.

So eindeutig die Gehirnorganisation in ihrer *Bilateral-Symmetrie* vom physisch-astralen Organprozeß bestimmt ist, so entschieden «vegetativ» erscheinen die sympathischen Nervennetze, deren «Zeitleib» wie bei allen ätherisch veranlagten Organen in einem *asymmetrisch* unbestimmten Erscheinungsbild, in einem anatomisch kaum faßbaren Zusammenhang vorliegt.[9]

Im Hinblick auf die frühembryonale Mesenchym-Organisation hatten wir Veranlassung, von einem diffusen ultravisiblen Nervengeschehen (Blastem) zu sprechen, das in den Frühstadien den gesamtorganisch protoplasmatischen Werdeprozeß durchdringt, lange bevor räumlich-örtlich bestimmte Nervenorgane zur Bildung gelangen (Hensel). Die universelle Potenz *dieser* empfindlichen Wirksamkeit muß aller Nervenorganisation, die wir als autonom bezeichnen, zugrunde liegen. Damit ist *die erste Entwicklungsstufe* des sympathisch-autonomen Nervenorganismus angedeutet.

Die zweite, eigentliche Manifeststationsstufe des Sympathikus, die ebenfalls in ihrer Gestaltsignatur viel Ähnlichkeit mit den diffusen Lymphnetzen hat, findet sich als «Begleitorganisation» (Starck) im Mesenchym der Blutgefäße(!). Diese Erscheinung sympathischer Netzgewebe ist vor allem im *Mesenchym* der herznahen Aortenumgebung zu finden, wobei diese Nervennetze und das Mesenchym der Aortenumgebung schwer voneinander zu unterscheiden sind. Es ist auch an die diffuse Verbreitung des Sonnengeflechtes zu denken.

Die Sympathikus-Entwicklung vollzieht sich also unmittelbar aus dem Mesenchym, aus dem auch das Blutgefäßsystem hervorgegangen ist (Mesenchyma in loco)!

Die dritte Stufe der Entwicklung des autonomen Nervensystems ist in ihrer Anlage in der Hauptesregion gegeben, und zwar bei der Gehirnentwicklung im Bereich der Neuralleiste*. Hier bilden sich die ersten Wurzeln und Fasern

* Vgl. Starck, «Vegetatives Nervensystem» in «Embryologie» a. a. O., S. 411.

des *Parasympathicus* und des *Nervus Vagus** . Im Bereich der Neuralleiste und der Sinnesorganplakoden haben wir es mit Umwandlungsvorgängen zu tun, die mit frühen Mesenchym-Prozessen verwandt sind. Bei der Darstellung der Sinnesorgane werden wir sehen, wie zu ihrer Bildung Ektoderm teilweise aufgelöst und in Mesenchym zurückverwandelt wird. Es ist anzunehmen, daß auch bei der Bildung des Parasympathikus eine «Remesenchymalisierung» neural-ektodermalen Gewebes am Anfang steht. Das autonome Nervensystem (Sympathikus und Parasympathikus) erweist sich als ein selbständig geschlossener Organismus, der die kosmisch-zeitätherischen Prozesse in unsere Leiblichkeit hereinführt und in die verschiedenen Organbereiche von Stufe zu Stufe bis in die Bewußtseinsorganisation heraufführt.

Zwischen dem autonomen Nervenorganismus und dem Zentralnervensystem (Gehirn und Rückenmark einschließlich der großen Nervenbahnen) besteht eine bereits angedeutete Polarität. Sind die Zentralnerven streng symmetrisch angelegt, so zeichnet sich die sympathisch-parasympathische Nervenorganisation durch die weitgehende Asymmetrie ihrer Netzgeflechte und Gangliennetze aus. Nur der *sympathische Grenzstrang* (vergleiche Abbildung 62) zeigt seine quasi symmetrische Gestaltung, durch die er sich links und rechts der Wirbelsäule an die hier gegebene rhythmogenetische Nervenordnung anpaßt, der die Spinalnerven folgen.

Gegenüber der Gestalteinheit von Gehirn und Rückenmark ist der Sympathikus durch seine fast grenzenlose Ausdehnung charakterisiert. In allen Organen der Ernährung und des Stoffwechsels ist er in antagonistischem Funktionswechsel mit dem Parasympathikus wirksam. Im Gegensatz zu den *formenden* und *hemmenden Funktionen* der zentralen Nerven regt er durch seine neurovegetative Mischung mit dem Hormongeschehen periodische, aber immer wieder auch spontane *Kräfte-Inkarnationen* an. Dies ist besonders im Nebennierenrinden- und Markbereich zu beobachten, welcher mit dem Sympathikus genetisch verwandt ist. Hierher gehört auch die Funktions- und Gestaltähnlichkeit der sympathischen Netze mit den Muskelfibrillen der vegetativen Organe (glatte Muskulatur), durch deren Wechselverhältnis der Tonus dieser Organe gehalten, gesteigert oder gelöst wird. Glatte Muskulatur und Blutgefäßnetze werden ja überall von Sympathikusnetzen begleitet. Daher können wir sagen, daß wir es mit einer allgegenwärtigen vegetativ-autonomen Impulsation zu tun haben.

* Entwicklung des Parasympathikus, Starck, a. a. O., S. 412.

Die Bedeutung der Sympathikusorganisation für Lebens- und Schicksalsgestaltung

Während das sympathische System sich im tiefen Organleben dem Bewußtsein des «oberen» Menschen weitgehend entzieht, wirkt es doch wesenhaft in das Seelenleben herein. In der Freude beschleunigt es den Puls und die Blutbewegung, im Erröten türmt es einen Schutzwall auf usw. Im Augenblick höchster Gefahr, in dem furchtsames Denken den Willen lähmen würde, weckt es ein bewußtlos «höher bewußtes» Handeln, das wir ein Handeln aus Geistesgegenwart nennen können, an dem unser Alltagsbewußtsein keinen Anteil hat. Dem abgeschlossenen Gehirn steht im sympathischen System ein «Ganglienhimmel» vorwiegend der unteren Leibesorganisation entgegen. Beachten wir die intuitiv bedeutsam gewählten Namen: «Sympathie» bedeutet Mitgefühl, Mitfreude, Mitleid. In der Mitte steht das Sonnengeflecht (plexus solaris), über ihm das «gestirnte» Ganglion (Ganglion stellatum), in der Leibeshöhle das Ganglion coeliacum (coelum = Himmel), denn die Leibeshöhle ist ein «Himmel», eine kosmische Enklave. Der Sympathie des Systems, die eine kosmisch-geistige Gesamtfunktion ermöglicht, steht die Antipathiekraft des Großhirnbewußtseins gegenüber. Greifen seine Formkräfte zu tief herab in die Leiblichkeit, dann wird das Leben verdrängt. Der Puls wird verlangsamt, der Atem krampfhaft, der Stoffwechsel wird flüchtig. Aber diese Formkräfte vermögen dabei auch das Übermaß der von unten auflodernden sympathischen Kräfte zu zügeln und zu beruhigen und so einer höheren Ökonomie, die über diesen Polaritäten steht, zu dienen[10].

Was bedeutet die Sympathikusorganisation für die organisch-leibliche und geistige Organisation als Einheit?

Gegenüber der zentralen Nervenorganisation bildet sie ihrerseits eine Dreieinheit mit dem (fast) vororganisch-urprotoplasmatischen *Nervenplastem* als ihrem kosmischen Pol und dem Parasympathikus als dem physisch-zentralorientierten irdischen Pol. Zwischen diesen beiden «Brennpunkten der Ellipse» dehnt sich in übergreifender und steigender Wirksamkeit der Sympathikus aus.

Um eine konkrete Übersicht über die autonom-nervalen Organwirkungen zu erhalten, seien hier zusammenfassend die sympathisch-parasympathischen Ereignisse im Gesamtorganismus einander gegenübergestellt:

1. Sympathikus-Beziehungen zur *rhythmischen Mitte* (sympathischer Grenzstrang in Höhe des ersten bis vierten Thorakalsegmentes): Beschleunigung der Herztätigkeit, Erweiterung der Kranzgefäße, Erweiterung der Lungengefäße bei Dehnung der Bronchialmuskulatur, Vertiefung der Atmung.

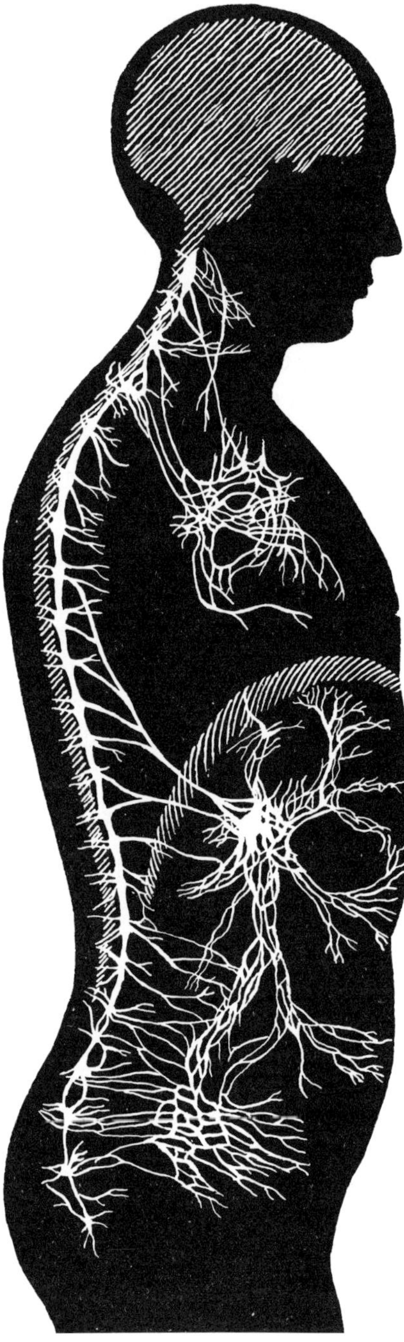

2. Vom Halssympathikus aus (Ganglion cervicale craniale, Ganglion stellatum*) eröffnen sich Beziehungen zu den Blutgefäßen des Kopfgebietes (Arteria Carotis interna), denen er in die Tiefen des Gehirns folgt, um zuletzt die Augenorgane zu erreichen: Erweiterung der Lidspalten, der Pupillen, Intensivierung aller Blickmomente bis zum Exophthalmus**, Glanzauge.
3. Die intensivsten Sympathikuswirkungen breiten sich über den Grenzstrang dieser Region im Bauchraum als Nervi Splanchnici (Eingeweidenerven) über die ganze Region ernährender Organe im Sinne sich inkarnierender Ätherkräfte aus. Hier finden sich vor allem die genannten Gangliennetze wie der *Plexus solaris**** in der Tiefe des Zwerchfellgewölbes, dem Magen und dem Zwölffingerdarm zugewendet; das ausgedehnte Ganglion coeliacum****, dessen Netze die gesamte Eingeweidehöhle umfassen und zuletzt die sympathischen Netze der Generationsorganisation bilden, durch welche die kosmischen Inkarnationsimpulse und vor allem der Geburts-

* Stella, lat. = Stern; stellatum = sternförmig.
** Exophthalmus = Hervortreten des Augapfels.
*** Plexus solaris, lat. = Sonnengeflecht.
**** Coelum lat. = Himmelsgewölbe.

Abb. 73: *Der sympathische Nervenorganismus.* Ganglion cervicale (stellatum) – Plexus solaris – Ganglion coeliacum – Ganglion mesentericum. Siehe Text.

prozeß eingeleitet werden (Frankenhäusersches Ganglion). Darüber hinaus ist zu erwähnen, daß die glatte Muskulatur aller ernährenden Organe und das gesamte innersekretorische Geschehen aufs engste mit dem Sympathikus verbunden, ja vielfach geradezu mit ihm identisch sind.[11]

Pathos und Schicksal

Für unser Gefühl quellen die Sympathie-Empfindungen unmittelbar aus dem urmütterlich-nächtlichen Bereich, in dem auch unser Traum- und Intuitionsvermögen wurzelt. Wo Novalis in seinen «Fragmenten» die Sympathiesphäre berührt, spricht er vom *magischen Willen.** Wir erleben die produktiven Impulse zu allem Wirken und Handeln, die unmittelbar in die Schicksalsgestaltung eingreifen. Hier baut sich das ewig kindhafte Lebensvertrauen auf, aus dem alle Zuwendung, Dankbarkeit und Freude entspringt: Bewegung, Tanz, Gesang, Poesie. Aus diesem Quell strömen die tiefsten Gefühlsqualitäten der Begeisterung, des Enthusiasmus. Pathema** ist der Urerlebnisbegriff für das, was sich tief im Menschen ereignet, Sympathie ist die schöpferische Kraft im Lebenszusammenhang. Oft fürchtet sich der Mensch vor den Sympathieereignissen: «Werde ich die Kraft haben, sie zu bestehen?» Genialität ist eine «Gnade von oben» (Goethe), sie ist nicht nur Freude, oft ist sie tiefes Leid. Häufig folgt dem Zustand der Seinsüberhöhung eine Verfinsterung, ein Absturz. Dieses Menschheitsschicksal ist in großen Kunstwerken oft geschildert worden (Euphorion). Der ärztlichen Erfahrung ist die parasympathische Lähmung oder gar der Absturz in die Depression keine Seltenheit. Oft ist aber ein Schock heilsam. Wenn chronische Krankeiten durch eine Erschütterung vorübergehend oder sogar für lange Zeit geheilt wurden, so geschah dies, weil tiefste vorgeburtlich existentielle Kräfte einströmen konnten und sich, wie bei einem «Damaskusereignis», eine «Neugeburt» vollzog. Es wäre fruchtbar, den mit der Nervenorganisation verbundenen geisteswissenschaftlichen und psychologischen Begriff *Sympathie-Sympathikus**** in Verbindung mit der Physiologie einmal genauer zu untersuchen. Dies würde jedoch unsere Aufgabe, die hauptsächlich auf die Morphologie der Organisation gerichtet ist, übersteigen. Dieser Begriff verlangt wegen seines bedeutsamen Gehaltes jedoch die Schilderung einiger physiologischer Grenzzustände. Der Name «Sympathikus» deutet auf Zuständigkeiten eines Wirkens, das dem zum Tagesbewußtsein hin orientierten zentralen Nervengeschehen vollkommen entgegengesetzt ist. Dieser Gegensatz

* a. a. O. Fragment Nr. ... 2264.

** Pathema gr. = πάθημα = «Ereignis». Vgl. Viktor von Weizsäcker: Pathosopie, Göttingen 1956, S. 110.

*** Sympathie = Mitleid, Mitgefühl, gr. = συμπαθία (Pathos = Leid).

drückt sich schon in der Namengebung für die sympathischen Ganglien und Nervennetze aus:

Ganglion stellatum
Plexus solaris
Ganglion coeliacum
Plexus splanchnicus

Die universell peripherische Bedeutung des Sympathikus gegenüber dem zentralen Nervenorganismus* wird uns zum Beispiel durch die Beachtung der Tatsache einleuchtend, daß seine Geflechte – wie geschildert – das gesamte Gefäßsystem, einschließlich des Herzens, beeinflussen (Hyrtl).

Damit wird in den Organprozessen jenes Grundbehagen bewirkt, welches das Gefühl einer allverbindenden Sympathie erweckt. Mit dem Sympathikus erleben wir, daß peripher-kosmische Kräfte inkarnierend in unsere elementare Existenz einströmen, ohne daß wir uns dieses Einströmens voll bewußt werden.

Bewußtsein

«... Ja, wenn wir unser Gehirn und den Zusammenhang desselben mit dem Uranus und die tausendfältigen einander durchkreuzenden Fäden kennten, worauf der Gedanke hin und her läuft! So aber werden wir der Gedankenblitze immer dann erst inne, wenn sie einschlagen. Wir kennen nur Ganglien, Gehirnknoten; vom Wesen des Gehirns selbst wissen wir soviel als gar nichts.» Goethe**

Wo entsteht denn Bewußtsein?[12]

In der äußersten Grenze der Nervensubstanz des Großhirns, in inniger Berührung mit der blutgefäßführenden, ernährenden Hülle der Pia, entsteht Bewußtsein, und zwar Bewußtsein in einem allumfassenden Sinn, für alle Dimensionen der Welt. *Denken ist der Bewußtseinspol aller «Geistestätigkeit».* Im Wahrnehmen der Sinne ist unser Gefühls- und Willensleben wirksam. Gefühl ist traumhaft, der *Wille unbewußt.* Die Ichtätigkeit bildet eine höhere, umfassende Instanz unserer geistigen Natur. Sie steht über den Polen, ist in sich selbst *subjektiv* – objektiv zugleich.***

* Wir nehmen den Begriff «Parasympathikus» als Unterbegriff des sympathischen – autonomen – Nervensystems als Ganzheit.

** Gespräche (Artemis) Bd. 22, S. 679.

*** Vgl. unsere Kap. «Erkenntnis der Morphologie» und «Die Sinnesorganisation».

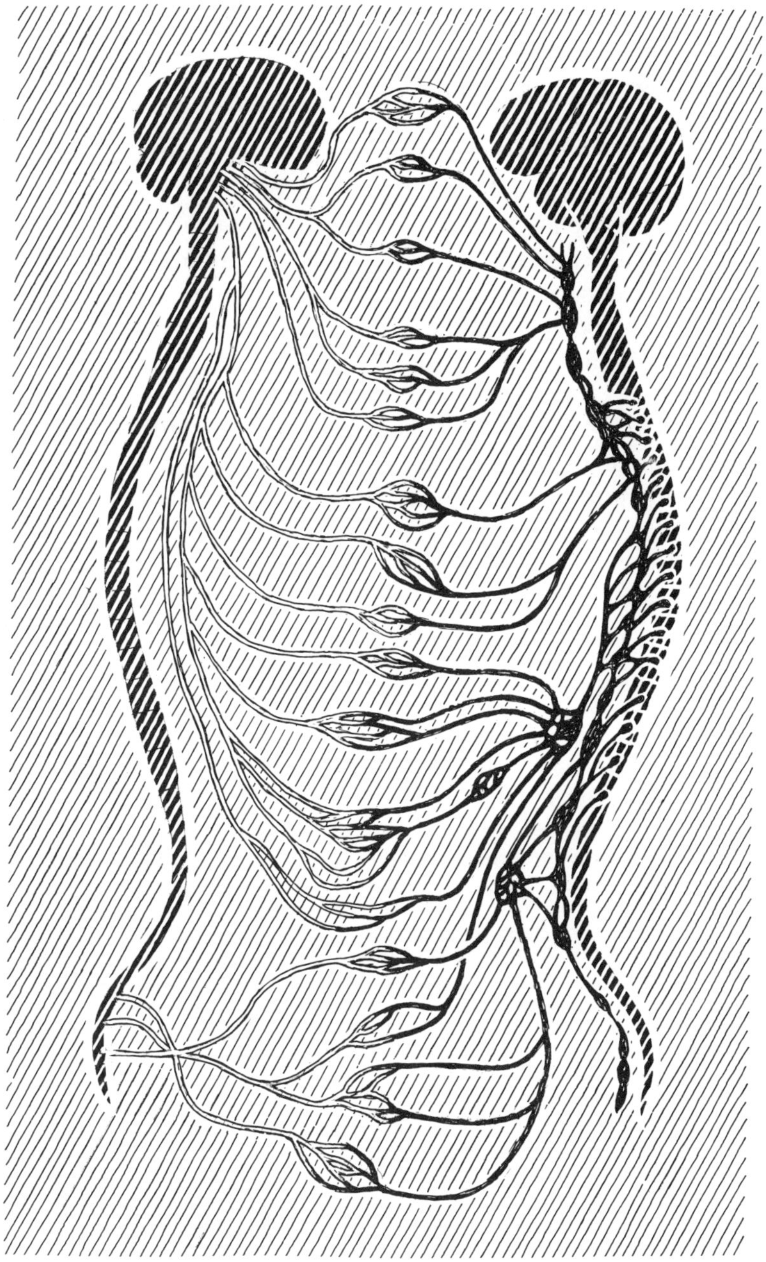

Abb. 74: *Das peripherisch-autonome Nervensystem* (Sympathikus rechts, Parasympathikus links dargestellt). Von unten die sympathisch-parasympathischen Synapsen im Bereich der Generationsorgane. In der Mitte unten die Synapsen der Ernährungsorgane und der Rhythmischen Organisation. In der Kopf-Hals-Region die Synapsen der Sinnes-Atmungs-Organe und der Sprachbewegungsorgane der Mund- und Kehlkopfregion.

Sie ist in ihrer Intention frei, ist Bewußtsein des Bewußtseins für Wahrnehmung und Denken der Wahrnehmung. Wahrnehmung und Denken sind vom *Ich* her austauschbare Funktionen. Gedanken werden wahrgenommen, Wahrnehmungen gedacht. In ihrer Ichlichkeit liegt beider Vollkommenheit (reines Wahrnehmen, reines Denken). Angesichts des «Nervenbewußtseins» erhebt sich vor uns die Frage, wie sich im Gehirnrindengrenzbereich das sich hier entfaltende geistig-sinnliche, sinnlich-geistige Bewußtseinserleben funktional-morphologisch manifestiert. Hier ist es von höchstem Interesse zu erforschen, welche ätherischen Emanationen* mit der sukzessiven Pyramidenzellverdichtung und dem Freiwerden des Liquor cerebrospinalis zusammenhängen.

Es muß der Versuch gewagt werden, die Grenzen morphologischer Erfaßbarkeit zu erweitern und zu einer immer höheren Erlebnisfähigkeit im organischen Bereich vorzudringen. So nähern wir uns mit Hilfe der Morphologie neuen Erkenntnismöglichkeiten. Hat doch Goethe diese schon vollbewußt als Einheit sinnlicher und geistiger Phänomenalität verstanden.

Die Sinnesorganisation

> Wir verstehen unter Sinn nicht bloß die äußeren Sinne, die Vermittler der Außenwelt, sondern überhaupt alle leiblichen und geistigen Organe, die der Wahrnehmung der unmittelbaren Tatsachen dienen. Es ist ja eine in der Psychologie ganz gebräuchliche Benennung: innerer Sinn für das Wahrnehmungsvermögen der inneren Erlebnisse.
>
> Rudolf Steiner**

Für die Darstellung der Sinnesorganisation des Menschen haben wir viel gewonnen, wenn wir ihre *Mittestellung* zwischen der Haut (die den Organismus als Ganzes nach außen abschließt – ihn nur in Teilsinnesfunktionen mit der Umwelt verbindet) und der Nervenorganisation (die in ihren zentralen Organen Gehirn und Rückenmark die große *Innenkoordination* und das *Innensein* als seelisch-geistigem Bereich trägt und ordnet) beachten.

Umfassendes Außensein und vertieftes Innensein wird überhöht durch ein umfassendes *Rhythmisches*, das in geradezu universeller Weise Seinsqualitäten des Weltganzen in sich hereinnimmt, innerlich verwandelt und dann produktiv gestaltend in den Umkreis unserer Welt wieder hinausträgt. Dieses Rhythmische *zwischen Innen und Außen* leisten uns die Sinne.

* Emanation = Ausfluß von lt. emanare = Ausfließen – Geschehnis.

** Grundlinien einer Erkenntnistheorie der Goetheschen Weltanschauung: Die Erfahrung, Abschnitt 7.

Die Sinnesorganisation im dreigliedrigen Gesamtorganismus

Das Geistige, das nicht durch die Sinne gegangen ist, ist nichtig.
Leonardo da Vinci

Als Rudolf Steiner 1917 in seinem Buche «Von Seelenrätseln» zum erstenmal mit seiner Darstellung der Gesamtdreigliederung – der bedeutsamsten Entdekkung seit der Begründung der Morphologie durch Goethe und dessen Darstellung der Metamorphose als Evolutionsprinzip – an die Öffentlichkeit trat, faßte er die neu darzustellende menschliche Organisationsgliederung in den drei Polarbegriffen

«Sinnes-Nerven-System»,
«rhythmisches (Atmungs-, Herz-, Kreislauf-)System»
und
«Stoffwechsel-Gliedmaßen-System»

– also in *drei mal zwei* zueinander polaren Gliedern zusammen. In Weiterführung der von Rudolf Steiner gestellten Aufgabe, die Dreigliederungsmorphologie auszuarbeiten, wurde in der zweiten Auflage dieses Buches* in dem Kapitel «Der dreigliedrige Bewegungsorganismus» die Gesamtmorphologie der menschlichen Gestalt in *drei mal drei* Funktionseinheiten dargestellt.

Nun haben wir es unternommen – in gleicher Richtung fortschreitend –, die Dreigliederung der ektodermalen Leiblichkeit in diesem vorliegenden IV. Hauptkapitel über die Haut, über den Nervenorganismus und über das Sinnesleben in der auch hier waltenden morphologischen Ordnung darzustellen. Rudolf Steiner spricht im Hinblick auf die Entstehung der Sinne von «*Sinnesgolfen*», von ätherisch-astralen Organbildungen, die geeignet sind, kosmische Ätherelemente aufzunehmen und gewissermaßen zu inkorporieren. In den Frühphasen der organischen Entwicklung zeigen sich die Sinnesorgane bei besonders intensiver Funktion von universeller Organität. Wir erinnern uns an die strahlenden Augen der Kinder oder an die ursprüngliche Intensität von Geschmack und Geruch, an die Bedeutung des Tastsinns und vor allem an das geradezu kosmisch zu nennende Feingefühl des Gehörs in unserer Kindheit.

Um dies alles zu charakterisieren, sagt Rudolf Steiner in seiner Menschenkunde: *das Kind sei* während seiner ersten sieben Lebensjahre *ganz Sinnesorgan*. Der Inkarnationswille der embryonalen und frühkindlichen Entwicklung ist durch den Einzug kosmischer Ätherkräfte getragen. Hierzu stellt die Gesamt-Sinneswesenheit die *rhythmische Mitte* dar. Ja wir können

* Der dreigliedrige Mensch, 2. Auflage 1979, S. 260 ff.

sie geradezu als eine dynamische *Neuinstitution* frühester *embryonaler Entwicklungsphasen* bezeichnen. Stellt nicht schon der Grafsche Follikel im Ovarium und das Ei bis zu seiner Einnistung im Uterusgewebe und dann vor allem der Zytotrophaloblast jenseits des Morulastadiums den Idealtypus eines Sinnesorgans dar? Es ist die *Organkonstitution* der Sinne in ihrer Innen-Außen-Rhythmik, zu immer neuen Wahrnehmungs- und Seinserlebnissen zu streben. Hier liegt eine Organintentionalität vor, die weit über die spezifische «Sinnesrezeptivität» und «Reaktibilität» hinaus geht, mit der sich die Physiologie im allgemeinen begnügt. Durch eine künftige Anthropologie der Sinne, die zugleich *Anthropologie der Künste* sein wird, ist ein neues Feld der Erfahrung zu erschließen.

Geschichtliches zur Ästhesiologie

Die Begründung der Anthropologie im achtzehnten Jahrhundert erhielt eine ganz wesentliche Motivation durch die Hinwendung zur *Sinneswelt* und der damit als notwendig erkannten Ergänzung allen Philosophierens, aller Wissenschaftlichkeit durch die nunmehr bewußt in Angriff genommene Sinneserkenntnis.* Diese Erkenntniserweiterung geleistet zu haben war das Verdienst Alexander Gottlieb Baumgartens, der den Begriff *«Ästhetik»* zum ersten Mal in seiner Dissertation von 1735 verwendet.**

Menschenkunde im Sinne einer vollständigen Morphologie steht nicht davon ab, das Ganze der Geisteserkenntnis wie das Ganze der Sinneserkenntnis als Einheit zu begreifen, so daß wir die *Sinneslehre* in ihrem weitesten Begriff als Ästhetik, die *Ästhetik letzlich als die umfassende Sinneslehre* in Überwindung eingeengter physiologisch-mechanischer «Schalt- und Reflexbogeninterpretation» auffassen wollen.

Friedrich Schiller hat bereits die höchste Möglichkeit des Sinneswesens erkannt: «Die Anlage zu der Gottheit trägt der Mensch unwidersprechlich in seiner Persönlichkeit in sich; der Weg zu der Gottheit, wenn man einen Weg nennen kann, was niemals zum Ziele führt, *ist ihm aufgetan in den* Sinnen».***

* Sinn und Sinnerkenntnis, gr. = νοητά καὶ ἀισϑητά.

** Am Ende seiner Dissertation «Meditationes philosophicae ...» stellt der Einundzwanzigjährige die Forderung, das allzu eng gefaßte Gebiet der Logik müsse durch eine Ästhetik, das heißt durch die Einbeziehung der «res sensitive cocnoscendae», der sinnlich erfahrbaren Gegenstände, erweitert werden.

*** Briefe zur ästhetischen Erziehung des Menschen, in: Sämtliche Werke, Tübingen 1838, Bd. 12, S. 45.

Was ist ein Sinnesorgan?
(Sinnesbläschen – Sinnesgolfe – Organtypus)

Der Mensch ist ein Focus des Äthers
Novalis*

Wenn Rudolf Steiner in seiner Menschenkunde davon spricht, das Kind sei während des ersten Jahrsiebents, und vor allem vor dem dritten Lebensjahr, *«ganz Sinnesorgan»***, dann charakterisiert er damit wesentlich die lymphatisch-protoplasmatische Konstitution des Kleinkindalters. Die *Dominanz der Sinnesorganisation*, die in dieser Alterstufe alle leiblichen und seelisch-geistigen Entwicklungsprozesse zur Einheit führt, zeigt sich – von der ursprünglichen Reinheit und Funktionsfrische aller Organe abgesehen – an dem beim gesunden Kind so auffälligen mesenchymal-protoplasmatischen Turgor, der die Einheit des Organismus auszeichnet. Wir können hier an unsere Darstellung über den Lymphorganismus (S. 104) anschließen. Die protozoischen «Einzeller», die in ihrer Organisation kaum mehr als einen Protoplasmatropfen darstellen, können in ihren Taxien***:

- Thermotaxis
- Phototaxis
- Chemotaxis

als *universelle Sinnesorganisation*, freilich ganz ohne Differenzierung und Individualisierung, angesprochen werden. Rudolf Steiner beschreibt dies, wenn er die elementaren Sinnesorgane morphologisch als Sinnesgolfe**** charakterisiert, d.h. als Einbuchtungen, in welche die Sinneselemente des kosmischen Sinnesäthers einströmen. Wenn wir alles zusammennehmen, was uns der Protoplasmatropfen an Lebensregungen als *Urbild eines Organons* auffassen läßt, in welchem die *Zirkulation* schon auf die ätherische Bewegung des Blutes zielt und wo ein ultravisibles Blastem***** auf einen viel später erst erscheinenden *Nervenorganismus* hinweist, ergibt sich hier ein dreigliedriges Geschehen, das mehr oder weniger in dem Organ erscheint.

Wahrnehmungsfähigkeit
rhythmische Bewegungsfähigkeit
Ernährung durch das Protoplasma

* Fragmente, a.a.O. Nr. 133.

** Die geistig-seelischen Grundkräfte der Erziehungskunst, GA 105, 1. und 4. Vortrag.

*** Taxis = Berührung von gr. = τάξις = Ordnung, Stellung.

**** Sinnesgolfe, vgl. Rudolf Steiner, GA 180; 30. 12. 1917, S. 40.

***** Blastem, gr. = βλάστημα = Sproß, Keim; ultravisibel = jenseits der Sichtbarkeitsgrenze.

So ist das *Urbild des Organismus* zugleich *Urbild des Sinnesorgans*. In allen späteren Entwicklungsphasen findet sich noch immer das ätherische Element Perichym, alles organische Leben umfassend, als Mesenchym die Organmitte bildend und als Lymphe auf verschiedenen Qualitätsstufen die Blut-Nerv-Polarität verbindend (vgl. S. 111). Damit haben wir die Wesenscharakteristik des Sinnesorgans als Organtypus in der Begegnung von *Blut* und *Nerv* skizziert, wie sie Rudolf Steiner nach seinen kosmisch-ätherischen und organisch-ätherischen Gegebenheiten in der Golfbildung charakterisiert hat.

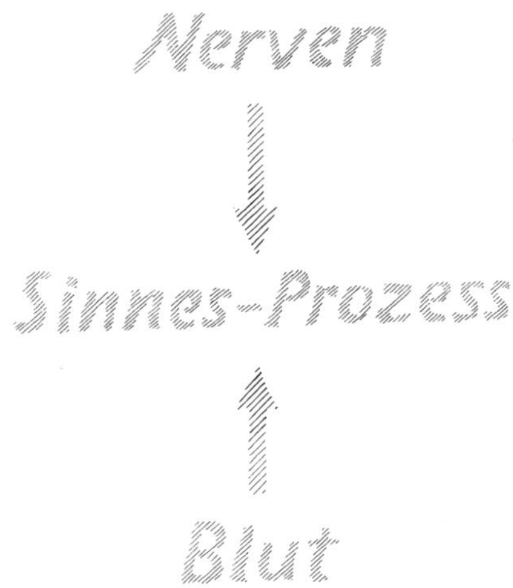

Vom Blutelement her gesehen können wir die Sinnesorgane als Willensorgane bezeichnen[13]. Dies trifft vor allem für die Epoche der frühen Kindheit zu, in der die ganze Menschenwesenheit auf der Stufe eines Sinnesorgans entwickelt ist[14]. Dieses «Gesamtsinnesorgan» entfaltet eine gewaltige Willenstätigkeit, durch die sich das Kind mit der Welt vereint. Zugleich durchdringt die den Weltenäther aufnehmende Blut-Nerven-Organisation vom Haupte her in diesem Lebensabschnitt die gesamte Leiblichkeit. Das Kind ist daher ein wahrnehmend-nachahmendes Wesen. Die gesamte Blutrhythmusorganisation ist gegenüber dem Nervensystem Willenspol. Das Sinnesorgan bildet zwischen Nerven- und Blutpol ein Rhythmusorgan auf höherer Stufe. Es leuchtet unmittelbar ein, daß das Blut in Fluxion und rhythmischer Intentionalität Träger seelischer, ätherischer und vor allem ichhafter Dynamik ist. Auch wird niemand bezweifeln, daß die Blutströmung in *jedem Organ* die dynamische Lebens- und Funktionsgrundlage bildet. Sinnesorgane werden bei Mangeldurchblutung funktionsuntüchtig. Demgegenüber ist der Nerv der *Formpol*. Beachtenswert ist, daß *Nervensubstanz* für sich allein *vollkommen unempfindlich* ist. *Erst die* Annäherung des Blutes an den Nerv macht das Organ zum *Sinnesorgan. Bei Entzündungsprozessen*, die sich an jeder Körperstelle einstellen können, wobei

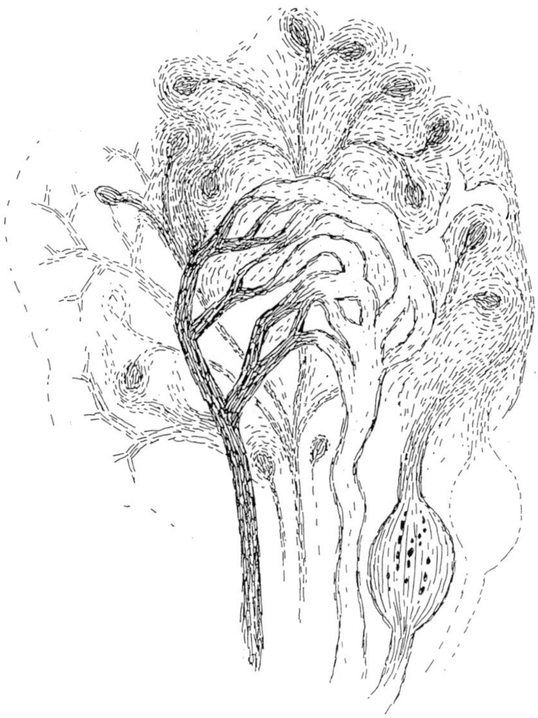

Abb. 75: *Organtypus* – zugleich Urbild des Sinnesorgans. Nerven mit Nervenendkolben, Lymphorganisation alles verbindend.

sich Blut gegen Nervengewebe anstaut, haben wir es mit *Sinnesorganbildungen* an falscher Stelle zu tun (z. B. bei der Pulpitis*), Schmerzen stellen sich ein.

Sinnesorganbildung (Organ-Urtypus)

Wie im Gesamtorganismus die erste Stufe der Embryonalentwicklung in ihrem Grundtypus als *blastogenetisch* charakterisiert werden konnte (Grafscher Follikel – Ei-Blastula – Keimbläschen – Embryozyste – Zytotrophoblast), so können wir auch bei den Sinnesorganen von den einfachsten bis zu den vollkommensten – wie sie zum Beispiel Auge und Ohr darstellen – vom Prototyp des Bläschenorgans ausgehen. Dieser Urtypus ist morphologisch wie funktional von der Sinnesorganlymphe gebildet, wie wir dies vom Protoplasmatropfen und seinen «Taxien» und «Tropismen» beschrieben haben. Wenn wir hier von Sinneslymphe sprechen, werden wir dem organischen Befund nur gerecht, wenn

* Pulpa: lat. Mark = Blutnervengewebe der Zahnpulpahöhle.

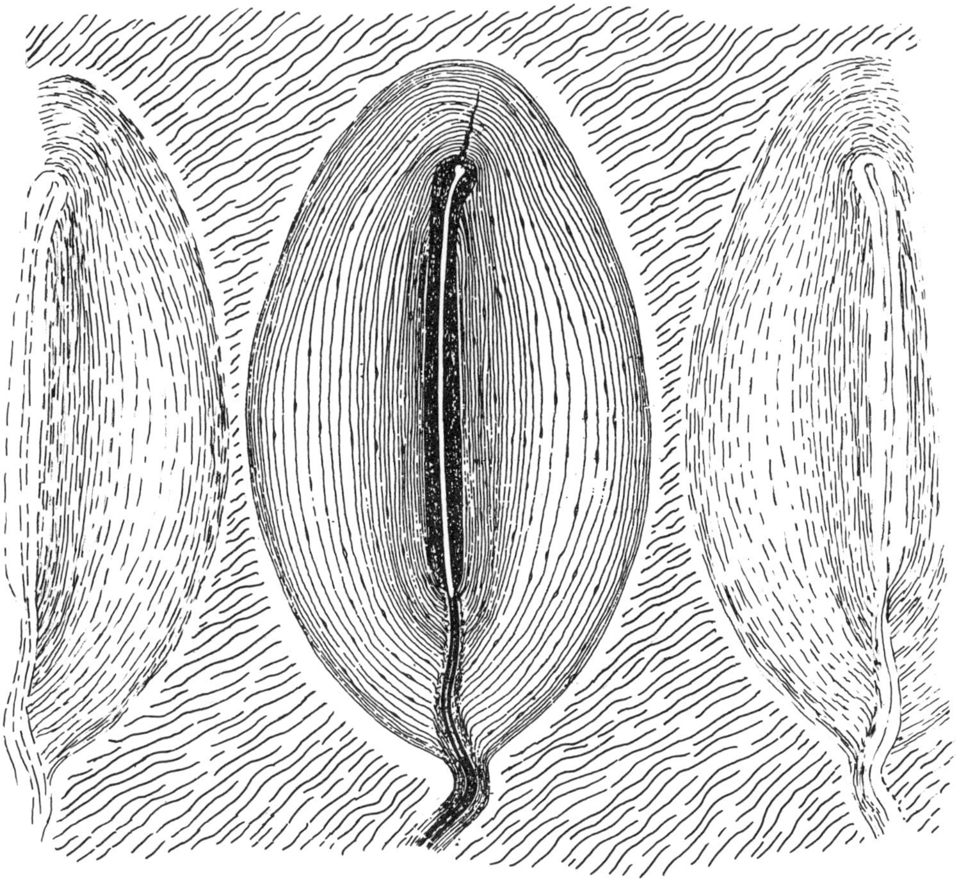

Abb. 76: Tastkörperchen (Pacini). Lymphorgan mit Gefäßen ohne Nervendarstellung.

wir zugleich die Verwandtschaft, ja die Identität mit den Urlebensbegriffen *Protoplasma* (urplastische Substanz), *Perichym* und *Mesenchym* (Träger frühester embryonal-ätherischer Strömungen) erinnern. Denn Protoplasma, Perichym, Mesenchym und Lymphe – als phasenverschiedene, funktionsidentische Lebenselemente der Organe – schaffen, wo immer wir sie finden, die Einheit des Organismus.

Typus des Tastsinnesorgans

Bei Betrachtung des Hautorgans und seiner Funktion, Schutzhülle und plastischer Wärmemantel des Gesamtorganismus zu sein, waren wir veranlaßt, uns zu fragen, ob die Haut nicht als ganze auch als *Tastsinnesorgan* aufzufassen wäre? Hierfür spricht die multiple Verteilung der Tastsinneselemente im Unterhautzellgewebe, die dem Urbild des Organtypus entsprechende Gestalt der Tastkörperchen und ihre kaum zu zählenden Metamorphosen. Hierauf hat Herbert Hensel in seiner Sinneslehre hingewiesen: «Schon vom rein morphologischen Aspekt ist es zweifelhaft, ob sich überhaupt aus der *fließenden Formenreihe* kutaner* Nervenendigungen die geforderten festumrissenen Gebilde herausgliedern lassen. Stöhr bemerkt hierzu, daß das, was wir unter Meissnerschen, Pacinischen, Ruffinischen Körperchen usw. verstehen, rein willkürlich aus einer *unendlichen Formenreihe* herausgegriffene Typen sind, die man aber niemals als feste, nebeneinander bestehende, unveränderliche Formgebilde ansehen darf, sondern die durch eine riesige Menge von Modifikationen alle ineinander gleichsam fließend übergehen».**

Die tausendfältigen Tastsinnesmodifikationen verweisen uns methodisch auf das Sinnes-Urorgan, bei welchem sich im mesenchymalen Sinneslymphorgan Blut und Nerv durch Lymphe synaptisch – verbindend und trennend – begegnen. Blut und Nerv tauchen, ohne sich selbst unmittelbar zu berühren, in die Organlymphe ein.

Zur Embryologie der Sinnesorgane

Sinneslymphe, Blut und Nerv als die idealtypischen Konstituenten des Sinnesorganwesens manifestieren sich sowohl in den verschiedenen Regionen des dreigliedrigen Organismus als auch in den verschiedenen Sinnen in charakteristischer Weise. So ist es unmittelbar zu verstehen, daß in Frühphasen der Sinnesorganentwicklung das Protoplasmabläschen in Funktion und Gestalt schon alles Wesentliche dieser Organisation bietet und daß sich auf derselben ätherischen Matrix bei den höheren Sinnen die kompliziertesten Sinnesnervenorganellen ausdifferenzieren. So ist die Retina*** im Augenhintergrund der Schichtbildung der Großhirnrinde verwandt, so daß wir beim Blick ins Auge gewissermaßen unmittelbar ins Gehirn schauen. Und das kortische Organ läßt uns in seinem komplizierten Bau ein hochentwickeltes Musikinstrument erleben.

Immer aber – ob bei den einfachsten Sinnesorganellen oder bei den vollkommensten höheren Sinnesorganen – handelt es sich um *Blut und Nerv*, die, ohne sich unmittelbar zu berühren, *durch Sinneslymphe* vermittelt, ihre Form- und Ätherkräfte zur Wirksamkeit kommen lassen.

Die Polarität von Blut und Nerv verdeutlicht den von Rudolf Steiner für die Hauptesregion innerhalb der Dreigliederung verwendeten Doppelbegriff *«Sin-*

* Kutan vgl. lat. Cutis = Haut.
** H. Hensel: Allgemeine Sinnesphysiologie, S. 107.
*** Retina = Netzhaut von lat. rete = Netz.

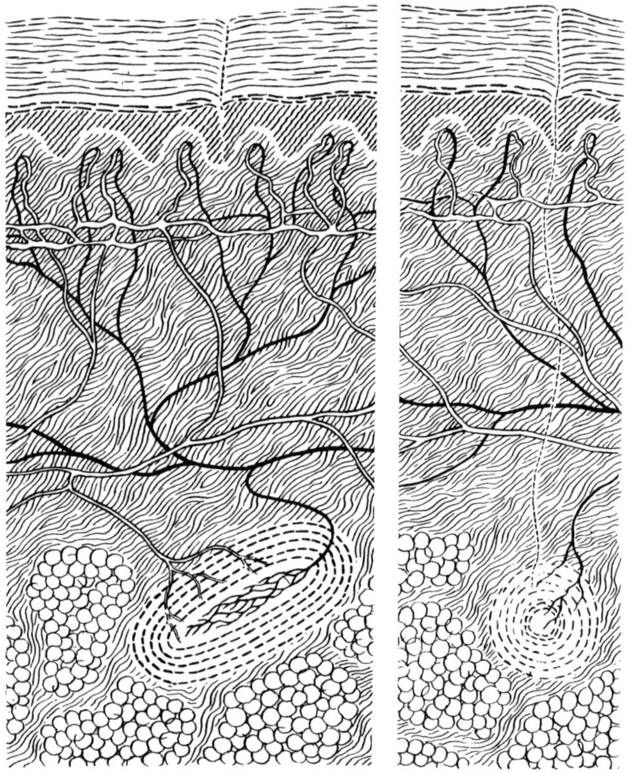

Abb. 77: Tastkörperchen (Pacini) der Haut (ohne Nervendarstellung) mit Blutkapillaren.

nes-Nerven-System». Dagegen verschwimmen viele Sinnesorgane im Bereich von Ernährung, Fortpflanzung und der Bewegungswillensregion im lymphhaft-bindegewebigen Milieu in diffuser Gestaltmannigfaltigkeit. Wir wollen in diesem Zusammenhang die embryonale Entwicklung von Geruchssinn, Auge und Ohr betrachten.

Hier möchte ich, bevor wir die eigentliche Sinnesorganentwicklung anschauen, nochmals an die den Gesamtorganismus betreffende Rhythmogenese aus der Chorda erinnern. Der rhythmogenetische *Organisationsimpuls* der Chorda* endet jenseits der späteren Ausbildung der beiden letzten Wirbel (Epistropheus und Atlas) beziehungsweise jenseits der zur Hinterhauptschuppe zusammengeschmolzenen Wirbel.** Rhythmisch gegliederte Sklerotome und Myotome treten im Schädelbereich zurück und verschwinden in der umfassenden Kephalogenese. In der Kopfregion finden wir also keine chordale Rhythmik.

* Spemann.

** Vgl. Abbildung 19 und 20, Seite 71 f.

Statt ihrer entwickelt sich perichordal eine bilateralsymmetrische «Rhythmus-organisation» in Gestalt des Labyrinthbläschenpaares, der Augenbläschenpaare und des doppelten Geruchbläschens in der Nasenkapsel.

Der weiteren Schilderung der Sinnesorganisation vorausgreifend, sei hier der rhythmische Charakter dieser drei repräsentativen Hauptessinne vorweg betont:

> *Die Geruchssinnesorganisation* ist mit der Atmung verbunden.
> *Die Augensinnesorganisation* ist kosmischen Lichtrhythmen verwandt.
> *Die Gehörsinnesorganisation* verinnerlicht die klang-ätherischen Sinnes-phänomene, Klangwahrnehmung, Sprache und Gesang

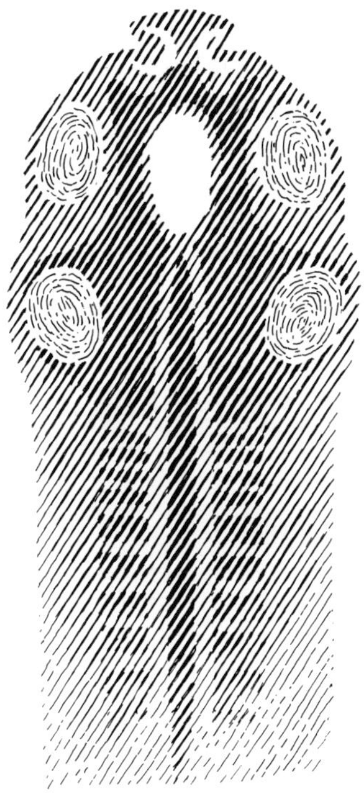

Abb. 78: *Die embryonalen Sinnesbläschen.* Im axialen Zentrum der Zeichnung – dunkel schraffiert – befindet sich die Chorda dorsalis. Am unteren Bildabschnitt die letzten perichordal-rhythmogenetischen Sklerosome. Die drei Sinnesbläschenpaare – Nasenbläschen, Augenbläschen, Ohrbläschen – weisen sich als kosmogenetische Rhythmusorgane aus. Oberhalb der Chorda befindet sich der ebenfalls bläschenförmige Raum für die Hypophysenentwicklung (nach Clara).

Betrachten wir noch einmal eine frühere embryonale Stufe: Während sich bei der frühesten Gehirn- und Nervensubstanzentwicklung im kranialen Bereich zuerst das Ektoderm zur *Neuralplatte*, dann zur *Neuralrinne* und zuletzt zum *Gehirnbläschen* ins (perichordale) Mesenchym einsenkt, sammeln sich gleichzeitig mit dieser neuralen Einfurchung in der dorsalen Mittelachse lateral-seitensymmetrisch Nervenelemente, die als Vorstufen sensibler Ganglien des Gehirns und des Rückenmarks aufgefaßt werden. Diese Übergangszone zwischen Gehirn und Rückenmarksanlage einerseits und der Epidermis der übrigen Embryonalanlage andererseits wird als *Neuralleiste* bezeichnet. Es ist, als ob das sich hier sammelnde Ektoderm unentschieden wäre, ob es sich neural oder epidermal weiterentwickeln wollte. Jedenfalls entwickelt sich die *Substanz dieser Nahtstelle* weder in der einen noch in der anderen Richtung, aber ihre Anschwellung ist so deutlich, daß man sie *Plakoden** genannt hat (siehe S. 156 – Neuralleiste und Plakodenbildung, Abb. 57).

Hier setzt nun eine neue Schöpfung ein, eine tief eingreifende *Metamorphose.* Die neuralen und die epidermalen Elemente der Plakoden *lösen* ihre *hochdifferenzierte zelluläre Struktur auf, werden wieder flüssig,* mesenchymal-früh-embryonal: Sinnesbläschen (Ohrbläschen – Augenbläschen – Geruchbläschen und zahllose andere, die weniger charakteristisch sind) entstehen.**

Das Ohr

Das Ohr führt uns in die Welt des Klingens und Tönens, in die Wirksamkeit des Klangäthers ein.

Wir stellen das Ohr in unserer Schilderung der «Haupt-Sinne» – im Gegensatz zur allgemeinen Gepflogenheit – an die erste Stelle. Dies geschieht aus dem Erleben, daß *der hörende Mensch* sich auf tiefere und umfassendere Kräfte und Prozesse der Welt und der eigenen Organisation stützt, als dies bei vielen anderen Sinnesorganen der Fall ist. «Wer den Ton erlauscht», verinnerlicht kosmisches Empfinden.

* Plakoden = Anhäufung von gr. πλάκος = Kuchen; vgl. lat. Placenta.

** Die Besonderheit der hier geschilderten Organmetamorphose, die sich in den verschiedensten Umwandlungen im Organismus aufzeigen läßt, ist wiederum als Remesenchymalisierungsvorgang zu verstehen.

Pythagoras spricht von den Sphärenharmonien, die der Mensch einst vernahm, und Shakespeare erinnert uns an dieses uralte Wissen um die Harmonien der Welt:

«Auch nicht der kleinste Kreis, den du da siehst,
Der nicht im Schwunge wie ein Engel singt
Im Chor der hellgeäugten Cherubim.
So voller Harmonie sind sel'ge Geister.
Nur wir, die uns dies morsche Kleid von Staub so grob umhüllt,
Wir können sie nicht hören.» *

Von der umfassenden Gewalt solcher Weltenklänge war die Menschheit schon immer innerlich bewegt und überzeugt, und aus diesem übermächtigen Erleben trat das Urteil hervor, das Ohr sei selbst ein ganzer Mensch:

«Der Mensch ist nichts anderes als ein Ohr, dessen innere Struktur der Harfe ähnlich ist. So gleicht der Mensch der Harfe ...» Ewald Wasmuth **

«Unser Leib ist ein Saiteninstrument (Psalterium), zugerichtet zum Gesang der Hymnen unserm Gott. Die Handlungen des Leibes selber können zu Psalmen werden, da derselbe so harmonisch gebildet ist, daß unsere Bewegungen zur Harmonie werden.» ** Basilius ***

«Der Mensch ist eine Harfe ...» Novalis ****

Im Menschen ist Weltenmusik (Musica mundana) als ätherisches Sinnesorgan verkörpert, und aus ihm entbindet sich menschliche Harmonie, die sich der Welt als mitschwingendes Echo der Sinnesseele durch das Organ wieder mitteilt (Musica humana). Das Ohrorgan geht aus Klangäther hervor – wie das Auge aus dem Lichtäther – und bildet sich aus innerlich bewegter Musik. In erster Linie ist das Ohr schon seiner Bildung nach Organ der Empfänglichkeit im Lauschen, in der Zuwendung, im Hinhören. Aber indem der Mensch in Sprache und Gesang sich selber vernimmt, gibt er der Welt das Empfangene zurück, er vollzieht seine eigenste Wort-Klang-Geburt.

Am umfassendsten im Sinne geistig-sinnlicher Morphologie hat Rudolf Steiner das Wesen des Ohres und des Hörens aufgefaßt. Er geht dabei unmittelbar vom Klangäther aus, der sich durch die gesamte Leiblichkeit auf den Strömen des Lymphorganismus ***** bewegt. Aus der weitesten Peripherie der Be-

* «Kaufmann von Venedig», V. Akt (nach Schlegel-Tieck).

** E. Wasmuth, bei Kaiser, «Bevor die Engel sangen», S. 138.

*** Der heilige Basilius, zitiert nach G. H. v. Schubert, «Geschichte der Seele», S. 89.

**** Novalis, Fragmente, S. 438: «Das Ohr ist mithin wieder ein ganzer Leib.» Dazu Lorenz Oken, Allgemeine Naturgeschichte, Bd. 4, S. 145.

***** «Lymphe» ist hier als umfassender Begriff für den ganzen Flüssigkeitsorganismus zu verstehen.

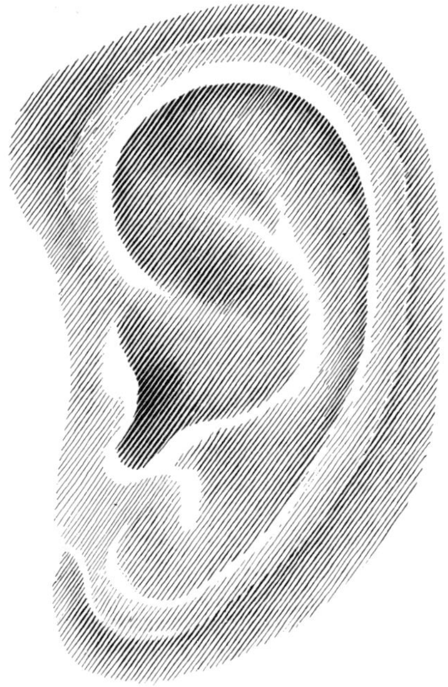

Abb. 79: *Die Ohrmuschel.* Die Anlage zur Ohrmuschel entwickelt sich schon embryonal Ende des zweiten Schwangerschaftsmonats aus dem Mesenchym; es handelt sich also um ein besonders *frühes* Organ! Das entwickelte Organ gibt in idealtypischer Plastik das Bild einer «Lyra» mit dem großen, umfassenden Helix* – Spiralbogen: An der Schläfe im Crus helicis** wurzelnd und in das Ohr-Mittelfeld gegen den Helixbogen abwärts schwingend der Anthelixbogen. Im Zentrum des Mittelfeldes befindet sich der Eingang des äußeren Gehörgangs (Meatus acusticus***), verdeckt und geschützt durch den Tragusknorpel****, ihm gegenüber der Antitragus. Zwischen beiden Knorpeln befindet sich die Fissura antitragika, die zum Eingang des Gehörganges führt. Die untere Zone der Ohrmuschel wird durch das nur beim Menschen vorkommende Ohrläppchen (Lobus auriculae) harmonisch abgeschlossen.

wegungsorganisation vereinigt sich der leibeigene Klangäther mit dem kosmischen Klangäther. Dieser *Zusammenklang* beginnt schon in dem Hautlymphstrom – zugleich klangätherisch-plastisch – und mündet in der Tiefe der Organisation in der Ohrflüssigkeit eingebettet in eine mesenchymal häutige Hülle im Felsenbein.

Der gesamte Flüssigkeitsmensch – als Träger der ätherischen Zeitleiblichkeit (vgl. S. 111, Abb. 40) – offenbart sich so im «flüssigen» Ohr, dynamisch den ganzen klangätherischen Organismus durchziehend.

* Helix = Spiralbogen, gr. = ἕλιξ = Anthelix = Gegenbogen.

** Crus helicis, crus, lat. = Schenkel.

*** Meatus, lat. = Gang.

**** Tragus, gr. = τράγος = Bock; Antitragus = ἀντί = gegen.

Der dreigliedrige Ohrorganismus

Wenn die Sinnesorganisation «Mitte» und «Steigerung» zwischen Hauthülle und Nervenorganisation bildet, so ist das Ohr unter den Sinnen vergleichsweise zu den subtilsten und innerlichsten Tiefensinnen zu rechnen. Es gliedert sich in geradezu klassischer Weise in *drei Sphären:*

Äußere Sphäre:

Ohrmuschel, äußerer Gehörgang, epitheliale Außenschicht des Trommelfells.

Mittlere Sphäre:

Mittelohr. Innere Schleimhautschicht des Trommelfells, zur Paukenhöhle (cavum tympani) gehörend.

Wesentlich ist der *pneumatische* Mittelohrraum, in welchem zwischen Innen- und Außenluft durch die Ohrtrompete (Tuba auditiva) über den hinteren oberen Rachenraum bei gutturalen Ausatmungsstößen (Kuckuck) Ausgleichsluft in den Mittelohrraum eindringt.* Hier befindet sich auch die «schwingende Brücke», welche zwischen Trommelfell und Innenohr (Membrana vestibuli) durch die drei Gehörknöchelchen Hammer, Amboß und Steigbügel gebildet wird.

Innere Sphäre:

Labyrinth. Die beiden äußeren Sphären dienen mehr oder weniger der Schallführung. Mit der inneren Sphäre kommt bei dem stato-akustischen Organ die eigentliche Sinnessphäre zur Betrachtung. Sie besteht aus zirkulären und spiraligen Endolymphräumen. Die kommunizierenden Endolymphräume des Gesamtlabyrinths sind ihrerseits von Perilymphe umströmt, die durch zarte Häute von den Endolymphräumen getrennt sind. Die beiden Organe der inneren Sphäre (Schnecke und Bogengangsystem) sind miteinander durch den Vorhof (antrum) verbunden.

Die Ohrschnecke (Cochlea)

Kein Organ offenbart seine *Wesenssignatur so deutlich wie das Ohr.*

Die Ohrschnecke zeigt das Urphänomen des Klangäthers. Das Bogengangsystem in seiner Raumorientierung bringt uns zusammen mit seiner «kreisenden» Endolymphe ätherisches Strömen als «Lebensäther-Wirksamkeit» in der Begegnung mit der Physis (den statischen Sinneshärchen und Sinnessteinchen – Statolithen –) in ihrer wechselseitigen Berührung zum Erlebnis.

Äußerer Gehörgang: Trommelfell und Gehörknöchelchen, Hammer, Amboß und Steigbügel im pneumatischen Raum des Mittelohrs transponieren die

* Vgl. den Abschnitt über die pneumatischen Räume S. 66 ff.

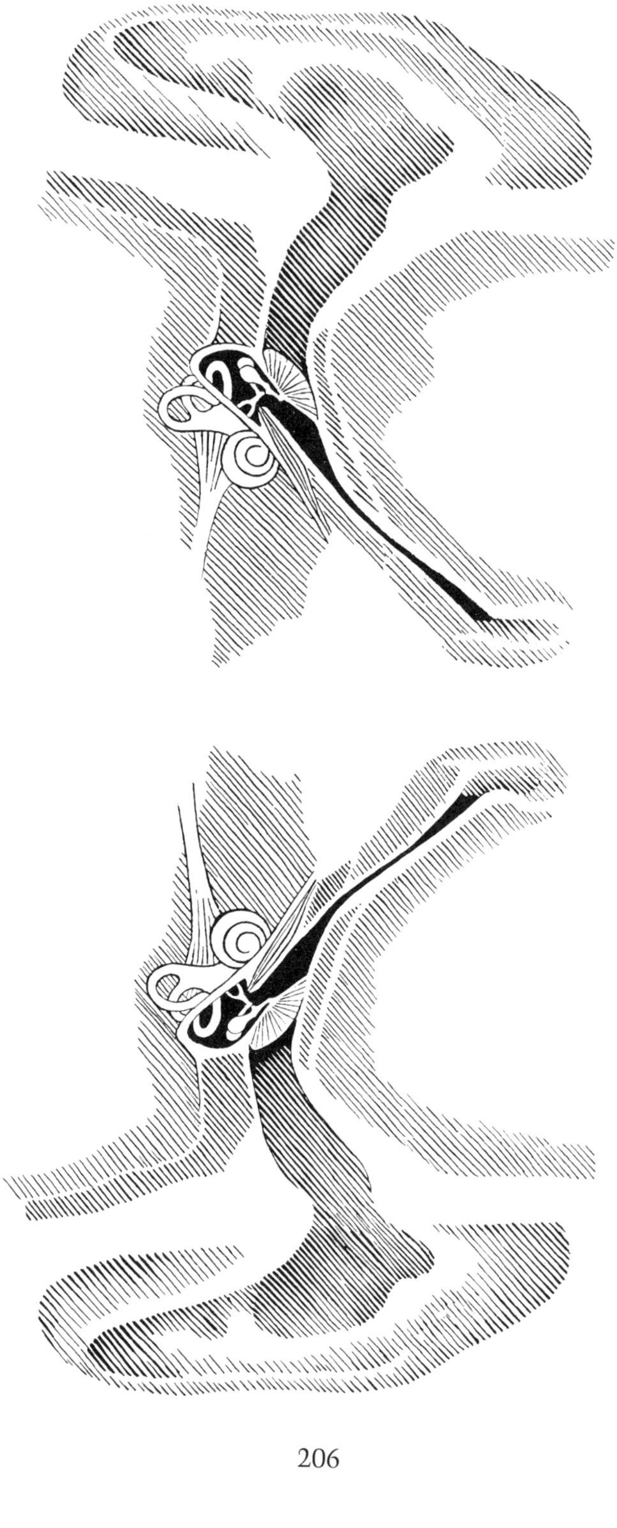

Abb. 80: *Die drei Sphären des Ohres.*

Abb. 81: *Cochlea* (oder Concha) (Gestalt-Signatur)
«Die ‹Schnecke› im Gehörorgan ist eine metamorphosierte Schneckenorganisation, die zum «Sinn» geworden ist. Auch beim Gehörorgan hat man es mit dem Ausscheiden des Festen (Felsenbein) aus dem weichen Organ heraus zu tun». Nach Eugen Kolisko.

akustischen Geschehnisse der Außenwelt nach innen. Die klangätherischen Sinnesereignisse – Schall und Ton – hingegen leitet die Schnecke in die inneren Spiralräume.

Betrachten wir nochmals das Sinnes-Urorgan, wie hier Lymphe, Blut und Nerv eine Dreieinheit bilden.

Um das Wesen der *Ohrschnecke* in ihrer Dynamik zu begreifen, sollten wir nicht zuerst auf die im Felsenbein eingeprägte Concha* blicken, sondern uns mit möglichster Imaginationskraft der spiralig fließenden Ohrlymphe anschließen. Was bedeutet der Schneckengang, was ist das Wesen der Spirale? Kräftewirkungen aus einer unendlich fernen Weite drängen heran, nehmen aber bei jedem Verdichtungsschritt ins «Nähere» Potenzen des gewaltigen Umkreises herein. Kaum ist der Mittelpunkt erreicht, zieht die Strömung wieder hinaus

* Concha = Muschel, Muschelschale, von gr. = κόνχα.

und sucht den unendlichen Umkreis. Dieser Vorgang vollzieht sich in unseren beiden Gehörschnecken symmetrisch mit jedem Klangimpuls, Innenwelt und Außenwelt, Außenwelt und Innenwelt vereinigend. Das ist es, was wir Hören nennen. In der räumlich tief verborgenen Welt des Felsenbeins hat sich dieser unendliche Vorgang jeweils in zweieinhalb Windungen abgedrückt.

Ohne uns an dieser Stelle dem Problem Mensch und Tier allzusehr zu nähern, ist es doch berechtigt, ehe wir auf das Sinnesorgan «Cochlea»* genauer eingehen, uns einen Augenblick mit der Signatur der «Spirale» im Organismus zu beschäftigen. Diese Spirale, die sich schon im niederen Tierreich, vor allem bei den Mollusken, geradezu mit mathematischer Exaktheit (logarithmische

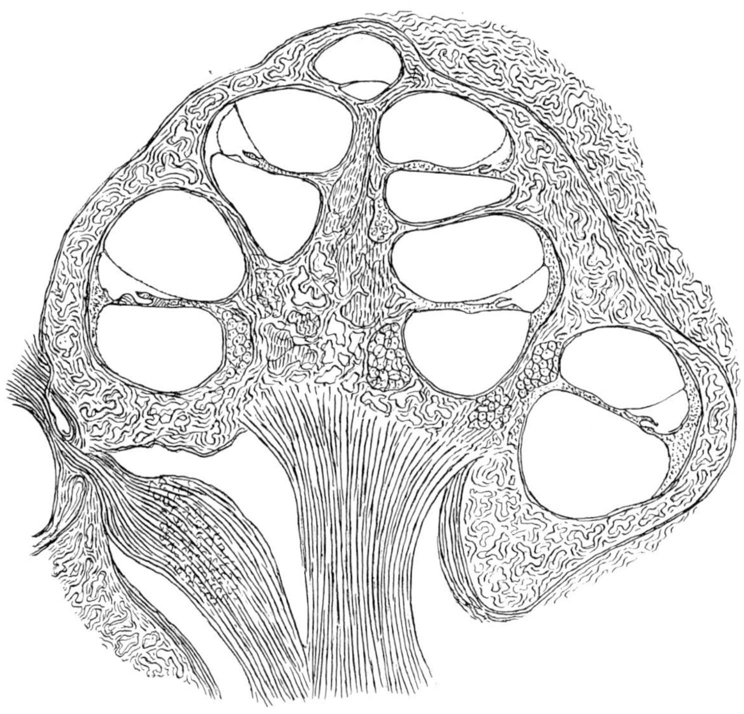

Abb. 82: *Die Cochlea*, Ohrschnecke im Felsenbein.
Bei der Cochlea handelt es sich um eine zweieinhalbmal gewundene ein- und auswikkelnde Spirale. Sie vermittelt uns das Bild einer sich eintiefenden und wieder lösenden Seelenleiblichkeit im ätherischen Milieu. Erstere wird durch die Scala vestibuli vom Vorhof zur Helixspitze, letztere durch die Scala tympani von der Helixspitze zur Paukenhöhle gebildet. Diese beiden Skalen werden durch *zwei* Membranen getrennt, wodurch eine dritte Skala, *«Scala media»*, entsteht. Die Scala media wird durch die Membrana basilaris und die Membrana vestibularis (Reissner) von den vorgenannten Skalen abgegrenzt, sie birgt das eigentliche Gehörorgan in sich.

* Cochlea = Schnecke, von gr. = κόχλεα.

Spirale u. a. m.), findet, deutet darauf hin, wie sich Seelenhaftigkeit in die parenchymatöse «Nichtgestalt» hereininkarniert und im ätherischen Milieu gestaltend wirkt. Die Schlange als «Wirbelwurm», als «wandelnder Darm» mit extremer Lungenausbildung, zeigt die Spiraltendenz in Ruhe und in Bewegung. Bei Singvögeln befindet sich eine übermäßig ausgebildete spiralige Luftröhre. Die Beispiele ließen sich tausendfältig vermehren.*

Naturfunktion und Seelenimagination greift ins Mythologische über: Nereiden und Tritonen, Sirenen und Telchinen, das ganze Gefolge Neptuns ist mit einem unübersehbaren ozeanischen Arsenal von Muschelhörnern, spiraligen Musikinstrumenten und so weiter ausgestattet. Und da sind wir auch bereits bei den Formen klassischer Musikinstrumente. Um diese uralt-mythischen Spiralerlebnisse unserem Bedürfnis nach objektiven Kriterien zu nähern, sei hier auf die Anmerkung 15 hingewiesen, in welcher der Mathematiker zu Wort kommt.**

Die Sinneslymphe in Gehör und Gleichgewichtsorgan (Klang- und Flüssigkeitsäther)

Das ganze häutige Ohr und Gleichgewichtsorgan schwimmt in einem geschlossenen Lymphraum im Felsenbein, dem härtesten Knochen des ganzen Skeletts. Dieser Lymphraum ist mit *Perilymphe**** erfüllt, die von der eigentlichen Sinneslymphe zu unterscheiden ist, welche sich *innerhalb* der beiden häutig-membranösen, statisch-akustischen Organe befindet. Der perilymphatische Gesamtraum (Spatium perilymphaticum) gliedert sich in den Perilymphraum des *Vorhofs* (Vestibulum), in die perilymphatischen Räume der *Bogengänge* und in die Perilymphräume der Schnecke (Scala tympani und Scala vestibuli). In der Schnecke hat die Perilymphe der auf- und absteigenden Skalen schallübertragende Bedeutung, gehört also schon zum sensorischen Organ.

Woher strömt dem statoakustischen Innenohr die Perilymphe zu? Zwischen den Perilymphräumen und dem Subarachnoidalraum des Gehirns gibt es eine Verbindung (Ductus perilymphaticus), durch die «Liquor» zuströmen kann. Auch die arteriovenösen Kapillarnetze in den basalen Perilymphräumen der Bogengangampullen und des Vorhofs können Perilymphe absondern.

Die eigentliche Sinneslymphe, *die Endolymphe* für Bogengang und Schnecke – eine Lymphe von allerhöchster Reinheit und *erhöhter Viskosität* –,

* Gäa Sophia, Jahrbuch d. Naturwissenschaftlichen Sektion d. Freien Hochschule für Geisteswissenschaft, Bd. V, S. 91 ff.

** Ernst Bindel: «Die Grundlagen der Mathematik», Stuttgart 1928.

*** Perilymphe und Endolymphe; Beziehung zum Liquor cerebrospinalis, siehe Anmerkung Nr. 5, S. 490.

Abb. 83: *Die Sinneslymphgänge im statoakustischen Organ mit Bogengangsampullen (Cristae ampullares) und Innenohr.*

kreist im häutigen Innern des statischen und des akustischen Doppelorgans, ohne eindeutigen Zu- und Abfluß. Sie bildet für das statoakustische System gewissermaßen ein eigenstes *Sinneselement* (vergl. Abb. 84 u. 85).

Die physiologisch-chemische Konstitution der Sinneslymphen und des Liquor cerebrospinalis*

Perilymphe	K^+	10 mvol/l
	Na^+	140 mvol/l
	Protein	200–400 mg %
Endolymphe	K^+	144 mvol/l
	Na^+	5 mvol/l
	Protein	126 mg %
Liquor	K^+	4 mvol/l
	Na^+	152 mvol/l
	Protein	20–50 mg %

* Benninghoff/Goerttler, Bd. III, S. 4.

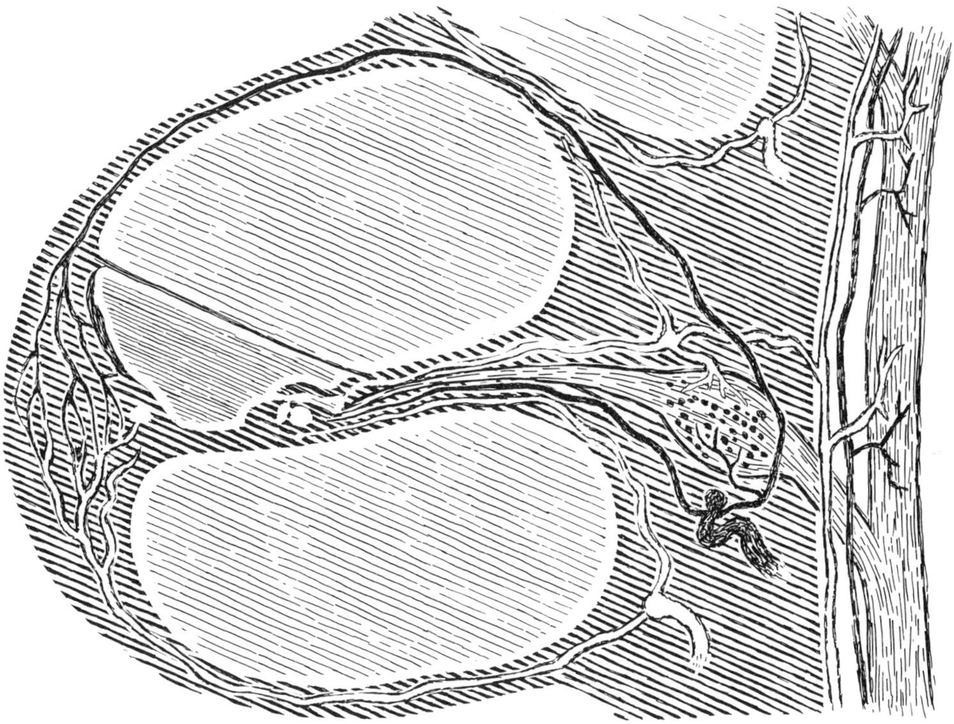

Abb. 84: *Blut und Lymphe im Innenohr.*

Nachdem wir die Dynamik der Sinneslymphe im spiraligen Organ kennengelernt haben, können wir darauf gespannt sein, in welcher Art hier das *Blutleben* mit der *Lymphe* verbunden ist.

Lymphe und Blut treten gemeinsam mit dem Nervus acusticus (Cochlearis) durch die *Basis der Schneckenspindel* (Basis modioli) ins innere Ohr ein. Zuerst haben wir die Arteria auditiva zu betrachten. Ihre Pulsationen dürfen nicht in den zentralen Sinnesbereich des Cortischen Organs vordringen, damit würden zusätzliche Sensationen den Hörprozeß stören. Das Arterienblut, das radial-zentrifugal in die Lamina spiralis einströmt, gelangt vorher in die *Glomerula arteriosa cochleae,* das sind stark gewundene und im Lumen sinusoid erweiterte Gefäßknäuel, in welchen die Pulswellen verebben, wonach das Blut in stillem Strom lymph- oder venenartig weiterfließt.

Das Venenblut, das aus der innersten Sinneszone herausfließt, verlangsamt seinen Rückstrom ebenfalls durch sinusoide Gefäßerweiterungen, auf deren Bedeutung für das Sinneswesen wir im Zusammenhang mit der (venösen) Aderhaut des Auges noch eingehen. Außerdem werden die Arterien der Lamina spiralis durch doppelte Begleitvenen in Gegenstrombewegung (V. spiralis) gleichsam abgedämmt.

Zunächst betrachten wir das Innenohr mit dem Cortischen Organ in der Übersicht (Abb. 82). Wir sehen im Schnittbild S. 208 – bei zweieinhalb Windungen – die Schneckenskalen 5mal vollständig getroffen und in der Schneckenspitze – Helix – unvollständig angeschnitten und erkennen, daß sich hier *drei flüssigkeitserfüllte Skalen* übereinander befinden (Abb. 84 und 85).

Vom Mittelohr her, unmittelbar durch die Steigbügelplatte des dritten Gehörknöchelchens (Stabes) in die Membran des ovalen Fensters eingelassen, wird die Perilymphe der oberen Skala *(Scala vestibuli)* in Schwingung gesetzt. Diese

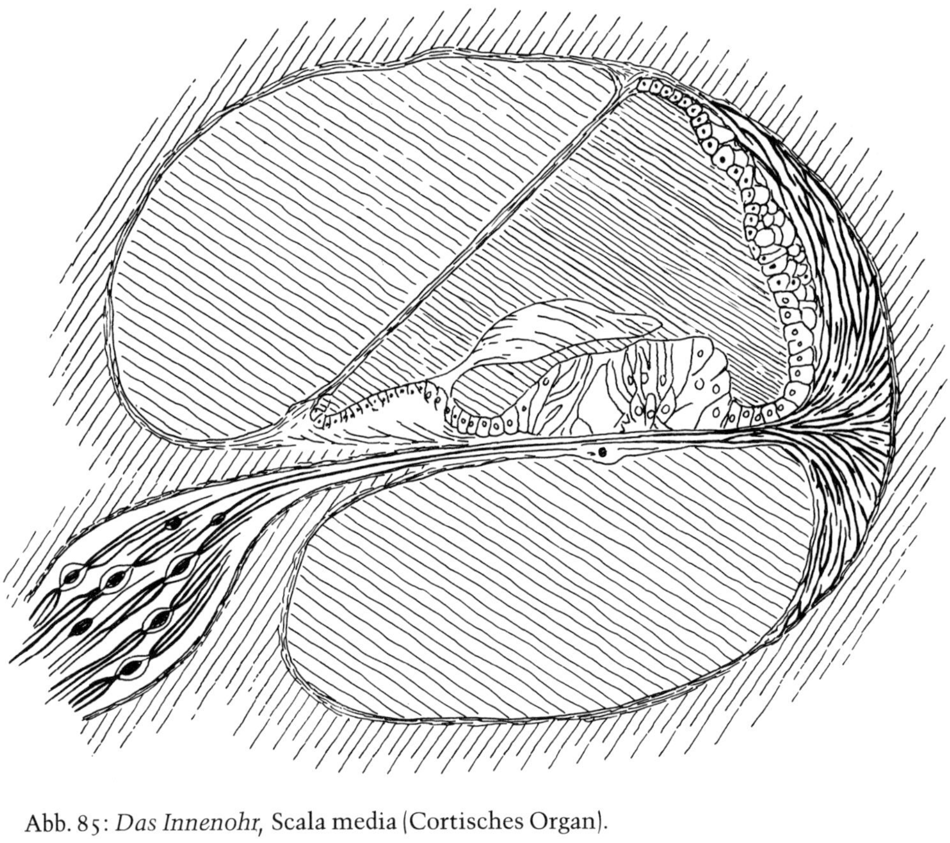

Abb. 85: *Das Innenohr*, Scala media (Cortisches Organ).

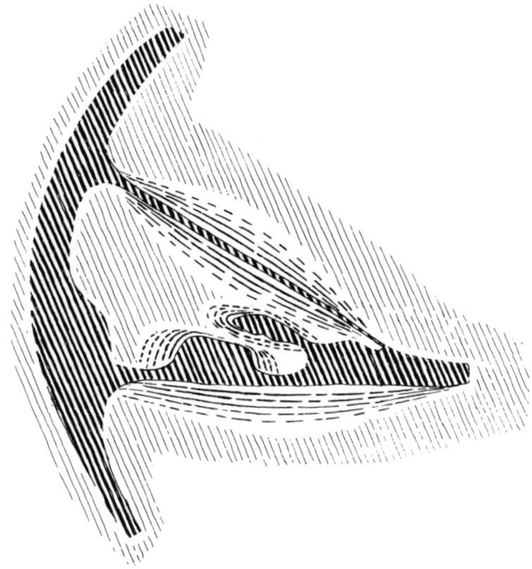

Abb. 86: *Die mitschwingenden Membranen des Cortischen Organs,* (nach Rohen).

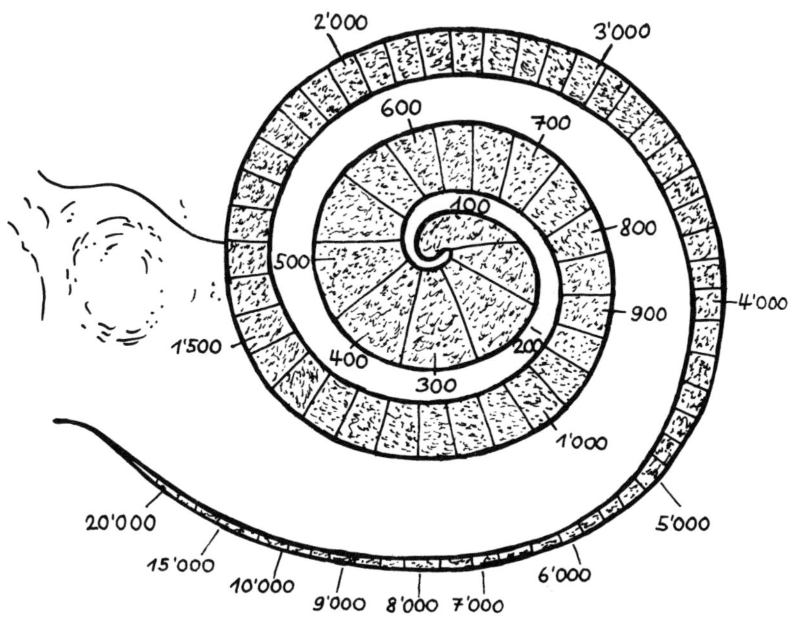

Abb. 87: *Membrana spiralis des Cortischen Organs* (schematisch): eingezeichnete Tonfrequenzen. Die tiefen Töne werden in der Schneckenspitze im Bereich der Helix wahrgenommen, hohe in der Basis, (nach Rein).

Lymphschwingungsbewegung überträgt sich durch die Öffnung der Helixspitze (Helicotrema) auf die Perilymphe der abwärtsführenden *Scala tympani*, wodurch die Lymphbewegung zuletzt im runden Fenster gegen den Luftraum des Mittelohrs verebbt. Diese beiden in den gegenläufigen Skalen gegeneinander schwingenden Perilymphen übertragen ihre rhythmischen Fließ- und Druckimpulse auf die visköse Lymphe der dritten und wichtigsten Skala, auf *die Scala media**, auf die «Klangschwingung» der *Endolymphe*.

Die Scala media ist gegen die Scala vestibuli durch die schwingende Membrana vestibularis, nach unten gegen die Scala tympani durch die bindegewebsreichere Basalmembran abgegrenzt. Diese Basalmembran zieht sich von der knöchernen Spiralleiste der Schneckenspindel (Modiolus und der Lamina spiralis ossea) zur Schneckenperipherie, zum Ligamentum spirale (siehe Abb. 82, S. 208).

Die Basalmembran trägt das überaus komplizierte Cortische Organ mit seinen *Sinnesepithelzellen*, Haarzellen, Stützzellen und der Membrana tektoria (vielleicht eine Art Schalldämpfungsorgan) (Abb. Nr. 85 u. 86).

Ohne uns an diesem Orte auf sinnesphysiologische Erwägungen und Theorien, die immer leicht zu technomorphen Vergleichen führen, einzulassen, sei nochmals hervorgehoben, daß das Wesen aller Sinnesorgane und eben auch des Ohres darin besteht, daß in einem *Mittelbereich* (hier in der Scala media) sich Lymphe, Blut und Nerv zum geheimnisreichen Empfindungsorgan akkordiert haben.

Zur Physiologie des Raumsinnesorgans
(der Bogengangorganismus)

Die wesentlichste morphologische und zugleich funktional-physiologische *Signatur* des statischen Organs zeigt das Bogengangsystem mit der bei jeder Bewegung (besonders des Kopfes) in den drei Raumesrichtungen schwingenden *Endolymphe*.

Die höchste Steigerung der statischen Funktionselemente finden wir im Organ der Bogengänge. (Vergl. Abb. 83, S. 210)

In den Basisorganen der Bogengänge, in den Bogengangsampullen (Cristae ampullares**) und in den Sinnesfeldern der Bogengangsvorhöfe (Utriculus und Sacculus***) finden sich die spezifischen Sinneselemente für Gleichgewichtswahrnehmung. Die Sinnesorganellen bilden in den Ampullen leistenartige Erhebungen, von Stützzellenepithelien gehalten, die in Sinneshaaren auslaufen.

* Scala media (statt Ductus cochlearis); Hamilten Human Embryologie, Cambridge 1962, S. 378, Abb. 88.

** Crista, lat. = Kamm, Leiste.

*** Utricculus, lat. = kleiner Bauch.

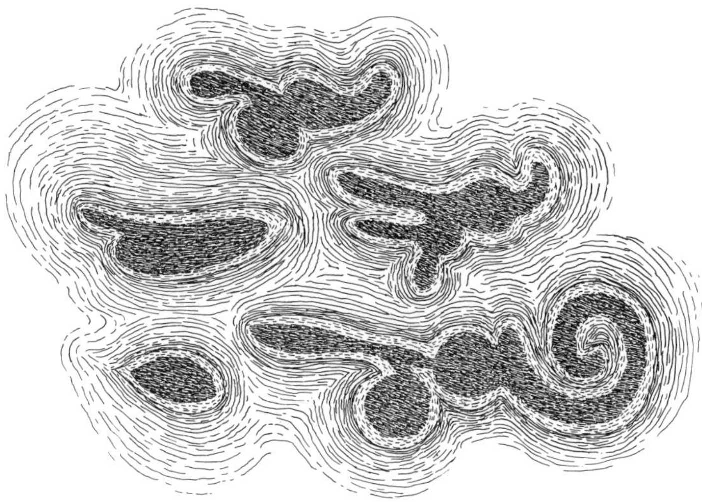

Abb. 88: Die Embryonalentwicklung des Ohrbläschens.

Diese Sinneshaare werden von einer nichtzellulären Gallertschicht (Cupula*) zusammengehalten. Die Cupula bewegt sich in der Ampulle mit den wechselnden Bewegungen der Bogenganglymphe, wodurch sie auf die Sinneshaare und über diese auf die Nerven wirkt, (vgl. Abb. 89, S. 216).

Die Maculae staticae** im Basisbereich der Bogengänge (Utriculi et Saculi) haben eine der Cupula ähnliche Membran über etwas kürzeren Sinneshaaren, in deren glykoproteidhaltige Gallerte Kalziumkarbonat und Kalziumphosphatkristalle, die Statolithen (oder Statokonien), eingelagert sind und die bei der Bewegung der Membrangallerte über den Sinneshärchen hin- und hergewälzt werden und so auf die Sinneshärchen einwirken.

Im Gleichgewichtssinnesprozeß kommt zum Bewußtsein, was im Ganzen der menschlichen Gestalt als Ichorganisation in allen Symmetrieverhältnissen wirksam ist. Wenn wir die frühen embryonalen Verhältnisse einbeziehen, können wir schon die Lage des Embryos im aufrecht organisierten Uterus im Gegensatz zur tierischen Organisation als höhere Gleichgewichtsveranlagung bewerten (De Snoo). In der Gleichgewichtsorganisation wirkt im Verein mit astralen Formkräften in allen Organbereichen mehr oder weniger das Ich (Ichorganisation). Dies ist in allen symmetrischen Organen der Fall, so im Gehirn, in der Nervenorganisation (außer beim Sympathikus), in den ursprünglich symmetrisch veranlagten Kreislauforganen, besonders des Kopfes. Im Knochenskelett ist die Funktion der Statik und der Symmetrie besonders ausgeprägt.

* Cupula, lat. = Becher, Gewölbe, Kuppel.

** Macula, lat. = Fleck.

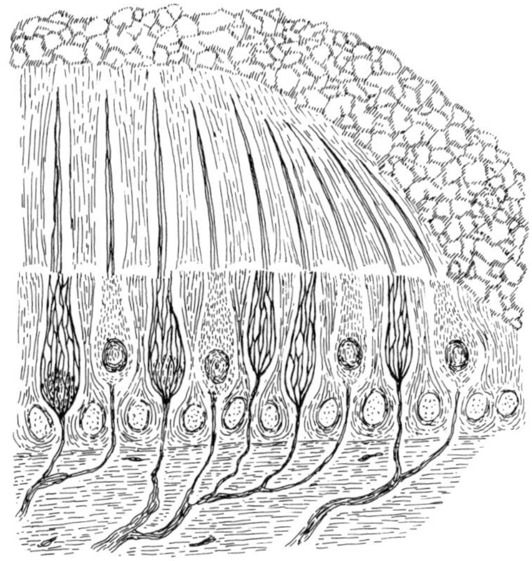

Abb. 89: *Statolithen und Sinneshärchen.*

Abb. 90: *Statolithen.*
(Nach Benninghoff)

Die Gestalt des statoakustischen Organs fordert uns auf, die sich hier in einzigartiger Weise offenbarende *Polarität* als organisches Phänomen besonderer Art ins Auge zu fassen.

Das im reifen Organismus *morphologisch* «einheitliche» Gehör- und Gleichgewichtsorgan entsteht aus einer neuroektodermalen und epidermalen Plakode (vgl. Abb. 57, S. 156). Ohrmuschel und äußerer Gehörgang wie auch die schallleitenden Organe des Mittelohrs (Hammer, Amboß und Steigbügel) haben gegenüber dem statoakustischen Organ im Felsenbein ihren eigenen peripherischen Entstehungsursprung und verbinden sich verhältnismäßig spät mit dem eigentlichen Sinnesorgan zu einer Ganzheit. Gleichzeitig ist es beachtenswert, daß die *Neuroblasten* und *Neurone* der Gehörnerven (Oktavus-System, VIII. Hirnnerv) unmittelbar aus dem Gehörbläschen hervorgehen. Dennoch darf diese Tatsache nicht davon ablenken, daß das Organ polarisch «statoakustisch» ein peri- und endolymphatisches Doppelorgan ist, das unter der Funktion zweier ganz entgegengesetzt wirkender Wesensglieder steht.

Denn bei der Entwicklung des statoakustischen Doppelorgans ist es bedeutsam, daß das Organ der Raumorientierung, die Bogengänge, dem Organ der Ton-Klang-Wahrnehmung voraneilt (Abb. 88). In den Bogengängen und ihren spezifischen Sinneselementen wird ein zunächst unbegrenztes Raumgeschehen in die vier irdischen Raumesrichtungen eingefangen, während die in der Schneckenspirale einwärts und auswärts strömende Endolymphe, welche die akustischen Impulse in der Lymphbewegung mit sich nimmt, diese Bewegung im Zeitfluß nicht begrenzt, so daß der Ton gleichsam aus dem unhörbar Unendlichen herein schwingt, anschwillt und wieder wie in einer unendlichen Zeitlosigkeit verklingt.

So können wir in der Ohrschnecke den sich inkarnierenden und sich wieder exkarnierenden *Klangäther* erleben, während wir in den Bogengängen im «lebensätherischen Milieu» raumastrale Verdichtungskräfte wirksam sehen.

Diese begrifflich schwer zu erfassende raum-zeitliche Funktionspolarität innerhalb des statoakustischen Organs kann der feinsinnige Beobachter in der Polarität der Raumkunst Architektur und der Zeitkunst Musik erleben, wie dies Schelling und nach ihm Goethe ausgesprochen hat:

> «Musik ist bewegte Architektur, Architektur ist geronnene Musik.»

In diesen Erlebnisbereich gehört auch das Dichterwort des Angelus Silesius:

> Mensch, wo du deinen Geist schwingst über Ort und Zeit
> So kannst du jeden Blick sein in der Ewigkeit.*

* Angelus Silesius: Sämtl. poetischen Werke; Bd. 3, S. 8, 12.

Das Auge

Im Bereich der Sinnesorganisation gibt es kaum eine deutlichere Polarität als diejenige zwischen Auge und Ohr, so daß man immer wieder Gelegenheit findet, einen Menschen mehr als *Augenmenschen* oder mehr als Ohrenmenschen zu bezeichnen (Goethe – Beethoven). Ganze Kulturen lassen sich nach diesen beiden Hauptsinnen charakterisieren wie etwa das plastisch-architektonisch orientierte Griechentum gegenüber der elementaren Musikalität der nordischen Kulturen. Götter und Heroen werden in der frühgriechischen Epik mit dem Glanz oder dem Feuer ihrer Augen charakterisiert. So wird Athene glanzlicht-feueräugig genannt (γλαυκῶπις). Ihre Priesterin zu Tegea heißt Auge – (Αυγή = *Glanz*) Schimmer, Licht, Auge.

Apollo steht als Licht- und Augengottheit, als Gottheit des inneren und äußeren Schauens – als der Fernhintreffende – an höchster Stelle.

«Daher unter den Älteren viele den Apollo und die Sonne für einen und denselben Gott hielten... und vermuteten, daß die Kraft der Sonne sich zur Natur des Apollo ebenso verhalte wie der Körper zur Seele, das Gesicht zum Verstand und das Licht zur Wahrheit...»*

Aber dieser Gott des klaren Lichtes und des Tagesbewußtseins ist zugleich der mantische Gott des verhüllten Schicksals, der tief innerlichen Schau der Tyche, die die «Pythia» und der «blinde Seher» als Gabe der Gottheit den Menschen verkünden.

Apollo ist aber nicht nur der mantische Gott, sondern er ist zugleich als Apollo musagetes der Musengott allen Singen und Sagens, der Künste des Wortes, der musikalischen Schöpferkraft und der Tanzkunst.

Das in der mythischen Dichtung immer wieder erwähnte Opfer des Augenlichtes eröffnet ein tieferes «Sehen» und innerliches «Vernehmen» (siehe Homer als blinder Sänger). So hat Odin in der nordischen Dichtung ein Auge für den «Sehertrank» Ödhrörir geopfert.

Diese Beziehung zwischen innerem und äußerem Sinn ist oft beobachtet und geschildert worden:

«Es zeigt uns eine ziemlich allgemeine Erfahrung, daß fast alle vollkommen Tauben mißmutig, trübe, hypochondrisch, alle Blinden dagegen heiter und fröhlich sind. *Das Auge führt uns in die Körperwelt ein, das Ohr aber in unsere eigentliche Heimat, in die Gemeinschaft geistiger Wesen.*»**

Mit diesen Worten charakterisiert Mathias Schleiden die Polarität von Auge und Ohr, wie sie sich im heutigen Bewußtsein ausgebildet hat, während die Menschen früherer Kulturepochen in der Einheit von *Sehen* und

* Plutarch: «Über den Verfall der Orakel» (Osiander), S. 1345.

** Matthias Schleiden, Naturforscher, 1804–1888. Zitat aus «Die Pflanze und ihr Leben».

Abb. 91: *Erdgeisterscheinung.*

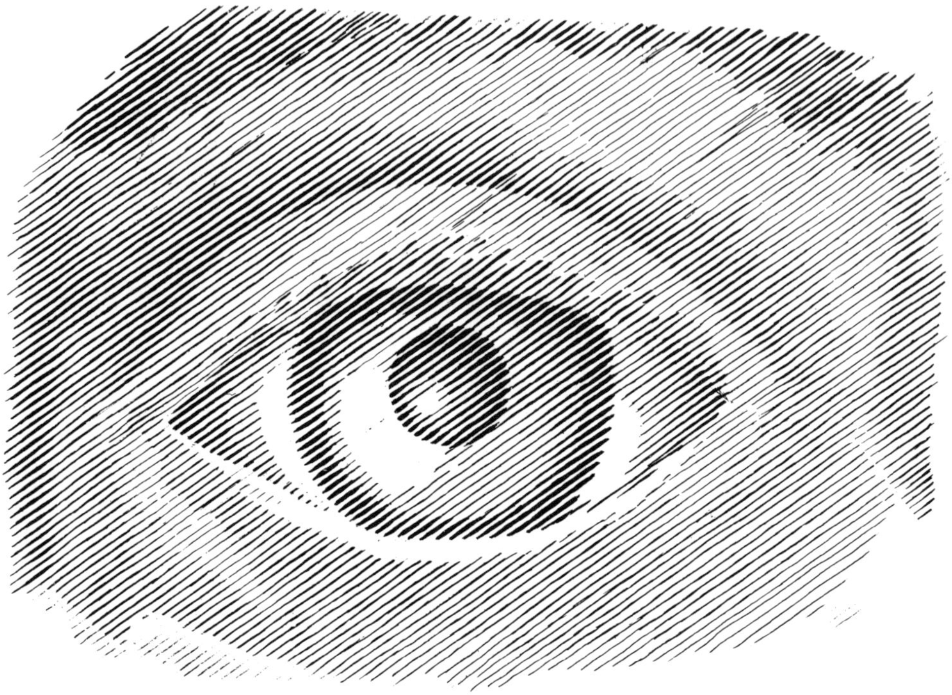

Abb. 92: *Das Auge.*

Schauen ein umfassendes *Vernehmen* innerlichen *Sinnens, Singens* und *Sagens* erlebten.

So vereinigt sich in Apoll als Lichtgottheit äußeres und inneres Schauen, tönendes und gestaltendes Weltverständnis.

Um das Wesen des Augenorgans und des Augenmenschen unserem Verständnis nahezubringen, wollen wir uns durch einige Leitsprüche Goethes, dieses einzigartigen *Augenmenschen*, einführen lassen.*

> Das Auge hat sein Dasein dem Licht zu danken. Aus gleichgültigen tierischen Hilfsorganen ruft sich das Licht ein Organ hervor, das seinesgleichen werde, und so bildet sich das Auge am Lichte fürs Licht, damit das innere Licht dem äußeren entgegentrete.
>
> Das Auge ist das letzte, höchste Resultat des Lichtes auf den organischen Körper. Das Auge als ein Geschöpf des Lichtes, leistet alles, was das Licht selbst leisten kann.

* Naturw. Schr., Bd. III, S. 88, Bd. I, S. 107, W. A. II, 5; II, 10.

Die Geistesaugen haben mit den Augen des Leibes in stetem Bunde zu wirken.

So stille bin ich lange nicht gewesen, und wenn das Auge Licht ist, so wird der ganze Körper Licht sein et vice versa.*

Wer alles, was Goethe während seines Forscher- und Künstlerlebens in Naturwissenschaft und Dichtung über das *Auge, über Farben, Licht und Finsternis* ausgesprochen hat, vereinigte, und fügte noch die zahlreichen Äußerungen in seinen Briefen und Gesprächen hinzu, der hätte damit die methodische Grundlage einer *neuen Sinneslehre* (Ästhesiologie) beisammen.

Kein Sinnesorgan bietet sich dem generellen Studium des Sinneswesens so an wie das Auge. Hier tritt uns ein Organ in seiner physischen, seelischen und geistigen Wesenheit aus dem Inneren entgegen und ergreift in seinem «Blick» fast mit der Konkretheit des Tastsinnes die beleuchtete Körperwelt.

Darüber hinaus offenbaren die Augen den mannigfaltig farbigen Seelenkreis der Temperamente bis zur leuchtenden Erscheinung des Ichs. So kann der Betrachter der Vielfalt des Erscheinenden in der Einheit aller Phänomene vom physischen bis zum geistigen Licht, das zwischen Welt und Organ aufleuchtet, in einzigartiger Weise berührt werden.

Was kommt bei den Augen nicht alles in Betracht: Die Gesamtphysiognomie des Antlitzes scheint in diesen «Juwelen» konzentriert zu sein.

Der freie Blick, der offene Blick, der warme, der kalte, der trübe und verschleierte Blick und so weiter; die Stirnbogen mit den Brauen, die Schläfenflächen, der Schwung flacherer oder gewölbterer Lider, die weitere oder engere

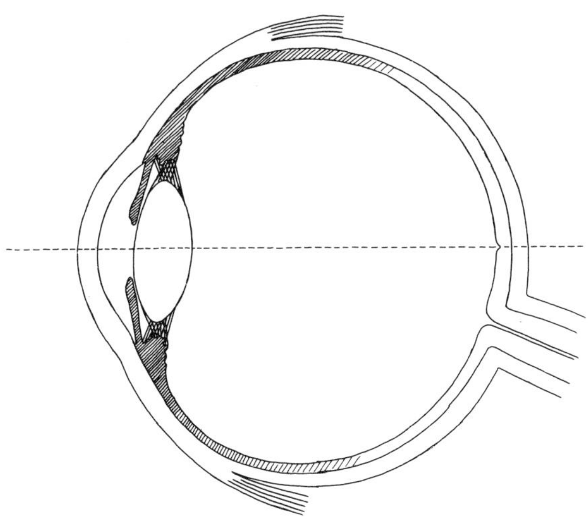

Abb. 93: Gliederung des Auges

* Briefe 1780, 11. März.

Augenstellung zur Mittelachse des Angesichtes, die Durchsichtigkeit der Hornhaut, der weiße Glanz der Sklera; die *Iris* (Regenbogenhaut) mit ihren unbegrenzt variablen Farbnuancen, die sich bei wechselnden Stimmungen oft unvermittelt ändern können. Hier spielt auch die *Pupille* eine wesentliche Rolle in ihrer veränderlichen Weit- und Engstellung. In der griechischen Sprache heißt sie *Kora* = Mädchen, Jungfrau, Tänzerin.

Diese Aufzählung der mit den Augen erscheinenden Wesenselemente ist nur ein schwacher Versuch anzudeuten, was uns alles im Blick begegnen kann.

Die Gliederung des Auges
(idealtypisches Wesen eines Sinnesorgans)

> Mitten in dem Reiche des Seins stehet eine Sonne, welche Alles trägt und hält, Alles belebt und bewegt, und es ist ein Auge, selber von Sonnennatur, für jene Sonne gemacht. Die Sonne ist Gott, das Auge ist die Seele. Gotthilf Heinrich von Schubert*

Im Bereich des Sinnessystems tritt uns das *Wesen des Augenorgans* auf einer besonders hohen Stufe entgegen. Unserer Betrachtung der inneren Organe (Leber, Niere und so weiter) vorgreifend können wir sagen: Organe sind kosmische Sinne für die Welt, Sinne sind irdische Organe für den Kosmos. Das Auge zeigt dies in klarer Weise wie kaum ein anderes Sinnesorgan, als ein physisches, ja als ein vollkommenes physikalisch gebautes Instrument[16], das aber zugleich das Wesen des Organs in seiner Gestalt verwirklicht: Es ist als ein nahezu ideales Sphäroid (als Kugelellipsoid) gebildet. Wir sprechen vom Auge und meinen das

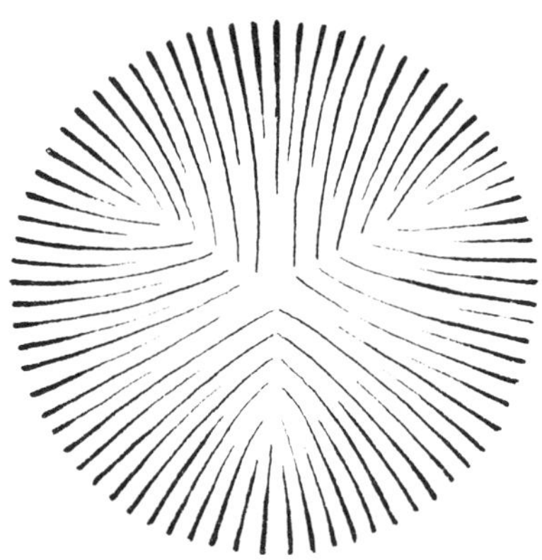

Abb. 94: *Die Linse* erscheint in der Feinstruktur ihrer durchsichtigen Fasern als ein «organischer Kristall».

* Leitspruch zur «Geschichte der Seele», S. 1.

Abb. 95: *Iris und Pupille.* Iris (gr. = Regenbogen). Radial angeordnetes Gefäßnetz, welches mannigfaltige Farbeigentümlichkeiten im Spiel zwischen Licht und Finsternis ermöglicht. Die Pupille, die von seiten der Iris erweitert und verengt werden kann (Irisblende), erscheint schwarz.

Augenpaar, das dem menschlichen Antlitz den höchsten beseelt geistigen Ausdruck verleiht. Als Körper fast ganz verborgen in der Augenhöhle, spricht es durch *Sklera, Iris* und *Pupille* in dreifacher Weise seine Wesensnatur als Lichtorgan aus. Die lichtabweisende bläulich-weiße Sklera in der Peripherie, die lichtempfangende tief-schwarze Pupille im Zentrum, und zwischen beiden bildet die farbige Irisscheibe als Organ ein Gegenbild zu dem, was das Licht im Reich der irdischen Finsternis tätig erleidet.

Bei der Augenentwicklung (vgl. die Abb. 100, S. 230) begegnen einander die Nervensphäre und die Sphäre des Lichtes als des spezifischen Sinneselementes für das Auge. Vom Gehirn her bildet Nervensubstanz zuerst die Augenblase, die sich an ihrem vorderen Pol, mit dem sie dem Licht entgegenstrebt, einstülpt und so den Augenbecher bildet. Der Augenbecher ist der «Golf», in den der Lichtäther einströmt. Aus der äußeren Haut, unter der sich dieser Organkeim entwickelt, gehen stufenweise drei gesonderte Teile hervor: Hornhaut, Linse und Glaskörper. Der Glaskörper hat die Besonderheit, daß auch in ihm Mesenchym eingewandert ist. Damit entsteht im Auge eine funktionell *ätherische Mitte.* Sie bildet mit Linse und Hornhaut zusammen den optisch durchsichtigen Pol des Organs. In diesem Bereich steht die Linse, «Lens cristallina», beweglich in der Mitte zwischen Hornhaut (vordere Augenkammer und hintere Augenkammer) und Glaskörper. Vordere und hintere Augenkammer sind von kristallklarer Augenlymphe (dem Kammerwasser) erfüllt, durch die auch die Linse ernährt wird. Die Linse erscheint als ein «organischer Kristall» mit drei inneren Kristallflächen. Sie «schwebt» im Bereich des vorderen Augenpols, in die optische Achse durch feinste radiale Fasern (Linsenfasern) hereinzentriert. Diese Fasern, die Muskelsehnen entsprechen, sind ringförmig im Muskelring des *Ziliarmuskels* zur Linse ausgespannt. Spannt sich der Ziliarmuskel, dann erschlaffen die radialen Linsenfasern, und die Linse wölbt sich stärker zur Kugelgestalt, ihrer Eigenelastizität folgend. (Akkommodation zum Sehen in der Nähe und umgekehrt.) Hornhaut, Linse und Glaskörper bilden als Lichtätherorganisation des Auges den kosmischen Pol des Organs, der Nervenbecher, der als Retina den Augenhintergrund auskleidet, den physischen Pol.

Das Auge als Lymphorgan

Schon mit der Betrachtung des *Sinnes-Organtypus* konnten wir einige der wichtigsten embryonalen Bildungsstufen des Auges schildern.

Nunmehr betrachten wir im Auge nochmals alles, was ein Organ zum Sinnesorgan macht.

Beim Auge verwirklicht sich Wesensgestalt und Funktion nicht in erster Linie durch *Nervlichkeit*, auch nicht durch die Morphologie der Blutgefäßarchitektonik, so wichtig beide für das Wesen jedes Sinnesorgans sind, sondern durch

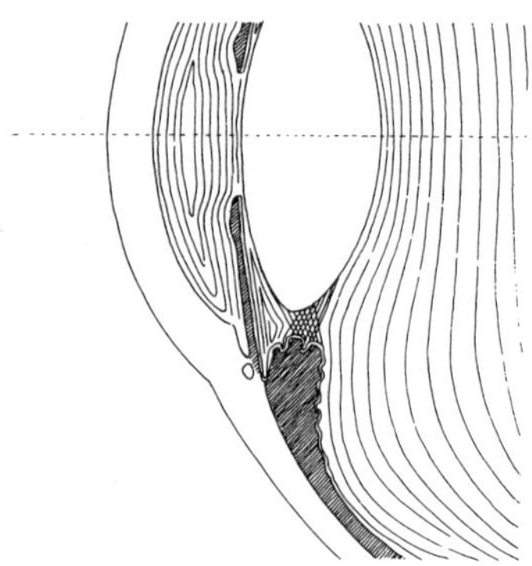

Abb. 96: *Vordere und hintere Augenkammer.* Die Bedeutung des Augenkammerwassers für das optische Organ. Das kristallklare Kammerwasser ernährt die blutgefäßfreie Organregion von Sklera, Linse und Glaskörper.

das Verhältnis, welche diese beiden Organelemente zum mesenchymal-lymphorganischen Grundcharakter gerade dieses Sinnesorgans einnehmen.

Ist es doch höchst bemerkenswert, wie innerhalb dieses *Kugelorgans* Nerven- und Blutelemente in die Randständigkeit des hinteren Augenpols zurückgedrängt sind, während sich das Organ in seiner Ganzheit als *lichtätherische Sphärengestalt* darbietet. Diese Bildung wird durch die geschilderten drei lymphorganisch-mesenchymalen Elemente ermöglicht:

Corpus vitreus* – Lens cristallina – Cornea

Die frühe Entwicklungsanlage des Glaskörpers stammt nach allgemeiner Auffassung aus der Pars optica der Retina von Spongioplasten** ab, Vorläufern der Nervenglia mit mesenchymaler Entwicklungstendenz. Sie wandert als erste in das Areal des späteren Glaskörpers ein. Vor allem ist es dann auch das Begleitmesenchym der Arteria hyaloidea***, welches diese vom hinteren Augenpol zur Kristall-Linse begleitet und das den gesamten Glaskörper ausfüllt, indem es einen nahezu homogen-kolloidalen Körper bildet.

Die Linse entsteht zwischen Augenbecher und der Epidermisplakode. Ektodermale Zellteilung und *Remesenchymalisierungsvorgänge* wirken hier zusammen. Wir finden am vorderen Linsenpol vermehrte Epithelbildungen, am hinteren Pol Linsenfasern von mesenchymalem Charakter.

Hornhaut und Lederhaut des Auges (Sklera) sind im Gegensatz zur Epidermis (zur ektodermalen Körperhaut) wiederum mesenchymaler Herkunft.

(«Der Augenbecher ist zunächst von einer einheitlichen Mesenchymverdichtung umgeben. Diese Hülle schiebt sich auch zwischen Epidermis und Linse ein und steht mit der Linsenkapsel in Zusammenhang. Der oberflächennahe Teil der Mesenchymschicht bildet die bindegewebige Grundlage [Substantia propria] der Hornhaut. Die Transformation dieses Bindegewebes zu einer durchsichtig-klaren Schicht beruht auf einer submikroskopischen Strukturveränderung, die durch die Linse induziert wird.»)****

Rhythmische Funktionen des Auges

Die Dura mater des Gehirns, die Sehnervenscheide und die Sklera bilden morphologisch und funktionell eine Einheit.

Ein unmittelbar mit dem Hell-Dunkel-Geschehen verbundener *rhythmischer Bereich* ist durch den *Ziliarmuskel*, seine Sehnenfasern zur Linse (Zonu-

* Corpus vitreus = lat. = vitreus = gläsern.

** Spongioplasma von gr. = σπόγγος = Schwamm und Plasma, siehe oben.

*** Hyaloidea von gr. = ὑαλός = kristallhaft, gläsern.

**** Wir folgen hier der Darstellung von Dietrich Starck, Embryologie, a. a. O. S. 424 ff.

lafasern), die durch den Ziliarmuskel bewirkte Linsenbewegung in Spannung (Abflachung) und Lösung (Aufwölbung), und nicht zuletzt durch die im Corpus ciliare signifikant hervortretenden arteriovenösen Kapillarnetze für das Auge zu erkennen.

Aus den Blutgefäßen des Ziliarkörpers wird als weiterer Beitrag zum rhythmischen Geschehen des Auges *das Kammerwasser* abgesondert, das von der hinteren Augenkammer zur vorderen Augenkammer strömt und seinen Abfluß im Kammerwinkel der vorderen Augenkammer durch den Schlemmschen Kanal findet (siehe Abb. 96, S. 224).

Die *Lymphe* treffen wir im Auge organbildend und organernährend. Sie entspringt im Kapillarbereich der Blutgefäße des Ziliarkörpers und fließt von innen nach außen, dabei die Linse umspülend. Da die Kristall-Linse als lichtklares Organ ausgebildet ist, könnte sie nicht durch Blut ernährt werden, ohne daß Trübung einträte. Hier ist die Lymphe zur reinsten Organnahrung kohibiert. Sie ernährt und belebt die fast mineralische, kristalloid strukturierte Linse. Der Lymphabfluß erfolgt durch den Lymphgang und bildet die Tränenflüssigkeit, fließt ununterbrochen von der Tränendrüse her über die Hornhaut und ernährt sie auf gleiche Weise. Dieser Lymphstrom wird durch den Tränennasengang abgesaugt und im Bereich der Nasenschleimhaut der mittleren Muschel resorbiert.

Zum Rhythmusbereich des Auges ist in diesem Zusammenhang auch die *Iris* mit ihrem so überaus individuellen Blutgefäßnetzwerk, mit ihrer Muskulatur (Sphincter pupillae*) und der nach innen gelagerten restlichen Nervenauskleidung (Pars iridicae retinae) zu erwähnen. Die *Pupille* bildet das weitere oder engere Tor des Lichtes ins Augeninnere, die Blende des optischen Systems. Sie wurzelt am vorderen Rand des Ziliarmuskels und berührt mit ihrem inneren Pupillenrand die Linse. Von der Rückseite her ist die Iris stets tief schwarz durch die Einlagerung dunkler Pigmente; in der Vorderseite, in die das Licht in feinste Gefäßnetze eindringt, erscheinen mannigfaltige individuelle (und sogar vom Seelischen her wechselvolle) Farben von Blau bis tief Dunkelbraun. Alle Irisfarben, aber vor allem die blaue Farbe, gehören zu den schönsten Beispielen der Farbenentstehung nach der Goetheschen Farbenlehre – Blau: durchlichtete Sphäre vor Finsternis. Da man an der Iris wie an keiner Stelle des ganzen Leibes Blutkapillaren unmittelbar in wechselnden Zustandsformen beobachten kann, ist es möglich, von hier aus die Gefäßstruktur innerleiblicher Prozesse zu erkennen, die sich unmittelbar auf den kapillaren Blutstrom auswirken (zum Beispiel Entzündung oder Sklerose, Augendiagnose). Durch die Irismuskulatur kann die Pupille verengt oder erweitert werden (Ergänzung der Akkommodationsvorgänge). Nicht nur die Lichtverhältnisse bewirken diese Veränderungen, sondern auch rein seelische Vorgänge.

* Sphinkter, gr. = σφιγκτής von σφίγγω = zusammenschnüren.

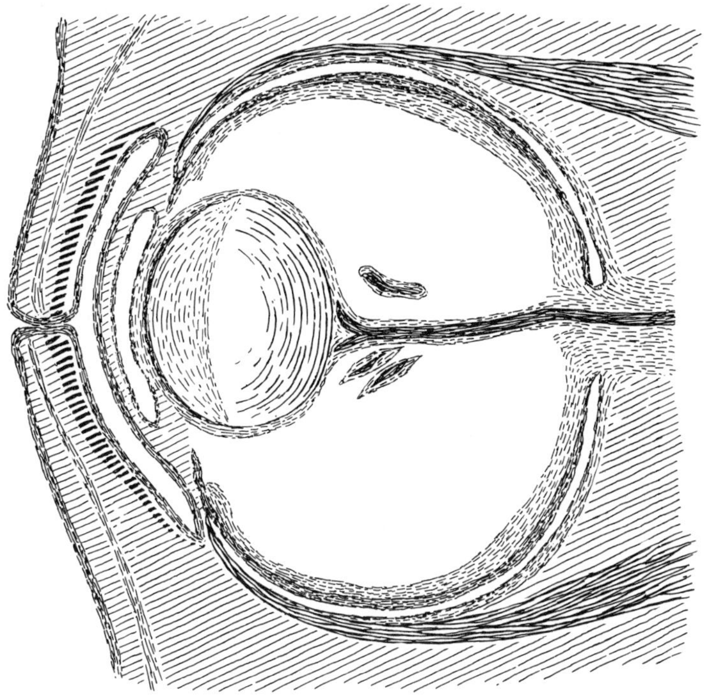

Abb. 97: *Augenentwicklung* (nach Boenig), halbschematisch. Lid, Lidspalte; vordere Augenkammer, Linsenkapsel, Linse; Glaskörper, Arteria centralis retinae.

Am hinteren nervlichen Augenpol wirkt also das Blut vor allem ernährend-ätherisierend, am vorderen Augenpol vor allem bewegend-dynamisch, rhythmisch.

Die Blutversorgung des Auges und die Bedeutung der Aderhaut (Chorioidea), Ätherisation der Sinnesnerven

Es wurde bereits darauf hingewiesen, daß in dem sphärischen Lichtorgan des Auges Blut und Nerv in die Peripherie hinausgedrängt wurden, um dem lichtoptischen Geschehen volle Entfaltung zu gewähren. Wie ursprünglich noch beim Embryo des dritten Monats die Arteria centralis retinae mitten durch den in Bildung begriffenen Glaskörper zog, zeigt die Abb. S. 97. Diese Arterie obliteriert in der weiteren Entwicklung und löst sich dann im Kolloid des Glaskörpers auf.

Das Verhältnis von Blut und Nerv nach der Reduktion der Arterien, und weiter das Verhältnis der Arterien- und Venenblutadern in der Augapfelperipherie bis in die feinste Gefäßarchitektonik zu verfolgen, könnte uns viel Prototypisches über die Beziehung von Blut und Nerv auch bei anderen Sinnesorganen erbringen. Wir müssen uns leider mit einigen wenigen charakteristischen Bildern begnügen und versuchen, bei diesen das Wesentliche herauszulesen.

Hier tritt vor allem die *Aderhaut* (Chorioidea) zwischen der Retina und der Sklera hervor (Abb. 98).

Eine ähnliche *Venosität* findet sich im Organismus kaum ausgeprägter – und man kann sich fragen, was die hier so extrem ausgebildeten Wirbelvenen* bedeuten.

In der Gehirnumgebung haben wir es mit einer entsprechenden Überbetonung des Venenwesens zu tun. Auch in der Gehirn- und Schädelbasisregion finden sich stark ausgedehnte Venenbluträume, die wir mit den üblichen Begriffen «Ader», «Gefäß» nicht ihrem Wesen gemäß charakterisieren können.

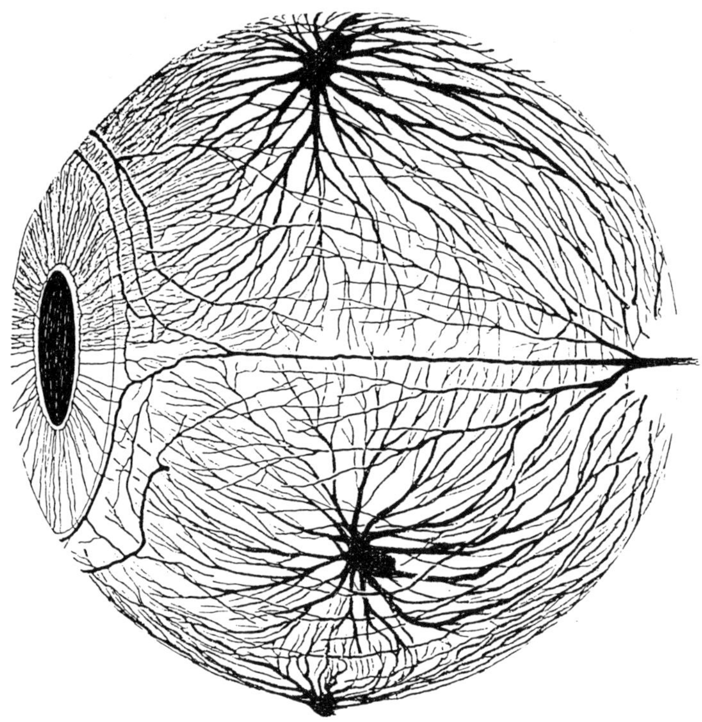

Abb. 98: *Wirbelvenen* (Venae vorticosae der Aderhaut) mit den charakteristischen sinusartigen Zusammenflüssen. Vorderer Pol: Pupille. Hinterer Pol: Nerveneintrittszone (schematisch vereinfacht nach Sobotta).

* Wirbelvenen, lat. = Venae vorticosae; Vortex = Wirbel.

Gerade hier finden sich nämlich venöse Blutbuchten (Sinus) in besonders breiten Bahnen. Es erhebt sich sowohl angesichts der Gehirnnervenregion als vor allem auch im Hinblick auf die Augensinnesorganperipherie die Frage nach der Bedeutung dieser mannigfaltigen Venenerweiterungen.

Überall, wo wir Venenerweiterungen finden (Venensinus, Wirbelvenen und so weiter), können wir im Organismus besondere Aktivitäten des ernährenden und ätherisierenden Blutgeschehens erkennen (Ätherisation des Blutes – Rudolf Steiner).

Der Sehpurpur

In der Peripherie der Nervenelemente des Augapfels, im Stäbchen und Zäpfchenbereich der Retina und in unmittelbarer Berührung mit der *Choriocapilaris* (Chorioidea) und damit auch vor allem mit der CO_2-Sphäre der Wirbelvenen, der Adernhauthülle innerhalb der Sklera (siehe Abb. 98), findet der wesentlichste sinnesätherische Auf- und Abbau des Sehpurpurs statt. Man spricht im Hin-

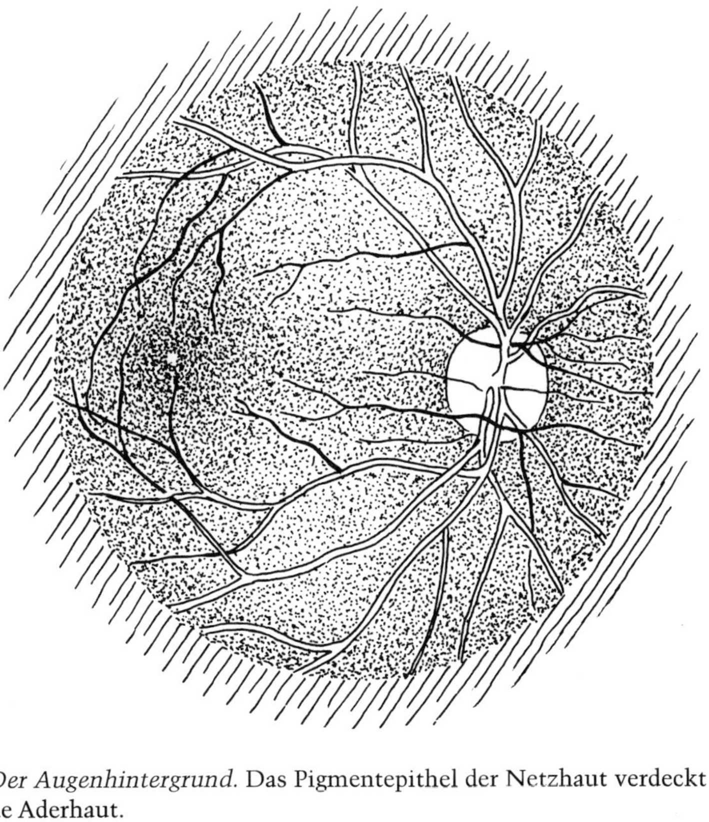

Abb. 99: *Der Augenhintergrund.* Das Pigmentepithel der Netzhaut verdeckt die darunterliegende Aderhaut.

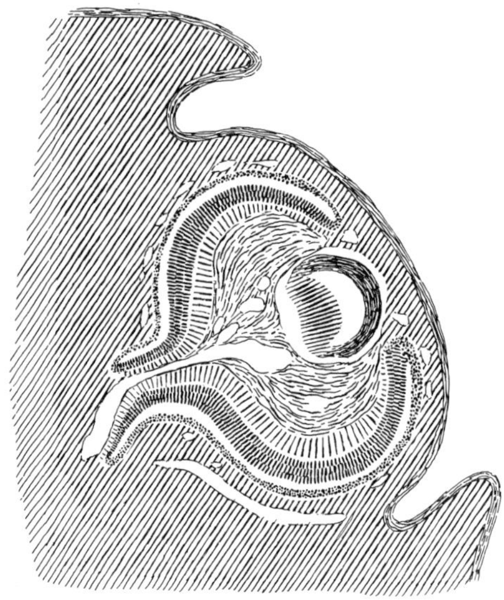

Abb. 100: *Augenbläschen, Augenhintergrund, Retina* (Entwicklung).

blick auf diesen einzigartigen Stoffwechselvorgang geradezu von einer *Sehpurpurwanderung* in den verschiedenen Phasen der Lichtwahrnehmung. Die Farbtöne gehen dabei von Tiefpurpurrot über Rotorange zu Gelb bis zur völligen Abblassung, welcher dann wieder die Sehpurpurregeneration folgt. Den Farbstoff hat die Physiologie als Retinin bezeichnet und als ein dem Vitamin A verwandtes Protoid charakterisiert. Retinin- und Vitamin-A-Mangel erzeugen Nachtblindheit.*

Der Sehpurpur wird durch Belichtung gebleicht, wobei das kühle Blauspektrum (Tageslicht) die Purpurintensität stärker, das warme Rotspektrum weniger angreift. Der Sehpurpur der ausgebleichten Netzhaut wird in der Nachtdunkelheit wieder neu erzeugt, ein Sinnesregenerationsprozeß, der durch die ätherisch-energetische Choriocapillaris ermöglicht wird. In diesem Zusammenhang ist es verständlich, daß schon eine kurze Unterbrechung der Netzhautdurchblutung zu irreversiblen Schädigungen führt (Rein). Die Lichtwahrnehmungsbereitschaft (Dunkeladaption) der Netzhaut untersteht insofern der ätherischen Blutkonstitution, als sie in einer Kohlendioxydsphäre Milchsäure zu bilden und durch diese – durch Phosphorylierung – weitgehend anaerob die zum Sehpurpuraufbau notwendige Glykolyse zu vollziehen vermag. (Vergleiche hierzu die verwandten Vorgänge der *anaeroben* Milchsäure-Glykogenregeneration des Muskelstoffwechsels. Vergleiche Teil II, Muskelenergieprozess).

* Über Retinin, Rhodopsin und Porphyropsin vgl. Landois-Rosemann, Lehrbuch der Physiologie des Menschen, Bd. II, S. 858 ff.

Wenn der Arzt mit dem Augenspiegel durch die (medikamentös erweiterte) Pupille in den Augenhintergrund schaut, *dann sieht er in gewissem Sinne unmittelbar ins Gehirn*, denn die Augenanlage ist eine Ausstülpung des Gehirns.

Der Hohlraum des Augenbläschens – Vesicula optica – war durch den Augenblasenstiel noch mit der ventralen Seitenwand des Zwischenhirns (Diencephalon) verbunden. Dieses Augenbläschen stülpt sich wieder nach innen und bildet damit den *Augenbecher* sowie das innere und das äußere Blatt der Retina. Beide Blätter umfassen die Linsenplakode und die Glaskörperanlage.

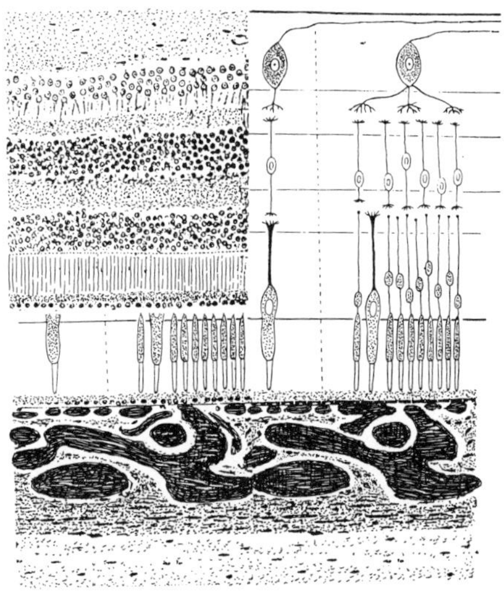

Abb. 101: *Die Schichten der Retina.*

Retina und Sehnervenverlauf

Im Bild des Augenhintergrundes sehen wir neben der beeindruckenden rotorange Pigmentierung des Sehpurpurs der gesamten Hintergrundfläche die oval-runde, deutlich blassere *Nerveneintrittspapille* der Eintrittspforte des Fasciculus opticus* mit schätzungsweise einer Million Fasern. Die netzförmige Auskleidung der häutigen Augenwandung mit diesen Fasern bildet die *Retina*. In der Papillenmitte treten die Zentralgefäße (Vasa centralia retinae) ein und aus. Ihr Verlauf schimmert mehr oder weniger deutlich durch die Retina hindurch (vergleiche Abbildung 99).

* Fasciculus, lat. = Bündelchen.

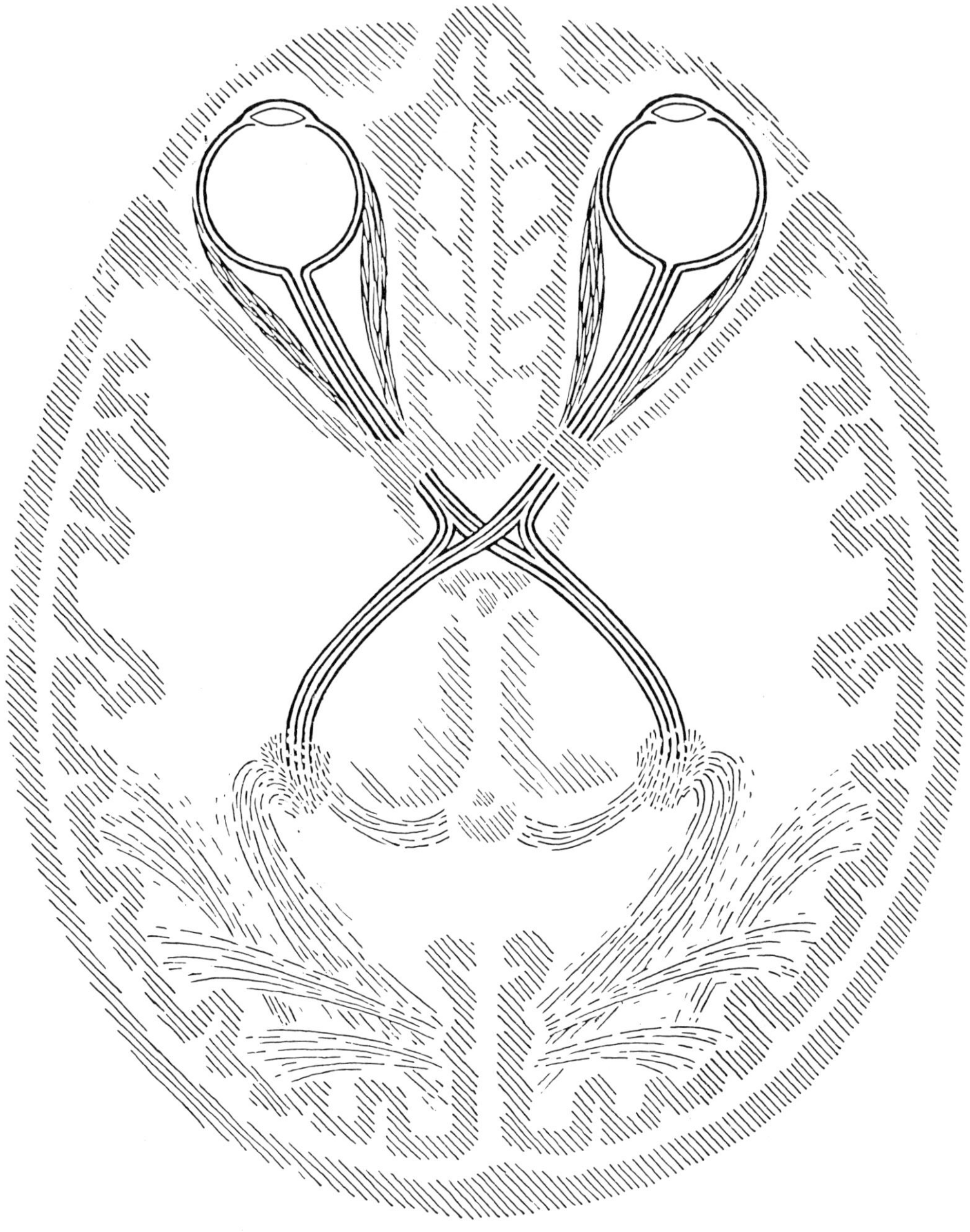

Abb. 102: *Beziehung des Auges zum Gehirn als Ganzheit*, halbschematischer Horizontalschnitt durch die Augenhöhlenregion. Wir verfolgen die Sehnerven, ihre Kreuzung im Zentralbereich der Schädelbasis (Türkensattel), Weiterverlauf der optischen Nervenfaserzüge (tractus optici) bis in den optischen Grenzbereich des Hinterhaupthirns, Seh- und Erinnerungsfelder. Vergleiche hierzu den Abschnitt Retina und Sehnervenverlauf, S. 231.

Neben der Papilla nervi optici (blinder Fleck) liegt die Zentralgrube (Fovea centralis*), die Zone des schärfsten Sehens, das Zentrum des optischen Systems. Der Fasciculus opticus, in dem sich alle Netzfasern der Retina gesammelt haben, zieht gehirnwärts zunächst zur Sehkreuzung (Chiasma** opticum), in welcher sich Fasern des linken und rechten Auges jeweils zur Gegenseite wenden, wobei 25 bis 30 Prozent der Optikusfasern ungekreuzt weiterziehen. Jenseits der Sehkreuzung bezeichnet man den Sehnerv der jeweiligen Hirnhemisphäre als *Tractus opticus*, der zu den Sehzentren der Vierhügelzone des Mittelhirns führt (Corpus geniculatum laterale der Thalamusregion des Mittelhirns).

Von diesen (primären) Sehzentren ziehen breite Nervenfaserstreifen (Vico d'Azyrsche und Gratioletsche Strahlung) in den Sehrindenbereich der Okzipitalrinde des Gehirns[17].

Der Sinnesorganismus und die vier Ätherarten

> Das Ähnliche ist dem Ähnlichen von Natur verwandt.
>
> Plato, Protagoras***

Die Sinnesvielfalt bildet einen Organismus, dem sich die Vielfalt der Natur offenbart:

> «Man schließe das Auge, man schärfe, man öffne das Ohr, und vom leisesten Hauch bis zum wildesten Geräusch, vom einfachsten Klang bis zur höchsten Zusammenstimmung, von dem heftigsten leidenschaftlichen Schrei bis zum sanftesten Worte der Vernunft, ist es nur die Natur, die spricht, ihr Dasein, ihre Kraft, ihr Leben und ihre Verhältnisse offenbart, so daß ein Blinder, dem das unendlich Sichtbare versagt ist, im Hörbaren ein unendlich Lebendiges erfassen kann.
>
> So spricht die Natur zu [immer] andern Sinnen, zu bekannten, verkannten, unbekannten Sinnen, so spricht sie mit sich selbst und zu uns durch tausend Erscheinungen.» Goethe****

Im gleichen Sinne, wie wir vom «Nervenorganismus» gesprochen haben, können wir vom «Sinnesorganismus», ja vom «Sinnesmenschen» sprechen.

* Fovea, lat. = Grube.

** Chiasma, gr. = χιάσμα = Teilung, Spaltung.

*** Platos sämtl. Werke, Bd. I, S. 81.

**** Naturw. Schr., Bd. III, S. 78 ff.

Die Sinnesorganisation als Ganzes macht sich in den drei Gliedern der menschlichen Natur geltend.

Es versteht sich von selbst, daß wir mit dieser Betrachtungsart die Grenzen der physiologischen Sinneslehre, die sich auf den reinen Wahrnehmungscharakter beschränkt, überschreiten. Bisher unbekannte Sinne tauchen auf.

Eine alte Erkenntnis der biologischen Wissenschaften lehrt, daß jedes Organ, das nicht genützt wird, verkümmert und nach und nach vollständig verschwindet. So bildet sich ein Muskel, der nicht bewegt wird, zurück, so verlieren frühe aktuelle Organe ihre Bedeutung (Degeneration der Epiphyse als atavistisches Licht-Wärme-Organ urzeitlicher Lebewesen beim Übergang vom Wasser- zum Landleben).

Mannigfaltige Metamorphosen mit Verlusten und Steigerungen können aufgezeigt werden. Ein berühmtes Beispiel ist hierfür der Grottenolm, der in der Höhlenfinsternis seine Augenorganisation eingebüßt hat. Selbst bei höheren Säugetieren hat man bei Zufallsbefunden oder experimentellen Reduktionen im zentralen Bereich der Augenorganisation bei Lichtausschluß gefunden.

Wenn man zu diesen negativen Sinneserfahrungen positive Ergebnisse neuerer Forschung hinzunimmt, die mit Erweiterung und qualitativer Steigerung des Sinneserlebens einhergehen, wird man neue Ansätze zum Verständnis der Beziehungen zwischen Organ und Welt, zwischen Sinnesäther und kosmischer Ätherwelt entdecken.

Für solche Forschungen hat Rudolf Steiner konkrete Grundlagen in seiner Sinneslehre gegeben, indem er aufzeigte, daß wir es bei den *Sinnesgolfen** mit der unmittelbaren Einwirkung kosmisch-peripherer Kräfte auf den Organismus zu tun haben. Am Anfang des Sinneskapitels haben wir auf diese Zusammenhänge durch die Betrachtung embryologischer Verhältnisse hingewiesen. Vor allem die Augenorganisation bietet für das Studium dieser Entwicklungsgegebenheiten das vollkommenste Erfahrungsfeld.

Die Augenplakode, die erste Innen-Außen-Beziehung zwischen Neuralleiste und Epidermalplakode (Metamorphose der ektodermal-nervalen Struktur durch Remesenchymalisierung), die darauf folgende Bildung des Augenbläschens mit seiner Sinneslymphe, die Augenbecherbildung mit seinem retinalen Nervenhintergrund vollendet die golfartige Gestaltbildung (siehe Abb. 78, S. 201).

Glaskörper, Linse, Cornea und das Kammerwasser, das vierfache Tor des Lichteintrittes in die Tiefe des Sehorgans, vollendet den Gestalttypus des Sinnesorgans.

An anderer Stelle hat Rudolf Steiner, unmittelbar an physiologische Verhältnisse rührend, die Golfbildung der Sinnesorgane besonders ausführlich erwähnt, und zwar als Doppelprozeß, bei dem der *Einstrom kosmischen Äthers,*

* nach Rudolf Steiner

der äußere Anteil des Sinnesgeschehens und die Bildung des *Golfes*, des *Sinneskelches* als *Empfangsgebärde eigenleiblicher Ätherität* in ihrem Zusammenströmen *ein* kosmisch-leibliches Organ bildet. Hier soll uns Rudolf Steiners Darstellung unmittelbar weiterführen*.

Mit dem Hinweis auf die folgende Behandlung der vier Ätherarten wendet sich Rudolf Steiner zunächst dem Lebensäther im Zusammenhang mit den *Kohlendioxydprozessen* bei der Atmung zu:

«Wenn wir den Stoffwechsel heraufverfolgen bis zum Atmen, so finden wir, daß der Mensch aus sich heraus gestaltet den Kohlenstoff, der überall im Menschen zu finden ist. Er wird vom Sauerstoff aufgesucht, wird in Kohlensäure verwandelt, die dann der Mensch ausatmet...; der Mensch atmet die Kohlensäure, die Verbindung, die der Sauerstoff mit dem Kohlenstoff eingegangen hat, aus. Aber bevor die Ausatmung geschieht, wird der Kohlenstoff sozusagen noch zum Wohltäter der menschlichen Natur. Denn dieser Kohlenstoff, indem er sich mit dem Sauerstoff verbindet, indem er gewissermaßen verbindet, was die Blutzirkulation bewirkt, mit dem, was die Atmung dann aus der Blutzirkulation macht, dieser Kohlenstoff, er wird zum Wohltäter der menschlichen Organisation; *denn bevor er den menschlichen Organismus verläßt, verbreitet er in dem ganzen menschlichen Organismus eine Ausströmung von Äther*[18]. Die physische Wissenschaft sagt bloß: der Kohlenstoff wird mit der Kohlensäure ausgeatmet. Das ist aber nur die eine Seite des ganzen Vorganges.

Der Mensch atmet die Kohlensäure aus, *aber in seinem ganzen Organismus wird durch das Ausatmen zurückgelassen von dem Kohlenstoff, der in Anspruch genommen wird von dem Sauerstoff, Äther. Dieser Äther dringt in den Ätherleib des Menschen ein. Und dieser Äther, der immerzu von dem Kohlenstoff erzeugt wird, ist das, was nun die menschliche Organisation geeignet macht, sich den geistigen Einflüssen zu öffnen, was die astral-ätherischen Wirkungen aus dem Kosmos aufnimmt. Da werden von diesem Äther, den der Kohlenstoff zurückläßt, die kosmischen Impulse angezogen, jene kosmischen Impulse, die wiederum gestaltend auf den Menschen wirken...»*

«... Dieser Äther muß fortwährend unsere Sinne, zum Beispiel unser Auge, durchdringen, damit die Augen sehen können, damit die Augen den äußeren Lichtäther aufnehmen können. Wir verdanken also dem Kohlenstoff, daß wir eine Ätherbereitung in uns haben, die der Welt entgegenkommen kann.

Alles das wird schon im Stoffwechselsystem vorbereitet. Aber das Stoffwechselsystem ist als menschliches System in den ganzen Kosmos so hineingestellt, daß es für sich selbst nicht bestehen könnte.»*

Diese überaus subtile Schilderung ätherischer Geschehnisse im Sinnesprozeß ist in der *Physiologie* durch Selbstversuche – Experimente – nachvollzogen

* Rudolf Steiner: Der Mensch als Zusammenklang des schaffenden, bildenden und gestaltenden Weltenwortes, GA 230, S. 130 ff.

Abb. 103: *Sinnesgolfbildung.*
Kosmischer Äther und organischer Äther durchdringen sich in den Sinnesgolfen (nach einer Skizze von Rudolf Steiner).

worden. Gustav Schubert* hat die Stratosphärenohnmacht beim Höhenflug als Folge übermäßiger Kohlendioxydspannung im Blut und das Wiedererwachen aus dieser Ohnmacht in erschütternder Weise in seiner Vorlesung an der deutschen Karlsuniversität in Prag in den vierziger Jahren geschildert. Ich habe seine Worte noch im Ohr. Er sagte etwa: «Für das, was ich hier erfuhr, habe ich keine Sprache. Geradezu paradiesische Sinneserlebnisse nahmen mich gefangen; Symphonien von Farben, Formen und Klängen erfüllten mich.» Der sonst nüchterne Ton des Vortrages war für einige Momente vollkommen verschwunden.

Entsprechende und im Wesen gleichartige Darstellungen finden sich bei Karl E. Schaefer über Sinneserlebniserweiterungen und Bewußtseinsveränderungen bei erhöhter Dioxydspannung im Blut bei Tiefseetauchversuchen.**

* Gustav Schubert (geboren am 20. 6. 1897; Lehrstuhl für Physiologie und Luftfahrtmedizin 1942).

** Karl E. Schaefer, Professor für Physiologie, früher Heidelberg, zuletzt New London, Connecticut (Submarine and space medicine).

Die zwölf Sinne

Der Sinnesorganismus verbindet unsere Leibesorganisation mit einer doppelten Ätherwelt. Die kosmische Ätherwelt und die organische Ätherorganisation bilden in den Sinnen eine Einheit.

Die ätherische Welt begegnet uns in vier Wesensqualitäten, auf die Rudolf Steiner immer wieder hingewiesen hat.

Wärmeäther
Luft- und Lichtäther
Flüssigkeitsäther
(von Rudolf Steiner auch als chemischer oder Klangäther bezeichnet)
Lebensäther*

Der Äther wurde schon in frühen religiös-philosophischen Überlieferungen als *Gottheit* verehrt. Dies vor allem in jener Strömung, die sich durch die ganze hellenische Kulturepoche als Orphik verfolgen läßt. Die frühe Naturphilosophie verstand unter dem Äther eine allumfassende göttliche Wesensmacht (σὐία), die alles Sein, durchlebend und bewegend, begründet. Empedokles hat dann (um 450) diese urgöttliche Bewegung in vier *Bewegungschören, Reigenketten* (Στοιχεῖα)** in ihren Zusammenhängen und Kräfteverwandlungen als Feuer, Wasser, Luft und Erde dargestellt.

Aristoteles folgte seinerseits der empedokleischen Tetraktys (Vierheit), indem er dem *ewig bewegten Äther* eine fünfte, alles umfassende Einheit schaffende, ätherische Qualität – die Quintessentia*** – hinzufügte.

Wir haben gesehen, daß es ohne Lichtätherwirksamkeit kein Auge, ohne Klangäther kein Ohrorgan, ohne die verschiedensten kosmischen Äthereinwirkungen keine Sinnesorgane gäbe und daß wir das *Wesen der Sinnesorgane* in dem Synergismus organätherischer mit kosmischätherischen Kräften in ihrem Zusammenwirken in den Sinnesgolfen zu erkennen haben.

* Vergleiche Aufzeichnungen Rudolf Steiners zur Sinneslehre in «Beiträge zur Rudolf Steiner Gesamtausgabe», Dornach 1971, Nr. 34.

** Στοιχεῖον hat in der theologischen Sprache sowohl die Bedeutung von Himmelskörper als von Grundstoff, Element; in ersterer tritt die Grundbedeutung: Reigenglied, noch hervor; die στοιχεῖα θέοντα sind die Glieder des kreisenden Himmelsreigens. Willmann, Gesch. d. Idealismus, I, S. 208. Geläufiger ist uns der Reigen der Musen, und auch die Gestirne werden als Reigen (στοῖχος) gedacht; die älteste Bedeutung von στοιχεῖον ist: Glied des Sternreigens. Ein orphisches Fragment spricht von κόσμου στοιχεῖα θέοντα).

*** Die Einheit von Sinnesorgan und kosmischem Sinnesäther wird schon in frühen antiken Überlieferungen dargestellt. So bei Willmann nach vedischen Quellen: ... Die vier Elemente: *Erde, Wasser, Licht* und *Luft*, zugleich aber die ihnen entsprechenden Sinnesorgane: Geruch, Geschmack, Gesicht und Gehör; das Auge ist das organgewordene Licht und blickt auf sein eigenes

So ist es vom Gegenstand her sachgemäß die Sinnesorganisation von den Ätherkräften her, die sie beleben und bewegen, zu verstehen.

Der ätherische Grundcharakter der Elementenvierheit Feuer-Wasser-Luft und Erde, der uns dann auch in der Hippokratischen Medizin wieder begegnen wird, hatte sich noch nicht auf einen bloß physikalischen Materiebegriff festgelegt, wie er uns in dem lateinischen «Elementum» geboten wird und wie ihn die Physik gegenwärtig im Sinne der Aggregatzustände gebraucht.

Die Naturphilosophie betrachtete die Welt in allen ihren Zusammenhängen noch rein qualitativ-eigenschaftlich. In dieses dynamische Weltbild der Vorsokratiker griff Demokrit von Abdera (um 460 oder 470 v. Chr.) mit seiner mechanistischen Atomlehre ein, jede qualitative Anschauung verbannend.

Diese Naturphilosophie verstand die Welt als Kosmos, in welchem das göttliche-ideelle Sein mit der Erscheinungswelt als Einheit gesucht wurde.

In unserer Zeit sind wir gefordert, unsere Welterfahrungen aufs neue tiefer und lebendiger zu erleben, indem wir die Elemente nicht nur physikalisch als Aggregatzustände notieren, sondern wie die Griechen dynamisch-übermateriell als *Ätherkräfte*, als Wesensglieder allen Seins zu erleben. Im Sinne der Menschenkunde Rudolf Steiners gelangen wir dann zu überaus fruchtbaren Zusammenhängen:

Feuer =	Wärmeäther = Ich
Luft =	Luft und Lichtäther = Seelenleib
Wasser =	Flüssigkeitsäther = Lebensleib
Erde =	Lebensäther = Physis

In den Sinnesorganbereichen, in denen Lymphe, Blut und Nerven zusammenwirken, begegnet uns wiederum die Dreigliederung vereint mit den Ätherarten.

Element hinaus, tritt mit ihm aktiv in Verbindung – eine Durchführung der Anschauung, daß Gleiches durch Gleiches erkannt wird, die zu den analogen Lehren der griechischen Physiker den Schlüssel bilden kann. –
Sofern die Himmelssphären tönen, sind sie durch die Harmonie verbunden, der Zusammenhang ihrer Bewegungen aber wird unter dem Bilde einer sie zusammenhaltenden Kette vorgestellt. In einem orphischen Fragmente fragt Zeus das Orakel der Nacht, der ältesten Vorgängerin Apollons: «Wie kann ich alles zur Einheit bringen und doch geschieden erhalten?» und erhält die Antwort: «Mit dem endlosen Äther umspanne alles, inmitten desselben sei der Himmel und die weite Erde, das Meer und alle Sternbilder, die den Himmel kränzen; dann aber ziehe ein gewaltiges Band (δεσμόν) um alles, das die goldene Kette (σειρήν) an den Äther knüpft.» Das Alter dieser Vorstellung ist durch die homerische Stelle über die goldene Kette des Zeus verbürgt; daß das Bild der Naturerklärung dienen soll, wird von Aristoteles, der in ihm die Anschauung vom ersten unbewegten Beweger wiederfindet und es daher billigt, ausdrücklich gesagt. Die Kette heißt golden, weil sie die Gestirne bindet; nicht ausgeschlossen erscheint, daß Σειρήν und σειρή abgeleitet ist, und die Seirenen als die Kettenglieder gedacht sind. In dem Mythus von der Halskette der Harmonia, der Gattin des Kadmos, deren Hochzeit die Musen mit ihrem Gesange und Athene mit einem Peplos schmückte, verschränken sich diese Anschauungen ineinander. Willmann a. a. O I, 27.

So werden die Sinne zu «Kunstwerkzeugen» des Menschen zwischen Kosmos und Organismus.

Mit der Vereinigung dreier Fundamentalentdeckungen: der Entdeckung der *Dreigliederungsmorphologie*, der Anschauung der *vier Ätherarten* und ihrer Beziehung zu den vier Wesensgliedern hat Rudolf Steiner eine vollkommene – in sich geschlossene – Menschenkunde begründet. Die *Sinneslehre* ist in dieser *Anthropologie* eines der umfassendsten und zukunftsträchtigsten Gebiete, in welchem Gestaltcharakter, Physiologie, Seelenlehre und Sinnesphilosophie eine bisher nie erreichte Einheit bilden. Hierzu sollen nunmehr in aller Kürze die wichtigsten Zusammenhänge aufgezeigt werden: Beginnen wir innerhalb der Gesamtdreigliederung zuerst mit der *Willensorganisation*. Aus der kosmischen Peripherie ziehen Inkarnationsimpulse, die uns als Willensgeistigkeit in ihrer umfassenden Bedeutung kaum zum Bewußtsein kommen, in die ätherisch-dynamischen Organprozesse ein. Hier greift in unserer Organisation der *Lebensäther* ein. Die unter der Wirksamkeit des Lebensäthers mögliche Sinnesorganbildung führt zu dem charakteristischen, mehr oder weniger differenziert ausgebildeten, plastischen Körpersinn – zum

Tastsinn.

Im Bereich des *Flüssigkeitsäthers (Klangäthers)*, der das ganze Leibesgewebe lymphätherisch durchströmt, können wir von einem zweiten peripherkosmischen Sinn sprechen, es ist der

Lebenssinn.

Vertiefen sich Form- und Gestaltungskräfte des *Luft- und Lichtäthers* in die Willensleiblichkeit, so bildet sich im Zusammenwirken zahlreicher Organprozesse im Bereich der Ernährung und der Generationsorganisation bis zur Gliedmaßenbildung der

Bewegungssinn aus*.

Auf der nächsten Stufe bewirkt der Wärmeäther die Ausbildung des

Gleichgewichtssinnes,

der in allen Sinnessphären synästhetisch mitwirkt und an dem gemessen der raumstatische Sinn der Ohrregion fast schon zu spezialisiert erscheint.

In der gefühlsorientierten Mitteregion des Sinnesorganismus greift der Lebensäther wiederum in peripherischer Weise in das Sinnesgeschehen ein. Er bildet hier den

Geruchssinn.

* Vergleiche: «Der Bewegungssinn», Teil II, S. 499.

Der Flüssigkeitsäther, von Rudolf Steiner häufig auch als chemischer Äther bezeichnet, erschafft die Knospenorgane des

Geschmackssinnes.

Der Licht- und Luftäther gestaltet für eine nächste höhere und bewußtere Wahrnehmungsstufe den

Sehsinn.

Der Wärmeäther bildet den allumfassenden, den ganzen Organismus durchdringenden, qualitativ sogar über die Leibesgrenzen hinausstrahlenden, synästhetischen

Wärmesinn.

Die nun folgende dritte Stufe vereinigt die Ätherarten mit den höheren Wesensgliedern zu sublimsten Funktionseinheiten, die aber morphologisch (vom Hörsinn abgesehen) kaum als gestaltlich faßbare Organe erscheinen.

Im Felsenbein der Schädelbasisregion haben die Ströme des Lebensäthers das physisch-geistige Organ des

Hörsinns

geschaffen.

Wortsinn

Der *klangätherische Wortsinn* faßt, ohne eindeutige Organabgrenzung, den ganzen unteren dynamischen Sprachbewegungsorganismus in übergeordneter Geistigkeit zusammen (Atemrhythmus, Kehlkopf, Lautgestaltungsraum von Kehle, Mundhöhle, Gaumen, Zunge, Zähnen und Lippen), sowie die Organe des hinteren oberen Rachens (einschließlich der Tuba auditiva und des Ohres). Über allen diesen Organen «schwebt das Wortwesen», *der Logos,* der hier die ganze Organisation sprechend mit der Welt verbindet.

Gedankensinn

Auf der nächsten Stufe gelangen wir zum *lichtätherischen Gedankensinn.* Kosmischer Lichtäther vereinigt sich mit dem eigenen, inneren *Bewußtseinslicht.*

Auf der letzten, höchsten Stufe erleben wir in der bedeutsamsten Entfaltung des *Wärmeäthers* den

Ichsinn.

Abb. 104 ▶

Die zwölf Sinne

Ichsinn
Gedankensinn
Wortsinn
Hörsinn

Wärmesinn
Sehsinn
Geschmacksinn
Geruchssinn

Gleichgewichtssinn
Eigenbewegungssinn
Lebenssinn
Tastsinn

TEIL II

V.
Der rhythmische Organismus

Wie kann sich der Mensch gegen das Unendliche stellen, als wenn er alle geistigen Kräfte, die nach vielen Seiten hingezogen werden, in seinem Innersten, Tiefsten versammelt, wenn er sich fragt: Darfst du dich in der Mitte dieser ewig lebendigen Ordnung auch nur denken, sobald sich nicht gleichfalls in dir ein beharrlich Bewegtes, um einen reinen Mittelpunkt kreisend, hervortut? Und selbst wenn es dir schwer würde, diesen Mittelpunkt in deinem Busen aufzufinden, so würdest du ihn daran erkennen, daß eine wohlwollende, wohltätige Wirkung von ihm ausgeht und von ihm Zeugnis gibt.*

Alle organischen Bewegungen manifestieren sich durch Diastolen und Systolen
Goethe**

Die gesamte Morphologie wird sich einst auflösen lassen in eine ideelle Rhythmologie.
C. L. Schleich***

Der Rhythmus

Es gibt wohl kein Erlebnis im Reich des lebendigen Seins, das uns so elementar begegnet, wie dasjenige des Rhythmus. Man kann sagen, das Erlebnis des Rhythmus ist das Erlebnis des Lebens. Demjenigen aber, der sich über dieses Lebensphänomen Klarheit zu schaffen sucht, wird es sehr schwer, mit seinem Bewußtsein in dieses Reich vorzudringen.

Rhythmus**** begegnet uns als Funktionsform der Lebensabläufe so allgemein, daß die Frage: Was ist Rhythmus? geradezu Verlegenheit oder sogar Verwirrung auslösen muß.

Die Seinsordnungen, in die wir selbst am tiefsten eingebettet leben, werden uns am wenigsten bewußt. Ist nicht unser ganzes Leben auf Rhythmus veranlagt, ein steter Fluß rhythmischer Prozesse in unendlicher Wiederholung – in

* Wilhelm Meister, Wanderjahre (Insel), Bd. 2, S. 712.
** Naturw. Schr. Bd. IV, S. 598
*** C. L. Schleich, Von der Seele, S. 22.
**** Rhythmus = Zeitmaß, Ebenmaß; ῥυθμός, von ῥέω = fließen.

kaum merkbarer Wandlung, der unser Lebenserlebnis, unsere Lebenserwartung, unser Vertrauen und Hoffen trägt? Unser Einschlafen und Erwachen, unser Arbeiten und Ermüden, unser Hungern und unsere Sättigung, unser Ein- und Ausatmen, der Pulsschlag unseres Blutlebens und alles dasjenige, was wir unbewußt als Lebensrhythmus erleben, vollzieht sich in diesem wiederholendlichen, unmerkbar sich wandelnden Geschehen, dessen geheimnisvolles Steigen, Fallen und wieder Anfluten das Leben ausmacht.

Alle Entwicklung im Lebensbereich der Erde ist rhythmisches Geschehen. Rhythmus ist daher nicht Wiederholung des ewig Gleichen. Jedes Momentbild des Lebensablaufs ist Teil eines rhythmischen Flusses fortschreitender Verwandlungen. Aber so vertraut unserem Miterleben dieses Geschehen ist, weil wir eben mitten darinnen stehen, so schwer wird es uns, die Frage zu beantworten, was der Rhythmus ist! Mit dieser Frage treten wir in ein Allerinnerstes des lebendigen Seins ein.

Goethe war in seinem Streben nach Naturerkenntnis der erste Rhythmusforscher, denn seine ganze Methodik richtete sich auf Erforschung rhythmischer Entwicklungsphänomene. Die Metamorphosenlehre ist durchaus Rhythmuslehre. Goethe war sich des Wagnisses seiner Methodik, das Leben lebensgemäß – d. h. aus der Dynamik des Rhythmischen heraus zu erfassen –, voll bewußt. Er sagt: «Die Idee der Metamorphose ist eine höchst ehrwürdige, aber zugleich höchst gefährliche Gabe von oben. Sie führt ins Formlose, zerstört das Wissen, löst es auf.»*

Da die lebendige Natur in Rhythmen lebt, kann sie nur durch eine *Verwandlungslehre*, die dem Fluß des Lebens selber folgt, wesenhaft verstanden werden. Aber in diesem *fließenden Erkennen* löst sich alles abgegrenzte, starre Faktenwissen auf, es wird vernichtet.

Dem Dichter, der in der Ideenwelt lebt und der in diesem Bereich schöpferisch frei und ungebunden gestaltet, wird es nicht schwer, «wie die Natur» selber im lebendigen Prozesse zu empfinden und zu wirken. – Dem isolierten und isolierend wirkenden Verstande aber zerfällt die sinnlich erfahrbare Welt in Raum- und Zeitelemente, die der Künstler der Idee und dem Leben gemäß vereint.

Gleiches fordert Goethe letztlich aber auch vom wahren Naturforscher: «Die Schwierigkeit, Idee und Erfahrung miteinander zu verbinden, erscheint sehr hinderlich bei aller Naturforschung; die Idee ist unabhängig von Raum und Zeit, die Naturforschung ist in Raum und Zeit beschränkt; daher ist in der Idee Simultanes und Sukzessives innigst verbunden, auf dem Standpunkt der Erfahrung hingegen immer getrennt, und eine Naturwirkung, die wir der Idee gemäß als simultan und sukzessiv zugleich denken sollen, scheint uns in eine Art Wahnsinn zu versetzen. Der Verstand kann nicht vereinigt denken, was die

* Naturw. Schr., Bd. I, S. 124.

Sinnlichkeit ihm gesondert überlieferte, und so bleibt der Widerstreit zwischen Aufgefaßtem und Ideeiertem immerfort unaufgelöst.» (Goethe*)

Der isolierte Verstand kann die Lebenseinheit, in der die Ideenwirklichkeit selber zum Ausdruck kommt, nicht fassen; die Welt fällt ihm in Stücken auseinander. Eine solche Naturwirkung, die wir der Idee gemäß als simultan und sukzessiv zugleich zu denken haben, ist der Rhythmus.

Der Rhythmus ist naturhaft und ideenhaft zugleich; er enthält die Spannung der wirkenden Urpolarität von Raum und Zeit, die zwar erlebt, aber in der Verstandeserfahrung zunächst nicht nachvollzogen werden kann. Der Verstand, der sich immer für das Erfassen des Raumes oder der Zeit entscheiden muß, ergibt nur noch ein quantitativ errechnetes Schattenbild eines ursprünglich einheitlichen Lebensgeschehens.

Für unsere Betrachtung ist die Goethesche Problemstellung so fruchtbar, weil sie uns als Schlüssel zum Verständnis desjenigen dienen kann, was als Prozeß allen Metamorphosen, ja was dem Rhythmus überhaupt wesenhaft als Raum-Zeit-Geschehen zugrunde liegt. Die Naturforschung ist in Zeit und Raum beschränkt. Goethe löst diese Beschränkung auf, indem er Zeit und Raum nicht als starre Begriffe weiterführt, sondern von vornherein Raum und Zeit als Ergebnis von Prozessen zu verstehen sucht. Der Raum als Prozeß ist das *Simultane*, d. h. ein Sein in der Gleichzeitigkeit. Zeit dagegen ist das *Sukzessive* – ein Sein in raumverändernder Folge. Diese polaren Funktionsbegriffe des Simultanen und des Sukzessiven sagen also mehr aus als «Zeit» und «Raum». Sie durchdringen einander prozessual. Das Leben selber (im Sinne Goethes die schaffende Idee) bewegt sich rhythmisch zwischen den Polen, die es selber schafft und durch die es sich wieder aus der Erscheinung zurückzieht. Raum-Zeit-Durchdringung ist das Leben im organischen Sein. Reine Zeit ist Ewigkeit. Reiner Raum der Tod (absolute Physis). Der Rhythmus stellt die Durchdringung beider Seinskräfte im Organischen her, da in ihm – nach Goethes Worten – das Räumliche und Zeitliche innigst verbunden ist, ja sogar als Einheit erscheint. Er ist so im irdischen Sein der Verwirklicher des Geistigen, des Ideellen.

Lassen wir uns nun vom Rhythmusphänomen als dem dynamischen Ausdruck des Lebens selber weiterführen, so müssen wir zunächst fragen, wie Räumlichkeit und Zeitlichkeit entstehen. Es wird uns leicht zu beobachten, wie sich Räumlichkeit bildet. Sie erscheint unmittelbar vor unseren Augen, wir betasten sie mit unseren Händen, sie lebt in unserer Vorstellung. Wenn in dem Kugelgallert eines Radiolarienkeimes das dauerhafte Gittergerüst des Kieselskeletts erscheint, dann steht als Resultat ein meßbares Raumgefüge vor unseren Augen.

Doch es war der Zeitorganismus, der Zeitleib[1], der den raumbildenden

* Naturw. Schr., Bd. I, S. 117 ff.

Formkräften entgegenkam, ihnen die lebendige Matrix darbot und die Lebenskräfte im Dienste der Gestaltbildung opferte. Der Natur des Ätherischen, wie es sich uns im protoplasmatischen Lymphstrom als raum- und gestaltverneinender Proteus erwies, der aber gerade darum fähig ist, alle Gestaltbildung mit Leben zu erfüllen, wäre es angemessener, rein im Zeitfluß in ewiger Wandlung zu strömen. *Der Ätherleib selber ist der Zeitleib, der in uns im Werden, Wachsen und Verwandeln das Zeiterlebnis bewirkt.*

Näher unserem Bewußtsein, unserem sinnlichen Erfassen steht der Raumbildner, er ist mit unserer Seelentätigkeit identisch; der astralische Leib. Hat sich uns der ätherische Leib am reinsten in der formverneinenden Lymphe, im Protoplasma offenbart, so tritt uns der astralische Leib nirgends ausgeprägter entgegen als in der Formgestalt und in der Funktion des Nervensystems. *Raumbildender Formprozeß und Lebensfülle spendender Zeitprozeß* stehen uns jetzt als klare Polarität gegenüber. Die materielle Grundlage dieser raum- und zeitschaffenden Funktionen ist wesenlos, und die äußere Wahrnehmung allein vermag uns über ihre Natur kaum Aufschluß zu geben. Astralisches und Ätherisches sind geistiger Natur, sie müssen, wo auch immer sie im Lebensprozeß wirkend erscheinen, als geistige Kräfte erkannt und gewürdigt werden[2].

Im Organismus konstituieren sie als Polarität die Einheit des Lebens in ihren simultan wirkenden (Raum und Körper schaffenden) und in ihren sukzessiven (im Zeitstrom als Lebensbildekraft wirkenden) Prozessen. Diese Wesenskräfte durchdringen einander in den verschiedenen Organbereichen und Organprozessen in einer jeweils charakteristischen Weise, wobei die hier oder da vorherrschende Wirkung des einen Pols nie ohne die Mitwirkung des anderen zu finden ist. Solange das Leben währt, lassen die Pole bei noch so entschiedener Herrschaft ätherischer oder astralischer Wirkungen nie die entsprechende Gegenkraft vermissen. Astralische Raumkräftewirkungen verdichten – lebensätherische Zeitkräftewirkungen lösen wieder auf. Diese systolisch-diastolischen Urfunktionen wogen im Wechselleben gegeneinander auf und ab. Wenn wir die verdichtenden und die lösenden Kräfte als regelmäßig einander ablösende Wirkungen annehmen, dann kommen wir zu einer Folge, die sich im Bild der Sinuskurve darstellen läßt. Unregelmäßige, von zufälligen Einflüssen gestörte Kräftewirkungen führen zur bloßen Oszillation. Beide sind aber noch nicht das, was wir unter Rhythmus zu verstehen haben, wenn wir vom reinsten Zusammenwirken raum-zeitlicher Kräfte ausgehen.

Im Organismus findet sich der Rhythmus aus diesem Grunde nicht in den polaren Bereichen. Dies bestätigt sich sowohl bei der Betrachtung der Morphologie als auch bei der Beobachtung der Funktionen. Die räumlich-strukturelle Durchformung des Nervensystems (Überformung gegenüber einem lebendig protoplasmatischen Organgeschehen) schließt rhythmische Funktionen nahezu aus, und soweit sie im Bildeprozeß hereingewirkt haben, sind sie hier zur Ruhe gekommen. Die Bewußtseinsfunktionen, die sich auf das Nervensystem

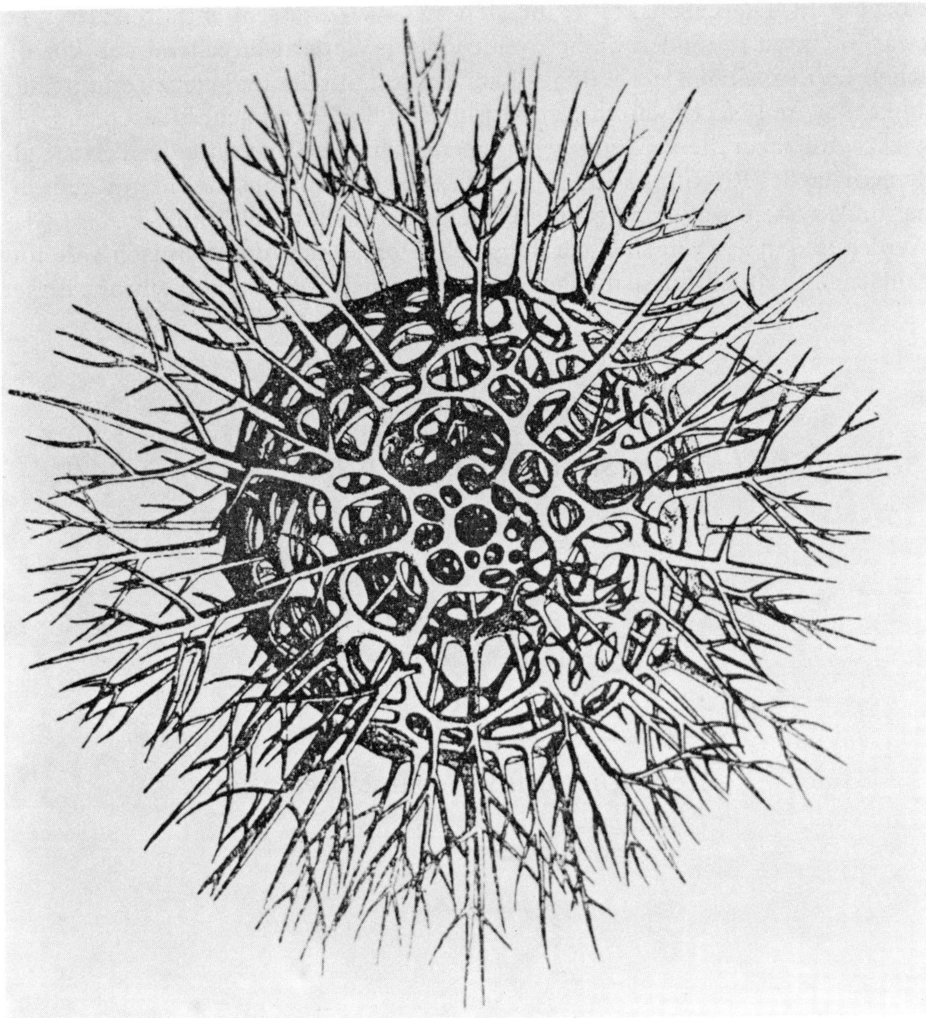

Abb. 105: *Raumgefüge eines Radiolarienskeletts* (nach Haeckel).

stützen, sind gleichfalls nicht rhythmischer Natur. Im Nervensystem hat sich der astralische Leib struktur-(raum-)schaffend mit dem physischen Leib dicht verbunden und dabei, z. B. in den «Pyramidenzellen» der Gehirnrinde, eine fast ans Mineralische grenzende Signatur geschaffen. Bei diesem Grenzprozeß des physisch-astralen Geschehens wird das Ätherische weitgehend frei, aber Rhythmus entsteht nicht.

Am organischen Gegenpol kann ebenfalls nicht von Rhythmus gesprochen werden. Das Organleben ist nahezu vollständig in die ätherischen Funktionen eingetaucht. Die Lebenskräfte, die sich hier im Zeitstrom entfalten, strömen zwar in einem flutenden und ebbenden Wechsel, der weitgehend von kosmischen Einflüssen bewirkt wird (es handelt sich um die Periodenströmung, die durch Tag und Nacht, durch terrestrisches und planetarisches Geschehen bewirkt wird), aber diese Gezeiten sprechen mehr den Charakter der Periode als denjenigen des Rhythmus aus. Der ätherische Chemismus, der in unserem Ernährungssystem waltet, zeigt eine Transformation des Rhythmus, die bis in das Werden und in das Vergehen der Substanz reicht, wobei die kosmisch-außerorganischen Kräfteeinflüsse die Periodik bestimmen. Von der Betrachtung dieser

Abb. 106

Polarität aus liegt es nahe, den Zeit und Raum schaffenden Wechselprozeß der ätherischen und astralischen Funktionen, wie sie in der organischen Mitte unserer Leiblichkeit einander durchdringen, genauer anzuschauen.

Der Rhythmus der menschlichen Mitte geht nicht von ätherisch-astralen Wechselwogen aus, sondern erhält seine Impulse von einer weiteren Kraft, die bei dem Rhythmusforscher Thrasybulos Georgiades in seinem Buch «Musik und Rhythmus bei den Griechen» in einer suchend-tastenden Umschreibung anklingt: «Rhythmus ist die Kontaktfläche, an der sich das Geistige entzündet»[3]. In unserem mittleren System greift im Sinne des Goetheschen Gesetzes von Polarität und Steigerung als geistige Entität das Ich an den dynamischen Kontaktflächen des Ätherischen und Astralischen, des formenden und lösenden Gewoges ein[4]. Jede Systole und jede Diastole, jede Ein- und Ausatmung erhält von diesem höchsten menschlichen Geistigen einen Einschlag. Dadurch erst wird die Wechselwirkung des Ätherischen und Astralischen zum Rhythmus, zu einem ganz individuellen, innerlich schicksalhaften Evolutionsprozeß, durch den sich das Ich von Puls zu Puls, von Atemzug zu Atemzug im zeitlich-räumlichen Organprozeß durch Steigerung, Verwandlung und Vertiefung mehr und mehr verwirklicht.

Nicht aus dem bloßen Wechselspiel der polaren ätherisch-astralen Kräfte ergibt sich der Rhythmus, sondern aus der Steigerung, die die menschliche Mitte durch das Eingreifen des Ichs erfährt.

Der Rhythmus in seinen organischen Manifestationen

> Alle organischen Bewegungen manifestieren sich durch Diastolen und Systolen.
> Goethe*

Der Rhythmus ist das Zentralphänomen des dreigliedrigen Organismus. Die Aufgerichtetheit der menschlichen Gestalt, so stellten wir bei der Betrachtung der Wirbelsäule fest, ist Ergebnis der harmonischen Dreigliedrigkeit. Jetzt können wir auch sagen: Rhythmus als Icheinschlag in die organischen Prozesse macht die Dreigliedrigkeit überhaupt aus, bewirkt von allem Anfang an ihre Entstehung und führt die menschlichen Funktionen durch alle späteren Entwicklungsstadien.

Die Bildung der Wirbelsäule aus der Chorda dorsalis und dem perichordalen Mesenchym ist ein frühestes Ergebnis rhythmischer Prozesse der Mitte. Die Wirbelsäule als Urskelett geht in ihrer rhythmischen Gliederung der Hauptesbildung und der Gliedmaßenbildung in gleicher Weise voran. Die Segmentation

* Naturw. Schr., Bd. IV, S. 598.

der Nerven wie auch die Gliederungen im Stoffwechsel-Gliedmaßen-System folgen erst der Wirbelgliederung. Vor allem bestätigt sich wieder unsere Auffassung, daß Rhythmus nicht Wiederholung des Gleichen, nicht Gliederung ins Unendliche ist, sondern evolutionäre Folge, Metamorphose aus der Mitte nach oben und nach unten.

Die Tierwelt nimmt an dieser ichhaften Ordnung nicht teil, sondern ist gegenüber dem aus der Mitte heraus organisierten Menschen extrem von den Polen her bestimmt! Das Amphibium zum Beispiel ist in seiner Natur einseitig physisch-ätherisch organisiert, wobei das Nervensystem stark zurücktritt. Die Natur des Vogels zeigt dagegen einen einseitig überastralen Luft-Nervenorganismus. Die Rhythmik beider Gattungen zeigt nun im Blutpuls in sehr interessanter Weise jeweils das polare Gegenbild; nämlich das ätherische Amphibium hat eine langsame Pulsfolge, wie sie vom Nervensystem induziert wird, während der überastralisierte Vogel gewissermaßen den «fliegenden» Puls und die Blutwärmequalitäten des Stoffwechselpoles aufzeigt. Bei beiden wirkt das rhythmische System zwar ausgleichend, aber nicht steigernd; es nimmt bei Wesen, die nicht dreigliedrig organisiert sind, selber lediglich eine polare Stellung ein. Die Tierpolarität Amphibium – Vogel macht deutlich, daß nur in einem harmonisch dreigliedrigen Organismus ein autonomes (ichhaftes) rhythmisches System wirksam sein kann, ja daß allein aus dieser rhythmischen Mitte ein dreigliedriger Organismus hervorgehen konnte. Die Tiere bilden keine Mitte aus, sondern werden von den polaren Kräften beherrscht. Was uns im Tier als Gattung begegnet, das erscheint in ganz verwandter Art beim Menschen als einseitige Konstitution oder direkt als Krankheit.

Nur im dreigliedrigen Menschen findet sich als mittleres System die rhythmische Organisation selbständig ausgebildet. Die Funktionen des rhythmischen Systems durchdringen aber den ganzen Organismus. Der Charakter des Rhythmischen wird dabei in den polaren Gliedern des Organismus, im Stoffwechsel-Gliedmaßen-Bereich wie im Sinnesnervenbereich, verwandelt. Doch bleibt es auch in diesen Sphären rhythmisches System, das von der Mitte aus auf das Ganze übergreift. Die Abwandlung des Blutrhythmusgeschehens in den polaren Bereichen wird sofort deutlich, wenn wir die Wesensfunktionen des Nervenpols und diejenigen des ernährenden Leibes unmittelbar in jeweiligen besonderen Wirkungen beobachten.

Im Nervensystem vollzieht sich eine Leibesverdichtung, die die Lebensdynamik umformt und zu fast kristallhafter Ruhe konzentriert. Der Lebensprozeß wird «Bild».

Greift das Nervensystem auf die rhythmische Mitte unserer Organisation über, dann tritt Verlangsamung der Pulsfolge und Verlangsamung der inspiratorisch-exspiratorischen Atemfolge ein. Darüber hinaus ist aber zu erkennen, daß es sich nicht nur um eine zeitliche Verlangsamung handelt, die der Rhythmus durch die astrale Nervenfunktion erleidet, sondern daß eine Singularisierung,

Abb. 107: *Die Bildung der Chorda dorsalis* in der Organismusmitte des embryonalen Keimes – Zentrum der rhythmischen Prozesse. Der obere punktierte Halbkreis stellt den Amnion-Lymphraum dar, der untere die Dottersphäre. In der Mittelzone Einstrom des «extraembryonalen» Mesenchyms (nach Hartmann).

eine Vereinzelung, gewissermaßen eine Verräumlichung der rhythmischen Impulse eintritt, wobei der Fluß des rhythmischen Geschehens in den Intervallen sogar abreißen kann. Entrhythmisierung tritt ein, und zuletzt wird der Rhythmusstrom möglicherweise bis zum Stillstand gelähmt.

Umgekehrt werden die rhythmischen Wogen, die im Dienste der Lebenserhaltung der Nervensphäre ins Haupt eintreten, geglättet, das heißt weitgehend ihrer Eigendynamik enthoben; denn allein in dem Maße, wie sich die rhythmische Dynamik beruhigt, vermag sich das Wachbewußtsein zu entfalten.

Wir können also im Hinblick auf unsere Hauptesorganisation von abklingendem Rhythmus sprechen.

Ganz andere Kräfte wirken im Bereich der Stoffwechsel-Gliedmaßen-Organisation. In der Leber begegnen wir einer vorwiegenden Nachtfunktion, in der Niere einer Tagesperiodizität, die Milz zeigt annäherungsweise eine Vierstundenperiode und so weiter bis zur Periodik der Generationsorganisation von 28 Tagen beziehungsweise von 280 Tagen des siderischen Mondzyklus der Embryonalzeit (es wäre wesenhaft richtiger, nach Nächten zu zählen). Im Gegensatz zum rhythmusstillen Haupte begegnen uns im Ernährungs- und Generationsorganismus unterhalb des Zwerchfelles zyklische und periodische Wiederholungen, an denen wir kosmische Kräfte, kosmische Rhythmen ablesen können, welche in ihrem Einstrom in die unteren Leibeszonen unsere Inkarnation und die nächtlich sich erneuernde Regeneration der Lebenskräfte bewirken.

Wenn nun aber der aus kosmischer Periodizität der ernährend-aufbauenden Organe hervorquellende Kräftestrom sich in das mittlere rhythmische System ungehemmt ergießt und womöglich den Eigenrhythmus der Mitte überwältigt, dann setzt beispielsweise eine heftige Beschleunigung des Blutpulses ein.

Sowohl Rhythmusbeschleunigung als auch Rhythmusverlangsamung können für den Menschen Krankheit bedeuten, die er wiederum von der Mitte her überwinden muß.

Der Blutkreislauf

> Das Blut ist der Inbegriff aller Kräfte und Säfte des Organismus, die Hauptflüssigkeit, aus welcher der Weltkörper des Menschen selbst ausschießt; und wie in einem licht und leis aus einer überirdischen Welt herüberquellenden Äthermeer die Himmelskörper schwimmen, so wallt des Menschen Blut mit tausend Sphären im Pneuma des Lebens.
>
> Das Herz ist die Werkstätte des innigsten und erhabensten irdischen Lebensprozesses. Sanguification, Pulsation, Zirkulation, Respiration und so fort, alles, was ihr in euern gelehrten Lehrbüchern davon aufzuzählen wisset, sind nur profane Zeichen seiner eigenen Tatkraft.
>
> Wer aber nicht geistlos je einen Blick in sein eigenes Wesen geworfen, dem wird das Herz vorzugsweise als Organ des Geistes sich offenbaren, und er wird als die Funktion des Herzens die Begeisterung des irdischen Lebens anerkennen ... Troxler*

Die Entwicklung des Blutkreislaufs als erste Stufe der Organbildung

Das Blutleben führt uns im Vergleich zur Lymphe auf eine neue und höhere Stufe der organischen Lebensentfaltung. Ehe das Blut erschien, war der Organismus eine mehr oder weniger vollkommene protoplasmatische Kugelsphäre, wie sie Empedokles als den ätherischen Organismus schildert.

* Troxler, «Blicke in das Wesen des Menschen», S. 87.

Der Organismus war noch Ei. Erst mit dem Erscheinen des Blutlebens tritt gegenüber dem Urätherischen die *Differenzierung* in die *Form* auf. Was bedeutet diese Differenzierung, diese Gliederung und Formung, wie erscheint sie und auf welche Funktionen zielt sie hin?

Zunächst ist es für unsere Erfahrung wichtig zu wissen, wie sich die erste Formung in der Organismusanlage in ihrer fließenden Vorstufe andeutet, denn jeder Form geht strömende Bewegung voraus.

Bei der Entwicklung des befruchteten Eies setzt im Protoplasma des Dotters eine Strömung ein, welche ihrem Wesen nach über die Protoplasma- und Lymphströmung hinausgeht. Bei dieser Strömung konzentriert sich der Ei-Dotter-Organismus in der Strömungsdichte, wobei es zur ersten Gestaltbildung kommt[5]. Das Ergebnis dieses Gestaltbildungsprozesses ist die Polarisierung des Ei-Dotter-Organs, es erscheint der animalische und der vegetative Pol. Vom vegetativen Pol geht bei der weiteren Entwicklung das protoplasmatische Wachstum aus. Der animalische Pol dagegen induziert die Formkräfte. Die Begriffe «vegetativ» und «animalisch» sind wesensgemäß gewählt, denn sie be-

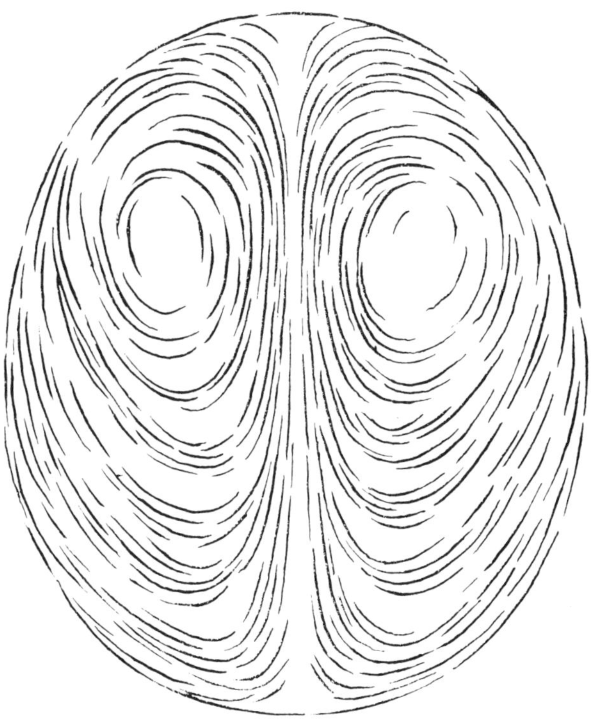

Abb. 108: *Protoplasmaströmung bei der ersten Eientwicklung* (nach Grosser).

zeichnen genau die wirkenden Kräfte. Die vegetativ-ätherisch polarisierte Sphäre verhält sich weiterhin pflanzenhaft strömend und alle Wachstumskräfte fördernd. Animal, das heißt beseelt empfindend, sensitiv und formend, verhält sich der Gegenpol, von dem von jetzt an alle seelenleiblichen Funktionen ausstrahlen.

Beim Menschen prägt sich die Seelenleiblichkeit in das befruchtete Ei ein, indem sich zwischen animal-astralischem und vegetativ-ätherischem Pol ein neues, zunächst rein dynamisches Funktionselement als dritte, mittlere Kraft geltend macht. Während sich am astralen Pol zuerst eine Längsfurche ausbildet, die in sich wieder einen oberen (animal-zentralen) und einen unteren (peripheren) Pol andeutet, kommt die ganze Vegetationsscheibe des der Längsfurche polar gegenüberliegenden, ätherisch-peripheren Dotters in Tätigkeit. Seine verhältnismäßig dichte protoplasmatische Substanz verwandelt sich an verschiedenen Stellen, so daß seine Oberfläche, die bisher homogen erschien, ein fleckiges Aussehen erhält. Diese gefleckten Stellen werden als «Blutinseln», besser als «Blutseen» bezeichnet, deren strömende Elemente bald ineinanderfließen und gegen den astralen Pol zu strömen. Die allererste Blutströmung folgt also der oben geschilderten Ei-Dotter-Protoplasmaströmung. Die Blutseen werden gleichsam von einer elementaren «Dünung» erfaßt und bilden dabei durch eigene zellige Elemente Blutufer, die wechselnd als Urblutzellen oder erste Blutgefäßwandzellen aufgefaßt werden. Die Strömung aller Blutseen fließt charakteristischerweise gegen den astralen Pol hin und von da – von gewissermaßen formenden Kräften ergriffen – rhythmisch pulsierend wieder zurück in das Bett, aus dem die Blutfülle durch immer neue Blutbildung im Dotterbereich in der weiteren Entwicklung mehr und mehr anschwillt, um aufs neue gegen den astralen Pol anzufluten.

Schon bevor das Blut der Blutseen und peripheren venenartigen Gefäße in die Organismusmitte eingeströmt ist, pulsiert hier Lymphe im flüssigen Milieu in selbständigen systolischen und diastolischen Wirbeln, die sich dann eine elastisch mitbewegte und mitbewegende Ufergrenze als zarte, endotheliale Herzhülle anlegt. Diese Urherzhülle (endothelialer Herzschlauch) ist aber noch nicht muskulär, ferner ist die Pulsation noch nicht muskelbedingt. Zur Herzmuskelbildung kommt es erst, nachdem die Herzanlage nachträglich mit dem bereits selbständig peripher strömenden Blut erfüllt wird und diesem den Rhythmus verleiht. Innerhalb des Blutkreislaufes wie innerhalb des ganzen Organismus ist also die Herzmitte nicht nur in ihrer Funktion und Gestalt, sondern auch in ihrer Entwicklungsgeschichte selbständig. Zur Herzmuskelbildung (myoepicard) kommt es bei blutdurchströmtem Herzen durch das Mesenchym, das an den endothelialen Herzschlauch von außen heranströmt und sich zu elastischen Muskelfasern verdichtet.

Im Herzinnern die Blutströmung – in der Herzumgebung umströmendes Mesenchym – Herzendothel dazwischen, gewissermaßen die Strömungsgleit-

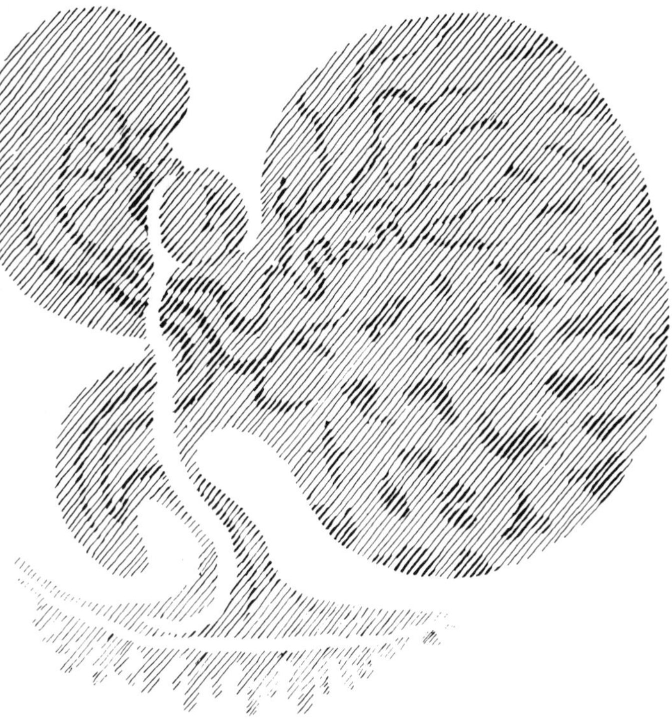

Abb. 109: *Blutbildung auf dem Dotterbläschen* («Blutseen»).
In der Dotterwand entwickeln sich zunächst «Blutseen», danach aus der Eigenbewegung des Blutes die Dottergefäße, die den Anschluß an den eigentlichen Kreislauf finden (nach Kollmann und Clara).

fläche der beiden unabhängigen Strömungen bildend, dies ist die erste Phase der Herzorganbildung. Da sich die Bindegewebsströme des Myoepikards ganz der Innenströmung des Herzens anpassen, bleibt hier die Einheit des strömenden Blutes und des Herzens gewahrt. Das Herz ist «Blutufer» wie jede Ader, freilich an bedeutendster Stelle, vom selbständigen Rhythmus der Mitte bewegt. Die Blutufer der Peripherie erscheinen zuletzt als echte Blutgefäße. Der Dotter wird auf diese Weise durch Gefäßbildung durchorganisiert, «animalisiert» und zuletzt aufgesaugt.

Blutbahnen und Herz zeigen also im frühesten Entwicklungsstadium rein dynamische Strömungsphänomene. Blutufer und Herzströmungswirbel sind Flüsse im Flüssigen, Bewegung im Urbeweglichen, bilden dabei jedoch durch die Pulsation bereits erstes rhythmisches, individuelles Leben im universell Lebendigen.

Hier erkennen wir, was Organbildung ist, wie die ätherisch-astrale Dynamik sich selbst vor jeder physischen Substitution als überstofflich kontinuierliches Leben verwirklicht und erhält. Deutlich kann das Eingreifen astral-differenzierender Kräfte beobachtet werden, das am animalen Pol zu vollkommener Formung (Neuralrohr, Gehirn- und Rückenmarksanlage) ansetzt. Im Dotterbereich dagegen erkennen wir die Verwandlung des mesenchymalen Protoplasmas im Blut. Zwischen dem astralen und dem ätherischen Pol des Ganzen vollzieht sich jetzt der ätherisch-astrale Wechsel von Lebensfülle (Diastole) und Form (Systole). Dieses Wechselleben bildet einen neuen selbständigen Mittelbereich eines bisher unbekannten Rhythmus. Dabei muß besonders hervorgehoben werden, daß dieser selbständige Rhythmus erscheint, ehe noch das Nervensystem als solches physisch ausgebildet ist und bevor es ein selbständiges Stoffwechselsystem gibt. Vegetativ-ätherischer und animal-astralischer Pol bildeten bisher selbst dynamisch-potentielle Zonen, während sich der eigentliche Organismus und vor allem das Herz aus den rhythmischen Kräften der Mitte entwickelt.

Der Gehalt des Blutes ist zunächst durch die Kräfte, die wir schon mit der Lymphe kennengelernt haben, aus dem ätherischen Leben heraus begründet (Lymphe – Plasma – Serum). Die jetzt erreichte neue organische Stufe aber ist durch ihre Animalisation, durch die in ihr wirkende seelische Dynamik ausge-

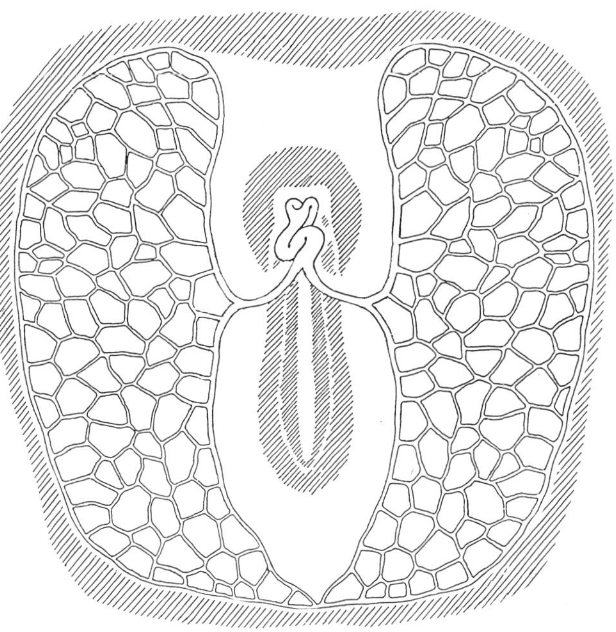

Abb. 110: *Gefäßbildung über der Dotterscheibe* (beim Hühnchen). Das Gefäßbild erinnert an den vaskularisierten mit «Tracheen» und «Adern» durchastralisierten Schmetterling.

zeichnet. Überall, wo in der Tierwelt zum erstenmal rotes Blut, zum erstenmal Zirkulation und Rhythmus auftreten, wird der Organismus erst wirklich Tier. Mit Hilfe des rhythmischen Systems wird die ätherisch-pflanzenhafte Natur astralisiert. Wird aber der Einzug der seelischen Kräfte zu stark, dann wird das protoplasmatisch-lymphatische Leben verdrängt, und auch die Blutbildung verhindert.

Dies ist bei den Insekten der Fall. Die Raupe – gegenüber dem Schmetterling nur der vegetativ-ätherische Embryo mit äußerlich vollständiger, innerlich unvollständiger Segmentation – kriecht wie ein «animalisierter Dotter» in verfrühter Selbständigkeit umher, um sich übergefräßig die für ihre Weiterentwicklung notwendige Ätherkraft anzufressen. Dann verpuppt sie sich, verfällt vollkommen der Erdenschwere und macht nach Ablauf einer Entwicklungspause eine neue rasche «Embryonalentwicklung» für ein zweites, höheres Leben durch. Aus der Puppe schlüpft der Schmetterling aus, wird die «Psyche» frei, ein beflügelter Seelenleib steigt auf, um in Licht und Luft ein rein astralisches Gattungsleben zu führen. Das ganze Wesen scheint aus Licht und Luftempfindung heraus geformt. Tracheen, luftführende «Arterien», durchziehen den Leib, die Flügel und der Organismus sind nur von geringer durchsichtiger Lymphe durchzogen. Die Metamorphose vollzog sich aus dem überätherischen Zustand der Raupe zur Überastralität des Schmetterlings, für den nur noch ein kurzes Blütenleben vorbehalten bleibt. Die Ausbildung einer rhythmischen Mitte zwischen beiden Stufen der Metamorphose kommt nicht zustande. Die Raupe steht zu tief (im Ätherischen) – der Schmetterling zu hoch (im Astralischen). Die Herzorganisation ist nicht möglich.

Wenn sich die Blutseen im Hin- und Wiederströmen zu Blutufern, das heißt zu Blutgefäßen organisiert haben und alle «Adern» aus der Peripherie der Keimscheibe zum astral-kranialen* Teil der Nervenfurche hinstreben und ihr Blut zum Urherzen schicken und es pulsierend wieder empfangen, dann haben wir hier im einheitlichen Entwicklungsgang, was bei Raupe und Schmetterling in zwei zeitlich selbständigen Lebensstufen getrennt ist. Der Dotter, der dem Raupenzustand entspricht, löst sich auf (Verpuppung). Aus dem Flüssigen bilden sich Gefäße, die sich zentral vereinigen. Das Gefäßbild auf der Dotterscheibe erinnert unmittelbar an den vaskularisierten, mit «Tracheen» und «Adern» aufs feinste durchastralisierten Schmetterling.

Es muß also zur Bildung des Herzens vor allem ein funktionelles Gleichgewicht zwischen den astralen Formkräften und den ätherischen Bildekräften bestehen, die im Organbildeprozeß durch die höhere Kraft der Mitte zu rhythmischer Wechselwirkung vereinigt werden, noch ehe die polaren Sphären des Organismus zu selbständigen Gliedern ausgebildet sind.

* Kranial = zum Kopf gehörig; von gr. = κράνιον = Schädel; *Helm.*

Der Blutkreislauf in Peripherie und Herz

> Die Systole und Diastole des menschlichen Geistes war mir stets wie ein zweites Atemholen, niemals getrennt, immer pulsierend.
> Goethe

Das Blutleben findet seinen vollkommensten Ausdruck in Systole und Diastole des Herzens und der systolisch-diastolischen Blut-Puls-Bewegung. Dies Geschehen ruft im Blut die formenden und gestaltenden Kräfte auf, um sie dann, wie es der Lebensgang erfordert, wieder in der ätherisch strömenden Venosität zu lösen und zu entspannen.

Zum Verständnis des Blutkreislaufs und des Herzens haben wir am Beispiel der Embryonalentwicklung den Einzug seelenleiblicher Kräfte in den ätherischen Organismus geschildert. Damit sind wir in den Bereich des *rhythmischen Organismus* eingetreten. Der Rhythmus besteht im geistig gesteuerten Wechselvollzug der atmenden Beseelung durch die Lunge und der ernährenden Belebung des ganzen Organismus durch das Blut.

Atmung und Herztätigkeit bilden innerhalb des rhythmischen Systems wiederum die Polarität, die alles organische Leben begleitet. Im Atemrhythmus sind vorwiegend die seelenleiblichen Funktionen wirksam (astralischer Leib), im Blut vorwiegend das ätherische Geschehen.

Das Leben des Blutes reicht weit über die ernährenden Aufgaben der Lymphe hinaus. Vor allem steht die Erscheinung der Blutwärme, des Blutzuckers und die Gestaltung der Blutbahnen hoch über den bisher betrachteten Lebenserscheinungen der Lymphe. Gerade von ihnen erfahren wir etwas von der Ichkraft der Mitte, die im Blute unmittelbar wirkt.

Der Kreislauf ist in der Tierreihe früher vorhanden als das Herz. Bei den Coelenteraten (Quallen) ist der Darm Ernährungs- und Zirkulationsorgan – «Gastrovaskularsystem». Die inneren Organe saugen aus dem Darm und geben wieder zum Darm zurück, was sie abzugeben haben. So entsteht hier der Kreislauf. Wenn sich bei niederen Tieren eine Leibeshöhle bildet, zirkuliert das «Blut» ohne besondere Blutbahnen. Die Ernährungs- und Atmungsflüssigkeit strömt in offenen Räumen, die vom Parenchym umgeben sind. Die Zirkulation ist in den einfachen tierischen Organismen ursprünglicher als Wand- und Gefäßbildung. Je stärker sich die strömenden Elemente von ruhenden abheben, desto mehr werden letztere zur Wand. Viele Blutelemente vermögen sogar im ausgebildeten Organismus die Gefäße quer zur Wandung zu verlassen, um frei im Gewebe zu zirkulieren. Vielfach sind frühe Gefäßbildungen kontraktil und können der Blutströmung rhythmische Impulse vermitteln (bei Anneliden das Rückengefäß, bei Regenwürmern die Schlingen zwischen den Hauptgefäßen, beim Lanzettfischchen das Bauchgefäß). Der gesamte Kreislauf, soweit er sich

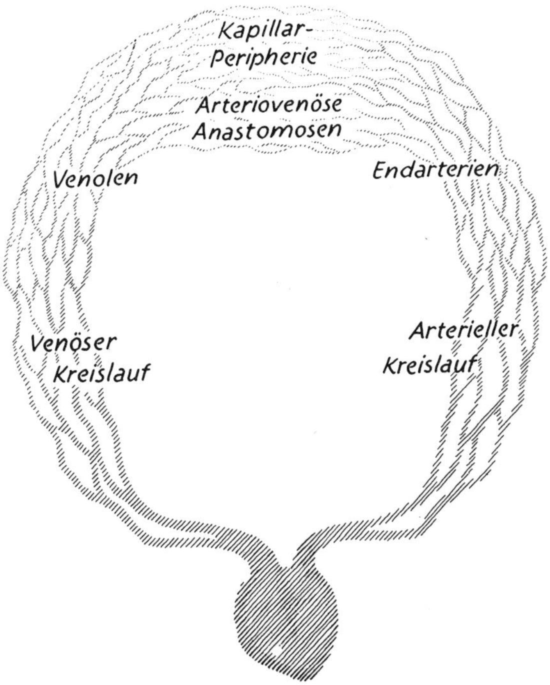

Abb. 111: *Herz und Kreislaufperipherie* (Schema).

schon ein Gefäßsystem geschaffen hat, ist potentiell auch zur Herzbildung veranlagt, jedenfalls findet sich rhythmisch kontraktile Funktion an den verschiedensten peripheren Abschnitten. «*Ursprünglich ist der ganze Kreislauf Herz.* Als solches aber erscheint es erst, wenn es seine Kräfte an einer Stelle voll zur Geltung bringen kann» (Kolisko).*

Gegenüber der Lymphe, die ja auch im Blutkreislauf (als Blutserum, Plasma) strömt, bildet der Kreislauf (neben den Elementen der Blutkörperchen, der Plättchen** und des Hämoglobins) vor allem durch seinen Rhythmus den höheren Funktionsorganismus. Dieser Rhythmus begegnet uns im Blutkreislauf besonders im arteriellen Bereich. Aber nicht nur im Blutpuls der Arterie lebt der Rhythmus, sondern im Ganzen des Kreislaufphänomens, insofern das Blut zwischen arteriellen und venösen Phasen wechselt.

Die arterielle Seite des Blutkreislaufs wird entschieden von den seelenleiblich-astralen Kräften beherrscht. Aber das arterielle Rhythmusgeschehen ist nicht allein aus der formenden Kraft des Astralischen heraus verständlich, wie das venöse nicht allein vom Ätherischen her verstanden werden kann. Im Arte-

* In Zeitschr. Die Drei; 2. Jahrg., Heft 6; Stuttgart 1922.

** Blutplättchen = Thrombozyten

riellen finden sich ätherische Kräfte, wie im Venösen die astralischen Funktionen nicht völlig fehlen können, wenn nicht Krankheit eintreten soll.

Die Wirksamkeit der Polaritäten im Blutkreislauf ist durch ihre Rhythmisierung einem höheren Lebensprozeß dienstbar gemacht.

Das Blut
– Et incarnatus est –

Das Blut ist das Universalorgan des Organismus. Die Blutbildung steht vor und über aller Organbildung. Die Inkarnation beginnt mit dem Auftauchen des Blutes aus dem Schoß des allgemein Lebendigen im Eidotter und mit der Pulsation der Urherzanlage. Was für Goethe die Urpflanze als schaffendes Urbild über jeder einzelnen Pflanzenerscheinung war, das ist das Blut gegenüber allen Einzelorganen. Es ist das flüssige Urorgan, das jedem Organleben zugrunde liegt, das zugleich als höheres vereinigendes Prinzip alle Organe miteinander verbindet.

Alle Pflanzenorgane sind nach Goethes Metamorphosenlehre ihrem Wesen nach Blatt. Jeder einzelne Teil hat in seiner Vegetativkraft etwas vom Ganzen, daher vermag auch der Teil das Ganze weitgehend hervorzubringen.

Die Organe des höheren Organismus dagegen sind nach besonderen physischen und vor allem auch nach seelischen Funktionen entschieden aus dem Ganzen herausdifferenziert. Die vegetativ-ätherischen Kräfte treten in dem Maße zurück, als diese Organe Träger eines besonderen seelischen Innenlebens werden.

Das Blut allein vermag diese seelisch-leibliche Auseinandergliederung der Einzelorgane wieder zusammenzufassen und zu einer höheren seelisch-geistigen Funktion zu vereinen; denn es steht vor und über aller Organbildung.

Das Blut vereinigt in sich die Kräfte aller Wesensglieder des Menschen: Im Flüssigsein von Lymphe, Serum und Plasma wirkt der ätherische Leib; im Bluteiweiß (Albumine und Globuline), in der Gerinnungsfähigkeit, in der Blutatemfunktion und in der geformten systolischen Bewegung greift der astralische Leib ein; in der Blutwärme, im Blutfarbstoff und im Blutzucker das Ich. Der physische Leib tritt am wenigsten hervor, da die Blutsalze im Lösungszustand den höheren Funktionen untergeordnet bleiben. – Überhaupt muß wohl die Gesamtkonstitution dieses Universalorgans von seiner Aufgabe her, Ichträger zu sein, begriffen werden. Diese Funktionseinheit der Wesensgliederkräfte macht auch die Entwicklungsfolge des Blutes verständlich.

Die erste embryonale Entwicklungsphase haben wir schon geschildert. Das Urblut bildet sich in der äußersten Peripherie der Ei-Dotter-Anlage, also extraembryonal unmittelbar aus dem Umkreis-Mesenchym. Der Lymph-Plasmastrom herrscht vor. Die geformten Blutelemente stammen ebenfalls aus dem retikulär-mesenchymalen Strom, wobei die roten Blutkörperchen zuerst noch kernhaltig sind.

Die zweite Phase zeigt den Inkarnationsprozeß der Blutbildung etwa von der Mitte der Embryonalzeit an in den Blutinseln der Milz und der Leber (im retikulo-endothelialen System). Jetzt sind die Blutkörperchen bereits zur Kernlosigkeit herangereift. Charakteristisch ist die Tatsache, daß die Peripherie in der ganzen frühen Embryonalzeit blutbildend ist, indem das Blut wie in den Dottergefäßen jetzt noch in Organkapillaren zu entstehen vermag. Von der Mitte der Embryonalzeit an erscheint die Blutbildung im innersten Zentrum der Ichorganisation, im Knochenmark.

Im späteren Leben zieht sich die Blutbildekraft immer mehr zum physischen Gestaltmittelpunkt, zum Schädel hin zurück, wo in der schützenden Kugelkapsel zugleich die ätherische Funktion erhalten bleibt. Es ist zu beobachten, wie die Blutseen im Kapillargebiet der Milz und Leber verschwinden. Bei der Geburt ist noch das Mark aller Knochen blutbildend; aber dieses rote Mark zieht sich nach und nach aus den peripheren Gliedern der Hände und Füße zurück über Unterschenkel, Unterarm, Oberschenkel, Oberarm bis in den Bereich der Wirbelkörper, schließlich in die sphäroiden Rippenknochen, in die Schulterblätter und ins Mark der Schädelkapsel.

Dieser «Inkarnationsprozeß» des Blutes in die Leiblichkeit wird von der Lymphe nicht mitvollzogen. Für die Lymphe ist es charakteristisch, daß sie ihre Peripheriefunktionen nie aufgibt, sondern nur im höchsten Alter in der Durchflutungskraft (Turgor) des Bindegewebes und der zwischenzelligen Räume «welkt».

Das Blut umfaßt die gesamte Polarität des organischen Seins. Dann aber trägt es in seinen Formelementen, den Blutkörperchen, auch den Todespol prozeßhaft in sich. Die roten Blutkörperchen haben ihren Kern, ihr vegetatives Zentrum aufgelöst, und die weißen Blutkörperchen, Leukozyten und Lymphozyten, zeigen in ihren Kernstrukturen überreife Zellentwicklung. Im strömenden Blut kommen keine Blutkörperchenteilungen mehr vor.

Darin aber, daß sich der Lebensquell des Blutes in der Periode der Vollinkarnation im Knochenmark – in der Sphäre des Todespols – findet, tritt uns die größte Daseinsantinomie als Lebensgesetz entgegen. Der Blutorganismus umfaßt die Pole, die in *Form und Leben* gegeben sind, umfaßt das ganze Sein, denn in ihm wirkt das Geistige unmittelbar.

> Schau den Knochenmann – und du schaust den Tod
> Schau ins Innere des Knochens – und du schaust den Erwecker
>
> Rudolf Steiner*

* Wahrspruchworte, Dornach 1978, S. 168.

Wie im Ei der Urkreislauf noch vor Ausbildung des Herzens im peripheren Kapillarsystem entspringt und ohne Pulsation strömt, so strömt beim ausgebildeten Organismus ebenfalls ohne Pulsation das Blut im Kapillarsystem, das mit seinen weit verbreiteten Anastomosennetzen zwischen arteriellem und venösem Kreislauf ein eigenes gewaltiges Gebiet darstellt. Dieses kapillare Strömungsgebiet befindet sich nicht nur an der Körperoberfläche als räumlich-äußere Peripherie, sondern es durchdringt auch den ganzen inneren Organismus, vor allem die inneren Organe (innere Organperipherie). Wenn wir also auf das innere und äußere Kapillarsystem blicken, dann beobachten wir die geschlossene umfassende Funktionsperipherie des ätherischen Kreislaufs. Gegenüber dem Blutstrom des Herzens und den herznahen Blutbahnen befinden wir uns hier in Zonen eigenen, selbständigen Strömens (Fluxion), wo sich die Durchflutung der Organe im Dienste der mannigfaltigsten Lebensprozesse manchmal beschleunigt, manchmal verlangsamt vollzieht, je nach Intensität des jeweiligen Organlebens. Hier kann man sagen: «Die Funktion der Organe bewegt das Blut.» Äußere und innere Organprozesse saugen in verschiedenen Funktionszuständen aktiv das Blut in sich auf. Dies ist bei jeder Muskelarbeit zu beobachten, besonders jedoch bei der periodischen Tätigkeit innerer Organe, die im Eigenfunktionsrhythmus unabhängig vom Gesamtblutkreis das Blut ansaugen, um es ebenso selbständig wieder zurückzugeben. «Was heißt das, die Funktionen der Organe bewirken den Kreislauf? Das heißt, daß die Gesamtheit der Lebensfunktionen, der Lebensleib, das Blut strömen läßt. Die tätigen Organe des Lebensleibes lassen das Blut zu sich hinströmen. Zu jedem Organ gehört seine Blutversorgung mit dazu» (Kolisko).*

In dieser Kapillarperipherie sind auch die bereits geschilderten Brunnenstuben der Lymphe, die sich sogar vielfach in offenen Strombahnen zwischen Kapillarnetz und Bindegewebe sammelt.

Für das arterielle Blut ist diese Peripherie Endstromgebiet, es verebbt die Pulswelle, die rhythmisch geformte Schwingungsfolge der Systolen des Herzens verklingt und damit auch die bis in den Stoffwechsel hineinreichenden differenzierenden (oxydativ wirkenden) Prozesse. In dieser Kapillarperipherie bleibt der embryonal-ätherische Urstromzustand durch das ganze Leben hindurch erhalten. Gegenüber den arteriellen Formimpulsen, die sich vom Herzen her systolisch dem Blutstrom mitteilen und hier in der Peripherie ausklingen, bildet die *Kapillarperipherie als Ganzheit eine einzige große funktionelle Diastole*, das heißt größtmögliche Ausdehnung des Blutlebens, wobei das Blut sogar in der organischen Peripherie verströmen könnte, wenn nicht die rhythmi-

* In Zeitschr. Die Drei; 2. Jahrg., Heft 6; Stuttgart 1922.

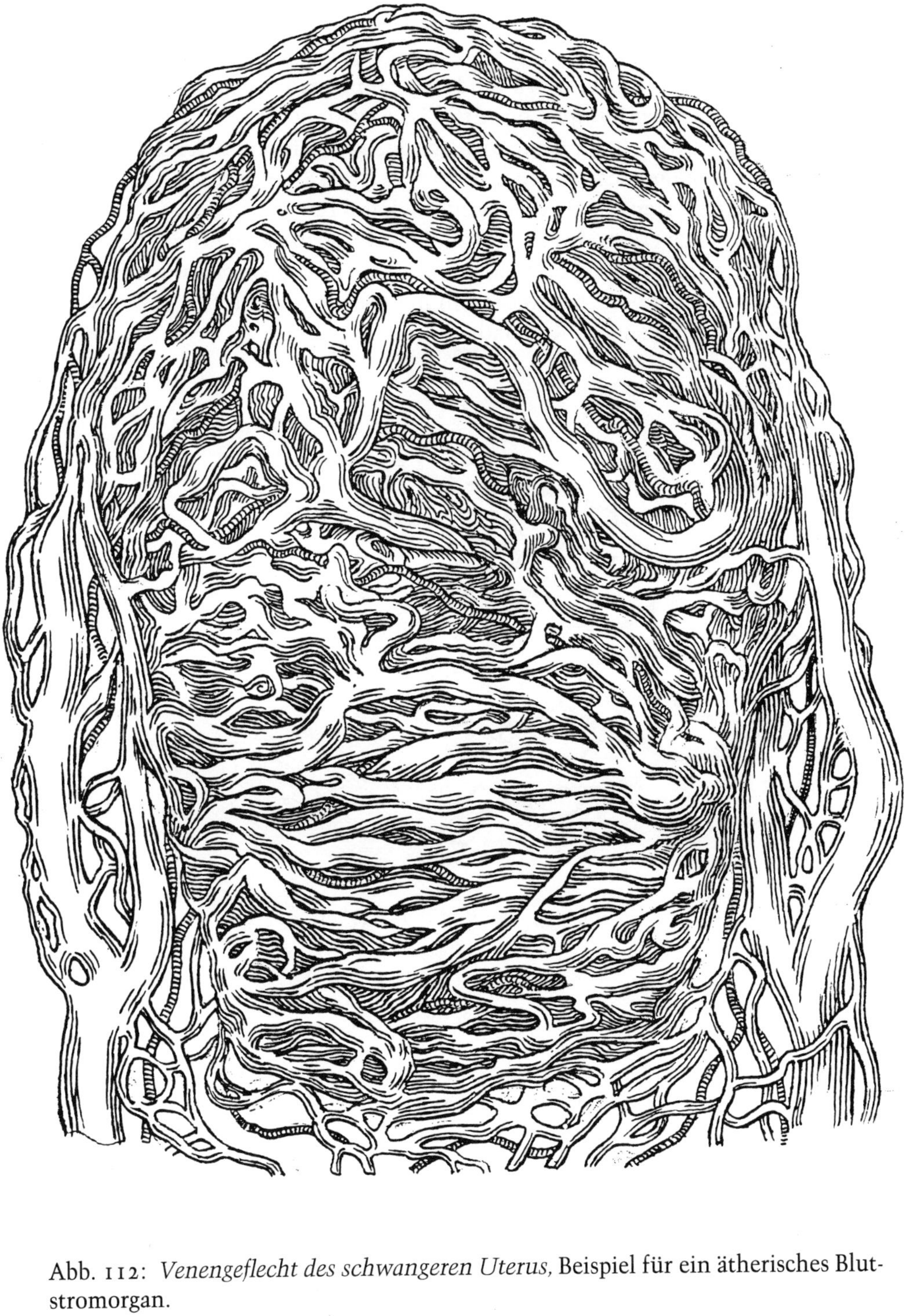

Abb. 112: *Venengeflecht des schwangeren Uterus,* Beispiel für ein ätherisches Blutstromorgan.

sche Umkehr mit Notwendigkeit einsetzte (Verbluten ins Splanchnikusgebiet)*

Der embryonale Blutbildungs- und Bewegungsstrom war ein vorwiegend zentripedaler (darin der Lymphe unmittelbar verwandt). Dotterbluteinstrom – Plazentarbluteinstrom, beide dazu noch aus der außerembryonalen Eihüllenperipherie, sie alle bilden zusammen mit der Kapillarströmung des ausgebildeten Organismus drei Stufen gleichen Strömungscharakters.

Die Strömungsperipherie als typischer Funktionsbereich bringt das Wesen des Ätherischen im Kreislaufgeschehen unmittelbar zur Anschauung. Erst jenseits dieser arteriovenösen Kapillarströmung mündet das Blut in die Venolen, die den eigentlichen venösen Kreislauf eröffnen.

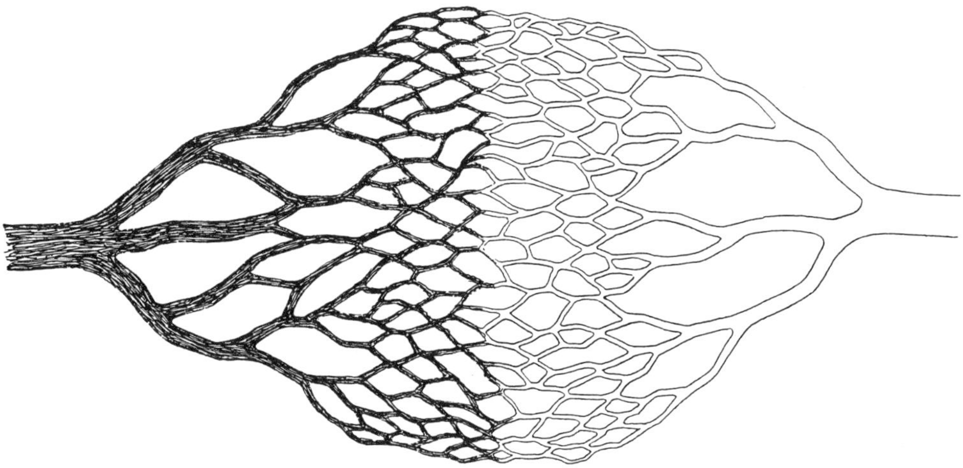

Abb. 113: *Der Kapillarkreislauf.*

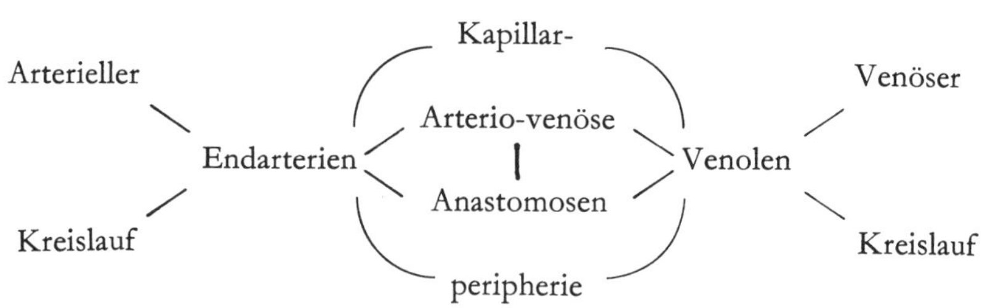

* Splanchnicus, von gr. = σπλαγχνικός (verwandt mit Splen = Milz, was sich in der Breite ausbildet = Eingeweide) Nervus splanchnicus = Eingeweidesympathikus.

Der astrale Kreislauf (Arterialität)

Wo immer pulsierender Blutstrom wahrnehmbar ist, handelt es sich um astralische Dynamik, die in die Blutfülle formend, die Raum-Zeit-Gestalt des Pulsvolumens bildend und gliedernd, eingreift.

Das arterielle Blut erhält von der rhythmischen Bewegung des Herzens von Systole zu Systole Impuls um Impuls, der durch die Eigendynamik der Arterien (durch ihre Elastizität und eigensystolische Kontraktilität) aufgenommen und bis in die entfernteste Peripherie der Endarterien hinausgetragen wird. Wir haben bereits geschildert, wie der arterielle Blutpuls in den arteriovenösen Anastomosen ausklingt. Die systolische Gliederung des Blutstroms in der Pulswelle darf man nicht nur quantitativ verstehen; denn in der Spannung, im Tonus, der sich zwischen Blutfülle und Blutgefäßwand einstellt, greifen unmittelbar die Seelenkräfte ein. Die Blutpulsbewegung darf daher auf keinen Fall als hydromechanische Stoßwelle aufgefaßt werden; sie ist vielmehr seelenleibliche Einformung geistig-astraler Impulse, die vor allem vom linken Herzen ausgehen und über das arterielle Adernsystem den ganzen Organismus durchdringen. Blutbewegung und Säfteströmung, wie sie sich im Venenbereich und im Lymphsystem finden, haben ihre Ursache im ätherischen Wesen des Blutes und der Lymphe; Pulsation und Rhythmik dagegen im arteriellen Anteil des Kreislaufs, im Seelisch-Geistigen.

Polarität und Steigerung im Kreislaufgeschehen

Zwei Prinzipien, die nach dem Goetheschen Polaritätengesetz wirken und in der Steigerung der Kräfte zu einem neuen höheren Sein gelangen, sind im Kreislaufganzen zusammengeschlossen.

Venosität und *Arterialität* sind einander nicht übergeordnet, sondern bilden polare Sphären, über denen die höhere Einheit steht. Die große *Gesamtdiastole* des Blutkreises – so dürfen wir die Venosität der Blutströmung nennen – verlangt nach der funktionellen *Gesamtsystole* in der Arterialisation. Die Steigerung dieses organischen Geschehens ist die Bildung und Tätigkeit des Herzens selbst. Es vereint nicht nur die arterielle und venöse Kreislaufsphäre, Seelenleiblichkeit und ätherische Kraft in der Mitte der Brust, sondern es allein vermittelt dem ätherischen Strom der ernährend vegetativen Organisation die seelenhaft gestaltenden Kräfte des atmenden Menschen, wie es umgekehrt den formend eingreifenden Seelenmächten die schaffenden Bildekräfte einflößt. Das Herz ist Organ gewordener Rhythmus, in dem der ätherische Leib und der Seelenleib einander belebend und impulsverleihend schwingen. Überall aber, wo die Polaritäten dieser Kräfte im Herzen einander austauschen (und darin liegt das Wesen dieses Organs), wirkt impulsierend das Ich.

Venenströmung und Arterienströmung zeigen sich in der ganzen Organisation wie im einzelnen Organ als Kräftewirkung entweder der ätherischen oder mehr der astralischen Funktion. Ginge es im Organismus nur um einen reinen Säftestrom, dann wäre nicht einmal diese Kräftepolarisierung vonnöten, geschweige ein Herz. Ein pflanzenhaft adynamischer Kreislauf wäre denkbar. Demgegenüber hebt sich aus dem Kreislauf als Steigerung das Herzorgan heraus, durch das sich beim Menschen die Dreigliederung der Organisation vollendet.

Die Leiblichkeit findet im Haupt ihre körperlichste, an die Mineralwelt nahe angrenzende, ausgeformteste Prägung. Unterhalb des Zwerchfells – im Stoffwechsel-Gliedmaßen-Bereich – wirkt dagegen polar die Kräftedynamik der Ernährung, des Wachstums und der Zeugung. Irdische Kräfte im Hauptespol, kosmische Kräfte im Organpol wirkend, vermögen für sich noch nicht den eigentlichen Menschen auszusprechen. Im Herzen werden dagegen die kosmischen und die irdischen Kräfte durch das Ich zu einem selbständigen rhythmischen Geschehen vereinigt. Von der Mitte her wird der dreigliedrige Mensch Wirklichkeit.

Da die Entwicklung des ganzen Organismus aus der Bildung des Kreislaufs und des Herzens hervorging und die polare Organisation des physischen Hauptes und des kosmischen Leibes von der Mitte her organisch konstituiert wurde, können wir das Herz das Organ der Organe nennen. Aristoteles nannte es wegen seiner Zentralstellung «das Tier im Tiere». Werden wir nicht dazu bewegt, zu sagen: Das Herz ist der Mensch im Menschen?

Abb. 114: *Der Gesamtblutkreislauf* (halbschematisch). Dreigliederung des Ganzen: 1. Hauptessphäre; 2. Herz-Lungen-Sphäre; 3. Stoffwechsel-Gliedmaßen-Sphäre. – Wir betrachten die Strömungsfolge vom unteren Stoffwechselgliedmaßen-Kapillarbereich aus. Untere Hohlvene (Pfortader-Leber), rechter Vorhof des Herzens; hier Zusammenfluß mit dem Blut der oberen Hohlvene aus dem Kapillargebiet des Sinnes-Nerven-Bereichs. Rechter Vorhof des Herzens, Einstrombahn, rechte Kammer. Ausstrombahn aus der Herzkammer bei der Kammersystole; venöses Blut strömt pulsierend durch die «Lungenarterie» zur linken und rechten Lunge; hier Arterialisation des Blutes im Lungen-Kapillargebiet der Lungenbläschen; Sammlung des arterilisierten Blutes in den Lungenvenen zum Herzen hin. Einstrom in den linken Vorhof des Herzens, Einstrombahn bei der Kammerdiastole in die linke Herzkammer. Systole der linken Herzkammer, das Blut fließt durch die Ausstrombahnklappe in den Aortenansatz (bulbus aortae). Aortenbogen, Abzweigung der Karotiden zur Blutversorgung des Hauptes (Brustaorta). Durchtritt der Aorta durch das Zwerchfell. (Wir sprechen jetzt von Bauchaorta.) Aufzweigung in die unteren Organbereiche, vor allem zu den Nieren und zum Darmsystem; Endarterien; arterio-venöse Anastomosen; venöser Rückstrom zum Herzen. ▶

Im Herzen liegt die dichteste Vereinigung der Wesensglieder zu einem plastisch-rhythmischen Organ vor. Kein Organ ist so ätherisch, so durchaus astralisch und so unmittelbar aus der Ichwirksamkeit heraus gebildet wie das Herz. Es ist eine Wirkung der Ichkraft, daß hier die polaren Wesenskräfte zu einem einzigen Koinzidenzpunkt zusammengerückt sind (Coincidentia oppositorum). Das Gesetz von Polarität und Steigerung tritt uns als Organ entgegen.

Je enger aber die Polaritäten zusammenrücken, um die Einheit des Organs zu bilden, um so höher muß die vereinigende Kraft, die jedoch in der Vereinigung die entschiedenste Trennung aufrechterhält, angeschlagen werden. Die Nähe der Polaritäten des venös-ätherischen und arteriell-astralischen Blutes führt nicht zur bloßen Durchmischung, nicht zur Abschwächung der Spannung dieser polaren Blutkräfte, sondern zur Steigerung über Systole und Diastole hinaus.

Nun wollen wir aus der Funktion heraus die organischen Verhältnisse schildern. Das Venenblut fließt gegen das Herz zu in immer rascheren, saugendflutenden Strömen. Von unten führt die untere Hohlvene das Blut aus dem Stoffwechsel-Gliedmaßen-Bereich (Ernährungsorganisation – Leber – irdische Ernährung), von oben die obere Hohlvene aus dem Sinnesnervenbereich (lichtätherischer Bereich – kosmische Ernährung). Gegen den Vorhof des rechten Herzens zu wird die Lichtung der Hohlvenen immer weiter, bis sich beide Blutströme in einer charakteristischen Strömungsspirale miteinander quirlend vereinigen und so in der Diastole des rechten Vorhofs vom Herzen aufgenommen werden. Hier finden wir auch die Einmündung des dem venösen Strom verwandten ernährenden Brustlymphgangs (siehe «Lymphe», Sachregister). Er mündet in Höhe des sechsten Halswirbels unter dem linken Schlüsselbein in den Joch- und Schlüsselbeinvenenwinkel kurz vor Einmündung in die obere Hohlvene. Untere und obere Ätherströme vereinigen sich. Der untere und der obere Venenstrom finden im rechten Herzen gemeinsam mit der Lymphe des Brustlymphganges ihre Durchmischung.

Bei äußerster Füllung des rechten Vorhofs mit Hohlvenenblut und bei beendigter Systole der rechten Herzkammer durchbricht die Blutfülle des Vorhofs die Vorhofkammerklappe (Einstromklappe) und strömt in den Kammerraum

---

Abb. 115: *Diastole und Systole des Herzens.* 1. Linke Zeichnung, Diastole: Das Blut strömt aus dem Vorhof in die Kammer; die Segelklappe ist geöffnet, die Ausstrombahnklappe (Semilunarklappe) ist geschlossen. – 2. Rechte Zeichnung, Systole: Die Einstrombahn (Segelklappe) hat sich inzwischen durch umgreifende Blutwirbel, also durch die Blutströmung, geschlossen. Der Herzmuskel umfaßt die Blutfülle, zieht sich zusammen, das Blut öffnet von innen die Ausstrombahnklappe. Beide Bilder sind halbschematisch und lassen sich sowohl für das Geschehen im linken wie im rechten Herzen lesen. ▶

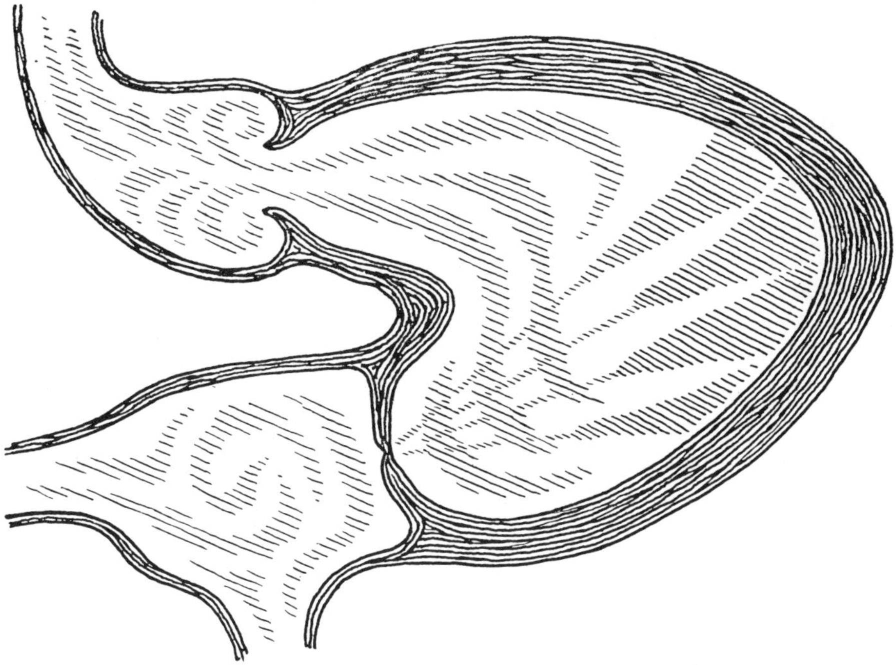

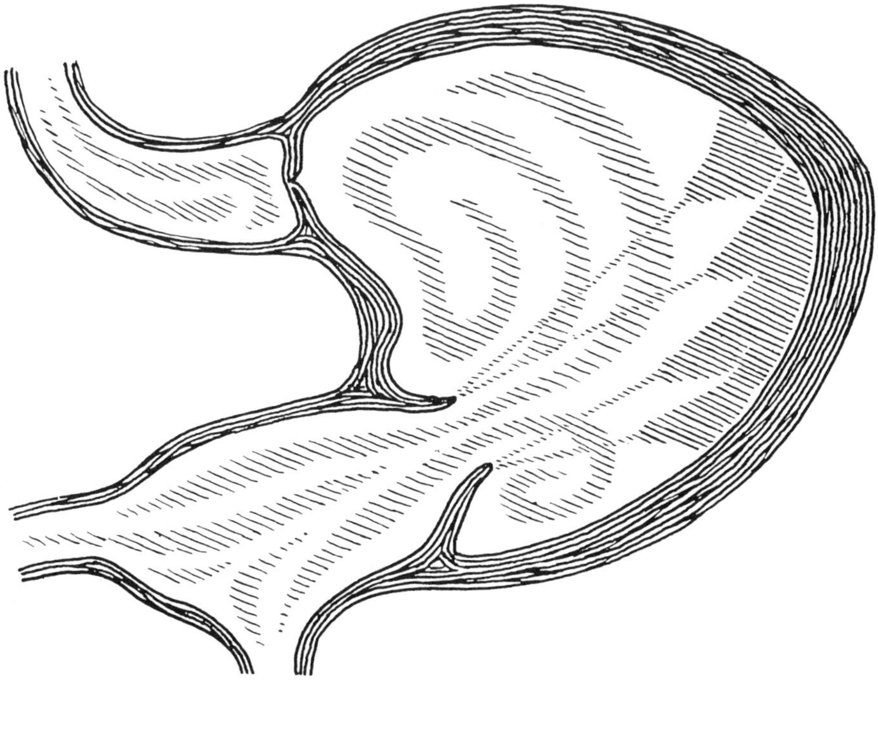

des rechten Herzens, der nun – indem er das Blut empfängt – in die volle diastolische Dehnung übergeht.

Der Blutstrom, der jetzt die Kammer völlig erfüllt, bildet im Inneren einen rückwärts gewendeten Strömungswirbel, der die drei segelförmigen Flächen der Einstromklappe (Tricuspidalis) von unten her erfaßt, aufbläht und damit gegen den Vorhof schließt.

Nun ist die Herzkammer in ihrer diastolischen Blutfülle für einen Augenblick vollkommen geschlossen. Der Blutwirbel kommt zur Ruhe, das Herz wird der ganzen Blutfülle und Blutwärme inne. In dieser intervallischen Pause bildet sich durch die Stauung der Impuls zu der folgenden Systole.

Bis zu dieser Strömungsphase wirkten die ätherischen Kräfte des Blutes und des Herzens zusammen, jetzt greift Spannung und Form verleihend die astralische Dynamik in das Ganze ein.

Hier sei daran erinnert, daß das Wasser seiner Natur nach die Neigung hat, sich maximal auszudehnen. Wenn es gestaut wird, tritt Druck auf, ohne daß dazu pressende Kräfte von außen in Aktion treten müssen. Dieser Druck ist nicht mechanisch, sondern entspringt der elastischen Natur des flüssigen Elementes selber.

Die diastolische Kammerblutfülle, die der Herzmuskel im Prozeß der Stauung umschließt, wobei er seine innere Druckdynamik entfaltet, öffnet dabei die Ausstrompforte (Semilunarklappe) von innen, so daß sich der Blutstrom im befreiten Strahl über die Kammerebene (Ventilebene) hinaus- und emporhebt.

Das Blut der Kammersystole des rechten Herzens strömt nun pulsierend in den beiden Lungenarterien (mit venösem Blut) zur rechten und linken Lunge (kleiner Kreislauf). Der Vorgang, den wir beschrieben haben, ist im rechten und im linken Herzen im Vorhof und in der Kammer im wesentlichen gleich.

Zum linken Herzen strömt das Blut von der Lunge her arterialisiert (durch die Lungenvenen) zum linken Vorhof (Vorhofdiastole) und in die linke Kammer (Kammerdiastole) durch die der rechten Segelklappe entsprechende gleichartige Einstromklappe (Bicuspidalis), die linken Vorhof und linke Kammer verbindet.

In der Diastole der linken Kammer wird das Stauungsphänomen des Blutes im Herzen besonders deutlich. Der einströmenden arteriellen Blutdynamik entspricht der mächtige Bau der Muskelwandung der linken Herzkammer.

Hier ist die intervallische Pause am Ende der Kammerdiastole und bei Beginn der Systole von höchster Wichtigkeit. Der Blutwirbel kommt zur Ruhe; aus dem Gesamtkreislauf ist ein Quantum Blut, eine individualisierte Einheit für einen Augenblick völlig herausgesondert. Das Verweilen dieses Urquantums muß qualitativ gewertet werden, sowohl für das Blut als auch für das Herz selbst. Die Bluttemperatur steigt an, zwischen Blut und Herz vollzieht sich ein humoraler Crescendoprozeß, bis das Blut auf die Stauung mit wachsendem Druck antwortet und die Ausstrombahn, die Aortenklappe, durchbricht.

Was nun geschieht, ist die bedeutendste Entfaltung des Blutlebens im ganzen Kreislauf. Das Blut hebt sich in der Kammersystole wiederum über die Ventilebene der Aortenklappe, wobei es die Einheit seines Volumens bei aufsteigender Wirbelströmung wahrt und der Kammerhohlmuskel sich in entgegengesetzter Richtung nach unten von der Fülle entbindet (Herzspitzenstoß gegen die Brustwand).

Die aufsteigende Blutströmung entfaltet sich oberhalb des Herzens und weitet den Aortenansatz weiter und weiter (Aortendiastole), solange die Kammersystole andauert, wobei der systolische Springquell des Blutes im Aortenansatz eine «Strömungsblüte» bildet. Das Diagramm des Strömungswirbels, das bereits Leonardo da Vinci bei seinen hämodynamischen Herzstudien entdeckt hat und als Strömungswirbel-Diagramm in zahlreichen Skizzen darstellte, ist uns ein Urphänomen des höheren Blutlebens, an dem sich die Wesensgliederwirkungen, besonders die ätherischen Kräfte, ablesen lassen. Die diastolische Gestalt des Aortenansatzes wird von der anatomisch-physiologischen Beschreibung sehr charakteristisch als Aortenzwiebel (Bulbus aortae) gekennzeichnet. Der rückströmende Wirbel in der Aortenzwiebel speist interessanterweise die Herzgefäße, die dem gesamten Hohlmuskel angehören (Herzkranzgefäße). Diese Adern «saugen» ihr Blut während der Dehnungsphase der Aorta. Sie sind die einzigen Gefäße, die in der Diastole arterielles Blut empfangen.

Die systolische Pause der rechten und der linken Kammer bewirkt aber, trotz der vollkommenen Absonderung des Blutvolumens am Anfang jeder Systole, keine Strömungsunterbrechung, denn während jeder Kammerdiastole schwingt der Aortenansatz mit seiner Blutfülle (Aortenzwiebel) wie auch der Ansatz der Lungenarterien systolisch aus, und so kommt es im Kreislauf nur zur Pulsebbe, nicht aber zu einer Blutströmungsunterbrechung.

Die ausklingende Systole der Herzkammern gibt noch einen geheimnisvollen Hinweis auf das Wesen der Herzfunktion. Es bleibt nämlich nach jeder Systole eine Restblutmenge zurück (Paede), die sich mit dem Blutquantum der folgenden Diastole in der Kammer mischt! Dieser Vorgang entspricht genau der Potenzierung bei der homöopathischen Heilmittelbereitung. Nur eine qualitative Betrachtungsweise vermag zu beurteilen, wie die innere Natur von «Tropfen» zu «Tropfen» Wesenskräfte heraufkohibiert und wie das Äthermeer des Blutes mehr und mehr vom Feuer des Ichs verwandelt wird.

Die arterielle Blutwelle, der Puls

Das arterielle Blut verläßt mit kräftigen Pulswellen das Herz. Besonders imposant ist die Folge der Pulswogen bei der Aorta, die das Blut im Aortenbogen zuerst über das Herz empor, dann aber durch den Mittelraum der Brust (Mediastinum) zwischen den Lungen herab zum Zwerchfell (Brustaorta) und durch das

Zwerchfell hindurch in den Bauchraum (Bauchaorta) führt. Allen Organen wird von der Aorta durch besondere Strömungsabzweigungen das arterielle Blut zugeführt, bis sie sich im Becken zu den unteren Gliedmaßen aufzweigt und sich so in den Organen des Stoffwechselsystems und in den Gliedmaßen kapillarisiert.

Bei der arteriellen Strömungsdynamik, die von der Systole des Herzens ausgeht und als Blutwoge diastolisch in die Gefäßperipherie hinauseilt, können mannigfaltige Pulsqualitäten beobachtet werden. Für das Verständnis dieser Qualitäten ist es gut, etwas vom Bau der arteriellen Gefäße zu wissen.

Während Venen und kapillare Venolen keine muskulär-zirkulären Muskelfasern besitzen, haben die arteriellen Gefäße drei Gefäßwandschichten. Die mächtige Aorta ist hauptsächlich mit elastischen Fasern ausgestattet. Die mittleren Körperarterien zeigen in ihrem Bau drei charakteristische Schichten: die zarte bindegewebige Innenschicht (Intima), die elastisch-muskuläre Mittelschicht (Media), die bindegewebige Außenschicht (Externa). Die Endarterien (Arteriolen), die vor dem Eintritt des Arterienblutes ins arteriell-venös indifferente Kapillarnetz das arterielle Endstromgebiet bilden, zeigen vorwiegend die zirkulär-muskuläre Mittelschicht, so daß bei allen Endarterien wieder entschiedener das muskuläre Element überwiegt, wie dies beim linken Herzen gegenüber dem rechten der Fall ist. Von diesem Gesichtspunkt aus kann man von einem «peripherischen Herzen» sprechen. Systole und Diastole des Herzens verhalten sich dabei polar zu Systole und Diastole des Kreislaufs. Die Pulswoge, die systolisch das Herz verläßt, ist für den Gefäßabschnitt, den sie durcheilt, Diastole. Die Pulsebbe, die im Herzen durch die Kammerdiastole entsteht, wirkt im Kreislauf überall, wo sie erscheint, als systolische Phase. Die Pulswelle, also die diastolische Phase der Blutbewegung im Gefäßbereich, vermittelt dem Organismus die dehnende, entspannende Funktion des ätherischen Blutgeschehens. Je ätherischer die Organsphäre ist, in die die arterielle Blutströmung eintritt, um so weiter und weicher wird hier die Pulswelle durch die Gefäße gleiten. Im Extrem können solche Pulswogen in ihrem Folgerhythmus ineinander übergehen und ein deutlicher geformtes Intervall (die systolische Phase der Blutbewegung) vermissen lassen. Der Puls erscheint dann zunächst groß (Pulsus altus), aber zugleich weich (Pulsus mollis et altus). Entwickelt sich das Kreislaufgeschehen in gleicher Richtung weiter, etwa so, wie es sich kaum merklich im Schlafe einstellt, dann kann er sogar extrem weich und flau wer-

---

◀ Abb. 116: *Strömungsdiagramm* des aus der linken Herzkammer durch die Aortenklappe (Ausstrombahn) bei der Systole herausströmenden Blutes (nach Leonardo da Vinci). – Das Blutwirbeldiagramm im Aortenansatzbereich (bulbus aortae = Aortenzwiebel) erinnert unmittelbar an das griechische Akroterion auf der Giebelspitze des Tempels oder der Grabstele.

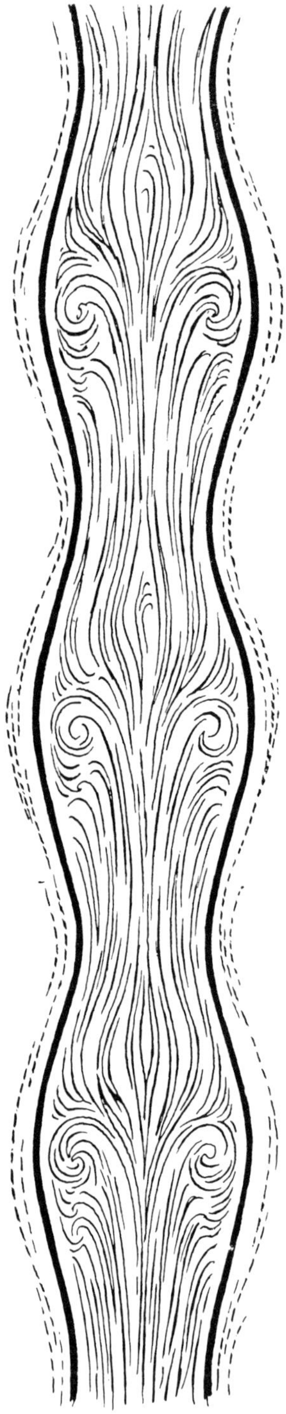

den. Er gestaltet sich in der Blutfülle nicht mehr aus, sondern erscheint verwischt, und die Strömungsart wird dem Venenblutstrom ähnlich. Ist ein solcher Pulstypus bei einem Menschen konstitutionell vorhanden, so wird der Organismus als ganzer mehr zur vegetativen Seite neigen. Der Blutdruck wird schwach, und Venen und Lymphsystem breiten sich gemeinsam gegenüber dem Arteriensystem, welches sich in der geschilderten Weise entformt, aus. Die rhythmischen Prozesse sind jetzt ausdruckslos, und bis ins Seelisch-Bewußtseinsmäßige kann es zur Dämpfung, ja zur Abstumpfung kommen.

Greift dagegen die formende Phase im Pulsgeschehen kräftig ein und wirken die systolisch astralen Momente zwischen den ätherischen Pulswogen, dann erscheint der gut geformte Puls. Jeder intensiv einformenden Gefäßsystole antwortet die folgende Pulswoge als lösendes, elastisch sich dehnendes Element, das nur für einen Moment von seelenleiblichen Formkräften zusammengepreßt werden kann. Spannen aber die astralen Formkräfte über die ring- und spiralförmige mittlere Gefäßmuskulatur zu stark an, dann erscheint ein anderer Extremzustand: der Puls wird überformt und hart (Pulsus durus et altus). In der weiteren Übersteigerung dieser Tendenz folgt der überspannte harte und zugleich kleine Puls (Pulsus durus et parvus). Greift aber die seelenleibliche Formkraft immer noch tiefer in das Blutleben ein, dann wird der Puls dünn und gespannt (tenius).

So schreibt die Seele ihre astrale Schrift tiefer und tiefer in die «Bluttafel» ein, in jedem Pulsintervall der unendlichen Pulsfolge, die vom Herzen ausgeht, bis diese ätherische «Bluttafel» gleichsam zerbricht[6]. Dies geschieht im Todesaugenblick:

Abb. 117: *Verlauf der Pulswelle* (Systole und Diastole in der Arterie). Man beachte auch hier das Strömungsdiagramm im Arterienlumen (Achsenströmung, Randwirbel).

Der astralische Leib überformt das quellende Leben, preßt es aus. Die Arterien werden blutleer, und das Blut strömt in das indifferente Kapillarnetz hinaus. Die Seelenspannung in ihrer letzten, tiefsten Inkarnation erfaßt die gesamte Muskulatur (nicht nur die der Gefäße, sondern auch die der Gliedmaßen) und überspannt den Lebensbogen, so daß alle dehnenden, lösenden, quellenden Kräfte weichen müssen. Die letzte Streckung, diese tiefste Einprägung und formende Verkörperung der Seele in den Leib, drängt alles ätherische Leben in den «Umkreis» – der Tod tritt ein.

Die griechischen Ärzte schilderten die Arterien als Gefäße des Pneuma (Aristoteles «de spirito»). Der Begriff «Luft» der Vier-Elementen-Lehre rechtfertigt dies. «Luft» ist danach das Seelenelement, das sich von der Lunge her ins Blut herein arterialisiert hat, so wie wir dies nach der rein physiologischen Betrachtungsweise über die Verbindung des Sauerstoffs mit dem Blute in den Lungenkapillaren wissen. Die Auffassung der Griechen ist wohl begründet, wenn wir sie in ihrem vollen geistigen Sinne verstehen. Eigentliches Blut kommt nach ihrer Auffassung nur den Venen zu, mit Ausnahme der Lungenvene (Vena arteriosa), welche den Lufthauch, das Πνεϑμα ζωτικόν aus den Lungen zum Herzen bringt. Die Arterien sind mit «Pneuma» erfüllt, welche durch die äußere Luft (beim Atmen), ihre gesunde Mischung (ϭωτήϱςιον ϰϱᾶϭιν) empfangen. Doch enthalten sie nicht bloße Luft, sondern ein feineres, reineres und luftartigeres Blut als die Venen.*

Damit sind wir zum Abschluß unserer Betrachtung über das Herz-Kreislauf-Geschehen gekommen. Herz und Kreislauf, Mittelpunkt und Sphäre, verhalten sich vollkommen polar zueinander. Aber der Kreislauf ist in sich wieder polar ausgebildet in verschiedenen Sphären eines Kreises, die das Herz als steigernde Mitte vollkommen in sich vereint. Die venöse Sphäre, die große Gesamtdiastole des Blutes, ist in sich vorwiegend ätherisch wirksam. C. G. Carus bezeichnet sie als die Nachtseite des Blutlebens, welche den größeren Anteil bildet. Die arterielle Sphäre, die große Systole – nach Carus die Tagseite des Blutlebens – ist von den seelenleiblichen Kräften geformt und bewegt. Beide Sphären sind nur durch die höhere Einheit verständlich, die sie vom Herzen her bilden.

Das Herz als Organ der Organe

> Es schlägt im Gemüte das Herz der mittleren Lebenssphäre und schlägt in der Mitte von Seele und Leib zwei Welten zu, in welchen die Punkte festgesetzt sind, die sein Leben und seinen Tod bezeichnen, die Seligkeit und Verdammnis des Menschen.
>
> Troxler**

* Vgl. G. H. v. Schubert: Geschichte der Seele, S. 102 ff.

** Vgl. I. P. V. Troxler: Blicke in das Wesen des Menschen, S. 92 ff.

... Fürs Anatomische, Materielle, Mechanische dürfen wir nicht sorgen; denn auch diesen Vorstellungsarten wird es an Bekennern und Freunden nicht fehlen ... Goethe*

Diese Überordnung im Organismus ergab sich bei unserer Betrachtung aus der Gesamtentwicklung in der Embryonalzeit, wo es sich zeigte, daß die Herz-Blutkreislaufbildung der Ausgestaltung der übrigen Systeme vorauseilt.

Hier darf gefragt werden, was überhaupt das Wesen eines Organs sei. In der griechischen Sprache spricht das Wort Organon ein ganz umfassendes Geschehen aus, und die Übersetzung «Werkzeug» verbirgt geradezu seine urschöpferische, göttliche Bedeutung. Sein elementarer Sinn lebt in dem Verbum: ὀϱγάω = das lebendige Schwellen und Heranreifen der Früchte, das das Quellen und Strotzen feuchter Lebenskraft ausdrückt. Orgé deutet starken Charakter, kraftvollen Trieb an. Die höchste Bedeutung, die sich in diesem Wortkreise findet,

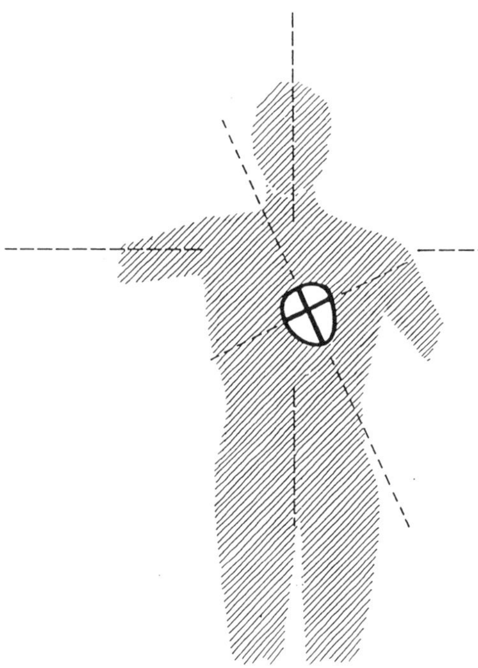

Abb. 118: *Beziehung der Herzachsen zu den Körperachsen*** ideale Mittellage, die sich im Leben und individuell verschieden einstellt – beim Kleinkind eher steil, beim älteren Menschen mehr geneigt. Die Neigung beträgt im Mittel etwa 23°, wobei wir einen kosmologischen Zusammenhang mit der Neigung der Sonnenbahn, der Ekliptik, in Betracht ziehen.

* Naturw. Schr., W. A. Paralipomena.

** Nach Rein: Physiologie des Menschen, S. 66.

liegt in Orgia, dem heiligen geheimen Dienst, dem Götteropfer der Kabiren, der Demeter und des Dionysos, also dem Dienst der Götter des Lebens und der Erde – der Organwelt[7].

Das Organ der Organe spricht die schöpferische Sphäre selbst aus, Organon umfaßt das Lebensgeschehen. Auf gleicher Ebene finden wir keinen umfassenderen Begriff. Nur das Wort «Kosmos», das Schönheit als höchste Ordnung ausdrückt, reicht noch weiter. Der Organismus begegnet dem großen Kosmos als Mikrokosmos. Der gewaltigen Weltordnung entspricht das geheimnisvolle Walten und Wirken der Organe im Organon des menschlichen Leibes als des vollkommensten Mikroorganismus.

Aus dem Erlebnis dieser Zusammenhänge stammt die uralte intuitiv-sympathische Erkenntnis der Harmonie makrokosmischer und mikrokosmischer «Organe», der Planeten und der inneren Organe des Menschen. Wie die Sonne im Mittelpunkt unseres Planetensystems steht, so steht das Herz in der Mitte des Kreises der inneren Organe. Das Symbol der Sonne, Mittelpunkt und Umkreis, könnte unmittelbar auch für das Herz eingesetzt werden und ist in früheren Zeiten so eingesetzt worden.

So ist das Herz in unserem Erleben das unmittelbare Urbild eines Organs; denn es ist in der Entwicklung des Organismus das führende Organ und bleibt während des ganzen Lebens in vieler Hinsicht das charakteristischste, da es wie kein anderes mit seiner Sphäre (dem Kreislauf) den gesamten Organismus umfaßt und sowohl als Einzelorgan wie auch als Herz-Kreislauf-System seine Zentralstellung wahrt. Als Organ der Mitte verleiht es dem Organismus die Signatur der Dreigliederung.

Drei Muskelsysteme schließen sich zu einem Ganzen zusammen. Der muskulär-bewegliche Brustkorb mit dem Abschluß der Brusthöhle nach unten durch das Zwerchfell bildet die schützende Hülle für die inneren Bewegungsorgane des rhythmischen Systems. Über dem Brustkorb gliedert sich um das Schultergürtelsystem (Brustbein – Schlüsselbein – Schulterblatt und Rücken-Nacken-System) die Muskulatur der frei beweglichen Arme, die den Organismus mit der Außenwelt verbinden. Im Inneren der Brust aber findet sich eigenbeweglich das Herz. Außenbewegung, «atmende» Brust-Zwerchfell-Bewegung und innerlichste Herzlebensbewegung – diese drei Bewegungssphären bilden eine bedeutsame funktionelle Einheit. Der letzten, innersten Hülle des Lebenspulses – dem Herzorgan – wendet sich jetzt unsere Schilderung zu.

Die Gestalt des Herzens, die aus seiner inneren Blutfülle herausquellende Plastik des Organs, haben wir mehr durch die unmittelbare Anschauung als durch Beschreibung aufzufassen. Seine Bildung entspringt der Funktion, der es dient. Man kann an einen Tropfen erinnert werden, der hier zum Organ geworden ist. Die Blutströme, die das Herz durchfließen und sich in ihm stauen, geben den Blutufern, den Herzmuskelwänden die wirkliche «Gefäßgestalt», die an einen Becher, an einen Kelch, ja an eine Amphora erinnert. Man betrachte sich

Abb. 119A: *Die Muskelfaserströme des Herzens* verlaufen zirkulär-lemniskatenartig. Alle Muskelfasern bilden gleichsam Ströme (Synzytien oder Plasmodien), die in unendlichem Fluß immer wieder ineinander einmünden (nach Benninghoff). – 2. Schema des lemniskatisch-zirkulären Herzmuskelfasersystems (nach Ranke).

einmal eine Reihe edler griechischer Vasen und die Einheit aller Formen in ihrer Metamorphose von der klassischen Amphore über die Pelike zu Krater, Hydria und Kalpis, und die Herzgestalt steht als Urform in der Mitte. Die ätherische Bildekraft liegt dem Gefäß wie dem Organ zugrunde.

Das Herz befindet sich zwischen oberem und mittlerem Drittel der Körperlänge, etwas unter dem Kreuzungspunkt der Gestalt bei ausgebreiteten Armen, wobei die Mittelachse des Organs um etwa 23 Grad aus der Vertikalen nach rechts oben und links unten verlagert ist. Die Kelchrandebene des Herzkelches öffnet sich nach rechts oben. Die Herzkelch-Spitze liegt hinter dem linken vorderen Ende der sechsten Rippe links unten. Das Herz zeigt nun darin seine individuell menschliche Besonderheit, daß es wie kaum ein anderes Organ nach Größe und Gewicht bei den einzelnen Menschen verschieden ist. Die Größe der Faust eines Individuums gibt nur einen sehr allgemeinen Hinweis auf die ungefähre Größe des Herzens. Immerhin ist die Beziehung von «Herz und Hand» wesenhaft.

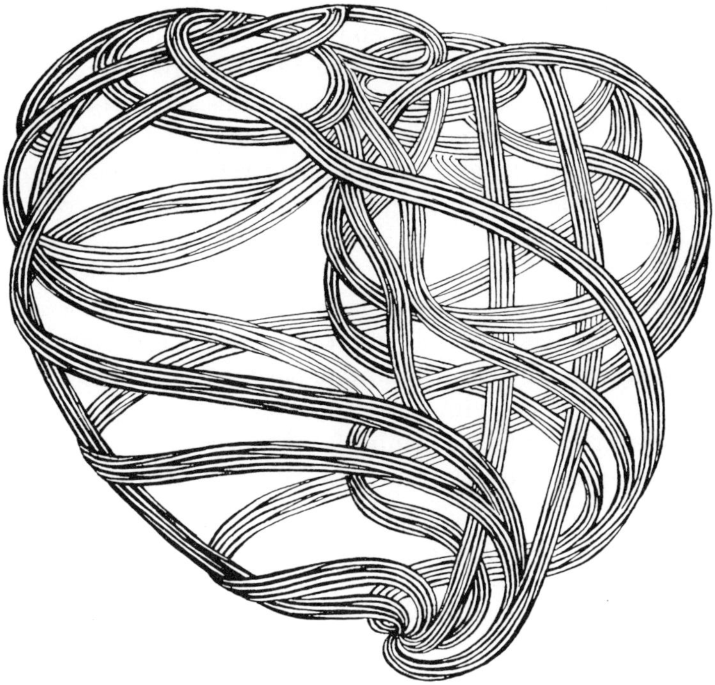

Abb. 119B: *Die Muskelfaserströme des Herzens* (nach Ranke).

Ähnlich wie die peripheren Blutgefäße zeigt das Herz als Hohlmuskel drei Schichten, die Außenschicht (Perikard), die eigentliche Herzmuskelschicht (Mykokard) und die Herzinnenhaut (Endokard). Der Herzmuskel ist so stark entwickelt, daß er von den übrigen Schichten nur häutig eingehüllt erscheint. Die Muskelfaserströme verlaufen lemniskatenartig und zirkulär. An der Herzspitze bilden sie einen Wirbel (Herzwirbel), der den Zusammenhang zwischen Blutwirbel und Muskelbewegung deutlich ausspricht. Der ätherische Bau des Herzens ist bis in die Muskelfaserstruktur zu verfolgen. Sie läßt wie die Skelettmuskelfaser im mikroskopischen Bild Querstreifung erscheinen. Während aber die Skelettmuskelfaser von Sehne zu Sehne, von Knochen zu Knochen zieht, fehlen den Herzmuskeln diese physischen Pole; sie sind dagegen unmittelbar im Blut mit dem organgewordenen Bewegungs- und Willenselement verbunden. Auch sind die Herzmuskelfasern plasmareicher. Alle Fasern bilden Faserströme (Synzytien oder Plasmoiden*); das ganze Herz bildet ein plasmatisches Kontinuum, ohne Zellgrenzen, ohne daß die Möglichkeit besteht, eine Muskel-

* Synzytium = Zellzusammenhang von gr. κύτος = Zelle und σύν- = mit, zusammen, wobei die Zellen vielfach ohne Zellgrenzen ineinander übergehen. Dazu das Synonym Plasmodium = Vielkerniger Protoplasmaverband ohne Zellgrenzen.

faser als isolierte Zelle herauszupräparieren. Das strömende Blut ist von einem ringsum geschlossenen, strömend lebendigem «Gefäß» aufgenommen.

Der plastische Herzkörper zeigt an seiner Vorderfläche eine Längsfurche (Sulcus longitudinalis), die sowohl der Herzachse als auch der inneren Scheidewand entspricht, die das Organ in eine venöse und eine arterielle Hälfte, in eine rechte und eine linke Herzkammer teilt[8]. Eine zweite, zirkuläre Furche (Sulcus circularis) entspricht dem Kelchrand des Herzkelches und gliedert den Herzkörper, der die Kammern birgt, von den Herzvorhöfen. Die Muskelwandungen der Vorhöfe sind gegenüber denen der Kammern schwächer, mit weniger wirbelndem, mehr parallel zur Herzachse verlaufendem Muskelgewebe ausgestattet. Sehr eindrucksvoll ist der Unterschied der Muskelentwicklung zwischen rechter und linker Kammer. Die linke Kammer besitzt gegenüber der rechten doppelte Wandstärke, so daß sich im Herzen die Polarität, die wir zwischen Venenblutgefäß und Arterienblutgefäß gefunden haben, gesteigert vorfindet.

In den Herzkammern ist das syncytiale Muskelgeflecht gegenüber den Vorhöfen besonders großmaschig, einzelne Muskelzüge gestalten sich zu derben, einander kreuzenden Balken und Brücken, so daß das Gewebe schwammartig wirkt. Aus diesem Muskelgeflecht heben sich aus dem Kelchgrund beider Kammern einzelne zapfenförmige Muskeln (Papillarmuskeln) hervor, die mit den freien Enden der segelförmigen Einstromklappen durch Sehnenfäden verbunden sind.

Die Vorhöfe stehen mit den Kammern durch diese Einstromklappen in Verbindung. Diese Klappen wie auch die Ausstromklappen bestehen aus einem dichten, nicht mehr von Kapillargefäßen durchzogenen sehnig-flächigen Gewebe, aus Endokardduplikaturen gebildet. Die segelförmigen Einstromklappen wie die halbmondförmigen Ausstromklappen liegen über den Kammern, gewissermaßen in der Herz-Kelchrand-Ebene. Die Einstrombahnklappen ragen trichterförmig von den Vorhöfen in die Kammern hinein, die Ausstromklappen dagegen sind etwas über die Kelchrandebene heraufgehoben und in den Wurzelabschnitt der ausführenden Blutgefäße (Arteriae pulmonales rechts und Aorta links) eingelassen.

Zwischen dem Vorhofherzen und dem Kammerherzen, dem eigentlichen Herzkelch, besteht ein bedeutsamer, aus der Entwicklungsgeschichte des Herzens hervorgehender Wesensunterschied, der sich auch noch in der Funktion des ausgebildeten Herzens offenbart. Ursprünglich gehörte nämlich der gesamte Vorhofbereich des Herzens dem vegetativen Pol des Organismus an, lag also unten, während die Herzschleife, aus der die Kammern hervorgegangen sind, sich in der Sphäre des animalen Pols der Leibesanlage, also dem Haupte zugewandt, entwickelt hat. Durch die weitere Entwicklung und Drehung der ganzen Herzanlage gelangten beide Herzpole in die jetzige, zum übrigen Leibe antinome Stellung, so daß die Vorhöfe, als die mehr ätherisch-diastolisch wirkenden Glieder des Herzens, ihre Lage über dem Herzkelch mehr dem Nerven-

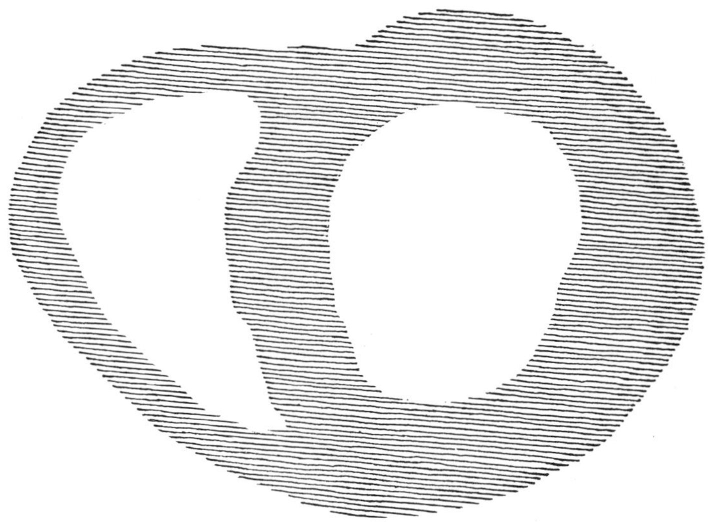

Abb. 120: *Die Herzkammern* (Querschnittsbild). Die rechte Kammer gegenüber der linken verhältnismäßig dünnwandig und dieser vorgelagert.

pol des Leibes zugewandt haben, während sich die Kammern mit ihren vorwiegend astral-systolischen Funktionen auf der Seite des ätherisch-willensmäßigen Pols befinden.

Eine entsprechende Antinomie des Verhältnisses der Herzpolaritäten zu denen des Leibes zeigt sich in der Lage des rechten und linken Herzens zur rechten und linken Körperhälfte. Im allgemeinen ist die rechte Körperhälfte stärker physisch-astralisch durchgestaltet[9], so daß der Mensch seine bewußten Handlungen und Schritte rechtsbetont ausführt. (Der «Rechtshändigkeit» entspricht auch die Rechtsbetonung des Schrittes zum Beispiel beim ersten Schritt oder beim Absprung, und auch die meist größere Aktivität der rechtsliegenden Sinnesorgane gegenüber den linken.) Unsere linke Seite ist dagegen im allgemeinen vorzugsweise ätherisch stärker belebt und daher bei künstlerischem Tun – oft unbewußt – mehr beteiligt.

Beim Herzen liegt nun die vollkommene Umkehr dieses Verhältnisses vor. Die zarter ätherisch organisierte Herzseite ist der aktiven Körperhälfte zugewandt, die aktivere astral-dynamische linke Seite des Herzens der mehr ätherischen Körperhälfte. *Das Herz hebt so die Einseitigkeit der Organisation – nach oben und nach unten – nach links und nach rechts auf.* Es ist der Arzt im Organismus. Die Pole würden uns immer wieder von der einen oder der anderen Seite her krank machen; das Herz hebt diese «Krankheiten» auf, indem es durch sein höheres Leben die polaren Kräfte in ihrem Wechselstreit auseinanderhält und eine höhere, gesteigerte Einheit herstellt[10]. Indem das Herz selbst die größte

Polarität im arteriellen und venösen Blut in sich nahe vereint und sie doch entschieden trennt, steht es über den Polen. Es vereint die Tagseite und die Nachtseite des Organismus und steht doch über beiden. Eine höhere Macht im Herzen setzt Seelenleiblichkeit und Lebensleiblichkeit nicht in Ausgleich miteinander, sondern in eine schöpferische Spannung, aus der der Rhythmus entspringt.

Die Mitte der Rhythmik

> Diese Widersprüche, statt sie zu vereinigen, disparater zu machen.
> Goethe*

Von besonderem Interesse für unser Herzverständnis ist die Entwicklung und Bedeutung der Herzscheidewand.

In der frühen Herzentwicklung fließen die polaren Blutströme in freiem Fluß, ohne sich zu mischen, im ungeteilten Herzen aneinander vorbei (Portmann). Der Blutstrom findet bereits seinen richtigen Weg, lange bevor das Herzseptum entsteht. Ehe ein physisches Organ ausgebildet ist, erfüllt sich die organisch-dynamische Funktion. Zwischen den Blutströmen wirkt schon die Kraft des ordnenden Intervalls, in dem sich dann vom zweiten Embryonalmonat an zwischen den Blutströmen die Herzscheidewand aufbaut und zwei Herzhälften schafft (Benninghoff). Auch die Ein- und Ausstromklappen zwischen den Höfen und Kammern gestalten sich inmitten der Blutwirbel in den strömungsstillen Zonen, in welche sie als Herzinnenhautduplikaturen einsprossen. Aus dem Grund des Herzkelches wächst aus dem endokardialen Gewebestrom gallertiges, nichtzelliges Mesenchym zur Scheidewand herauf. Die Endokardduplikaturen, die mit ihren Klappen den Herzkelch oben gegen die Vorhöfe abschließen, bilden mit der Scheidewand, die das Herz in Kammern und Vorhöfe gliedert, das *Herzkreuz*, durch welches das Blut gewissermaßen in vierfacher Richtung geleitet wird.

In der Herzscheidewand wirkt das eigenorganische Kraftzentrum, das die ätherischen Blutwogen und die seelenleiblichen Formkräfte steuert – die Mitte der Mitte[11] –, das Wesen des Wesens, das Impuls und Rhythmus verleihende *«Reizleitungssystem»*. Dieses Wahrnehmungs- und Sinnesorgan des Herzens besteht aus einer Metamorphose ursprünglicher Muskelelemente, die sich durch die ganze Herzscheidewand hindurchziehen.

Anfänglich hatte das ganze *Herzmuskelplasmodium* diese Sinnesorganfunktion, die ätherisch-astralen Blutwogen (Ernährung und Atmung) gegenüber den Leibespolaritäten wahrnehmend durch Rhythmus in Harmonie zu bringen.

* Faust: Paralipomenon (zum ganzen Werk). Sämtl. Werke, (Insel); Bd. 6, S. 491.

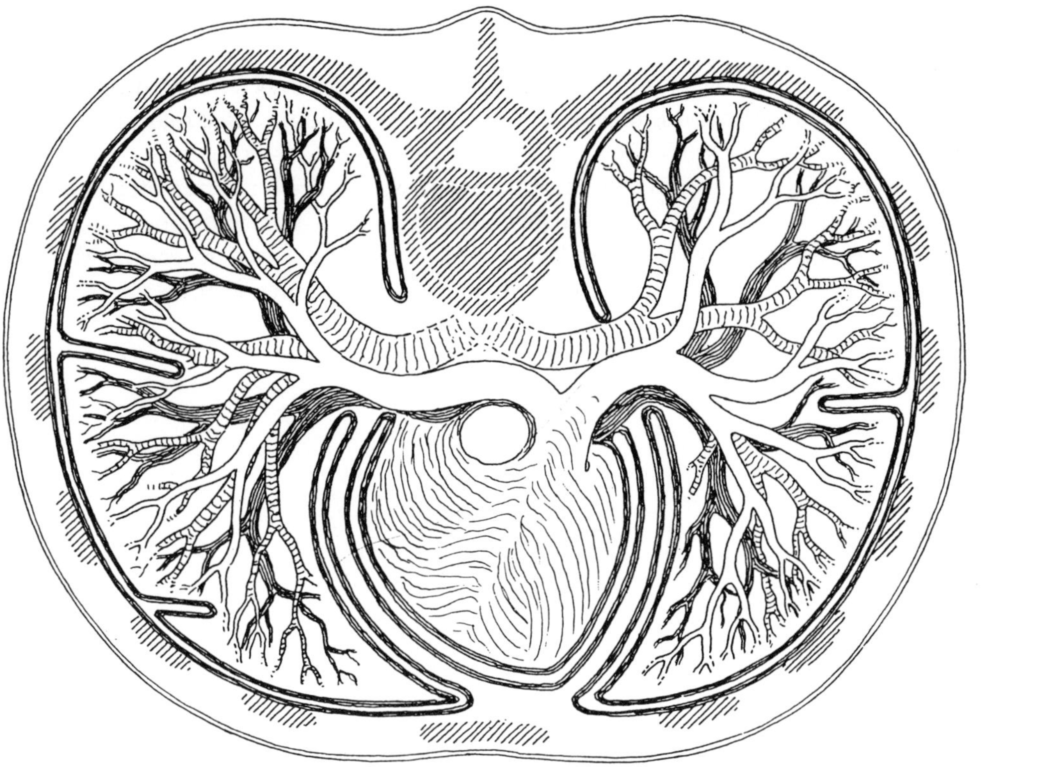

Abb. 121: *Horizontalschnitt durch den Brustkorb* zur Veranschaulichung der Lagebeziehung zwischen Herz und Lungen (nach Heitzmann, vereinfacht). 1. Es sind wieder die Symmetrieverhältnisse besonders zu beachten. Nur geringe Symmetrieabweichung zwischen linker und rechter Lunge. Beim Herzen entschiedenere Asymmetrie der Herzspitze vom Brustbein (Schraffur in der Mittelachse vorn), der zur linken und rechten Lunge strebenden Arteriae pulmonales (venöses Blut) und zu ihnen fast parallel die Venae pulmonales von der Lunge her (mit arteriellem Blut) zum linken Vorhof strebend. Das quergetroffene Lumen der aufsteigenden Aorta vom linken Herzen mehr nach rechts bis in die Mittelachse herein zentriert. Über diesen Herzgefäßen die linken und rechten Hauptbronchien mit ihren Verästelungen (die Bronchialringstruktur ist angedeutet). – 2. Seröse Häute der Lungen und des Herzens: a) Rippenfell (pleura parietalis = costalis). b) Lungenfell (pleura pulmonalis = visceralis). Die Spalträume zwischen den Pleuren und den Schichten des Herzbeutels sind mit Lymphe befeuchtet. – 3. Seröse Häute des Herzens (Herzbeutel): a) pericardium parietalis, b) pericardium visceralis, c) Herzbeutelraum (cavum pericardii) mit Lymphe befeuchtet.

Letztlich bleibt diese Fähigkeit mehr oder weniger auch beim vollentwickelten Herzen erhalten.

Das Reizleitungssystem im Vertikalstamm des Herzkreuzes (in der Herzscheidewand) sendet die Bewegungsimpulse aus. Die Impulsdynamik tritt in drei Stufen auf. Im Vorhofbereich befindet sich ein erstes Erregungszentrum in der Bucht des venösen Bluteinstroms in den Vorhof beim rechten Herzohr (Sinusknoten). Das zweite Zentrum des Erregungsleitungssystems findet sich unmittelbar bei der Einstrommündung der Herzkranzvene in den rechten Vorhof (Aschhoff-Tawarascher Knoten). Nun folgt die Schar der Kammerfasern, die

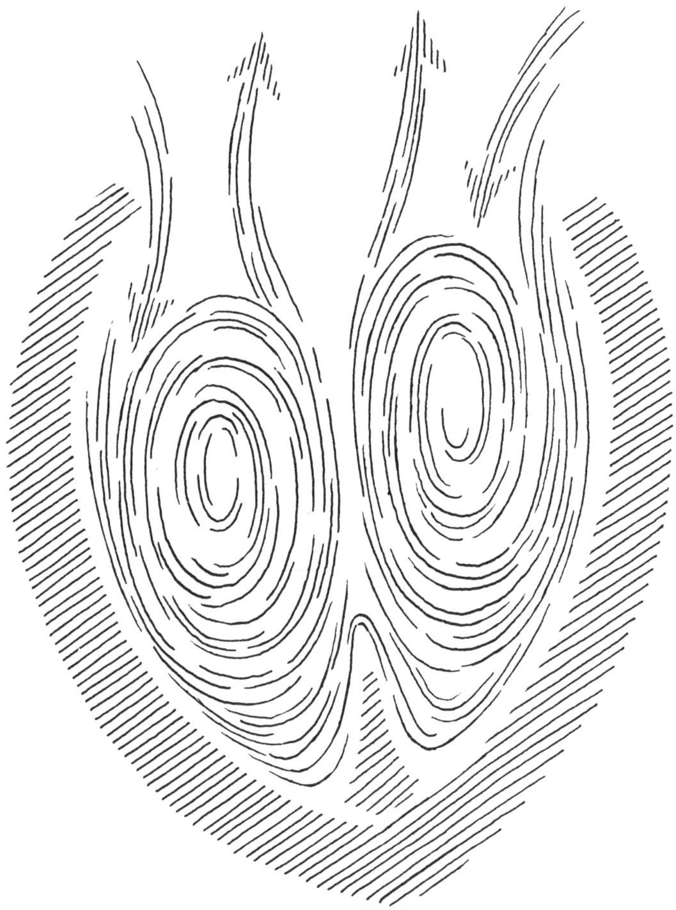

Abb. 122: *Embryonaler Aufbau der Herzscheidewand* aus dem Blutplasma-Mesenchym. Die Blutwirbel des noch scheidewandlosen Kammerraumes mischen sich nicht (vergleiche Benninghoff «Lehrbuch der Anatomie des Menschen», Bd. 2 und Gegenbauer «Lehrbuch der Anatomie des Menschen», Bd. II, S. 206.

sich von der Scheidewand aus über die Papillarmuskeln und über die gesamte Herzkelchwandung ausbreiten (Hissches Bündel). Alle diese «Muskelfasern» zeichnen sich durch ihre auffallend schwache Querstreifung und durch ihren Plasma- und Glykogenreichtum aus.

Das Herz schlägt von dieser «Impulsmitte» den Polen des Organismus zu. Dabei ist es wesentlich, daß sich der Herzrhythmus aus dem rascheren, dem Stoffwechselpol wesensverwandten Vorhofrhythmus, der für sich etwa 160 bis 300 Schläge in der Minute aufweist, und aus dem Kammerrhythmus von etwa 40 Schlägen gewissermaßen zusammensetzt und so im mittleren Lebensalter 72 Pulsschläge in der Minute als gesunde Schlagfolge erscheinen. So wird in der Mitte der Organismus von der drängenden Beschleunigung des unteren Pols und von der formenden Verlangsamung des oberen Pols in Freiheit gesetzt.

Der autonome Herzrhythmus bleibt daher weitgehend von den polar-leiblichen Einflüssen frei. Im Gehirn gibt es kein «Herzzentrum». Nur einige Fasern des Vagusnervs nähern sich von oben dem Herzen, und auch diese wirken nur tangential, ohne den Eigenrhythmus des Herzens zu verändern. Lediglich die Schlagfolge kann verlangsamt werden, so wie umgekehrt die Sympathikuskräfte aus dem unteren Organismus beschleunigend wirken können.

Es ist nicht leicht, mit Worten dieses Bewegung und Rhythmus erzeugende Organ, dies «Herz im Herzen» zu beschreiben. Ist es ein Bewußtseinsorgan? Es muß mehr in ihm wirken, als unser Alltagsbewußtsein umfaßt. Viel scheint es von einem Sinnesorgan zu haben, denn es ist produktiv-schöpferisch und wahrnehmend-empfindlich zugleich. Wahrnehmend wendet es sich dem Blutleben zu. Schöpferisch wirkt in ihm das Ich.

Organ des Gemüts

> Im Gemüt ist alles beschlossen. Das Gemüt ist ein Maß, mens – mensura, weil es misset alles das andere und gibt ihm seine Form und teilet alle Dinge um und um.
> Die Kräfte der Seele nehmen all ihr Vermögen von ihm und sind darin, fließen daraus und es ist über alle sonder Maß, es ist gar einfältig, wesentlich und einförmig ... Es hat ein unzählig Gehen in Gott, aus dem es geflossen ist. Tauler*

Alle Erfahrungen, die wir über das Herz und über den Kreislauf sammeln konnten, münden in das umfassende Erlebnis ein, daß das Herz für unser leibliches und geistiges Sein das Schicksalsorgan ist[12].

* Johannes Tauler (1300–1360); vgl. Troxler: Blicke in das Wesen des Menschen; «Gemüt», Kap. V u. VI, S. 32 f., S. 63 f.

Betrachten wir die Gestalt des dreigliedrigen Menschen! Wie bedeutend hebt sich das Herz in der Brustmitte heraus. In seiner Kreislauffunktion aber wirkt es übergreifend über den ganzen Organismus – gleichsam über die Pole hinaus, indem es sie wie die Brennpunkte einer Ellipse umschließt. «So ist das Herz allenthalben und jeder Teil des Organismus nur die spezifizierte Kraft des Herzens selbst» (Hegel)*. Um das geistig-seelische Wesen des Herzens zu ergründen, bedarf es einer Bewußtseinsversenkung, wie sie nur der mystisch Begabte zu leisten vermag. Ihm dringt aus der Mitte das heilige Leben, das den Menschen sonst ins Unbewußte hinabgleitet, er allein weiß, daß aus diesem Quell die Kraft der Persönlichkeit quillt, daß dieses Organ die physisch-geistige Einheit des Selbstseins bildet.

Unser ganzes Seelenleben stützt sich auf das Fluten und Ebben des Blutes und der Atmung. In der Freude strömt das Blut in die Peripherie und trägt Wärmekräfte hinaus. Im Denken erwärmt das Herz unser Haupt, im Handeln wachsen vom Herzen her den Gliedern Kräfte zu; in der Angst wie in physischer und seelischer Kälte zieht sich das Blut zum Herzen zurück. Im Zorn schafft es eine Woge des Angriffs, in der Scham einen Wall der Abwehr, und jede Tätigkeit im Organismus, die immer zugleich Seelentätigkeit ist, läßt das Blut in den Bereich des Geschehens fließen[13].

Im kräftig gesunden Leben vermag das Herz alle diese Schwankungen immer wieder in den harmonischen Gleichschlag zu bringen, in welchem sich die geistige Ruhe und Selbstherrschaft herstellt. (In dieser Herzensfähigkeit erlebten die Griechen das Walten des höchsten Sinnes, des «Nous».**) Wenn es dem Menschen aber nicht gelingt, diese Kraft der Mitte zu halten, weil die Weltkräfte über den Nervenpol oder über den Stoffwechselpol zu stark eingreifen, dann können Herz und Kreislauf von oben oder von unten her erliegen. Von oben, indem die Bewußtseinsformkräfte die Lebensfülle zurückdrängen, Sorge, Angst oder Pedanterie die Blutgefäße einengen oder in sklerotischer Verhärtung erstarren lassen (Zerfall des Rhythmus durch Degeneration im Reizleitungssystem, Herzblock, Gefäßverschluß in einem lebenswichtigen Organ – Gehirn, Herz, Darmgebiet – kann das Ende bedeuten); von unten, indem das Stoffwechselgeschehen die Blutfülle zu heftig antreibt und so den Rhythmus vernichtet (Tachykardie).

So wird es deutlich, wie die seelisch-geistigen Wesensglieder das Blut bewegen und im Herzen ihr Organ haben. Es ist im Grunde nicht verwunderlich, daß eine intellektuell einseitige Betrachtungsweise gegenüber Herz und Kreislauf zu mechanistischen Vorstellungen kommen muß. Der bloße Verstand nimmt keine ätherischen Kräfte wahr, lebt nicht im seelischen Empfinden, sondern konstruiert aus der Kausalität den Mechanismus. Wer aber das Herz als Mecha-

* Hegel: Naturphilosophie, S. 606 f.
** νους = Sinn

nismus, als «Pumpe» ansieht, der übersieht dabei völlig, daß diese «Pumpe» nur das Ergebnis von strömendem Leben ist und daß es auch bei voll entwickeltem Organismus noch immer das Blut ist, das dieser «Pumpe» die Energie liefert. Hier hebt sich aber der Begriff des Mechanismus selber auf, denn Ursache und Wirkung sind da letztlich identisch. Das Blut ist eben nicht Objekt der Tätigkeit des Herzens – das Herz nicht verursachendes Subjekt der Blutbewegung.

Bei einer Pumpe steht der Mechanismus am Anfang und am Ende des technischen Vorgangs, die Flüssigkeitsbewegung in der Mitte. Im Organismus wirkt das Blutleben vor dem Herzen, im Herzen und nach dem Herzen. Die Aufgabe des Herzens ist es dabei, wie wir schilderten, als Sinnesorgan die Bedürfnisse aller Organe wahrzunehmen und «tätig und leidend» in Systole und Diastole die Schicksalsmächte in der organischen Evolution einwirken zu lassen. Für den Mechanisten wird das Herz seelisch-geistig indifferent, zum bloßen «Apparat». Eine solche Vorstellung, ins Leben übertragen, würde ergeben, was sprichwörtlich vom Herzen in der tiefsten Persönlichkeitskrise gesagt wird: «Mein Herz ist leer. Mein Herz ist von Stein. Mein Herz ist kalt.» Im schärfsten Kontrast dazu spricht sich aus der Organsphäre des gesunden Herzens das reichste Geist-Seelen-Erleben aus.

Das Herzerleben begleitet schon die ältesten Mythen der Menschheit und taucht immer wieder neu in der Symbolik des innerlichen Menschen in den Märchen und Dichtungen bis in die alltäglichsten Redensarten auf.

Dionysos, der Gott der Seeleninkarnation, wird von den Titanen zerrissen, seine Glieder werden über die ganze Erde zerstreut. Nur das «Herz» wird durch Athene gerettet. Zeus aber schafft aus dem lebendigen Herzen einen neuen verjüngten Gott, denn das Herz und das Wesen des Dionysos sind eines.

In der nordischen Sigurdsage nahm Sigurd Fafnirs, des Drachen, Herz und briet es am Spieß. Als der Saft aus dem Herzen über dem Feuer herausschäumte und er mit dem Finger davon kostete, da wurden wunderbare Kräfte in ihm wach, er verstand die Stimmen der Vögel! Da hörte er Meisen im Gezweig zwitschern:

> Dort sitzt Sigurd, besudelt mit Blut,
> Brät am Feuer des Fafnir Herz,
> Ratklug schiene der Ringbrecher,
> Äß er den lichten Lebensmuskel.
>
> Edda*

Welch vollkommene Charakteristik vom Wesen des Herzens liegt in dem Worte «der lichte Lebensmuskel»!

* Nach der Übersetzung von Felix Genzmer; Jena 1933, S. 165.

Dramatisch erscheint das Herz als Schicksalsorgan in Wolframs Parzival in dem Augenblick, wo Parzival seine Mutter Herzeleide für immer verläßt.

Als morgens kaum der Tag erschien,
Stand einzig nur des Knaben Sinn
Darauf, zu Artus fortzueilen.
Die Königin küßt ihn, lief ihm nach –
Weh – wer vermag ihr Leid zu teilen,
Als ihrem Aug der Sohn gebrach!
Fort ritt er – ach, zu wessen Freude?
Zu Boden sank Frau Herzeleide
Und es brach ihr treues Herz
Im Übermaß von Leid und Schmerz*

Auch an einige Märchenmotive wollen wir uns hier erinnern. Im Märchen vom Froschkönig heißt es nach der Verwandlung, durch die der Königssohn wieder seine menschliche Gestalt erhalten hat:

> Und als sie ein Stück Wegs gefahren waren, hörte der Königssohn, daß es hinter ihm krachte, als wäre etwas zerbrochen. Da drehte er sich um und rief: «Heinrich, der Wagen bricht!» «Nein, Herr, der Wagen nicht, es ist ein Band von meinem Herzen, das da lag in großen Schmerzen, als ihr in dem Brunnen saßt, als ihr eine Fretsche (Frosch) wast.» Noch einmal und noch einmal krachte es auf dem Weg, und der Königssohn meinte immer, der Wagen bräche, und es waren doch nur die Bande, die vom Herzen des treuen Heinrich absprangen, weil sein Herr erlöst und glücklich war.**

Zahlreich und bedeutsam sind die Wendungen, die das Herzgefühl aussprechen: «Maria aber behielt alle diese Worte und bewegte sie in ihrem Herzen» (Lukasevangelium).

Im deutschen Wörterbuch der Gebrüder Grimm sind auf über vierzig engbedruckten Großoktavseiten die sprachlichen Zusammenhänge des Herzens und des seelisch-geistigen Herzerlebens aufgeführt. Dies spricht aus, welch tief innerlicher Erlebnisreichtum um dies Organ kreist.

* Parsival nach der Übersetzung von San Marte, Teil I, Buch III, S. 134.
** Aus den Kinder- und Hausmärchen der Gebrüder Grimm.

Die Atmung

Die Luft ist so gut Organ des Menschen wie das Blut. Novalis*

Dieses Atmen bedeutet sehr, sehr viel für die menschliche Wesenheit, denn in diesem Atmen liegt ja schon das ganze dreigliedrige System des physischen Menschen. Rudolf Steiner**

Atmung und Atmosphäre

Durch die Atmung steht der Organismus in unmittelbarem leiblichem Zusammenhang mit der Erdatmosphäre – der Mikrokosmos des Menschen mit der Erdatmosphäre als der untersten Stufe des Makrokosmos. Wir können die Atmung in uns als eine Fortsetzung des tellurischen Lebens um uns empfinden. Wir erleben aber auch die Bewegung der Atmosphäre als die Atmung eines größeren Organismus, und in der Verkettung beider Erlebnisse vermag sich unser seelisches Sein selber gewissermaßen atmend zu erweitern oder im Innern Einzug zu halten.

Atmung im allerallgemeinsten Begriff ist die Begegnung und Verbindung der bewegten Atmosphäre mit einem empfangenen Organisch-Flüssigen. Das Flüssig-Ätherische im Organismus verbindet sich bei der Einatmung mit dem Luftförmig-Astralischen der Atmosphäre, um diese Verbindung nach rhythmischem Vollzug wieder aufzulösen. Die unmittelbaren organischen Atmungsvorgänge haben ihre vollkommene Entsprechung in der Begegnung der Atmosphäre mit der Hydrosphäre der Erde.

Wind ist der Welle lieblicher Buhler;
Wind mischt vom Grund aus schäumende Wogen.
Goethe***

Goethe sprach in diesem Sinne bei seinen meteorologisch-barometrischen Forschungen «über das Ein- und Ausatmen der Erde nach ewigen Gesetzen», und C. G. Carus bestärkt diese Anschauung durch seinen Hinweis, daß man besonders in den äquatorialen Zonen schon lange die «Aus- und Einatmung der Erde» in den regelmäßigen Barometerschwankungen nachgewiesen habe.

Das Weltmeer nimmt im atmenden Wechselwirken mit der Atmosphäre den Sauerstoff der Luft und bedeutende Anteile Stickstoff auf, dies vor allem in

* Fragmente a. a. O., S. 336.
** Allgemeine Menschenkunde, S. 32.
*** Gedichte (Artemisausg.), Bd. I, S. 306.

den polaren nördlichen und südlichen Meeren, so daß die Erde als Ganzes in den Polgebieten entscheidender einatmet, in den Äquatorgebieten vorwiegend ausatmet. Dies entspricht den barometrischen Verhältnissen, denn die Polargebiete sind Zonen vorwiegenden Hochdrucks (Inspiration), die Äquatorialgebiete Zonen vorwiegenden Tiefdrucks (Exspiration).

Für die Erde in ihrer Ganzheit wie für den atmenden Organismus ist die Luft eine vollkommene Einheit. Diese Einheit löst die Bewegungsfunktionen in der Atmosphäre (Strömung und Druck) wie die Atmungsströmung zwischen Organismus und Atmosphäre aus. Dabei ist aber die chemisch unverbundene «Mischung» der Elemente, die die Luft ausmacht, höchst bedeutungsvoll; denn unverbunden-verbunden bildet die Dreiheit von Stickstoff (78 Prozent), Sauerstoff (21 Prozent) und Kohlendioxyd (0,03 Prozent) ein organismisches Ganzes, das uns auffordert, nach dem Wesen dieser Elemente selber zu fragen, um daraus etwas vom Wesen der Atmung zu erfahren.

Zuerst der Stickstoff. Er ist der eigentliche «Luftstoff». Sein Urwesen ist Bewegung. In der anorganischen Natur kommt er meist nur als freier Stickstoff vor, und seine Verbindungen sind höchst labil (zum Beispiel mit dem Sauerstoff als Salpeter). Für das Leben wird aber gerade dies «Luftelement» der Bildner des Bewegungs- und Empfindungsleibes, des Eiweiß-Organismus. Bei der Atmung erscheint der Stickstoff zunächst als der Träger der übrigen Atmungselemente, da über einen möglichen Stickstoffaustausch in der Lunge noch wenig Wesenhaftes erforscht ist. Atmung im umfassendsten Sinne bedeutet nicht nur Sauerstoffaufnahme, sondern auch Stickstoffaufnahme bis zur Eiweißsynthese und bis zum Eiweißabbau (Stickstoff-«Inspiration» und -«Exspiration»), auch wenn diese Vorgänge zum größten Teil über das Ernährungs- und Nierensystem verlaufen, also weit über das Lungen-Atmungsgeschehen hinausreichen.

Das zweite Element der Luft ist der Sauerstoff, der gerade für die Atmung die unmittelbarste Bedeutung hat, denn ohne den Sauerstoff müßten wir erstikken. Was ist nun das eigentliche Wesen dieses Elementes? Im Wasser erscheint der Sauerstoff in chemischer Verbindung mit dem flüchtigsten und feurigsten aller Elemente, dem Hydrogenium (Wasserstoff), dem er in der Verbindung die dynamisch-bewegliche Beständigkeit verleiht, die das Wasser zum Medium des Lebens macht. Da der Sauerstoff andere flüchtige Elemente an die Erde bindet, so ist er mit Recht als «Ausdruck der Materialisationskraft» charakterisiert worden (Hauschka, Substanzlehre), die er sowohl im anorganischen Bereich bei allen Oxydationen als auch gerade im Organismus bewährt (siehe «die Niere», S. 337 FF.).

Der dritte Anteil der Luft stützt sich als CO_2 auf den Kohlenstoff, den Gerüstbildner des pflanzlichen Lebens. Im Ausatmungsprozeß der innerorganischen Gewebe ist es nun wieder der Sauerstoff, der es verhindert, daß die Kohlenstoffverbindungen im Ernährungsaufbau zu dicht werden und den Organismus zur «Pflanze» machen. Gerade die *animale Dissimilation* gegenüber dem *vegetativen Lebensaufbau* im Organismus macht das Wesen der Dioxyd-Beteiligung bei der Einatmung und bei der Ausatmung (als CO_2) aus.

Angesichts der Dreieinheit des «Luftstoffs» (N), des «Lebensstoffs» (O) und des «Erdenstoffs» (C) gilt nun für die Atmung, daß die Form ihres Auftretens durchgehend vom Luftstoff und seiner Bewegungsdynamik bestimmt ist. Im Luftstoff wirken atmosphärische und organische Astralität gemeinsam. Lebensstoff und Erdenstoff bleiben der Dynamik des Luftstoffes untergeordnet.

Da der vegetativ-pflanzliche Kohlenstoffprozeß in der Ausatmung vorherrscht, findet hier innerhalb des im ganzen seelenleiblichen Geschehens die Ausatmung von Elementen statt, die gewissermaßen noch gerade den ätherischen Lebensprozessen angehören. Atmung ist also im ganzen seelenleibliches Geschehen. Innerhalb derselben ist die Ausatmung relativ ätherisch – lebensätherischer Natur. Die chemisch unverbundene Dreieinheit von Stickstoff, Sauerstoff und Kohlendioxyd in der Luft entspricht den Funktionen des Astralleibes und des Ätherleibes in ihrer Beziehung zur Erdenstofflichkeit. Ätherleib und Astralleib dürfen sich nie vollständig miteinander vereinigen, deshalb bleiben auch die Elemente, auf die sie ihre Funktion stützen, locker verbunden. Es könnten auf der Erde keine Lebewesen existieren, wenn nicht schon in der Atmosphäre diese Ordnung der Wesensglieder waltete.

Mit derselben Atmosphäre, die wir in der Atmung in unser Inneres aufnehmen, verbinden wir uns durch einen höheren «Atmungsprozeß» in unserem Sinneserleben. Unsere Seele erhebt sich wie mit Flügeln in die Weite der Atmosphäre hinaus und erlebt ihre Ruhe, ihr Stürmen, ihre Leichte, ihr Durchlichtetsein, ihre Farbigkeit und ihre Verdüsterung in unendlichen, ewig neuen Wechselformen.

Lunge und Atmung

Im Atemholen sind zweierlei Gnaden:
Die Luft einziehen, sich ihrer entladen.
Jenes bedrängt, dieses erfrischt;
So wunderbar ist das Leben gemischt.
Du danke Gott, wenn er dich preßt,
Und dank ihm, wenn er dich wieder entläßt.

Goethe*

Das Organleben der Lunge, die Atmungsfunktion, bildet mit dem Herzen gemeinsam das rhythmische System, die Mitte der gesamten Organisation.

Im Bewußtseinsbereich findet sich die Gliederung von Gehirn, Sinnesorganisation und Sprachorganisation, im Willensbereich die Ernährungs-,

* Gedichte (Insel), Bd. II, S. 20.

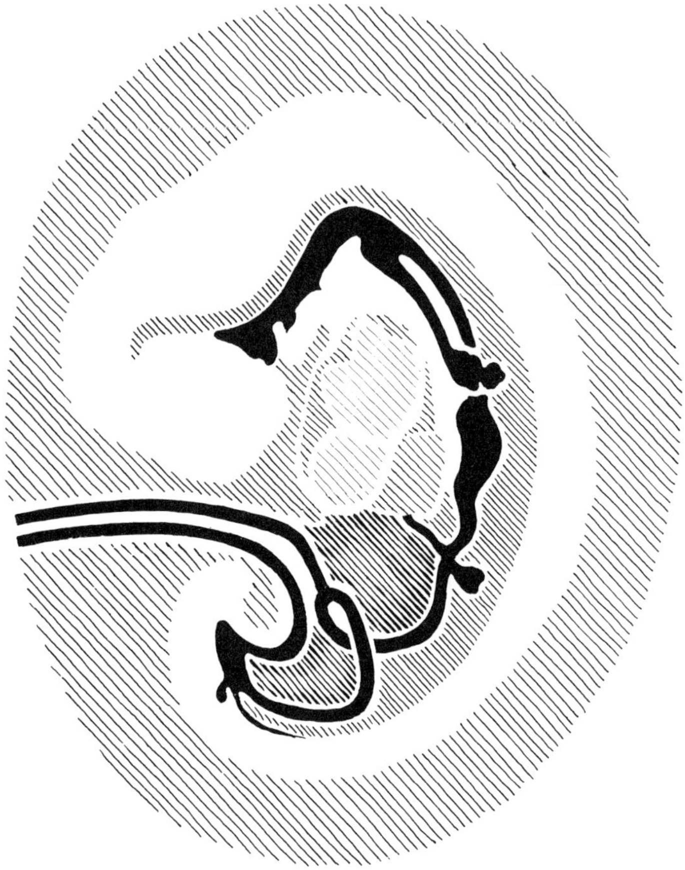

Abb. 123A: *Embryonalentwicklung der Lunge.* Es sind drei Aussprossungen der Darmanlage zu beobachten. Im Bereich des Kopfpols die «Kiemenanlage» des Kopfdarmgebietes. Im Bereich des unteren Stoffwechselgebietes am Enddarm die Allantois, das Leitorgan für die Nabelschnurentwicklung – das embryonale Atmungsorgan, das die Verbindung zur «embryonalen Lunge», zur Plazenta bildet. In der Mitte der Darmanlage – jedoch noch am oberen Pol der Mitte – die Aussprossung der Luftröhre und der primären Lungensäckchen aus der primären Darmanlage, die Keimanlage der späteren Lunge (nach Kollmann).

Abb. 123B: *Darstellung beider Lungenflügel.* Rechts drei, links zwei «Blätter»; Luftröhre (Trachea mit Trachealgabel und Bronchialverzweigung). Am oberen Pol der Luftröhre der Kehlkopf. – Das Zwerchfell (große und kleine Zwerchfellkuppel) ist unter den Lungenflügeln durchschimmernd gezeichnet. Unter dem Zwerchfell mittelständig sind die muskulären Zwerchfellschenkel zu beachten, die in die Lendenregion der Wirbelsäule herabreichen und bei der Inspiration zur Zwerchfellsenkung in Aktion treten. ▶

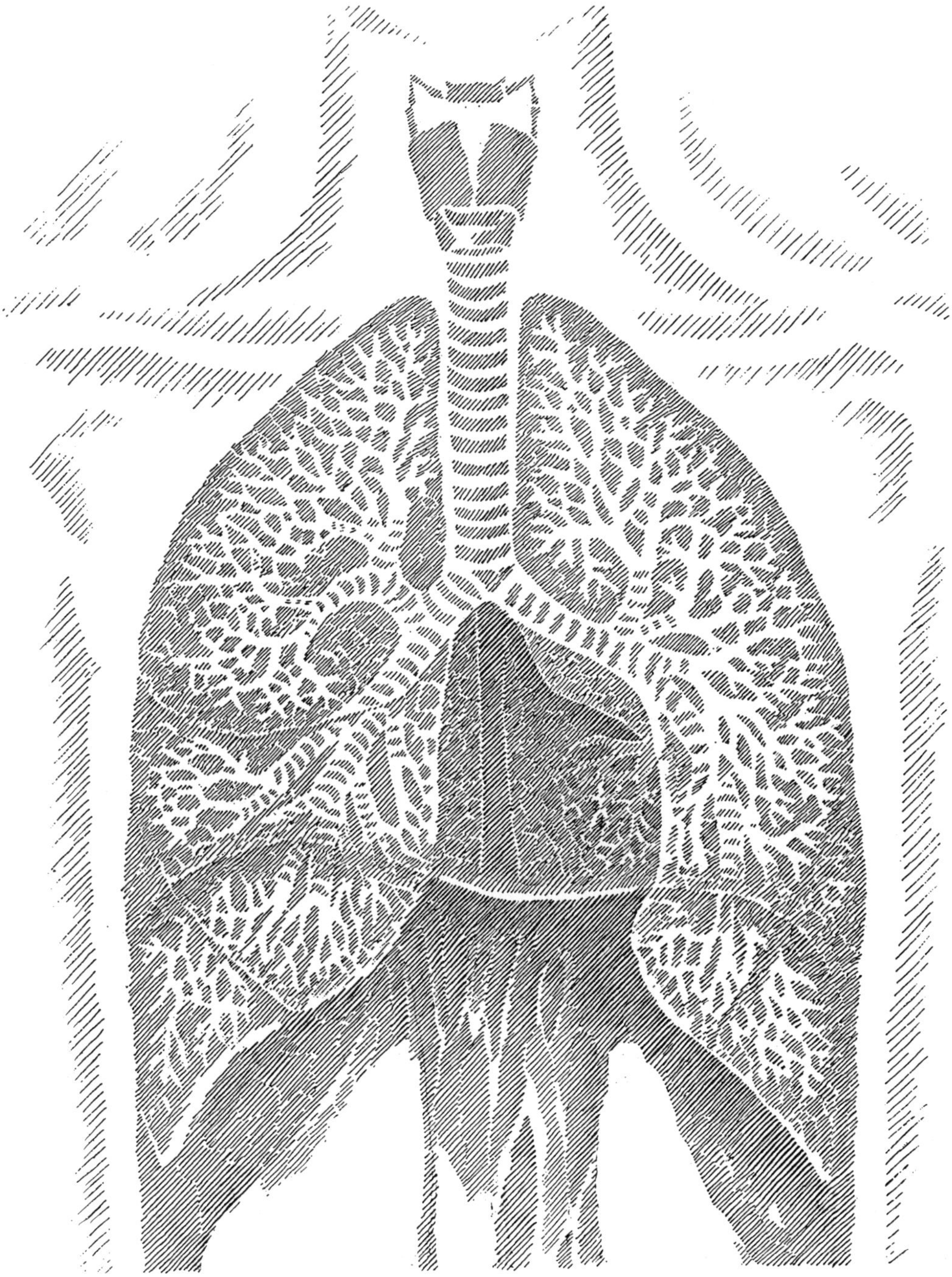

Zeugungs- und Bewegungsorganisation. Hier aber, in der Mitte, erscheinen zunächst nur zwei zueinander polar wirkende Organe: Herz und Lunge.

Wenn wir nach dem dritten Glied der «Mitte» fragen, dann haben wir uns daran zu erinnern, wie am Beginn der menschlichen Embryonalentwicklung die ersten rhythmischen Funktionen zur Bildung der Wirbelsäule führten, die rhythmisch gegliederte Wirbelsäule und ihre Aufrichtekraft.

Die Lunge entwickelt sich in der Organismusmitte als paarig symmetrische Aussprossung des Darmsystems. Im Darm und seinen Windungen ist uns die astrale Wurmanimalität eingegliedert, durch die wir die in uns aufgenommene Nahrung verdauen, das heißt in ihrer Eigenlebendigkeit so weit zerstören, bis die rein ätherische Wirksamkeit zur Ernährung frei wird. Dreimal tritt nun in der frühen Embryonalentwicklung die rein astrale Funktion über die Grenzen der ätherisch-astralischen Darmanlage gestaltend hinaus. Am unteren Organismuspol bildet sich dabei die Allantois* als Leitorgan der Verbindung zwischen Embryo und Plazenta (dem embryonal-mütterlichen Atemorgan). Am Kopfpol des Darmsystems gestalten sich blasenförmige Hohlräume aus, die Kiementaschen, deren hauptwärts gelegene Ausbuchtungen am Aufbau des gesamten Gesichtsschädels und der Sinnesorgane Nase und Ohr beteiligt sind (Sinnesorgan-Kopf-Atmungssystem). Aus dem mittleren Darm aber sprossen die primären Lungensäckchen, die Stammknospen und die sekundären Lungensäckchen. Obwohl schon bei den Stammknospen drei Ausbuchtungen rechts und zwei links (die endgültige Gliederung der rechten und linken Lungenblätter) angelegt werden, waltet im ganzen doch Symmetrie und regelmäßiges zweigliedriges, dichotomisches Wachstum. So entsteht der Bronchialbaum mit der raumordnenden Regelmäßigkeit, die sich bei allen vorwiegend astral bestimmten Organen deutlich ausprägt.

Der atmende Mensch erscheint also in diesem Entwicklungsgeschehen dreimal. Am unteren Pol bleibt die Atmung im Plazentarkreislauf mit der Ernährung, mit dem Ätherischen verbunden. Am oberen Pol verbindet sie sich mit den Lichtätherfunktionen der Sinnesorgane. Als ein Atmungsorgan im rhythmischen Austausch innerer und äußerer Atmosphäre entfaltet sich die Lunge in der Mitte.

Die Lungenflügel erfüllen den Brustraum vom Zwerchfell bis in die Schulter-Schlüsselbein-Gegend. Die Lungenspitzen ragen sogar über den Schultergürtel hinaus. Beide Lungenflügel verhalten sich relativ symmetrisch zueinander, obwohl rechts drei, links aber nur zwei Lungenblätter ausgebildet sind (Lungenpentagramm). Zwischen den Lungenflügeln bleibt ein wichtiger Mittelraum (Mediastinum) frei, durch den die Luftröhre, die Speiseröhre und die

* Allantois = bläschenförmige Ausstülpung des Enddarms beim Embryo; gr. = ἀλλᾶντοις = wurstförmig, von ἀλλᾶς = Wurst.

Abb. 124: *Lungenbläschen mit arteriovenösem Kapillarnetz.*

großen Blutgefäße ziehen und in dessen unterem, nach links erweitertem Raum das Herz pulsiert.

Der Bronchialbaum jeder Lungenhälfte verzweigt sich bei der vollkommen ausgebildeten Lunge in der Weise, daß jedes Lungenblatt einen Luftröhrenzweig erhält und innerhalb der Lungenblätter jedes Lungensegment einen Hauptbronchus. Erst wenn die Bronchialästchen nur noch einen Lichtungsdurchmesser von etwa einem Millimeter haben, treten die halbkugeligen Lungenbläschen, die Alveolen, wie Trauben eines Beerenstrauches auf.

Die Gefäßversorgung und der angioarchitektonische Feinbau im Dienste der Atemfunktion geben folgendes Bild:

Von der rechten Herzkammer führt die geteilte Lungenarterie kohlensäurereiches, venöses Blut den Kapillarnetzen, die die Alveolen* der Lungen umspinnen, zu. Sie gliedert sich in mehrere Endarterien auf, die das überaus dichte venöse Blutkapillarnetz speisen, das die Alveolen umgibt. Dieses Gefäßnetz berührt vielfach zwei oder drei benachbarte Alveolenwände und deren für den atmosphärischen Austausch durchlässige Membranen.

Der Kohlensäure-Sauerstoff-Austausch zwischen Alveolaratmosphäre und venösem Kapillarnetz kann nicht als bloß physikalischer Gasaustausch erklärt

* Alveole = Lungenbläschen, von lat. alveolus = kleine Mulde.

werden. Selbst wenn der Sauerstoff in den Alveolen geringere Konzentration als im venösen Blut des Lungenbläschenkapillarnetzes zeigt, wird dieser Sauerstoff vom Lungenbläschenepithel zum Kapillarendothel* – also gegen den theoretisch angenommenen Gasströmungsdruck – ins Blut (ins Hämoglobin der roten Blutkörperchen) aufgenommen. Entsprechend verhält es sich mit dem Kohlendioxydaustausch.

Das Phänomen der Atmung als seelisch-ätherisch-leibliche Einheit wird die Physiologie zwar mit wichtigen Daten unterlegen, aber kaum bis zur vollen Lebensrealität durchdringen können.

Nachdem das Blut durch die Begegnung mit der Alveolaratmosphäre arterialisiert ist, sammelt es sich in den feinsten Lungenvenen, die mit den größeren Bronchialästen in der Lungenwurzel (Hilus) zusammenströmen. Aus jeder Lunge treten zwei beziehungsweise drei Lungenvenen aus, die sich dann von beiden Lungen her in zwei Venenpaaren mit arteriellem Blut im Vorhof des linken Herzens vereinigen.

Neben diesem Arterialisierungskreislauf führt die Lunge einen zweiten Blutkreislauf, in welchem arterielles und venöses Blut wie im großen Körperkreislauf strömt (ohne Umkehr der Polaritäten), den wir als Bronchialkreislauf bezeichnen. Die linke Lunge erhält ihr Blut unmittelbar von der Aorta, die rechte von einer Zwischenrippenarterie, von der Peripherie her. In der Lunge begegnen wir also zweifacher Arterialität!

Der venosierte Teil dieses Bronchialkreislaufs strömt merkwürdigerweise auf dem Wege über die (arterielle) Lungenvene wieder dem Herzen zu, so daß die frische Arterialisation sofort wieder etwas venös gemildert wird, vielleicht in besonderen Krankheitszuständen sogar im Sinne einer Regulation stärker gedämpft werden kann. Ein anderer Teil dieses Bronchialkreislaufs mündet in gewöhnliche Körpervenen. Es steht also zwischen der Polarität rechtes Herz – linkes Herz der lungeneigene Kreislauf als mögliche ausgleichende Mitte.

Kehren wir noch einmal zurück zur räumlichen Ordnung der Lungenflügel in ihrer Links-Rechts-Anordnung und dem Herzen in seiner Mittelstellung, dann ergibt sich daraus über die bloße Raumordnung hinaus der Wesensbezug, daß die Lungen als Organ des vorwiegend astralisch-seelischen Geschehens sich weitgehend symmetrisch ausbilden. Die Linksabweichung, die darin besteht, daß die linke Lunge nur zwei statt drei Lungenblätter ausbildet, zeigt, daß hier auch ätherische Kräfte walten (wie ja ausgesprochen ätherische Organe, wie die großen Leibesdrüsen unter dem Zwerchfell, überhaupt asymmetrisch gebildet sind).

Die Mittelstellung des Herzens dagegen ist durch die Wirkung der Ichorganisation begründet. Astralleib, Ätherleib und Ich bestimmen also das Ganze der rhythmischen Organisation in der Lagebeziehung der einzelnen Organe zuein-

* Epithel = Deckzellenschicht; Endothel = innere Deckzellenschicht.

ander. In ihrer innerorganischen Gestaltung treten diese Wesenskräfte noch deutlicher hervor.

Die Lunge ist in Funktion und Organisation ganz und gar vom Luftelement, dem Träger der astralischen Formkräfte her erzeugt. Im Goetheschen Sinne könnte man sagen, sie ist ein Organ aus der Luft, für die Luft gebildet.

Die Entfaltung des seelisch-astralen Luftorganismus führt im Brustraum zu entschiedener Verdrängung der flüssig-ätherischen Organisation, vor allem unter das Zwerchfell, so daß der gesamte Thorax seinen Charakter von der Lungenorganisation her erhält. Die Thoraxgestalt ist die charakteristische Luftatmungsgestalt. Diese muß als Einheit aufgefaßt werden, denn sie bildet sich ja schon aus, ehe die äußere Luft eingezogen ist, um als solche nun den «Luftmenschen» durch den Atemprozeß im Lebenslauf immer tiefer einzuformen. Der Mensch ist, schon ehe er atmet, im Rippen-Wirbel-System des Brustskeletts und in seinen Bändern und Muskeln unmittelbar inkarniert, während die Lunge bis zur Geburt den noch unentfalteten Thoraxraum kaum durchblutet und regungslos ausfüllt. Für den embryonalen Organismus kommt nur der astral formende und gliedernde Atmungsmensch in Betracht, noch nicht die Atmungsfunktion selbst.

Nach der Geburt wird zunächst zart und sanft, später aber immer intensiver vom inneren Luftmenschen in Inspiration und Exspiration die äußere Luftatmosphäre ergriffen. Nun wird die gesamte Astralorganisation zum Atemorganismus, zuvorderst das Thoraxskelett mit Bändern und Muskeln, welches durch aktive Hebung und elastische Senkung der Rippen die passiv im Brustraum entfaltete Lunge gemeinsam mit dem Zwerchfell beatmet.

Aber auch der ganze übrige Skelett-, Sehnen- und Muskelmensch beteiligt sich an der Atmung – vom Kopf her mehr inspirativ, hebend, vom unteren Rumpf und Becken her mehr exspirativ, senkend. Die Astralorganisation der Lunge wird also durch den Bewegungsorganismus ergänzt, indem in der Muskulatur vorwiegend ätherische und astralische Organik zusammenwirken, im Skelett dagegen unmittelbar physischer Leib und Astralleib als Einheit.

Wir haben jetzt noch die Nervenverhältnisse der Lunge besonders zu beachten. Nerven aus allen Bereichen der nervalen Polarität des Organismus ziehen ins Lungengewebe ein. Da ist zuerst der Nervus vagus, der zehnte Hirnnerv, der zahlreiche Fasern zur Lunge schickt. Dann findet sich in der Lunge eine reiche Gewebedurchflechtung mit Nervenfasern des sympathischen Nervensystems, und zuletzt ist noch der Nervus phrenicus* zu nennen, der wieder vorwiegend parasympathische Bedeutung hat wie der Vagus. In dieser Durchnervung der Lunge tritt uns in Gestalt und Funktion das Wirken des Astralischen im Organ unmittelbar entgegen. Alle diese Nerven, ob sie nun zum Zentralnervensystem oder zum sympathischen Nervensystem gehören, sind in der Lunge so mitein-

* gr. = φρῆν = Zwerchfell, Sinn.

ander verflochten, daß sie sich in ihren Funktionen nicht mehr voneinander trennen lassen, ja daß sie sogar in dieser dichten Verflechtung ein eigenes «autonomes Nervensystem der Lunge» bilden, welches eine fast vollwertige Funktion gestattet, selbst wenn die Nervenwurzeln dieses Geflechtes teilweise abgetrennt sind.

Der Atmungsmensch erscheint wieder in der Dreigliedrigkeit: In der Atmungsbewegung wirkt das Willenselement über das Muskel-Skelett-System. Besonders wichtig ist dabei das Zwerchfell. – In der äußerst dichten Innervation der Lunge wirkt das Empfindungs- und Bewußtseinselement tief in das Organ herein. – In der Mitte steht die Lunge selbst als unmittelbares Inkarnationsorgan des Seelenleiblichen. Hier wirkt der Astralleib als Raumbildner und Organbildner in der bronchialen und alveolären Verinnerlichung des Luftelementes. Er strukturiert das ganze Organ durch und durch. Selbst in der Rhythmik von inspiratorischer Dehnung und exspiratorischer Zusammenziehung hält die Lunge exakt ihre Form im genauen geometrischen Raumverhältnis, so daß die gedehnte Lunge sich zur ruhenden so verhält wie eine größere Kugel zur kleineren. Diese raumbildenden, formenden Kräfte sind es auch, die bewirken, daß die Lunge schon mit der Geburt ein nahezu fertiges Organ ist, ähnlich wie das Gehirn, mit dem sie darin eine wesenhafte Verwandtschaft zeigt, daß sie wie dieses nur ganz geringe Regenerationsfähigkeit aufweist.

Die Gesamtsignatur des rhythmischen Systems zeigt uns nun in der Zusammenfassung die merkwürdigsten antinomen Verhältnisse.

Das Herz sendet seinen Blutstrom hauptsächlich abwärts zur Stoffwechsel-Gliedmaßen-Organisation (der Aortenbogen macht dies unmittelbar anschaulich), während der Luftstrom in der Exspiration zum Haupte strömt. Im Herzen bewirkt die aktive Muskelkraft Zusammenziehung (Systole), im Lungen-Thorax-System Erweiterung. Gegenüber der Lunge ist das Herz ein vorwiegend ätherisches Organ. Die Lunge dagegen, durch und durch astralisch bestimmt, ist wieder mehr ätherisch in ihrer flächenhaft-pflanzlichen Bildung mit dem Bronchialbaum und den Alveolarverzweigungen. Rätselhaft ist bei der astralnervlichen Organisation der Lunge ihre Unempfindlichkeit. (Die meisten Lungenerkrankungen, soweit sie nicht Lungenfell und Rippenfell betreffen, verlaufen schmerzfrei, während das Herz ohne eigentliche Nervlichkeit ein sehr feines Empfindungs- und Schmerzwahrnehmungsorgan ist.) Umgekehrt kann der Herzrhythmus im allgemeinen nicht willkürlich bewußt beeinflußt werden, während der Atemrhythmus besonders bei Sprache und Gesang weitgehend vom Bewußtsein aus gestaltet werden kann.

Die Pneumatisation der Lunge im Augenblick der Geburt

> Wißt Ihr nicht, daß Euer Leib das Schiff des heiligen Atems ist, das Ihr von Gott habt? — 1. Kor. 6

Da im Blutleben Atmung und Ernährung (Pneuma und Lymphe) noch wie in urprotoplasmatischen Organismen vereinigt sind, so erscheint der Blutkreislauf gegenüber der verselbständigten Atmungsorganisation als das ursprünglichere System. Er bildet sich schon früh in der Embryonalzeit zu eigener geschlossener Funktion aus, während Atmung und Ernährung noch ganz vom mütterlichen Organismus abhängig sind und durch die Eihüllen (vor allem durch die Plazenta) vermittelt werden. Der embryonale Kreislauf bildet also schon eine tätige Eigenorganik als Mitte zwischen der vorläufig noch außerembryonalen Ernährungs- und Atmungsorganisation.

In dieser Zeit bildet sich die Lunge noch ohne Funktion aus. Sie ruht dicht gefaltet wie eine Mohnblütenknospe im Brustraum, der durch die überkreuzten Glieder des Kindes ebenfalls dicht zusammengepreßt ist. Auch die Thorax- und Zwerchfellmuskulatur ist noch nicht tätig (Zwerchfellhochstand).

Im Augenblick der Geburt strömt die Luft mit der Spannung der ganzen Atmosphäre in den Bronchialbaum ein und entfaltet den Brustraum und das Lungengewebe, das mit der Brustwand durch einen kapillaren Spaltraum (zwischen Rippenfell und Lungenfell – den Pleuren*) saugend verbunden ist. Gleichzeitig senkt und spannt sich das Zwerchfell in dieser ersten Atembewegung tief gegen die Leibesorgane, und die Rippenbogen heben und wölben den Brustkorb nach oben. Dieser Vorgang ist ein Erfülltwerden mit dem «Odem» der Atmosphäre. Er erst schafft dem Atemprozeß den organischen Raum. Am deutlichsten ist der Vorgang durch den Begriff der *Pneumatisation*** charakterisiert.

Im späteren Leben findet sich kaum mehr ein so harmonisch vollgewölbter Brustkorb wie beim Neugeborenen. Nur die Kunst vermag zum Bewußtsein zu bringen, was hier erlebt werden kann. Eine solche von innen gehobene Brustwölbung begegnet uns in den Plastiken der griechisch-archaischen Jünglinge, die erfüllt sind vom apollinischen Pneuma.

Die Lungenpneumatisation hat für den Blutkreislauf eine entscheidende Folge. Es trennen sich jetzt zum erstenmal die polaren Kräfte des Blutes. Das Blut, das bisher arteriovenös, ätherisch-astralisch durchmischt durch den ganzen Organismus strömte, trennt sich in zwei Kreislaufhälften. Vor der Begegnung des Blutes mit der atmosphärischen Luft in der Lunge herrschte ja der rein

* Pleura (Pleura visceralis = Lungenfell, parietalis = Rippenfell), gr. πλευϱά = Seite, steht für Lungen- und Rippenfell.

** Pneuma = Geist; Luft, gr. πνεῦμα, πνέω = ich atme.

vegetativ-schlaflebendige Plazentarkreislauf. Jetzt schließt sich die Herzscheidewand im Vorhofbereich, und der reine Arterialisierungskreislauf zwischen Lunge und Herz beginnt. An Stelle der mütterlichen Plazenta, die dem Kinde die ätherisch-mütterliche Atmosphäre vermittelte, tritt mit der Geburt das Organ der tellurischen Atmosphäre. Die Lunge ist die individuell-seelenleibliche Plazenta des zum Leben erwachten Menschen.

Dieses Erwachen zum Leben durch den Geburtsvorgang ist zugleich ein relativer Todesprozeß. Im Blut setzt bald nach der Geburt ein bedeutender Blutzerfall (hämolytischer Ikterus) ein, und im Sinnesprozeß, der jetzt nach und nach einsetzt, werden dem Lebensaufbau im erwachenden Bewußtsein Todeskräfte zugestellt.

Die Atmung des Neugeborenen

> Und er blies ihm ein den lebendigen Odem in seine Nase. Und also ward der Mensch eine lebendige Seele. Moses I. 2.7

Der Atem ist das erste elementar gewaltige Ereignis des irdischen Lebens nach der Geburt. In geradezu schmerzhafter Dramatik vollzieht sich die «Beseelung», die Pneumatisation der Lunge im Brustraum. Als eine höhere Macht dringt mit heftiger Kraft die Atmosphäre ins Innere der Brust. Erst durch diese Pneumatisation wird der ganze rhythmische Organismus als eigenes Glied der dreigliedrigen Leiblichkeit tätig. Jetzt erst ist der Mensch im vollen Sinne ein dreigliedriges Wesen.

Es folgt nun mit gleicher Überzeugungskraft die Antwort auf diese weltorganische Beseelung, der erste Schrei des Kindes. Daß dieser Schrei eine tief bedeutsame Seelenäußerung des Kindes ist, der wie ein Symbol des Lebenswillens empfunden werden kann, braucht nicht weiter ausgeführt zu werden. Vor allem ist es ein einzigartiges Erlebnis für die Mutter, die dem Kind das Leben geschenkt hat, aber auch für jeden, der am Geburtsereignis teilnimmt. *Die erste individuelle Lebensäußerung des atmenden Menschen ist eine Ausatmung!* Was die beseelend-belebende Pneumatisation im Geburtsmoment bedeutet, wird uns vor allem dann erschütternd bewußt, wenn sie nicht rechtzeitig einsetzt. Das beängstigende Ausbleiben der Funktion spiegelt die ganze Bedeutung des lebendigen Atems.

Die Atmung des Neugeborenen und des Kleinkindes bildet eine eigene Periode in der Lebensentwicklung des atmenden Menschen. Wir wollen sie bis in feinere Prozesse verfolgen, um damit etwas von ihrer seelischen und ätherischen Bedeutung zu erfahren.

Der ersten Beatmung der Lunge durch die einströmende Atmosphäre – man könnte sie ihrem physiologischen Wesen nach auch Ur-Inspiration nennen –

folgt ein Atemtypus eigener Art: Er ist kurz und rasch und von geringer Atemtiefe. Er wirkt mehr wie ein Fächeln, wie wenn eine zarte Brise ein Gewässer oberflächlich bewegt. Dabei findet eine behutsame Arterialisation von der Lunge zum Blute hin statt. Dieser Atemtypus nimmt auf die vorgeburtlichen Verhältnisse der kindlichen Organisation Rücksicht, indem er in der Lunge eine verhältnismäßig große, stille kohlendioxydreiche Alveolarrestluft bewahrt und diese normalerweise nur selten durch das Schreiweinen mit langanhaltender Exspiration und kurzen, tief einholenden Inspirationen austauscht. Diese ruhig fächelnde Atembewegung vergönnt dem Kinde noch längere Zeit den ätherischen Reichtum der embryonal-pflanzenhaften Lebenssphäre, die im Schlafleben das Organwachstum fördert, aus der es nur periodisch erwacht und dann gelegentlich schreiend sein Geborensein und seinen Hunger in Erinnerung bringt. In dieser Entwicklungsphase des Organismus wird der Arterialisationsprozeß noch zurückgehalten. Der Atem hat daher jetzt durchaus etwas Pflanzenhaftes, ja sogar etwas Blütenhaftes. Er duftet bei gesunden Kindern, die Muttermilch erhalten, nach Pfirsichblüte und Frucht.

Diese ätherische Ausatmung spricht etwas über die ursprüngliche menschliche Natur aus, wie sie zum Beispiel Conrad Ferdinand Meyer in der Schilderung der reinen Mädchenseele Mirabelle in seiner «heilpädagogischen» Novelle «Die Leiden eines Knaben»* darstellt. Er sagt von ihr: «Die Luft, die sie aushaucht, ist reiner als die, welche sie einatmet.» Hier sind wir freilich veranlaßt, von vornherein die allein quantitative Beurteilung der Ein- und Ausatmung hinter uns zu lassen. Die sauerstoffreiche Atemluft ist uns «frische Luft», die unserer Gesundheit dient. Sie ist es aber nicht dadurch, daß sie den Organaufbau unmittelbar bewirkt, sondern im Gegenteil durch den formend abbauenden Reiz (Katabiose – Verbrennung). Durch diesen kann sie sogar zu stark in die ätherische Organisation hineinformend, gestaltend, ja verdrängend einwirken, wie sie umgekehrt durch gelinden Reiz neues Leben weckt. Viel einseitiger erscheint uns die Auffassung, die man häufig von der Ausatmung als einer schlakkenerfüllten, verbrauchten Luft hat. Die Kohlendioxydsphäre im Organismus, im Blut und in der Ausatmungsluft der Lunge ist vielmehr Ausdruck der ätherischen Seite des ganzen Atemgeschehens, die mit der pflanzlichen Natur innerhalb des Organismus und der Biosphäre draußen in einem lebendigen Kreislauf steht.

Die Zusammenfassung aller dieser Erfahrungen erbringt den Tatbestand, daß die Kohlendioxydatmosphäre im Embryonalblut als Ausdruck ätherischen Organlebens eine durchaus wesentlich-notwendige Bedeutung hat und daß sie diese Bedeutung in entsprechenden Funktionen im Leben der nachgeburtlichen Perioden, ja zeitlebens in den so überaus verbreiteten Bereichen venöser Strömung behält.

* C. F. Meyer, «Leiden eines Knaben», Werke Bd. III, S. 323.

Die Atmung wird bei gesunder Entwicklung also nur langsam und schrittweise mit der seelischen Inkarnation in die Tiefe der Leiblichkeit hinein erweitert und vertieft. Ein erstes Maximum wird, vor allem in der männlichen Pubertät, oft stoßartig erreicht, was auch im Stimmbruch seinen Ausdruck findet.

Atmen – Beseelen

> Der Wind wehet, wo er will, und du hörst sein Sausen wohl;
> aber du weißt nicht, von wannen er kommt und wohin er fährt
> Ev. Joh. III, 8

Kein organisches System, keine unserer Leibesfunktionen spricht für unser Erleben so unmittelbar die Sprache des Seelischen wie die Atmung. An den Qualitäten der Atmung könnte man, wenn man die Möglichkeit hätte, sie genau zu verfolgen, den ganzen Schicksalsablauf eines Menschenlebens ablesen von der reinen, stillen Bewegung des schlafenden Kindes über die unruhvoll bewegte sorgenvolle Brust eines Menschen in der vollen Lebensverantwortung bis zur vertieften Atmung des Greises. In vielen Sprachen drückt sich dies elementar seelische Erlebnis der Atmung aus.

Der Mensch ist durch den Atem mit dem Weltgeist unmittelbar verbunden. Im machtvollen Wehen des Windes lebt die Gottheit des speergewaltigen Odin-Wotan. Aus diesem wehenden Geist wird dem Menschen der Odem eingeblasen. Der Atem ist verwandt mit atman (Sanskrit), anima (lateinisch) und atum (althochdeutsch). Den Lufthauch, den wir atmen, bezeichnet die altgriechische Sprache als Pneuma, als Geist.

Aus diesem Erleben stammen auch die zahlreichen Qualitäten, die der deutsche Sprachgebrauch der Atmung zuweist: Der Atem ist leicht, schwer, stark oder schwach, heftig oder zart, ruhig oder lebhaft, beklommen oder frei, frisch, süß, balsamisch oder auch giftig, faul, verpestet. Dietrich von Bern hatte im Zorn einen feurigen Atem (die Lohe schlug ihm aus dem Halse). Man spricht von Atemnot, Atembeklemmung, man wagt kaum zu atmen, man atmet befreit, man atmet auf.

Unmittelbar auf die Seelentätigkeit der Atmung bezieht sich das altgriechische Verbum ψύχω (psycho = ich hauche). Psychae bedeutet als Seele daher die Atmende.

Die Typen der Atmung

Schon die feinsten Seelenregungen können sich, ohne daß uns dies zum Bewußtsein kommen müßte, in der Veränderung des Atemrhythmus aussprechen. In der Freude tritt eine belebende Beschleunigung der Atmung ein, in Leid und Sorge eine Hemmung. Traurige Menschen atmen langsam und schwer und seufzen dazwischen. Frohe, glückliche Naturen atmen schnell und leicht; gedankenvolle Menschen vergessen oft eine Zeitlang zu atmen. So heben sich gegenüber der harmonisch-gleichmäßigen Atmung des indifferent gestimmten Menschen verschiedene extreme Seelenäußerungen im Atmen heraus.

Das *Lachen* ist das Atmen der übersteigerten Freude. Dabei findet vom Zwerchfell her eine stoßweise schüttelnde Exspiration statt, die bis zur Atemlosigkeit und zum Zwerchfellschmerz führen kann. Es findet ein seelisches Hinausfliegen – Hinausgeschütteltwerden statt. Das Jauchzen ist eine noch aktivere Seelenäußerung der Freude.

Das Weinen zieht dagegen die Seele tiefer in den Organismus herein. Dabei werden die Tränendrüsen ausgepreßt, und die Muskulatur des Kehlkopfes zieht sich manchmal bis zur Schmerzhaftigkeit zusammen. Beim Weinen wird stoßweise heftig und vertieft eingeatmet und nur unter Hemmungen ausgeatmet. Diesen Atmungsvorgang erleben wir als das Schluchzen, als den merkwürdigen Einatmungskrampf, in dem sich das ganze Lebensgefühl schmerzhaft zusammengepreßt empfindet und das im seelischen Schmerzerleben manchmal so tief greift, daß es nahe ans Ersticken heranreichen kann (Singultus).

Das Seufzeratmen findet sich zwar auch bei einem seelisch sorgenvoll bekümmerten Menschen, aber es führt über die vertiefte Inspiration zu einer befreienden, lösenden Exspiration, in der sich die Seele entlastet fühlt, sie «atmet auf». Das Gähnen dagegen kommt mehr aus physischer Ermüdung. Als Tiefinspiration kann es erfrischen, manchmal ist es aber das Symptom einer tiefen und bedrohlichen organischen Erschöpfung[14]. Beim Gähnen liegt der Akzent mehr auf der Einatmung, beim Seufzen um einen Grad mehr auf der Ausatmung.

So haben Einatmung und Ausatmung im seelischen und im organischen Leben ihre besonderen Qualitäten. «Jenes bedrängt, dieses erfrischt – so wunderbar ist das Leben gemischt» (Goethe)*. Wir haben schon davon gesprochen, daß die Atmung im Laufe des Lebens sich immer mehr in den Organismus herein vertieft. In der Relation zum Körpergewicht nimmt die Atemgröße im Greisenalter zu. Die Ätherität der Lebensorgane schwindet in der einprägenden Gestaltung durch die seelisch-astralen Funktionen der Atmung. Das Wort Schillers, «darin also besteht das eigentliche Kunstgeheimnis des Meisters, daß er den Stoff durch die Form vertilgt», gilt in diesem Sinne für das Atmungsleben, denn wo die Atmung stark eingreift, zieht sich die ätherische Organisation zurück. So sind es wieder die astralischen Kräfte, die in Todesnähe die Einatmung einseitig vertiefen. Dieser Atemtypus führt schließlich zum «Singultus», zu heftigen, vereinzelten Inspirationen. Immer tiefer senken sich die astralischen Kräfte in die Leiblichkeit, bis sie zuletzt das Ätherische völlig verdrängen und in einer allerletzten tiefen Inspiration das Leben endet.

* Gedichte (Artemis), Band III, Divan, 290.

Der pneumatische Mensch – Sprache und Gesang

Sprache und Gesang sind unmittelbarer Ausdruck des seelisch-geistigen Lebens der menschlichen Natur. Sie bilden einen eigenen Funktionsorganismus, der den physischen Leib nur noch als Instrument benützt, einen Organismus, der sich vom lebenerfüllten Leibe weitgehend loslöst und sich zu freier, klingender Stimmentfaltung aufschwingt.

Der Organismus der Sprache und des Gesangs ist der Abschluß einer Bewegungs-Metamorphose, die ihren Ursprung in der kosmisch-planetarischen Bewegung hat.

Sieh, wie die Himmelsflur
Ist eingelegt mit Scheiben lichten Goldes!
Auch nicht der kleinste Kreis, den du da siehst,
Der nicht im Schwunge wie ein Engel singt,
Zum Chor der hellgeäugten Cherubim.
So voller Harmonie sind ew'ge Geister,
Nur wir, weil uns dies morsche Kleid von Staub
So grob umhüllt, wir können sie nicht hören.
Shakespeare*

Diese Musica mundana, die weltweite Bewegung der Sphären, findet ihre harmonische Fortschwingung in den Bewegungen des Organismus, im Strömen und Kreisen der Säfte, in der «klingenden» Spannung und Lösung der Muskulatur, im Muskeltonus**, der im Knochensystem ausklingt. Im Knochen kommt eine makrokosmisch harmonikale Bewegung, eine überorganische Klangharmonie zur Ruhe, wie im Kristall das dynamisch-chemische Kräftewirken zur Ruhe gelangt[15]. Was uns über diese Klangordnung der Leiblichkeit im Tonerlebnis Wahrnehmung wird, nimmt denselben Weg, indem es über die Lymphe im Felsenbein (im Cortischen Organ) ausschwingend bewußt wird. Durch Gesang und Sprache gibt die individuelle Menschenwesenheit ihren Beitrag zu dieser Weltmusik und Weltharmonie, indem sie die vom Sprachgenius getragenen Gesetze des Kosmos ausspricht. Aber der Mensch vermag es auch, durch Sprache und Gesang sich selbständig schöpferisch dem Kosmos wieder zu nähern[16]. Hierin gipfeln die großen sprachlich-musikalischen Kunstwerke.

Wenngleich auch die kosmischen Harmonien nicht unmittelbar in unserem Ohr zum Erklingen kommen, so liegen sie doch der Bildung des Instrumentes zugrunde, welches nun vom menschlichen Geist in Sprache und Gesang selbständig erregt wird. Die Klänge und Laute der Tierwelt dagegen sind viel-

* Kaufmann von Venedig, 5. Akt.
** Muskeltonus, Tonus; gr. = τόνος = Spannung, Ton, Klang.

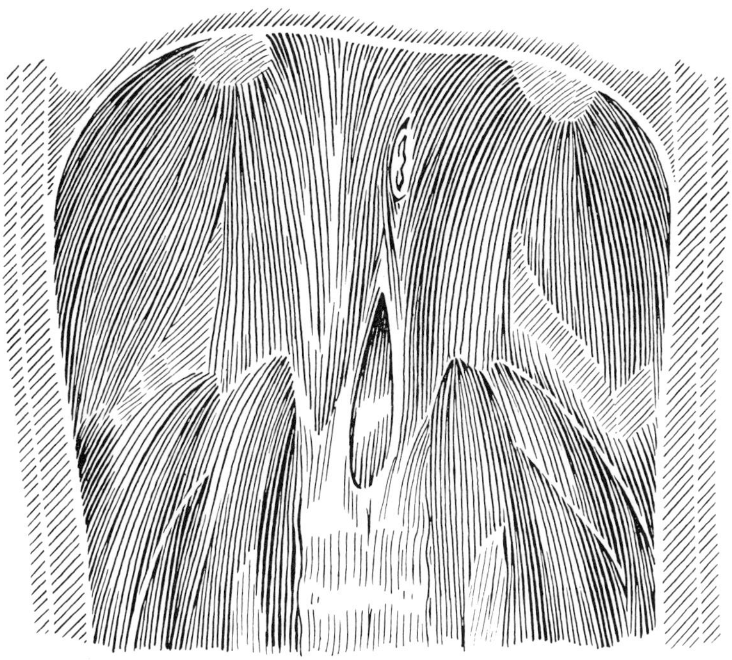

Abb. 125: *Zwerchfellschenkel* unter der großen und der kleinen Zwerchfellkuppel. Besonders stark ist der mittlere Muskelzug zur Lendenwirbelsäule ausgebildet (nach Corning). Durchtrittsöffnung für die Bauchaorta.

mehr unmittelbarer ein Ergebnis des Zusammenklangs der tierischen Seele mit kosmischen Klangimpulsen. So, wenn der Singvogel durch sein Jubilieren am frühen Morgen das Nahen der Sonne verkündet oder wenn die Lerche in der Mittagsluft ins Licht hinauftiriliert.

Der Sprachorganismus stellt sich unserem erlebenden Anschauen als ein vollkommener dreigliedriger pneumatischer Mensch dar. Der Willenspol ist im Lungen-Zwerchfell-Organismus gegeben. Ihm entströmt die Kraft der Stimm- und Sprachentwicklung. Ihm gegenüber erscheint das beatmete Haupt, der pneumatische Sinnesorganbereich des mittleren Schädels als «Bewußtseinspol». Zwischen beiden bildet sich das zentrale Stimmklang- und Sprachorgan, der Kehlkopf mit Rachen und Mund, als das rhythmische System des pneumatischen Menschen. Im Hinblick auf die Gliederung des Hauptes ist der Sprachorganismus Willenspol. Im Hinblick auf den Rumpf ist der Sprachorganismus Kopfpol (Kehl«kopf»). Im Hinblick auf die Gliederung des Atmungssystems Mitte. Die ausgewogene Dreigliederung des Gesamtorganismus ermöglicht die Aufrechterhaltung des Menschen, ohne die es keine Sprache gäbe.

Die Dreigliederung des Atemorganismus, wie sie nur der Mensch aufweist, ermöglicht die Sprache. Die wesentlichsten Bewegungsimpulse, die der Atmung zugrunde liegen, werden durch das Zwerchfell der Lunge mitgeteilt. Als Muskel ist das Zwerchfell umgekehrt organisiert wie jeder andere Körpermuskel, denn es hat seinen sehnigen Teil da, wo ein anderer Muskel den Muskelbauch ausbildet, und seine Muskelarme und Schenkel da, wo sich sonst die Sehnen befinden. Kurz, das Zentrum des Zwerchfells (Centrum tendineum) ist ein Sehnenfeld, und die Peripherie ist radial-muskulär. Das Zwerchfell setzt am Umfang der unteren Brustkorböffnung an, vor allem an drei Zonen, an der Lenden-Wirbelsäule, an den Rippen und dem Schwertfortsatz des Brustbeins. Besonders mächtig sind die Muskelschenkel (Muskelpfeiler), die an der Lenden-Wirbelsäule ansetzen, sie haben etwas Gliedmaßenartiges (vergleiche Abbildung 125).

Das mittlere Sehnenfeld bildet zugleich das Scheitelfeld der beiden Zwerchfellkuppen (deren rechte, größere die Leber, deren linke, kleinere die Milz unter sich birgt). Merkwürdig ist der immer wieder geschilderte metallische Spiegelglanz der Zwerchfellsehnenfläche.

Bei der Einatmung zieht der radiale Muskelkranz des Zwerchfells die Zwerchfellkuppeln abwärts. Dabei wird die Lunge mit herabgesaugt und inspiriert, und die Bauchorgane werden nach unten gedrängt. Die Zwerchfellsehnenfläche senkt sich dabei vor allem mit ihren rückwärtigen Teilen, so daß sie bei der Inspiration stärker rückwärts geneigt ist. Bei der Ausatmung löst sich diese Spannung, und die Zwerchfellkuppelebene steigt wieder nach oben, während sich die Rippen leicht absenken. Die Hebung und Senkung des Zwerchfells bewirkt nicht allein die Atmung, sondern regt auch stark die Darmtätigkeit und den Kreislauf an. (Die Pressung des Zwerchfells auf den Leib verstärkt die Saugwirkung im venösen Kreislauf von der Brust her, im Darm regt sie die Sekretions- und Exkretionsvorgänge an.)

Bauchwandmuskulatur und Brustkorbmuskulatur wirken beide antagonistisch zum Zwerchfell.

Zwerchfellsenkung (Spannung) ⟨ Hebung des Brustkorbs / Dehnung der Bauchwandmuskeln

Zwerchfellhebung (Lösung) ⟨ Senkung des Brustkorbs / Spannung der Bauchwandmuskulatur

Die Griechen nannten das Zwerchfell Phren (lat. musculus phrenicus) von Phren = der Sinn. Damals war das Bewußtsein des Menschen noch kosmisch und nicht, wie heute, irdisch-kopfmäßig orientiert. Im Zwerchfell erlebten sie das kosmische Erkenntnis- und Willensorgan. Sehr schön spricht dieses Erleben der homerische Vers aus: «Welchen Gedanken hegst du im zottigen Zwerchfell.»

Zwerchfell (und Lunge) zählen wir im Hinblick auf den Sprachorganismus zum Willenspol des pneumatischen Menschen. Erleben wir im Zwerchfell und seinen Muskelschenkeln ein dem Gliedmaßensystem verwandtes Organ, so findet unter diesem Aspekt in der Durchblutung, Durchwärmung und in der Assimilation des Sauerstoffs in der Lunge ein typischer Stoffwechselprozeß statt[19]. Zwerchfell und Lunge bilden gemeinsam das Stoffwechselgliedmaßen-

Abb. 126: *Zwerchfellkuppeln* von oben in Höhe des ersten Lendenwirbels. Überblick über das Sehnenzentrum (centrum tendineum) und die periphere Zwerchfellmuskulatur. – Öffnungen: 1. halbrechts für die untere Hohlvene; 2. im hinteren Muskelkranz Mitte: Speiseröhrenöffnung; 3. halblinks vor dem ersten Lendenwirbelkörper die Aortendurchtrittsöffnung.

system des «Luftmenschen». Die eingeatmete Luft, die den Sauerstoff an das Blut abgegeben hat, verwandelt sich durch die Kohlendioxydaufnahme, durch ihre Durchfeuchtung und vor allem durch die anwachsende Wärme in ihrer Gesamtqualität wesentlich. Diese Luft steigt nun mit der Ausatmung zunächst ins Haupt. Hier erfüllt sie, ehe sie völlig ausgeatmet wird, noch eine wichtige Funktion.

Atmung und Kopforganisation (Pneumatisation und Ätherisation des Hauptes)

Wenn die Brust ausatmet, «atmet» das pneumatische Haupt ein! Die Ausatmung, die eben für das Haupt eine Einatmung bedeutet, haben wir, schon bevor wir auf die Bildung und Gestaltung des Gesangs und der Sprache eingehen, in ihrer vollen Qualität aufzufassen[17]. Die Ausatmungsluft ist noch immer «Organ» unserer Leiblichkeit, und ehe sie sich von uns loslöst, gestalten ihre «Bildekräfte» von innen heraus plastisch wirkend die pneumatischen Höhlen des Hauptes.

Wir müssen uns hier daran erinnern, wie umfangreich die pneumatischen Räume bei gesunder Ausbildung sind (siehe Abbildung 16 und 17). Sie übertreffen in ihrer Gesamtheit die beiden Nasenhöhlen bei weitem. Auch das Mittelohr, ja sogar die Zellenräume des Warzenbeines, die sich unmittelbar an das Mittelohr hinterhauptwärts anschließen, gehören ja zum pneumatischen System der Schädelmitte.

Die Nebenhöhlen entstehen in der Hauptsache erst nach der Geburt, also nachdem die Atmung einsetzt. Ihre Ausbildung kann nach der Entwicklungsfunktion und nach dem Funktionsergebnis in jedem Falle als Pneumatisation, als Durchlüftung bezeichnet werden.

Zunächst wollen wir die Umgestaltung der vorgeburtlich gebildeten Nasenhöhle mit ihren charakteristischen Muscheln betrachten. Diese Muscheln erscheinen in ihrer vorgeburtlichen Anlage so gebildet, als ob nur der Einstrom der Atemluft gefördert werden sollte. Beim ungeborenen Kinde des neunten und zehnten Monats* sind in diesem Sinne fünf bis sechs Nasenmuscheln zum Empfang und zur Leitung des Atmungsstromes vorgestaltet.

Mit der Geburt setzt der Atemrhythmus und damit die aktiv funktionelle Umgestaltung der Nasenhöhle und ihrer Umgebung durch Ein- und Ausatmung ein. Der Mittelraum wird zunehmend pneumatisiert, und dabei richtet er sich aus der vorgeburtlich horizontalen Anlage zur menschlichen Vertikale auf. Die rückwärts gelegenen Nasenmuscheln (4, 5 und 6) gehen in dem sich weitenden hinteren oberen Rachenraum auf, während die vorderen sich in der «Gewalt des

* Neun Monate = zehn Mondmonate (siderische Monate).

Atmungsstroms» zu einem «Stauwehr» umformen[18], welches ihn, ehe er in die Atmosphäre ausströmt, zu plastisch-raumschaffender Tätigkeit leitet. Die Exspirationsluft ist es, die von innen her mit erhöhter Kohlendioxydspannung[19], mit ihrer organischen Feuchtigkeit und Wärme, verstärkt durch Schwingungskräfte der Stimmentfaltung, die Aufrichte des Nasenraumes während der ersten drei Jahrsiebente bewirkt. Die erste und die zweite Nasenmuschel gelangen dabei in eine fast vertikale Anordnung. Nur die dritte oberste Muschel erinnert noch an die vorgeburtliche Horizontallage. (Es ist charakteristisch, daß bei den Tieren diese Umformung nicht vor sich geht, bei ihnen bleiben alle Nasenmuscheln erhalten und dienen vorwiegend der Geruchsorganisation, während der Mensch sie der Sprachorganisation teilweise aufopfert.)

Aus der Strömung der Ausatmungsluft ergibt sich aber über die Umformung der Muscheln hinaus im Kiefer-, Stirn- und Schädelbasisbereich die fortschreitende Pneumatisation des Schädels. Bei abgetragenen Nasenmuscheln erkennt man an ihren Ansätzen deutlich, wie der Einatmungsstrom, nachdem er den Engpaß der Nasenlöcher hinter sich hat, hauptsächlich im mittleren Muschelbereich strömt, wo er gereinigt, erwärmt und durchfeuchtet wird. Der Ausatmungsstrom dagegen übergreift die Muscheln und wird durch sie leicht angestaut, so daß die Luft nunmehr die Räume der Nebenhöhlen plastisch erfüllt und von innen her formend erweitert.

Von den eigentlichen Nasennebenhöhlen – Kieferhöhle, Stirnhöhle, Siebbeinzellen, Keilbeinhöhle, Mittelohr und Warzenfortsatzzellen – finden sich vor der Geburt nur ganz geringe Keime. Die Zonen der künftigen Lufträume sind sogar meist noch mit massivem Knochen erfüllt. Dieses vorgebildete Knochengewebe wird durch die bei der Atmung mit der Luftfront vordringende Nasenschleimhaut aufgelöst, so daß die pneumatischen Räume entstehen[20]. Nur bei mangelhafter Entwicklung bleibt diese Pneumatisation des mittleren Schädels zurück oder unterbleibt womöglich ganz[21]. Unvollständige Pneumatisation als Folge schlechter Durchatmung zieht im späteren Leben oft eine Kette von Entzündungserkrankungen in diesem Bereich nach sich (Krankheit: ein Versuch, die versäumte Entwicklung nachzuholen). Verhältnismäßig häufig verbleiben in diesem Sinne Rückstände embryonalen Bindegewebes im Mittelohr, die zu chronischen Entzündungen und Eiterungen Anlaß geben können, sobald sie nicht durch die Pneumatisation selbst umgewandelt werden.

Überhaupt kann die Beatmung des Mittelohrs als Beispiel für die Pneumatisation des Hauptes gelten. Im hinteren Rachenraum, oberhalb des weichen Gaumens, wird der Ausatmungsstrom durch eine muschelartig-spiralige Schleimhautfalte ebenfalls gestaut. Mit der Stimmintonation öffnet sich im Zentrum dieser «Muskelspirale» die Ohrtrompete (Tuba auditiva) zur Beatmung des Mittelohrs. Bei der Ausatmung der Brust atmet also das pneumatische System des Ohres ein. Bleibt aber die Tuba durch katarrhalisch-entzündliche Prozesse verschlossen, dann entsteht im Mittelohr bald ein Unterdruckraum, denn die zuletzt aufgenommene Luft wird von den Schleimhäuten gewissermaßen aufgetrunken. Zugleich besteht jetzt die Gefahr einer Mittelohrentzündung. So können in gleicher Art alle pneumatischen Räume durch katarrhalischen Verschluß und Unterbeatmung erkranken[22].

Die Pneumatisation als fortwirkende gestaltende Funktion des mittleren Hauptes führt von innen her zur Aufrichte der Gesichtsarchitektur im Oberkiefer-, Nasen- und Stirnbereich. Der beseelte Atem des sprechenden, singenden, lautbildenden und klangerzeugenden Menschen ergreift den Hauptorganismus und wandelt ihn von der rhythmischen Mitte des ganzen Menschen her um. Das Haupt als Repräsentant der Vergangenheitskräfte der Menschenwesenheit wird durch den sprechenden und singenden Menschen von der Mitte her «verjüngt». So nimmt es uns nicht wunder, daß gerade die Gesichtsschädelmitte so lange der physiognomischen Umwandlung und Individualisierung offensteht. Die knorpeligen Teile des Nasenraumes verknöchern erst nach dem dreißigsten Lebensjahre; bis dahin, und vermutlich sogar noch darüber hinaus, wirkt die Pneumatisation gestaltend.

Vor allem aber können wir den Pneumatisationsprozeß als den oberen Pol des seine Stimme erhebenden Menschen bezeichnen. Über das Mittelohr berührt der klingende Atem des sprechenden Menschen das Sinnesbewußtsein. Hier hört der Mensch sich selber zu, hier vernimmt er mit Bewußtsein, was aus Seelen- und Willenssphären herauftönt. Diese Fähigkeit, sich selbst zu vernehmen, bewirkt die Durchdringung und Leitung dieses heraufbrandenden Tonmeeres mit konsonierender Gliederung, reiner Vokalisation und mit der vollkommenen Skala der Töne vom Bewußtsein her.

Steigen und Fallen des Gehirnwassers bei der Atmung

Die Wirkungen des Atems auf den oberen und unteren Organismus wollen wir an dieser Stelle zusammengefaßt betrachten. Nach oben bewirkt er, wie wir

---

Abb. 127: *Nasenmuscheln; Kleinkind; Erwachsener; Bewegung (Führung) der Luft bei Inspiration und Exspiration.* Nur der oberste Anteil der Nasenhöhle enthält in der Regio olfactoria gerade das Riechepithel, welches durch die Siebbeinplatte mit dem Bulbus olfactorius in Verbindung steht. Ein verhältnismäßig kleiner Bruchteil der eingeatmeten Luft kommt damit in Berührung. Besser als bei glatter tiefer Einatmung wird das Riechepithel belüftet bei schwachem Hin- und Herbewegen der Luft (Schnüffeln). ▶

Entwicklung der Nasenmuscheln. Bei Feten (Fetus = Leibesfrucht am Ende der Schwangerschaft) des 9. bis 10. Monats finden sich noch sechs Nasenmuschelanlagen (oben). Beim ausgebildeten Organismus (unten) bleiben nur drei Nasenmuscheln. Zum besseren Vergleich der Entwicklungsstadien sind diese in angenähertem Maßstab gezeichnet.

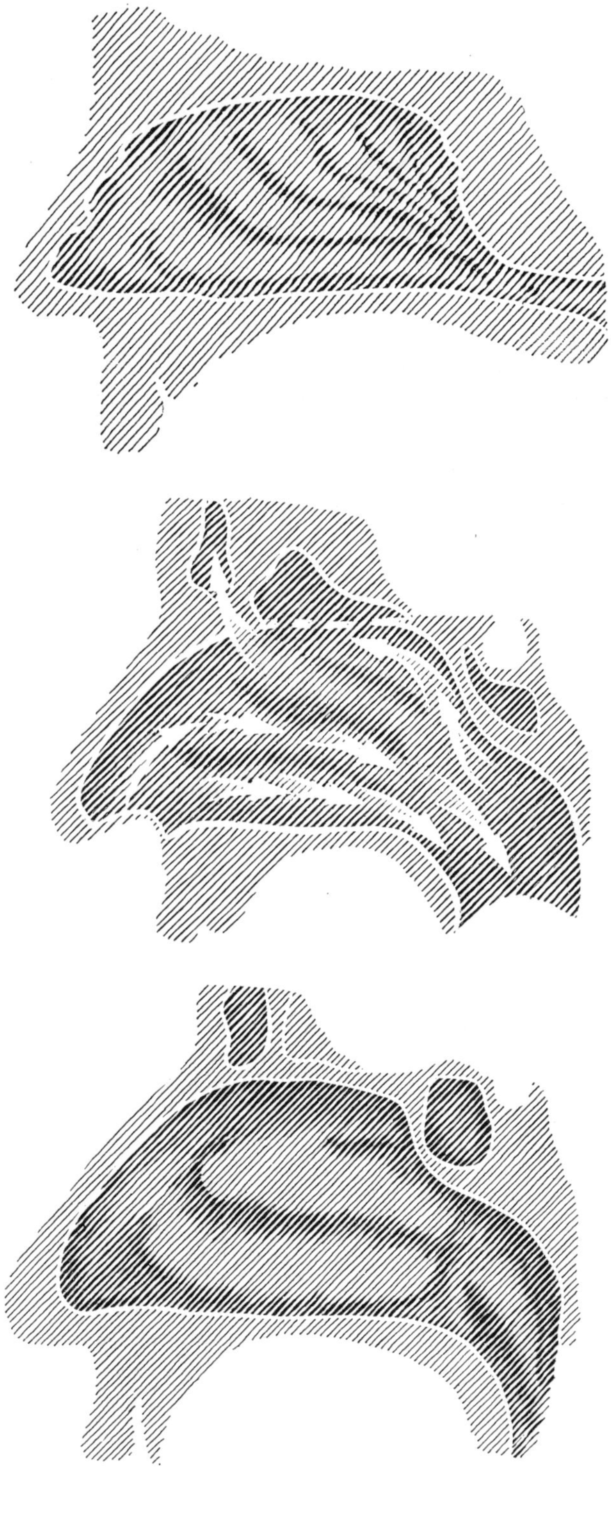

sahen, eine innere gestaltende Beseelung der Gesichtsschädelräume, indem das Haupt bei der Ausatmung der Brust einatmet. Dieser exspiratorischen Funktionssteigerung im Haupte entspricht ein Weiterschwingen des inspiratorischen Atemstromes durch die Übertragung des Inspirationsdruckes vom sich senkenden Zwerchfell auf die Nieren und auf die Bauchorgane, die sich mit dem Atemrhythmus «atmend» mitbewegen. Gleichzeitig aber wirkt die Atembewegung auch nach oben auf das Gehirn: Sowohl im Brustraum als auch in der Leibeshöhle überträgt sich der Inspirationsdruck auf die Venengeflechte der Wirbelsäule, deren Blut nach oben gestaut wird und daher die Rückenmarksflüssigkeit mit anhebt. Dadurch erhalten Gehirnwasser und Gehirn einen merklichen Auftrieb, der durch die Füllung des Venenpolsters der Schädelbasis verstärkt wird. Bei der Exspiration dagegen findet ein Abfluten des Gehirnwassers und des Venenblutes statt, das Gehirn senkt sich und gibt dem verstärkten Einstrom arteriellen Blutes Raum. Das Gehirn sinkt und steigt auf diese Weise mit dem Atemrhythmus. Die Ätherisation (Venosierung) und Astralisierung (Arterialisierung) verhalten sich dabei umgekehrt wie bei der Lunge. Damit ist der Kreis der Atmung nach oben in den Bereich der pneumatischen Räume, nach unten in den Brust- und Bauchraum und über die Wirbelsäule und den Wirbelkanal bis zur Atemrhythmik des Gehirnwassers geschlossen.

Der Sprachorganismus

Als höchstes Wunder, das der Geist vollbrachte,
Preis ich die Sprache ... Hebbel*

Wenn der Mensch spricht, so ist im Sprechen eigentlich auch ein Mikrokosmos gegeben. Dasjenige, was der Mensch spricht, ist eigentlich der ganze Mensch, konzentriert auf die Sprachorgane. Aber das Geheimnis jedes Wortes liegt im ganzen Menschen, und wiederum, weil es im ganzen Menschen liegt, liegt es eigentlich in der Welt. Rudolf Steiner**

* Sämtliche Werke, Bd. 7, S. 313; Hamburg 1867.
** Zur Sprachgestaltung.

Abb. 128: *Inspirations- und Exspirationsbewegungen von Brust, Rumpf und Liquor cerebrospinalis. Steigen und Fallen des Gehirn- und Rückenmarkwassers bei Inspiration und Exspiration.* Die dunklen Pfeile unter dem Zwerchfell deuten die Druckrichtungen im Bauchraum an. ▶

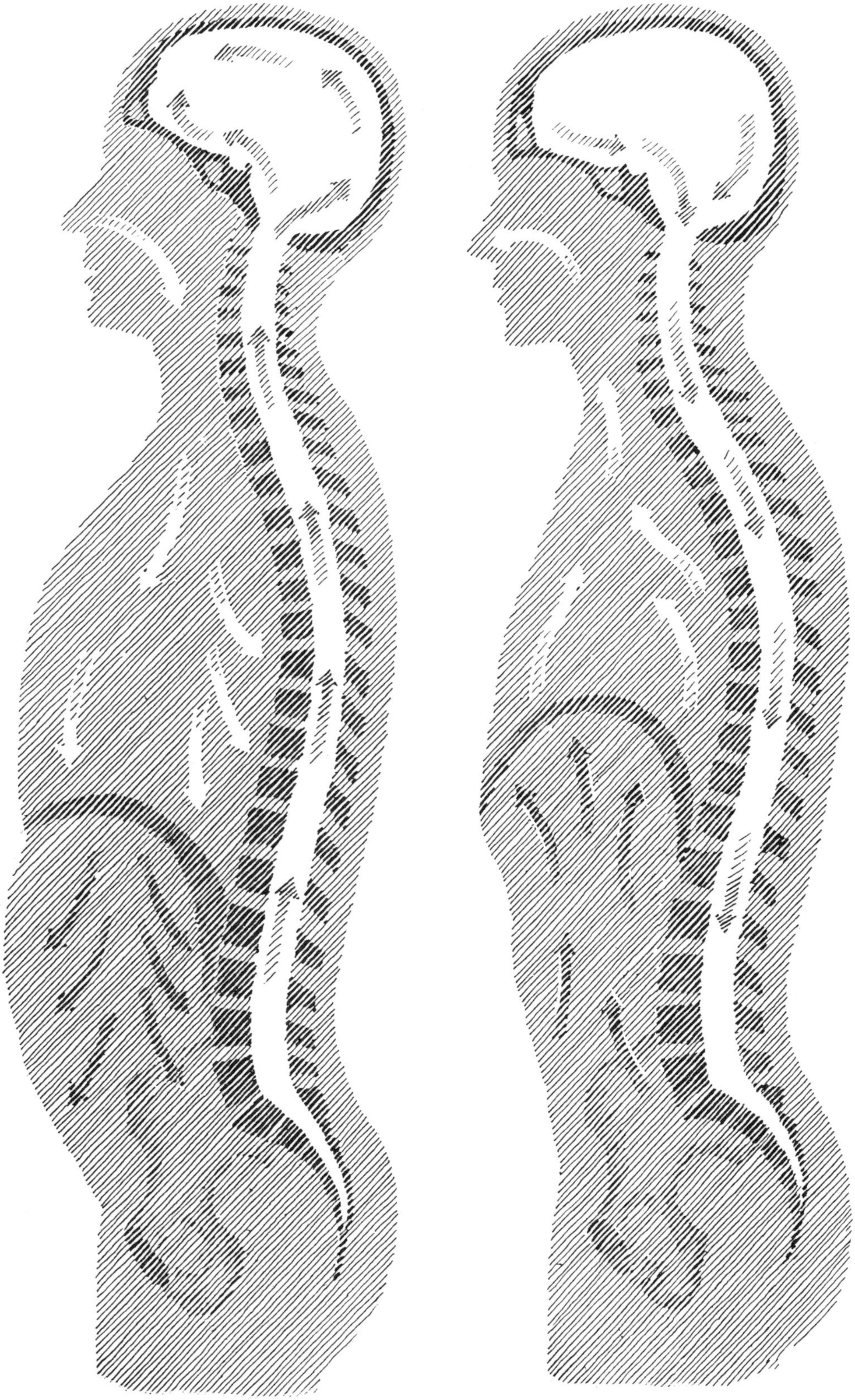

Der Sprachorganismus der Stimmbildung, der Vokalisation und der Artikulation bildet zwischen Zwerchfell-Lungen-Pol und dem beatmeten Haupt die «rhythmische Mitte» des pneumatischen Menschen. Zwerchfell und Lunge in nie ermüdender Tätigkeit, stilles Ausschwingen und Ausklingen der Atmung im Bereich der pneumatischen Räume und des Ohres charakterisiert die Pole, zwischen denen der Sprachorganismus sein eigenes Wesen ausbildet. Es ist der Atemhauch, der die Stimme erzeugt, es ist der Kehlkopf, der ihr die tausendfältigen seelisch-geistigen Nuancen eingestaltet. Beide aber, Atemstrom und Kehlkopf, haben rein instrumentalen Charakter. Der Menschengeist selber ist es, der mit ihnen «musiziert», der durch sie den Sprachklang weckt. Wann spricht der Mensch, wann erhebt er seine Stimme zum Gesang? Hier besteht keine organisch gebundene Funktionsabhängigkeit. In der Sprache teilt sich der Menschengeist dem Geiste mit, im Gesang schwingt sich die Seele zu höheren Sphären auf. Beide Mitteilungen sind geistige Verbindungen, und das Instrument tritt nur in Funktion, wenn sich Geist und Seele mitteilen. Selbst im Verstummen bleiben Seele und Geist nicht untätig. Der Geist spricht mit sich selbst, die Seele harmonisiert sich in einer geheimen inneren Musikalität. Erst die Begegnung der Seele mit der Seele, des Geistes mit dem Geiste, erweckt aufs neue die Kehle, erzeugt wieder aufs neue den Klang und die Sprache.

Die Lunge ist ein Organ aus der Luft für die Luft gebildet, das Ohr aus der Klangwelt für den Klang organisiert. Der Kehlkopf gemeinsam mit dem Rachenraum (Mesopharynx) und der Mundhöhle unmittelbar vom Sprachgeist für die Sprache erschaffen[23].

Der Mesopharynx, Ort der Sprachbildung*

Bei den höher entwickelten Tieren ragt der Kehlkopf noch unmittelbar in die Nasenhöhle hinein, die Stimmorganisation gehört bei ihnen dem Nasenraum, dem Sinnes-Nerven-Organismus an. Bei den Singvögeln befindet sich das Klanginstrument, die Syrinx, dagegen tief in den Brustraum hinab versenkt. Nur der Mensch bewährt sich wiederum als ein Wesen der Mitte. Tiere, die bellen, brüllen und brummen, haben nur geräuschhafte, unvokalische Stimmen, Vögel erreichen in ihrem «Gesang» reinere Musikalität. Der Mensch allein entwickelt die Sprache. Organphysiologisch ist das nur dadurch möglich, daß er den Kehlkopf gegenüber den Säugetieren und den Vögeln in der Mittellage ausgebildet hat. So sind Sprache und Gesang das geistig bedeutsamste Phänomen des dreigliedrigen aufrechten Organismus des Menschen. Bevor wir das Phänomen der gesanglichen Tonbildung und die Funktionen der Sprachbildung

* Pharynx = Spalt, Schlucht, Schlund, Rachen, gr. = φάρυνξ = ὑπερφάρυνξ – ὑποφάρυνξ – μεσοφάρυνξ.

betrachten, haben wir uns zuerst besonders mit dem Kehlkopf selbst zu beschäftigen.

Der menschliche Kehlkopf entsteht als ein Teil des Viszeralskeletts (Kiemenanlage) durch Umbildung der am meisten leibwärts gelegenen Kiemenbögen (7., 8.). Aus diesen gehen die wichtigsten Kehlkopfknorpel und das knorpelige Stützskelett der Luftröhre, Trachea, hervor. Seine Entstehung im «Kopfbereich» der Lungenanlage unmittelbar hinter dem Herzen ist charakteristisch. Wie das Herz muß auch der Kehlkopf abwärts wandern. Hierbei schießt die Entwicklung bei den Vögeln übers Ziel, während sie bei den Säugern zurückbleibt. Der menschliche Kehlkopf hält nun in der Weise die Mitte, daß er durch seine endgültige Lage in Höhe des fünften bis siebten Halswirbels einmal einen erweiterten Rachenraum ermöglicht (Mesopharynx) und dann vor allem den Mundraum zur freien Beatmung eröffnet, was den Säugetieren weitgehend unmöglich ist. Durch die akustischen Veränderungen im neu gewonnenen Mund-

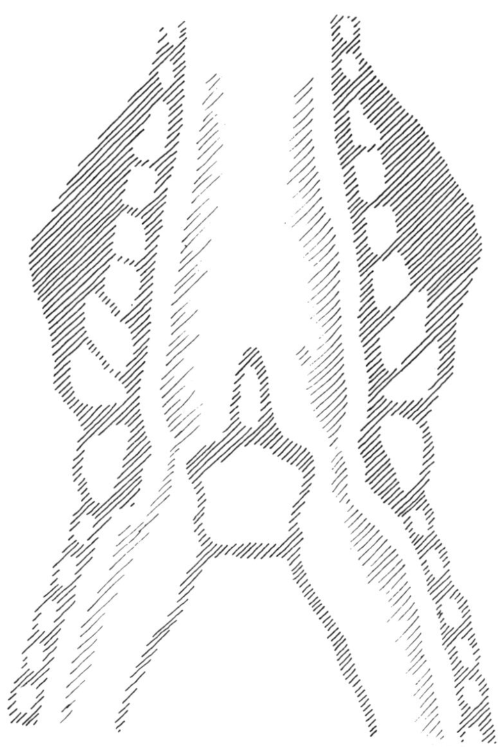

Abb. 129: *Die Syrinx*, der Kehlkopf eines Singvogels. Das eigentliche Stimmorgan sitzt tief im Brustkorb, wo sich die Luftröhre gabelt. Die Trachealknorpel sind außen von starker Muskulatur umgeben. Für die Tonbildung wirkt besonders die innere «Paukenhaut» im Bereich der doppelten Luftpassage.

Rachen-Raum erhält jetzt die Stimme ihre Vokalisation. Durch die plastischen Bewegungen der Lippen, der Zunge, der Zähne und der Gaumenorgane (Gaumenbogen und Zäpfchen) werden die Konsonanten in den Strom der Stimme hereingestaltet. Die Sprache hat sich eine autonome Organsphäre geschaffen, sie schließt die Funktionen der Nahrungsaufnahme während des Sprechens völlig aus. Der Kehlkopfhochstand des Säugetieres ermöglicht ihm, während des Fressens zu atmen. Der Mensch trennt die Nahrungsaufnahme um der Sprache willen vollkommen von Atmung und Stimmbildung. Der Schluckakt ist nur in der Atempause möglich, weil sich der Nahrungsweg und der Atemweg im freien Rachenraum kreuzen. Damit die Nahrung nicht in die Lunge gerät, muß die Kehle geschlossen werden (Kehldeckel = Epiglottis).

Der Kehlkopf – Sprache und Gesang

Der Kehlkopf gehört unmittelbar zur Luftröhre, einem Gebilde, das aus 18 bis 21 Knorpelringen zusammengefügt ist. Die Knorpelringe sind untereinander häutig verbunden. Nach hinten ist jeder Ring offen, so daß die übereinander folgenden «Knorpelspangen» die Luftröhre nur nach vorne stärker abschließen, nach hinten aber durch eine membranös elastische Wandung mehr Beweglichkeit ermöglichen. Der Kehlkopf bildet den oberen Abschluß der Luftröhre. Seine Knorpel sind Metamorphosen der Luftröhrenspangen.

In Luftröhre und Kehlkopf haben wir ein äußerst astralisiertes Knorpelskelett, die Trachea vor uns, die ähnlich gebildet ist wie das Insekt mit seinem inneren Luftröhrensystem. Wir können beim Stimmorgan geradezu von einem «Luftskelett» sprechen.

Dem letzten Trachealring folgt der erste Kehlkopfknorpel, der Ringknorpel. Er bildet eine Übergangsform zu den Knorpeln, die die Träger der zentralen Funktion des «Instrumentes» sind, zum Schildknorpel und den Stellknorpeln. Der Schildknorpel birgt im Innern seines bei Männern von außen gut tastbaren Winkels (Adamsapfel) den Ansatz der Stimmbänder, die waagerecht rückwärts zu den Stellknorpeln ziehen.

Die Stellknorpel ermöglichen durch Außen- und Innenschwenkungen tausendfältige Stellungsänderungen der Stimmbänder. Bei der Atmung bilden die Stimmbänder nach hinten einen offenen Spalt. Bei der Stimmerzeugung (Phonation) bilden sie die Stimmritze, bei deren Durchstreichen Luft und Stimmbänder zugleich in Vibration treten. Die Lage- und Spannungsveränderungen werden durch eine überaus mannigfaltige und komplizierte Verbindung der Stimmknorpelmuskulatur ermöglicht. Die Bewegung unseres Organismus ist durch das Zusammenwirken von Muskeln, Sehnen und Knochen bestimmt. Der Reichtum der Bewegungsmöglichkeit des ganzen Leibes wiederholt sich in der feineren, innerlicheren Bewegung der Kehlkopfmuskulatur und der Kehlkopfknorpel. So kommt es, daß die Stimme ebenso mannigfaltiger Töne fähig ist wie die Gliedmaßen des Leibes einer Fülle von Gebärden. Die «Gebärdensprache» der Hände und überhaupt unsere ganze Haltung führt ihrerseits die Wortsprache weiter, ja oft hilft sie wesentlich mit zu ihrer Entfaltung, wie umgekehrt der Kehlkopf die Lautgebärden eines Sprechenden aufzunehmen vermag und gleichsinnig mitschwingt[24]. In diesem Zusammenhang ist es interessant, daß der nächst den Stimmbändern wichtigste Muskel, der Musculus vocalis, in seinem Bau und in seiner inneren Struktur dem Herzmuskel verwandt ist. Gleichzeitig findet sich aber im Gegensatz zu diesem eine allerdichteste Durchnervung. So finden wir in diesem Muskel eine bedeutsame Vereinigung von formenden Nervenkräften und ätherischer Bewegungskraft.

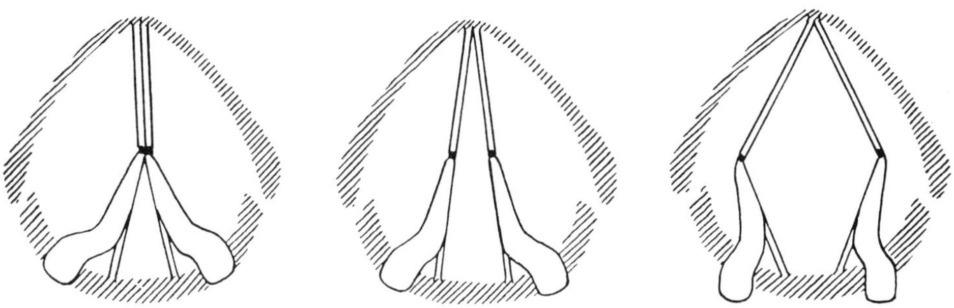

Abb. 130: *Die Veränderung der Stimmritze* in verschiedenen Funktionsstadien: links Stimmritze geschlossen; Stellung bei Beginn der Phonation. Mitte: Stimmritze bei gewöhnlicher Atmung. Rechts Stimmritze bei tiefer Inspiration (nach Benninghoff).

Das «Instrument» erinnert zunächst im ganzen Bau an einen Flötenkopf. Dem entspricht die schwingende Luftsäule. Je feiner die Luftführung des Flötenkopfes (Conus elasticus), je straffer die Stimmlippe, um so dichter der Ton, vom Flötenklang bis zur silbrig-glockenhaften Stimme, wie sie sich bei Kindern findet. Außer dem flötenartigen Bau der Kehle sprechen die Stimmbänder zugleich ein ganz entgegengesetztes instrumentales Prinzip aus. Wie über die Saiten einer Geige streicht der «Windbogen» über die Stimmbänder. Sie bestehen aus dichtesten, sehnig-bindegewebigen Faserzügen, die zwischen Schildknorpel und Stellknorpel ausgespannt sind und die nach der Wandung zu auf dem Stimm-Muskel (Musculus vocalis) aufsitzen. Wie Saiten einer Lyra lassen sie sich spannen. Mehr als die elastische Spannung und Weitung des Kehlkopfes (Conus elasticus) mit seinen Tonräumen unterhalb und oberhalb der Stimmlippe bewirkt die Spannung der Stimmbänder selbst, ihre Länge und Stärke die Tonhöhe und die Tonqualität[25]. Knaben und Mädchen haben noch kurze, straffe «Stimmsaiten». In der Pubertät tritt bei den Knaben (manchmal über Nacht) eine starke Dehnung und rasches Wachstum der Stimmbänder ein, es kommt zur Mutation der Stimme. Auch bei den Mädchen wird durch die Reife die Stimme verwandelt, wenngleich auch nur in zarteren Abstufungen.

Wenn wir die Stimmen eines ganzen Orchesters vor uns haben, fühlen wir bei jedem Instrument, wie es ein Glied unseres resonierenden Organismus in Schwingung setzt. Besonders stark erleben wir da die Polarität der Streich- und der Blasinstrumente. Der Klang der Streichinstrumente hat etwas Lichthaft-Durchsichtiges. In seinen Symphonien bringt Anton Bruckner durch die Streicher geradezu kosmische Sternenchöre zum Erlebnis.

Demgegenüber stehen die melodisch-warmen, seelenhaften Blasinstrumente. Wenn der Streicherchor des Orchesters in atmender Durchlichtung sich zu größter Weite aufschwingt und sich im Unendlichen aufzulösen scheint, dann wirkt der polare Klang der Rohrblattinstrumente dagegen verdichtend, seelisch-inkarnierend, als ob Klanghelle und Leichte plötzlich gerinnen würden zu einem dichten, bluthaften Strom.

Wir können die große instrumentale Polarität des Orchesters noch einmal nacherleben, wenn wir den mythischen Ursprung der Instrumente aufsuchen. Apoll ist vorbildlich mit den Saiteninstrumenten verbunden. Von Hephaistos erhält er den schwirrend klingenden Silberbogen, durch Hermes aber die siebensaitige Lyra.

Das Instrument des reinen Lufthauchs, die Hirtenflöte (Schalmei – Aulos Syrinx, darunter vor allem auch das Rohrblattinstrument), gehört der Welt Pans, des Gottes der Herden und der Natureinsamkeit an und im Sinne der Mysterienreligion vor allem den dionysischen Riten (Hochzeit und Begräbnis). Die Erfindung der Flöte geht aber auf Athene, die neben Hephaistos kunstreichste Gottheit, zurück. Sie bildete eine Doppelflöte aus hohlen Knochen des «Steinbocks». Als sie aber wahrnahm, welche Verwirrung die Klänge dieses Instruments bewirkten, warf sie es verfluchend in das Schilf, wo es Marsyas, ein Wesen aus dem Gefolge Pans, fand und darauf in einer Weise musizierte, die die Weltordnung bedrohte. Apollo trat dagegen mit seiner Lyra ordnend und gestaltend auf und bestrafte Marsyas aufs schwerste[26].

Die menschliche Stimme vereint in sich die große Polarität von Saiteninstrument und Flöte. Daher steht die «vox humana» über allen Instrumenten. Unerreichbar und unersetzbar in ihrer Klangfülle und immer neuen individuellen Tonfarben, einmal wirklich apollinisch, dann wieder entschiedener dionysisch, aber eben oft beides, denn bei der höchsten Entwicklung tritt in der menschlichen Natur die Vereinigung dieser Kräfte ein: «Apollo est verus Dionysos» – die Überhöhung der zunächst feindlichen Polaritäten[27].

Zum Sprechen und zum Gesang braucht der Mensch Kehlkopf, Mund und resonatorische Empfindung und Wahrnehmung im Haupt (pneumatische Räume und Ohr). Der Gesang stützt sich instrumental vor allem auf den Kehlkopf und auf die resonatorischen Klangräume mit dem Ohr. Im Ohr endet die

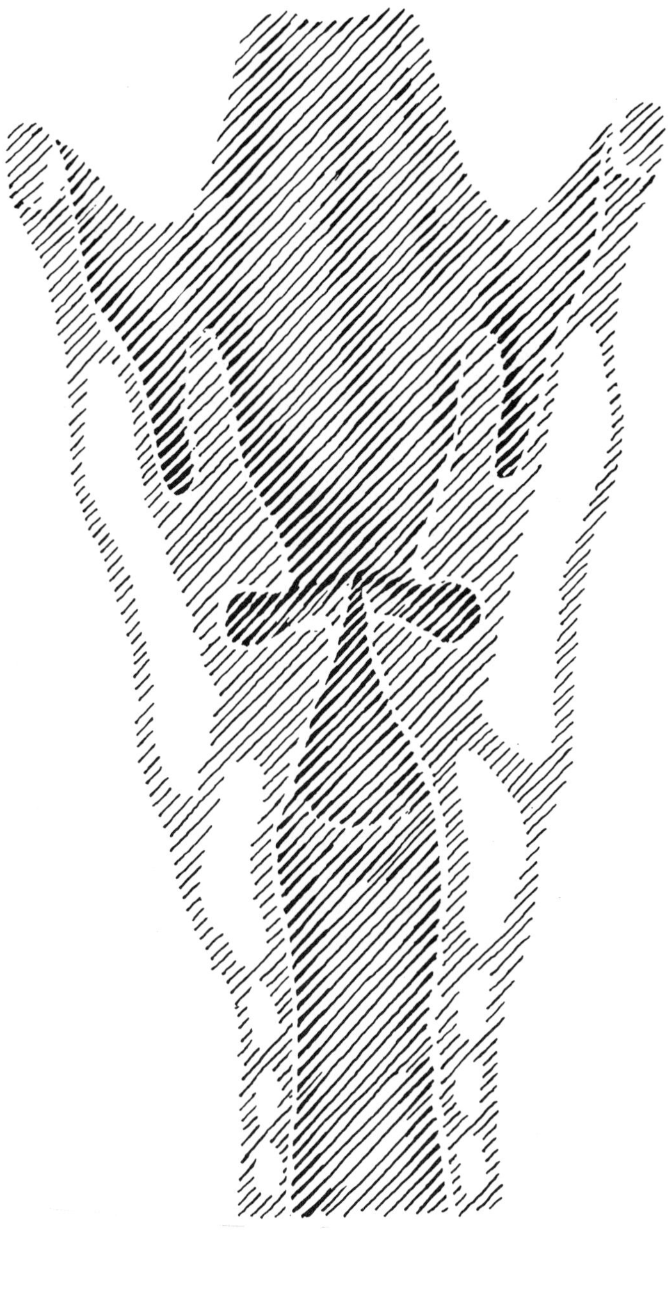

Abb. 131: *Kehlkopf (Längsschnitt)* als «Flötenkopf».

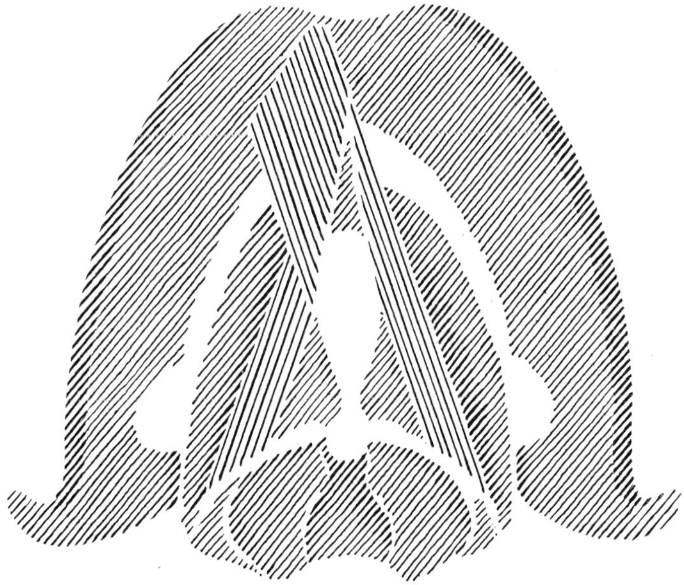

Abb. 132: *Der Kehlkopf (Querschnitt) als «Saiteninstrument».* Die Stimmbandfasern, die die Stimmritze einschließen, reichen vom Schildknorpel zum Stellknorpel (ligamentum vocale und musculus vocalis) (nach Benninghoff).

Tonbewegung und wandelt sich in die Nervenruhe der inneren Empfindung des Hauptes*. Die Sprache gestaltet sich dagegen vorwiegend in der «Mitte» aus, wiewohl sie auch der Stimmbildung, des Stimmklanges und der Atmung als ihrer Willensfunktionen bedarf. Der Mund ist ihr rhythmisch-schöpferisches Gestaltungsfeld, durch den Mund ertönt das Wort, durch ihn entfaltet sich die Lautsprache.

In dem rein menschlichen Phänomen der Sprache liegt die vollkommene Vereinigung der apollinisch-dionysischen Weltpolarität vor. In der Stimme als solcher wirkt, wenn sie sich aus dem Seelenerleben des inneren Menschen der Welt gegenüber entfaltet, das dionysische Element der Vokalisation, unmittelbar dem Gesang verwandt. Hier erscheint vor allem ätherisches und seelisches Erleben, getragen von unbewußten Willenskräften. In der Lautgestaltung der Konsonanten durch die Lippen (Labiales), durch die plastische Tätigkeit der Zunge an Zähnen und Gaumen (Linguales, Dentales und Gutturales) und durch die stimmhaften Konsonanten (m, n und ng) als Halbvokale spricht sich unmittelbar plastisch-bewußter formender Geist im apollinischen Sinne aus und ver-

* Rudolf Steiner, Meditativ erarbeitete Menschenkunde, 3. Vortrag, Dornach 1983; Sonderdruck aus Bibliographie.

einigt sich wesenhaft mit den Vokalen. Dabei sind Lippen und Mundbewegungen so charakteristisch in ihrer plastischen Tätigkeit, daß Schwerhörige an ihrer Bewegung die Sprache abzulesen vermögen. So bilden Sprache und Gesang einen Funktionsorganismus unseres Seelen- und Geisteslebens, der sich auf ein allerzartestes, unvitales Organsystem stützt. Geringste organische Grundlage – mächtigste geistige Funktion. Bewußtsein wirkt plastisch gestaltend, Wille und Gefühl bewegend. Das Wesen des Wortes erhebt sich über beide, die sich zum Gefäß der Weisheit, des Logos machen.

Der Sprachorganismus ist also in diesem Sinne wieder Funktionsbild des ganzen Menschen. Der Stoffwechsel-Gliedmaßen-Pol erscheint in der Zwerchfellmuskulatur, besonders in den lendenwärts hinabziehenden Muskelsäulen und in der Lunge im Hinblick auf ihre Bedeutung als «assimilierendes» Organ. Das pneumatische Haupt bildet mit der Ohrorganisation als dem Wahrnehmungsorgan den Bewußtseinspol. Die Mitte des Ganzen bildet als rhythmisches Zentrum der Kehlkopf mit dem Mesopharynx und der die Laute plastizierenden Zunge. Funktionell können wir im Sprachorganismus die verinnerlichte und geistig gesteigerte Zusammenfassung des Bewegungsmenschen erkennen. Der Sprachorganismus ist ein Tänzer mit tausend Armen, mit denen er die ganze Welt in schöpferischen Gebärden nachbildet.

Blicken wir auf das Ganze des rhythmischen Systems, dann ergibt sich eine dreifache Mitte: Zuerst die rhythmische Organisation der Wirbelsäule (Aufrichte). Das rhythmische Geschehen, das hier wirkt, stellt vorwiegend eine Beziehung zwischen Ich und physischem Leib dar.

Das rhythmische Geschehen von Herz und Blutkreislauf als zweites ist vorwiegend durch ein Zusammenwirken von Ich und Ätherleib bestimmt.

Im Atmungsgeschehen zuletzt tritt das Ich zum astralischen Leib in eine entschiedenere Beziehung.

Die Ichwirksamkeit ist es, welche in der rhythmischen Sphäre alle Entwicklungen induziert. Das Wesen der Dreigliederung wird in seiner vollen Bedeutung vom Rhythmischen her begreifbar.

VI
Lebensorganisation, Ernährung

Schweigend überschritten sie nun die Schwelle; daneben
Rankten sich edle Trauben, von grünen Blättern umgeben,
Hoch in üppiger Fülle, und unter ihnen entströmten
Vier stets rinnende Quellen vom Gotte Hephaistos gegraben.
Milch entsprudelte stets der einen, die and're entsandte
Wein, und duftendes Öl entquoll der dritten, die vierte
Spendete immer Wasser; beim sinkenden Licht der Plejaden
Quoll es heiß, doch wenn das Sternbild am Himmel emporstieg
Rieselte es so kalt wie Eis aus der Höhlung des Felsens.

Apollonios Rhodios, Die Argonauten*

Unsere Betrachtung wendet sich jetzt der Organsphäre unterhalb des Zwerchfells zu. Wir betreten damit einen Bereich geheimnisvollster organischer Mysterien. Denn alles dasjenige, was hier innerhalb der Organe als Wandlung und Umwandlung lebender Substanz geschieht und was wir Ernährung nennen, vollzieht sich vollkommen in der Nacht des Unterbewußtseins. Während unser Blut-Atemleben im rhythmischen System noch vom Bewußtsein erreicht wird – wenn auch nur in traumartigem Halbdämmern, das wir Gefühl nennen –, herrscht hier im Quellbereich unserer Lebenskräfte gegenüber dem Bewußtsein völlige Dunkelheit (vergleiche R. Steiner, «Allgemeine Menschenkunde»). Unser Unvermögen, die hier stattfindenden Vorgänge mitzuerleben, setzt sich unmittelbar in der Schwierigkeit der Erforschung dieser Lebensgebiete fort. Die Geheimnisse der lebendigen Substanzwelt türmen sich vor uns auf, und alle Bemühungen der Physiologie und physiologischen Chemie vergrößern zwar das Forschungsinstrumentarium der Begriffe, Namen und Formeln in fast unüberschaubare Dimensionen, aber hinter jedem Begriff, hinter jeder Formel erheben sich neue Rätsel. Ein abgrundtiefes Problem liegt in der Beziehung dieser universellen Alchimie der lebenden Substanz bei Ernährung und Abbau zu Gestalt und Funktion der Organe des ernährenden Systems bis in die letzten mikroskopisch erfaßbaren Feinstrukturen und ihre Formverwandlungen hinein (Benninghoff). Hier ist es wieder unsere morphologische Aufgabe, das ernährende System von der Gliederung des Gesamtorganismus her zu verstehen.

Im Ganzen der dreigliedrigen Gestalt bildet das Stoffwechsel-Gliedmaßen-System den unteren Pol. Diese Gliederung geht unmittelbar von der funktionel-

* Übersetzt von Thassilo von Scheffer, Leipzig 1940, S. 104 f.

len Dreigliederung aus. Die einfachere Gestaltbetrachtung ergibt die Gliederung in Kopf, Rumpf und Gliedmaßen (R. Steiner, «Methodisch-Didaktisches»). Jedes Glied ist, wie wir schon bei der Darstellung des Schädels zeigen konnten, in sich wieder wesenhaft dreigliedrig[1]. Diese Gliederung ergibt für den Rumpf als Einheit sehr wesentliche Gestalt- und Funktionsverhältnisse. Die Rumpfgestalt vereinigt in sich den Brustraum, den Bauchfellraum (Peritonealraum) unterhalb des Zwerchfells und die außerhalb des Bauchfellraumes gelegene Bekkenorganisation.

Der Brustraum, den umhüllenden Haupteskräften gestaltlich noch verwandt, gegen den Bauchraum jedoch paraboloid geöffnet und nur durch das Zwerchfell abgeschlossen, birgt in sich das rhythmische System.

Der Bauchraum, der, von der stützenden Lendenwirbelsäule abgesehen, keine weiteren Schutzhüllen des Skeletts beansprucht, sondern aus muskulären und häutigen «Weichen» gebildet ist, schließt die ernährenden (verdauenden) Organe in sich ein.

Die Beckenorganisation (vom Knochensystem her eine schalenförmige Metamorphose der Schultergürtelorganisation darstellend) birgt in sich die kosmisch bestimmten Generationsorgane und als Polarität dazu die irdischen Ausscheidungsorgane. Das Haupt und die Gliedmaßen bilden zu dieser Einheit der Rumpfgestalt jetzt die Pole.

Für den Gesamtorganismus stellt das Zwerchfell eine absolute Mitte dar, oberhalb deren die Organe Träger des Gemüts und des Bewußtseins sein können, unterhalb aber Träger der vitalen Kräfte und des Willens. Das Haupt ist aus «kosmischer Antipathie» heraus gebildet, die Ernährungs-, Zeugungs- und Bewegungsorgane dagegen aus kosmischer Sympathie, ja man kann sagen, sie sind in ihrer Funktion und Bildung von Anfang an Einflußorgane kosmischer Kräfte (Rudolf Steiner, «Allgemeine Menschenkunde»).

Diese ernährenden und Leben erzeugenden Organe bilden wie das Blut in ihren Funktionen einen Kreislauf; nur ist er für unsere Erfahrung nicht in sich abgeschlossen, sondern reicht mit seinen Energien und Lebensströmen weit über den individuellen Organismus hinaus bis dahin, woher alles Natursein im Kristall, in Pflanze und Tier die Wesensbestimmung empfängt.

Der Nahrungsstrom
«Einscheidung und Ausscheidung» – die funktionelle Dreigliederung des Ernährungs- und Verdauungsorganismus

Unsere Beziehung zu der uns tragenden Natur ist eine dreifache. Wir nehmen die Welt – mit mehr oder weniger entwickeltem Bewußtsein – durch die Sinne auf. Mehr träumend – aber vom Seelischen her bis in die Organisation formend und gestaltend – wirkt die Atmung.

Im tief Unbewußten, aber am tiefsten in die Organisation eingreifend, vollzieht sich die Ernährung. Durch unsere Leibesbedürfnisse sind wir, ohne daß wir uns dies genügend klarmachen, am tiefsten und weitreichendsten in den Lebenskreislauf der Natur eingebunden. In diesem Kreislauf wirkt jedes Lebewesen als ein sich von anderen Nährendes in ununterbrochenem Flusse von Geben und Nehmen im Gesamtorganismus des Kosmos.

Diesen Gesamtzusammenhang hat Christian Morgenstern in der Verbundenheit von Stein – Pflanze – Tier – Mensch in seinem Gedicht «Die Fußwaschung» dargestellt.

Ich danke dir, du stummer Stein,
und neige mich zu dir hernieder:
Ich schulde dir mein Pflanzensein.

Ich danke euch, ihr Grund und Flor,
und bücke mich zu euch hernieder:
Ihr halft zum Tiere mir empor.

Ich danke euch, Stein, Kraut und Tier,
und beuge mich zu euch hernieder:
Ihr halft mir alle drei zu Mir.

Wir danken dir, du Menschenkind,
und lassen fromm uns vor dir nieder:
weil dadurch, daß du bist, wir sind.

Es dankt aus aller Gottheit Ein-
und aller Gottheit Vielheit wieder.
In Dank verschlingt sich alles Sein.
Christian Morgenstern*

In Hunger und Durst, in jedwedem Mangelgefühl, das die Natur durch ihre Elemente, durch Wurzelkräfte, Kräuter, Blüten, Früchte und Samen, durch alle ihre ernährenden und heilenden Qualitäten stillt, sind wir selbst Glieder im Kreislauf der Kräfte und Elemente dieser Natur.

In diesem Sinne handelt es sich bei der Ernährung um die Ätherkräfte, die unseren Organismus bewegend, belebend und aufbauend durchströmen. Dies sind die in unserem Leitspruch genannten «Vier stets rinnenden Quellen», denn die Ätherkräfte gelangen in vier Funktionsstufen als:

Lebensäther,
flüssig-chemischer Äther,
Licht- und Luftäther
und als Wärmeäther

zur Wirksamkeit.

* Wir fanden einen Pfad, München 1966, S. 55.

Der Prozeß der Verdauung dient der «Befreiung» dieser Ätherkräfte aus ihrer stofflichen Bindung, in der wir sie als «Brot und Wein», «Milch und Honig», als Frucht- und Fleischnahrung empfangen.

Nur auf diese Befreiung der Ätherkräfte der in der Nahrung aufgeopferten Natur kommt es an, während der materialistische Blick noch immer starr auf die Stoffe gebannt ist und der Organismus schon von der Gesinnung her mit Stofflichkeit überlastet wird und dabei Seele und Geist immer fester bindet.

Die Einbeziehung der Nahrungs-Lebenskräfte in den eigenen Lebens-Kreislauf ist Aufgabe des Ernährungsvorgangs, den wir als Assimilation – als Verähnlichung bezeichnen. Dieses Ziel wird überall da erreicht, wo sich das Ätherische, die «Quintessenz» unserer Nahrung, in den Ätherorganismus herein ergießt.

Erst jenseits der Darmwand gelangt dieser Wandlungsvorgang im eigentlichen Innern des Organismus (parenteral*) im allgegenwärtigen Lymphstrom in der Leber, in Blut-, Wärme- und Bewegungsprozessen zum Abschluß. Im letzten Grund ist Ernährung in dieser Weise ein gewaltiger Entstofflichungsprozeß, eine innerorganische Verwesentlichung der Früchte der Natur. Aber dieser Verwesentlichung geht – von seiten des Menschen – bereits die Pflege dieser Natur voraus: die Arbeit an der Erde, der Anbau der Feldfrucht und die Pflege der Tiere. Zuletzt wird die Ernte ein Fest fleißiger Hände und die Nahrungsaufnahme ein sakramentales Ereignis, wenn sie in diesem Gesamtzusammenhang steht.

Bei der Verdauung und Ernährung ist das Terrestrisch-Stoffliche nur als Lebensträger zu betrachten. Es muß in Stufen aufgebrochen, aufgeschlossen werden. Noch ehe wir den ersten Bissen zum Munde führen, kommen wir der Verdauungstätigkeit durch Mahlen, Rösten, Backen, Kochen, Säuern, Gären und so weiter entgegen. Gar werden ist ein gesteigerter Reifungsprozeß. So wird die Nahrung – noch ehe wir sie zu uns nehmen – veredelt, vermenschlicht, ihr Reifegrad erhöht und die Verdauungsorganisation entschieden entlastet, während die Tiere ihre Nahrung nach Menge und Art in den verschiedensten Richtungen und vor allem in übersteigerten Verdauungsvorgängen bewältigen müssen (Wiederkäuer, Raubtiere, Nager).

Der Nahrungsaufnahme dient bereits unsere Sinnesorganisation. Alle Nahrung wird nach Farbe, Form, Duft und Geschmack von den Sinnen wahrgenommen, und ihre Qualitäten erregen schon vor der Aufnahme die Verdauungssäfte: das Wasser läuft uns im Munde zusammen! Der Darm, der die Nahrung von Stufe zu Stufe aufschließt, ist in unserem Organismus – merkwürdig genug – eine intensiv durchseelte terrestrisch-kosmische Enklave, das heißt eine relativ verinnerlichte Außenwelt beziehungsweise veräußerlichte Innenwelt, «eine eingestülpte Grenzfläche zur Außenwelt» (Rohen) für den Nahrungs-

* parenteral = neben dem Darmsystem, gr. = τὰ ἔντερα = die Eingeweide, para- von παρά = neben.

strom, der verwandelt werden muß. Seine peristaltisch mäandernde Funktion macht seinen wurmartig-ätherisch, schlangenhaft-astralischen Organcharakter aus, wobei die Einscheidung mehr ätherische, die Ausscheidung mehr astralische Kräfte beansprucht. Eigenastralität überwindet Fremdätherität bis zur völligen Umwandlung (Übergang durch die Darmwand). Eigenätherität überwindet Fremdastralität der Nahrung (Leukozytose, Phagozytose) bis zur Überwindung von Darmparasiten.

So wird der Nahrungsstrom von den Sinnen und vor allem vom Lebenssinn ätherisch-sympathisch wahrgenommen und dann durch angreifende, auflösend wirkende Astralität verwandelt. Stofflichkeit wird zuletzt im Verdauungsgeschehen als Rest weitgehend devitalisiert ausgeschieden.

Der Verdauungsorganismus

Der Verdauungsorganismus ordnet sich in Funktion und Gestalt wiederum vollkommen in die Gesamtdreigliederung ein, wenn er auch im ganzen der Willensregion zuzurechnen ist. Innerhalb dieser vegetativ-kosmisch orientierten Willensregion bildet er jedoch den Stoffpol in der Übersicht:

Ernährungsleben
(Verdauungsorganisation),
Generationsleben,
Bewegungsleben.

Der Verdauungsorganismus als das Organ des ernährenden Leibes ist in folgender Weise gegliedert:

1. Sinnesnervenbereich der Verdauungsorganisation.

Mund-(Nasen)-Rachen-Region.
Dieser erste Abschnitt wird von der Embryologie her als Kopfdarmbereich bezeichnet:

Vorhof (Vestibulum oris) = Raum zwischen Lippen und Zähnen
Mundhöhle (Cavum oris)
Rachenenge (Pharynx, Isthmus faucium).

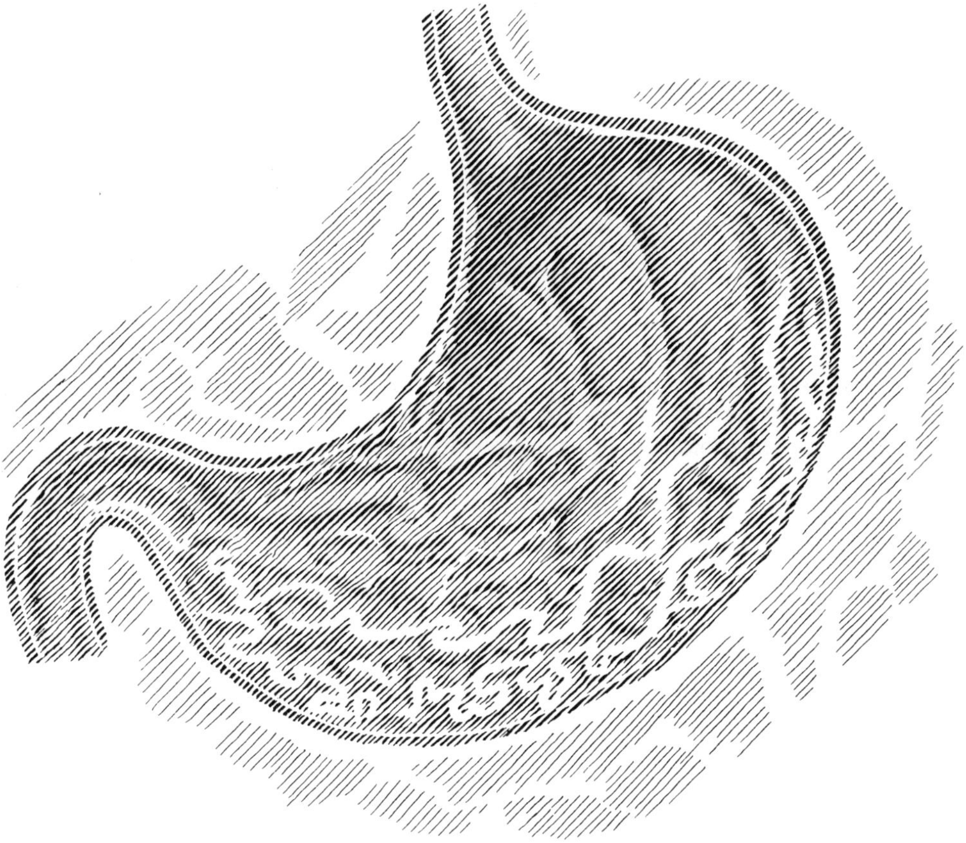

Abb. 133: *Der Magen*. Oben Eintritt der Speiseröhre (Oesophagus). Sie verbindet die Mundhöhle mit der Magenhöhle. Unten der Pförtner (Pylorus), der den Magen gegen den Zwölffingerdarm abschließt und öffnet. Der Magen selber liegt unter der Magengrube (Regio epigastrica), oben dem Zwerchfell, hinten der Pankreas, links der Milz, unten und vorne dem Querkolon benachbart. Wir unterscheiden die große und die kleine Kurvatur (unterer und oberer Magenbogen) und im inneren die Magenschleimhautfalten (Plicae mucosae).

Wir haben es zuerst mit einem tastenden Ergreifen der Nahrung (Öffnen und Schließen des Mundes) zu tun. Mit dem Kauen erfolgt zugleich das Schmekken (Riechen) und Einspeicheln des Bissens (Beginn fermentativer Umwandlung der Nahrung, Ptyalin), wobei der Kauprozeß nicht nur im Sinne eines Zerkleinerungsmechanismus aufgefaßt werden sollte, sondern mehr im Sinne einer umfassenden, innigen Tastverbindung mit dem Konsistenzcharakter der Nahrung, die auch der Einspeichelung und der Aktivierung des Geschmacks dient.

Zuletzt folgt der Schluckakt.

Die Funktionen der Organe des Mundes – Vorhof, Mundhöhle und Rachenenge – sind vorwiegend Sinnesfunktionen.

> Ösophagus, Speiseröhre: die Nahrung gelangt schluckweise in die Speiseröhre.
> Magen: Sammlung und Verweilen der Nahrung bei aufschließendem Chemismus und periodischer Öffnung des Pylorus (saure Reaktion) (Abbildung 133).

Charakteristisch ist die Gestalt des Magens, die an eine Retorte erinnert.

Im Magen wird die eigentliche Verdauung eröffnet. Hier besteht eine besonders enge Beziehung zum Zentralnervensystem (Vagus), so daß bei einseitiger Bewußtseinseinstellung der Magen nervlich in Mitleidenschaft gezogen wird. (Es gibt extrem zerebral-gastrische Konstitutionen.)

2. Der Mitteldarm gliedert sich in:

> Zwölffingerdarm (Intestinum duodenum),
> Leerdarm (Intestinum jejunum),
> Dünndarm (Intestinum ileum).*

Diese drei Darmabschnitte bilden gemeinsam den vorzugsweise peristaltisch-rhythmischen Anteil des Ernährungsweges. Hier kommt auch die Speisebereitung (chymus**) zum Abschluß. Leber und Pankreas, selber aus dem oberen Bereich des Mitteldarms als «Verdauungsdrüsen» hervorgegangen, bewirken durch ihre Säfte (Gallen- und Pankreassaft) Auflösung und Emulgierung der Nahrung. Die Nahrungsverwandlung geht über die Vernichtung der Fremdkonstitution – die sie von ihrer pflanzlichen oder tierischen Herkunft mitbrachte – bis zur Befreiung der reinen Ätherqualität aus den Substanzen Eiweiß, Fett, Traubenzucker usw.

Die Nahrungsaufnahme aus dem Chymus geschieht durch die Organisation der Darmzotten. Sie sind in den Darmabschnitten verschieden organisiert. Am wesentlichsten sind diejenigen des Dünndarms. Sie tauchen im Sinne eines ausgebreiteten «Schmeckprozesses» wie feine Zungen in den Chymus ein. Ihre inneren arteriovenösen Anastomosen erhöhen ihre Blutfülle – dabei geht Chymusdarmlymphe, das Ergebnis der Darmverdauung, ins parenterale Lymphsystem über – wir sprechen jetzt von Chylus (Chymus ist zu Chylus geworden) – und strömt im Brustlymphgang (Ductus thoracicus) aufwärts. Diese Aufwärts-

* Intestinum duodenum von lat. intestinus = inwendig (intestinum = Darm); lat. jejunus = nüchtern, hungrig, leer; ileum wahrscheinlich von gr. ἴλλω = winden.

** chymus von gr. = χυμός = Saft.

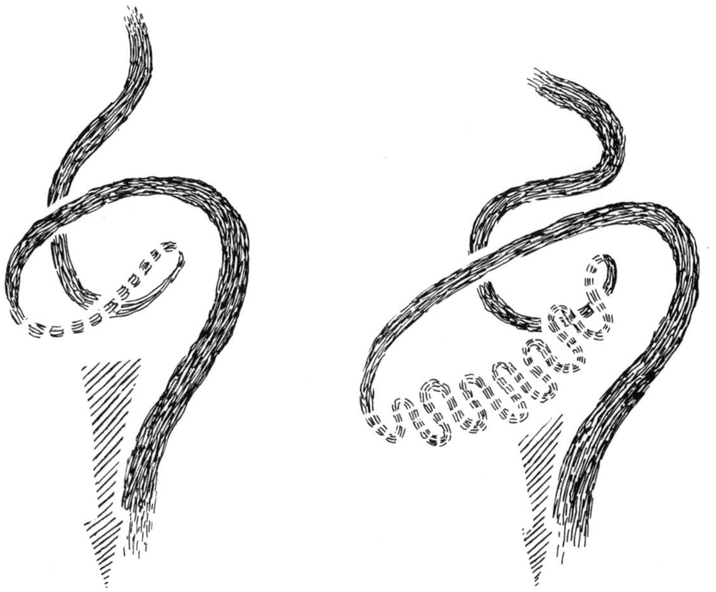

Abb. 134: *Entwicklung der doppelten Darmspirale des Menschen (nach Braus).*

strömung der Lymphe im Brustlymphgang ist charakteristisch. Er tritt dann durch das Zwerchfell in den mediastinalen (= mittelständigen) Brustraum, immer weiter rechts der Wirbelsäule aufsteigend, bis er in Höhe des 6. Halswirbels (!) von der rechten auf die linke Körperhälfte hinüberwechselt und unter dem Schlüsselbein zuletzt in die Vena subclavia* einmündet (vergleiche den Abschnitt «Ernährende Lymphe»). Diese Vene erhält ihren Venenblutzustrom aus dem Nerven-Sinnes-Bereich, so daß wir in diesem Zusammenströmen der vollkommensten Verbindung oberer und unterer Qualitäten ansichtig werden. Im Venenblut der Subclavia wird der Lymphchylus in den Herzeinstromwirbel der oberen und unteren Hohlvene gewissermaßen ins Blutgeschehen hineingequirlt.

Der im Darmchymus aus der Stärkeverdauung hervorgegangene Traubenzucker wandert unmittelbar in die venösen Blutströmungsnetze der Darmzotten und gelangt mit dem Venenblut in den Pfortaderkreislauf zur Leber.

Die *Bewegungsorganisation des Darmes* wird durch glatte Muskulatur (tunica muscularis propria) bewerkstelligt (Peristaltik). Alle Darmabschnitte vom Ösophagus bis zum Rektum werden von einer zweischichtigen Muskulatur umhüllt. Außen liegt die Längs- und innen die Ringmuskelschicht (Stratum longitudinale und circulare).

* Subclavia = Schlüsselbeinvene; lat. = sub = unter; clavis = Schlüssel.

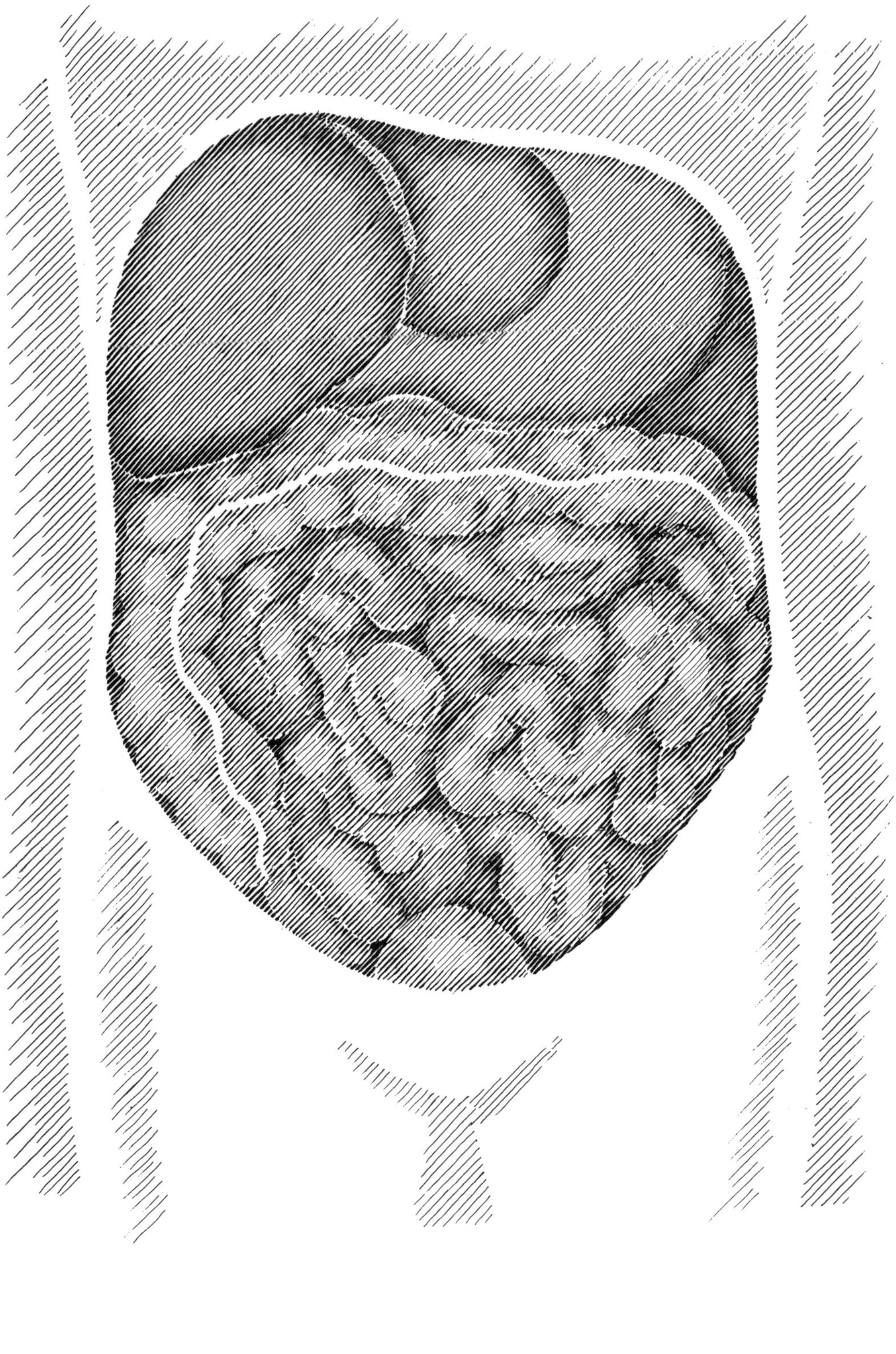

3. Der Enddarm

Es folgt nun die dritte und letzte Region des Darmsystems – die fast ausschließlich der Ausscheidung (in Verbindung mit der Rückresorption der Darmflüssigkeit) dient –, die Region des Dickdarms (colon). Der Dickdarm gliedert sich jenseits der Iliozökalklappe* in die drei Kolonabschnitte (Abbildung 135):

aufsteigender Dickdarm,
Querkolon (Colon transversum),
absteigender Dickdarm (Sigmoid).**

Es folgt das Sigmoid, in dem der Dickdarm in die Körpermittelachse, in den geraden Enddarm, das Rektum*** mit der Enddarm-Ampulle einschwenkt. In ihr sammelt sich die Ausscheidungsmasse zur periodischen Entleerung.

In allen Abschnitten des Dickdarms wird der Darminhalt, soweit er bis hierher nicht verwandelt werden konnte, durch Flüssigkeitsentzug weiter verfremdet und zuletzt ausgeschieden.

Die Dickdarmwindungen mit ihren Buchten (Haustrien)**** können an Gehirnwindungen erinnern. Im Gehirn herrscht die Formkraft des Bewußtseins; aber auch im Dickdarmbereich wird – gewissermaßen in Spiegelung der Hauptesprozesse – in höchst individueller Weise herausgeformt und abgestoßen, was uns nicht angehört und uns nicht weiter belasten darf, ein organischer Antipathieprozeß auf tief unbewußter Stufe.

* Iliozökalklappe = Übergang vom Ileum zum Kolon.
** Sigmoid = S-förmig; gr. = σίγμα = s
*** Rektum = der gerade Darm, von lat. rectus = gerade.
**** Haustrien, von lat. haustrum = Ausbuchtung.

◀ Abb. 135: *Die Darmschlingen:* (Colon ascendens und transversus, Dünndarmschlingen): oben Leber und Magen angedeutet.

Die vier großen Leibesdrüsen

Die Leber

Die Leber ist das größte Leibesernährungsorgan. Sie liegt im rechten Hypochondrium*, hauptsächlich unter der großen Zwerchfellkuppel, welche die Leber saugend umfaßt und hält. Sie liegt mit der Milz etwa auf einer Ebene im Raum zwischen Lungen und Nieren. Die Gestalt der Leber selbst ist charakteristisch: Hauptwärts bildet sie eine Kuppelwölbung, mit der sie sich in die große Zwerchfellkuppel einfügt. Leibwärts bildet sie eine weit ausladende Schale, in die sich weich die tiefer liegenden Leibesorgane einschmiegen. Vorn schließt sie mit glattem Rand mit dem knorpeligen rechten Brustrippenbogen ab. Mit ihrem linken Rand reicht sie über den oberen Magenpol fast bis zur Milz in die kleine Zwerchfellkuppel hinüber.

Bei unserer Organbetrachtung legen wir das Hauptgewicht auf die Blutdurchströmung in ihrem für jedes Organ charakteristischen Zusammenwirken venös-ätherischer und arteriell-astralischer Dynamik.

Hinsichtlich der Blutdurchströmung ist die Leber ein einzigartig venöses Organ. Die ganze Leber ist venös durchflutet, und das spezifische Lebergewebe schwimmt förmlich in diesem Blute. Die Leber wiederholt in ihrer Verbindung mit dem Gefäßsystem das, was für den ganzen Organismus die Lymph- und Venenströmung darstellt. Man kann sagen: die Leber ist das «Haupt des Venensystems», ja unseres vegetativ-ätherischen Organismus.

In der frühen Embryonalzeit wird die Leber vom Urblut des Eidotters durchströmt, später über die Nabelvene (Vena umbilicalis) vom mütterlich ernährenden Plazentarblut und während des weiteren Lebens vom Blut der mächtigen Pfortader (Vena portae).

Die Leberarterie, die mit der Pfortader gemeinsam in die Leberpforte eintritt, erscheint in ihrer Feinheit nur wie ein unscheinbares Begleitgefäß. Innerhalb des Organs folgt sie mit ihren Gefäßverzweigungen den Ästen der Pfortader, um sich schließlich in das Venenblutkapillarnetz hineinzuergießen. Die Durchmischung des Blutes der Leberarterie mit dem venösen Pfortaderblut erhält dem Leberkreislauf das ganze Leben hindurch einen embryonal-ätherischen Charakter.

Das Venenblut, das die Darmzottenkapillaren verlassen hat, ist mit Traubenzucker (Ergebnis der Stärkeverdauung) angereichert. Es sammelt sich und bildet den wesentlichen Anteil des Pfortaderblutes.

Das Kreislaufgeschehen, das hier vorliegt, gehört zum Merkwürdigsten,

* Hypochondrium: gr. = τὸ ὑποχόνδριον, Raum der Leibeshöhle unter dem Zwerchfell, soweit er noch von Rippen und Rippenknorpeln geschützt ist.

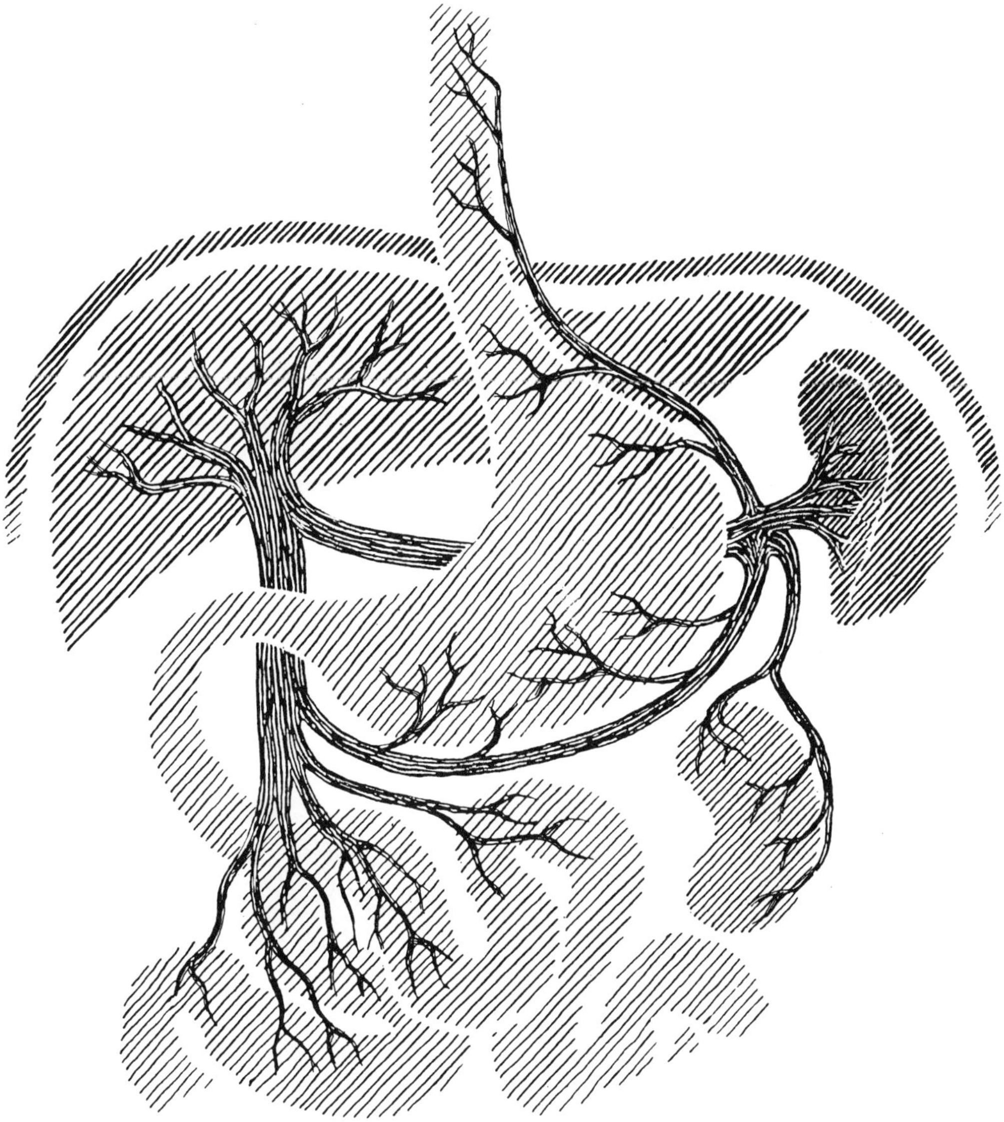

Abb. 136: *Lage der Leber:* Baucheingeweide: Leber und Magen unter dem Zwerchfell. Dickdarm: aufsteigender, querer und absteigender Ast, darunter Dünndarmschlingen und Blase; Pfortader und Pfortaderverzweigung; Beziehung der Leber zu Magen und Milz.

was der Organismus im Störungsbereich aufweist. In den Darmzottenkapillaren war der arterielle Strömungsimpuls bereits verebbt. Alles Blut, das sich jetzt zur Pfortader vereinigt, strömt in stillem ätherischem Fließen «antimechanisch-antihydraulisch», denn es kann nicht mehr mit einer äußerlichen Schubkraft (vis a tergo) gerechnet werden. Die im Zusammenfluß der Darmzottenvenolen weiter werdenden Venenlichtungen führen zwar Blut leicht gegen die Pfortader zu, aber in der Leber kapillarisiert sich das Pfortaderblut aufs neue zu einem feinen Kapillarnetz, so daß man von einem Aufblühen des Venenblutes aus seinen eigenen ätherischen Kräften heraus sprechen kann.

Die Pfortaderendkapillaren verlaufen in der Leber «tangential» an die Leberläppchen heran und schicken ihre Endvenolen in die Buchten der Leberläppchen hinein. Diese Endvenolen geben ihr Blut durch verhältnismäßig wenige Anastomosen an das innere, höchst feine Blutkapillarnetz (Wundernetz) des Leberläppchens ab. Der ätherisch-pflanzliche Gestaltcharakter der Leber tritt auch hier wieder deutlich hervor. Jedes Leberläppchen hat die Gestalt einer Himbeere, wonach dann die ganze Leber eine Kolonie unzähliger solcher «Sammelfrüchte» darstellt.[2] Die Blutufer bilden hier keinen geschlossenen Deckzellenbelag (Endothelrohr), sondern sind von netzartig durchbrochenen, plasmatisch beweglichen Flügelzellen gebildet, die miteinander ein Synzytium formen. Besonders ist auch hier wieder vom hydrodynamischen Geschehen her

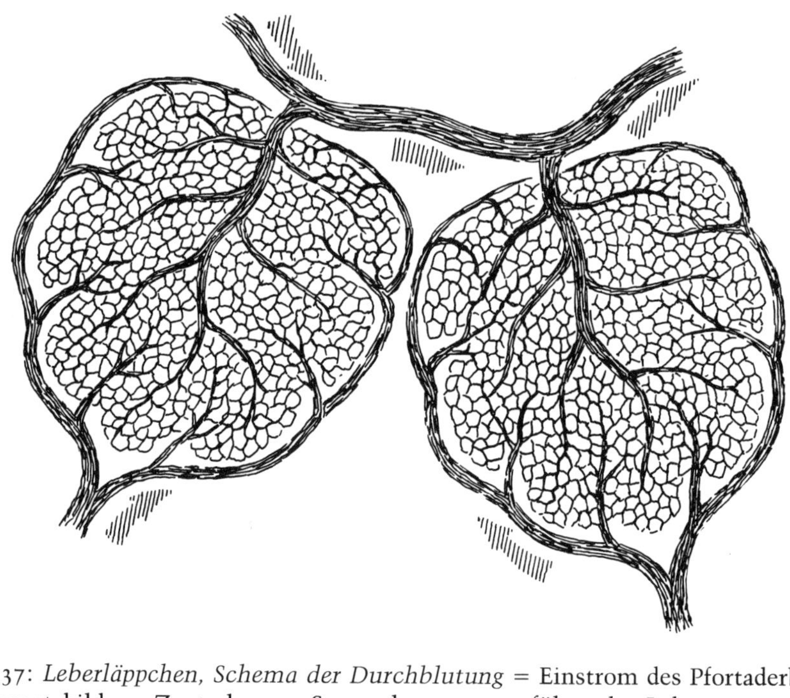

Abb. 137: *Leberläppchen, Schema der Durchblutung* = Einstrom des Pfortaderblutes, Wundernetzbildung, Zentralvenen, Sammelvene zur ausführenden Lebervene.

das ätherische Strömungsphänomen einer venös-venösen Anastomose ohne Einwirkung astraler Dynamik beachtlich.

Das innere Netz der Leberläppchen (Rete mirabile) gehört gestaltlich und funktionell nicht mehr dem eigentlichen Pfortadersystem an. Dieses hatte die Aufgabe, das Blut zur Leber und an die Leberläppchen heranzuführen. Das innere Netz bildet dagegen ein selbständiges «ätherisches Endstromgebiet», das die innere Lebersubstanz, die spezifischen Leberzellen umflutet. Hier strömt das Blut wahrscheinlich sieben- bis achtmal langsamer als in gewöhnlichen, von Arterien gespeisten Kapillaren. Stellenweise sind dann diese Netzkapillaren stark erweitert zu Buchten (Sinusoide), die an die Venensinusbildung in der Milz und im Knochenmark erinnern. Im freien Lumen der Kapillaren befinden sich, dem Plasmabau der Gefäße verwandt, freie Organellen, die mit ihren Protoplasmaarmen sich netzförmig in den Gefäßen ausspannen oder den Wandungen breit aufsitzen (Sternzellen). Sie haben die universellen Fähigkeiten in Beweglichkeit, Aufnahmefähigkeit von Zelltrümmern, Bakterien und Fremdstoffen (Phagozytose) durch Verwandlung zu bewirken. Nach starker Speicherung lösen sich solche Sternzellen los und gelangen mit dem Blutstrom in die Lungenkapillaren, wo sie sich rasch auflösen.[3] Die Hauptströmungsrichtung in den Läppchenkapillaren ist radiär zum Zentrum hin, wo sich das Blut in einer Zentral- oder Sammelvene vereinigt, um dann zuletzt die Leber in der Lebervene zur unteren Hohlvene hin zu verlassen.

Wir finden also im Darm-Leber-Kreislauf drei Kapillarsysteme hintereinander. Erstens das Darmzottennetz (arteriovenöse Anastomosen). Zweitens die Endvenolen des Pfortaderstammes mit ihren baumartigen Verzweigungen, die die Leberläppchen tangieren und in den Zwischenläppchen-Venen enden, und drittens das innere Wundernetz der «Himbeeren» (Leberläppchen), dessen allbezogene Anastomosen an die Anastomosen eines Blattnetzes erinnern, zu dem sich die Zentralvene wie eine Blattstielbildung verhält.

Lebensrhythmus der Leber (Nachtrhythmus)

Wir haben die venöse Durchflutung der Leber, dieses durchaus ätherischen Organs, betrachtet, das uns seine Wesensnatur noch deutlicher ausspricht, wenn wir jenseits des Venenstroms noch den mächtigeren *Lymphstrom* erkennen, der die Leber durchzieht oder von der Leber aus im Ernährungsgeschehen gesteuert wird.[4]

Alle diese Erfahrungen vertiefen sich uns noch, wenn wir die Alchimie der blut- und lymphumströmten Leberzellorgane in Betracht ziehen. Hier verläßt uns nun die Gestaltbetrachtung; alles, was uns jetzt begegnet, vollzieht sich im strömenden Zeitfluß vielfältiger Verwandlungen. Die Leberzelle als solche kann uns daher vorläufig über ihre universellen Eigenschaften wenig aussagen[5].

Sicher ist allein, daß die Leber das Zentralorgan unserer gesamten Ernährung ist, indem von ihr aus dem Leibe die arteigenen Substanzströme zufließen: «Vier stets rinnende Quellen» entströmen ihr, das dem Feuerprozeß verwandte «Öl» (Fettverdauung), das Einweiß als Luftelement in ätherisch fließender Gestalt, der Traubenzucker als die höchste Form ätherisch-pflanzlicher Substanz, und zuletzt die Galle, in der sich die lebendigen Substanzen entschiedener zum Physischen gewendet haben.

Die Galle geht aus dem Blutablauf der Milz hervor und bildet in der Leber eigene Gallengänge, zunächst in der Art einfacher Interzellularspalten, die dann an der Peripherie der Leberläppchen weiter werden und sich gegen die Leberpforte zu vereinigen, um den Gallensaft in der Gallenblase zu sammeln.[6] Es ist charakteristisch, daß die im Leberbereich entschiedener astralisch organisierte Galle sich unmittelbar mit den Arteriolen paart, wenngleich im Gegenstrom fließend.

Fett, Eiweiß und Traubenzucker treten unmittelbar aus dem Leberzellbereich ins Blut über. Sie strömen wie «Inkrete»* innersekretorischer Drüsen, sind also jetzt vollkommen dem Organismus eigen.

Alle diese ätherischen Ströme (auch die Galle können wir noch in eingeschränktem Sinne zu diesen rechnen) repräsentieren die vier Ätherarten:

Wärmeäther,
Licht(Luft)äther,
chemischer Äther und
Lebensäther.

Nur dürfen wir nicht in den Fehler verfallen, Öl, Eiweiß, Zucker und Gallensaft direkt und einfach mit jeweils einer bestimmten Ätherart identifizieren zu wollen. Gewiß ist die Wärmewirkung, verbunden mit dem chemischen Element Wasserstoff, in Fetten und Ölen am unmittelbarsten wirksam, aber es ermangelt ihnen nicht die Mitwirkung weiterer Elemente (zum Beispiel des Kohlenstoffs).

Im Eiweiß herrscht der Luftstoff, der dem Lichtäther verwandte Stickstoff (N) vor, jedoch wiederum verbunden mit weiteren Elementen (H, O, C, S, P). Der Traubenzucker ist allein aus der Wirkung des chemischen Äthers nicht begreifbar, denn die in ihm wirkenden Kräfte des Erdenstoffs (C) deuten auf die Mitwirkung des Lebensäthers hin; auch ist er innig mit Wärmeprozessen, besonders bei seiner Umwandlung in Glykogen und Wiederverwandlung in Traubenzucker, verbunden. Die vier Ätherarten wirken vielmehr beim Aufbau aller vier Säfteströme zugleich, aber sie tauschen ihre Kräfte in dynamischer Art aus, so daß zum Beispiel im Eiweiß entschiedener chemischer und Klangäther wirk-

* Inkret (und Exkret) von lat. crescere = wachsen, entstehen, Ausdruck für hormonelle Absonderung.

sam werden, im Glykogen dagegen Licht- und Wärmeäther. Hierin liegen die Grundlagen vieler periodischer Prozesse verborgen.

So dienen alle Säfte der Leber dem Aufbau; sie alle haben ihr Entstehen einer inneren Assimilation zu verdanken, und selbst die Galle, die innerhalb des Organs die dissimilatorische Polarität ausmacht, hat für das Leibesganze aufschließende (fettverdauende), das heißt letzlich aufbauende Funktionen.[7] Alle diese Vorgänge, außer der Gallensekretion, gehören der Nacht der kosmischen Lebensphase an.

Die Leber ist also ein Nachtorgan. Etwa von der dritten Nachmittagsstunde an (dem Höhepunkt der Gallensekretion) beginnt langsam der Anstieg der Glykogenassimilation. Ihren Höhepunkt erreicht sie nach Mitternacht, um ab drei Uhr morgens wieder langsam abzusinken. Mit Tagesanbruch beginnt die Leber, den Traubenzucker als Energieträger in den Organismus zu senden[8]. Selbst die Galle, die mit den Tageskräften der Leber entströmt, wirkt im Sinne des Willens, wenn sie die Fremdkräfte der Nahrung überwältigt. Das Eisen, das der Organismus in der Galle ausstößt, ist ein echtes Symbol der freiwerdenden Willenskraft.

Tatkraft und Wille sind die Seelenfähigkeiten der Leber, die ihrem organischen Feuer, ihrer gewaltigen Regenerationskraft entspringen. Daß diese Kräfte aus der Schlafsphäre kommen, macht die Leber zu einem wahren Inkarnationsorgan des Schicksals.[9]

Der Mensch, der seine Willenskräfte zur vollen Inkarnation gebracht hat, verwirklicht einen Jupitertyp, das heißt ein Menschenbild, dessen Kraft nicht nur physisch erscheint, sondern zugleich von tiefer instinktiver Weisheit durchdrungen ist.

Prometheus, der den Göttern das Feuer geraubt hat, wird für diese Tat an den Kaukasusfelsen geschmiedet. Tag für Tag frißt der Adler des Zeus dem duldenden Titanen die Leber aus dem Leibe, aber sie wächst ihm Nacht für Nacht wieder zu bis zum Tage seiner Befreiung.

Die Niere

Prüfe mich, Herr, und versuche mich;
läutere meine Nieren und mein Herz.
Denn Du, gerechter Gott,
prüfest Herz und Nieren. Psalm 26

Die Niere liegt als paarig-symmetrisches Organ im hinteren unteren Hypochondrium, außerhalb des Bauchfells (extraperitoneal), links und rechts neben der Wirbelsäule. Sie reicht vom unteren Rand des elften Brustwirbels bis zur oberen Grenze des dritten Lendenwirbels, wobei die rechte Niere immer etwas tiefer liegt als die linke, da sie im Bereich des rechten Leberlappens tiefer nach unten verlagert wird.[10] Durch die unmittelbare Nähe des Zwerchfells, das sich bei der Atembewegung nach unten und nach oben bewegt, bewegen sich auch beide Nieren bei Ein- und Ausatmung mit, zumal sie nur locker im Nierenlager liegen. Die Bewegung ist kreisbogenförmig, wobei der obere Nierenpol bei der Inspiration nach außen schwenkt. Die Nierenachsen sind ohnehin etwa um 25 Grad nach unten außen aus der Vertikalen verlagert.

Die Nierenform ist charakteristisch. Gegenüber der Leber, die nach dem Leibe zu eine weit offene Schale bildet, schließt sich die Niere stark ab, indem sie ein Konvolut, eine gastrulaartige Einziehung aufweist. Erscheint die Leber schon in ihrer Gestalt mehr vegetativ, so zeigt die Niere eine typisch animale Bildung. Ins Zentrum dieser gastrulaartigen Einziehung, des Nierenhilus, treten die ein- und ausführenden Gefäße: Arterien[11], Nierenvene, Harnleiter.

Die Niere ist durch ein an der Leibesrückwand ausgebildetes stabiles Fettpolster als Nierenlager fixiert, das den Organkörper umschließt. Hierzu gibt es ein Analogon im Fettpolster des Auges in der Augenhöhle[12]. Die Organperipherie der Niere wird durch eine stark muskulär fibröse* Kapsel gebildet, die bis in den Hilus** einstrahlt. Nach innen folgt nun das eigentliche Nierenparenchym mit Mark und Rinde. Das Mark bildet die charakteristischen Pyramiden, deren Spitzen in das Nierenbecken hereinragen. Die Rinde umhüllt die in jeder Niere vorhandenen zehn bis fünfzehn Pyramiden und fächert sie durch kräftige Scheiden voneinander ab (Nierensäulen, Columnae renales). In diese Scheiden treten vom Nierenhilus her, zentrifugal gegen den Rindenbereich zu verlaufend, die Arterien ein, wo sie sich in organspezifischer Art kapillarisieren. Die Pyramidenspitzen (Nierenpapillen) ragen in die Buchten des Nierenbeckens (Sinus) herein und werden von diesen umfaßt und eingescheidet, so daß man von besonderen Nierenkelchen, Calyces, spricht. Die Kelche nehmen den aus den Pyramidenpapillen quellenden Harn auf und leiten ihn zu Nierenbecken und Harnleiter.

Es fällt auf, daß die Niere gegenüber der Leber einen entschieden übersichtlicheren und bis in die mikroskopischen Feinstrukturen hinein klarer geformten Aufbau besitzt. Die gestaltliche Differenzierung erfaßt die Teile so vollständig, wie wir das sonst nur in der mikroskopischen Feinstruktur des Nervensystems finden. Wie bei diesem gibt es beim Nierengewebe nur geringe Regenerationsmöglichkeit, nur Narbenbildung[13], während die Leber sich durch starke Heil- und Erneuerungskräfte in ihrem Parenchym auszeichnet.

* fibrös = aus derbem Bindegewebe bestehend. Von lat. Fibra = Faser.

** Hilus = vertiefte Stelle an der Oberfläche eines Organs, lat. wahrsch. hilum, die Einziehung der Bohne in der Keimregion.

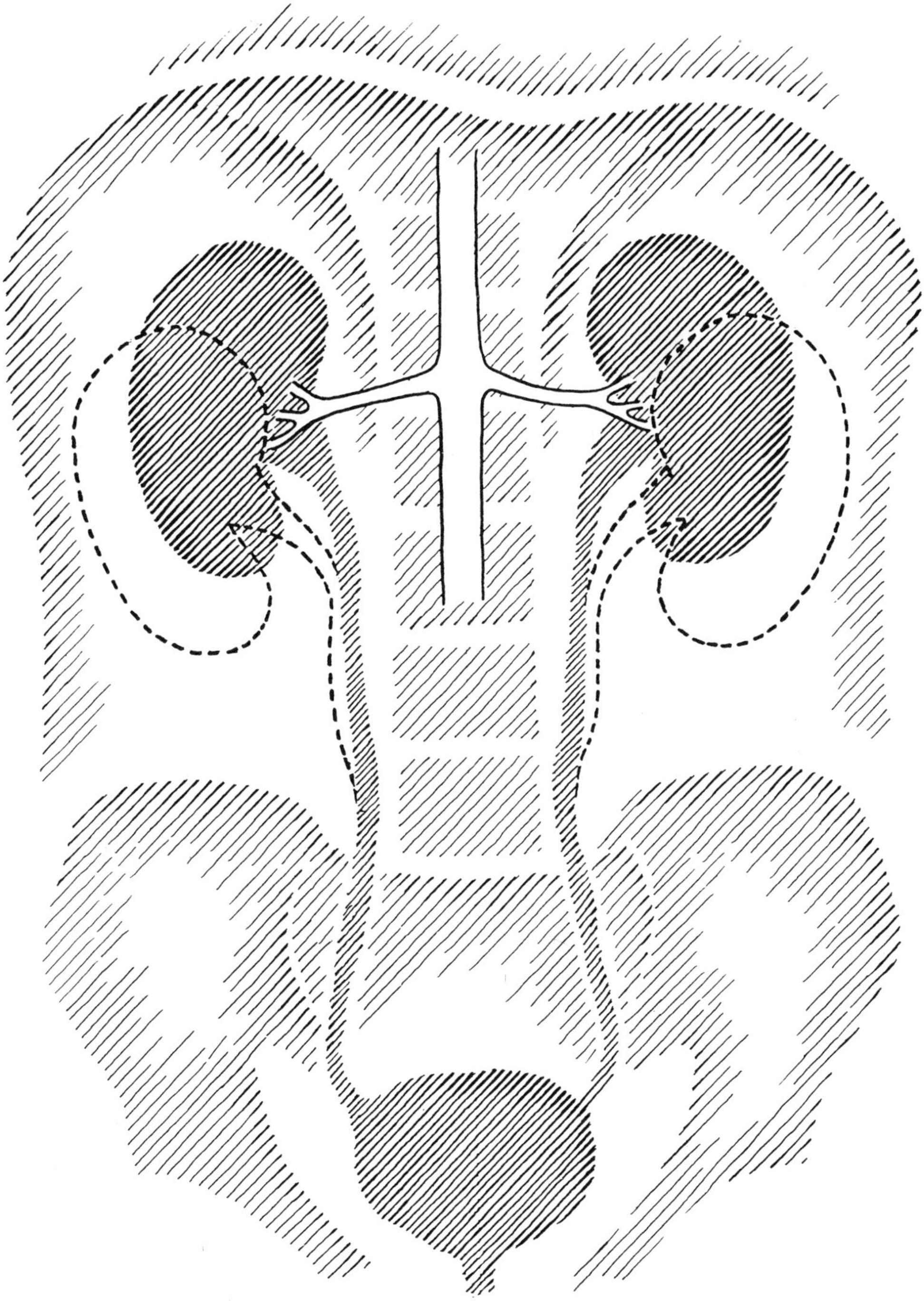

Abb. 138: *Lage der Nieren zu Wirbelsäule und Becken.* Die Bewegung der Nieren bei Ein- und Ausatmung ist angedeutet.

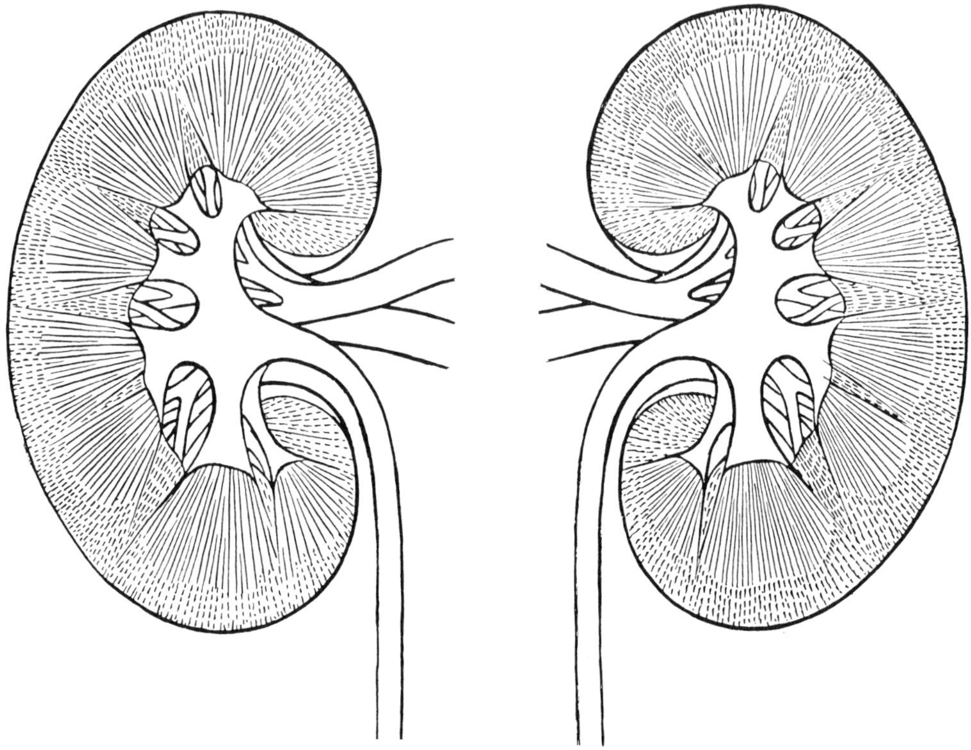

Abb. 139: *Nierenquerschnitt:* Rindenzone punktiert; Nierenpyramiden in die Nierenkelche hereinragend; Nierenbecken und Harnleiter. Die Nierengefäße (Arterie und Vene) treten in die Nierenhili ein (Ansicht von der Rückenseite).

Die Niere als arterielles Organ

Die Niere bietet ein der Leber ganz entgegengesetztes Durchblutungsbild. Als ein verhältnismäßig herznah gelegenes Doppelorgan wird sie von der vollen systolischen Kraft des arteriellen Blutstromes erreicht. Die Nierenarterien verlassen bereits als drittes Verzweigungspaar unterhalb des Zwerchfells die Aorta. Nach dem Herzen bilden die Nierenarterien die siebte Abzweigung von bedeutenderer Größe.

Die arterielle Durchblutung der Niere ist eine ganz außerordentliche: Pro Minute strömt ein Liter Blut durch die Niere, das sind 1440 Liter in 24 Stunden. Dabei beansprucht sie sechs Prozent vom Sauerstoff des Gesamtgrundumsatzes des ganzen Organismus, obwohl beide Nieren nur 0,4 Prozent des Leibesgewichtes ausmachen. Im inneren Durchblutungsverlauf der Niere herrschen daher in auffallender Weise die arteriellen Gefäßelemente vor, die als Arteriolen und als nierenspezifische Endarterien zu Gefäßknäueln gebildet sind. Die hervorragende Durchblutung der Niere mit arteriellem Blut wird zum wichtigsten und wesentlichsten Träger der Organfunktion.

Schon der Eintritt der Nierenarterie in den Hilus ist charakteristisch. Sie teilt sich nämlich in drei bis fünf Äste. Weitere Verzweigungen folgen innerhalb der Nierenscheiden (Säulen) zentrifugal vom Hilus zur Nierenperipherie hin (Arteriae interlobares). Diese Arterien sind bereits Endarterien, das heißt, sie stehen nicht mehr in Verbindung mit Seitenbahnen anderer Nierensäulenarterien (Braus). Aus ihnen entspringen die eigentlichen Nierenrindenarterien, die man auch als bogenförmige Arterien bezeichnet (Arteriae arcuatae) und die von ihnen wiederum radial nach außen verlaufenden Endarteriolen (Arteriae interlobulares). Diese breiten innerhalb des Nierenrindenbereiches ihre wiederum radiären Kapillaren bis gegen die Randzone der Rinde aus. Das gefäßarchitektonische Bauprinzip der ganzen Niere ist also vom Hilus bis gegen die Rinde zu ein eindeutig zentrifugales (im Gegensatz zur Leber, die einen sphärischen Gefäßaufbau und rein zentripetale Durchblutung zeigt).

Was ist nun das Besondere dieser einseitig arteriell veranlagten Durchblutung? Im gesamten Blutkreislaufgeschehen besteht bei Arterien und Venen jeweils ein charakteristisches Verhältnis zur Lymph-Plasma-Strömung. Die Arterien haben, besonders in ihrem Kapillarbereich, die Tendenz, Plasma an das Gewebe abzugeben (gewissermaßen durch die systolische Gefäßdynamik auszupressen). Dagegen entspricht es der Vene, Lymphplasma aus der Leibesperipherie, aus den Bindegewebsräumen aufzusaugen. Arterien sind in diesem Sinne «wasserverneinend», das heißt Lymphe abscheidend – Venen «wasserbejahend»[14], das heißt aufnehmend. Bei den Arterien herrscht die Formentendenz der Seelenleiblichkeit bis zur äußersten Differenzierung, bei den Venen die ernährend ätherische Fülle, wie wir sie gerade in der Leber als dem überwiegend venösen («wasserbejahenden») Organ kennengelernt haben. Von der rhythmischen Funktion des Herzens beansprucht die Leber in diesem Sinne nur die «Diastole», die Niere dagegen einseitig die «Systole» in ihrer Durchblutungsfunktion. Nicht die Dehnung, sondern die astrale Überformung, Pressung und Verdichtung des Gefäßlumens – nahezu ein organphysiologischer Todesprozeß – ist das Wesen des Nierengeschehens.

Hier wird wie nirgend sonst im ganzen arteriellen Kreislaufbereich «Wasser» ausgeschieden. Es handelt sich jedoch nicht um Abgabe des flüssigen Elementes (Plasma) an das Gewebe im Sinne des «Plasmaaustausches» (intermediäre Zirkulation), sondern um eine vorläufige Ausscheidung.[15]

Die Niere gibt uns das vollkommenste Beispiel dessen, was Arterialisation bedeutet. Die Einatmung, durch die sich das Seelische in die Leibesorganisation eingliedert, beginnt zwar in der Lunge, sie findet aber in der Niere ihren endgültigen Vollzug. Die elementar-physische Grundlage dieses Prozesses bildet der Sauerstoff. Im Hinblick auf die Sauerstoffatmung steht die Niere gemeinsam mit Gehirn und Nervensystem an der Spitze aller Organe. Je höher der Sauerstoffbedarf eines Organs, desto tiefer greift das Seelische in das Physisch-Ätherische ein und verleiht ihm Form und differenzierte Funktion. Dabei bedeutet jede vertiefte Sauerstoffeinatmung Abbau lebendiger Substanz. In Organen, die unter der Wirkung starker Sauerstoffeinatmung stehen und deren Funktionsfähigkeit vom Sauerstoff her bestimmt wird, ohne daß sie völlig abgebaut werden, entsteht Wahrnehmung und Bewußtsein. In diesem Sinne wird die Niere zu einem inneren «Wahrnehmungsorgan». Sie prüft als *Sinnesorgan*[16], welcher Anteil der durchströmenden Flüssigkeit dem beseelt-ätherischen Organaufbau dient und welcher Anteil als im Harn gelöstes, zum Mineral erstorbenes Salz ausgeschieden werden muß, weil er dem Lebensprozeß entfallen ist.

Wir betrachten nun die eigentlichen Ausscheidungsorgane der Niere. Von den radialen, zentrifugalen Zwischenläppchen-Arterien (Interlobulararterien) zweigen wie Haftstiele der Beeren einer Johannisbeertraube zahlreiche Kapillarästchen (Vasa afferentia) ab und tragen wie Früchte die dichten Gefäßknäuel der Nierenkörperchen (der arteriellen Glomeruli*), von denen es in jeder Niere weit mehr als eine Million gibt, Ausdruck der höchsten Steigerung der Arterialisation im Organismus. Jedes Gefäßknäuel ist von einer Kapsel** eingeschlossen, welche die im Gefäßschlingenbereich ausgepreßte Flüssigkeit aufnimmt, sammelt und weiterleitet zu den auf- und absteigenden Harnkanälchen, die zuletzt auf der Kuppe einer Pyramidenpapille münden[17]. Die im Glomerulusbereich in die Kapsel übertretende Flüssigkeit (Ultrafiltrat) beträgt in 24 Stunden 170 Liter bei einer Urinausscheidung von ein bis zwei Litern täglich. Es werden also im Bereich der auf- und absteigenden Harnkanälchen wieder 168 bis 169 Liter, also rund 99 Prozent des Ultrafiltrates, aus dem Glomerulusbereich in das Blut zurückgenommen.

Hier müssen wir noch weiter nach der Bedeutung dieses Vorgangs fragen. Was vollzieht sich bei dieser Ausscheidung von 170 Litern und bei der Rücknahme von rund 168 Litern Flüssigkeit?

Das Ultrafiltrat enthält 30 mg% Eiweiß, was der täglichen Eiweißaufnahme von 50 g entspricht (Rein). Dieses Eiweiß wird tatsächlich wie der größte Teil der Flüssigkeit wieder aufgenommen. Es ist dies die täglich neu zu belebende und zu beseelende Eiweißmenge, die der Organismus braucht. Das Eiweiß, das vom Ernährungsstrom her durch das Blut zur Niere gelangt, erfährt erst hier seine individualisierende Durchseelung, die es zum Aufbau unseres Leibes geeignet macht. Das unsere Organe aufbauende Eiweiß entstammt also

* Glomerulus = Nierengefäßknäuel; lat. Diminutiv von Glomus = Knäuel.

** «Bowmansche» Kapsel.

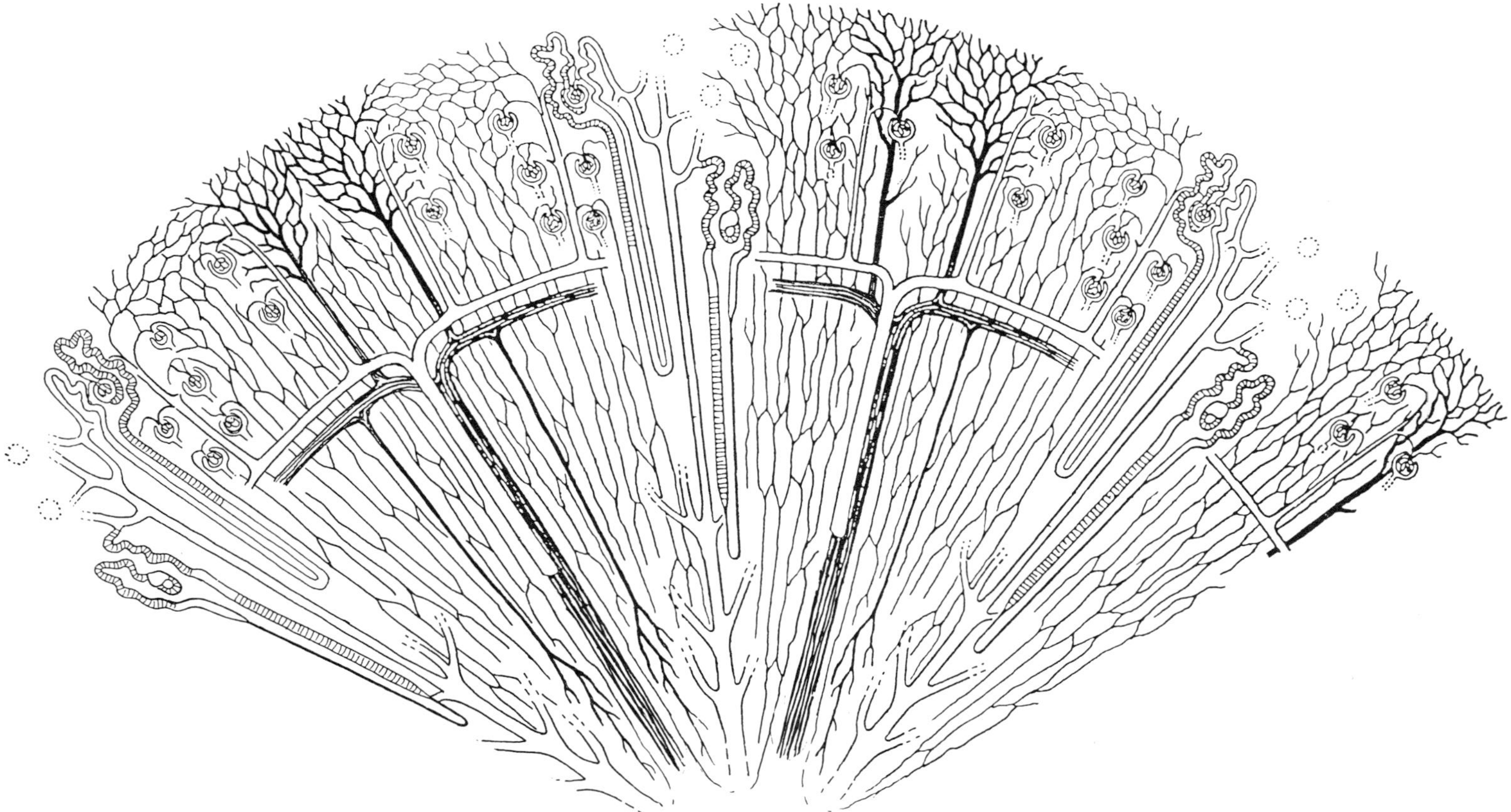

Abb. 140: *Innerer Bau der Niere* (schematisch nach Stöhr). 1. Nierenpyramide mit Ausmündung der Harnkanälchen ins Nierenbekken. In der Rindenzone befinden sich die Gefäßglomeruli mit ihren arteriellen Gefäßknäueln, den die Knäuel umfassenden Kapseln und den auf- und absteigenden Harnkanälchen. – 2. Zwischen den Nierenpyramiden befinden sich die Zwischenläppchenarterien im Bereich der Nierensäulen. Von ihnen austretend die bogenförmigen Arterien, die sich zu den Glomeruli hin weiterkapillarisieren. Zwischen den Nierenkanälchen findet sich ein dichtes Lymphgefäßnetz.

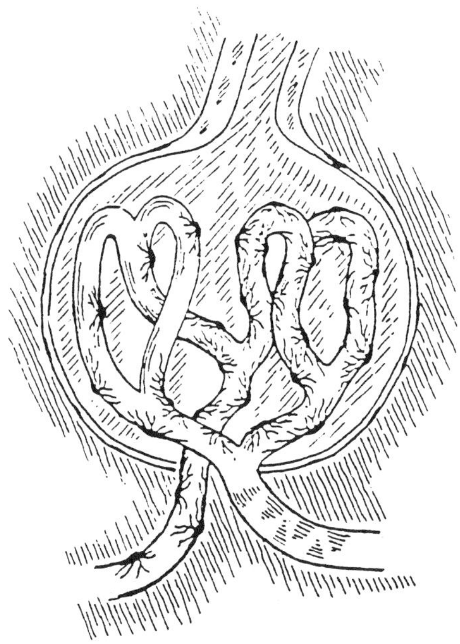

Abb. 141: *Nierengefäßschlinge* (Glomerulus mit Kapsel und Ansatz des ableitenden Harnkanälchens).

in einem wesentlichen Anteil der Niere[18]. Die Flüssigkeitsmenge, die in zwölf Stunden als Glomerulusfiltrat gebildet und wieder in den Blutkreislauf zurückgenommen wird, entspricht der oberen Gewichtsgrenze eines erwachsenen Menschen. Die ursprünglich belebte Flüssigkeit, die Lymphe des ganzen Organismus, wird im Nierensystem gleichsam täglich zweimal durchatmet und durchseelt. Das wiederaufzunehmende Glomerulusfiltrat ist daher Bestandteil des Lymph-Liquor-Organismus des Menschen[19].

Jenseits des Glomerulus führt eine im Lumen etwas feinere Arteriole das Blut in ein diesmal «arterielles Wundernetz», welches alle gewundenen und geraden Harnkanälchen umspinnt, so daß diese völlig vom arteriellen Blut umspült bleiben. So vollziehen sich alle nierenspezifischen Organfunktionen durch den arteriellen Blutstrom. Von Venen können wir im Grunde nur rein morphologisch sprechen, sie führen das Blut aus dem beschriebenen arteriellen Kapillarbereich fort, und die Nierenvene schickt zuletzt ein hellrotes, immer noch sauerstoffreiches Nierenblut in die untere Hohlvene. Das ausströmende Nierenblut ist um 0,05 bis 0,1 Grad Celsius wärmer als das Blut der einströmenden Arterie, ein Ausdruck des bedeutenden organisch-energetischen Prozesses, der in der Niere vor sich geht.

Der Tagesrhythmus der Niere

Wesenhaft mit allen Bewußtseinsvorgängen verbunden, ist der Nierenrhythmus ein Tagesrhythmus. Es ist nachgewiesen worden, daß die Nierentätigkeit durch die Lichteinwirkung auf das Auge angeregt wird[20]. Das Seelische des Organs wird durch den Lichtäther erregt. Interessanterweise geht der Nierenrhythmus dem Tagesbewußtsein voran. Wenn in den frühen Morgenstunden, etwa um drei Uhr beginnend, die Arterialisation des Blutes wieder ansteigt, dann setzt gleichzeitig die Nierentätigkeit, die über Mitternacht fast vollkommen ruhte (Minimum 24 Uhr bis 3 Uhr), wieder ein, und die Ausscheidungstätigkeit geht Hand in Hand mit dem heraufziehenden Traum, dem ersten Bewußtsein des Erwachenden.

Das Geschehen des ersten Hahnenschreis und der Vogelstimmen vor Sonnenaufgang draußen in der Natur ist dasselbe wie im Organismus der Einzug des Astralleibes. Die Seelenkräfte erfassen und gestalten mit dem neuen Tag die ätherischen Ströme und Kräfte des Leibes. Im Erwachen ergreift die Seele den Leib. Mit dem gestaltenden Bewußtsein setzt aber zugleich der Abbau als sukzessiver Todesprozeß ein, der erst im Schlaf wieder ausgeglichen wird.

Die Niere ist vor allem Wahrnehmungsorgan dieser seelischen Prozesse. In ihr inkarniert sich die Seele besonders tief[21]. Wenn der Mensch erschütternde Seelenerlebnisse nicht zu überwinden vermag, dann «geht es ihm an die Nieren», wie ja überhaupt jede erhöhte Nervenanspannung die Nierenausscheidung steigert, am heftigsten bei Angst und Schrecken. Wie die Leber ein Ätherorgan, so ist die Niere vorwiegend ein Seelenorgan. Nur so ist die Dynamik ihrer gewaltigen Durchströmung, ihrer Ausscheidungs- und Harnkonzentrationsfähigkeit, aber auch ihre große Labilität gegenüber leiblicher und atmosphärischer Wärmeschwankung und sogar gegenüber meteorologischen Prozessen (äußerem Druck und innerer Spannung) verständlich.

Die Milz

In Leber, Niere, Milz und Bauchspeicheldrüse verwirklichen sich die Wesenskräfte der menschlichen Natur auf der höchsten Stufe drüsig-mesenchymaler Organe. In Leber und Niere begegnete uns die Polarität eines ätherisch lebensvollen Organs des Kräfteaufbaus, der sich vorwiegend im Nachtrhythmus im Einzug kosmischer Kräfte vollzieht, und eines Organs, in dessen mit dem Tagesbewußtsein gleichwirkender auspressender Funktion das Seelisch-Astrale am allertiefsten in den Organismus eingreift. Nun erhebt sich die Frage, ob die Milz in gleicher Eindeutigkeit und Klarheit ihr Wesen ausspricht.

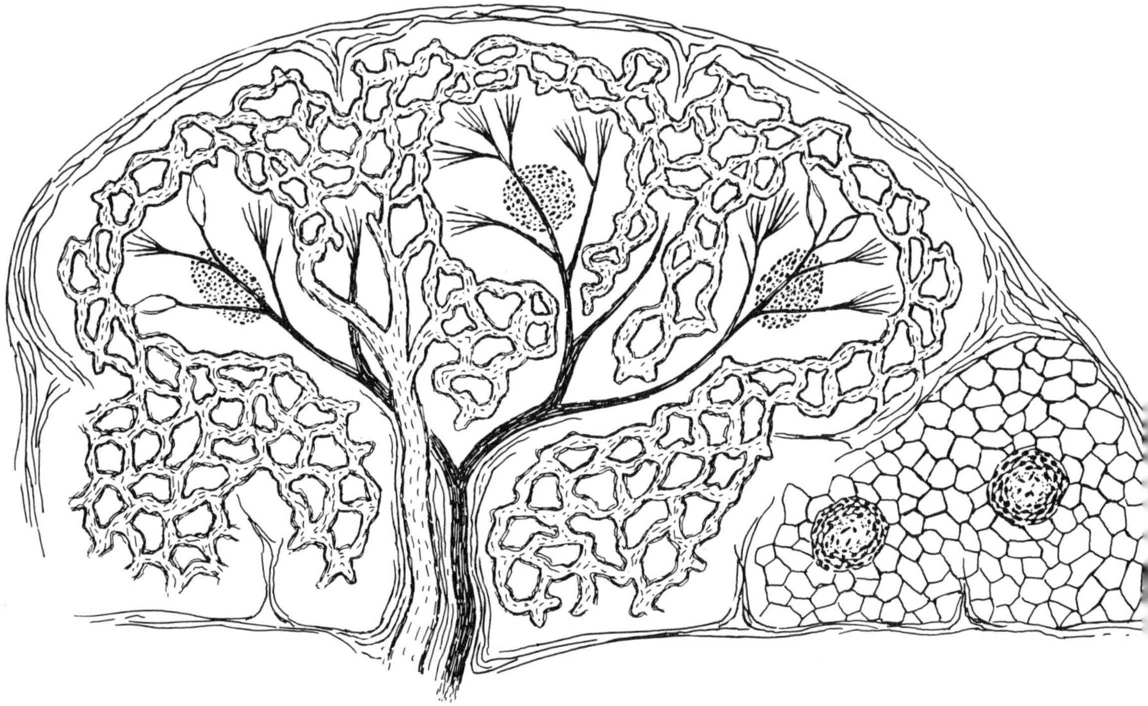

Abb. 142A: *Milz und Lymphknoten:* Milzkapselperipherie mit einstrahlenden muskulären Balken; unten rechts Netz der roten Pulpa; schraffiert Venensinus mit ausführenden Venen; voll ausgezeichnet einführende Arterien mit muskulär-bindegewebigen «Hülsen»; ampullenartige Erweiterung der Arteriolen bei der Einmündung in das Netzgewebe der roten Pulpa; punktiert Lymphknötchen; in die rote Pulpa kugelförmig eingelagert das Netzwerk der weißen Pulpa.

Der Milz gegenüber scheint das Goethewort im «Faust» II, wo Faust nach dem Urbilderreich fragt, in entsprechender Weise zu stimmen: «Hier stehen wir vor steilen Stufen.» Galen nennt sie ein Organ voller Mysterien[22].

Wie bei Leber und Niere wollen wir versuchen, aus der Lagebeziehung des Organs zu anderen Organen, aus der Tektur seines äußeren und inneren Baues und aus den damit zusammenhängenden Funktionen etwas von seinem Wesen zu erfahren.

Die alten Anatomen charakterisieren sie als eine «Gefäßdrüse», deren dichte Gefäßverfilzung sie nicht zu deuten vermochten. Dabei war es ihnen besonders merkwürdig, daß die Milz keine Drüsenausführungsgänge wie die Leber (Gallengänge) oder die Niere und ähnliche Organe aufweist.

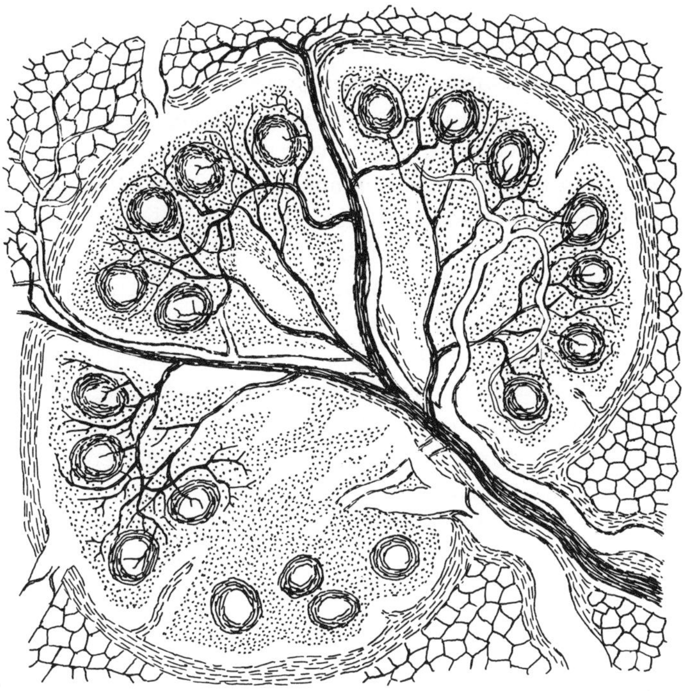

Abb. S. 142B: *Innere Organisation eines Lymphknotens.* Man beachte die Gestaltverwandtschaft mit der Milz.

Uns verweist jedoch gerade dieses «Gefäß-Organ» auf die Methode unserer Darstellung, unmittelbar aus den Strömungsverhältnissen und aus dem daraus hervorgehenden gefäßarchitektonischen Bau das Organ selber zu verstehen.

Das nach Größe und Gewicht im Rhythmus der Verdauungstätigkeit wie auch bei Gesundheit und Krankheit stark schwankende Organ zeigt etwa bohnenförmige, aber sehr variable Gestalt im linken Hypochondrium unter der kleinen Zwerchfellkuppel, wo es lagenmäßig unmittelbar mit der Leber im rechten Hypochondrium korrespondiert. Dabei tritt die Milz mit fast allen Organen der Bauchhöhle in Berührung (nach oben mit dem Zwerchfell, nach unten mit der linken Niere, nach hinten rechts mit der Leber und nach der Mitte zu mit dem Magen und Darm). Bei sehr weicher Konsistenz, ja fast zerfließendem Inhalt wechselt sie nach den Funktionszuständen der sie umgebenden Organe ihre Form. Von dem Wesen dieser «Fließgestalt» her hat sie ihren Namen (vom Althochdeutschen «milt» = weich), wegen dieser weichen Beschaffenheit und wegen ihres gelinden Anfühlens[23].

Alle diese Gegebenheiten sprechen schon die beredte Sprache eines Organwesens, das gegenüber allen Organen, die es umgeben, auf einer anderen – vielleicht vor- oder übergeordneten Stufe steht.

Die Besonderheit der inneren Organisation wird diese Erwartung weiter bestätigen. Wie stellt sich nun von der Durchströmung her beobachtet die Funktion und die innere Gestaltung der Milz dar? Die Besonderheit der Durchströmung und Durchflutung dieses Organs hebt sich deutlich gegen Leber und Niere ab. Bei der Leber herrschte Fluxion des Venenblutes vor, bei der Niere dominierte in ganz entschiedener Art die arterielle Durchblutung, bei der Milz aber finden sich die arterielle, die venöse und die Lymphströmung nebeneinander ausgebildet und alle drei Strömungen durch höchst eigenartige Dynamik miteinander in Beziehung gesetzt.

Die Milzarterie tritt an der der Leibeshöhle zugekehrten konkaven Seite des Organs in den Hilus ein. In diese Eintrittspforte der Milzgefäße treten von der muskulär-bindegewebigen Organkapsel her kräftige, ebenfalls muskulär elastische Bindegewebsstränge in das Organ ein und folgen radiär den Hauptästen der Arterien und Venen. Die Arterien gliedern sich nach innen stark auf und sind im zentralen Organbereich von charakteristischen Lymphscheiden umgeben. Diese Lymphscheiden finden sich häufig zu kugeligen Lymphorganen, Lymphknötchen erweitert. Die einzelnen Verzweigungsäste der Arterien sind bereits Endarterien, noch ehe sie sich auf die Stufe arterieller Kapillaren differenziert haben. Dagegen gliedern sie sich pinselförmig auf und bilden, wo sie ihr Blut in das netzförmige Mark des Organs frei ergießen, ampullenartige Erweiterungen (Braus). Das pulsierende arterielle Blut verströmt sich also hier in die «innere Organperipherie» eines überaus zart gebildeten Lymphnetzorgans. Das arterielle Blut wird in den offenen Lymphräumen völlig seiner arteriell-astralen Funktionsdynamik enthoben und in den reinsten ätherischen Lebensstrom übergeführt, der noch reiner erscheint als der venöse Blutstrom; denn hier befindet sich das Blut in einem organisch-ätherischen Intervall zwischen arterieller Endströmung und dem Venensystem, in einem Urzustand lebender Substanz, wo sich das Urprotoplasma der Lymphe am vollkommensten mit dem Blutplasma durchmischt und vereint. Alles fremde oder gealterte Plasmaeiweiß wird in einer inneren (parenteralen) Verdauung in jene Ursprungskräfte zurückverjüngt, Überaltertes aber vernichtet und ausgeschieden. Es findet also gewissermaßen eine Art Selbstveredlung im Dienste der Verjüngung statt. Hier ist der Ort, wo sich die Trümmer roter Blutkörperchen finden, deren Eisen (Hämosiderin) ins Bindegewebe des Organs abgelagert oder zu Gallenfarbstoff umgewandelt wird. Aber hier finden sich vor allem auch die jungen Blutkörperchen des verjüngten Blutes, das sich in den frühen Lebensperioden in der Milz bildet, sowie die zelligen Lymphelemente (Leukozyten, Lymphozyten, Plasmazellen).

Jenseits dieser ätherisch so bedeutungsvollen Netzmaschenräume der Milz, in denen sich das Blut substantiell verjüngt hat, befinden sich die saugenden, stark erweiterten Venenräume, die Milzsinus, die entschieden an embryonale Blutinseln erinnern. Sie konfluieren miteinander, nehmen das junge ätherische Blut aus dem Milz-Lymphnetz auf und entlassen es in die größeren, ausführenden Venen[24]. Damit haben wir den ganzen Blutstrom vom arteriellen Anfang bis zum venösen Ausstrom verfolgt.

Die Venen-Bluträume (Sinus) umhüllen sphärisch die auch hier wie im gesamten Kreislauf zentral gelegenen Arterien und ihre ihnen regional zugehörenden Netzmaschenräume. Die Wandungen dieser Venensinus vermögen sich für das ätherische Blut der Netzmaschenräume zu öffnen, um es aufzunehmen. Es kann aber auch Venenblut wieder im Gegenstrom in die Netzmaschenräume zurückfluten.

In diesen Prozeß wird uns das rhythmische Wirken des Organs als Ganzheit im gesamten des Organismus vorgestellt – und zwar ist es der Stoffwechselorganismus, in dessen Rhythmus das Blut der Milz aus dem Organ heraus und in das Organ hineinflutet. Durch die Kontraktion der ganzen Milz, der Kapsel wie der einstrahlenden muskulären Bindegewebsbündel, verläßt das Venenblut das Organ zur Pfortader hin, aber auch gegen den Magen und die Speiseröhre zu sowie zur Niere. Diese drei Hauptströmungsrichtungen des ausströmenden Milzblutes kennzeichnen aufs neue die Besonderheit des Organs – denn nirgends findet sich sonst im Organismus *zentrifugal strömendes Venenblut.* Wir erkennen dann eine Metamorphose der Herzfunktion im Ernährungsstoffwechselbereich, wobei ätherische Venösität strömungsdynamisch und humoral alle Ernährungs- und Stoffwechselprozesse harmonisierend umfaßt.

Die Milz als Organ der Verjüngung (Inkarnation)

Im embryonalen Lebensabschnitt ist die Milz gemeinsam mit der Leber blutbildendes Organ. Nach der Geburt verliert die Leber diese Fähigkeit, bei der Milz dagegen bleibt sie zeitlebens latent erhalten. Aus dem ätherischen Mutterschoß dieses Organs wird das Blut geboren. Nach ihrer Entwicklungsgeschichte gehört die Milz der ursprünglichen und reinsten ätherisch-physischen Organbildung an, dem Lymphorganismus. Sie entwickelt sich unmittelbar aus dem Mesenchym, das zunächst an vielen Stellen der Leibeshöhle milzartiges Gewebe zu bilden vermag. Es finden sich daher häufig Nebenmilzen, deren bis zu hundert gezählt worden sind (Clara). Aus diesem Grunde ist es zu verstehen, daß die Milzfunktionen noch erhalten bleiben können, wenn die Milz selber entfernt werden mußte.

Die bleibende Milz fügt sich erst während ihrer Entwicklung aus solchen zerstreuten mesenchymalen Keimen, gleichzeitig mit dem Abstieg der Keimdrüsen aus der obersten Leibeshöhle (Coelom), zu einem geschlossenen Organ zusammen.

Der arterielle Zustrom dagegen scheint – vom ganzen des Organs und des Organismus her gesehen – einer umfassenden Verjüngung zu dienen. Die Blutlymphe, das Plasma, wird in diesem Organ wieder in den lebendigen Uranfang zurückverwandelt, angereichert mit jungen weißen und roten Blutelementen, während durch diejenigen Kräfte der Milz, die ihre wesenhafte zweite Natur darstellen, die alternden Blutelemente vernichtet werden.

Die Milz als Organ des Alters (Exkarnation)

Der Tod ist ihr [der Natur] Kunstgriff, viel Leben zu haben.
Goethe*

Während sich das Lymphgewebe im Organismus im Alter zurückentwickelt, bleibt es in der Milz weitgehend erhalten, dem Organismus die ätherische Verjüngung spendend. Der Vorgang der Verdauung, der sich im Darm der Nahrung gegenüber abspielt, muß uns hier besonders interessieren. Dabei wird die Nahrung (Eiweiß, Fett und Stärke-Zucker) vollkommen ihres pflanzlichen oder tierischen Charakters beraubt und auf einen absoluten Urzustand zurückgeführt, ehe sie in den Organismus, der durch sie physisch ernährt werden soll, aufgenommen wird. Gewordene Natur wird also dann in einen Urzustand zurückgeführt und im ätherischen Milieu in der charakteristischen Konstitution des zu ernährenden Organismus wieder auferbaut. Den Durchgang der lebendig ernährenden Substanz durch diese Ursphäre dürfen wir – wo er uns in der Magen-Darm-Tätigkeit begegnet – als generalisierte Milzfunktion bezeichnen. Die Verdauungsorgane bilden die Sphäre, für die die Milz das organisch regulierende Zentrum ist. Was also in der ganzen Verdauungstätigkeit geschieht, das geschieht im besonderen Sinne bei der Vernichtung roter Blutkörperchen in der Milz. Diese Vernichtungskraft des Organs kann so heftig werden, daß der Bestand des atmenden Blutes in lebensgefährlicher Weise angegriffen werden kann. Das Krankheitsbild dieser Todesaktivität der Milz, der hämolytische Ikterus, kann nur geheilt werden, wenn die Milz entfernt wird und Nebenmilzen dann die Funktion normaler Milztätigkeit übernehmen. Der Abbau steht im gesunden Lebensvorgang im Gleichgewicht mit dem verjüngenden Organaufbau. Die Milz ist so der Ort der geheimnisvollen Lebenssteuerung in Ernährung, Krankheit und Alterung.

Bei vielen Infektions- und Stoffwechselkrankheiten tritt die Milz in eigenartiger Weise in Mitfunktion, indem sie durch Schwellung aktiv beteiligt ist und damit dem Arzt etwas Wesentliches über das Krankheitsstadium vermittelt. Dabei befindet sie sich in höchster Tätigkeit, indem sie die «Krankheits-

* Naturw. Schr., Bd. II, S. 5.

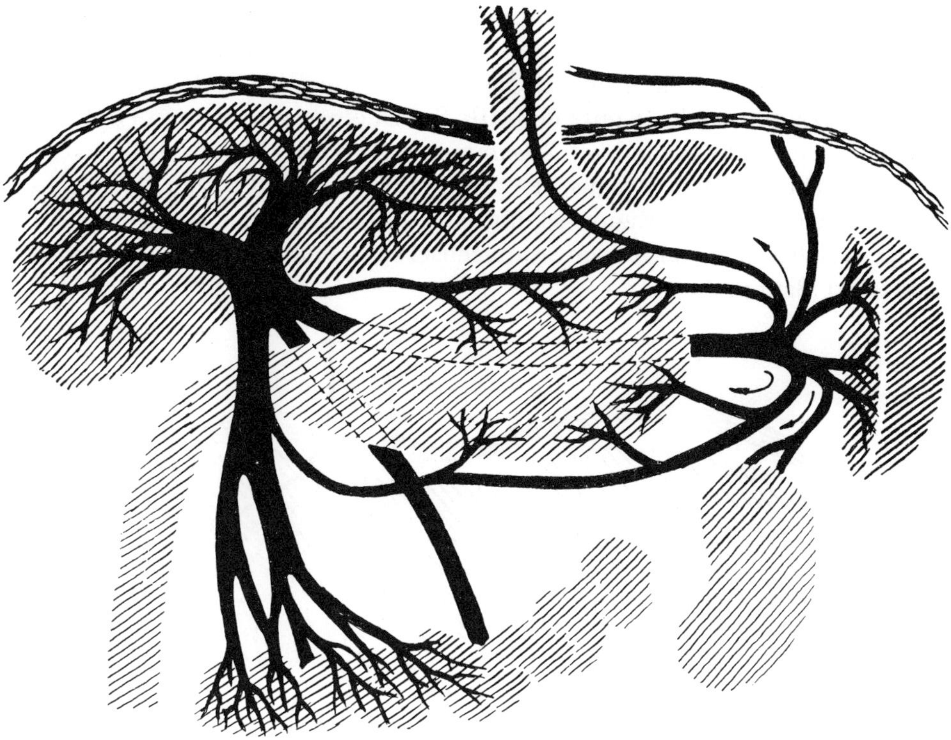

Abb. 143: *Zentrifugale Venenblutströmung* aus dem Milzbereich, siehe Pfeile (nach Hueck). Die Milz ist rechts im Bild halbmondförmig gezeichnet. Von hier aus führen Venen zu Speiseröhre, Leber, Magen und Niere.

stoffe» (Bakterien oder das durch die Krankheit dem Organismus entfremdete Eiweiß) auflöst, wie sie die alternden Blutkörperchen im gesunden Zustand vernichtet[25].

Zur allgemeinen Milzfunktion gehört neben der geschilderten «Verdauungsregulation» die Wahrung der totalen lymphatisch-protoplasmatischen Wesensart des Organismus; denn sie ist das wichtigste Organ der humoralen Reaktionen, auf welchen die Ausscheidung des organeigenen ablebenden Eiweißes, die Überwindung der Krankheit und alle Immunität beruhen[26].

Todes- und Lebenskräfte sind also in der Milz als einem Urorgan für die Lebensfähigkeit des ganzen Organismus nahezu identisch geworden. Sie ist Organ der Lebens- und der Todeskräfte zugleich und führt alternde Lebenselemente aus ihrer organischen Überdifferenziertheit immer wieder in einen substantiellen Urzustand, aus dem heraus neuer Organaufbau möglich ist.

Im höheren Lebensalter des Menschen sammelt sich außer dem Bluteisen der zerstörten Blutkörperchen, das wieder in den Blutaufbau zurückkehrt, ein

Eisenüberschuß an. Die Milz wird «eisenschwer» durch das im Organismus ausgefallene Eisen[27]. Im hohen Greisenalter und bei erschöpfenden Krankheiten sammelt sie auch das Bluteisen des in Rückbildung begriffenen Kreislaufs.

Die exkarnierenden Kräfte der Milz finden einen gesteigerten Funktionsausdruck durch ihr besonderes Zusammenwirken mit dem Zentralnervensystem, welches durch den Vagus, den zehnten Hirnnerv, bis in den Stoffwechsel herunterreicht. Durch Vaguswirkung wird in der Milz das Acetylcholin erzeugt, welches humoral auf den Stoffwechsel beschleunigend und damit abbauend wirkt (Benninghoff).

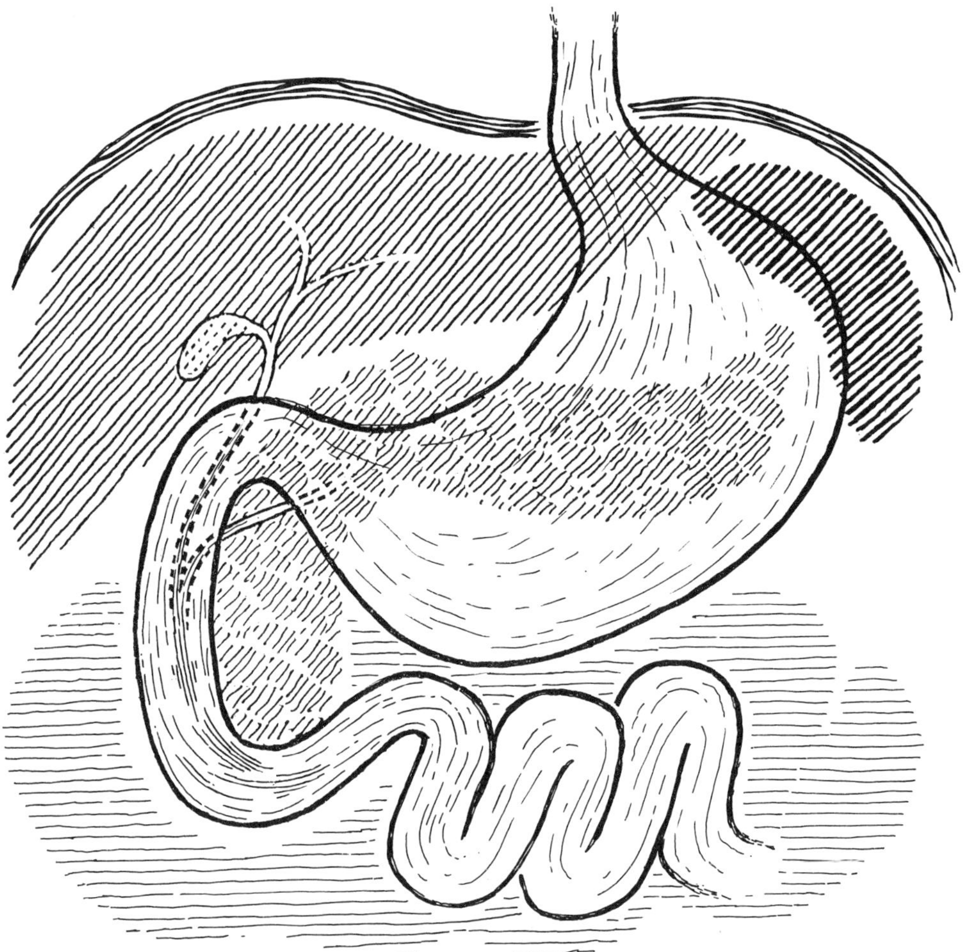

Abb. 144: *Lage der Pankreasdrüse hinter dem Magen*, vor der Lendenwirbelsäule. Magen konturiert gezeichnet, Milz und Leber schraffiert. Der Prankreasschweif ist zungenförmig zur Milz nach links oben aufwärts gebogen. Der Pankreaskopf mit Pankreasgang mündet mit dem Gallengang gemeinsam in den Zwölffingerdarm.

So sehen wir in der Milz elementares aufbauendes Leben und astrale, exkarnierende Kräfte wirken.

Die Alten sahen die Milz im kosmischen Zusammenhang mit dem Planeten Saturn. Saturn ist die Gottheit des goldenen Jugend- und Urzeitalters der Welt; alle Samen sind von ihm ausgegangen; ein goldenes Saturnzeitalter ist die Urzeit des Menschengeschlechtes im großen kosmischen Zusammenhang. Aber Saturn wird gestürzt, seiner Samenkraft beraubt, in die Erde gebannt. Hier erscheint er als greisenhafter Gott mit der Sichel, nicht mehr der Gott der tausendfältigen Kräfte, sondern der Ernte, des Todes – der seine eigenen Kinder verzehrt.

Die Bauchspeicheldrüse (Pankreas)

Die Organe des Hypochondriums, Leber, Nieren und Milz, die wir bisher betrachtet haben, zeichneten sich sowohl durch ihre charakteristische Ordnung als auch durch ihre eindeutig psychischen und kosmischen Beziehungen aus.

Die Leber wird seit den ältesten Zeiten auf den Planeten Jupiter bezogen. Er ist der bedeutendste und glanzvollste Planet mit einer Umlaufzeit von zwölf Jahren. Die Nieren sind der Venus zugeordnet. Die geozentrische Umlaufzeit der Venus beträgt fast zehn Monate, wodurch sie ihre Beziehung zur Entwicklung des Menschen in den Embryonalhüllen ausspricht. Im Eiweißbildeprozeß der Nieren wie in den organisch-seelischen Funktionen dieses Bereiches begegnet uns die entsprechende mikrokosmische Funktion.

In der Milzfunktion spiegeln sich Saturnkräfte, die in Tod und Verjüngung wirksam sind. Im Pankreasorgan, dem vierten bedeutenden Drüsenorgan des Hypochondriums, findet sich keine solche kosmologisch-psychische Zuordnung. Es ist vielmehr in dieser Beziehung höchst uncharakteristisch, wie auch sein anatomischer Bau wenig Differenzierung zeigt, was ihm den Namen Pankreas* (= ganz Fleisch) einetragen hat. (Gemeint ist damit, daß diese Drüse ausschließlich aus Drüsengewebe besteht, ohne charakteristische Gliederung[28].) Die Farbe der Bauchspeicheldrüse ist blaß-rosa, zartgrau tingiert. Ihre anatomische Lage ist versteckt, sie liegt in den Teilen des Bauchfells eingebettet, die den Zwölffingerdarm und den Magen, vor allem letzteren, mit der hinteren Bauchwand tragend verbinden (Mesoduodenum und Mesogastrium dorsale). Sie liegt fast horizontal, die ersten Wirbel der Lendenwirbelsäule sowie Bauchaorta und untere Hohlvene kreuzend, und reicht vom rechten zum linken Hypochondrium. Im rechten Hypochondrium bildet sich die Drüsensubstanz des Pankreas, mit der sie sich in die (nach links geöffnete) Schleife des Zwölffingerdarms einschmiegt, besonders massig aus. Dieser Teil der Drüse, der auch

* Pankreas = gr. = pān = alles; kréas = Fleisch (Drüsensubstanz).

den Drüsenausführungsgang zum Zwölffingerdarm entläßt, bildet den Stoffwechselpol des Organs (Caput pancreatis). Das linke zierliche Ende der Drüse reicht bis zum Hilus der Milz und bis zur linken Niere. Dieser Teil des Organs (cauda)* stellt seinen Sinnesnervenpol dar. Gerade in diesem Bereich treten bei Störungen Schmerzen auf. Die Pankreasdrüse ist durchaus ein «mittleres» Organ, insofern sie mit ihrem Stoffwechselpol (fälschlicherweise «Kopf» genannt) zum repräsentativsten Stoffwechselorgan überhaupt – zur Leber hin orientiert ist, während sie mit ihrem Nervensinnespol zum «Sinnes-Rhythmusorgan» des Stoffwechsels, zur Milz, deutet[29]. Der Mittelteil der Drüse (Corpus pancreatis) liegt hinter dem Magen.

In ihrem Bau ist die Pankreasdrüse mit den Speicheldrüsen verwandt. Wie diese sondert sie ein die Nahrung aufschließendes, allerdings viel intensiver wirkendes Drüsensekret ab. Darüber hinaus wirkt sie über das Blut unmittelbar auf den Zucker- und Glykogenprozeß als entscheidend steuerndes und rhythmisierendes Zentralorgan. Da uns der anatomische Bau des Organs einerseits zunächst nur eine wenig ausgeprägte Wesenssignatur gibt, die funktionellen Leistungen dagegen geradezu einen existentiellen Mittelpunkt des Ernährungs-Stoffwechsel-Systems bilden, können wir, um uns unseren Weg zum Verständnis des Organs zu bahnen, es nicht unterlassen, hier einiges von seiner Pathologie anzuführen. Mehr noch als ihre unmerklich wirkenden Funktionen im gesamten Lebenslauf spricht die Krankheit das Geheimis dieses Organs aus.

Trotz intensiver Forschungsarbeiten sind nämlich die Pankreaserkrankungen diagnostisch schwer faßbar und vor allem in ihrem Ursprung und Wesen noch recht dunkel. «Je uncharakteristischer die Beschwerden und je dürftiger die objektiven Befunde beim Vorliegen einer abdominellen Erkrankung sind, desto wahrscheinlicher ist das Vorliegen einer chronischen Pankreatitis» (Heinsen). Diese oft so untypischen und allgemeinen Erscheinungen allein weisen schon darauf hin, daß wir es hier mit einem Organ zu tun haben, das für den Ernährungsbereich eine umfassende Bedeutung hat. Das Schmerzbild der schweren akuten und chronischen Pankreatitis kann vielfältig und irreführend sein. Auch im typischen Fall sind die Erscheinungen vieldeutig: Schmerz in der Oberbauchmitte, oft durchbohrend bis in den Rücken, nach links in die Milz- und Nierengegend – ja zum Herzen, in die linke Schulter und in den linken Arm ausstrahlend, wie bei der Angina pectoris, wie sich überhaupt der Schmerzcharakter mit seinem *Vernichtungsgefühl* in schweren Fällen nicht von dem Bild des Angina-pectoris-Anfalles oder eines Herzinfarktes unterscheidet. Kein Hinweis, daß wir es mit einem Geschehen zu tun haben, das vom Ich selbst seinen Ausgang nimmt (H. H. Vogel).

Es sind vornehmlich die tief eingreifenden Rhythmusstörungen des modernen Zivilisationslebens, die das rhythmische System als Träger der Ichtätigkeit

* Cauda = lat. Schweif.

des Menschen gefährden und die sich besonders in das Pankreasgeschehen hereinsenken können[30]. Sowohl der Funktion als auch der Lage nach – zwischen Leber, Milz und Nieren in vollständiger «Mitte» gelegen, alle diese Organe bei Störungen mitergreifend – erweist sich die Bauchspeicheldrüse zwar vielleicht weniger kosmisch als diese orientiert, um so entscheidender wirksam jedoch für die auf das irdische Leben orientierte Ichtätigkeit.

Die Funktion der Bauchspeicheldrüse

Die Bauchspeicheldrüse ist das Zentralorgan des Zucker-Glykogen-Stoffwechsels und des fermentativen Geschehens bei der Nahrungsverwandlung im Darmsystem. Wir betrachten zuerst die sekretorischen Vorgänge:

Das Sekret der Bauchspeicheldrüse ist dünnflüssig, eiweißhaltig und von schwach alkalischer Reaktion bei salzigem Geschmack. Die Menge beträgt 1 bis 1,5 Liter täglich. Drei Fermente finden sich im Pankreassaft: die Lipase zur Fettverdauung, das Trypsin zur Eiweißverdauung und die Amylase zur Stärkeumwandlung.

Die Tatsache, daß dem Pankreassaft ein ausgesprochen salziger Geschmack eigen ist, spricht noch eine vierte Qualität aus, die sich auf das Mineralische in der Nahrung bezieht.

Die Bauchspeicheldrüse korrespondiert mit ihren drei Fermenten und dieser vierten Qualität als stofflich-qualitatives «Geschmacksorgan» unmittelbar mit dem Geschmackssinn.

Es erscheint hier wieder besonders deutlich der Zusammenhang der Organfunktion mit einer bestimmten Sinnestätigkeit, wie sie uns schon zwischen Nierentätigkeit und Auge (zwischen Leberfunktion und Ohr) begegnet ist.

Die vier Geschmacksqualitäten

Im Bereich der nährenden Substanzverwandlung sind die mittleren Sinne tätig: Geruch, Geschmack, Gesicht und Wärmesinn. Die physische Beschaffenheit einer lebenden Substanz wird im Geruch wahrgenommen (Blütenduft, Fruchtreife, Zerfall in der Fäulnis); die ätherische Beschaffenheit als Geschmackswahrnehmung im organisch-flüssigen Geschehen; die astralische Funktion erscheint am deutlichsten in Licht- und Farbenphänomenen; das Geistige wirkt im lebendig Organischen durch die Wärme. Alle diese Wahrnehmungsfunktionen halten die Mitte im Sinnesorganbereich, während sich die «unteren Sinne» in Gleichgewicht, Bewegung, Lebensfunktion und Tasten ins innere Organleben senken und die «oberen Sinne» sich im Bereich des geistigen Menschen in Gehör, Sprache, Gedankensinn und Ichsinn erheben.

Der Geschmackssinn nimmt in der Zwölfheit der Sinne beinahe eine vollkommene Mittelstellung ein[31]. Er ist der Sinn für die tief in der Substanz wirksame Ordnungsmacht des *Klang- oder Ordnungsäthers*. Bis in diese Bereiche greift das Ich im Wahrnehmen (Geschmackserlebnis) ein als die Instanz, aus der und in der alle Ordnung begründet ist, denn Ichtätigkeit ist Ordnung.

Im Geschmackssinn offenbaren sich vier elementare Seinskategorien der Substanz in den Qualitäten

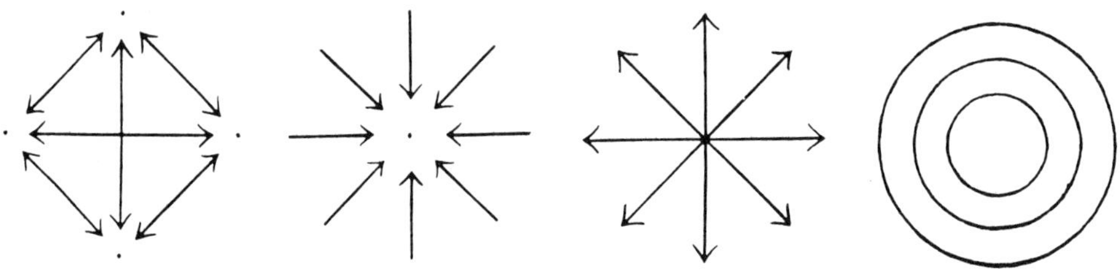

salzig	bitter	sauer	süß
(physisch)	(alkalisch)	(– –)	(Wärme)
mineralisch-lebensätherisch	flüssig-chemieätherisch	gasförmig-lichtätherisch	wärme-ätherisch

Abb. 145

Bei der Sinnestätigkeit des Schmeckens tauchen die Wesensglieder in die ihnen verwandten Elemente der gelösten Substanz und gehen eine Kommunikation mit ihnen ein. Gleiches nimmt Gleiches wahr, Verwandtes verbindet sich, Organ und Element bedingen einander.

Die Mineralwelt ist der irdisch-physische Niederschlag des Lebensäthers. Im «Salzgeschmack» erlebt das Sinnesbewußtsein den physisch-mineralischen Charakter der Substanz. Die Sinnesqualität «bitter» ist ein Wahrnehmungsphänomen der Kommunikation des freien menschlichen Chemismus mit dem chemisch-ätherischen Zustand der Substanz. Die Qualität «sauer» ist ein Wahrnehmungsphänomen des Lichtäthers, die Qualität «süß» ein Wahrnehmungsphänomen des Wärmeätherischen. Vom Organismus her gesehen erscheint also das Ergebnis

salzig:	als die Kardinalempfindung für die physische Organisation,
bitter:	für die ätherische Organisation,
sauer:	für die astralische Organisation,
süß:	für die Wirksamkeit der Ichorganisation.

Diese im «oberen Menschen» sich vollziehende vierfache Sinnesfunktion des Schmeckens ist spontan begleitet durch die entsprechende Drüsentätigkeit im «unteren Menschen».

Im Geschmackssinn treten die menschlichen Wesensglieder in dieser Weise in ein «magisches Verhältnis» zur Substanz. Das Schmecken löst in der

Tiefe des Organismus einen simultanen Absonderungsprozeß aus, der die aufgenommene Nahrung in der entsprechenden Weise empfängt. Eine Identifizierung der menschlichen Wesensglieder mit der empfangenen Substanz wird angebahnt. Alle diese Vorgänge spielen sich im Bereich des Flüssig-Ätherischen ab. Die Nahrung muß in ihren chemisch-ätherischen Zustand gebracht werden, um vom Organismus überhaupt aufgenommen zu werden; dies geschieht durch den Pankreassaft.

Alle Substanzen: die mineralische, die in der Pflanze durch Licht und Wärme modifizierte lebendige Substanz (Stärke, Zucker, Fette und ätherische Öle), das durch tieferes Hereinwirken seelischer Kräfte entstandene Eiweiß und Fett im Tier werden unmittelbar vom Chemismus des Organismus ergriffen und «assimiliert», um sie den höheren Wesensgliedern zugänglich zu machen. Dieser Vorgang spielt sich vorwiegend im Zwölffingerdarm durch die Wirksamkeit der Bauchspeicheldrüse ab. Folgende Fermentdreiheit kommt durch das Pankreas zur Wirksamkeit:

I. Diastase (Amylase),
durch sie wird die Stärke zu Traubenzucker.
II. Trypsin,
eiweißaufschließendes Ferment.
III. Lipase,
fettaufschließendes Ferment.

Wir finden in den Fermenten des Pankreas wiederum die lebendige, substanzgewordene Wesensgliederorganisation. Innerhalb der Bauchspeicheldrüse selbst sind sie noch inaktiv, sie werden erst im Darm durch spezifische Aktivatoren (Kinasen, Profermente) zur Tätigkeit geweckt[32].

Worauf beruht nun das fermentative Geschehen? Die in den verschiedenen Fermenten wirksamen Wesensglieder ergreifen die ihnen verwandten Substanzen und «verleiben» sie sich ein. Das Ich verwandelt die im Wärmeelement konstituierten Stoffe (Öle und Fette) wieder in Wärme, die astralische Organisation «veratmet» die vom Lichtäther aufgebauten Substanzen (Stärke und Zukker), die vom chemischen Äther gestalteten Stoffe werden von der ätherischen Organisation «verflüssigt».

Die Inselorgane der Bauchspeicheldrüse

Bisher haben wir uns mit dem drüsigen (azinösen) Teil der Bauchspeicheldrüse beschäftigt, der den Stoffwechselpol und den Hauptanteil des Drüsenkörpers ausmacht. Nun wendet sich unsere Betrachtung den höheren Funktionen des Organs, der innersektorischen Wirksamkeit zu.

Der Anatomie entziehen sich diese Funktionsbezirke des Organs noch mehr als die bisher geschilderten Teile, die sich kaum von den typischen Speicheldrüsen unterschieden haben. Denn es handelt sich bei den Inselorganen des Pankreas nicht um fixe Bestandteile, sondern um dynamisch im Lebensverlauf entstehende und wieder vergehende Gebilde, die wir vor allem im grazilen, zur Milz hin orientierten Teil der Drüse (cauda) antreffen. Es finden sich hier nämlich unter dem Namen der «Langerhansschen Inseln»[33] zellige Organe, die im ständigen Prozeß des Entstehens und Vergehens mit dem Lebenszyklus der roten Blutkörperchen verwandt sind. Bei diesen Organellen werden zwei Typen unterschieden, die sich auch funktionell polar zueinander verhalten, die A- und die B-Zellen. In ihrer Lage sind sie meist so angeordnet, daß die B-Komplexe mehr zentral, die A-Zellen mehr peripher liegen und vielfach einen geschlossenen Ring um die B-Zellen bilden. Die B-Organellen erzeugen jenes Inkret, welches die Umwandlung des Traubenzuckers in organische Stärke, in Glykogen bewirkt (Insulin). Die A-Organellen hingegen erzeugen das inkretorische Ferment Glukagon, das über das Blut das Glykogen wieder auflöst und in organeigenen Traubenzucker zurückverwandelt. Es ist charakteristisch, daß beide Organkomplexe dauernd zellulär neu entstehen und wiederum vergehen und dabei ihre inkretorischen Einflüsse ins Blut aufbauend und auflösend entlassen. Man kann darin geradezu die Signatur der insulinbildenden B-Organellen als assimilierende, glykogenbildende, inkarnationsbefördernde Kräfte ablesen, während die glukagonerzeugenden A-Organellen Auflösung, Exkarnation (Dissimilation), Überführung von Zucker in Wärme bewirken. In diesen Zentralfunktionen des Stoffwechsellebens steht die Pankreasdrüse genau in der Mitte zwischen Hypophysenwirksamkeit und Nebennierenwirksamkeit.

Sowohl von der Hypophyse (Hypophysenvorderlappen) als auch von der Nebenniere (Mark) wirkt ein ständiger gegenläufiger Kräftestrom[34], und zwar ein substanzbildender Impuls von oben nach unten (Hypophyse) und ein substanzdynamisierender Strom von unten nach oben (Nebenniere). In diese Polarität, die sich unter der besonderen Wirksamkeit der astralischen Organisation vollzieht, greift ordnend, regulierend und im höheren Sinn harmonisierend als «dynamischer Stabilisator» das Ich als die Kraft der Mitte durch die eben dargestellten Funktionen des Inselorganes ein.

Insulinbildende und glukagonbildende Organellen können als Ein- und Austrittspforten für die große Polarität der nach oben ausstrahlenden Kräfte der Nieren-Nebennieren-Strahlung und der nach unten einstrahlenden substanzbildenden Kräfte der Hypophyse betrachtet werden. Nebenniere und Hypophyse haben beide eine unmittelbare Beziehung zum Zuckerstoffwechsel und zum Blutzuckerspiegel. Man kann sagen, daß der hypophysäre substanzbildende Prozeß und der suprarenale, substanzdynamisierende Prozeß sich in beiden Richtungen des Stärke-Zucker-Glykogen-Zucker-Verwandlungsgeschehens als ihres organisch-physischen Substrates bedienen. Es ist in beiden Richtungen der Zucker, der nach oben freiwerdend, sich sublimierend über die Glukagon-Organellen wirkt (Adrenalin) und nach unten sich verdichtend über die Insulinorganellen (Hypophyse) zur Glykogenassimilation gelangt[35].

In dieses polarisch-astrale Kräftespiel greift das Ich unmittelbar durch das Pankreas steuernd und ordnend ein. Dabei wird nicht der Zucker als solcher von der Ichorganisation ergriffen, sondern der Zucker in seiner Umwandlung von Glykogen in Wärmequalität. Diese ist die Grundlage der Ichwirksamkeit. Nur so ist es verständlich, daß bei zu schwachem Eingreifen des Ichs der mit der Nahrung aufgenommene Zucker weder assimiliert noch in Wärme sublimiert werden kann, sondern, dem Organismus fremdbleibend, im Harn ausgeschieden wird (Diabetes).

Der Rhythmus der Inselorgane

In der Wechselwirkung der Glukagon- und der Insulin-Organellen (A- und B-Zellen) vollzieht sich ein Rhythmus, der wie Tag und Nacht unter der Herrschaft der kosmisch-astralen Kräfte steht. Die Insulin-Organellen wirken in der Nacht mit der Leber organaufbauend, die Glukagonzellen am Tage dissimilierend. Über diesem Tag-und-Nacht-Rhythmus aber wirkt umfasend das «Ich». Wie Sonnenaufgang und Sonnenuntergang erscheinen in den Tiefen des Stoffwechselgeschehens die Inselorgane, um im Übergang der Substanzen von der Dichte zur Leichte, von der Leichte zur Dichte ins Kraftfeld der Gleichgewichtsfunktion des Ichs einzutreten.

Denken wir uns das Ichwesen inmitten polarer tierischer Organisation, zum Beispiel inmitten der Polarität von Kaltblütern (winterschlafenden Tieren, Selachiern) und Reptilien einerseits und Vögeln andererseits. Der Blutzuckerspiegel dieser Tiere verhält sich durchaus polar zur Mittelstellung des Blutzukkers beim Menschen als Ausdruck seiner seelisch-geistigen Zentralstellung, in der allein eine freie Bewußtseinsentfaltung möglich ist[36]. Kaltblüter haben einen hohen Anteil an insulinbildenden Funktionsorganen (B-Zellen), ebenso die Winterschläfer im Winterschlaf und die Tiefseefische gegenüber den im Oberflächenwasser lebenden Arten. Die Vögel dagegen weisen einen hohen Anteil glukagonbildender Funktionsorgane (A-Zellen) auf[37], das heißt aber, daß sie einseitig in seelischer Dissimilation bei hohem Blutzucker und höchster Organwärme sich über die Erde erheben. In der Bauchspeicheldrüse offenbart sich auf dem Felde der Substanzverwandlung die hohe Gleichgewichts- und Rhythmusfunktion des schaffenden Ichwesens. Es kann im Organismus nur dort bis in die Stofflichkeit eingreifen und in Tätigkeit treten, wo es die Substanz bis auf die Wärmestufe heraufgehoben hat. Diese Wirklichkeit des Ichs hat man sich nach zwei Richtungen hin in polarer Weise zu denken: Einmal wirkt es in die organisierende Tätigkeit der übrigen Wesensglieder rhythmisierend und ordnend hinein, wobei sich organische Formen auflösen und Energien freiwerden, zum anderen bewirkt es die Einordnung der beteiligten Glieder, die ohne seine Tätigkeit in allzu einseitige Differenzierungen drängen würden (Tierreich).

Ichwirksamkeit

Die stets in statu nascendi wirkende Tätigkeit des Ichs finden wir im Stoffwechselbereich am deutlichsten in der Bauchspeicheldrüse, so wie wir in der Niere die vorwiegende Wirkung des Seelenleibes, in der Leber diejenige des Lebensleibes und in der Milz diejenige der Urphysis erblickten. Das Ich als ordnende Macht des Ganzen erscheint gerade da, wo eine anatomische Organdifferenzierung weitgehend fehlt.

VII
Der Bewegungsorganismus

Das Fehlen einer äußeren Ursache ist kennzeichnend für das Erlebnis lebendiger Bewegung. Viktor von Weizsäcker*

Die Selbstbewegung ist nichts Unbegreifliches, Unbekanntes, außer, wenn Begreifen heißt, daß etwas anderes, die Ursache, aufgezeigt werde, von der es bewirkt wird.
Georg Wilhelm Friedrich Hegel** [1]

Die Idee, welche durch ihr sich Darleben im Äther die organische Bildung setzt und durch ... innere Bewegung erhält, kann auch eine Bewegung des Gebildeten (Organismus) setzen und dergleichen wird ... als ein Urphänomen der Bewegung anzusehen sein. Carl Gustav Carus***

Sinn der Bewegung

Das Urphänomen der Bewegung läßt sich vom isolierten Verstande nicht erfassen. Mit dem Verstande können wir nur feststellen, daß ein Körper seinen Standort im Raum verändert hat. Indem ein Gegenstand eine neue Position erhält, verändert sich auch etwas in der Zeit. Den äußerlichen Dislokationen entsprechen physikalisch-mechanische Bewegungsursachen, die für das Verständnis lebendiger Bewegung des Organismus jedoch nichts besagen. Lebendige Bewegung ist also nicht ein kausales Geschehen im Raum, sondern auch ein Zeitgeschehen, ein Zeitprozeß. Dies gilt für alle Bewegungsabläufe im Organismus und im Kosmos.

An den Kategorien von Raum und Zeit findet das Bewegungsgeschehen seine Pole, an denen wir den dynamischen Vorgang zu messen versuchen. Es ist zu beobachten, wie sich ein lebendiges Wesen im Raum und in der Zeit anders bewegt als ein mechanisch in Bewegung gesetzter lebloser Gegenstand. Im Lebensgeschehen können wir, schon bevor wir einen Bewegungsvollzug ermessen, von «Wachstumsbewegung»[2] sprechen. Wachstumsbewegungen finden

* Der Gestaltkreis, S. 1.
** System der Naturphilosophie, S. 603.
*** Physiologie, Bd. II, S. 591.

wir bei der Entwicklung aller Organismen, vor allem aber im Pflanzenleben, wo diese Bewegungsform entschieden vorherrscht.

Der höhere Organismus verändert sich dagegen bei seiner Bewegung von innen her, indem er das Bewegungsgeschehen nicht nur mechanisch ablaufen läßt, sondern es in Verwandlungen gestaltet und schließlich in ein ganz bestimmtes Ziel führt. Im Bewegungsimpuls selber lebt und wirkt bereits das Bewegungsziel.

Jede Lebensregung erhält so eine «eigen-sinnige» frei gewählte Richtung zur Verwirklichung einer besonderen Aufgabe. Dieses Bewegungsgeschehen können wir über die bloße Lebensregung hinaus als eine Seelenäußerung, ja als eine seelisch-geistige Wirkung im Organismus auffassen. In der Begegnung unserer Bewegung mit der Raum-Zeit-Polarität stoßen wir uns wach und werden der Bewegung gewahr. Hier setzt der «Bewegungssinn» ein. Dieser Sinn leitet uns bei unserer Eigenbewegung[3].

Zu jedem Sinnesorgan gehört ein Sinneselement, dem es seine Entstehung verdankt – das Licht zum Auge – der Ton zum Ohr. Welches ist aber das *Sinneselement* des Bewegungssinnes? Das Wesen lebendiger Bewegung müßte uns verschlossen bleiben, wenn wir uns nicht mit dem Bewegungselement selber unmittelbar identifizieren könnten. Wir selber sind das organschaffende Element unserer Bewegungsorganisation. Darin liegt das Urphänomen der Bewegung. Man könnte fragen, ob im Bewegungsgeschehen mehr das Zeit- oder mehr das Raumerlebnis vorherrsche oder ob nicht gegenüber diesen Erlebnissen vielmehr eine neue spezifische Qualitätserfahrung einsetze. Wesentlich ist hier zunächst, daß wir Raum und Zeit nur als Polaritäten, nur als Konstituenten eines dynamischen Prozesses auffassen. Den Prozeß können wir unmittelbar erleben, weil wir uns selber bewegend in der Bewegung erfahren. Für unser Bewußtsein bleibt der Bewegungsprozeß jedoch in seiner Dynamik schwer faßbar, denn unsere Vorstellung zerstückelt uns nachträglich den originären Bewegungsfluß zu fixierten Raum- und Zeitbezügen. Die bewußtseinsmäßig eindeutiger bestimmbare Polarität von Raum und Zeit, bei der wir uns einmal mehr auf die Raumgrenzen, das andere Mal mehr auf die Zeitdimension konzentrieren, ist dagegen direkt begreiflich – obschon das Zeitelement, für sich betrachtet, schwerer als der Raum zu fassen ist. Das Erleben der Bewegung dagegen bindet sich weder im Räumlichen noch im Zeitlichen. Bewegung und Bewegungserlebnis erhebt sich über die Raum-Zeit-Polarität. Es überflügelt in seiner originären Qualität Zeitdimensionen und Raumgrenzen.

Du zählst nicht mehr, berechnest keine Zeit
Und jeder Schritt ist Unermeßlichkeit

Goethe*

* Gedichte (Artemis), Bd. I, S. 509.

Bloßes Raumerlebnis ist zur Ruhe gelangte Bewegung. Reines Zeiterlebnis löst alle Raumkonturen auf, ist unendliche Bewegung. Hier ist zu fragen, inwieweit Zeit und Raum als Kategorien unserer Organisation gelten können. Unser Nervensystem bildet jedenfalls in sich selbst schon ein vollkommen dichtes Raum-Körper-Gefüge, das den Leib zur körperhaften Einheit zusammenfaßt. Es ist daher aller Räumlichkeit von der eigenen Struktur und Funktion her nahe verwandt. Ist deshalb alles Räumliche dem konstruktiven Intellekt so unmittelbar zugänglich und einsichtig? Der «Seelenorganismus» unseres Nervensystems ist aufs engste mit dem physischen Leib verbunden: Raum- und Körpersinne bilden sich aus. Prototyp ist der Lage- und Gleichgewichtssinn.

Das Zeiterleben, von Wachstumsprozessen, vom ätherischen Geschehen getragen, entzieht sich darin weitgehend unserem miterlebenden Verständnis. Es wirkt zu tief in der unbewußt vegetativen Organisation: Hier bilden sich Zeit- und Lebenssinne aus, durch die wir Wohlbehagen, Sättigung und Lust, aber auch Mangel, Hunger und Durst, ja Schmerz empfinden.

Für das Zeiterleben bedarf es, wie für das Raumerleben, eines eigenen Sinnes, eines Zeitsinnes. Als solchen können wir den Lebenssinn auffassen, mittels dessen wir die Lebensprozesse des ganzen Organismus empfindend begleiten. Der Bewegungssinn steht jedoch über dem Raum- und Zeiterleben – über Zeitsinnlichkeit und Raumsinnlichkeit, wie sehr er auch mit ihnen als Polaritäten in Zusammenhang steht.

Der eigentliche Erlebnisbereich für den Bewegungssinn ist die spontane Bewegung eines lebendigen Organismus in seiner inneren Motivation, seiner Zielbestimmtheit und Freiheit. Bewegung ist eine Ur-Offenbarung des Willens. Die Seins-Qualitäten der Bewegung fassen wir in diesem Sinne unter dem Begriff der Intention zusammen*.

Für unseren Organismus gilt, daß er seine Stellung im Raum (und in der Zeit) aus sich selbst heraus ändert, und zwar aus seinen inneren intentionalen Kräften heraus. Inneres Raumerlebnis und inneres Zeiterlebnis als Empfindungsdimensionen sind das Ergebnis von intentionalen Bewegungsimpulsen, durch welche sich das Erleben der äußeren Welt nach inneren Intentionen verändert und mit diesen möglicherweise identisch werden kann. Wir selber sind es, die aus den Kräften unseres Bewegungssinnes die Zeit- und Raumqualitäten setzen.

So entspricht unserem Raumerleben ein inneres Seelen-Raumerleben, an dem die Leiblichkeit erst nachträglich «ermessen» und «bemessen» wird. Alle Maße wie «Fuß», «Hand» (Palm), «Elle», «Klafter» und andere sind Bemessun-

* Intention = Zielgerichtetheit, von Lat. tentus – gespannt; intentio = Spannung, Ausdehnung; intendere = beabsichtigen, intendieren. Davon: Anspannung, innere Stärke, Innigkeit, Gehalt. Als Adjektiv – intensiv, lebhaft. Von Goethe und Schiller im Sinne von höchster Zielsetzung – «Steigerung» in Ästhetik und Naturlehre verwendet.

gen des Seelenleibes, des Seelenraumes, in und an der Leiblichkeit, und erst im übertragenen Sinne sind sie dann wieder Raummessung an Körper und am äußeren Raum. Alles Zählen und Messen geht insofern aus innerlichen Akten des Zeit- und Lebenssinnes und des Seelen-Raum-Sinnes hervor. *Beiden aber geht Bewegung voraus.*

Beim Zeit- und Raumerleben handelt es sich also um Prozesse, die durch die entsprechenden Sinne erfahren werden, nicht aber um physikalische Raum-Zeit-Bestimmungen, die als Abstraktionen außerhalb der organischen Entwicklung der Raum-Zeit-Empfindungen stehen und vom lebendigen Erleben nicht mehr durchdrungen werden. Die Physik hat das Raum-Zeitmaß außerorganisch bestimmt und damit das *Leben* der qualitätslosen Allgemeingültigkeit des «Meters» – der «Sekunde» usw. unterworfen. Aber über allen physikalisch-starr-fixierten räumlich-zeitlichen Koordinatensystemen bleibt die organische Bewegungsdynamik, das an die Ganzheit organischer Entwicklung geknüpfte lebendige Raum-Zeit-Erleben als wesentlich qualitative Raum-Zeit-*Erfüllung* und *Bewertung* bestehen.

Daher kommt es, daß sich gemäß der inneren Entwicklung das *Maß- und Zeit-Erleben* in mannigfaltiger Weise verändert – daß sich unser vom Lebens- und Seelengefühl bestimmtes Proportionserleben dauernd weiterentwickelt. Hierin liegt ein Grund der Umwandlung der Stilepochen und Rhythmusproportionen in den Kunstperioden. Diese sind in keiner Weise nur von außen her «erfunden» und «gemacht», sie sind vielmehr aus dem Urteil intentionaler Kräfte, aus der lebendigen inneren Bewegung heraus entsprungen und in den Raum hinaus gewachsen. Dem Heranwachsenden wird ein bisher groß Empfundenes klein und das klein Erlebte bei neuer Interessenrichtung groß und bedeutungsvoll; so auch Zeit und Zeitperioden.

> Ich schreite kaum, doch wähn ich mich schon weit. –
> Du siehst, mein Sohn, zum Raum wird hier die Zeit.
> Richard Wagner*

Originäre Bewegungsimpulse heben die Raum-Zeit-Polarität mehr oder weniger auf und lassen so immer neue Bewegungs-Willensimpulse in den Lebensprozeß einfließen. So wird nach dem Goetheschen Gesetz von *Polarität und Steigerung* im Spannungsfeld zwischen Raum und Zeit die Bewegung immer aufs neue und immer auf höheren Stufen im Sinne geistig organischen Metamorphosengeschehens konstituiert.

Schöpferisch intentionale Bewegungsgestaltungen stehen daher weit über physikalisch-mathematisch fixierten Raum-Zeit-Bestimmungen. Es sind dies die uranfänglichen «Willensimpulse», die von ihrem ersten Aktionsmoment an

* Richard Wagner, Parsifal, I. Aufzug, 5. Bd., S. 200.

die Organisation gestalten, bewegen und beleben und in immer neuen Schöpfungsakten im Gange halten. So ergreift die Bewegung die Elemente, die sie gestaltet und verwandelt, und jede Berührung wird für den Bewegungswillen Symbol der Umwandlung der Welt.

Bewegung ist ihrem Wesen nach geistig-organische Wirklichkeit innerhalb der Sinneswelt. *Wille «ist die Idee selbst als Kraft aufgefaßt»* (Steiner*). In gleichem Sinne gilt: *Bewegung ist Idee*, die als Kraft urphänomenal auftritt. Damit ist das Wesen der intentionalen Kräfte, des Willens und der Bewegung, die das Leben ausmachen, charakterisiert. Wille und Bewegung sind als Urphänomen identisch – Ideenhaftigkeit in statu nascendi, am Inkarnationspol des Seins. Mit jeder Bewegung faßt ein Geistiges Fuß im irdischen Dasein.

Abb. 146

Bewegung ist daher wesenhaft überräumlich, überzeitlich zu denken. Im Lebenslauf bleibt sie als die raum-zeit-überwindende Kraft der Lebens- und Schicksalsmetamorphosen wirksam.

Aus der Erfahrung der Bewegung schöpft Plato («Nomoi») seinen Gottesbeweis und in seiner Nachfolge Cicero:

«Wie diese Welt an ihrem Teil vergänglich, Gott aber selbst ewig ist, so bewegt der unsterbliche Geist den hinfälligen Körper. Denn was immer in Bewegung ist, ist ewig, was aber die Bewegung weiterträgt und selbst von anderswoher bewegt wird, dessen Leben muß ein Ende nehmen, wo die Bewegung endet. Allein also was sich aus sich bewegt, weil es niemals von sich selbst im

* Einleitungen zu Goethes Naturw. Schr. Bd. II, S. XLV.

Stich gelassen wird, das allein hört nicht nur niemals auf, sich zu bewegen: es ist auch für alles übrige Bewegte Ursprung und Urgrund der Bewegung ... Der Urgrund aber hat selber keinen Ursprung. Denn aus dem Urgrund entspringt alles ...

So kommt es, daß der Urgrund aller Bewegung in dem gefunden wird, das sich aus sich selber bewegt. Der aber kann weder entstehen noch vergehen. Sonst müßte der ganze Himmel einfallen, und alle Natur müßte stille stehen und könnte keinerlei Kraft gewinnen, durch deren Anstoß sie bewegt würde. Leuchtet demnach ein, daß das, was sich aus sich bewegt, ewig sei, wer will leugnen, daß eine solche Natur den Seelen zugeteilt sei? Seelenlos ist nämlich alles, was durch Stoß von außen bewegt wird. Was aber beseelt ist, regt sich durch inwendige Bewegung, und zwar durch seine eigene. Denn eine solche ist der Seele eigenste Natur und Kraft ... Wenn also unter allen Dingen allein sie ist, die sich aus sich selber bewegt, so ist sie gewißlich nimmer geboren und ist ewig» (Cicero, Somnium Scipionis[4])*.

Der uranfänglich-urphänomenale Bewegungs-Willensimpuls verbirgt sich freilich unserem an die äußere Zeit- und an die Raumillusion geketteten Tagesbewußtsein. Kaum, daß er uns durch den innerlichen Tonus und Turgor**, den wir mit dem Lebenssinn wahrnehmen, durch ein inneres Richtungs- und Wärme-Erleben fühlbar wird. Wir bewegen uns meistens doch ganz unbewußt. Zunächst fehlt uns ein vollentwickeltes Wahrnehmungsorgan für die Totalität des Bewegungsgeschehens, denn auch der Bewegungssinn schlummert erst noch für unser Bewußtsein weitgehend und wirkt nur aus dem Verborgenen lenkend und führend im Ätherbereich der Organisation, in den die Bewegungsimpulse einströmen. Das Funktionsgeschehen des Bewegungssinnes liegt eben vorwiegend in seiner *Sinnes-Tätigkeit*, weniger schon im Sinnesgefühl oder gar in bewußter Sinneswahrnehmung. Die Sinnestätigkeit vollzieht sich gegenüber den beiden anderen Sinnesfunktionen tief im Willensbereich der Organisation und wirkt daher weitgehend unbewußt. Suchen wir die Willens-, Wärme- und Richtungsimpulse der Bewegung mit unserem gewöhnlichen Tagesbewußtsein zu erfassen, so ziehen sie sich ins Unbegreifliche zurück.

In bezug auf die Wahrnehmung der Bewegungsimpulse stehen wir vor einem Grenzerlebnis des Bewußtseins. Dieses Grenzerlebnis schildert Goethe in seiner Dichtung «Die Geheimnisse»: Bruder Markus gelangt nach langer Pilgerfahrt, bei aufziehender Sternennacht in den Schicksalskreis einer an die Gralsgemeinschaft erinnernden Bruderschaft, die in ihm einen Boten, einen bedeutenden Nachfolger ihres bald dahinscheidenden «Humanus» erwartet und begrüßt.

Indem Goethe nun zur Schilderung einer Einweihung ansetzt, wird die

* Cicero: Somnium Scipionis = Der Traum des Scipio, Stuttgart (Klett), S. 67.
** Turgor = Schwellung von lat. turgescere = kräftig werden, Kraftgefühl.

Dichtung «Mysteriendarstellung» der Raum-Zeit-Problematik und des Bewegungsgeheimnisses:

Das, was du siehst, will mehr und mehr bedeuten,
Ein Teppich deckt es bald und bald ein Flor.
Beliebt es dir, so magst du dich bereiten.
Du kamst, o Freund, nur erst durchs erste Tor:
Im Vorhof bist du freundlich aufgenommen,
Und scheinst mir wert, ins Innerste zu kommen.
Goethe*

Und wie vollzieht sich nun die Einweihung?

Im Frühort eines neu heraufziehenden Tages wird im *Erwachen* erlebt, was vor und über der Zeitlichkeit, über aller Raumenge wirksam ist, worin jeder Mensch «Himmelssohn» ist:

Nach kurzem Schlaf in einer stillen Zelle
Weckt unsern Freund ein dumpfer Glockenton.
Er rafft sich auf mit unverdroßner Schnelle,
Dem Ruf der Andacht folgt der Himmelssohn.
Geschwind bekleidet, eilt er nach der Schwelle,
Es eilt sein Herz voraus zur Kirche schon,
Gehorsam ruhig durch Gebet beflügelt;
Er klinkt *am Schloß und findet es verriegelt.*

Erwachend findet sich der Mensch in Raum- und Zeit-Verengung gebannt, die Pforte zu freierem und höherem Erleben ist verriegelt, aber er vermag gerade noch das Morgen-Ereignis, das ihn und die Menschheit betrifft, zu schauen:

Und wie er horcht, so wird in gleichen Zeiten
Dreimal ein Schlag auf hohles Erz erneut,
Nicht Schlag der Uhr und auch nicht Glockenläuten,
Ein Flötenton mischt sich von Zeit zu Zeit;
Der Schall, der seltsam ist und schwer zu deuten,
Bewegt sich so, daß er das Herz erfreut.
Einladend ernst, als wenn sich mit Gesängen
Zufriedne Paare durcheinander schlängen.
Er eilt ans Fenster, dort vielleicht zu schauen,
Was ihn verwirrt und wunderbar ergreift;
Er sieht den Tag im fernen Osten grauen ...

Mit dem Erlebnis der irdisch-räumlichen Eingeschlossenheit – des kosmischen Ausgeschlossenseins – nimmt er die überräumlich-überzeitliche Weite des ei-

* Die Geheimnisse (Artemis), Bd. III, S. 760.

genen kosmischen Ursprungs als vorirdisch-vorbewußtes Seinserleben in Klang- und Bewegungsimaginationen wahr.

> Drei Jünglinge mit Fackeln in den Händen
> Sieht er sich eilend durch die Gänge wenden.
> Er sieht genau die weißen Kleider glänzen,
> Die ihnen knapp und wohl am Leibe stehn,
> Ihr lockig Haupt kann er mit Blumenkränzen,
> Mit Rosen ihren Gurt umwunden sehn:
> Es scheint, als kämen sie von nächt'gen Tänzen,
> Sie eilen nun und löschen, wie die Sterne,
> Die Fackeln aus und schwinden in die Ferne.
>
> Goethe*

Hier endet das Fragment. So verdämmern für das Bewußtsein bei fortschreitender Inkarnation über Kindheit und Jugend hinaus die tiefen Empfindungen kosmischer Regungen in uns, auf deren Entfaltung und Steigerung im Lebens- und Schicksalsverlauf unser Dasein ursprünglich angelegt ist. Wir finden uns immer wieder vor verschlossenen Türen und in enger räumlich-zeitlicher Klausur unserer Leiblichkeit. Aber dennoch fühlen wir, wenn auch oft nur ahnend – und selten genug –, die Tiefenströmungen und Kräftebewegungen des Lebens als Willensbewegung, als Selbstbewegungswille in unmittelbarer Realität.

Im Alltäglichen mag Bewegung noch so sehr im Unbewußten bleiben – in der Kunsttätigkeit tritt sie mit deren Entwicklung immer klarer und reiner hervor. Die Bewegung, die hier aus ideeller Gestaltung auf den Bewegungssinn und durch ihn auf den ganzen Organismus belebend und anregend einwirkt, kann durch ihre Funktion zu einer Bewegungs-Kunst-Tätigkeit auf immer höhere Stufen heraufgehoben werden. Dies ist die intentionale Strebung, die uns überhaupt zur Kunsttätigkeit hinzieht – jene Wesenskraft, die Goethe in seinen «Urworten» als «Elpis»** anruft:

> Doch solcher *Grenze*, solcher ehrnen *Mauer*
> Höchst widerwärt'ge *Pforte* wird *entriegelt*,
> Sie stehe nur mit *alter Felsendauer*!
> Ein Wesen regt sich leicht und ungezügelt:
> Aus Wolkendecke, Nebel, Regenschauer
> Erhebt sie uns, mit ihr, durch sie beflügelt –
> Ihr kennt sie wohl, sie schwärmt durch alle Zonen –
> Ein Flügelschlag – und hinter uns Äonen!***

Die schöpferische Bewegung, das Bewegungswesen in der Kunsttätigkeit ist es, das Raum- und Zeitgrenzen erweitert, ja überwindet oder sogar sprengt. Der

* Die Geheimnisse (Artemis), Bd. III, S. 760.

** Elpis = gr. Ἔλπις = Hoffnung.

*** Gedichte (Artemis), Bd. I, S. 523; «Urworte, orphisch» (Hervorhebungen vom Zitierenden).

Mensch steht so mitten zwischen raumschaffenden und zeitwirksamen Kräften darinnen. Erstere bringen ihn in die Gefahr überformender Erstarrung, letztere in die der Auflösung. In seiner Eigenbewegung bleibt der Mensch von beiden Gefahren frei, wenn er sie nur ergreift.

Bewegend wird er aus seiner merkurialen Mitte heraus tätig, in der sich sein Ichwesen in Bewegungs-Willen, «Intention», in Bewegungs-Gefühl, «Prozeß», und in der Erkenntnis-Bewegung, «Motiv», vollendet. In der Vereinigung dieser drei Entwicklungsstufen der Bewegung erschafft der Mensch die Identität von Handeln und Erkennen. Wer diese Identität herzustellen vermag, wird zum freien Beweger der Bewegung[5].

Die Bewegungswelt

Wollten wir das Wesen der Bewegung umfassend darstellen, so hätten wir von den Bewegungsphänomenen des Kosmos, des Sonnensystems mit den Bewegungsreigen der Planeten auszugehen. Der Zusammenhang dieser Welt- und Lebensbewegungen mit der Biosphäre der Erde ist unmittelbar gegeben. Wenn es uns bei dieser Arbeit auch versagt ist, die kosmischen Großbewegungen darzustellen, so darf doch nicht versäumt werden, vor Beginn der Schilderung der menschlichen Bewegungsorganisation wenigstens an diese makrokosmischen Bewegungswelten zu erinnern.

Näher berühren uns schon die Bewegungskreisläufe der Erde und ihrer Elemente. Ihre Bewegung im kosmischen Zusammenhang der Jahreszeiten, im Wechsel von Tag und Nacht, im Zeit und Raum durcheilenden Prozeß machen den unmittelbaren Zusammenhang von Kosmos und Organismus offenbar.

In eine ganz neue und geheimnisvolle Bewegungswelt treten wir jedoch ein, wenn wir die erwähnten Bewegungsphänomene der Lebewesen – der Pflanzenwelt, der Tierwelt und des Menschen betrachten. Die Bewegungsformen, die wir hier in stufenweiser Entwicklung studieren können, sind Elemente einer individuelleren Evolution, die sich der kosmischen Bewegung anschließt, einfügt, dann aber auch aus eigener «Bewegungsfreiheit» den Weltenprozeß mitgestaltet.

Die «Bewegung» der Pflanze

Für das Phänomen der «Wachstums- und Ernährungsbewegung» (Assimilation) tritt unmittelbar das Bild der sprossenden Pflanze vor uns. Bei der Pflanze können wir von *«vegetativer Bewegung»*[6] sprechen. Diese «Pflanzen-Bewegung» ist in der Begrenzung ihres Naturreiches noch ganz unmittelbar kosmisch-planetarischer Herkunft. Im ruhenden Samen sind alle diese Kräfte wie vom Kosmos hereinokuliert (wörtlich: hereingeäugt), um sich im Jahreszeiten-Rhythmus wiederum mit Hilfe kosmischer Bewegungsanregungen zu einem neuen Pflanzenleben zu entfalten. Bei diesem ganzen Geschehen macht die tellurisch-stoffliche Grundlage nur den geringsten Teil im Gesamtgeschehen aus. Das *Zeitliche* überwiegt. Die Bewegung des Substanzstromes, hier als kosmisch-ätherisches Zeitelement verstanden, bestimmt den Prozeß. Stofflichkeit erscheint nur als vorläufige Grenze und als Ende der Bewegung in der Ausformung.

Die Bewegung des Tieres

Deutlicher und differenzierter erscheinen uns die Bewegungsvorgänge, die wir im *Befruchtungs*-Geschehen schon bei der Pflanze im Blütenbereich, ausgeprägt aber erst in der Tierwelt in der Dynamik des Zeugungsgeschehens erleben. Das Sein ist in Polaritäten auseinandergetreten, und in das so geschaffene Spannungsfeld tritt eine höhere Bewegungsintention ein. Neue «Bewegungsorgane» (ὀρμάω, ὀργάω = ich bewege mich), höhere Bewegungsfunktionen werden entwickelt. Zwei Naturreiche verbinden sich im Blütensein der Pflanze, wo die höheren Insekten, Falter, Bienen und Hummeln, selber dem Blütenstaub verwandt, von ihnen ihre Nahrung saugen und dabei die Befruchtung vermitteln. Sie selber aber flattern, Luft- und Lichtsphären hingegeben, über Weiten und Fernen hin, wo sie in der Paarung in magisch wirksamer Sympathie einander die planetarischen Potenzen mitteilen[7].

In viel umfassenderer Weise kann uns die höhere Tierwelt dann im reichen und mannigfaltigen Phänomenen das Rätsel dieser organisch-intentionalen Bewegungs-Willensfunktionen lösen. Umkreis-Bewegungskräfte sind hier tief in die Organisation eingezogen und wirken als Bewegungstrieb, als Bewegungsinstinkt von innen heraus. Für die tierische Bewegung sind alle Gruppen- und Herdenbewegungen, vor allem ihre höchste Steigerung in den Gattungsriten (Hochzeitstänzen) charakteristisch. Hiermit im Zusammenhang sei an die Schwarmwanderung der Fische in den Weiten der Ozeane und an die Wanderung der Zugvögel über die Kontinente hin erinnert, also an die Bewegung der Tiere in ihrem Element, von dem sie getragen, aber auch begrenzt sind.

Die menschliche Bewegung

Die uranfänglich gelinden und zarten Regungen des neugeborenen Kindes wirken noch rein ätherisch, fast pflanzenhaft. Ein Wachsen im Bewegen, ein Bewegen im Wachsen. Ein solches Bewegen erlebt die Mutter bei der Wahrnehmung der ersten Kindesbewegungen unter dem Herzen. Sie sind die frühen, noch schicksalslosen und doch unmittelbar ans Schicksal rührenden Regungen. So auch die schwerelos schwebenden Bewegungen der Ärmchen und Händchen des Wiegenkindes im Schlaf.

Eine neue Stufe des Bewegens ist schon erreicht, wenn das Kind zum ersten Male die Eigenbewegung seiner Glieder im freien Kräftespiel wahrnimmt und staunend verfolgt. Pflanzenhaft, blütenhaft leicht und schwerelos wirken auch diese Regungen noch. Wir sprechen hier vom «Sich-Regen» als einer ersten, keimhaften Stufe des Bewegens.

Das Wort «*bewegen*» drückt seinen Gehalt wesenhaft aus, es ist nahe verwandt mit *wiegen* (bewiegen)[8]. Warum bewegt man die Kinder in der Wiege? Wiegende Bewegungen sind diese rein vom kosmischen Leben her intendierten zarten Impulse, die in ihrer schwebenden Leichte noch nicht in den «Raum» und in die gegenwärtige Zeit hineinwirken. Darauf beruht die beruhigende Wirkung des Wiegens. Das Schweben und Schwingen der Wiege ahmt eben unmittelbar kosmische Bewegungen nach.

Die frühe Gliedmaßenbewegung des neugeborenen Kindes wird schon bald von ersten Seelenregungen begleitet, die aber keinen Welt- und Wirklichkeitsbezug in Raum- und Zeitbeschränkung nehmen. Das Lächeln im Schlaf, das wie ein flüchtiger Lichtschimmer über das Antlitz des Kindes gleitet, ein Schimmer unaussprechlicher Lebensimpulse, wird gespeist von noch weiter einströmenden «kosmischen» Kräften. (Unter Kosmos wollen wir die Ganzheit der Welt, in der alles Leben wurzelt, verstehen, im Gegensatz zur individualisierten tellurisch-irdischen Existenz.)

Vom Einstrom kosmischer Kräfte erleben wir nur die letzten Spiegelungen, gewissermaßen nur den Saum des großen mütterlichen Sternenmantels, der uns alle umgibt, von dem wir jedoch so wenig Notiz nehmen.

Gotthilf Heinrich von Schubert sagt von diesen Wirklichkeiten in seiner Geschichte der Seele (S. 4), daß sie sich wie das *Schlafen* zum *Wachen* verhalten, wobei wir allerdings in diesem Schlafe gerade die höchste organisch-dynamische Aktivität und in dem Wachen nur die letzten zur Ruhe kommenden Schwingungen kosmischer Energien sehen, die wir als Tagesbewußtsein erleben. Organe, die nicht betätigt werden, verkümmern. Aus dieser ganz allgemein gültigen Grundtatsache geht vor allem hervor, daß im umgekehrten Sinne Lebensfunktionen auch Organe hervorbringen. Eine der geheimnisvollsten organschöpferischen Funktionen ist eben die *Bewegung*.

Die Inkarnation des Organismus vollzog und vollzieht sich noch im «Tanz der Lebenselemente nach der Weltenmusik»*, die in den Chortänzen und Reigen über die organischen Prozesse hinaus kulturvorbereitend, selber als kosmische Offenbarungen in den frühen Kulturen der Menschheit gepflegt wurden. Unsere Betrachtung über das Wesen der Bewegung und der Bewegungsorganisation wäre unvollständig, wenn wir nicht an die Reigentänze, als Ausdruck schöpferischer Vorempfindung künftiger Kulturaufgaben aus kosmischen Impulsen heraus, erinnerten.

* Rudolf Steiner, Eurythmie als sichtbare Sprache, GA 279, S. 20.

Die menschliche Bewegung, die sich in ihrer autonomen Freiheit über die Elemente der Erde erhoben hat, indem sie in der Eigen- und Selbst-Bewegung der Aufrichte die Selbst-Welt ergreifen konnte, eröffnet unserer Betrachtung eine ganz neue Stufe. Ein Bewegungs-Selbst-Bewußtseinsakt ist der Urmoment menschlicher Bewegung. «Ich stand, als ich zum ersten Mal bemerkte, die Füße stehn» (Goethe)* – das Ergreifen der aufrechten Haltung, die innere Vertikalisation, die das Kind schon am Ende des ersten Lebensjahres vollzieht. Was dieser Urbewegung vorausging, brauchen wir nicht geringer zu achten als die Aufrichtung selbst, denn die Kleinkindbewegungen waren bereits schon qualitativ freie und darum ganz menschliche *Erhebungen – freie Zuwendungen – Aufrichtungen* in den Intentionen der Gesamtwesenheit, besonders der Sinnesorganisation (Rudolf Steiner: «Das Kind ist ein Sinneswesen»**). Die Totalität aller Sinnesorganbewegungen ist hier Aufrichtebewegung. Diese schließt im Grunde das gesamte Lebensphänomen des Menschen, die Urfunktion seiner Biographik bis zur Entfaltung und Betätigung seiner geistvollen Gliedmaßenbewegung ein – bis in die Beherrschung der Raumes-Dimensionen[9], darüber hinaus der Tiefen und Höhen der empfindungs-, gefühl-, und phantasieerfüllten *Gedanken-Bewegungen*, die sich über alle Leiblichkeit hinausschwingen.

Der dreigliedrige Bewegungsorganismus

Die Bewegungsgestalt des Menschen erscheint in ihrer Ganzheit als Organ-Dreiheit:

Die Haut in der Peripherie,
das Skelett im Innern.
Die Muskulatur, das Innen und Außen rhythmisch verbindend, in der Mitte.

Skelett	Muskulatur	Haut Außenhaut (und Schleimhaut)
statisch-gliedernde Funktionen	Rhythmus-Bewegungs-funktionen	Sinnes-Ernährungs-Atem-Funktionen
Innenkräfte	Innen- und Außenkräfte verbunden	Außenkräfte
(Raumprozeß)	(Bewegung)	(Zeitprozeß)

* Prometheus, (Artemis), Bd. 4, S. 186.
** Die geistig-seelischen Grundkräfte der Erziehungskunst, GA 305; Oxford 1922, II. und IV. Vortr.

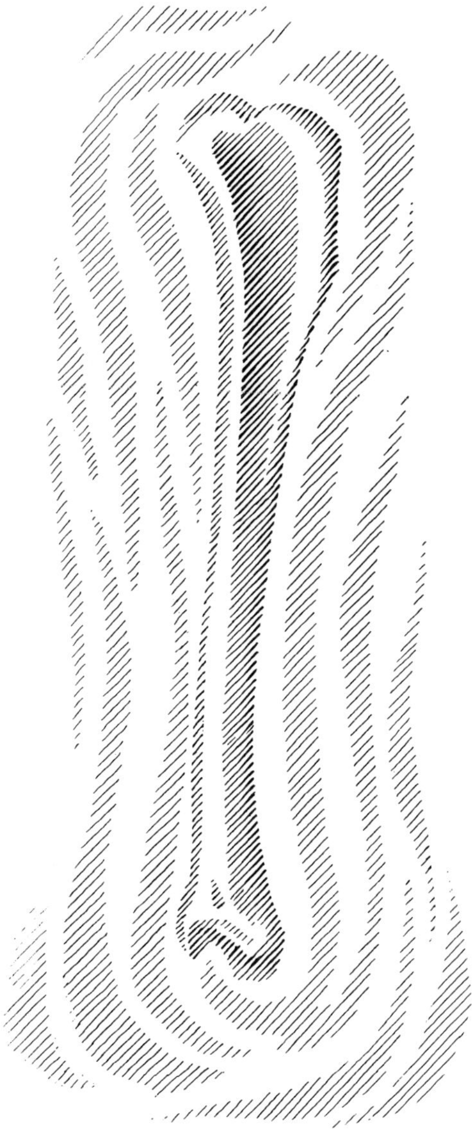

Abb. 147: *Dynamik der Knochenbildung aus dem Flüssigen* (nach Rudolf Steiner).

Der Bewegungsmensch ist durch seine vorwiegend muskuläre Organik vor allem Rhythmusmensch (das Skelett ist für den Bewegungsorganismus nur nachgeschaffenes Widerlager und Erfolgsorgan, das seine plastische Gestalt von den dynamischen Bewegungs- und Kräfteströmen der Muskulatur erhalten hat).

Es gehört zu den überaus einprägsamen Unterrichtsbeispielen, die Rudolf Steiner im Menschenkunde-Unterricht in der Waldorfschule gab, wo er an der Wandtafel zeichnend ein Knochengebilde in idealtypischer Weise aus einer lebendig strömenden Umgebung etwa in der folgenden Art entstehen ließ[10] (Abbildung 147).

Strömendes Bewegungsleben plastiziert den Knochen. So beobachtet man am ausgebildeten Knochen Impressionen – Digitationen (= fingerkuppenförmige Einprägungen) – Furchen und Wölbungen, die die weichen, fließenden Bindegewebselemente, die Adern und die rhythmische Funktion der Muskeln von allen Seiten in das feste und starre Knochenelement hineinplasziziert haben.

Einverleibung kosmischer Bewegung und in der Folge wieder Hinausgreifen der Eigen- und Selbstbewegung – diese beiden Funktionen machen im dauernden Wechselvollzug den Bewegungsrhythmus aus. Mit der Bewegungsorganisation umgreift das rhythmische System fast den ganzen Organismus, indem die Muskulatur den Leib beinahe vollständig einhüllt. Durch die Muskulatur erweist sich die «rhythmische Mitte» zugleich als ein den ganzen Organismus Umfassendes.

Es kann gar nicht deutlich genug hervorgehoben werden, wie groß der Anteil des Bewegungs-Rhythmus-Organismus an der Gesamtleiblichkeit ist. Annährend zwei Drittel der Gesamtorganisation gehören ihm an. Der Muskelorganismus bildet dabei zugleich eine funktionelle Wärmehülle. Wir sind gewissermaßen von einem «Bewegungs-Wärmemantel» bekleidet. Vom Willenspol unserer Organisation her ist diese Muskelumkleidung vollständig. Hier ist alles in die Bewegungsorganisation eingebettet. Am Hauptespol dagegen endet die Muskulatur am Kranz der Calvaria* (der Tonsur), der bindegewebigen Schädelaponeurose** (im Gegensatz zu den Primaten, wo die Muskulatur den ganzen Schädel umgreift). Beim Menschen zieht sich also am Bewußtseinspol das Bewegungselement zurück, beziehungsweise es ist hier zum Träger ganz anderer Funktionen umgewandelt.

* Calvaria = Schädeldach, von lat. calvus = kahl.

** Aponeurose = Sehnenhaut = gr. = ἀπονεύροσις.

Bewegung und Dreigliederung

Um die Bewegungsorganisation würdigen zu können, ist es notwendig, sie in der *Gesamt-Dreigliederung** der menschlichen Gestalt und ihrer Funktionen zu betrachten. Inerhalb dieser Ganzheit können wir dann auch aus der Funktionsübersicht die Metamorphosen der Bewegung ablesen. Betrachten wir die Dreigliederung noch einmal nach Hauptes-Organisation, Rumpf-Organisation und Gliedmaßen-Organisation.[11]

Nerven-Haupt	–	Bewußtseins-Organisation	weitgehend bewußt
Sinnes-Haupt	–	Wahrnehmungs-Organisation	
Bewegungs-Haupt	–	Sprach-Organisation	
Atmungs-Rhythmus	–	Empfindung (bewußt)	träumend-(halb)bewußt
Zirkulations-Herz-Puls-Rhythmus	–	Gefühl (halbbewußt)	
Aufrichte-Rhythmus Wirbelsäule	–	Haltung (unbewußt)	
Ernährungsleben	–	nach innen	weitgehend unbewußt
Generationsleben	–	innen-außen	
Bewegungsleben	–	von außen	

Mit diesem Überblick über die Gesamt-Dreigliederung können wir die funktionelle Beziehung des Bewegungs-Organismus zum Ganzen überschauen. So ergibt sich eine Beziehung des Bewegungslebens durch die

Kopfmuskulatur	zur «Mimik»
Rumpfmuskulatur	zur «Rhythmik»
Gliedmaßenmuskulatur	zur «Dynamik»

Die Polarität unserer Leibesgestalt ist in dieser Gesamt-Dreigliederung mit dem *Ruhepol* des Nervenhauptes (Formpol) und dem *Willens-Inkarnationspol* (Bewegungspol) der Bewegungsorganisation gegeben. Wie die Nervenorganisation vom Hauptespol her in alle Glieder formend herabstrahlt, wirken vom Gegenpol her die Kräfte des Willens, die Dynamik der Bewegung feurig, wärmehaft bis in die Hauptesregion hinauf. Deutlich wird vor allem die Dominanz der Bewegungsdynamik am Willenspol sowie ihre besondere Beziehung zum rhythmischen Bereich.

* «Neungliederung».

Nerven- Haupt
Sinnes- Haupt
Sprach-Bewegungs-Haupt

Atem- Rhythmus
Herz- Rhythmus
Wirbel-Aufrichte-Rhythmus

Ernährungs- Leben
Generations- Leben
Bewegungs- Leben

Abb. 148: Von der Dreigliederung zur Neungliederung.

In der *Mitte* findet sich ein dreifacher Rhythmus, in dem beide Pole in überhöhter Funktion vereinigt wirken. Die innige Durchdringung von Nervenform und Bewegungswille in dieser Mitte macht es dem Ich möglich, sich in der freien «Schwebung der Waage» durch den geringsten «Anstoß» geltend zu machen (vergleiche das Kapitel über den Rhythmus). Für das Verständnis des dreigliedrigen Bewegungsorganismus ist nächst der Betrachtung der rhythmischen «Mitte» für uns das Studium der *dreifachen Willens-Bewegungs-Organisation* wesentlich:

Form-Gestalt	Aufrichte-Gestalt	Bewegungs-Gestalt
Haupt	Wirbel- und Brust-Rhythmus	Gliedmaßen

Abb. 149: Drei Gestaltstufen.

Willenspol des irdisch orientierten Hauptes:
«Sprach-Bewegungs-Organisation»

Willenspol der Mitte:
«Aufrichte-Bewegungs-Rhythmus» (Wirbelorganisation)

Willenspol des (kosmisch orientierten) Lebensbereichs:
«Gliedmaßen-Bewegungs-Leben».

In jedem dieser drei Bewegungs-Organisations-Bereiche strömen kosmische Kräfte auf immer höheren Individuationsstufen in den Organismus ein; in der Gliedmaßen-Bewegungs-Organisation natürlich am unmittelbarsten. Kosmische Kräfte gestalten als Bewegungs-Urelemente die Organe und machen sie unserem intentionalen Schicksalswillen dienstbar. Dieser Kräfte-Einstrom wiederholt sich im Gesamtorganismus im Bewegungsgeschehen in Metamorphosen, die immer von der urphänomenalen Willensgeistigkeit selber «bewegt» werden.

Die muskulär-plastische Gestalt

> Durch die Muskulatur kommt die Schönheit in die Gestalt. Durch das Skelett das Charakteristische. Goethe*

> Aber nicht eine gerade Linie findet man im menschlichen Körper – alles wogt wie die Meereswelle und die Harfensaite; da finden sich Fragmente der Ellipse (aber nicht des Kreises), Parabeln, Hyperbeln, Planetenbahnen und Kometenläufe. Alles schwillt an und nimmt ab, fließt und macht Übergänge … Es gibt doch keine gerade Linie. August Strindberg**

Es ist der Bewegungsorganismus, der uns das Bild unserer plastischen Gestalt darbietet. Dieser bedeutsame Tatbestand ist der neueren Menschheit seit dem Verdämmern der griechisch-plastischen Kunst weitgehend aus dem Erlebnis geschwunden. Erst die neue Bewegungskunst, die Eurythmie, führt uns wieder zu einer Wahrnehmung des Bewegungsorganismus und damit auch zu einem neuen Erlebnis der ätherisch-plastischen Gestalt.

Was uns im vorigen Abschnitt bei funktioneller Betrachtungsart als dynamisches Einstrahlungsfeld geistiger Willensmächte begegnete, erleben wir bei der plastischen Gestalt als Fülle bewegter und bewegender Ätherität.

Lassen wir uns in diesem Zusammenhang einmal von der Betrachtung der griechischen Plastik leiten. Der griechische Künstler erlebte an der menschli-

* Naturw. Schr., Zur Morphologie; Bd. I, S. XXXVII.

** «Ein drittes Blaubuch», S. 906.

chen Gestalt unmittelbar ihre Aufrichtekraft in der Überwindung der lastenden Schwere, ihre von innen heraus wirkende Bewegung im Spiel der rhythmischbelebten Oberfläche und ihre Umkreisbezeichnung (Diskuswerfer).

Die plastische Gestalt ist Ausdruck des ätherischen Lebens. Der Torso läßt nichts vermissen. Das plastische Urphänomen gibt ein Ganzes, das auf geheimnisvolle Art befriedigt. Dies wäre selbst durch die vollkommenste anatomische Schulung nicht erreichbar gewesen. Im Gegenteil: An ihrer Stelle wirkte ein immer vollkommeneres Miterleben – Mitbewegen und – Miterschaffen der ätherischen Kräftebewegung im Organismus.

In der Richtung eines solchen bildenden Miterlebens wollen wir uns in folgendem bei der Betrachtung der menschlichen Gestalt darum bemühen, mehr und mehr das bewegte – plastische – Ganze aufzufassen und von daher auch die Bedeutung des einzelnen zu verstehen.

Bei der Dreieinheit von Haupt, Rumpf und Gliedmaßen der voll ausgebildeten Gestalt haben wir die charakteristischen Funktionen der einzelnen Glieder hervorzuheben. Der Rumpf ist vom plastischen Gesichtspunkt aus am vollkommensten, während die Gestalt des Hauptes mehr an Architektonisches grenzt. Vom Rumpf aus, als der Mitte, werden die Besonderheiten der Gliedmaßen einerseits und des Hauptes andererseits deutlich. Der Rumpf ist in die Umkreisrichtungen hinein differenziert, nach dem Haupte zu in einer anderen Weise als nach den unteren Gliedern (Beckenregion), nach links und rechts (Schulterregion) anders als nach vorne und hinten (Brustgrat-Rückgrat). Dabei leistet der Rumpf durch die Wirbelsäule schon den wichtigsten Beitrag zur Vertikalisation der Gestalt.

In der Gesamtmuskulatur des Rückens herrscht die Streckung vor, die in Hals und Nacken die Tragefunktion für das Haupt bildet. Die ventrale Rumpfmuskulatur stimmt in die Sagittalorientierung* der gesamten Sinnes- und Bewegungsrichtung der Gestalt ein und hat einen deutlich umfangenden, umschließenden Charakter. Dieser wird noch durch die Gestaltung der Arme und Hände verstärkt, bei denen ebenfalls die umfassend-umarmenden Beugefunktionen nach vorne gegenüber der Streckung überwiegen. Die empfangend-umfangende Beugefunktion der ventralen Leibesplastik vollendet sich in der weiblichen Gestalt, in der Ätherisches im Physischen in Gelöstheit und Fülle in Brust, Leib und Schoßregion vorherrscht, während die männliche Plastik in Straffung und Spannung aller Rückenstreckfunktionen Astralisches im Physischen dominant ausbildet. In der griechischen Plastik ist diese Polarität manchmal sehr drastisch in der Gestaltung der Amazonenkämpfe und in der Plastik von Faun und Mänade zur Darstellung gelangt.

Bei den Gliedmaßen sind die Arme mit ihrer verstärkten Schulter-Brust-Muskulatur zur Brust hin orientiert, was die menschliche Gestalt, im Gegen-

* Sagittalorientierung = Orientierung von vorne nach hinten; lat. Sagitta = der Pfeil.

satz zur Tierwelt, schon von der frühen Embryonalzeit her auszeichnet – frei von allen statischen Aufgaben, rein empfangend, öffnend, umschließend, frei zur Handlung, im Geben und Nehmen.

Die Beine wiederum leisten ihre Aufgabe des Tragens und Bewegens durch die Vorherrschaft der Streckbewegungsmuskulatur, die stark über die Gesäß- und Lendenmuskulatur in den Rücken einstrahlt. Die Arme strecken sich eigentlich nur, um ihre Hauptfunktion, die «Beugung», einzuleiten. Die Beine dagegen beugen sich nur um ihrer Hauptfunktion willen, der «Streckung» im Stehen und Gehen.

Streckung zeigt den Charakter seelen-leiblicher Aktivität – Tagseite der Funktion: Bewußtseinswachheit, aber auch Stolz, Hochmut und so weiter; Beugung zeigt vorwiegend ätherischen Charakter im Bergen, Bewahren, Behüten und in der liebevollen Zuwendung, eine Haltung, die charakteristischerweise besonders in der Schlafstellung bevorzugt ist. Im Streckungs- und Beugungswechsel ist die ganze plastische Gestalt rhythmisiert[12]. Im frei getragenen Haupt erscheinen beide Funktionen in einer ganz neuen Weise überhöht im Sinne der plastisch-charakterologischen Einheit der menschlichen Physiognomie.

Die Muskulatur des Rumpfes (Plastik der Bauchmuskulatur)

Der Rumpf, die rhythmische Mitte der ganzen Gestalt, offenbart in seiner muskulären Bildung nach außen, was er an rhythmischer Organisation in seinem Innern birgt. Er stellt das ätherisch gestaltete Hüllorgan unserer rhythmischen Organisation und unserer ernährenden Leiblichkeit dar, indem er vor allem unmittelbar an der Atemrhythmik und an der Aufrichte-Rhythmik der Wirbelsäule teilhat, die er seinerseits hält und bewegt. Daher ist der Rumpf in seiner Gliederung selbst in so hohem Maße durchrhythmisiert.

Der obere Pol des Rumpfes erscheint bis in die Einzelheiten seiner Ausgestaltung hinein kopforientiert (vergleiche die Darstellung des knöchernen Thorax). Die Muskulatur bildet hier großflächige sphärische Formen aus, so die beiden großen Brustmuskeln (Musculi pectorales majores) – vor allem auch die einstrahlenden, die Arme aufnehmenden Schultermuskeln (deltoideï).

Die Muskelgruppen der ventralen Rumpfmitte sind durch ihre noch entschiedenere Rhythmisierung charakteristisch. Da strahlen von der Seite unterhalb der beiden großen Brustmuskeln gegen die Mamillarlinie* die stark gefiederten (oder wie gezähnt abschließenden) Brustseitenwandmuskeln (Musculi serrati laterales) ein.

* Mamillarlinie = Orientierungslinie, die durch die Mamillen (Brustwarzen) senkrecht gedacht wird; lat. mamilla = Brustwarze.

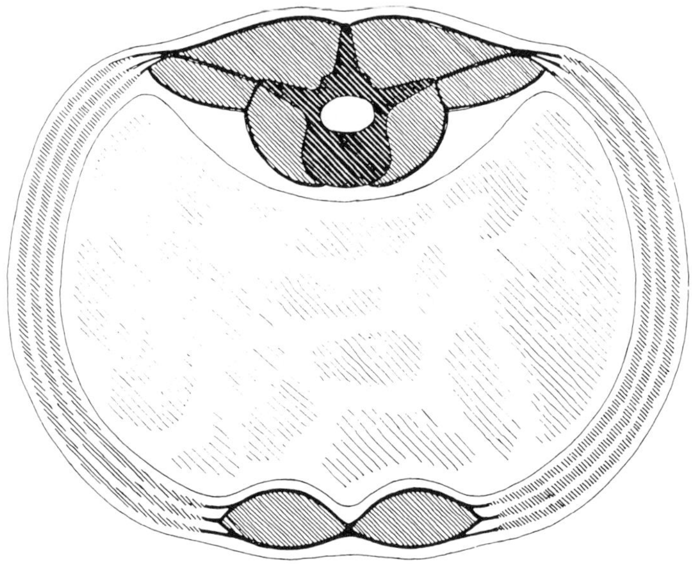

Abb. 150: *Rumpfmuskulatur des Lendenbereichs* (im Querschnitt): Hinten (oben) die Rückenstreckmuskulatur; vorn die geraden Bauchmuskeln, beide Gruppen verbinden die drei Schichten der schrägen und transversalen Bauchmuskeln.

Für die plastische Gliederung der oberen Rumpfmitte ist die Herz-(Magen)-Grube wesentlich. Unmittelbar über ihr erhebt sich der Thorax, der sich durch den knorpeligen Rippenbogen – vom griechischen Bildhauer oft überdeutlich herausgearbeitet – gegen den Ober- und Unterbauch abgliedert. Dieser deutliche Bogen charakterisiert die kosmischen Organkräfte, die von unten (innen) sich gegen den Brustraum emporwölben. Er birgt unter sich die große und kleine Zwerchfellkuppel im sogenannten Hypochondrium, die unter sich die Leber (rechts), die Milz (links) sowie in der Tiefe die Pankreasdrüse bergen und mit dem Magen zusammen gleichsam den «Kopfpol» des ernährenden Systems bilden.

Unter dem Thoraxbogen beginnt der «Leib». Nicht mehr von knorpeligen oder gar knöchernen Elementen geschützt, bildet er bis herab zum Becken einen mehr offenen Organbereich, der nur durch die muskulären Bauchdecken und im Inneren der Bauchhöhle durch das Bauchfell geschlossen ist. Um so wichtiger sind nun für diese Region die Bauchmuskeln, von denen zuvorderst links und rechts der Bauchmittelfurche in breiter Ausdehnung der «gerade» Bauchmuskel (Musculus rectus abdominis) zu nennen ist. Er zieht vom Rippenbogen gerade herunter bis zu den Schoßfugenästen des Beckens. Von besonderer plastischer Wirkung ist die zweifache Gliederung dieses Muskels oberhalb des Nabels, während er unter ihm eine einfache Unterbauchwölbung bildet, in dem sich auch die Mittelfurche wieder verwischt. Diese Gliederung in vier (beziehungsweise fünf) Muskelwölbungen des Rektus wird durch waagerechte Zwischensehnen (Intersectiones tendineae*) zwischen den einzelnen schwellenden Muskelkissen bewirkt.

Der griechische Plastiker gestaltet die obere Rektusregion unter dem Rippenbogen (und über dem Nabel) oft durch eine leichte, wie saugend eingesogene Konkavität, die die Mitempfindung des Atmungslebens im Oberbauchbereich im Beschauer anregt. Die Rektusmuskulatur folgt hier der ausatmend aufsteigenden Zwerchfellbewegung im Thorax mit den ebenfalls steigenden inneren Organen des Oberbauchgebietes. Diese Einziehung wurde vor allem bei der Gestaltung seelisch-schmerzhafter Empfindungen, manchmal in stürmisch extremer Dynamik, dargestellt (Laokoon-Gruppe, Niobiden).

Die plastisch-rhythmisch belebte Leibesoberfläche spiegelt in Wölbung und Hohlform, in Spannung und Lösung, inneres Seelen- und Organgeschehen demjenigen, der sich um die «plastische Sprache» bemüht, die unsere ätherische und seelische Leibesorganisation spricht.

Seitlich von der Rektusmuskulatur ziehen über die Lenden bis zum seitlichen Rippenrand herauf die «schrägen» Bauchmuskeln (Musculi obliqui abdominis). Durch sie wird die Verbindung des seitlichen Beckenrandes (der Hüfte) mit dem seitlichen Thorax und gegen die Mitte zur Rektusmuskulatur hergestellt. Charakteristisch für die Leibesplastik ist der Rhythmus der Muskelanschwellungen und der Furchen. Die den Rektus gliedernden waagerechten Muskelzwischensehnen haben wir bereits erwähnt, ebenso die vertikale Rumpfmittelfurche. Zu ihr kommen noch die beiden etwas breiteren Vertikalfurchen, die zwischen schrägen Bauchmuskeln und Rektusmuskel gegen das Leistendreieck (Trigonum inguinale) herabziehen, die den (bei griechischen Statuen so charakteristisch abgestuften) Leistenschnitt gegen die Oberschenkelmuskulatur bilden. Die beiden seitlichen, schrägen Bauchmuskeln nehmen das Radialmotiv der über die Hüfte ins Rumpfgebiet einstrahlenden Oberschenkelmuskulatur gewissermaßen als nächste, wenn auch abgeschwächte Welle auf und führen sie zum seitlichen Thoraxbogen herauf.

Plastik der Rückenmuskulatur

Bei der Betrachtung der Rückenmuskulatur drängt sich uns unmittelbar das Verhältnis der Funktionen von Tragen und Lasten der Gestalt auf. Bei schwacher Muskelbildung sinkt die Wirbelsäule meist in ihrer Lendenlordose, oft aber auch sogar im Bereich der Brustkyphose zusammen (vergleiche das Kapitel

* Intersectiones tendineae = Sehnenunterteilungen; lat. intersectio = Unterteilung, tendo = Sehne.

Abb. 151: *Rhythmisch-plastische Gestaltung der Rumpfmuskulatur* (griechische Plastik von einer Metope des Athena-Parthenon-Tempels).

über die Wirbelsäule). Die rhythmisch-muskuläre Bewegung richtet letzlich auch das Knochengerüst auf. Die Trage- und Haltefunktion des Skeletts ist eine sekundäre. Die Tragsäule wird selber getragen durch das bewegungsaktive rhythmische Element der Rückenmuskulatur, durch die der Aufrichtewillensimpuls einstrahlt.

Von ganz besonderer Bedeutung ist hier der Rückenstrecker (Musculus erector spinae)[13], der links und rechts der Wirbelsäule vom Kreuzbein bis in die Hinterhauptregion heraufzieht und zwischen seinen Muskelzügen die tiefe

Rückenfurche über den Wirbel-Dornfortsätzen freiläßt (die oben genannte ventrale Rumpf-Mittelfurche, mit ihrer sehnigen, mehr oder weniger deutlich durch die Haut hindurch schimmernden Linea alba* korrespondiert daher mit der wesentlich tieferen, über der Wirbelsäule verlaufenden Rückenfurche). Zu dieser die Streckfunktion der Rückenmuskulatur vorwiegend beherrschenden Erektor-Muskelgruppe kommen am unteren und oberen Rücken-Rumpfpol die Muskeln der Einstrahlungszonen von Beinen und Armen in der Beckengürtel- und Schultergürtelregion, beide durch die Erektorgruppe miteinander verbunden und beide ebenfalls vorwiegend Streckfunktion ausübend.

Am unteren Rumpfpol erscheint plastisch der Gesäßmuskel (Musculus glutaeus maximus), am oberen Pol die Muskeln des Rückens, des Nackens und des Oberarmansatzes (Musculus latissimus dorsi; Musculus teres major, Musculus infraspinatus [scapulae], der Musculus trapezius und der Deltoideus).

Zusammenfassung

Die gesamte Rumpfplastik ergibt sowohl leibwärts (ventral) als auch rückenwärts (dorsal) eine morphologische wie funktionelle Dreigliederung.

Die Muskulatur des ventralen Rumpfes gliedert sich am oberen Pol in die großen sphärischen Muskeln der Schulter-Brust-Region. Die Rumpfmitte ist entschiedener rhythmisch gegliedert, vor allem im oberen Rektusbereich (unterer Thoraxbereich und Oberbauchregion) bis zum Nabel. Als dritter Abschnitt folgt die Unterbauchregion unter dem Nabel bis zur Schoßfuge und den Leistenbeugen.

Die Rückenmuskulatur gliedert sich zwar noch entschiedener polarisch nach den Einstrahlungen der Arme und Beine in eine Becken- und eine Schulterregion, läßt aber auch eine Mitte erkennen: oben großflächige Schulter-Nakken-Region (oberer Trapezius zum Hinterhaupt, mittlerer Trapezius, unterer Trapezius), seitlich die Deltamuskeln, die Schulterblattmuskeln und der Latissimus dorsi. In der Mitte dominiert der Erector trunci mit seinen rhythmischen Wirbelansätzen, unten die Einstrahlung der Beinmuskulatur in die Beckenregion (Glutaeus maximus) als plastische Bildung gegenüber der unteren Bauchregion.

* Linea alba = weiße Linie, lat. albus = weiß.

Der Gliedmaßen-Bewegungsorganismus

Die Gliedmaßen haben wir Menschen als die späteren Organe bekommen; die sind die allermenschlichsten Organe.

Rudolf Steiner*

Wozu hat uns Gott denn zwei Arme gegeben, wenn sie nicht gebraucht werden sollen? Zum Studieren braucht man sie nicht, aber zum Schneeschaufeln, Holzhacken, Umgraben, um seine Kinder darauf zu tragen und sich zu verteidigen, dazu hat man sie bekommen, und man straft sich selber, wenn man sie nicht gebraucht.

August Strindberg**

Mit der Betrachtung der Gliedmaßenorganisation sind wir im eigensten, tätigsten Bereich der *Bewegung* angelangt. Ein dynamisch-kosmisches Geschehen, das aus den Weiten die «*Weltenmusik*» in den irdisch-organischen Lebenskreis hereinführt, vollendet sich in der Bewegung der Gliedmaßen. Wir erfassen das Wesen eines Planeten nicht in seinem isolierten sichtbaren Körper, sondern vor allem durch seine ganze Bewegungssphäre, die er in Zeit und Raum durchläuft, so auch den Bewegungsorganismus des Menschen. Sein erfüllter Bewegungsumkreis gehört wesenhaft zu ihm. Dieser wird durch die Gliedmaßen durchmessen und durchlebt. Der Bewegungsumkreis hat etwas von der kosmisch-musikalischen Bewegung der Planetenwelt. Die mythisch-indische Gottesgestalt des Schiva im Tanz mit seinen «tausend Armen» spricht diese «Sphäre» unmittelbar aus.

Wird uns hier Bewegung im organischen Weltenzusammenhang nicht gleichbedeutend mit Klangelement und Tanz, wie dies den antiken Anschauungen vom Wesen der Musik und der Tanzkunst entsprach? Musikalisch-intervallische Elemente, Zeit- und Raumgliederungen, liegen der Gestaltung unserer *Gliedmaßen* wie der *Versmaße*, der *Vers-Füße*, der Architektur aller Maßordnung in den Künsten zugrunde.

Wenn wir dem Wesen der Gliedmaßenbewegung gerecht werden wollen, haben wir sie aus diesem musikalisch-kosmischen Umkreis heraus zu verstehen.

Die Rumpfmuskulatur zeigte sich vorwiegend plastisch-rhythmisch organisiert. Ätherische Gesetzmäßigkeiten herrschten bei verhaltener, tragender oder umhüllender «Bewegung» des Rückens, der Brust und des Leibes – des

* Allgemeine Menschenkunde; 10. Vortr., S. 170 ff.; (Ausg. 1940).

** Aus den Blaubüchern (vgl. Fußnote S. 423, «höhere Zwecke»).

Abb. 152: *Rumpfmuskulatur* (Bauch- und Rückenseite). ▶

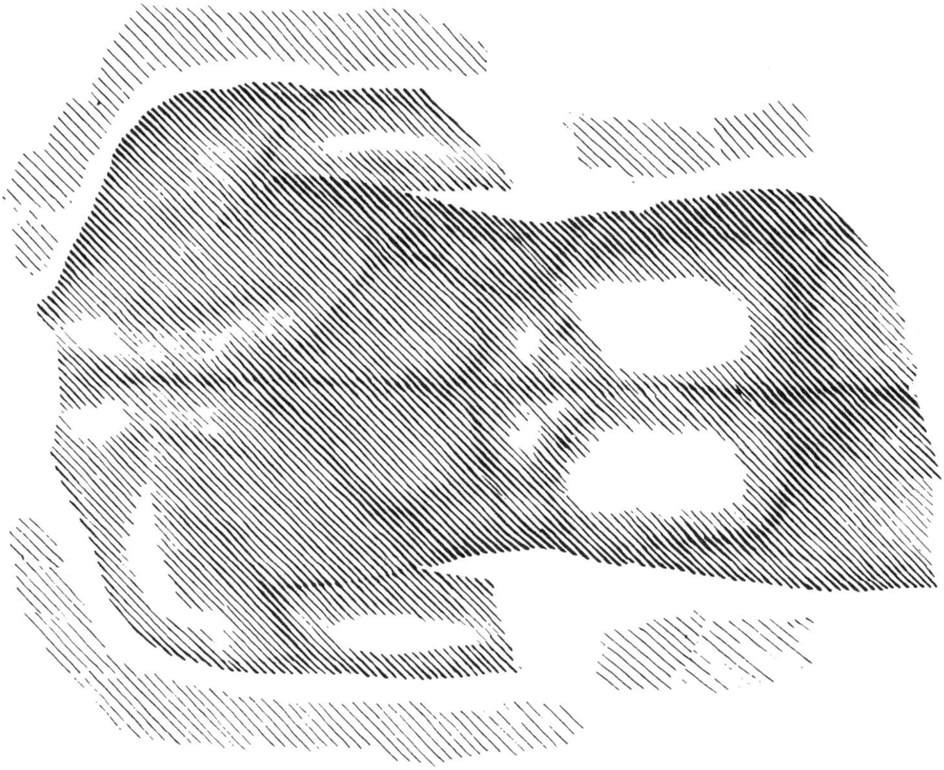

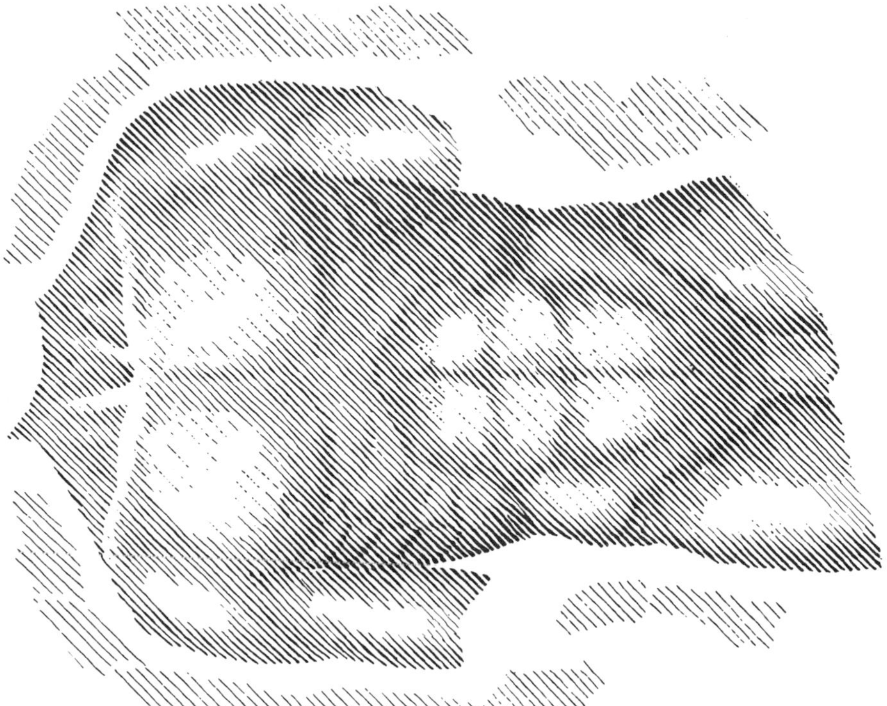

Rumpfes in seiner Ganzheit – vor. Der Sinn der Bewegung der Gliedmaßen dagegen verbindet den Organismus mit dem Umkreis und greift in den Raum hinaus.

Morphologisch wird uns das Gliedmaßenwesen am unmittelbarsten aus seiner Polarität zur Kopfgestalt und zur Hauptesfunktion deutlich. Hier die sphärische Bildung (Kugelellipsoid), da die Radialgestalt, wie dies schon bei der Behandlung des Skeletts dargestellt wurde. Der Kopf: irdisches Bild des Kosmos, die Glieder: kosmische Funktion für die Erde.

Mit der Bewegung der Gliedmaßen beginnen wir unsere Betrachtung am Willenspol. Wieder sprechen wir den Willen als ein geistiges Element an, das sich mit den Bewegungsorganen in unsere Leiblichkeit «eingliedert» und in sie «einstrahlt». Diese Einstrahlung geschieht in dreifacher Weise: am einprägsamsten am Gestalt-Willenspol selber, im Bereich des Beckengürtels, wo der Organismus ohnehin wesentlich kosmisch orientiert ist. Es folgt die «mittlere» Gliedmaßen-Einstrahlung im Bereich des Schultergürtels. Das dritte, das Willens-Einstrahlungsgebiet sehen wir am Haupte, wo Gliedmaßen (Ober- und Unterkiefer-Region) in die Hauptesmetamorphose einbezogen sind und einen wesentlichen Teil der Sprach-Bewegungs-Organisation bilden.

Hier haben wir uns noch einmal an die Gliedmaßenmorphologie Goethes zu erinnern: «Beine; Arme; untere Kinnlade» (vergleiche S. 33). Hier wird die Dreigliederung in der Metamorphose eines «dritten Gliedmaßenpaares» zum Unterkiefer, wo sich Bewegungsorganisation zu einem wichtigen Bestandteil der Sprachorganisation umwandelt, anschaulich. Indem wir die untere Hauptesregion als die dritte Willens-Bewegungs-Organisationsstufe betrachten, erkennen wir die Bewegungsfreiheit unserer Arme und Hände in ihrer vollen Bedeutung als Funktion der «Mitte».

Die Gliedmaßen der Organisationsmitte: Hände, Arme, Schultergürtel

Der Gliedmaßenorganismus unserer Mitte strahlt in den beim Menschen in einzigartiger Vollkommenheit ausgebildeten Schultergürtel ein. Betrachten wir zuerst das Schlüsselbeinpaar. Ihm verdanken wir die radial-kreisende Bewegungsfreiheit der Arme (während Tiere mit unvollständiger Schultergürtelbildung, trotz vorhandener Kugelgelenke, nur ihre Laufbewegungen ausführen können).

Das Schlüsselbein ist der Schlüssel zum Menschen, weil es nicht allein die menschliche Brustgestalt konstituiert, sondern die menschlichste aller Bewegungsfunktionen, die Freiheit der Arme, der Hände und damit die Freiheit des Handelns ermöglicht[14].

Der Beckenring, der hier mit dem Schultergürtel zu vergleichen ist, hat diese Freiheit nicht. Er ist vielmehr mit der unteren Wirbelsäule, dem Kreuzbein, durch dichteste Verbänderungen (Syndesmosen) verfugt. Dadurch werden die Beine zu «Tragsäulen» des Rumpfes (Benninghoff). Dagegen steht der Schultergürtel als solcher in freier und beweglicher Verbindung zum oberen Rumpfpol, dadurch, daß nur eine einzige festere Artikulation der Schlüsselbeine am Brustbein vorhanden ist (Articulatio sterno-clavicularis), wobei sich das Brustbein (Sternum) seinerseits bei der Atmung in Hebung und Senkung bewegen kann.

Seine charakteristische Bewegungsfreiheit erhält der Schultergürtel durch die Artikulation der Schlüsselbeine mit den frei verschieblichen Schulterblättern (Articulatio acromio-clavicularis*). Hier setzen, nach außen strahlend, Armbewegungsmuskeln an (Musculus deltoideus und Musculus pectoralis major und minor), wie umgekehrt Muskelströme von den Armen zur Schulterblatt-Schlüsselbein-Region hereinziehen (Musculus bicipitis, Caput breve; Musculus tricipitis, Musculus coraco-brachialis, Musculus subscapularis und Musculus infraspinatus).

Außerdem wird der Schultergürtel durch Muskeln beweglich mit dem Hinterhaupt und der oberen Wirbelsäule in *schwebender* Verbindung gehalten. Durch die freie Verschieblichkeit des Schultergürtels und besonders durch die Rotationsmöglichkeit der Schultergelenke selbst ist schon die gesteigerte Bewegungsfreiheit der Arme vom Grundgelenk her vorbereitet. Andererseits wird dadurch bei der Atmung die willkürliche freie Hebung und Senkung des Brustkorbes gewährleistet und bei Atembehinderung durch Fixation der Arme sogar unterstützt.

Arme und Hände

Tausend fleißige Hände regen, helfen sich in muntrem Bund.
Und in feurigem Bewegen werden alle Kräfte kund. Schiller**

Es ist nichts Geistiges, was nicht in diesen Bereich fiele.
Goethe***

Hätten wir nicht zwei Hände, so daß wir die linke mit der rechten angreifen könnten, so könnten wir nie eine ordentliche Ichvorstellung haben. Nur daß wir Gleiches mit Gleichem angreifen, dadurch wird die Ichvorstellung in der rechten Weise allmählich möglich. Rudolf Steiner****

* Articulatio = Gelenkverbindung, von lat. articulus = Gelenk. – Sterno clavicularis = sternum, gr. = στέρνον = Brust (Herz, Gemüt). – Clavicula von lat. clavis = Schlüssel, Schloß. – Acromion von gr. ἀκρός, ον = Höhe, Spitze, Schulter, Schulterhöhe.

** Friedrich Schiller: «Die Glocke».

*** Naturw. Schr., Bd. II. Zur Morphologie, Bd. I, S. 409.

**** Vergangenheits- und Zukunftsimpulse im soz. Geschehen, GA 190.

Kräftemäßig gehören Arme und Hände zum weiteren Willensumkreis unserer organischen Peripherie. Funktionell sind sie Organe des schöpferisch-menschlichen Gefühls und sogar des Bewußtseins.

Durch die hier waltende Bewegungsfreiheit und Bewegungsführung wirkt der Umkreis bis in den Schultergürtel herein. Arme und Hände bilden in ihren Richtungsachsen die unendlichen Radien, in die hier die Bewegungskräfte ein- und auszustrahlen vermögen. Es gibt daher so zahllose Möglichkeiten, Arme und Hände zu bewegen, daß es vollkommen unmöglich ist, sie vollständig zu beschreiben (Benninghoff). Am Arm (Oberarm) überwiegen die Beugemuskeln, am Bein überwiegen die Streckmuskeln (Stehen ist nur mit gestreckten Knien und Hüftgelenken möglich). Der Rumpf unterstützt die peripherischen Bewegungen, so daß die Hände gleichsam frei wie Vögel durch den Raum fliegen (Benninghoff).

Gleichgewichtsbewegungen, Schwingungen der Arme beim Gehen, Schleudern der Arme beim Springen, Wurfbewegungen, Arbeitsbewegungen, Wendebewegungen von Unterarm und Handflächen (Supination und Pronation*) sind die menschlichsten Gliederbewegungen. Es entsteht die Sprache der «Gesten»: Zuwendung zu sich selbst, Abweisung des Fremden, «Urteil» in der Bewegung, seelische und geistige Bedeutung im Bewegungsausdruck: Der Geist der Hände wird durch Handlung, durch Begreifen und Begriff, durch Fassen und Auffassen unmittelbar mit der Sprache der Vernunft verbunden. Geschicklichkeit im Handeln wird zum Schicksal: durch das Handeln wird die Welt zu unserer Welt.

Die Hände werden durch ihre Bewegungsfreiheit, in den Raum einzugreifen und die Raumdinge zu gestalten, zu «Sinnesorganen» – dies aber auch (mehr noch) durch ihre seelische und geistige Gebärdensprache. Hierin ist ihre Bewegung ein wesentlicher Teil unseres Persönlichkeits-Ausdrucks. Ein geistiges Gleichgewichtserlebnis liegt im Zusammenwirken der Bewegung beider Arme und Hände in der Gebärde des Prüfens[15], Wägens und Urteilens. Dieser Ausdruck ist am bedeutungsvollsten in einem Kunstwerk, in der Gebärde des Christus in Leonardo da Vincis Abendmahl, dargestellt worden.

Der Arm als Ganzes – Oberarm, Unterarm und Hand – bildet so ein physisch-geistiges «Gesamtwerkzeug». Im Blickfeld des Auges steht dieses in der genauesten Beobachtung unseres denkenden Bewußtseins – mit ihm gemeinsam tastend und greifend. Gedanke, Auge und Hand gehören zusammen wie Gehen, Sprechen und Denken.

Rudolf Steiner hat auf diese nahe Beziehung zwischen der Bewegung der Hände und unserem Sprachorganismus immer wieder hingewiesen[16]. Die Artikulation der freien Fingerglieder und die Sprach-Laut-Artikulation hängen

* Supination = Aufwärtswendung der Handfläche, lat. supinare = aufwärtswenden; pronare = vorwärtswenden.

durch die Nachbarschaft unseres Sprach- und Bewegungszentrums im zentralen Rindenbereich und im Schläfenbereich des Gehirns (Gyrus praecentralis und Gyrus postcentralis) eng miteinander zusammen, dies vor allem in bezug auf die Rehabilitation oder Heilung dieser Zonen von der Peripherie her. Der ganze Bewegungsmensch ist in dieser Beziehung auf Sprache (und Denken) bezogen. Vor allem wirkt Bewegung auch auf die dramatisch-künstlerische Sprachgestaltung über das Laufen, Springen, Ringen, Speer- und Diskuswerfen – die Übungen des griechischen Fünfkampfes –, die Rudolf Steiner als Vorübungen dieser Kunst besonders empfohlen hat[17].

Erst die Bewegungen der Arme in ihrer waagerecht-schwebenden Haltung führen zur Erscheinung der Freiheit unserer Aufrechten und verstärken den Gleichgewichtssinn. Die Freiheit der Arme in der Waagerechten hat die Menschen schon immer an Schwingen, ihre Bewegung an Flügelbewegungen erinnert, so daß der «beflügelte Mensch» als Kunstimagination zu einem fast «naturgemäßen» Erlebnis früherer Kunstepochen gehört (vergleiche die Nike-Darstellungen griechischer Plastik). Es gehört offenbar zum Wesen der Armbewegung, durch ihre Freiheit die Imagination der Beflügelung zu wecken.

Die Bewegung der unteren Gliedmaßen: Stehen, Gehen, Laufen, Springen

Schon im Zusammenhang mit der Wirbelsäule haben wir auf die innere Aufrichtebewegung hingewiesen. Aufrechte Haltung und Stehen bilden ein bedeutsames Kontinuum des menschlichen Willens.

> «Gib mir, wo ich stehe, und ich will dir die Welt bewegen»,
> Archimedes.
> Und das Luther-Wort:
> «Hier stehe ich – ich kann nicht anders.»

Beide Worte drücken Willensunmittelbarkeit aus. Mit der Bildung der unteren Gliedmaßen als erdgerechter Bewegungsorgane vollendet sich der Mensch in einer weiteren Dimension.

Der Begriff der Gestalt hängt, wie wir schon dargestellt haben, mit Stellen und Stehen (statura) zusammen. Aus diesem Urerlebnis stammt die geistige Bedeutung der Worte: «Stand», «Standpunkt», «Standort», «Stand der Dinge».

Dagegen: «Die Lage» oder «der Fall».

Der freie Stand allein gewährt symbolisch und wirklich, den freien Gebrauch der Arme und Hände, das freie Tragen des Hauptes und die Möglichkeit, die Sinne frei zu wenden und zielvoll zu richten.

Auch «Verstand» und «Verständnis» deuten auf unser Stehen, auf den freien Stand, unsere Selbständigkeit und was wir sonst noch alles mit der Vertikalisation, der vollständigen Aufgerichtetheit unserer Gestalt verbinden können, die wir mit der Wirbelsäule zusammen der Organisation der unteren Gliedmaßen verdanken.

> Die Tiere stehen vor dem Menschen mit gebeugtem Knie.
> C. E. v. Baer*

Beim Stehen wirken die Beine dadurch als «Tragsäulen», daß bei ihnen die Streckmuskulatur wesentlich stärker als die Beugemuskulatur ausgebildet ist, für die im Unterschied zu Arm und Hand nur geringe Einwärtsbewegungen möglich sind[18]. Es ist dies vor allem in der Hüftgelenksregion der Fall, wo die Gesäßmuskulatur (Glutaeus minimus, medius und maximus) die entscheidende Aufrichtestreckung bewirkt.

Die Streckung im Kniegelenk:

Benninghoff weist darauf hin, daß die *Schwere* allein schon ein «streckendes Moment» haben kann, wenn bei vorgeneigtem Rumpf die Schwerelinie vor der queren Achse der Kniegelenke verläuft. Im übrigen arbeiten die Streckmuskeln aber gegen die Schwere und sind daher eben in den Beinen stärker als die Beugemuskeln ausgebildet[19]. Der wichtigste Streckmuskel im Kniegelenksbereich am Oberschenkel ist der Musculus quadriceps femoris. Dazu kommt noch der Tensor fasciae latae, der das Knie in der Streckhaltung fixiert. Beugend auf den Unterschenkel wirken der Musculus biceps, der Musculus semitendinosus und der semimembranosus, der Musculus sartorius; der Musculus gracilis, der Gastrognemius. Gegenüber dem Kniegelenk dominieren die Muskeln des Oberschenkels in ihrer Streckfunktion und verbinden sich dabei mit den Streckmuskeln der Hüfte (Beugung der Hüfte und Beugung des Knies sind in gleicher Weise koordiniert). Dieser Funktionszusammenhang ist für Stehen, Gang und Lauf entscheidend.

Der Schritt, der Gang

«Der erste Schritt»; «der letzte Schritt»; «der entscheidende Schritt» – aber auch viele «vergebliche Schritte» müssen getan werden. Dagegen wird mancher Schritt, bewußt oder unbewußt, zum «Schicksalsschritt». «Der leichte Gang»; «der schwere Gang»; «der Gang der Handlung»; der Gang ist bedeutsam wie der Schritt. Es ist schicksalshaft, wohin uns die Füße tragen.

Was bedeutet doch der Gang eines Menschen! Das Auftreten, die Art, den Fuß zu setzen! Die ganze Persönlichkeit kennzeichnet sich im Schicksalsansatz aus den Tiefen des Charakters heraus bei jedem Schritt in der Art, die Zehen-

* Zitiert nach Hermann Poppelbaum: «Mensch und Tier, S. 13.

spitzen zu setzten, die Ferse gegen den Boden zu stemmen. Mit dieser letzten Fußgebärde hat sich Johann Gottlieb Fichte als Philosoph des Willens charakterisiert. Alle diese Bewegungsgebärden sind mehr als metamorphorische Bezüge; sie sind Wesensoffenbarungen.

Das dreiteilige Schreiten: Die Gangbewegung ist ein dreiteiliges Geschehen, bei dem ein Rhythmus von Heben, Tragen und Setzen abläuft. Dabei wird der Rumpf wechselweise vom linken und vom rechten Bein getragen. Man unterscheidet zwischen Standbein und Schwingbein (oder Spielbein, nach dem Kanon der klassischen Plastik). Wenn der hintere Fuß von der Ferse her die Lösung vom Boden zu vollziehen beginnt, faßt der vordere gleichzeitig Fuß, indem er seinerseits den Boden zuerst mit der Ferse, bei weitgehender, aber nicht ganz vollständiger Streckung im Kniegelenk, erreicht. Während nun die ganze Gestalt der Vorwärtsbewegung hingegeben ist, wird das Bein, sobald die Sohle völlig Fuß gefaßt hat, zum Standbein. Beide Beine berühren in dieser «Phase der doppelten Unterstützung» den Boden, das Standbein ist dabei mit der ganzen Gestalt annähernd in die *Senkrechte* hereingeschwungen. Der in fließender Vorwärtsbewegung weitergeführte Körper läßt dann aber sogleich das Standbein zurück, so daß jenseits der Senkrechten von der Hüftgelenksachse beider Beine aus, je nach Schrittgröße, nach vorne und nach hinten ein wechselnd großer Bewegungswinkel erreicht wird[20].

Das voranschreitende Bein berührt beim gewöhnlichen Gang den Boden mit der Ferse zuerst, während sich das rückwärtige bereits mit der Ferse hebt und zuletzt mit den Zehen und vor allem mit der Großzehe dem ganzen Rumpf einen Bewegungsimpuls nach vorne verleiht. Dabei wird das Bein sogar durch die Streckung des Fußes (Plantarflexion) *verlängert* und die Bewegungskraft gesteigert. Bei den Wechselphasen der Beinbewegungen – Abstoßen, Führen, Vorgreifen – werden Schulter und Haupt ruhig in einer sanften Wellenlinie durch den Raum getragen.

Wenn das im Bewegungsfluß des Gehens zurückgebliebene tragende Bein sich in der nächsten Phase vom Boden löst, wird es zum schwingenden, das von den Beugemuskeln der Oberschenkelmuskulatur und des Hüftgelenks angehoben und nach vorn geführt wird (Musculus rectus femoris, Musculus sartorius, Musculus gracilis und die tiefer gelegenen Adduktoren*). In der Hebung macht sich beim dreiteiligen Schreiten jeweils am stärksten die Rhythmusphase geltend. Das Becken wird während des Ganges in der *Waage* gehalten. Es sinkt nicht gegen das frei getragene und frei geführte Bein ab. Dies leisten die Streckmuskeln der Hüfte, der tiefen Lendenabschnitte und der Gesäßmuskulatur (vor allem der Glutaeus medius und minimus). Die der Schrittbewegung entsprechenden Armbewegungen (linker Fuß, rechter Arm, rechter Fuß, linker Arm) tragen zum dynamischen Gleichgewicht dieses Bewegungsflusses bei[21].

* Adduktoren = heranführende Muskeln; lat. ad = heran, zu; ducere = führen.

Abb. 153: *Läufer*. Nach einem griechischen Vasenbild des sechsten Jahrhunderts v. Chr.

Der Gang, der Schritt ist in der bedeutungsvollen Vereinigung von aufrechter Haltung und Bewegungsimpuls vom Wesen her befähigt, zu künstlerisch-kultischer Erhabenheit – zum *Schreiten* gesteigert zu werden, wenn der Mensch seine Leiblichkeit einer höheren Aufgabe entgegenträgt.

Bei diesem Schreiten werden die drei Funktionen des Ganges von Heben, Tragen und Setzen zum Funktionsbild des geistigen Menschseins in Wollen, Fühlen und Denken. Ein bewußter Willensimpuls leitet die Hebung zur Bewegung des Schreitens ein; ein höheres Freiheitsgefühl steigert den Bewegungsbogen des geführten Fußes, und im (bewußten) Ertasten der Erde durch die Zehen vollendet sich der Schritt zum Ausdruck der Würde des Menschen, wie wir ihn uns klassisch in Opferreigen hellenischer Kulthandlungen denken oder wie er wieder in der eurythmischen Kunst gepflegt wird. Der Schritt wird zum Funktionsbild des dreigliedrigen Menschen selbst.

Der Lauf

Bei der Beschleunigung der Schritte wird der Leib im *Lauf* in die Leichte emporgetragen, so daß bei dieser Steigerung der Bewegung im wesentlichen Moment beide Füße für einen Augenblick gleichzeitig vom Boden gelöst sind, und der Körper schwebt in einem zweiteiligen, atembezogenen fließenden Rhythmus. Geschieht diese Loslösung entsprechend der Steigerung vom Gehen zum Schreiten, so wird der Lauf zum Tanz. Rhythmen der Atmung und des Pulses können ihm die verschiedensten Wirkungen und Akzente verleihen.

Der Sprung

Der «dreiteilige» Bewegungsablauf im Schreiten, das «zweiteilige» Geschehen im Lauf wird im Sprung zu einem einzigen, feurigen, energischen Ereignis in die «Steigerung» emporgetrieben. Alle Streckungselemente der Bewegungsorganisation schnellen den Leib in die Höhe.

> *Euphorion*
> Dorthin! Ich muß! Ich muß!
> Gönnt mir den Flug!
> ...
> Ikarus! Ikarus!
>   Goethe, Faust II

So darf wohl die Bewegung der unteren Gliedmaßen, die uns durch den elementaren Raum tragen, selber mit den Elementen verwandt erlebt werden:

> Das Stehen mit der *Erde*.
> Das Gehen mit dem Fluß des *Wassers*.
> Das Laufen als eine Hingabe an das *Luftelement*
> und das Springen als das Auflodern eigenen *Feuers*.

Zur Entwicklungsgeschichte der Muskulatur

Bei der Entstehung des Muskel-Bewegungs-Organismus in der Embryonalzeit haben wir zuerst unseren Blick auf den Keim der Gesamtorganisation zu richten. Da findet sich schon früh in Gestalt und Entwicklungsfunktion die Dreigliederung, und zwar in Kopfentwicklung (Kephalogenese), Gliedmaßeneinstrahlung (Melogenese) und der diese polaren Gestaltungen in der Mitte verbindenden Bildung des Rumpfes (Notogenese)*. In der Notogenese finden wir eine Steigerung der polaren Kopf- und Gliedmaßenentstehungskräfte, vor allem wird vom Rumpf aus die gesamte rhythmische Organisation von dem «geistigen Stab» der Chorda dorsalis (der Rückensaite) ausgestrahlt. Ihre Rhythmusimpulse sind es, die von hier aus Organordnungsgestaltungen bewirken. Diese Impulse greifen unmittelbar in das perichordale Mesenchym** ein, wodurch sich von hier aus alle weiteren Gliederungen ergeben.

Die rhythmischen Prozesse der Entwicklungsbewegung, die zur Wirbelsäulenbildung führen, wie diejenigen Entwicklungsbewegungen, welche die rhythmische Gliederung und Funktion der Bewegungsmuskel-Organisation bewirken, sind gegenüber der physisch-konzentrativen Bildetendenz der Kephalogenese und derjenigen der peripherischen Melogenese als «*Rhythmogenese*» hervorzuheben. Gerade die Rhythmogenese ist für das Leben des Gesamtorganismus von Anfang an von der allergrößten Bedeutung. Die Entwicklung vollzieht sich vom Ursprung an nach dem trinitarischen Lebensgesetz von «*Polarität und Steigerung*» (Goethe).

Rhythmogenese

Kephalogenese Melogenese

Das um die Chorda strömende Mesenchym bildet zu Beginn dieser *rhythmogenetischen* Verwandlungen eine homogen strömend-ätherische Matrix, in die sich von der Chorda aus «Gestaltungswellen» rhythmisch eingliedern. Die hierbei entstehenden Verdichtungs- und Erweiterungszonen bezeichnet man mit dem mehr auf die verdichteten Teile gerichteten Blick als Somiten***. Es handelt sich hier um erste «Verkörperungen», Verleiblichungen des ursprünglich protoplasmatisch-flüssigen Mesenchyms, das aber auch jetzt noch ganz seinen dynamisch-ätherischen Charakter bewahrt. Diese Somiten sind also rhyth-

* Kephalogenese = Kopfentstehung; gr. = κεφαλή = Haupt, Kopf. Genese = Entstehung; γένεσις = Entstehung. – Melogenese = Gliedmaßenentstehung; μέλος = Glied (Ge-Lied, Melodie = das Gegliederte). – Notogenese = Rücken-(Rumpf-)Entstehung; νῶτον = der Rücken.

** Perichordales Mesenchym = um die Chorda gelegene Urbildesubstanz. Mesenchyma = das «inmitten» Gegossene. Vergl. Teil I, Abb. 5, S. 44.

*** Somiten = Leibesbildungen; gr. σῶμα = Leib.

misch aus der *Urmitte* des Organismus herausgeborene, organ-intentional gerichtete Verleiblichungswellen.

Die Schwierigkeit der Umschreibung dieser äußerst zarten und zugleich ungemein dynamischen Gestaltungsformen des perichordalen Mesenchyms hat zu weiteren Begriffsbildungen der gleichen Gegebenheiten in der wissenschaftlichen Nomenklatur geführt. Die deuten bei der Somitenbildung dann mehr auf Gliederung und Teilung des Mesenchyms. Man spricht hier auch von «Segmentbildung», «Segmentation» oder von «Metamerie»* und im besonderen im Hinblick auf die Muskelentstehung von «Myomerenbildung» (vergleiche das Kapitel «Die Wirbelsäule»). Um das Wesen dieser Gliederungen richtig zu verstehen, sei an die «Verdichtungs- und Verdünnungszonen» chladnischer Klangfiguren erinnert. Jede «Woge» der einander folgenden Somitenwellen dieser Ursegmente differenziert sich in der weiteren Entwicklung in verschiedene, wiederum dreigegliederte Wirbel-Organsphären.

Chordanah finden sich Somiten, die ihrer zukünftigen Bedeutung für die Skelettbildung wegen als *Sklerotome*** bezeichnet werden. Diese bilden zunächst die Vorstufe für die rhythmische Gestalt der Wirbelsäule. Am weitesten von der Chorda entfernt sind Somiten, die an die Leibesgrenzen des Embryos hinauswandern. Sie werden im Hinblick auf die spätere Hautbildung als Dermatome*** bezeichnet. Zwischen Sklerotom- und Dermatomzone findet sich das mesenchymale Bildungsareal, das weder zu dichter Form und fester Struktur noch zu einer Abgrenzung-Hüllen-Organisation wird, sondern das, zwischen beiden, Organe freier Bewegung, freier Rhythmik ausbildet – die Myotome**** (beziehungsweise Myomere), die sich dann im Laufe der Entwicklung zum endgültigen muskulären Bewegungsorganismus ausgestalten[22].

Nun bleibt das perichordale Mesenchym in der Dermatombildung in der Peripherie zunächst weiterhin ein «strömendes», «fließendes» Organ, um späterhin als Hülle der Leibesoberfläche, als «Haut» zugleich Sinnesorgancharakter anzunehmen. Andererseits gibt im Inneren das chordanahe Mesenchym, Sklerotom bildend, die ursprüngliche mesenchymale Bewegungseigenschaft auf und kommt in der Wirbelkörper-Bildung zur Ruhe. In der Mitte – zwischen verhärtendem Sklerotom und weiterhin flüssigem Dermatom – steigert sich im Myotom die mesenchymale Ureigenschaft dynamischen Bewegtseins in den *Myomeren* bis in ihre vollkommenste Ausgestaltung: Im plastisch-muskulären Bewegungsorganismus konzentriert sich die Fähigkeit, sich rhythmisch zusammenzuziehen und auszudehnen, um für das ganze Leben Organ der Bewegung zu bleiben.

* Segmentum: lat. = Schnitt, Abschnitt; Metamerie; gr. μετά-μέρος = Teil.

** Sklerotom = Urskelettgliederung; gr. σκληρός = trocken, hart, rauh. Tom = von gr. = τέμνω = schneiden; τόμος = abgetrennt.

*** Derma: gr. = δέρμα = Haut.

**** Myotom = Muskelursegment; gr. = μύς = Maus.

Das sich «fließend» erhaltende Dermatom[23] auf der einen Seite und das in der Raumplastik sich verfestigende, zur Formruhe gelangende Sklerotom werden vom Myotom funktionell überhöht. Beide Tendenzen sind in der dynamischen «*Zeitgestalt*» im Rhythmus vereint[24].

Die Myomeren als Elemente unseres Muskel-Bewegungsleibes wandern in der weiteren Entwicklung vom Ort ihrer Uranlage, der Chorda-Umgebung, Woge um Woge hinaus in die Bewegungsperipherie. Charakteristischerweise behalten die wirbelnahen Muskeln im vollkommen ausgebildeten reifen Organismus noch immer ihre ursprünglich embryonale Lageordnung am Entstehungsort des Myotoms bei. Hier finden sich alle Übergänge metamerer Muskeln zu späteren differenzierteren Formen (Braus). Dies gilt für die tiefliegenden Muskelschichten des Rückens (Musculi interspinales, intertransversarii = Zwischenwirbelmuskeln) und im weiteren für alle Muskeln, die wir zusammenfassend als «Rückenstrecker» (Erector trunci) bezeichnen. Alle diese auf- und abwärtsziehenden Muskeln des Rückens nennt man daher autochthone* Muskeln.

Die Myomeren der Rumpfseitenmuskulatur dagegen mußten schon ein Stück Weges zurücklegen, um vom myotomen Ursprungsort zum Ort der späteren Funktion zu gelangen, die Bauchmuskulatur sogar geradezu eine «Wanderung». «Die gesamte Muskulatur der seitlichen (lateralen) und vorderen (ventralen) Rumpfwand wächst als ‹Bauchfortsatz› des Myotoms von hinten (dorsal) nach vorne (ventral) zwischen Integument (Haut) und Somatopleura (Eingeweidehülle) aus» (Starck). Wir können also im Gegensatz zur «autochthonen» Rückenmuskulatur von «eingewanderter» Leibes- und Bauchmuskulatur sprechen, die zur Bildung einer *geschlossenen* Rumpfmuskelorganisation führt.

Die *ventrale Muskulatur* behält im rhythmisch durchgegliederten Brustbereich der Rippen ebenfalls weitgehend ihre ganz ursprünglich metamer-rhythmische Gestaltung bei (besonders die Zwischenrippenmuskeln, Musculi intercostales). Im eigentlichen Bauchbereich jedoch finden dann unter den hier einwandernden Muskeln sowohl Verschmelzungen als auch Abspaltungen von der ursprünglich metameren Muskelanlage statt. Dies ist vor allem bei den schrägen inneren und äußeren Bauchmuskeln der Fall (Musculi obliqui interni und externi). Der gerade vordere axiale Bauchmuskel (Musculus rectus abdominis) stellt eine Synthese beider Möglichkeiten dar.

Das Ergebnis der rhythmisch von der Chorda ausströmenden Somiten-(Myomeren)-Wanderung bildet im Sinne der umfassend wirksamen Rhythmogenese das Bewegungsgefüge unserer Rumpfmuskulatur als Ganzheit, das den Brustrumpf, den Rückenrumpf und den Leibes-(Bauch)-Rumpf zu einer großflä-

* autochthon = am Ursprungsort entstanden; gr. = αὐτός = selbst, gr. χθων = Erde.

chig, schwellend gegliederten Leibesplastik als dreigliedrige Einheit zusammenschließt. Dabei darf der Rumpf als ganzer im Sinne seiner Muskelentwicklung als ein rhythmisch akkordierter Hohlmuskel aufgefaßt werden.

Die Entwicklung der Gliedmaßenmuskulatur

Der ganze Organismus ist im letzten Grunde als Bewegungsorganismus anzusehen, insofern die Bewegungsorganisation umgreifend angelegt ist und das ganze organische Geschehen als eine Metamorphose von Bewegungsereignissen aufgefaßt werden kann. Darüber hinaus aber sind die Gliedmaßen die *eigentlichen Bewegungsorgane*. In den Gliedmaßen bildet sich nochmals der ganze Bewegungsorganismus in idealtypischen Metamorphosen heraus. (Der Rumpf ist *auch* Bewegungsorgan, die Gliedmaßen sind es ausschließlich.) Als solche sind sie wieder «Mitte-Organe» – Mittler zwischen dem kosmischen Bewegungs-Ozean und dem von diesem abgesonderten Eigenorganismus. Alle Gliedmaßen sind in ihrer selbständigen Entwicklung aus dieser Mittefunktion heraus wesenhaft zu verstehen.

Bei der Betrachtung der Gliedmaßenbildung gehen wir wiederum von der Entwicklung des Embryos aus, bei dem die Gestalthülle – Dermatom-Hülle – schon weitgehend geschlossen ist. Wie im voll ausgebildeten Organismus auch die kleinste Leibesorganelle, solange das Leben währt, von ihrer Peripherie, von der Perilymphe, dem umzelligen Protoplasma her ihre funktionell gestaltlichen und ernährenden Impulse erhält, was bis in den chromosomalen Feinbau hinein gilt (Blechschmidt), so erhält der ganze embryonale Organismus, als Antwort auf die Elementarbewegung des Embryos, wesentliche Bildungsimpulse aus der Dynamik der Fruchtwasserströmung. Dies gilt besonders für die Entwicklung der Gliedmaßen[25]. Die Gliedmaßen-Entwicklungszone des Embryos befindet sich in der Rumpfseitenwandlinie (die vor allem bei Fischen besonders ausgeprägt und im Frühstadium der menschlichen Embryonalentwicklung ebenfalls nachweisbar ist). Die Rumpfseitenwandlinie ist die Reizzone, die auf die peripherischen Bewegungskräfte in der Fruchtwasserlymphe mit der Bildung der Seitenwandknospen (Gliedmaßenknospen) antwortet.

Bei Fischen erscheinen hier als erste Einprägungen die Archipterygien*, Flossenbildungen mit zahllosen radialen Knorpeleinstrahlungen, die sich im höheren Organismus auf wenige Radialstrahlen vermindern und in der Fünfstrahligkeit der menschlichen Hand- und Fußbildung gipfeln. Flossen sind demnach Gliedmaßen, Urgliedmaßen eines Wesens, das in seiner Gesamtorganisation Bewegungsorgane des Wassers – vom Wasser für das Wasser gestaltet – ganz

* Archipterygium = Urgliedmaße (Urflügel); gr. = ἀρχή = Anfang, und πτερύγιον – kleiner Flügel.

Rhythmusorganisation ist (Kolisko). Flossen sind Flügel des Wassers. In diesem bildhaft-funktionellen Sinne ist der Ausdruck Pterygion durchaus treffend.

Wie sind nun diese Flossen entstanden? Die Einstrahlungen aus dem Umkreis zeigen sich bei Fischen in größter Mannigfaltigkeit und Vollkommenheit. Wie der Fisch eine Organisationsform des Wassers, so ist die Flosse die spezifische Ausprägung des elementar-ozeanischen Umkreises, so ist der Vogelflügel eine Bildung des «Luftmeeres». In diesem Sinne sind *alle Gliedmaßen* von den Einwirkungen der Umkreiskräfte geprägt und aus diesen Kräften heraus verständlich. Ein klangätherischer Prozeß findet bei der Gliedmaßenbildung im kosmischen Ätherraum der Eihüllen statt, von dem wir uns aus der eingeengten Welt unserer irdisch dichteren und stumpferen Sinnesatmosphäre kaum die richtige Vorstellung bilden können. «Unerhörtes hört sich nicht» – aber man sollte sich neuerlich wieder in den Erlebniszusammenhang von Tonwelt und Gliedmaßen-Bewegungswelt im Flüssigkeits-und-Klang-Äther-Bereich in der Erlebnisvertiefung vorarbeiten[26].

Wenn im Hinblick auf die Gliedmaßenbildung in der Embryologie von *Melogenese* gesprochen wird, so trifft dies zugleich den kosmogenetischen Tatbestand, denn die Gliedmaßenstrahlen formen sich von außen, in Impulswellen, Glied um Glied herein und begegnen sich mit den myomerischen Mesenchymströmen, die sich nun zuerst in der Gliedmaßen-Peripherie und zuletzt im Zentrum *artikulierend* ausformen, so daß sich Oberarm und Oberschenkel erst ganz spät in die Gelenkshöhle von Schultergürtel und Beckengürtel einfügen.

Melos ist das *Glied*, ausgeformt und ausgestaltet durch jenes kosmische Geschehen der *Eingliederung* der *Weltenmusik* in die Matrix der ätherischen Organisation, die sinnlich-übersinnlich in der Klangempfindung zuletzt in unser durchaus gliedmaßenverwandtes Gehörorgan hereinwirkt und zum bewußten Erlebnis kommt[24]. Die *Musica mundana*, das *Weltenmelos*, gliedert sich in unserer Organisation unmittelbar als Gliedmaßenbildung ein, wie dies auch die deutsche Sprache ausdrückt: vom *Lied* zum Ge-Lied (= Glied) geht hier der Weg der organischen Verwirklichung.

Dies ist die volle Begriffsbedeutung der *Melogenese*. Ist sie einmal vollzogen, so sind es die gleichen Bewegungsimpulse, die nun, durch die organgewordenen Schicksalskräfte individualisiert, durch unsere Gliedmaßen wieder in die Welt, gestaltend und weltverwandelnd, hinauswirken wie in jedem Sinnesorganprozeß – und bei den Gliedmaßen handelt es sich ja in einer weitgefaßten Bedeutung auch um ausgreifende «Sinnesorgane» – «Bewegungssinnesorgane». Jetzt ist ein weltorganischer Gestaltkreis[27] geschlossen.

So können wir für die Glieder und Hände im Goetheschen Sinne sagen:

> Lebt nicht in deinen Händen Willenskraft,
> Die dir der kosmische Beweger einverleibt?
> All unsre Glieder blieben ohne Macht,
> Wenn nicht die gleiche Kraft in dir das Handeln lenkt.

Für die menschliche Gestalt sind die Gliedmaßen in der geschilderten Art Einstrahlungen kosmisch geordneter Bewegungskräfte* (gegen den in sich selbst rhythmisch gestalteten Rumpf, und als solche sind sie von ganz eigenwesenhafter Bedeutung).

Die Beckenebene – die Einstrahlungsebene der tragenden und stützenden unteren Gliedmaßen – ist für die Mensch-Erde-Beziehung in waagerechte und Aufrichtebewegung das entscheidende Funktionsfeld am Willenspol der Gestalt. Die Erde selber ist der «*Gegenstand*» dieses Bewegungsfeldes.

Die Schultergürtel-Ebene hat die entsprechende Bedeutung für die Einstrahlung und Eingliederung der Arme in ihrer besonderen Handlungs- und Bewegungsfreiheit am oberen Pol unserer Rhythmusgestalt. Schultergürtel- und Beckengürtel-Ebene sind für das Gestaltganze funktional gesteigerte dynamisch-rhythmische «Mitten», durch die sich der Mensch in einem kosmisch-irdischen, irdisch-kosmischen Gleichgewicht zu erhalten vermag. Gerade in diese Zonen sind die Glieder, wie Rudolf Steiner in menschenkundlichen Darstellungen formuliert hat, «wie eingesetzt»[28].

Die Ausbildung der Muskulatur der Gliedmaßen kann auch im Sinne dieser *Mittebeziehungen* gesehen werden. Eine Myomerenwanderung aus dem Bereich des perichordalen Mesenchyms bis in die Gliedmaßenperipherie ist charakteristischerweise bisher nicht eindeutig nachgewiesen. Andererseits deuten Gliedmaßen-Muskel-Nerven, die aus Ventralästen der Rückenmarks-Nerven (Plexus brachialis und Plexus lumbosacralis) stammen, darauf hin, daß Gliedmaßenmuskeln von der ventralen Rumpfmuskulatur abgegliedert sein können. Aber dann findet sich wieder in den Gliedknospen *ursprüngliches, myogenes Mesenchym*, dessen Herkommen mit anatomischen Betrachtungsmethoden nicht bestimmbar ist (Starck). Eine originäre Bildung von Muskulatur aus peripherem Mesenchym ist daher für Gliedmaßen durchaus möglich, und wirklich findet sich in den Gliedanlagen eigenständige peripher-mesenchymale Muskelbildung[29].

Insofern das Mesenchym als embryonales Urphänomen ätherischer Kräfte vor aller Differenzierung kosmisch-peripherer Zuständlichkeit im Organismus aufgefaßt werden kann, dürfen wir also auch im Hinblick auf die Gliedmaßenmuskulatur, nicht nur im Hinblick auf die Gesamtgliederung der Arme und Beine, von einer *einstrahlenden* Kräfteorganisation sprechen. (Interessant ist in diesem Zusammenhang die Tatsache, daß sich im Bereich der Arme Gliedmaßenmuskulatur rumpfwärts sowohl gegen die dorsale als auch gegen die ventrale Mittelachse zu von außen hereinbewegt und im Sinne der Einstrahlung des Gliedmaßenwesens am Rumpf ansiedelt. Selbst als sekundäre Einwanderung verstärkt dieser Vorgang den charakteristischen Wesenszug der Gliedmaßenbil-

* Es sei hier an den griechischen Begriff πλανάω erinnert, wandeln, herumgehen, sich bewegen.

dung von außen nach innen). Die Strecker der spinohumeralen* Muskelgruppe (Starck) liegen oberflächlich über den autochthonen dorsalen und ventralen Somitenmuskeln.

Die embryonale *Melogenese* zeigt uns die Gliedmaßenbildung in dreifacher Beziehung: Zuerst setzt der chordale Ordnungs- und Rhythmusimpuls ein, der sich dem perichordalen Mesenchym mitgeteilt hat und sich nun mit den auswandernden Somiten (Myomeren) der Leibesperipherie nähert, dann erfolgt die aus dem Umkreis einsetzende eigentliche *Melogenese*, die Gliederung von außen nach innen. Zuletzt sehen wir die plastisch ausgebildete, bewegungsdynamische Gestaltung der Glieder zur Rumpfgestalt hin, die wiederum von außen nach innen wie «*eingefügt*»[30] wirkt.

So kann gesagt werden, daß die *Melogenese*, die Bildung des Gliedmaßensystems neben der *Rhythmogenese* und der *Kephalogenese* als ein eigener charakteristisch selbstdifferenzierter Organbereich erscheint. Damit ist wiederum die Einheit der morphologischen und der funktionalen Dreigliederung deutlich geworden.

Die Entwicklung der Bewegungselemente innerer Organe (glatte Muskulatur)

Von der inneren Bewegung unseres Organlebens haben wir keine unmittelbare Erfahrung, kein individuelles Miterleben. Sie ist vielmehr Ausdruck eines vegetativen Geschehens von überindividueller Bedeutung.

Wo sich das organische Sein als ätherisches Leben inkarniert, wo die Gesamtorganisation in uns Ausdruck des urmütterlichen Kräftewaltens ist, wohin unser Tagesbewußtsein ohne tiefergreifende Wesenswandlung nicht vorzudringen vermag und woher unser Traumbewußtsein nur schwer deutbare Bilder empfängt, da herrscht auch im Gegensatz zu unserem bisher geschilderten, zielvoll-beseelten, tätig-handelnden Bewegungsleben ein elementar erregtes «Sichbewegen» vor.

Was bedeutet es, wenn für die reife Leibesfrucht der Geburtsprozeß im mütterlichen Organismus einsetzt? Die Entlassung aus einer «kosmischen» Hülle ins irdische Leben im kosmischen Moment: «Am 28. August 1749 mittags mit dem Glockenschlag zwölf... Die Konstellation war glücklich: Die Sonne stand im Zeichen der Jungfrau und kulminierte für den Tag; Jupiter und Venus blickten sie freundlich an, Merkur nicht widerwärtig...» Goethe schildert sein Geburtshoroskop mit diesen Worten in «Dichtung und Wahrheit»**.

* Spinohumerale Muskelgruppe = Muskeln, die die Wirbelsäule (= Spina) mit dem Oberarmknochen (= Humerus) verbinden.

** Sämtliche Werke (Artemis), Bd. 10, S. 15 f.

Hier ist in höchster Bedeutsamkeit empfunden, wenngleich für unser Tagesbewußtsein kaum faßbar, was in den Tiefen der Organisation bei Einleitung der Geburt kosmischer Lebens- und Bewegungsimpuls ist.

Es handelt sich hier wie bei allen inneren Lebens-Bewegungs-Funktionen um ein Geschehen, das sich den Bewegungsvorgängen der Gliedmaßen und der Rumpfmuskulatur gegenüber vollkommen polar verhält. Während die bewußte und willkürliche Bewegungsorganisation sich vom inneren «Aufrichte-Stab» (der Chorda dorsalis) her entwickelt hat und sich den radialen Bewegungsorganen des Skeletts verbindet, entstammt diese Muskulatur dem Zölom*, das heißt der inneren embryonalen Leibes-(und Lebens-)höhle und gehört ihm auch weiterhin an[31].

Während erstere nach außen gerichtete, erdgerechte Bewegungsorgane ausbildet, bildet letztere im umfassenden Sinne kosmische Empfänglichkeitsorgane, bildet einen inneren «Lebenshimmel» (wie «Zölom-Koilon» übersetzt werden kann) aus. Hier sind alle Gesetzmäßigkeiten der Außenwelt, vor allem die Gesetze der Schwere, weitgehend aufgehoben, so daß hier «Bewegung» in einem geheimeren Sinne unmittelbar als kosmische Bewegung wirkt und sich in Zeugungs-, Wachstums- und Ernährungsbewegungen metamorphosiert. Das frühembryonale Mesenchym bedarf zur Ausbildung der Eingeweidemuskulatur keiner rhythmisierten Somitenvorstufe, sondern das ursprüngliche Protoplasma strömt unmittelbar muskulaturbildend an die Organhüllen heran und gegebenenfalls auch in die Organe selbst ein. Das Mesoderm der Eingeweidehöhle, die «Splanchnopleura»**, ist dabei für diese innerorganische Muskulatur Bildungsgrundlage und Bildungsansatz zugleich – wie andererseits das Mesoderm (mittleres Keimblatt) selber aus dem Mesenchym hervorgeht.

Wegen dieser unmittelbaren Beziehung zu den inneren Organen und zum Zölom spricht man von viszeraler*** oder von vegetativer Muskulatur. Sie findet sich in Drüsen, in Organhüllen (Kapseln), als Gefäßmuskulatur, als Muskulatur der peristaltischen**** Darmbewegung und bildet selbst Hohlorgane wie die Gallenblase, die Harnblase, das Magen- und Darmsystem und vor allem in höchster organischer Entwicklungsvollkommenheit (nächst dem Herzen, das selbst quergestreifte Muskulatur hat) den Uterus.

Im mikroskopischen Feinbau zeigt sich die Eingeweidemuskulatur homogen (= glatt) gebildet, weswegen man, im Gegensatz zur durch und durch bis in das Myoplasma der Gliedmaßen und Rumpfmuskelfibrillen rhythmisierten quergestreiften Muskulatur, hier von glatter Muskulatur spricht.

* Zölom = Eingeweidehöhle; gr. = κοίλον = das Hohle, die Höhle, der Himmel; vergleiche auch lat. coelum.

** Splanchnopleura = Wandung des Coeloms; gr. = σπλάνχνον = Eingeweide, Pleura; gr. = πλεῦρα = Weichen, Eingeweidehaut.

*** viszeral = zu den Eingeweiden gehörig; lat. viscera = die Eingeweide.

**** peristaltisch = umgreifend, umfassend, gr. = περισταλτικός.

Die Eingeweidebewegungsorganisation – die wie vom Leben selber gesteuert erscheint – dient, wie gezeigt, den aufbauenden Lebensprozessen und schließt fast unmerklich an Wachstumsbewegungen an, dient den aufbauenden Ernährungsprozessen wie den Ausscheidungsvorgängen und gipfelt in den generativen Bewegungen, also in der vegetativ-kosmisch orientierten Lebensleiblichkeit. Hier hat das Zentralnervensystem (Gehirn und Rückenmark) kaum eine Einwirkung. Dagegen beherrscht das peripherisch-sympathisch-vegetative Nervensystem das Feld. Dieses vermittelt, außerhalb unseres Bewußtseins, den Organen die kosmischen Impulse. Charakteristisch sind in diesem Zusammenhang rein myogene Bewegungserregungen, die schon wirksam sind, lange bevor ein Nervensystem ausgebildet ist! Allgemein kann man sagen, daß die glatte Eingeweidemuskulatur weitgehend der ätherischen Organisation angehört. Dies zeigt sich auch an ihrer *unsymmetrischen* Anordnung in den inneren Organen, während die willkürlich quergestreifte Muskulatur, mit dem Knochenbau vereint, *symmetrisch* angeordnet ist. Ferner ist der langsame, gewissermaßen schleichend verlaufende Bewegungs-Funktionsablauf der Eingeweidemuskulatur im Gegensatz zur gezielten, raschen rhythmischen Bewegung der quergestreiften Muskulatur typisch.

Die Entwicklung der Muskulatur des Kopfes

«Bewegung» umgreift von der vegetativ-elementaren Welt her den ganzen Organismus. Die Gliedmaßen sind Bewegungsorgane, die unmittelbar von den Umkreis-Bewegungselementen und -Bewegungsreizen gebildet sind und ihrerseits in den gegebenen Bewegungsraum wieder hinauswirken und hinausgreifen. Die Bewegungsorganisation des Rumpfes und alles desjenigen, was er umschließt, von der Aufrichtebewegung bis in die die innerleiblichen Lebensregungen und Organbewegungen impulsierenden Eigenbewegungen und Eigenrhythmen, sind Ausdruck schicksalshafter Lebensverwirklichung.

Nun haben wir aber unseren Blick auf eine ganz neue Bewegungswelt zu richten, auf die Bewegung unseres Hauptes und hier vor allem auf die mimische Muskulatur unseres Antlitzes. Von allen Bewegungsweisen und Muskel-Organformen, die wir bisher betrachtet haben, gelangen wir nur durch die Anschauung einer durchgreifenden Metamorphose zum Verständnis dieser Hauptes-Bewegungs-Organisation.

Das Wesen und die Bedeutung der Kopfmuskulatur eröffnen uns eine überaus wichtige Bestätigung des auch hier gültigen Lebensgesetzes der menschlichen *Dreigliederung*.

Für die Schädelbildung (Kephalogenese, vergleiche Seite (394 ff.) ist es charakteristisch, daß sich das perichordale Mesenchym nicht mehr, wie bei der

Veranlagung der Wirbelsäule, rhythmisch gliedert. Es findet hier keine Somiten- und Myomerenbildung wie dort statt. Chorda und perichordales Mesenchym des Kopfes bilden, und das ist eben gerade für die Kephalogenese wesentlich, *ohne Rhythmisierung* in unmittelbarer Ausformung den Schädelbasisanteil, den wir in dem Kapitel über die Schädelbildung als «Ichorganisationsschädel» bezeichnet haben (Keilbein-, Schädelbasisregion). Es findet sich daher hier ebensowenig wie im Bereich des Schädelgewölbes («Ätherschädel») eigene Muskelbildung.

Ganz anders ist dies in der Gesichtsschädelregion. Sie ist aus der Darmorganisation durch Metamorphose im Kopfbereich zur Kopf-Darm-Kiemen-Region, zur Gesichtsschädelbildung heraufentwickelt («Astralschädel»).

Hier findet sich nun eine Muskulatur, die derselben Metamorphose entstammt – eine verwandelte Darmmuskulatur, die sich aber in vollständiger *Umstülpung nach außen* gewendet hat. Die Muskulatur des Kopfes und ganz besonders die des Angesichts entstammt mit dem kranialen* Darmsystem (Mund-, Rachen-, Mittelohrregion) dem inneren (unteren) Eingeweidebereich der Ernährungs- und Verdauungsorganisation. Die eigentliche Kopfmuskulatur ist also ihrem Ursprung nach *splanchnogen* und hat daher nichts mit der rhythmogenetisch-myomeren Muskulatur unserer primär willkürlichen Rumpf-Gliedmaßen-Muskulatur zu tun!

Hier tritt uns eine der interessantesten und zugleich am schwersten deutbaren Metamorphosen der dreigliedrigen Organisation entgegen: inneres tief unbewußt wirkendes Bewegungselement der vegetativ-astralen Eingeweideorganisation wird äußeres Bewegungselement der Kopforganisation, das als Muskulatur des seelisch-geistigen Ausdrucks als mimische Muskulatur *Innerlichkeit* nach außen strahlt.

Die Metamorphose ist eine vollständige. Elemente der Lebens- und Willensdynamik aus unterbewußt wirkender Innerlichkeit wandeln sich zu Seelen- und Geistesäußerung der Mimik. Tief verborgene Willenskräfte haben sich in individuelle Ausdrucksmöglichkeit umgewandelt.

Die Gesichtsmuskulatur erinnert dieser Abstammung gemäß vielfach an Hohlmuskel-, Ringmuskel- und sphärisch-lemniskatische Muskelformen der glatten Organmuskulatur der inneren Eingeweide aus dem Bereich des Zöloms. Man beachte in dieser Hinsicht den ringförmigen Muskel der Augenumgebung (den Musculus orbicularis oculi) und den ringförmigen Mundmuskel (Orbicularis oris**), Muskeln der Öffnung und Schließung als Ausdruck seelisch-geistiger Prozesse.

Interessant ist auch, daß die glatte, unwillkürliche Muskulatur der Eingeweide sich nach der Metamorphose als «quergestreifte» Muskulatur präsentiert

* kranial = zum Kopf gehörend; lat. cranium; gr. = κράνιον = Schädel.
** orbicularis = ringförmig; lat. orbis = Rundung, Kreis, und oculum = Auge; os oris = Mund.

und nunmehr willkürlich erregbar tätig wirkt. Die Funktion dominiert zuletzt als übergeordnete Bildekraft über die morphologische Abstammung[32].

Splanchnogene, viszerale Muskulatur im Kopfbereich:

> Kaumuskulatur (Masseter);
> Schließmuskulatur bei Auge und Mund (Orbicularis oculi und Orbicularis oris);
> dazu noch die splanchnogenen Muskeln, die vom Kopf und Hals her die Verbindung zum Rumpf aufnehmen (Musculus trapezius, Musculus sternocleidomastoideus).

Eine besondere Stellung nimmt die Augenmuskulatur in der Kopfregion ein, wenngleich durch die spezifische Sinnesorganbildung nur in mittelbarem Verhältnis zur Mimik. Die Augenmuskulatur hat nämlich für sich noch einmal eine ganz originäre Entstehungsgeschichte. Sie bildet sich unmittelbar aus dem Mesenchym der embryonalen Augenbildungsanlage[33].

Ein muskuläres Rhythmusorgan höchster Bedeutung ist im Hinblick auf die Gestaltung der Sprache im unteren Kopfbereich der Zungenmuskel. Er gehört zu den wenigen nicht splanchnogenen Muskeln des Kopfes, zur rhythmogenetischen Myomeren-Muskulatur. Der Zungenmuskel wurde in die Rumpf-Kopf-Metamorphose mit einbezogen, als er aus dem Somitenbereich der «Mitte» in die (untere) Hauptesregion emporstieg. In ihm wird, was als willkürliche Bewegungsorganisation angelegt ist, zu einem «innerlichen» Gestaltungsorgan. Der Zunge danken wir ja im Mundraum vor allem die Plastik der Konsonanten (außer den Lippen- und Rachenlauten). Auch bringt sie durch Umformung des akustischen Mundraums die verschiedenen Vokale im Ausatmungsstrom hervor.

Diese lautplastisch-klangplastische Sprachfunktion wird gegenüber dem Geschmackssensorium, dessen Träger die Zunge außerdem ist, oft zu wenig in Betracht gezogen. Immerhin ist ihre sprachplastische Bedeutung in dem Ausdruck «mit Zungen reden» charakterisiert («vieler Menschen Zunge vernahm ich»).

Bei dem Zungenmuskel liegt ebenfalls eine Funktionsmetamorphose gegenüber der Rumpf- und Hauptesregion vor. Bewegungsmuskulatur des Rumpfes hat sich zu dem geistig-dynamischen Sprachbewegungsorgan umgebildet!

Wie einerseits splanchnogene, innerorganische Muskulatur nach außen wirkende mimische Ausdrucksmuskulatur geworden ist, so wird andererseits ursprünglich rhythmisch veranlagte Muskulatur des Rumpfes in der Kopfregion innerlich-sprachplastisches Bewegungsorgan – Organ menschlicher Wesensäußerung durch die Sprache*.

* Man vergegenwärtige sich in diesem Zusammenhang den dynamischen Ansatz der Zunge am Zungenbein, das durch seine freischwebende Beweglichkeit zwischen Kehlkopf und Schädelbasis die Beweglichkeit der Zunge ermöglicht.

Nachdem wir von der Entstehungeschichte der Hauptesmuskulatur gesprochen haben, wollen wir nun das Wesen der Bewegung dieses Bereiches in Haltung, Mimik und Physiognomie näher betrachten.

Eigentlich können wir von einer «Bewegung des Hauptes» nicht sprechen; es *ruht*, es ist für sich gesten- und gebärdenlos. Das Haupt will still getragen sein, darin liegt seine Würde.

Wie unbewußt erhaben tragen oft Kinder um das dritte Lebensjahr ihr Haupt. Ein vollkommenes Menschsein in seinen ganzen Werdemöglichkeiten scheint in diesem Tragen vorweggenommen. Von einer primären Kopfbewegung zu sprechen wäre nicht hauptes-, nicht menschengemäß.

Tiere dagegen verwenden ihren Kopf, von ihrer Organisation genötigt, als Greiforgan, gliedmaßenmäßig. Man betrachte nur, wie Vögel ihre Nahrung pikken, und vor allem, wie Weidetiere mit ihrer Kopforganisation der Erde verhaftet sind.

Das Menschenhaupt dagegen ist in sich selbst abgeschlossen, ruhend, in Funktion und Erscheinung – Organ der selbstbewußten Persönlichkeit. Und doch gibt es gerade hier, wenn wir nun von der Sprachbewegungs-Organisation absehen, eine ganz menschlich-eigentümliche Bewegung, die Metamorphose des Bewegungswesens ins Seelisch-Geistige in der rein mimischen Ausdrucksbewegung.

Schon die Art, wie wir das Haupt tragen, die Stirn erheben oder senken oder den Kopf zur Seite neigen, ist bereits Ergebnis ganz neuer Bewegungsmotivation, ganz eigener Bewegungsqualitäten, in denen sich *Bewegung* in *Ausdruck* verwandelt.

Die zarteste Bewegungsnuance schon im Bereich der muskulären Elemente, die das Haupt tragen, im Halsbereich, in der Nackenmuskulatur, wird als Seelen- oder Charakterhaltung bedeutsam, bis zum höchsten Ausdruck herrschenden Selbstbewußtseins. Dagegen die Neigung des Hauptes in Selbstbescheidung, Verehrung und innere Sammlung und in vollkommenster Beziehung die Zuneigung. Hierher gehören auch alle die Blickrichtung begleitenden Wendungen, Ausdruck seelisch-geistiger Aufmerksamkeit. Die Kopfhaltungen bilden die Grundlage jener Bewegungen, die wir im Angesicht als Spiegelungen der Seelen- und Geistesregungen und der tieferen Willensempfindungen als *mimische* Bewegung entwickeln[34].

Dies alles ist freilich schon in der Gestik der Gliedmaßen vorgebildet: Im Schritt, im Stand, die Charakterveranlagung bekundend, in der Gebärdensprache der Hände, frei von Zweckhaftigkeit des Handelns, oft von ganz wesenhafter seelisch-geistiger Bedeutsamkeit des Ausdrucks erfüllt. Nun aber spricht sich das Menschenwesen selbst in dem feinsten und freiesten Muskelspiel aus, das kräftig oder zart wie ein Lichtschimmer oder wie ein Schatten über das

Antlitz huscht und manchmal sich in «Mienen» verhärtend tiefer und tiefer zu einer einseitigen Physiognomie eingräbt.

Die zur Mimik verwandelte Bewegung wird «sprechend», und die Sprache wird durch den sie begleitenden Seelenausdruck der Mimik wesentlich verdeutlicht und gesteigert. Welche unendlichen Möglichkeiten des Seelenausdrucks sind hier gegeben, einmal mehr ätherisch gelöst und im Seelischen selber in tausendfältigen Qualitätsnuancen veränderlich und dann unmittelbar ichhaft.

Für die Mimik der Mundregion kommen seelische Ausdrucksnuancen der Geschmacksempfindungen – *süß, salzig, sauer* und *bitter* – in Betracht, wobei es charakteristisch ist, daß gerade hier auf die Qualitäten des Nahrungschemismus metaphorisch reagiert wird. Es folgt die Ausdrucksskala Freude, Trauer, Lachen, Weinen, Entsetzen, Schrecken, Schmerz und Wut. Und fast geistig kann der Ausdruck des Staunens, der Klarheit und Liebe aufgelichtet aus den Augen strahlen. Die mimischen Ausdrucksmöglichkeiten reichen vom Ausdruck des Temperaments, der Konstitution, bis zum Ausdruck unmittelbarer Krankheit (Facies dolorosa, Facies abdominalis), ja des nahenden Todeserlebnisses (Facies hippokratika*).

Die Mundregion ist mimisch besonders bewegt. Der Sprachbewegungs-Willensbereich des Hauptes macht sich hier geltend. Die Sprachbewegungen des Mundes, der Lippen, als Teiläußerung des Sprachsinnes, haben eine besonders starke mimische Bedeutung. Wie könnte man sonst neben dem, was man aus den Augen liest, so vieles unmittelbar vom Munde ablesen? Sehr drastisch ist dies in Lavaters «Physiognomischen Fragmenten» unter dem Titel: «Vermischte Beobachtungen eines bekannten Dichters» (Goethe) ausgesprochen:

«Die Eröffnung des Mundes kann nie genug studiert werden. In ihr, deucht mich, steckt die höchste Charakteristik des ganzen Menschen. Alles Naive, Zärtliche, Männliche der ganzen Seele drückt sich da aus. Von diesem verschiedenen Ausdrucke ließen sich Folianten schreiben, und ist das etwas, das dem unmittelbaren Gefühle des, der einen Menschen studiert, überlassen werden muß. Die Muskeln um den Mund herum sind, deucht mich, dem Sitze der Seele am nächsten, da kann sich der Mensch am wenigsten verstellen. Daher das häßlichste Gesicht angenehm wird, wenn es noch gute Züge am Munde übrig behalten hat und einem wohlorganisierten Menschen nichts in der Natur so widrige Empfindungen erregen kann als ein verzogenes Maul.»

Fast grenzenlos ist die Ausdrucksmöglichkeit der Augenregion: Der leuchtende, der sanfte, der trübe Blick und so weiter. In ihren Qualitäten sind die Nuancen des Augenausdrucks kaum zu klassifizieren. Allein schon die Augenrichtungsbewegungen für sich, bei unveränderter Kopfhaltung, können eine un-

* Facies = Angesicht; lat. Facies dolorosa = das Leidensgesicht, dolor = Schmerz. – abdominalis = zum Leib gehörend, Leibschmerzen betreffend. «Facies hippokratika» = das hippokratische Angesicht, das heißt das vom Tode gezeichnete Angesicht.

erhörte Ausdruckskraft haben, über allen mimischen Nuancen der Augenregion die reinste Begegnung von Mensch zu Mensch im Blick, von Ich zu Ich.

Das Menschenantlitz ist so in höchster Bedeutsamkeit «ein Bild des eigenen Geistes» (Goethe) – des Ichs. Es drückt in seiner Urveranlagung den Geist der Freiheit aus, und das Mienenspiel, in dem so viel Seelisches wirksam ist, will sich immer wieder zum reinen Spiegel freier Menschlichkeit aufklären. Dabei überwiegt die Erscheinung geistigen Erlebens in Stirn- und Augenregion unmittelbar. Die Erscheinungen des seelischen Erlebens herrschen in der Mitte des Angesichts vor: Augen-, Nasen-, Mundregion. Der Willenscharakter bevorzugt Mund-, Kinn- und untere Kieferregion.

Solange es dem Menschen gelingt, das seelisch-geistige Gleichgewicht über alle Regionen hin zu bewahren, wahrt er auch das Menschliche im Angesicht, bildet er jenen «untypischen Typus», den das Griechentum im Menschenbild des Phidias am vollkommensten in der Kunst erreicht hat. Vertiefen sich aber die Mienen zur fixierten Physiognomie, zum Typus – so kommt etwas Tierverwandtes ins menschliche Angesicht, etwas vom Schaf, vom Fuchs, vom Wolf (Lupus in fabula), die Auslöschung des Antlitzes im Maskengesicht, in der Grimasse. Jede bleibend starre Physiognomie drängt zum Typus, zum Tier, und die menschliche Freiheit ist dahin. Falten senken sich ein, «Narben der Gedanken»[35]. Das Angesicht des Philosophen Josef Görres ist als «Schlachtfeld der Gedanken» charakterisiert worden.

Den menschlichen «Typus» finden wir in der tragischen Maske der griechischen Tragödie, eine ganze Skala mimischer Möglichkeiten in der Kunstsphäre. – Im Hintergrund steht das Schicksalsschreckbild des versteinernden Medusenhauptes. Dynamisches Geschehen wird statisch. Im Haupt droht der Mensch zu erstarren, wenn sich nicht die Willensbewegung in seelisch-geistiges «Bewegtsein» verwandelt.

Wie nirgends sonst offenbart sich die Persönlichkeit des Menschen in seinem Angesicht. Sie leuchtet durch das Inkarnat der Haut, durch das Augenlicht, sie tönt durch den Ausdruck der Stimme (personare = das Durchtönen der Persönlichkeit), und sie verwirklicht sich in der einzigartigen muskulär-plastischen Einheit von mimischer Muskulatur und Haut[36]. Der Bewegungsprozeß vollzieht sich in dieser Muskulatur fließend. Hier gibt es nicht Ursprung und Ansatz, alles geht ineinander über, ein gelenklos schmiegsam-plastisches Geschehen trägt das Innerste nach außen. Eine geradezu urprotoplasmatisch-plastisch-muskuläre Bewegungsfreiheit macht es möglich, daß das Ich zu seinem eigenen Plastiker wird. Was es an der ganzen Leibesgestalt tut, das wird hier individuell in jedem Augenblick neu geformt, so daß der denkbar vollkommenste plastische Prozeß in dynamisch-beweglicher Entwicklungsfreiheit das menschliche Angesicht bildet. *Mimik* – mimesis – ist hier «Nachahmung» der Idee des Menschen.

Die Entwicklung der rhythmischen Muskulatur: Herz, Zwerchfell, Kehlkopfmuskulatur

Das Herz erweist sich als das reinste Urphänomen der Bewegungsorganisation. Nicht ohne Grund haben die alten Ärzte in der Pulsation des Herzens die erste und letzte Lebensbewegung erkannt und mit Ehrfurcht hervorgehoben.

Die Entwicklung des Herzmuskels wie auch diejenige der ihm nahestehenden Rhythmusbewegungsorgane wie das Zwerchfell und die Kehlkopfmuskulatur können urbildhaft für die Entwicklung der Muskulatur überhaupt betrachtet werden. Die Herzmuskelentwicklung zeigt die Muskelbildung und Muskeltätigkeit am reinsten. Das geht auch aus der Tatsache hervor, daß alle Gliedmaßen und Leibesmuskeln schwach werden, wenn das Herz schwach wird[37]. Es besteht ein tiefgreifender Funktionssynergismus zwischen der Herzmuskulatur und der gesamten Leibesmuskulatur. Das Herz ist Realsymbol aller Muskeltätigkeit.

Im Zusammenhang der embryonalen *Rhythmogenese* (vergleiche S. 280) betrachtet, scheint die Urbewegung des Herzens den rhythmischen Impuls als solchen von Anfang an durch das ganze Leben hindurch zu verwirklichen. Rumpf und Rumpfmuskulatur haben wir in ihrer rhythmogenetischen Entwicklung als einen unsere Gestalt plastisch bildenden Hohlmuskel dargestellt, der vorwiegend der aufrechten Gestalt ihren Halt und den inneren Organen gleichzeitig die Hülle bietet. Hülle und Halt sind die *systolisch-diastolischen* Funktionen der Rumpfgestalt. Um so bedeutungsvoller erscheint im Zentralraum der Brust, im Mediastinalraum, die Bewegung aller Bewegungen, die Funktion der Funktionen, das Rhythmusorgan aller Rhythmik, das Herz. Es steht wie ein Heiligtum im Heiligtum (vergleiche Goethes Märchen, der Tempel im Tempel).

Das Herz nimmt also eine ganz einzigartige Stellung in der Mitte des Gesamtorganismus ein. Seine Muskulatur ist weder aus chordarhythmisierten Myomeren (Somiten) noch aus dem Mesenchym des Zöloms, dem die glatte Eingeweidemuskulatur entstammt, entstanden, sondern unmittelbar aus *extraembryonalem* Mesenchym (vergleiche die Kapitel «Der Rhythmus in seinen organischen Manifestationen», «Der Blutkreislauf» und so weiter).

Während sich im frühen Stadium der Embryonalentwicklung das Amnion über der Neuralanlage ausbreitet und im Dotterbereich sich die erste Darmanlage andeutet, bleibt eine Mittezone frei, in der sich ventral vor der Chorda das Herzbläschen bildet. Dieses Herzbläschen (ursprünglich paarig angelegt) erhält einen aus der Chorionperipherie hereinströmenden, daher als extraembryonal bezeichneten Mesenchymmantel, das Myoepikard. Hier setzt (ohne Nerveneinfluß) die Pulsation ein.

Dazu kommt aber nun noch, daß das Herz auch weiterhin keine Funktionsbestimmung vom Nervensystem her erhält, wie dies bei somatischer Muskulatur durch das Zentralnervensystem der Fall ist – sondern daß es ein eigenes autonom-myogenes Erregungsleitungssystem mit selbständiger Rhythmusimpulsation entwickelt. Auch hier der «autonome Organismus» im Organismus! Die Herzmuskelbildung (Myokard) beginnt bereits vor der Ausbildung der perichordalen Somiten*[38].

Das Zwerchfell

Das Zwerchfell ist der eigentliche Atemmuskel, der Atembeweger. In seiner endgültigen Lage setzt es am gesamten Umfang der unteren Brustkorböffnung kranzförmig an. Besonders wichtig ist dabei der Teil, der mit den großen Zwerchfellschenkeln oder Pfeilern gliedmaßenartig an der Lendenwirbelsäule haftet (bis zum dritten, vierten Lendenwirbel, rechts meist einen Wirbel tiefer als links herabreichend). (Vergleiche Abbildung 125).

Das Zwerchfell bildet sich in seinem sehnigen Anteil aus dem Septum transversum**, einer mesenchymalen Brücke, die im zweiten Embryonalmonat die ursprünglich einheitliche Leibeshöhle in die peritoneale Bauchhöhle und in die Brusthöhle gliedert und damit für die morphologische wie für die funktionelle *Dreigliedrung* den wesentlichsten Beitrag leistet. Die Zwerchfellpfeiler entwickeln sich aus Myomeren wie die Rumpfwandmuskulatur. Interessanterweise scheinen die Zwerchfellmuskeln ursprünglich dem Halsgebiet zu entstammen. Es wird von der Abstammung vom vierten Zervikalsegment, von der Auswanderung aus der ventralen Rumpfmuskulatur der «Halsregion» gesprochen, von wo es mit dem Herzen gemeinsam zur Mitte herabwanderte und den entsprechenden Nerv (den Phrenicus) nach sich zog. Es bleibt dabei offen, ob sich seine Muskulatur nicht auch durch *freies* Mesenchym (Mesenchyma in loco) gebildet haben kann[39].

Morphologisch bildet sich zwischen Herz und Zwerchfell eine wesenhafte Polarität: Beim Herzen liegen die Sehnenelemente (die Papillarmuskelsehnenfäden) und die sehnigen Herzklappenelemente im Inneren des Hohlmuskels. Das Zwerchfell besitzt dieselben Elemente, erscheint aber wie auf- und umgestülpt, so daß sich inmitten des peripheren Muskelkranzes eine breite Sehnenplatte (das Zentrum tendineum) wölbt (vergleiche die Abbildungen 125, 126).

* Beim Vogelkeimling setzen bereits Pulsationen des reinen Herzbläschens ein, ehe sich das Myoepikard zusammenschließt. Auch an Herzmyoblasten in der Gewebekultur läßt sich das Einsetzen der Kontraktionen im entsprechenden Stadium beobachten. Diese ersten Pulsationen erfolgen ohne Beteiligung nervlicher Impulse. Die Erregungsleitung ist zu dieser Zeit rein myogen (Starck).

** Septum = Scheidewand; lat. septum = Trennung, Scheidewand; lat. transversum = quergelagert, quer.

Vom Herzmuskel, als dem vollkommensten Bewegungs-Rhythmus-Organ, sei noch ein Blick auf die *Kehlkopfmuskulatur*, insbesondere auf den Musculus vocalis gerichtet (vergleiche das Kapitel «Der Sprachorganismus», Seite 312). In den muskulären Elementen des Kehlkopfes begegnen wir einer Metamorphose des Herzmuskels zur Stimmbildungsorganisation, wie wir etwa auch im Uterusmuskel eine entsprechende Metamorphose zur Generationsorganisation finden können (allerdings haben wir es beim Uterus mit glatter Muskulatur zu tun)[40]. Von der Mittestellung des Herzens aus wird uns der Kehlkopf zum «Uterus der Sprache»[41], der Uterus zum «Kehlkopf» des sich inkarnierenden Menschenwesens.

Bei allen diesen «Rhythmus-Bewegungs-Organen» ist die Entstehung aus ursprünglichem Mesenchym zu studieren[42]. Kosmische Musik wird irdischer Bewegungsrhythmus. Bewegung wird Sprache, Sprache Dichtung – Dichtung wieder Bewegung und Musik des ganzen Menschen, Eurythmie – die wiederum in den Weltumkreis hinausstrahlt. In diesem Sinne spricht Gotthilf Heinrich von Schubert von der Gebärdung und Bewegung im Zusammenhang mit Laut und Stimme:

«So hängt die Stärke des hörbaren Tones, die Zahl seiner Schwingungen (Höhe und Tiefe) von einer inneren selbständigen Wirksamkeit des lebenden Leibes ab, welche den Stimmbändern ihre Spannung, der ausgepreßten Luftsäule ihre Gewalt gibt. Es ist zuletzt nur eine und dieselbe leibliche Kraft, wodurch sich das Tier bewegt und wodurch es seine eigentümliche Stimme hervorbringt. Die furchtbare zerstörende Kraft der Muskeln wird im Löwen als lautes Gebrüll vernommen... Beim Vogel erinnert die singende Stimme an die vorherrschende Bewegung seines Leibes, an ein genußreiches Schweben auf den Wellen der Lüfte; *beim Menschen ist die Stimme ebenso mannigfacher Töne fähig als die Gliedmaßen des Leibes der mannigfaltigsten Bewegungen und Gebärden. Denn mit Recht hat man die Stimme als eine Art der inneren Gebärdung betrachtet*, und ihren Zusammenhang mit den äußerlich sichtbaren Bewegungen zeigen unter anderem die mimisch tanzenden Gebärden, womit einige Singvögel die Töne und Tonwandlungen ihres Gesangs begleiten», und dies «beweist hierdurch die innere Beziehung der Muskelbewegungen auf den äußeren Ton»*.

* G. H. von Schubert, Geschichte der Seele, S. 89.

Muskeltonus und Funktion

> Was den Muskel in Bewegung bringt, was irgendeine Bewegung hervorruft, das hängt zusammen mit dem Astralleib, und zwar so, daß im Astralleib selber zur Bewegung des Muskels eine Art Tonentwickelung, eine Art Schallentwickelung stattfindet, etwas wie eine Art Musikalisches durchdringt unseren Astralleib, und der Ausdruck dieser Tonentwickelung ist die Muskelbewegung... So sind wir musikalisch durchdrungen und leben es aus in unseren Muskelbewegungen. Rudolf Steiner*

Die Betrachtung über den Bewegungsmenschen mündete immer wieder in das Phänomen der rhythmischen Mittestellung der bewegungsorganischen Bildung.

Die Bewegungsorganisation der Muskulatur findet zwei funktionale «Widerlager». Das erste, das Knochensystem, erscheint außerordentlich «gegenständlich». Es ist das tragende Element des Bewegungsgeschehens. Das Knochensystem kommt aber dem *Bewegen* nur scheinbar durch Gelenk und Gelenkigkeit entgegen und verschleiert dabei, daß eine weit vollkommenere «Gelenkigkeit», eine höhere Funktionsdynamik in den mesenchymalen Bindegewebsgliederungen der Muskulatur selber liegt (Benninghoff)[43].

Der Umstand, daß ein Muskel meistens Ursprung und Ansatz an Knochengliedern hat, täuscht über das Verhältnis beider «Systeme» hinweg, denn der ruhende, festgeformte Knochen ist seinerseits Endergebnis der ursprünglicheren Entwicklungs- und Bildebewegung. Der Knochen ist in den Bewegungsorganismus wie ein relativ Totes eingebettet – besser, «ausgeschieden», eine «Körperlichkeit» in den bewegungsarmen Zonen der flutenden Bewegungsströme**. Dabei hat das Bild eines über ein Instrument gespannten Saitensystems zu dem Verhältnis von Knochen und Muskulatur einen tief wesenhaften Bezug. Das zweite (innerlich dynamische) «Widerlager» ist der rhythmisch-mesenchymale Muskeltonus. In rhythmischen Prozessen realisiert sich der organische Bewegungswille in Anspannung und Ruhe, Erstarrung und Erschlaffung; aus ihm heraus verwirklichen sich die Funktionsformen der muskulären Elemente wie der Knochen, aus denen sich der Bewegungsorganismus im Wechselspiel des «Festen und Flüssigen» aufbaut. Wir können diesen Rhythmus im Muskeltonus*** erkennen. Die Kräfte von Polarität und Steigerung, von denen Goethe als allgemeinem Lebensgesetz spricht, sind unmittelbar auch für

* G. A., Bd. 124, S. 162/163.

** Vgl. Th. Schwenk: Sensibles Chaos, siehe auch Abb. 83.

*** Muskeltonus = Muskelspannung; gr. = τόνος = Saite, Spannung, aber auch direkt Ton; vergleiche das Verbum gr. = τείνω = strecken, spannen.

Rhythmus- und Tonusprozesse des Bewegungsorganismus der Muskulatur erhellend:

«Die allgemeinen *Bewegungen* und Bestimmungen werden wir auf verschiedene Weise gewahr, bald als ein einfaches *Abstoßen* und *Anziehen*, bald als ein aufblinkendes und verschwindendes Licht, als *Bewegung* der Luft, als *Erschütterung* des Körpers, als *Säuerung* und *Entsäuerung*; jedoch immer als *verbindend* oder *trennend*, das Dasein *bewegend* und irgendeine Art von *Leben* befördernd.

Indem man aber jenes *Gewicht* und *Gegengewicht* von ungleicher Wirkung zu finden glaubt, so hat man auch dieses Verhältnis zu bezeichnen versucht. Man hat ein *Mehr* und *Weniger*, ein *Wirken*, ein *Widerstreben*, ein *Tun*, ein *Leiden*, ein *Vordringendes*, ein *Zurückhaltendes*, ein *Heftiges*, ein *Mäßigendes*, ein *Männliches*, ein *Weibliches* überall bemerkt und benannt, und so entsteht eine Sprache, eine Symbolik, die man auf ähnliche Fälle als Gleichnis, als nah verwandten Ausdruck, als unmittelbar passendes Wort anwenden und benutzen mag. Diese universellen Bezeichnungen, diese Natursprache auch auf...» (jetzt in Abwandlung Goethes)* die Bewegung unsres Organismus anzuwenden, «durch die Mannigfaltigkeit ihrer Erscheinungen zu bereichern» ist nun unsere Aufgabe.

Alle Polaritäten dieses Goethezitates aus der Farbenlehre, die sich unmittelbar auf die Bewegung und den Bewegungsorganismus beziehen, sind hervorgehoben. Es können noch weitere folgen:

Spannung	–	Lösung
Konzentration	–	Expansion
Systole	–	Diastole
Beugung	–	Streckung
Agonist	–	Antagonist

Daß der Muskeltonus tatsächlich ein *musikalisches* Wesen hat, zeigen Darstellungen, die wir der anatomischen Literatur entnehmen:

«Die Spannung der einzelnen Bündel eines Muskels kann eine sehr verschiedene sein, von Null bis zum Maximum, so daß die resultierende Gesamtwirkung außerordentlich wechselt. Nicht nur das Zusammenwirken der einzelnen Muskeln eines Gliedes, auch das Zusammenwirken der einzelnen Teile aller Muskeln mit größerer Ursprungsfläche ist unendlichem Wechsel unterworfen. In jedem Muskel stecken die mannigfaltigsten Wirkungen auch der Richtung nach, er besteht aus vielen Wirkungseinheiten, und die anatomische Gliederung der Muskulatur in Muskelindividuen ist für ihre Benutzung nicht ohne weiteres maßgebend» Braus**.

* Goethe, Farbenlehre, Bd. I, S. 78 f.

** Anatomie, Bd. I, Muskellehre, S. 64 f.

Charakteristisch ist, daß die Gesamtmuskulatur auch in der Ruhe vom *Tonus* beherrscht wird. In einem einzigen Muskel sind manche Fibrillen in Spannung, während andere ruhen. In der Muskeltätigkeit ist eine große Schar gespannt, aber immer sind gleichzeitig wechselnde Fasern entspannt. Der ruhende Muskel ist nicht schlaff, der tätige nicht überspannt. Im Muskeltonus herrscht vielmehr ein ätherisch-astrales, ein rhythmisches Gleichgewicht nach jeder Funktionsrichtung hin.

«Die Muskulatur spielt vom Spannungsniveau aus nach oben und unten. Dieses allgemeine Spannungsniveau steigt und fällt im Ganzen unter verschiedenen, nicht immer von den Bewegungsaufgaben selbst abhängigen Bedingungen und heißt der *Tonus* der Muskulatur. Er ist in keiner Weise von der Spannung der Muskulatur abzusondern, nur ist seine nervöse Regulation verwickelter...

Wenn man sich ein Bild vom Nervenmuskelspiel in einem ganzen Glied oder, richtiger, im ganzen Körper machen will (denn tatsächlich ist bei fast jeder Bewegung der ganze Körper beteiligt), so kann man sich den Apparat etwa nach Art einer großen *Orgel* vorstellen. Die Pfeifen entsprechen den Muskelelementen und die komplizierte Tastatur mit ihren Registern und Koppeln und ihren Variationsmöglichkeiten entspricht dem Innervationsapparat. Gerade wie dort niemals eine Pfeife auch allein tönt, sondern immer Kombinationen meist recht zahlreicher Pfeifen, so auch in der Muskulatur. Die immer wechselnden ... Kombinationen in der Spannungszunahme und -abnahme, im Festhalten und Lockerlassen der Einheiten sind imstande, jede Bewegung auf das feinste abzuschattieren. Im Muskel finden wir dabei das Formspiel und das Spannungsspiel. Zwischen lang und dünn, bis zu kurz und dick spielt die Gestalt des Muskels hin und her, und der Spannungsstand ist dabei in weitem Maße vom Formzustand unabhängig. Wie der Muskel dieses voneinander unabhängige Form- und Spannungsspiel zustande bringt, ist fraglich...

Bei den Fischen (den Selachiern) liegen alle Muskelstreifen der radial gestalteten Extremitätenmuskeln *wie die Saiten eines Instruments* nebeneinander; wie diese auf Anschlag anklingen, so kontrahieren sich die Muskelstreifen je nach dem Nerv, welcher vom Rücken aus gereizt wird.»(Braus)*

Für unsere Darstellung des Muskeltonus ist es wesentlich, daß sich immer wieder der Vergleich mit Musikinstrumenten aufdrängt.

«Der Leib ist ein Saiteninstrument (Psalterium), zugerichtet zum Gesang der Hymnen unserm Gott. Die Handlungen des Leibes selber können zu Psalmen werden, da derselbe so harmonisch gebildet ist, daß selbst unsere Bewegungen zur Harmonie werden» (Der heilige Basilius, Homilien)**.

Die dem Muskel immanente Bewegung als Muskeltonus ist innere Musi-

* Vergleiche Braus, Anatomie I, S. 64.

** G. H. von Schubert, Geschichte der Seele, S. 89.

kalität. Die Weltenmusik, *Musica mundana*, hat sich im Organismus instrumentalisiert. Die Verwirklichung der *Musica humana* bleibt unsere Aufgabe.

Gestalt und Funktion des einzelnen Muskels und die Bildung der Muskelgefüge

Bisher haben wir mehr oder weniger vom Muskel-Bewegungsmenschen in seiner Ganzheit gesprochen. Es ist aber auch notwendig, wenigstens in aller Kürze, die Muskulatur in ihrem Feinbau und ihrer Feingliederung zu betrachten.

Ehe wir vom Muskel im eigentlichen Sinne sprechen, erinnern wir uns nochmal an die elementar-organische Bewegung der Lymphe, des Blutes und des Mesenchyms.

Die Einheit der Bewegungsorganisation dürfen wir gerade bei der Betrachtung des einzelnen Bewegungsorganes, des Muskels und der Bewegungsorganellen, der Muskelfasern und Muskelfibrillen nicht vergessen. Die *Bewegung steht über den Elementen*, die sie ergreift. Das Organ selbst mag mehr dem unmittelbaren Zeitprozeß oder der Raumgestaltung angehören. Alle Gebilde der Bewegungsorganisation stehen zwischen Zeitfluß und Raumgestaltung, in der die Körperlichkeit ihren Ruheort findet. Das vollkommen ausgebildete Organ bleibt in seiner Funktion immer von der urphänomenalen Bewegung des Mesenchyms, der Lymphe und des Blutes durchströmt, belebt und bewegt. Das zirkulationsdynamische Gesamtleben können wir uns in folgender Reihe vor Augen stellen.

Zeitfluß:	Raumgestalt:
Mesenchym	Muskelfaserströme
Bewegungslymphe	Muskelfibrillen
freie Lymphe	Muskelspindeln
Organlymphe	Muskeln
Blutkapillaren	Muskelfaszien
Bindegewebsnetze	Sehnen
elastische Faserströme	Knochen

Die ursprünglichsten, dem Zeitgeschehen noch ganz verbundenen Muskelformen finden sich unter den Bindungen der glatten, splanchnogenen Muskulatur. Besonders charakteristisch sind hier die kurzen Muskelfasern der Aorta oder die dünnen Muskelhäute über Organflächen wie beim Endokard. Hier bilden sich vor allem synzytiale und verzweigte Muskelfasern. Spezialisierte Formen gestalten sich erst durch höhere Funktionen aus. «Wo die Wirkung auf engem Raum gesammelt werden soll, da schieben sich Synzytien zu dichteren Muskelschichten zusammen, wobei die Einzelzelle spindelförmig wird und höchstwahrscheinlich ihre synzytialen Verbindungen aufgibt» (Benninghoff). Die

Spindelform ist also die Endstufe, die vielverzweigte (synzytiale, fast amöboide) Faserorganelle dagegen die Urform.

In diesem Sinne ergibt sich (nach Hueck) die Verwandlungsreihe:

> Fibrozyten (vorwiegend bindegewebig),
> glatte – synzytiale Muskelfasern,
> quergestreifte – spindelförmige Muskelfasern.

Es wird angenommen, daß die synzytialen, glatten Muskelgewebe eine andere Innervation als die spindelförmigen haben. Neben der intramural*-sympathischen Innervation wird auch rein myogene Erregungsleitung innerhalb des Synzytiums für möglich gehalten (vergleiche auch die *myogene* Erregungsleitung des Herzens).

Daß die Funktionen der glatten Muskulatur im Bereich der vegetativen Lebensprozesse eine ganz andere Art von «Bewegung» hervorrufen, geht schon aus der geschilderten Morphologie und aus der notwendig folgenden Funktion hervor: keine Ansätze an festen Teilen, *Bewegung im Bewegten*; Peristaltik**, langsames Zusammenziehen und Lösen; langwährende «Halteleistungen» (Benninghoff), lang anhaltendes Verharren, weniger im Sinne eines Muskeltonus, sondern mehr schon im Sinne eines ätherischen Gewebeturgors, prozessual wachsende und schwindende Muskelbewegung nach organ-periodischen Verhältnissen.

Aufbau des quergestreiften Muskels

Jede einzelne Muskelfaser ist vom Muskelprotoplasma (Synonyme: Zytoplasma, Sarkoplasma, Myoplasma)*** erfüllt. Zahlreiche Kerne sind in diesem wie ausgesät und befinden sich meist am Rande der Faser. Eine sehr feine elastische Haut, das Sarkolemm****, umgibt das Myoplasma der Faser. Das Myoplasma ist seinerseits in mehr oder weniger synzytiale Fibrillen***** differenziert. Die Sarkolemmhülle kann eine Länge von 15 cm erreichen bei einer Breite von kaum 0,1 mm – Längendimension makroskopisch, Breitendimension mit bloßem Auge kaum wahrnehmbar.

* Intramural = innerhalb der Organwandung befindlich; lat. intra = innerhalb, murus = Wand.

** Peristaltik = Bewegung des Umfassens, des Umgreifens, kreisförmig-spiralige Fortbewegung des Darm- und Mageninhaltes.

*** Zytoplasma = Zellplasma; gr. = Κύτος = Höhlung, Gefäß; Sarkoplasma = Muskelplasma; σάρξ = Fleisch.

**** Sarkolemm = Muskelhäutchen; λέμμα = Fassung; = strukturlose Hülle der Muskulatur.

***** Fibrille = Faser; lat. fibra = Faser.

An der elementaren Muskelfaser läßt sich besonders eindrucksvoll die Fragwürdigkeit des isolierten Zellenbegriffs veranschaulichen (vergleiche Kapitel «Leben und Gestalt» Seite 114). Die Muskelfasern sind innerhalb des Muskels, wie schon beschrieben, gleichzeitig in verschiedenen Spannungs- und Lösungszuständen und bilden ein dynamisches Gewebekontinuum (vergleiche Muskeltonus).

Querstreifung der willkürlichen Muskulatur

Die Muskelfibrillen innerhalb der Muskelfasern bei der willkürlichen Muskulatur sind es, die bei mikroskopischer Betrachtung das Phänomen der Querstreifung zeigen. Sie sind in bezug auf ihre Längsachse optisch doppelbrechend. Dieses Phänomen ändert sich bei verschiedenen Spannungszuständen der Muskulatur und kann bei aktiver Phase ganz verschwinden.

Die plastische Gestalt des Muskels ist nicht allein Ergebnis der Fülle des Myoplasmas und des Myoglobins* (es gibt rote und helle Muskelfasern), sondern auch des Gestalt- und lagehaltenden Bindegewebes, das als Sarkolemm sich auf die einzelne Muskelfaser bezieht und innerhalb des Muskels die Fasern miteinander verbindet (Perimysium internum**).

Das synzytiale Muskelbindegewebe der Außenschicht faßt zuletzt den ganzen Muskel zusammen (Perimysium externum). Dieses Bindegewebe bildet für Muskelfibrillen und Muskelfasern innerhalb der Muskulatur die ernährenden (interstitiell-zwischenräumlichen) Elemente – Lymphräume und Kapillarnetze führend, die sich bei der Muskelkontraktion sogar erweitern!

«Würde man alles Bindegewebe einschließlich des Sarkolemms aus dem Muskel entfernen, dann würde er wie Brei auseinanderfließen» (Benninghoff). Man sollte also die die plastische Muskelgestalt bildende Funktion des mesenchymalen Bindegewebssynzytiums nicht nur mechanisch auffassen, sondern als Ausdruck fließend dynamischer Bildekräfte. Der Ätherität des Mesenchymgewebes danken wir die höhere Beweglichkeit, Leichtigkeit der Glieder und des Leibes – mehr als den Gelenken. Denn in diesem Gewebefluß gleiten und fließen die Muskelelemente aneinander vorbei. Das Bindegewebe in seinem embryonalmesenchymalen Charakter, den es zeitlebens beibehalten sollte, und das Myoplasma, das immer dem Protoplasma der Myomeren und zugleich dem Blute (Myoglobin = Hämoglobin) verwandt bleibt, sie zusammen bilden die schwellend bewegten, schwerelosen Glieder, bilden die durchlebte Plastik des Leibes.

* Myoglobin = Muskelfarbstoff, entsprechend dem Blutfarbstoff = Hämoglobin.

** Perimysium = bindegewebige Hülle eines Muskels, wörtlich: das um den Muskel Befindliche; περί-μῦς = um den Muskel, gr. = μῦς = Muskel; Maus. Von μύω-μίω = kleine schnelle Bewegung machen.

Wir betrachteten in voriger Darstellung die Muskelorganisation von ihrer inneren, nur mikroskopisch zu erfassenden Gestalt- und Funktionsordnung bis zu ihrer gesamtmorphologischen (makroskopischen) Erscheinung in ihren Faszienhüllen. Damit haben wir die Voraussetzung geschaffen, um auf Gestalt und Funktion des einzelnen Muskels einzugehen.

Innerhalb der Polarität von Haut und Knochen entfaltet sich die Muskelorganisation:

Haut
Faszienhülle der Muskulatur
Muskeln
Sehnen
Knochen

Was eine schwingende Saite im kräftigsten Schwingungsmoment rein von der Funktion her, gestaltlich vorübergehend, darstellt, das scheint sich in der idealtypischen Muskelgestalt verkörpert zu haben.

Ursprung (Origo)*	Ansatz (insertio)
(meist wirbelsäulennah, fixiert)	(meist wirbelsäulenfern, mobil)

(Ursprung und Ansatz, fast immer ein Gelenk überbrückend und so zwei Glieder beugend oder streckend und gegeneinander bewegend.)

In der kontraktilen Phase nähern sich Ursprung und Ansatz und bewegen so die Glieder. In der Expansions- und Lösungsphase entfernen sie sich voneinander und geben so die Glieder frei.

Man unterscheidet beim Muskel zwischen:

Muskelursprung:	Kopf (Caput),
Muskelmitte:	Bauch (Venter),
Muskelansatz:	Schweif (Cauda).

Am Rumpf finden sich hauptsächlich flächenhaft ausgebreitete Muskeln. Bei den Gliedmaßen vorwiegend radiale, spindelförmige Muskeln.

Muskelfaszien – Sehnen und Sehnenscheiden

Sehnen und Sehnenflächen (Aponeurosen) sind aus parallelen, zugfesten Fasern gebildet, die bei ihrer (mikroskopisch erkennbaren) schwach welligen Bildung eine gewisse Anzugsdehnung bei Einsetzen der Muskelkontraktion zulassen.

* Origo, lat. Ursprung.

Die Sehnen strahlen meist direkt in das Knochengewebe oder ins Periost* beziehungsweise in Gelenksnähe ins Perichondrium ein. Es finden sich lineare, punktförmige und flächenhafte Sehnenansätze. Muskelbauch und Sehnen ergeben erst den *besonderen Muskel* (vergleiche Abbildung 154), der in der Anatomie mit «eigenem Namen» aufgeführt wird.

Manche Muskeln setzten jedoch, wie schon bemerkt, mit ihren Sehnen nicht am Knochen an, sondern an derben oder wie bei der mimischen Gesichtsmuskulatur an sehr zarten intermuskulären Faszien, die ihrerseits als «Bindegewebsskelett» unmittelbar mit dem knöchernen Skelett zusammenhängen.

Unsere ganze muskulär-plastische Leibesoberfläche ist von einer mehr oder weniger zarten, sehnigen Hülle, der Körperfaszie (Fascia superficialis**) eingeschlossen, so wie der einzelne Muskel oder die Muskelgruppe vom Sarkolemm eingehüllt ist.

Der Leib als ganzer ist damit «Bewegungsorgan». In dieser Muskelorganhülle verlaufen die größeren Muskelgefäße und Nerven, wie im Perimysium die Kapillaren und die Nervenausläufer zu den Muskelendplatten ziehen (vergleiche den Abschnitt «Bewegungssinn»). Innerhalb dieser Faszie verhalten sich die einzelnen Muskeln bei Beugung und Streckung wie einzelne Muskelfaserbündel in einem einzelnen Muskel. Aber im Gegensatz zur eigentlichen Muskelhülle des Einzelmuskels, dem Perimysium, nehmen die Faszien *nicht* an der unmittelbaren Muskelbewegung teil, wobei Muskel und Sehnenfasern – bestimmte Haltezonen suchend – immerhin in Faszien einstrahlen können. Als Zwischenmuskelscheiden finden Faszien in den Tiefen der Gliedmaßen am Knochen ihren Halt, wobei sie sehnige Formen ausbilden, die ihrerseits wiederum Muskelfasern Ursprung oder Ansatz bieten können. Sehnenscheiden sind ebenfalls mit Faszien verwandt; Perimysium wird hier Peritenonium***.

Für die rhythmisch-plastische Gestalt des Bewegungsmenschen haben die Faszien die größte Bedeutung. Die Muskeln gewähren die schwellende Fülle, die Faszie die Form. Dies gilt vor allem für die muskulär-plastische Gestalt der Gliedmaßen. Ein Beispiel der Muskelfaszie eines einzigen Gliedmaßenmuskels gibt in besonders charakteristischer Form der Sartorius, der «Schneidermuskel» des Oberschenkels. Oder der in seiner Faszienhülle spiralig geführte, schräge Halsmuskel (Sternokleidomastoideus), der allein durch seine Faszienhülle beweglich in seinem gestaltlichen Gefüge gehalten wird. Er hat seinen Ansatz am Warzenbein und an der Nackenlinie des Hinterhauptes (Lines nuchalis terminalis), den Ursprung am Manubrium (= Handgriff) des Brustbeins und am medialen Schlüsselbeinende.

* Periost = Knochenhaut; gr. = πέρι = um, herum; ὄστεον = Knochen. Perichondrium gr. = περί; χόνδρος = Knorpel.

** Fascia superficialis = Oberflächenfaszie; lat. fascia = Band, Binde, die das Muskelbündel zusammenhält; superficialis = zur Oberfläche gehörend.

*** Peritenonium = Sehnenscheide; πέρι = um, herum, τένων = Sehne.

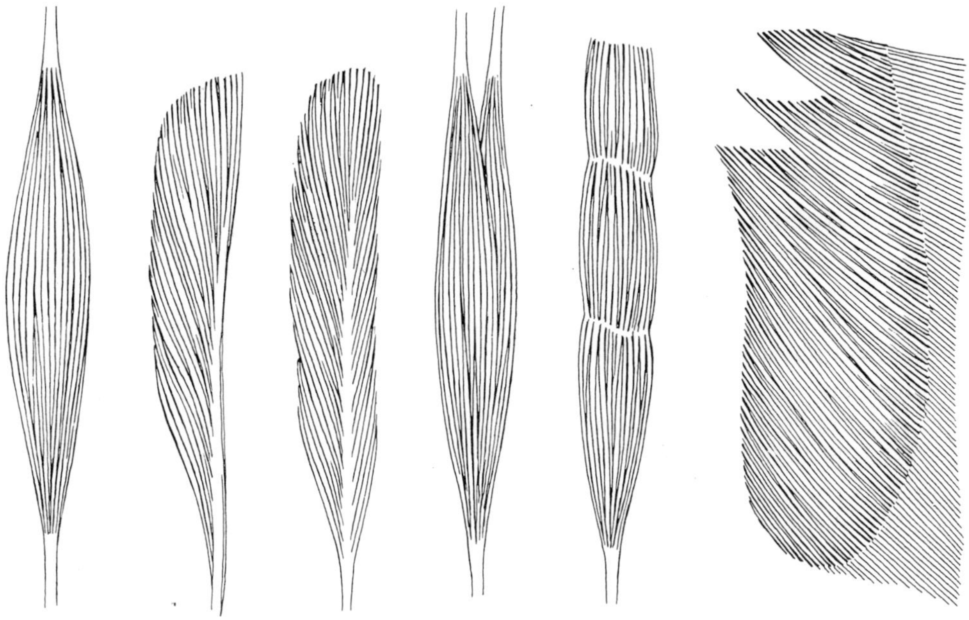

Abb. 154: *Die wichtigsten Muskeltypen* in der verschiedenen Anordnung ihres Faserverlaufs. Von links nach rechts: 1. Einfacher Faserverlauf von Sehne zu Sehne. 2. Muskelfasern, die aus einer Sehnenplatte (= Aponeurose) schräg auf eine Sehne zulaufen. 3. Muskelfasern, die sich symmetrisch an eine Sehne heften. 4. Muskel mit mehreren Muskelbändern und Sehnenansätzen. 5. Durch Quersehnen geteilter Muskel (vergleiche Musculus rectus abdominis). 6. Muskel, der in einer breiten Fascie mündet (vergleiche Musculus obliquus abdominis).

Ganze Muskelgruppen können plastisch in «Gruppenfaszien» zusammenkomponiert sein, wie die Gesamtmuskulatur als bewegungsplastische Gestalt zu einem ganzheitlichen Bewegungsakkord in der Oberflächenfaszie vereinigt ist.

Als letzte Hülle über der geschlossenen Oberflächenfaszie des Muskelmenschen folgt nun noch *die Haut*, in deren drei Schichten: Epidermis, Korium und Subkutis* wiederum eine Dreigliederung ausgebildet ist.

Die Faszie ist funktionell und gestaltlich der Muskulatur unmittelbar verbunden, während sie mit der Haut nur durch ganz lockere Bindegewebsbrücken zusammenhängt. Durch diese lose Bindung wird die Haut noch einmal zu einem selbständigen Hüllorgan, zu einem sensiblen Mantel der ganzen Gestalt.

Die Muskulatur mit ihrer Faszienhülle dagegen bildet, wie dargestellt wurde, ein eigenständiges Rhythmus-, Bewegungs- und Wärmeorgan einer «Mitte» zwischen Knochenskelett und Haut.

* Vergleiche das Kapitel: Die Haut, S. 121.

Wärme und Bewegung

«Ein flammender Wille beflügelt den Schritt».*

Fercher von Steinwand

Unsere Darstellung über die Bewegungsorganisation, über die plastisch-muskuläre Gestalt des Menschen begann im ersten Abschnitt mit der Darstellung des reinen Bewegungswesens, welches wir als Intention bezeichnet haben. Sie soll im folgenden mit der Schilderung der Bewegungs-«Wärme» um einen weiteren Schritt vertieft werden.

Die Erscheinungen der Bewegung traten als unmittelbar geistige Wirkungen in das organische Raum- und Zeitgeschehen herein. In gleicher Weise offenbart sich die Wärme als ein Phänomen, durch das die menschliche Organisation ihre Reife, ihre Funktionsvollkommenheit erreicht.

Wärme ist mit dem Feuerelement, mit Licht verwandt, ja nahezu identisch. Beide, Licht und Wärme, sind innerhalb der physischen Welt qualitativ unwägbare, imponderable Kräfte, die auf die Körper schwereüberwindend, dehnend, lösend, Elastizität verstärkend, schmelzend und in allen Fällen dynamisierend wirken.

Im mineralisch-chemischen Bereich wird Wärme bei Lösungs- und Schmelzprozessen gebunden. Bei der Kristallisation hingegen wird Wärme wieder frei. Wärme hebt die Substanz in aktiv tätige Verfassung herauf; bei Wärmeverlust fällt sie wieder in die Formdichte zurück, in der sie sich ursprünglich befand, sie erstarrt. Bei der Verbrennung organischer Substanzen wird Wärme frei, und «Mineralisches», Asche, sinkt zur Erde, die bei der Lösung ihrerseits wieder Imponderabilien aufnimmt.

Das lebenerweckende Sonnenlicht läßt durch Licht und Wärme Pflanzen wachsen, bringt Blüten zur Entfaltung und zum Fruchten[44] und regt die Bewegung der Tiere an. Pflanzen und Tiere bleiben aber in ihrer Bewegung weitgehend von dem Element, in dem sie leben, und von der Wärme, die es vermittelt, abhängig.

Nur der Mensch ist durch bewußte Tätigkeit Herr seiner Wärme, die bei genauer und immer gleicher Temperierung ein wesentliches Element seiner Gesundheit ausmacht. Erst beim Menschen können wir von einem individualisierten Wärmeorganismus sprechen, wie wir vom Wärmeorganismus der Erde und des Sonnensystems sprechen können.

Der menschliche Wärmeorganismus offenbart sich in seiner Einheit in vier Wirkungsphasen:

* Johannisfeuer: «Chöre der Urträume» und «Urtriebe»; Werke Bd. I, S. 244.

Erstens in seiner Euthermie*, die den ganzen menschlichen Organismus zusammenschließt und zu einer wärmehaften Einheit bildet[45].

Zweitens in seiner Homoiothermie**, der weitgehend gleichbleibenden Wärmeregulation, die der Mensch mit den höheren Tieren gemeinsam besitzt.

Drittens die Funktion der Wärmeaufnahme aus der Umgebung, wozu auch die Wärmeaufnahme aus der Nahrung gerechnet werden muß (vergleiche das Kapitel über die Ernährung). Es handelt sich hier um den endothermen Wärmeaufnahmeprozeß***, der im Leberstoffwechsel gipfelt. Zuletzt haben wir die Funktion der Wärmestrahlung und Wärmeabgabe (exothermer Prozeß***). Diese vierte Phase, für sich betrachtet, hängt innig mit dem arteriell-oxydativen Blutgeschehen im Organismus zusammen. Sie beginnt bei der Einatmung, wo sich der Sauerstoff der Luft mit dem «meteorischen Eisen»[46] des Blutes verbindet; sie findet eine weitere Vertiefung in allen dissimilatorisch-abbauenden Prozessen des verbrennend-reinigenden Stoffwechsels, besonders der Niere, und gipfelt in der Wärmestrahlung der Kapillaren (des «peripheren Kreislaufs»). In den exothermen Wärmephänomenen begegnet uns die Funktion der Verwandlung. Zwischen endothermen und exothermen Prozessen findet das eigentliche eutherme Wärmeleben seine Verwirklichung, und zwar hauptsächlich wieder in der Bewegungsorganisation.

Wir sprachen schon von dem Wärmemantel unserer Muskulatur. Auf den Wärmeprozeß bei dem Bewegungsgeschehen haben wir jetzt unseren Blick besonders zu richten.

Schon der gewöhnliche Muskeltonus ist nicht ohne ununterbrochene Wärmebildung möglich. Der ganz ohne unser Bewußtsein auch in Ruhe sich vollziehende Spannungs- und Lösungsvorgang der Muskelfibrillen aller Muskeln ist zugleich Funktion eines lebendigen Durchwärmtseins. Wesentlich ist also vor allem das eigentliche Bewegungsgeschehen unserer Gliedmaßenmuskulatur und des ganzen Körpers im Hinblick auf das Wärme- und Stoffwechselgeschehen.

Durchblutung der Muskulatur

Bewegung, Wärme, Blut und Muskulatur bilden eine geschlossene Funktionseinheit, die sich am vollkommensten im zentralsten Muskel – im Herzen zeigt, ein Phänomen, das sich aber überall, wo wir Muskulatur betrachten, in geringen Abwandlungen wiederholt. Bewegung, Wärme, Blut und Muskel sind funktio-

* Euthermie = vollkommene Wärmeorganisation: gr. = εὐ = wohl, vollkommen im Sinne von Wärmekonstanz, gr. = ϑερμός = warm.

** Homoiothermie = gleichbleibende Wärme; ὅμοιος = gleich.

*** endotherm = innenwarm, wärmeaufnehmend; gr. ἔνδος = innen. exotherm = außenwarm, nach außen strahlen; gr. ἔξο = außen.

nell völlig miteinander verschränkt. So lähmt Abkühlung die Bewegung, wie mangelnde Durchblutung (Ischaemia*) zur Muskellähmung führen kann. Blutbewegung und Muskelbewegung sind im peripherischen Muskel ebenso funktionell verbunden wie im Herzen: kein Blut ohne Bewegung, keine Bewegung ohne Blut (vice versa). Was wir als «peripherisches Herz» bezeichneten, ist vor allem durch die ungeheure Kapillarnetzbildung in der Muskulatur repräsentiert[47].

Im Gegensatz zum Herzen, wo die Angioarchitektur** der Kapillaren dem sphärischen Organ entspricht (Abbildung 151), ist die Angioarchitektur bei der übrigen Muskulatur dem Faserverlauf entsprechend vorwiegend radial angeordnet (Abbildung 152). Meist tritt ein Hauptgefäß in der Mitte eines Muskelbauches ein (Muskelhilus), von wo aus es sich mehrfach verzweigt und im Endomysium das äußerst verfeinerte Kapillarnetz bildet. Venenkapillaren, am Hilus austretend, führen dann das Blut wieder herzwärts, ihnen folgen reiche Lymphgefäßnetze. Das Blut wallt in den Bereich aktiver Bewegung hinein. Wille und Leistungsfähigkeit des Bewegungsorgans gehen Hand in Hand wie Bewegungs- und Herzrhythmus.

Die Energieprozesse des Muskels

Jeder Muskelaktion geht eine feine Wärmewelle voran. Die Intention des Willens spricht sich aus. Diese Wärmewelle bezeichnen wir als *initiale**** *Wärme*. Glykogen wird aktiviert und verwandelt sich in Glukose und diese wiederum in Wärme. Es folgt nun die eigentliche Muskelaktion der im Raum-Zeit-Prozeß ablaufenden Bewegung durch die Kontraktion des Muskels. Eine zweite Wärmewelle, die *Aktionswärme*, tritt auf. Es folgt noch eine dritte Welle nach vollzogener Aktion, die *Ruhe-* oder Erholungswärme.

Wir haben es also beim Muskelenergieprozeß mit einem dreifachen Wärmegeschehen zu tun:

1. Die initiale Wärmebildung hat *endotherme* Tendenz und ist Ausdruck der elementaren Willensbildung im Muskelenergiegeschehen.
2. Die Aktionswärmebildung steht auf dem Gipfel der Tätigkeit im rhythmischen Vollzug von Spannung und Lösung in der Muskulatur.
3. Die Verstrahlung der Ruhewärme (exotherm) ist Ausdruck der Wiederherstellung der Ausgangssituation.

Dieses ganze Geschehen bildet einen Kräfteausgleich des selbstregulatorischen Muskelorganlebens.

* Ischaemie = Durchblutungsstörung, von gr. = ἴσχω = halte, und αἷμα = Blut.

** Angioarchitektur = Struktur der Gefäßanordnung; gr. = ἀγγαῖον = Gefäß und Architektur.

*** Initiale Wärme = Anfangswärme; lat. initium = der Anfang.

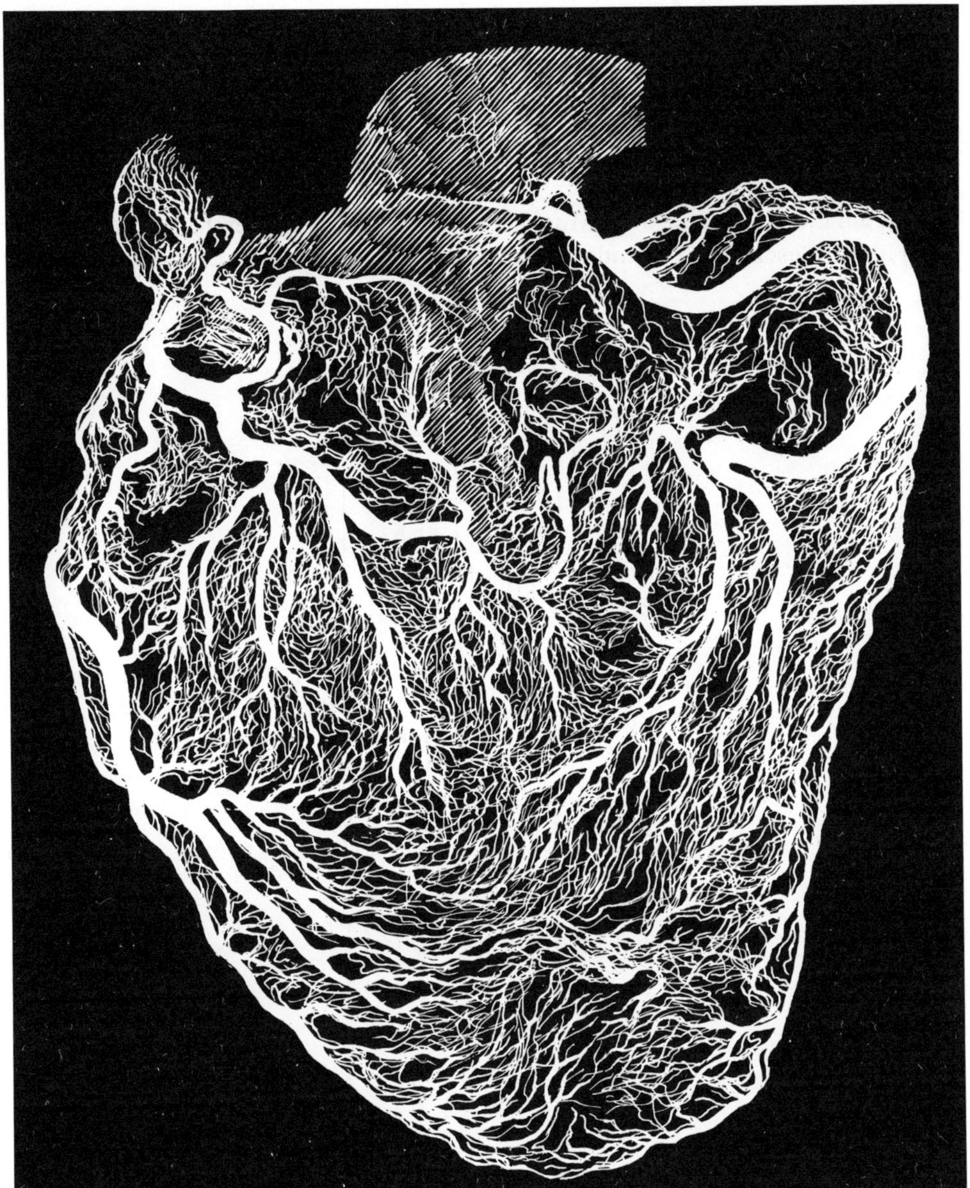

Abb. 155: *Durchblutung des Herzmuskels.*

Die mittlere Wärmewelle in der Phase höchster Tätigkeit ist Ausdruck des entscheidenden Energieumwandlungsvorgangs. Hier wird Muskelglukose in Milchsäure verwandelt, und zwar, wie Versuche gezeigt haben, ohne *Einwirkung von Sauerstoff*. Es handelt sich bei dem ganzen Vorgang der Energie- und Wärmeentwicklung im tätigen Muskel nicht um ein oxydatives, sondern um ein *wärmeätherisches* Phänomen.

In der Erholungsphase des Muskels (dritte Wärmewelle) erst tritt Blutsauerstoff in das Geschehen ein, indem nun ein Teil der Milchsäure zu Kohlendioxyd

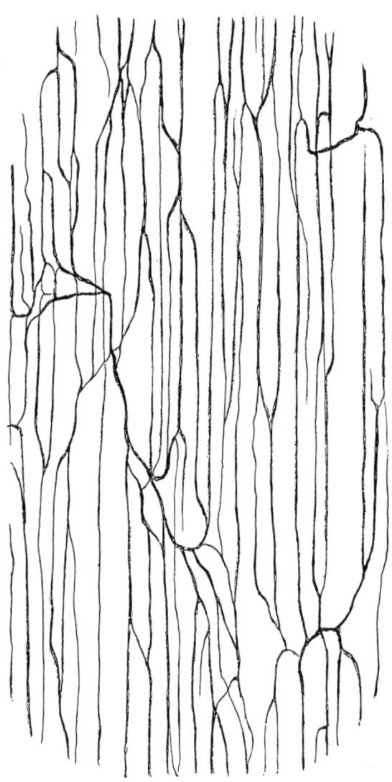

Abb. 156: *Kapillares Muskelgefäßnetz in gestreckten Muskelfasern* (Musculus rectus).

und Wasser «veratmet» wird, während sich ein anderer Teil der Milchsäure zu Glykose zurückverwandelt und dem Energiegeschehen der Muskeltätigkeit erneut zufließt. Im Fortgang des Geschehens bewirken immer neue Impulse neue Wärmeinkarnationen, Initialwärmewellen, neue Glykogenumwandlungen zu Glukose, die energetisch der Aktionswärmebildung zur Verfügung stehen und so weiter[48]. Ein Kreislauf dreifacher Wärmebildung ist geschlossen.

Die höchste Stufe der organisch muskulären Wärmeprozesse vollzieht sich im Herzen. Das Herzorgan als Hohlmuskel erscheint wie ein Organ gewordenes Wärmewesen. Auch hier findet sich zwischen Systole und Diastole ein selbständiger Wärmegipfel in der sogenannten Anspannungszeit, wo das Kammerblut für einen Augenblick in den Herzkammern bis zur nächsten Eröffnung der Ausstrombahn, kurz vor Eintritt der systolischen Blutbewegung für sich allein verweilt. Es sind weitere vertiefende Studien über das Wärmegeschehen zu erwarten.

Leben, Bewegung und Wärme im Herzen werden zum Realsymbol von Sein und Wesen der *Eigenwärme*.

Die autonome Wärme des Herzens, die sich immer neu erzeugt, wird uns in ihrer Qualität zu einem besonderen Erlebnis: In der Wärme lebt das Ich. Wärme ist Ausdruck der Ichtätigkeit (R. Steiner). Bewegungssinn, Wärmesinn, Ich-Wahrnehmungssinn sind hier übergreifend höchste Metamorphosen organischer Tätigkeit. Hier verschmilzt die Idee des Lebens, die Idee der Bewegung, die Idee der Wärme mit der Idee des Menschen als Ich.

Ein alter Mythos berichtet von einem Wärme-Umwandlungsprozeß kosmischen Ausmaßes, der sich durch die Äonen vollzieht. Der Vogel Phoenix verbrennt sich selbst; sein Ei wird im Eigenfeuer ausgebrütet, und der Phoenix eines neuen Äons ist geboren.

Dem fügen wir hinzu, daß *Leben, Wärme* und *Bewegung* als Initialphänomene selber die Einheit des Lebensprozesses ausmachen und in jedem Moment desselben immer neu die Physis ergreifen. Sie sind immer verursachend und dürfen nie als Folge gesehen werden. Leben ist Geistigkeit, die sich im rhythmisch-organischen Zeitstrom in Permanenz und Immanenz funktional inkarniert. Stofflichkeit bildet die Tastatur, die sich das Leben selber bereitet, auf dem das ordnende, gestaltende Äther- und Seelenleben «musiziert».

Mit der Betrachtung der Bewegung der Muskelphysiologie und der ihr wesenhaft verbundenen Wärme sind wir an ein entscheidendes Problem der Anschauung des Menschen und der Welt herangetreten. Wir haben Bewegung und Wärme aus der kausal-mechanistischen Betrachtungsart herausgehoben und beide als *Urphänomene*, als nicht mehr weiter hinterfragbare *Verursacher* räumlich-zeitlicher Gestaltungen und Abläufe darzustellen versucht.

Wärme, Licht, Leben, Bewegung, Klang – sie alle sind Entitäten urphänomenal-ideeller Verwirklichungen in der Welt der Phänomene.

Der Bewegungssinn*[49]

Nerven, die motorisch sein sollen, gibt es nicht. Es gibt nur Empfindungsnerven. Rudolf Steiner**[50]

Bei unserer Betrachtung der morphologischen und funktionalen Dreigliederung haben wir uns bei der Darstellung des *Bewegungsmenschen* mit der Tiefe und Reichweite der Willensorgane beschäftigt.

Wiederum hatten wir im Bereich dieser Organisation drei Funktionsfelder zu durchschreiten, die gemeinsam innerhalb der Gesamtdreigliederung die Willens-Bewegungs-Organisation ausmachen, deren letzte uns unmittelbar in das Reich der reinen Bewegung gelangen ließ. Im überblickenden Nacherlebnis fühlt man sich hier in eine vor- oder überorganische Urkräftewelt versetzt, wie sie Goethe in Fausts Gang zu den Müttern schildert: «Ein glühnder Dreifuß tut dir endlich kund, du seist am tiefsten, allertiefsten Grund[51].»

Die drei Willensorganisationsbereiche, die wir schilderten, waren:

ernährendes Leben,
Generationsleben,
Bewegungsleben.

In allen drei Bereichen dieser Organisation herrschen Bewegungsfunktionen vor.

Im Mittebereich, im Generationsbereich, gelangt Wesensbewegung nach kosmischen Zeitrhythmen geordnet in eine das Alltagsbewußtsein geradezu überwältigende Erlebensform. In der dritten Stufe, im Bereich des reinen Bewegungslebens, entzieht sich das Geschehen weitgehend unserem Fassungsvermögen!

Wir ahnen hier die ungeheuren Dimensionen des im ätherischen Organmilieu heranflutenden Lebens im Stadium der Inkarnation, das durch unser ganzes Leben hindurch nächtlich unsere Grundexistenz speist – während im Tagesprozeß dieser Vorgang weitgehend aufgehalten wird, wodurch Bewußtsein entsteht (siehe Seite 366, Abs. 3).

Für die Gesamtdreigliederung, die im Grunde eine «Neungliederung» ist, stehen die Funktionskräfte in ihren Teilbereichen wie im Ganzen nicht isoliert neben- oder übereinander, sondern durchdringen sich gegenseitig.

Im Zentralnervensystem haben wir das Zentrum des physisch ausgeformten funktionell differenzierenden Bewußtseinspols in «zur Ruhe gekommener

* Vergleiche das Kapitel über die zwölf Sinne.
** GA 124, 8. Vortr., Berlin 1911.

Bewegung». Seine Ausstrahlung findet sich bis in die äußerste und vom Nervenzentrum entfernteste Organperipherie.

Umgekehrt wirkt die elementare *Bewegungsdynamik* gegen den Bewußtseinspol, welchen sie nicht nur tangential berührt, sondern ebenfalls weitgehend durchdringt, so wie sich für unser Erleben der Raum- und der Zeitprozeß durchdringen.

Zwischen diesen Polen erscheint in möglichst schöpferisch-individualisierender Freiheit das *rhythmische System*, seinerseits die genannten Polaritäten vollständig verbindend und umfassend. Der Rhythmusorganismus ist es daher, der die dynamische Einheit des Organismus sowohl veranlagt als auch gegen den Formpol und gegen den Willenspol behauptet und bei Störungen jederzeit wieder herzustellen vermag[52].

«Nervlichkeit», in die Form erstarrendes Leben[53] und polar die «Bewegungsdynamik», Gestalt verneinendes, flutend bewegtes Leben werden erst durch die rhythmische Mitte zum «*Organismus*» gesteigert.

Kein Organsystem zeigt die harmonisch alles durchdringende Ordnung der dreigliedrigen Funktionseinheit so vollkommen wie der muskuläre Bewegungsorganismus. Aus diesem Grunde sehen wir ihn in der allernächsten Verwandtschaft zum rhythmischen System, ohne dabei die vorherrschende Willensdynamik nur im geringsten eingeschränkt zu finden. Im Gegenteil, das Muskelwesen schließt ja im Bereich der innerorganisch-glatten Muskulatur unmittelbar an die protoplasmatisch-mesenchymalen Organbildungsströme an und ist damit der Blutbildung verwandt. Diese Beziehung finden wir auch bei der quergestreiften Muskulatur. Hier ist in erster Linie auf die glatte Muskulatur des Darmes und die Feinmuskulatur der Blutgefäße und der Organhüllen zu blicken. Besonders wesentlich offenbart sich die Bewegungsorganisation, wo trotz der Querstreifung *keine* primär-nervliche Induktion vorliegt wie beim Herzen oder bei der ebenfalls unwillkürlichen Pharynx-Larynx-Muskulatur* des Kehlkopfes.

Darüber hinaus haben wir erwähnt, daß an mehreren Orten der Organismusperipherie quergestreifte Muskulatur erst nachträglich von Nervenfasern erreicht wird. Es ist festgestellt worden, daß Muskelfaser und Nerv erst im Laufe der Embryonalentwicklung miteinander in Verbindung treten. Aus den Ganglien des Rückenmarks wachsen Nervenfasern als vordere Wurzeln in Myoblasten *bzw.* in die schon differenzierten Myofibrillen ein. Primär ausgebildete Myofibrillen nehmen sekundär Nervenfasern auf. Nervenganglion, Nervenfaser und Muskel mit ihrer Blut- und Lymphversorgung bilden dann funktionell und trophisch eine Einheit. Aber bereits bevor die Verbindung mit dem Nerv zustande gekommen ist, befindet sich die embryonale Muskulatur in ei-

* Pharynx – Kehlkopf; gr. φάρυγξ = Kehle. – Larynx = Rachen; gr. λάρυγξ = Kehlkopf – Luftröhre.

ner periodisch spontan rhythmischen Bewegung – ähnlich der unwillkürlich glatten Muskulatur[54].

Die Muskulatur ist also in ihren elementaren Entwicklungsphasen *ohne Nerv* tätig, nicht aber ohne Lymphe und vor allem nicht ohne Blut!

Dies ist die Grundlage unserer Willensorganisation, von der wir bei der Betrachtung der Entwicklung und der Funktion aller Muskulatur auszugehen haben.

Was bedeutet nun das Eintreten des Nervenelementes in das bewegungsdynamische Muskelprotoplasma? Drei Elemente haben sich in der quergestreiften Muskulatur zu einer neuen höheren Einheit verbunden: Blut, Myoplasma und Nerv. Was ist geschehen? Ein *Sinnesorgan* ist entstanden. Überall, wo im Organismus Blut und Nerv zusammentreten, haben wir es mit Sinnesorganbildung zu tun[55]. In diesem Falle mit der Bildung des *Bewegungs-Sinnesorgans*.

Bei der Betrachtung anderer Sinnesorgane wie Auge oder Ohr (vergleiche das Kapitel «Nerven-Sinnes-System») sind wir gewohnt, einer geschlossenen Organindividualität zu begegnen. Es ist nun für den Bewegungs-Willens-Bereich unserer Organisation charakteristisch, daß sich das Sinnesorgan in den ganzen Muskelorganismus ausgebreitet hat.

Eine Metamorphose ist vollzogen, die der «Sinnesfunktion» dieser Region wesenhaft entspricht: nicht die Sinnes*wahrnehmung*, sondern die Sinnes*tätigkeit* tritt hier entschieden hervor. Der Lebenssinn, der ebenfalls vorwiegend in dieser Region wirkt, zeigt auch die Organisationsform der Willens-Organsphäre. Er ist charakterisiert durch das Eintauchen sympathischer Nervenendigungen in Blut- und Lymphräume innerer, vegetativer Organe und hat wie der Bewegungssinn, als typischer Sinn des Willensbereiches, seine charakteristische Ausbreitung über ganze Organsysteme hin.

Beim *Bewegungssinn* tauchen Nervenendorgane in den sogenannten motorischen Endplatten in die Muskelfibrillen ein, wo sie humoral mit Blut und Muskelprotoplasma (Myoglobin) in ungezählten Organellen ein ausgebreitetes «Bewegungssinnesorgan» bilden. Alle diese Millionen von Nervenendplatten in den Muskeln stellen eine *Funktionseinheit* dar, die allein vom ätherischen Ganzen, nicht aber von den einzelnen, differenzierten Organellen her verständlich ist.

Dem Wesen der Dreigliederung gemäß gehen wir bei unserer Betrachtung vom Ganzen in die Teile. So haben wir wie in jedem Sinnesorgan auch im Bewegungssinn eine Organ-Dreigliederung, die sich morphologisch in der Dreiheit von Blut, Muskelelement und Nerv darstellt. Für die rein funktionelle Betrachtung ergibt sich daraus die Gliederung in

Sinneswahrnehmung (Erkennen),
Sinnesempfindung (Fühlen),
Sinnestätigkeit (Wollen).

Bei den *Bewußtseins*sinnen tritt vor allem die Wahrnehmungs- und Erkenntnisfunktion hervor (zum Beispiel beim Auge). Bei den *Willens*sinnen, wie schon hervorgehoben wurde, ist es die *Sinnestätigkeit.* Es braucht uns übrigens nicht zu verwundern, daß man bisher bei der Betrachtung des Sinneswesens in erster Linie auf die Erkenntnisfunktion abgehoben hat. Es entsprach dies der Einseitigkeit, in welcher die Sinnesphysiologie seit dem Anfang des neunzehnten Jahrhunderts befangen war, indem sie die Nervenprozesse im Organismus vorrangig behandelte*.

Die Betrachtung der Qualitätenfülle des Bewegungssinnes veranlaßt uns dagegen, neue, nicht nur nervliche Aspekte ins Feld zu führen und damit, wie für jeden anderen Sinn, vor allem auch für den Bewegungssinn diese *Funktionsdreiheit* herauszuarbeiten.

In der Sinneswahrnehmung vergegenständlichen wir uns die Welt[56]. Diese Vergegenständlichung wird in den einzelnen Sinnen und Sinnesbereichen in ganz verschiedener Weise vollzogen. Die Welt wird uns so zunächst bei der «Wahrnehmung» zum Objekt, wie auch der eigene Organismus bei der «Selbstwahrnehmung» geradezu zum Objekt verfremdet werden kann. Das Wahrnehmungsorgan wird dabei gewissermaßen «physikalischer Apparat». Dies war der Ausgangspunkt der Physiologie des 19. Jahrhunderts für die Hypothese von den sensiblen und motorischen Nerven, die jedes Bewegungsgeschehen einseitig aus der Nervenfunktion erklären wollte.

Die Einheit von Wahrnehmen, Empfinden und Bewegen

Bei jeder *Sinnestätigkeit* ereignet sich eine organische Identifikation von Sinnesorgan (Auge) und Sinneselement (Licht). Das Sinneselement ist schon an der Entstehung des Sinnesorgans unmittelbar beteiligt.

Die «Inkarnation» des Sinneselementes in der Organbildung, die intentionale Hinwendung des Organs zum Sinneselement bilden eine Wesenseinheit, welche in der Steigerung als ichhafter Willensimpuls kosmischer Qualität erscheint.

Das *Tätigsein* des Sinnesorgans im *«Sein»* der Sinneselemente spielt bereits unterbewußt eine wesentliche Rolle. Das Bewußtsein findet zu dieser urintentionalen Tätigkeit zunächst keinen unmittelbaren Zugang. Die Willensorganisation für sich allein kann umgekehrt nichts vom Nervenbewußtsein erfahren – und das Nervenbewußtsein hat seinerseits keinen unmittelbaren Zugang zur Tat- und Willensexistenz.

Sinnesorganbildung wie Sinnesorgantätigkeit sind als im Sinnesprozeß unbewußt schaffende Natur aufzufassen. Erst in der *Sinneswahrnehmung* vermö-

* V. v. Weizsäcker: Der Gestaltkreis, S. 134, 141.

gen wir uns der Welt und der eigenen Organisation unterscheidend, urteilend und erkennend gegenüberzustellen und aus dem Ozean des Unbewußten aufzutauchen.

Die Sinnestätigkeit im Sinnesprozeß bietet jedoch organenergetisch den weit umfassenderen Anteil am Gesamtgeschehen. Ihre Unüberschaubarkeit ist es, welche die Wissenschaft veranlaßt hat, ihre Wirkungen als bloß *subjektiv* oder akzidentiell beiseite zu lassen. Damit hatte man im einseitig naturwissenschaftlichen Denken das Menschenbild in einen außenweltlich, außenbestimmten *objektiven* und einen innerlich-*subjektiven* Teil gespalten und die Einheit der erkennenden und tätigen Person im Sinnesgeschehen vernichtet.

Das Wesen des Menschen erhebt sich aber, beide Polaritäten überhöhend und vereinigend, über diesen Dualismus, indem eine dritte mittlere Funktion sich innerhalb des Sinnesprozesses geltend macht, das eigentliche *Sinneserlebnis* oder die *«Sinnesempfindung»*.

Das Ich selbst ist es, das im Funktionsbereich der Sinnesempfindung die Polaritäten vereint und, beide qualifizierend, tätig ist. Die Verfremdung in die Objektivität, die den Menschen zu einem Ding unter Dingen macht, und die ihn in gleicher Weise überwältigende Disqualifizierung, durch die er zum bloßen Subjekt wird, muß überwunden werden. Im Spannungsintervall der polaren Funktionen erhebt sich die Intentionalität des frei schöpferischen Ichs, des Verwirklichers menschlicher Wirklichkeit. Hier ergreift der «Wagenlenker» die Zügel des Gespanns – hier wirkt der *Beweger der Bewegung* in Steuerung und Ordnung des Sinnesgefühls; hier ist die Bewegung das In-sich-selbst-Bewegt-Sein – Bewegung in innerlich überräumlicher Unendlichkeit – in überzeitlicher Ewigkeit – Ichtätigkeit und Ichfindung in höchster Individuation – mit universeller Schöpferkraft – *Bewegung des Bewegers*.

So ergibt sich für unsere Betrachtung die Einheit von Wahrnehmen, Empfinden und Bewegen aus der Autonomie der Mitte heraus:

Wahrnehmung der Bewegung:

Der Wahrnehmende kommt in seiner Selbstbewegung zur Ruhe. In der Ruhefindung sondert er sich von der «bewegten Welt»; *Sinneswahrnehmung*.

Tun der Bewegung:

In der Bewegungstätigkeit ist der Bewegungswille mit dem Bewegungselement identisch, höchste Tätigkeit ohne Bewußtsein; *Sinnestätigkeit*.

Empfindung der Bewegung:

Das Gefühl, die Empfindung – der Sinn im Sinnesorgan (die Wirksamkeit der Steigerung innerhalb der Polarität) – ist die höchste Verwirklichung der bewegungselementaren Kräfte, aber jetzt in dieser «Mitte» mit *Bewußtsein* und mit Willensdynamik zugleich. Das in der *Empfindung* sich selbst findende Ich vereint in sich nicht nur die polaren Erlebnisweiten, sondern greift über die Pole der Sinneswahrnehmung und der Sinnestätigkeit hinaus und vereint sie neu in der produktiv schöpferischen Existenz seiner weltverwandelnden Tätigkeit. In der Intentionalität des schaffenden und ordnenden Gefühls liegt alle sinnlich-sittliche Wirkung. Die Intention wird mit dem Bewegungsziel identisch: Was bewegt mich? Wohin bewege ich mich?

VIII
Die Temperamente

Die epitellurischen Organismen müssen, schon weil sie der Erde angehören, bestrebt sein, durchaus alle die wesentlichen Seiten tellurischen Lebens in sich zu wiederholen, so daß man sagen könnte: weil es die wesentlichsten Lebensseiten des Planeten sind, 1. als irdisch-starres, 2. als tropfbar-flüssiges, 3. als elastisch-gasiges, 4. als elektromagnetisch-feuriges zu erscheinen, so müssen diese vier Seiten auch im Leben des Einzeln-Lebendigen wiederholt werden. Goethe*

Der vollkommenste Mensch hat alle Konstitutionen samt ihren Veränderungen in seiner Gewalt. Novalis**

*Jahreslauf und Temperament****

Nachdem Blutkreislauf, Atmung, Lymphkreislauf und Ernährung wie auch die inneren Organe mit ihren seelischen Funktionsäußerungen geschildert wurden, bleibt nun noch die Darstellung der vier Grundseelenstimmungen der Temperamente, welche ihre charakteristischen Tingierungen aus der Organwelt erhalten.

Diese vier Seelenstimmungen offenbaren gleichzeitig ihren Zusammenhang mit den vier Elementen der äußeren Natur, so daß wir das Seelenleben je nach der besonderen Konstitution eines Menschen zwischen seiner Innenveranlagung einerseits und seiner charakteristischen Hinneigung zur Außennatur und ihren Elementen andererseits ausgebreitet finden.

Durch die Temperamentenlehre, die uns von der griechisch-hippokratischen Heilkunst überliefert wurde, ist es uns möglich, den Organismus in dem großen organisch-dynamischen Zusammenhang mit dem Erdleben darzustellen.

Auch das Menschenleben schwingt im leiblich-seelischen Bereich mit den Naturrhythmen, besonders mit den Kräften der jahreszeitlichen Konstitution

* Naturwissenschaftliche Korrespondenz.

** Fragmente, a. a. O., S. 339.

*** Temperament, von lat. Temperamentum = Mäßigung.

zusammen. Das Organleben folgt der Ordnung des Erdlebens in makro-mikrokosmischer Entsprechung, so daß der Mensch im Miterleben der Jahreszeiten seine eigene Organisation in vielfältiger Weise leiblich belebt, seelisch erfrischt und die eigene Einseitigkeit und Verhärtung zu lösen vermag.

So folgen einander «Leibesfrühling» im inneren Säftestrom, Sommerwärme im Blut-Atem-Leben, Herbstesfruchtbarkeit in der Reife organischer Kräfte und winterliche Klarheit in der Formdichte der Nervenphysis.

In diesen Lebensfunktionen ist vom Jahreslauf bis in die Lebenskonstitution der Organe hinein alles auf Harmonie veranlagt. Freilich nützt der in die Zivilisation eingespannte Mensch kaum mehr diesen verjüngenden Zusammenklang der inneren und äußeren Naturkräfte, sondern er begibt sich statt dessen in eine gefährliche Isolation, in deren «Bequemlichkeit» das Vermögen unserer Organe, mit den Naturrhythmen mitzuschwingen und mitzuleben, nach und nach erschlafft.

Das Seelenleben erscheint den Naturrhythmen gegenüber wie ein Mittler zwischen Organismus und Welt. Die Seele lebt ebensosehr in den Lichtperioden des Tages wie in den Gezeiten der Nacht, in der Keimfrische des Frühlings wie in der Fruchtfülle des Herbstes, in allen anderen Qualitäten der Jahres- und Naturperioden. Dabei bleibt sie innig mit den tiefen organischen Prozessen verwurzelt. So werden wir im Inneren des Organischen deutlich charakteristische Verbindungen des seelisch-temperamenthaften Lebens mit den großen, allgemeinen Weltprozessen des Naturlebens finden, in die sich die Seele hinauszuschwingen vermag.

Ehe das Besondere der einzelnen Temperamente aufgesucht werden soll, wollen wir in unserer Betrachtung von der allgemein-sphärischen Rhythmik der Jahreszeiten ausgehen, die den Menschen und das Erdleben umfaßt.

In den vier Qualitäten der Jahreszeiten haben wir einen klar überschaubaren Kreislauf vor uns. Ihre dauernd sich verwandelnden Kräfteverhältnisse erscheinen in ihrer Ganzheit wie ein irdisch-kosmischer Organismus, der sich in weitesten Pulsationen darlebt.

Im Frühling vollzieht sich die lösende, befreiende Durchflutung der winterlichen Starre, in der alle Keime in kristallartiger Ruhe schliefen. Die Substanzen strömen in den Lebensfluß ein und steigen im keimenden Pflanzenleben auf, ja sie erheben sich im frisch-duftenden, feuchten Erdgeruch über die junge Vegetation empor und strömen ihr sphärebildend voraus.

Dann weitet sich im Sommer die Natur in labilem Luft-Wärme-Prozeß nach oben und empfängt die kosmische Befruchtung in ihren Blütenkelchen.

Die Herbstnatur geleitet die hochsommerliche Wärme in die Fruchtbildung ins Innere der Pflanzenhüllen hinein, während die Lüfte sich von der letzten Wärmestrahlung losreißen und ihren Flügelschlag über Erd- und Himmelsräume hintragen, wobei sich die Fruchtfülle zur Erde hin versammelt und dem innerlichen Wärmebedürfnis der menschlichen Natur Nahrung spendet.

Der Jahreszeitenorganismus verdichtet sich zuletzt im Winter gegen die Erde, alle Kräfte ziehen sich zurück, und soweit die Kraft des Winters reicht, läßt er alle Lebensbewegung kristallhaft erstarren.

Diese Verwandlung der Jahreszeitenkräfte führt von Übergang zu Übergang, von Höhepunkt zu Höhepunkt, nirgends steht sie still, niemals behauptet sich eine einseitige Konstitution über ihre herrschende Zeit hinaus. Ihre Phasen bewirken vielmehr das reichste äußere und innere Wechselleben im Zeitenorganismus.

Aus solchem Naturempfinden ging die diätetische Hygiene der Griechen hervor. Ihre ätherische Kultur ermöglichte es ihnen, das umfassende Mitgefühl mit den Tiefen des chthonisch-organischen Seins und mit lichthaft ätherischer Freiheit, Klarheit und Gestalt in ihrer Kunst zu wunderwürdiger Harmonie zu steigern.

Goethe hat dieses hellenische Lebensgefühl in der arkadischen Helena-Szene seiner Faustdichtung dargestellt:

Hier ist das Wohlbehagen erblich,
Die Wange heitert wie der Mund.
Ein jeder ist an seinem Platz unsterblich,
Sie sind zufrieden und gesund.
Und so entwickelt sich am reinen Tage
Zu Vaterkraft das holde Kind,
Wir staunen drob; noch immer bleibt die Frage,
Ob's Götter, ob es Menschen sind! *

Neben der großen naturhaften Kunst der Griechen steht ihre hygienisch-therapeutische Kultur ebenbürtig da, ja beide sind im Grunde nur Erscheinungsformen ein und desselben naturhaft-geistigen Welt- und Lebensgefühls, Ausdrucksformen ein und derselben schöpferischen Kraft.

Aus dieser Kraft heraus vermochten sie, ätherisch-irdische Kräfteströme und ätherisch-kosmische Kräftewirkungen als göttliche Mächte im Zusammenwirken der vier Elemente zu erleben. Was am Himmel droben in Licht, Luft und Wolken wirkte, das waltet für sie auch unten im Umkreis der Erde und im Innern des Organismus in Feuer, Wasser, Luft und Erde und im Strom der Säfte als großes Synorganon.

Der Kosmos der Elemente kreist in den Säften des Leibes, wirkt im himmlischen Licht wie im Licht des Auges, in der Sonnenwärme wie in der Wärme des Herzens, im Sturmwind wie im zartesten Atemhauch, in den strömenden Gewässern wie in den inneren Säften, im Felsengestein wie im tragenden Knochen. Die Griechen erlebten die Elemente eben nicht im Sinne bloßer Stofflichkeit oder physikalischer Aggregatzustände, sondern als geistige, ja als göttliche

* Faust II, 3. Akt, Arkadien.

Wesenskräfte, die unseren Leib aufgebaut haben und in deren harmonischer Mischung (Eukrasia) der Mensch seine Kräfte entfaltet.

Die Zusammenschau der elementaren Natur mit der Wesensentfaltung des Menschen soll ein Hippokratisches Beispiel zeigen: «Wo aber die Jahreszeiten nicht sehr voneinander verschieden sind, da ist auch das Land sehr ebenmäßig. So ist es auch mit den Menschen, wenn man darauf achtet. Denn manche Typen gleichen Wald und wasserreichen Bergen, andere dürren und wasserarmen Gebirgen, manche sind wie Wiesen und Sumpfgelände und wieder andere wie eine Ebene und kahles, trockenes Land. Denn die Jahreszeiten, die die Beschaffenheit der menschlichen Gestalt verändern, sind verschieden ... Wo nämlich die Erdoberfläche fett, weich und gut bewässert ist, wo die Gewässer sehr an der Oberfläche liegen, so daß sie im Sommer warm und im Winter kalt sind, und wo das Land eine gute klimatische Lage hat, da sind auch die Menschen fleischig, schlecht gegliedert, nicht widerstandsfähig und in ihrer Seele meist feige. Denn Schlaffheit und Schläfrigkeit ist in ihnen, und ihr Sinn für die Künste ist stumpf, nicht fein und scharf ... Wo das Land aber kahl, wasserarm und rauh ist und vom Winter heimgesucht und von der Sonne ausgedörrt wird, da wird man finden, daß die Menschen hager, dürr, gut gegliedert, straff und stark sind, daß Arbeitsamkeit und Wachheit sich in hohem Grade bei derartigen Konstitutionen finden und daß ihr Charakter und ihr Temperament selbstbewußt und eigenwillig ist, daß sie an Wildheit mehr als an Sanftmut teilhaben und daß sie für die Künste scharfsinniger und verständiger und für den Krieg besser geeignet sind – und daß auch alles andere, was im Lande wächst, dem Land entspricht ...»*

Die vier Elemente, die vier Ätherarten und die Temperamente

Salamander soll glühen,
Undene sich winden,
Sylphe verschwinden,
Kobold sich mühen.

Wer sie nicht kennte
Die Elemente,
Ihre Kraft
Und Eigenschaft,
Wäre kein Meister
Über die Geister.

Goethe**

Nur der kann die Temperamente in ihrem überorganischen Dynamismus voll begreifen, der in ihnen zugleich die großen Naturqualitäten des Lichtes, der Luft, des Wassers und der Erde erlebt.

* Hippokrates, Schriften, S. 127 f.
** Faust I, Studierzimmer.

Das phlegmatische Temperament entspricht der Rolle, die das Wasser in der Natur spielt, wie es fließt und mäandert, alles durchdringt, befeuchtet und belebt, wie es steigt und fällt, wie es kristallisiert und erstarrt. In allen diesen Verwandlungen verhält es sich durchaus phlegmatisch, indem es alle Naturwirkungen miteinander zu vermitteln und auszugleichen sucht.

Das Feuer dagegen ist das Element der eruptiv cholerischen Natur. Leuchtend, lodernd, sprühend und wärmend vereinigt es alle seine Qualitäten zu stärkster Wirkung aus einer einzigen Kraft heraus. Goethe hat dies in seinem Lied der Schmiede ausgedrückt (Pandora).

In der durchlichteten Luft waltet das sanguinische Element. Ewig bewegt, stürmend und ruhend, mild und rauh, feucht und trocken, warm und kalt, zeichnet es sich durch seine Wechselhaftigkeit, aber auch durch seine Umgänglichkeit mit allen übrigen Elementen aus.

Im Erdelement treten die Stoffe in ihrer größtmöglichen Trennung und Entmischung auf, im Gestein zusammengepreßt oder als Mineral in dichter Kristallform und dabei immer wieder einmal bis zum reinsten Edelstein geläutert. Alles Leben hat sich im Erdelement einen tragenden Grund geschaffen. Alle Bewegung kommt in ihm zur Ruhe. So befestigt in «dauernden Gedanken» das melancholische Temperament, was in «schwankender Erscheinung schwebt» (Abbildung 157).

Die vier Temperamente sind nichts anderes als das Wechselspiel der Seele mit dem organisch-ätherischen Leben. Was wir zunächst einheitlich als das Ätherische erleben, ist im Organismus, die Elementenvierheit der äußeren Natur spiegelnd, vierfach organisiert, so daß wir von *vier Ätherarten* sprechen müssen.

Aufgrund dieser Ätherarten und der ihnen entsprechenden Organbereiche müssen im Zusammenspiel der Seele vier Temperamente veranlagt sein. Unsere Darstellung wird zeigen, welche Möglichkeiten bei den verschiedenen Organdispositionen und Lebensaltern zur Entfaltung der Temperamente bestehen. Betrachten wir zunächst die vier Ätherarten in ihrem harmonischen Zusammenwirken im organischen Leben.

Der chemische Äther*, unmittelbar in allen flüssigen Prozessen wirksam, begegnet uns im physischen Zusammenhang am unmittelbarsten im Lymphwasser.

Der Lichtäther wirkt am stärksten in allen Atemfunktionen.

Der Wärmeäther wirkt in Ernährung, Wachstum und Stoffwechsel.

Der Lebensäther wirkt in allem, was im Organismus in Verdichtung und physische Ruhe übergeht, vor allem also im Knochen- und Nervensystem.

Die menschliche Natur beansprucht diese vier Ätherarten als Grundlage des Temperaments. Nicht so das Tier: Jede Gattung ist in ihrer Triebnatur von

* Von Rudolf Steiner auch Klangäther genannt.

Abb. 157: *Christus, der Herr der Elemente.* Holzschnitt aus dem 14. Jahrhundert.

einer fixierten ätherisch-astralen Organisation her einseitig bis in die physische Prägung hinein bestimmt.

Das menschliche Temperament dagegen ist freie Seelenbewegung in der auf Harmonie veranlagten Ätherorganisation. Soweit sich nicht Krankheit geltend macht, sind die Temperamente auf Ausgleich veranlagt. Jedes Temperament ruft ein Gegentemperament hervor, in dessen Polarität die Möglichkeit eines dritten und vierten Temperamentes schlummert, so daß das Menschenwesen über der Temperamentenvierheit des ätherisch-seelischen Lebens frei ist. Wir wollen daher bei unserer ganzen Betrachtung von der Einheit der vier Temperamente ausgehen, wie sehr auch die Erfahrung zunächst typische Einseitigkeiten in den verschiedenen Entwicklungsstufen zeitigt oder sogar gelegentlich pathologische Fixierungen erkennen läßt.

Geleitet von organisch-morphologischem Interesse betrachten wir nunmehr den Zusammenhang der Seelenstimmungen und Temperamentsäußerungen in der gleichen Reihenfolge, in der wir die Flüssigkeitsorganisation und die inneren Organe geschildert haben.

Das Lymphsystem repräsentiert den Flüssigkeitsmenschen vom Grund aus. Wir haben es als das allgemeinste protoplasmatische Organleben charakterisiert.

Das «Wasser», mit welchem die Griechen das Phlegma des inneren Menschen beschrieben haben, ist unter den übrigen leiblichen Funktionselementen das am wenigsten erregbare Element. Es ist dagegen zu Ausgleich und Harmonisierung aller innerorganischen Spannungen, Entzündungen oder Verhärtungen geneigt. Die Lymphe bildet im Leibesleben, wie wir gesehen haben, das Prinzip des Ernährend-Flüssigen schlechthin.

Herrscht nun dieses wahrhaft «ätherische Element» im Gesamtorganismus vor, dann sprechen wir von der Vorherrschaft des phlegmatischen Temperaments.

Das phlegmatische Organelement kann sich aber auch außerhalb des ernährenden Bereichs, im polaren Organfeld, im Nervensystem, genauer im Flüssigkeitsorganismus des Gehirns geltend machen (Großköpfigkeit). Ob hier im Nervenbereich oder im Bereich der Ernährungs- und Wachstumsorganisation, immer verleiht die vorherrschende phlegmatische Organisation dem Organismus eine dysplastisch*-uncharakteristische, fließende, verwaschene Gestalt, deren positives Sein gerade in der Freiheit des noch ungestalteten Zustandes liegt. Wie diese Temperamentskonstitution der Keimesruhe, dem embryonalen Schlaf, dem Wachstum, der Ernährung verwandt ist, so darf man von ihrer Verwandlung eine Belebung und Gestaltung für zukünftige seelenleibliche Entfaltung erwarten. Die phlegmatische Konstitution bewahrt den frühkindlichen Typus, dem sie bis in spätere Altersstufen treu bleiben kann.

An den ätherischen Charakter des phlegmatischen Systems können wir mit einer zweiten Temperamentskonstitution unmittelbar anknüpfen, mit der des cholerischen Temperaments. Dieses wurzelt ebenfalls im Ernährungsleben des Organismus, äußert sich jedoch im Gegensatz zur stillen Strömung der Lymphe in Wärme und Kraftentwicklung, wie sie sich im Pfortader-Leber-Gebiet entfaltet (blütenhafter Blutprozeß der Leber).

Bei der Schilderung des cholerischen Temperaments greifen wir gewöhnlich zu kurz und fassen sein Wesen nur psychologisch, wenn wir uns lediglich

* dysplastisch = ungestaltet; Dysplasie = Störung der plastisch-formenden Organfunktion; gr. = δύσπλαστος.

an seiner anfallsweisen Äußerung im Zorne orientieren. Es muß uns an dieser Temperamentslage, wenn wir ihre organische Grundlage aufsuchen, in erster Linie die produktive Kraft interessieren, die als die Voraussetzung dieser charakteristischen Seelenfähigkeit erscheint, welche natürlich im extremen Fall in der Zornmütigkeit gipfeln kann. Die positive Organkraft dieses Temperaments liegt im ernährend-aufbauenden Funktionsbereich des Venensystems, da, wo es sich aus dem Darmgebiet mit den Wärmequalitäten des Traubenzuckers (Wärmeätherwirksamkeit) zur Leberpfortader sammelt und in der Leber als dem Haupt des Venensystems zum venösen Wundernetz entfaltet. Überwiegt in einem Menschen das Venen-Leber-System, dann bildet sich eine Fülle von Blut- und Lebenskraft (Plethora), die dem Bewußtseinsleben Gefahr bringen kann. Für Kraft und Stärke des Handelns ist aber Blutwärme- und Leberorganisation ganz entscheidend. Leberkraft ist wahre Lebenskraft.

Der Name Cholerik* ist freilich nicht von der hier geschilderten positiven Qualität des Venen- und Lebersystems hergeleitet, sondern von der zweiten, ebenfalls sehr wichtigen Funktion der Leber, nämlich derjenigen der Gallenbildung. Die Galle überwindet im Verdauungsprozeß die Fremdeinflüsse, die als Nahrung von außen in den Organismus eintreten. Sie bringt sie zur vollständigen Auflösung, bevor sie assimiliert werden.

Was die Gallenausschüttung physiologisch, das ist der Zorn psychologisch. Im Zorn stützt sich die Seele gewissermaßen auf das Gallenausschüttungsvermögen. Bei Gallenrückstauung ins Blut können wir unter Umständen von einer galligen Natur sprechen, oder wir sprechen von vergällter Freude (bei Ärger und Mißmut). Wie die Galle das Fremde der Nahrung überwältigt, so überwältigt der Zorn fremden Willen, wenn die Seelenwärme des Temperaments mit eruptiver Gewalt über die organischen Grenzen tritt, um das störende Fremde zu überwinden. Darin liegt die «Mission des Zorns».

Unter allen Temperamenten nimmt das sanguinische Temperament eine besondere Stellung ein. Es ist im eigentlichen Sinne das «Temperament der Temperamente»[1]. Sagt man von einem Menschen, er habe Temperament, so ist damit gewöhnlich das leichte bewegliche, luftige, rasch wechselnde sanguinische gemeint. Wie beim phlegmatischen Temperament die Lymphe als ein alles durchfeuchtendes und nährendes «organisches Wasser» die ganze Leiblichkeit einerseits belebt, andererseits aber in ihre Indifferenz zieht, so leistet beim sanguinischen Temperament das rasch bewegte, durchlüftete arterielle Blut eine intensive leibliche Differenzierung.

Es ist also nicht das «Blut» schlechthin Grundlage dieser entschiedenen Temperamentslage, sondern eben nur das frisch beatmete, rasch pulsierende, leicht bewegte arterielle Blut. Durch die Atmung steht es in unmittelbarem Zusammenhang mit der bewegten Atmosphäre. Gleichzeitig bewirkt es im In-

* Von gr. χολή = Galle.

nern des Organismus die Oxydation, das heißt die aktiv gestaltenden, formenden und – gleichsinnig mit der Nervenwirksamkeit – abbauenden Prozesse.

Die organischen Grundlagen dieses Temperaments liegen vorwiegend in drei Bereichen: in erster Linie im Blut-Lungen-Bereich (Blutatmung), dann im hocharterialisierten Nierensystem (dem organischen Bereich eines labilen Gleichgewichtes in bezug auf den Flüssigkeitsspiegel des ganzen Organismus in Ausscheidung und Retention) und schließlich noch im Sinnesorganbereich (Blut-Nerven-Bereich). Alle drei Organbereiche kommen für das sanguinische Temperament insofern in Betracht, als sie alle der «atmenden» Seele unmittelbar mit gleicher Ätherität begegnen[2].

Die generelle Bedeutung des sanguinischen Temperaments liegt darin, daß es wie das arterielle Blut alle Organe, alle übrigen Temperamente zu durchdringen und zu beleben vermag. Aus diesen Vereinigungen ergeben sich die positivsten Mischtemperamente, zum Beispiel das

sanguinisch-phlegmatische Temperament,
sanguinisch-cholerische Temperament,
sanguinisch-melancholische Temperament.

So wandelt auch das arterielle Blut proteushaft seine Qualitäten aus der Leichtblütigkeit in die Raschblütigkeit, in Kaltblütigkeit, in Warmblütigkeit und zuletzt in Schwerblütigkeit. Das Blut (Sanguis) pulsiert durch den ganzen Organismus, es hat eine Funktion für das Ganze wie die Lymphe. Insofern ist das sanguinische Temperament dem phlegmatischen unmittelbar benachbart.

Schwierig ist das sanguinische Temperament, wenn es zu einseitig wirkt und durch Unausgeglichenheit und Flüchtigkeit Gedankenbildung und Tatkraft durch das allzu bewegliche Gefühlsleben in gleicher Weise aufzulösen droht. In seiner positiven Wirkung hat es aber seine Bedeutung fürs ganze Leben; es ist ja das Temperament der Freude, der Festlichkeit, der Schönheit und der Kunst.

Das melancholische Temperament stützt sich in der Organisation auf den physischen Leib, auf den Form-Stoffpol des Organismus[3], auf das Knochen- und Nervensystem. Überall da, wo die Wirkungen des Nerven-Knochen-Pols im Organismus funktionell zur Vorherrschaft gelangen, vollzieht sich in der lebendig bildbaren Leiblichkeit Formung, ja Überformung, die sogar bis zur Funktionslähmung eines Organs oder eines ganzen Organsystems fortschreiten kann. Es breitet sich dann die Konzentration und Ruhe des Denkens vom Haupte über den ganzen Organismus aus. Dabei schließen sich zuerst die Sinnestore und wenden sich gewissermaßen nach innen. Die Atemexkursion der Lunge vermindert ihren Ausschlag und verlangsamt ihren Rhythmus. Die Seelenempfindung des Organs verarmt. Das Herz verliert seine Impulskraft, schlägt langsamer, der periphere Kreislauf zieht sich zurück.

Dringen aber die formativen Kräfte des Bewußtseins-Nerven-Pols in den unteren Organisationsbereich des Ernährungs- und Stoffwechselsystems, also in das Gebiet vor, das die ältere Anatomie das Hypochondrium nannte, und ergreifen die ernährenden Lebensorgane unter dem Zwerchfell, dann stocken hier die Funktionen, es stocken die Säfteströme, dicken ein, verdichten sich sogar bis zu kristalloiden Steinbildungen! Der Mensch wird zum «Hypochonder». So geschieht es beim Gallenfluß, der auf diese Weise in der Gallenblase zur schwarzen Galle (melaina cholé) und zuletzt zum Gallensteinkristalloid erstarrt. Der Blutstrom in den arteriellen Gefäßen wird spärlich, da diese sich engstellen; die Pulsation wird hart. Auch im Venensystem gehen Veränderungen vor sich, das Blut dickt ebenfalls ein und wird dunkel. Die Darmtätigkeit wird belastet, das Darmlumen wird eingeengt, die Funktion wird krampfhaft und steht möglicherweise sogar still (spastische Obstipation).

Neben der Vorherrschaft des funktionell formenden und überformenden Nervensystems zeigt sich beim Melancholiker häufig ein konstitutionell schwerer mineralischer Aufbau des Skeletts. Findet sich die melancholische Seelenstimmung im weiblichen Organismus vorherrschend, dann erscheint der Skelett-Typus oft männlich, und die ganze Erscheinung erhält etwas Maskulines.

Die Melancholie ist das reine Bewußtseinstemperament, das bis an die Gefährdung des Lebens, bis an den Todesprozeß heranführen kann. Ihre positive Frucht ist das Gedankenleben, das bei ihr oft besonders tief und reich ausgebildet erscheint. Manchmal aber greift bei ihr das Bewußtsein über den Bereich hinaus, in dem es gesund wirksam ist, es denkt gleichsam mit den falschen Organen.

Temperament und Lebensalter

Die vier Temperamente, die wir auf der Grundlage der Organdispositionen dargestellt haben, gehören innerhalb gesunder Entwicklung eindeutig bestimmten Lebensaltern an, so daß der Mensch beim Durchleben der verschiedenen Altersperioden schon von der physisch-ätherischen Grundlage her sein Seelenleben mit allen Temperamenten nacheinander bereichern und beleben könnte, wenn er sich nicht aus besonderen Veranlagungen heraus an das eine oder das andere Temperament einseitig binden wollte.

Die Temperamentsverwandlung während der charakteristischen Lebensalterübergänge ist eine allgemein beobachtete Tatsache. Die Metamorphose der Temperamente hat dabei verschiedene Ursachen. Die erste und augenfälligste liegt in der Verwandlung des Organismus, in der Inkarnation und Exkarnation der Wesensglieder. Die zweite, weitaus weniger typische Metamorphosenwirkung geht von der individuellen Ichentwicklung aus. Dieser Aspekt soll in dem Abschnitt «Die Einheit der Temperamente» geschildert werden.

Das Lebensalter des phlegmatischen Temperaments

Der Typus des phlegmatischen Temperaments verwirklicht sich am entschiedensten im Kleinkindalter, und zwar in der Entwicklungsphase des Milchkindes. Beim Säugling breitet sich der ernährende Lymphorganismus über alle Systeme aus und bewirkt so eine wahre menschliche Keimblattstufe des vegetativen Organlebens. Die Muttermilch als reine Lymphnahrung ist die ideale Lebensquelle des «Milchkindes». Sie entspricht am vollkommensten dem organischen Bedürfnis dieses Alters nach häufiger Nahrungsaufnahme und der eigenen vom Lymphsystem bestimmten Organisation. Das Kind wird so im wahrsten Sinne des Wortes gestillt nach der Regel: «Das gesunde Kind entschläft an der Mutterbrust.»

Die phlegmatische Konstitution erhält den kleinkindlichen Typus, wenn sie sich über spätere Lebensperioden hinaus behauptet, und zwar nach der ernährenden, Fülle verleihenden oder nach der nervlich-großköpfig-lymphatischen Organisationsrichtung hin. Da sich beim phlegmatischen Temperament der ernährende Ätherleib über den ganzen Organismus ausgebreitet hat, hüllt er die übrigen Wesensgliederfunktionen mehr oder weniger vollständig ein. Beim Kleinkind ist dieser Zustand altersmäßig notwendig, denn die höheren Wesensglieder, Ich und Astralleib, wirken jetzt noch im Wachstum und in der innerlichen Differenzierung der Organe. Diese Dominanz der ätherischen Konstitution bleibt bei idealtypischer Entwicklung bis zum Zahnwechsel erhalten, der mit dem Ende des ersten Jahrsiebents kulminiert.

Das Lebensalter des sanguinischen Temperaments

Das konstitutionell charakteristische Lebensalter des sanguinischen Temperaments ist die Kindheit, insbesondere die Zeit bis zur Pubertät hin. Nach Überwindung der frühkindlich-phlegmatischen Periode bildet sich in dem Lebensabschnitt, der bis gegen das Ende des zweiten Jahrsiebents reicht, dieses Temperament des schönsten Lebensgleichgewichtes der physisch-ätherischen und seelischen Kräfte mit dem Ausdruck harmonischer Leichtigkeit aus. Die ganze Organisation befindet sich hier im Stadium einer freien und höchst beweglichen Schwebung zwischen jener beim Phlegma geschilderten vegetativ-keimhaften Stufe des Kleinkindes und der auf die Pubertät vielfach folgenden kritischen Zeit bis zum achtzehnten beziehungsweise einundzwanzigsten Lebensjahr. Gerade das Lebensalter des zweiten Jahrsiebents erbringt die schönste Verwirklichung ätherisch-seelischer Kräfte-Rhythmik, welche in der diesem Alter möglichen Harmonie ein wahrhaft ästhetisches Gleichgewicht erlangen kann.

Unter dieser harmonischen Veranlagung spiegelt der kindliche Organismus reine Menschlichkeit, eine abgekürzte Wiederholung jener Organisation, in der sich der Mensch der griechischen Kulturepoche befand. Knaben scheinen hier mädchenhaft anmutig – Mädchen von knabenhafter Herbheit. In dieser Periode werden vom siebenten Lebensjahr an zum erstenmal ätherische Kräfte frei. Dagegen bleiben astralische Funktionen immer noch organgebunden und wirken nur als rhythmisierende, nicht so sehr als formende Kräfte.

Das phlegmatische Konstitutionsalter ließ die Gattungsnatur noch völlig in organischem Schlummer, in funktioneller Indifferenz; nun aber treten die Seelenkräfte, ohne sich schon vom organischen Zusammenhang zu lösen, in ein rhythmisches Bilde- und Gestaltungsspiel mit den Lebensprozessen.

> Sieh in dem zarten Kind zwei liebliche Blumen vereinigt,
> Jungfrau und Jüngling, sie deckt beide die Knospe noch zu.
>
> Schiller*

Phantasie ist die wesenhaft ätherisch-seelische Fähigkeit und das Bedürfnis unserer «Epheben» und «Koren» in diesem klassischen Alter der «Pädagogia»[4]. Diese auch in zeitlicher Hinsicht so flüchtigen Entwicklungsjahre der Vorreifezeit fordern in der pädagogischen Lebensgestaltung all das vom Erzieher, was die organische Lebensveranlagung des Kindes bereits bietet, nämlich künstlerisch-phantasiereiche Bewegung, Durchdringung aller Lebensfunktionen mit den befreienden und freilassenden, alle Organfunktionen steigernden Künsten. Dieser Lebensabschnitt ist ja selber in seiner Gattungsfreiheit menschlich wie das Kunstleben – ist Kunstkonstitution der menschlichen Natur.

Der Erzieher, der dies weiß und vor allem beherzigen kann, vermag aus diesem Lebensalter heraus Kunstfähigkeit, ja Genialität als bewahrte und herübergerettete Kindhaftigkeit ins spätere Leben herüberzuführen. Daher entspricht es pädagogisch dieser Epoche, daß das Kind in der Weiterentwicklung seiner organisch-seelisch-ätherischen Möglichkeiten durch generelle künstlerische Methodik geleitet wird.

Die Dominanz des kindhaft-sanguinischen Temperaments in späteren Lebensaltern behält überall da ihre Bedeutung, wo es gilt, Seelenleiblichkeit und Ätherität in freibeweglicher Harmonie, in künstlerisch phantasiereicher Lebendigkeit zu erhalten. Es ist daher eine der wichtigsten Aufgaben des Erziehers, mit der positivsten Periode des sanguinischen Temperaments verständnisvoll und schöpferisch – als «Erziehungskünstler» aus echter und durch-

* «Die Geschlechter»; Gedichte, Bd. 1, S. 236.

greifender Erziehungskunst – umzugehen, was dem melancholisch-pedantischen Berufstemperament des Lehrers häufig die größten Schwierigkeiten bereitet.

Für die Wesensgliederbetrachtung des sanguinischen Temperaments ist der Blick auf die Arterialisierung, die Durchlüftung des Blutes und auf seine lebhafte Bewegung zu richten. Die Seelenkräfte wirken in lebendig-rhythmischem Spiel mit dem Ätherischen zusammen. Das rhythmisch-harmonische Kräftespiel zwischen Ätherleib und Astralleib bleibt beim einseitigen Sanguiniker im späteren Lebensalter erhalten. Für dieses Temperament muß das Harmonieverhältnis, wie es zwischen Atmung und Blutleben, zwischen Herz und Lunge in jugendlichem Schwung und jugendlicher Labilität bestehen bleibt, als wesenhaft aufgefaßt werden. Wir wollen hier die psychopathischen Zustände von der Betrachtung ausschließen, wie sie sich in der Nachbarschaft des sanguinischen Temperaments als hysterische Konstitution finden.

Das Lebensalter des cholerischen Temperaments

Das typische Lebensalter des cholerischen Temperaments ist die Zeit der Lebensmitte bis zum siebten Jahrsiebent hinauf. Zuerst begegnet es uns in ausgeprägterer Form bereits um das dritte Lebensjahr herum, wenn das Kind zu sich selbst «Ich» zu sagen beginnt. Sogar die stämmig kraftvolle Leiblichkeit, die dem cholerischen Temperament entspricht, stellt sich in diesem Alter häufig, wenn auch nur für kurze Zeit ein, da die folgende Streckung den vorzeitig pyknischen Typus wieder auflöst.

Aber die Lebensperiode nach dem 42. Lebensjahr läßt das cholerische Temperament auf der unmittelbaren Grundlage des entsprechenden pyknischen Leibestypus am deutlichsten hervortreten, und zwar in den für das Temperament geschilderten positiven Aspekten. Der Mensch tritt nach überschrittener Lebensmitte mit seinem Schicksal in die Phase der Verwirklichung der Lebensziele. Die ganze Kraft der Existenz mündet in die Wesensverwirklichung ein. Jetzt kann sich das «Ich» der Möglichkeit nach in vollkommenster Harmonie entfalten, wenn es bis dahin gelungen ist, die ätherische und die seelenleibliche Organisation in rhythmische Übereinstimmung zu bringen.

Das Lebensalter des melancholischen Temperaments

Wenn in der Konstitution des Menschen der Astralleib zu tief eingreift und sich so mit dem physischen Leib verbindet, daß sich der ätherische Lebensbereich nicht mehr frei zu entfalten vermag, die Rhythmik zwischen ätherischem und seelenleiblichem Leben zugunsten der astralisch-formenden Kräfte einseitig betont wird und dem ganzen Organismus Überformung und Sklerose droht, dann erscheint das melancholische Temperament.

Die Melancholie verwirklicht sich konstitutionell physisch am deutlichsten im Greisenalter. Die Kräfte, die durch das ganze Leben hindurch vom Haupte formend ausgehen, erfassen gegen das Lebensende hin immer stärker das rhythmische und das Stoffwechsel-Gliedmaßen-System. Die überformende, zu Spasmus, ja zur Sklerose neigende Tendenz war schon beim Melancholiker jüngerer Altersstufen zu beobachten. Daher erscheint das melancholische Temperament, je früher es beobachtet wird, um so problematischer, oftmals sogar direkt als Ausdruck krankhafter Disposition[5].

Wandlung der Temperamente in den Lebensaltern

Die leiblichen Organdispositionen, wie wir sie bis hierher dargestellt haben, reichen nicht aus, um die Seelenstimmungen in ihrer Temperamentsfärbung innerhalb der Lebensstufen und bei allgemeinen und individuellen Wandlungen zu erklären. Wir gewinnen ganz neue Gesichtspunkte für das Verständnis der Temperamente, wenn wir in unserer Betrachtung von der Gestalt in ihrer vorwiegend ätherischen Bestimmtheit jetzt weiterschreiten zu Funktionen, in denen innerhalb bestimmter Lebensalter seelische und geistige Gestaltungskräfte die organisch-ätherischen Verhältnisse noch unmittelbarer bestimmen. Es erscheint dann über dem morphologisch-physiologisch begründeten Temperamentsbild der ätherischen Gestalt, das gegebenenfalls gar nicht im gleichsinnigen Seelenausdruck wirksam zu werden braucht, ein seelisches oder geistiges Funktionstemperament. Diese Ergänzung muß nunmehr zur Temperamentskonstitution, die sich für jedes Lebensalter vom Physisch-Ätherischen her ergibt, hinzugefügt werden. Es ergeben sich dann folgende Möglichkeiten:

1. Temperament als Phänomen der (physisch) ätherischen Organisation (physiologisch-morphologisches Temperamentsbild).
2. Temperament als Phänomen seelischer Gestaltungskräfte (Funktionstemperament zwischen ätherischem und seelischem Leben). (Bei dieser Zwischenstellung der Temperamentsfunktion kommen meist zwei Temperamente im Wechsel in Betracht, zum Beispiel das sanguinische [mehr seelische] und das phlegmatische [vorwiegend ätherische] Temperament.)
3. Temperamentsgestaltung von der geistigen Natur des Menschen her (charakterologisches Temperament, das vom Ich bestimmt ist)[6].

Die Temperamentsentwicklung im ersten Jahrsiebent

Im ersten Jahrsiebent des menschlichen Lebens tritt die geschilderte dreifache Temperamentsdifferenzierung noch kaum in Erscheinung, sondern es herrscht zunächst die ätherisch-organische Grundveranlagung, die von der Konstitution des Kleinkindes zunächst phlegmatisch bestimmt ist und erst langsam zur kindlichen Sanguinik überwechselt. Innerhalb dieses gesamttypischen Entwicklungsganges erscheint im dritten Lebensjahr zugleich mit dem ersten Icherlebnis des Kindes eine gewisse Cholerik. Dagegen muß Melancholie, besonders wenn sie sich bereits im Leibestypus ausprägt, Sorge bereiten. In der Melancholie drückt sich ein tiefes Eingreifen der Seelenfunktionen aus, was in diesem Alter auf eine Schwäche der ätherischen Organisation hinweist – oder was auf die Dauer eine solche Schwäche erzeugt.

Es gehört dagegen zum Wesen der Konstitution dieses Lebensalters, daß alle Wesensglieder – Ätherleib, Astralleib und Ich – vorwiegend im Aufbau der Organe begriffen sind und daher noch nicht als Seelen- und Persönlichkeitskräfte hervortreten dürfen, wenn nicht die Organentwicklung schwer geschädigt werden soll[7]. Aber gerade diese Nachinnenwendung der Wesensglieder macht den Typus des Kindes der ersten sieben Jahre aus, das Bild des in sich abgeschlossenen, nach innen belebten, nach außen harmonischen Wesens[8].

Die Temperamentsentwicklung im zweiten Jahrsiebent

Der Zahnwechsel charakterisiert von der physischen Seite die Lebensperiode des Übergangs vom ersten zum zweiten Jahrsiebent. Mit dem Erscheinen der bleibenden Zähne ist die physische Entwicklung in der Hauptesregion weitgehend abgeschlossen. Damit ist leiblich für Gedächtnis und Intellektualität die Grundlage geschaffen (Rudolf Steiner).*

Es ist eine merkwürdige Tatsache, daß ein Kind, das vor dem Zahnwechsel das Gehör verliert, bald auch die Sprache, selbst wenn es diese schon beherrscht hat, vergißt und taubstumm zu werden droht, weil eben diese physische Grundlage noch fehlte. Der Zahnwechsel ist gleichzeitig ein Gradmesser für die Konsolidierung des Organlebens im Physischen überhaupt. Das Ätherische, das bisher im Wachstum und Aufbau der Organe wirkte, waltet nun frei in den geistigen Funktionen als Gedächtnisfähigkeit und als Begriffsbildungsvermögen. Damit wird das Kind geistig beweglicher und empfänglicher für intelligible Zusammenhänge. Das vorwiegende Temperament dieses Lebensalters ist das sanguinische.

* Die Erziehung des Kindes vom Gesichtspunkt der Geisteswissenschaft, 6. Auflage, Dornach 1985. Allgemeine Menschenkunde, S. 186, Dresden 1940.

Das sanguinische Temperament erscheint hier mit der Möglichkeit einer besonders harmonischen Ausbildung im ätherischen Funktionsmilieu. Als Grundlage verfügt es über die Organfülle und ätherische Lockerheit, die das Kind aus der Entwicklungsperiode der ersten sieben Jahre mit herübergenommen hat, wie es auch bereits die kräftigere seelische Einstimmung des dritten Jahrsiebents andeutungsweise vorauszuerleben vermag.

Einen besonderen Einschlag erhält diese Temperamentsperiode im neunten Lebensjahr. Gleich wie im ersten Jahrsiebent auf der Grundlage der vorwiegend ätherisch-phlegmatischen Konstitution im dritten Lebensjahr mit dem Icherleben das cholerische Temperament einschießt, ohne allerdings unbedingt charakterologische Bedeutung zu erlangen, so tritt im neunten Lebensjahr eine melancholische Beschattung ein.Das neunte Lebensjahr bringt häufig eine Streckung der ganzen Gestalt mit sich, in der die kindlich-ätherische Fülle weitgehend aufgezehrt wird. Die asthenische Gestalt zeitigt im Kinde seelisch zum erstenmal das Erlebnis, ein Eigenwesen zu sein. Es findet seinen Abstand zu den Erwachsenen, es erwartet von seinen Lehrern kraftvolle Autorität. Oftmals ist diese Phase mit einer Blutkrise verbunden[9].

Die Reifezeit

Die Temperamentsentwicklung und Temperamentsverwandlung in der Reifezeit stellt uns vor besondere Rätsel. Um sie zu lösen, ist es notwendig, die Verschiedenartigkeit der Entwicklungsrichtung der Wesensglieder bei Knaben und Mädchen am Ende des zweiten Jahrsiebents zu kennen. Gemeinsam ist in der Entwicklung beider Geschlechter jetzt das erste entschiedenere Freiwerden der Seelenkräfte. Aber diese freiwerdenden Seelenkräfte haben bei den Geschlechtern eine ganz verschiedene Bedeutung und Wirkensrichtung. Das ist der Grund, warum Knaben und Mädchen dieses Alters sich oft eher abstoßen als anziehen, nachdem sie vor Eintritt der Reifeperiode harmlos und frei miteinander umzugehen vermochten.

Bei den Knaben nimmt das freiwerdende Seelenleben eine Wendung ins Gemütsinnere. Der junge Mensch erscheint dann verschlossen, ja stumpf oder sogar interesselos. Im Innern ist dabei oft ein phantasievolles Leben vorhanden, das sich scheu verbirgt. Da die männliche Natur die Seelenleiblichkeit funktionell und formativ stark mit dem physischen Leib verbindet, stauen sich die Kräfte im Innern, und das freie Seelenleben wird nur langsam aktiv. Das Wachstum ist meist gegenüber gleichaltrigen Mädchen verlangsamt, ja es erscheint manchmal wie gehemmt. Das Verhältnis zum eigenen Wesen wie zur menschlichen Umgebung wird schwierig, das eigene Ich wird wie ein fernes Ideal erlebt. Dagegen tritt beim Knaben, entschiedener als es in der weiblichen Organisation dieses Alters möglich ist, freie Ätherität als Grundlage eines ersten selbständig individuellen Denkvermögens auf.

Beim Mädchen ist der Entwicklungsgang dieser Periode weit unproblematischer; denn bei ihm bleibt die physisch-ätherische Einheit, wie sie beim Kinde bisher bestand, weitgehend erhalten, ja sie dehnt sich jetzt zu einer entschiedeneren Organfülle aus. Dagegen wird das Seelenleben, das sich beim Knaben nach innen wendet und die physisch-astralische Verbindung noch dichter werden läßt, hier völlig frei und umspielt die Erscheinung wie mit einem farbig-anmutigen Schleier. Das Mädchen erblüht zur Jungfrau. In diese frei gelöste Seelenhaftigkeit des jungen Menschen vermag sich etwas von der Ichnatur hereinzusenken und das Gemüt zu durchleuchten, so daß die Einheit der Persönlichkeit erscheint, von der der Knabe gleichen Alters noch weit entfernt ist. Freies, tatkräftiges, manchmal sogar dreistes Auftreten, in dem sich die Persönlichkeit von nun an selbständig behauptet, bildet die Grundlage des hier positiv erscheinenden Temperaments.

Durch die Pubertät ist das Menschenwesen in die weibliche und die männliche Natur geschieden und bleibt gleichsam gespalten, bis beide getrennte Wesen durch die Geburt des Ichs wieder den Mittler und Vereiner in der liebeerfüllten Partnerschaft gewinnen. Diese Ichgeburt vollzieht sich etwa mit der Vollendung des dritten Jahrsiebents. Jetzt erst reift der Knabe zum Jüngling, und beide, Jüngling und Jungfrau, begegnen sich als Ichnaturen. Einzig und allein die Ichbegegnung ist es, was wir Liebe nennen und was viele Menschen nur mit gedämpftem Bewußtsein empfinden, die aber durch eine vollmenschliche Erziehung in vollem Bewußtsein eines ichhaften Erlebens erstrahlen kann (Rudolf Steiner).*

Schon die Betrachtung der Wesensgliederentfaltung der Reifezeit bis zur Ichgeburt läßt die besondere Temperamentskonstitution in der männlichen und weiblichen Natur deutlich erkennen.

So tritt nach dem vierzehnten Lebensjahr eine starke Verbindung der physischen und ätherischen Organisation beim Mädchen einerseits und der physischen und astralen beim Knaben andererseits ein. Die Leibesverdichtung und Schwere, die sich in der Pubertät beider Geschlechter geltend machen (in der männlichen Organisation tritt diese Verdichtung deutlicher in Erscheinung als in der weiblichen), bewirken im seelischen Erleben unter Umständen Melancholie, welche anfallsweise durch extreme Sanguinik überwunden werden kann. Sie kennzeichnet die vorwiegende Temperamentsveranlagung der Knaben (Flegelhaftigkeit).

Dieser Temperamentsdissoziation Melancholie – Sanguinik entspricht eine zweite bei den Mädchen im seelisch-ätherischen Bereich, die weniger auffällig und kraß als die Verhältnisse beim Knaben erscheint, die aber um so allge-

* «Menschenkunde und Unterrichtsgestaltung» (Pädagogischer Ergänzungskurs). GA 302, fünfter Vortrag, S. 72–87).

meiner verbreitet ist. Hier herrscht das phlegmatische gegenüber einem etwas verhüllt auftretenden cholerischen Temperament im komplementären Wechsel.

Die Spannungen Melancholie – Sanguinik, Phlegmatik – Cholerik drücken aus, was man als Stimmung der Flegeljahre bezeichnet. Die Labilität des Temperamentsumschlages vom melancholischen zum sanguinischen Seelenzustand (Knabentypus) einerseits und vom phlegmatischen zum cholerischen Temperament (Mädchentypus) andererseits zeigt deutlich, daß in dieser Altersstufe der «Charakter», die ordnende Prägung von der Ichnatur her, noch nicht genügend wirksam ist[10].

Im Überblick über die drei ersten Jahrsiebente ergibt sich also folgendes Gesamtbild: Der organischen Einheit der Temperamente der Kleinkindzeit (alle Wesensglieder sind in den Organaufbau einbezogen) mit ihrem vorwiegend ätherisch-phlegmatischen Erscheinungsbild folgt im zweiten Jahrsiebent eine einfache Steigerung nach dem Kindhaft-Sanguinischen hin, wobei Knaben und Mädchen eine gemeinsame Temperamentslage bewahren. Mit der Reifezeit im Beginn des dritten Jahrsiebents erscheint eine doppelte Temperamentsdualität, Ausdruck vorwiegend männlicher oder weiblicher Gattungsbestimmtheit der Wesensglieder, die sich erst mit der Ichgeburt um das 21. Lebensjahr wieder harmonisiert.

Die dreifache Temperamentskonstitution in der Lebensmitte

Mit dem 21. Lebensjahr tritt für die Temperamentsentwicklung und ihre Verwandlung eine vollkommen neue Situation ein. Bisher waren die Temperamente das reine Ergebnis der physisch-ätherischen Grundveranlagung, wobei zuerst die stufenweise freiwerdenden ätherischen Kräfte (siebentes Lebensjahr) und dann mehr und mehr entbundene seelische Kräfte (vierzehntes Lebensjahr) die bisher geschilderten wechselhaften und farbigen Wirkungen auslösten.

Das höchste menschliche Wesensglied, das «Ich», war in seinen Funktionen bisher an die Gestaltung der Ichorganisation in der Tiefe des Leibeslebens gebunden. Nur die jungfräuliche Natur erschien schon vom Licht des menschlichen Geistwesens halbbewußt durchleuchtet, die wie die Morgenröte vor Tage ein liebliches Erwachen ankündigt.

Um die Zeit des 21. Lebensjahres (die Tradition gewährt zu diesem Termin die Mündigkeit nicht zufällig) tritt das Ich kraftvoll und selbständig hervor und ergreift von jetzt an nach und nach die Herrschaft über alle Wesensglieder. Dieser einsetzende Ichentwicklungsprozeß und eine immer tiefer in die Leiblichkeit eingreifende, verjüngend wirkende Ichorganisation kulminieren gegen die Lebensmitte. Daher ist es verständlich, daß die Reihe der Temperamente, von der Ichorganisation her geordnet, in ganz neuer innerer Beziehung aufgerufen wird.

Das cholerische Temperament erscheint in der Lebensmitte in seiner kraftvollen Spannung in der physisch-ätherischen Konstitution als Tat- und Willenstemperament. Im rein Seelischen besteht jetzt die Möglichkeit zu harmonisch-freiem Wechsel zwischen phlegmatischer Gelassenheit und sanguinischem Lebensgenuß, und im Denken findet der Charakter seine Vertiefung in freier Bejahung der Melancholie.

Das Wärmetemperament der vollinkarnierten Ichnatur im Typus cholericus findet seine Polarität in der geistigen Seinserfahrung der «positiven Resignation», deren der Mensch erst in der Lebensmitte durch sein Bewußtsein fähig wird. Vom Physisch-Ätherischen her wirkt in tiefster Inkarnation die Ichnatur (Physisches wird geistig), vom Geistigen aus macht sich positive Resignation, das heißt bewußtes Erleiden geltend (bewußtes Geistiges wird ins physische Schicksal getragen). Das ist die höchste Form der Melancholie. «Media vita in morte sumus – mitten im Leben sind wir im Tode.» Aus gleicher Erfahrung spricht dies Goethe zu Eckermann mit folgenden Worten aus: «Überhaupt werden wir finden, daß im mittleren Leben eines Menschen häufig eine Wendung eintritt und daß, wie ihn in der Jugend alles begünstigte und alles ihm glückte, nun mit einem Male alles ganz anders wird. Wissen Sie, wie ich es mir denke? Der Mensch muß wieder ruiniert werden!»* So gilt für dieses Alter und seine Seinskonstitution voll und ganz das Goethewort: «Man muß seine Existenz aufgeben, um zu existieren.»**

Erst in diesem Alter tritt der Mensch in die «Hochspannung» seiner polaren Wesenskräfte ein, die er nun in Freiheit gebrauchen kann. Wir haben diese ichhafte Polarität charakterisiert: im Leiblichen erscheint das Physische geistig, im Bewußtseinspol das Geistige physisch. In beiden Polen ist also das Ich der Möglichkeit nach schöpferisch, freimachend wirksam. So führt die Ichentwicklung den Menschen in der Lebensmitte an die deutlichste Verwirklichung dieses nie alternden Geistwesens heran. Während der Mensch vor dem 21. Lebensjahr insbesondere in der männlichen Wesensgliederdisposition unter dem Einfluß der formenden und das physische Sein ergreifenden Astralität seelisch und erscheinungsmäßig «alt» wirken konnte, kulminieren nun die Schicksalskräfte. Der Mensch wird in diesem Sinne, wenn die Ichentwicklung einsetzt, zur Lebensmitte hin und über die Lebensmitte hinaus «jünger».

«Es lebt ein Gott in uns! Der Mensch muß alt werden, der Gott wird jünger, blüht jährlich wieder auf. Wer das nicht weiß und kann und glaubt, dem können nicht Propheten und nicht Auferstandene helfen»[11]. Diese Charakteristik zeigt

* J. P. Eckermann, Gespräche, 4. 3. 1825.
** Fr. W. Riemer, Gespräche, 24. Mai 1811.

die Ichverwirklichung und die resignierende Erkenntnisfähigkeit. Die Melancholie eignet vom Geistigen unseres Bewußtwerdens her ebendiesem Alter, das wir «das beste Mannesalter» oder mit vollem Recht das beste, fruchtbarste Lebensalter, das Alter der Tatkraft, des sozialen Wirkens nennen können. Tatkraft wirkt aus der vollen Ichinkarnation, Melancholie wirkt in der Erkenntnis der Verantwortlichkeit. Die Pole wirken ichhaft als Einheit. «Wer handelt, macht sich schuldig» (Goethe). In der Verantwortlichkeit der Zeit gegenüber erleben wir unsere Taten und Tatenfolgen und nehmen sie schmerzhaft bewußt in melancholischer Tiefe auf uns.

Zwischen diesen geschilderten Polen cholerisch-melancholischer Spannung kann sich als «Mitte» das seelische Temperamentsleben entfalten. Wir charakterisierten es als rhythmisch-harmonischen Wechsel zwischen phlegmatischer Gelassenheit und sanguinisch froher Lebensbejahung. Hier waltet die jovial-sichere, schöpferisch freie Stimmung des Menschen, der in sich selbst zur Meisterschaft des Lebens gelangt ist.

Jetzt erst hat sich das Menschenbild in sich so vollendet, daß es überhaupt maßstäblich für seine Wesenserfüllung erscheint. Das Ich hat die Herrschaft und die Steuerung der drei Wesensglieder voll ergriffen und in Leib, Seele und Geist das Denken, Fühlen und Wollen erweckt.

Es ist das vierte Wesensglied, dem wir die harmonische Ausbildung der Dreigliederung des Menschen danken. Das Ich ist es also auch, das die Wesensgliederentfaltung in der Folge der Jahrsiebente aufrief, die Geburt des physischen Leibes, die Geburt des Ätherischen nach dem siebenten Lebensjahr, die Geburt des Seelischen um das vierzehnte Lebensjahr herum. In der Dreigliederung von Gestalt und Wesensfunktion verwirklicht das Ich die Ichorganisation, die der Mensch der Tierwelt voraus hat.

Die Ordnung der Ichorganisation bildet folgende Schwerpunkte im Sinne der Dreigliederung:

Haupt:

Physischer Leib und astralischer Leib (Ätherisches wird frei)

Organfunktion:	Nervensystem
Wesensfunktion:	Denken
Temperament:	Melancholie

Brust:

Astralischer Leib und ätherischer Leib in rhythmischem Wechsel

Organfunktion:	Atmung, Blutumlauf
Wesensfunktion:	Fühlen
Temperament:	Sanguinik-Phlegmatik

Stoffwechsel-Gliedmaßen-System:

Ätherischer Leib, astralischer Leib und Ich	
Organfunktion:	Bewegung, Zeugung, Ernährung
Wesensfunktion:	Wollen
Temperament:	Cholerik

Erst mit der völligen Verwirklichung des Ichs in der Inkarnation der Lebensmitte hat sich auch die Dreigliederung bis in ihre seelischen und geistigen Konsequenzen verwirklicht. Vom Ich ging sie von der ersten Keimesentwicklung an aus. In der Ichorganisation ist die vollendet.
Die Lebensmitte entfaltet so das Temperamentsbild des dreigliedrigen Menschen.

Das Greisenalter

Das Greisenalter steht in direkter Polarität zum frühen Kindesalter. Nach unserer vorangegangenen Schilderung ergibt sich aus der Konstitution der Leiblichkeit um das zehnte Jahrsiebent die Melancholie. Der geistige Pol, der bei schwindenden Kräften immer machtvoller hervorzutreten vermag, kann eine geistig-seelische Haltung erbringen, die diese Melancholie aus der Altersschwäche nicht aufkommen zu lassen braucht.

> O wie schön verklärt das Licht das Haupt des Greises,
> Wie rein umstrahlt seinen Geist der Wahrheit Sonne,
> Der Erkenntnis Sterne sind seine Krone,
> Und Gottesfurcht ist seines Wandels schönste Ehre.
> Jesus Sirach 25, 6–8

Die Altersweisheit erscheint als eine «höhere Kindlichkeit», die sich bei bedeutenden Menschen über die Leiblichkeit oft zu ganz neuen Lebenshöhen hinaufschwingt, während der Leib sich zur Erde neigt. Sie – die «Milch der frommen Denkungsart» – ist von jenem Temperament getragen, das sich als Metamorphose des universell im Physischen der Kleinkindnatur wirkenden Phlegmas in die geistige Sphäre erweist.

Das Greisenalter ist eine wahrhaft reiche und erfüllte Periode, wenn sich dieses universelle Geisttemperament, diese vollkommene und durchlichtete Gelassenheit entfaltet[12]. In der Altersdisposition erfüllt sich das Jesuswort: «So ihr nicht werdet wie die Kindlein, so werdet ihr nicht ins Himmelreich kommen» (Ev. Markus 10, 14).

Zwischen dem physisch-melancholischen Seinscharakter des Greisenalters und der geistig-universellen «höheren Form des phlegmatischen Seins» treten die Temperamente des entschiedeneren Seelenlebens jetzt naturgemäß um so stärker zurück, je mehr Altersschwäche und Sklerose alle ihre Regungen aufgezehrt haben oder je ausgeprägter der Geist der Altersweisheit hervorleuchtet. Äußern sich seelische Stimmungen jedoch entschiedener, dann erscheint gelegentlich aus zurückgestauter Lebenskraft (Plethora, Blutfülle)* oder aus ungeduldiger Lebensverhaftung das cholerische Temperament, wie es Shakespeare in seinem König Lear schildert. Bei größerer geistiger und physischer Schwäche tritt dagegen das sanguinische Temperament im kindischen «Altersschwachsinn» hervor.

Die Verwandlung der Temperamentsgliederung von der Lebensmitte zum Lebensabend ist eine der wunderbarsten Wandlungen, die sich in der Temperamentsentwicklung beobachten läßt. Auch sie steht unter der Leitung des Ichs, aber jetzt des Ichs, das sich zur Exkarnation vorbereitet.

Die Melancholie, die, wie wir schilderten, in der Lebensmitte im klar denkenden Haupte waltet, sinkt tiefer und tiefer in die totale Leibesfunktion bis in den Ernährungs-Bewegungs-Bereich herab. Der Astralleib verbindet sich tiefer und tiefer mit dem physischen Leib. Die Gestaltruhe des Hauptes verkörpert sich im ganzen Organismus[13]. Der Ätherleib wird im gleichen Entwicklungsgange langsam frei, da der ganze Leib sich anschickt, «Haupt» zu werden. So ist es nicht verwunderlich, daß für das sanguinische Temperament bei immer tiefer eingreifender seelenleiblicher Verbindung kein freies Spiel mehr bleibt, zumal die ätherischen Kräfte der «Mitte» im rhythmischen System fortschreitend aufgezehrt und verwandelt werden. Im gleichen Sinne ist wirkliche Cholerik nur da denkbar, wo sich das Ich nicht aus dem Seinszusammenhang zu lösen vermag. Löst es sich jedoch in gesunder Weise, so löst sich mit ihm auch die Ichorganisation, so daß für das kraftvolle Willenstemperament für dieses Leben keine Grundlage mehr bleibt.

«Nun kommt die Wandlung zu höheren Wandlungen», nach welcher das Ich hoch oben im freien Äther der leibesentbundenen Wesenskräfte lebt.

Schema zu den Altersdispositionen der Temperamente

1. Jahrsiebent:

Alle Wesensglieder leiblich wirksam. Phlegmatik herrscht im physisch-ätherischen Lymphorganismus in Erscheinung und Funktion vor. Cholerik angedeutet um das dritte Lebensjahr mehr in Funktion als im Typus. Sanguinik erscheint gegen das siebente Lebensjahr verstärkt, mehr in Funktion als im Konstitutionstypus. Melancholik im ersten Jahrsiebent bedenklich, meist durch Krankheit ausgelöst.

* Plethora = Fülle (Vollblütigkeit) von gr. πλεθύς = voll.

2. Jahrsiebent:

Phlegmatik – Sanguinik (Cholerik). In Konstitution und Funktion bei Knaben und Mädchen in gleicher Weise vorwiegend. Melancholik vorübergehend in der Streckungsperiode des neunten Lebensjahres.

3. Jahrsiebent: Pubertät

a) Knaben: Melancholisch-sanguinisch (sanguinisch-cholerisch)
b) Mädchen: Phlegmatisch-cholerisch (phlegmatisch-sanguinisch)
c) besonders krisenhafte Temperamentsdualitäten dieses Alters:
melancholisch-cholerisch — phlegmatisch-sanguinisch

Lebensmitte:

Melancholik
geistiger Aspekt

Sanguinik
seelischer Aspekt

Phlegmatik
seelischer Aspekt

Cholerik
physisch-ätherischer Aspekt

10. Jahrsiebent:

(Greisenalter)	geistiger Aspekt:	Phlegmatik
	seelischer Aspekt:	Cholerik Sanguinik
	physischer Aspekt:	Melancholik

Darstellung der Temperamente im Menschenkundelehrplan der Waldorfschule

Die Betrachtung des strömend-flüssigen Organismus des Menschen als der ätherisch-leiblich bewegten, vom seelisch-geistigen Sein rhythmisierten und gestalteten Natur unseres Organismus führt im Menschenkundeunterricht der zehnten Klasse der Waldorfschule zur Darstellung der Temperamente. Durch das Erlebnis dieser Zusammenhänge vermag sich das Kind dieser Altersstufe durch eigene bewußtere seelische Erfahrung aus der physiologischen «Depression» der Pubertät zu erheben. Es gibt wohl kaum ein unmittelbareres Interesse, als wenn der Unterrichtsgegenstand wie ein Schlüssel zu einem ersten, für das Lebensalter höchst wichtigen Selbsterlebnis führt, zur Vorstufe echter Selbsterkenntnis im seelisch-leiblichen Bereich. Jedes Kind fragt in diesem Augenblick, wie es sonst selten zu fragen vermag: «Wie ist dies bei mir? Über welche Temperamente verfüge ich selbst?» Die Beispiele, die aus dem Temperamentserlebnis von einzelnen Kindern über Verhalten und Typus besonderer Seelenstimmun-

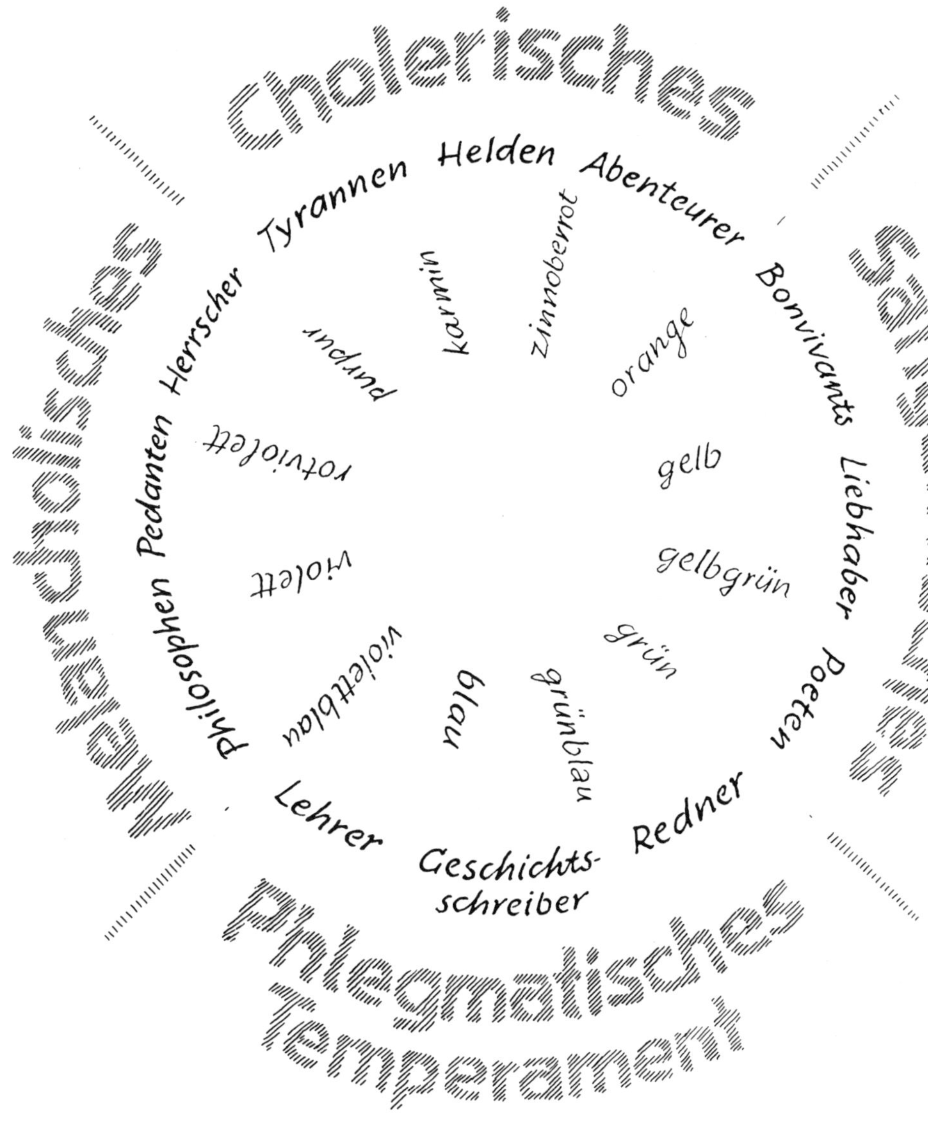

Abb. 158: *Temperamentsrose* von Schillers Hand, mit Goethe erdacht, wahrscheinlich in Jena, Anfang 1799. Vergl. R. Mataei, Neue Funde zu Schillers Anteil an Goethes Farbenlehre im Goethejahrbuch Bd. 20, Weimar 1958.

gen mit größtem Eifer herbeigebracht werden, zeugen von der unmittelbaren Fruchtbarkeit dieses Unterrichtsgebietes. Schüler und Lehrer erleben gemeinsam einen Höhepunkt des Menschenkundeunterrichts.

Besonders fruchtbar sind hier bildliche Darstellungen der Temperamente. Von Friedrich Schillers Hand ist in Zusammenarbeit mit Goethe eine Temperamentenrose aus der Zeit um 1798/99 erhalten, in welche Goethes Bemühungen um die Erforschung der sinnlich-sittlichen Wirkungen der Farben hereingearbeitet sind.

Die Darstellung dieser Temperamentenrose vermag als Abschluß der Betrachtung eine allgemeine Bestätigung zu geben für alles, was an Erfahrungen zusammengetragen wurde. Die Farben erhöhen unmittelbar die Erfahrung des Temperamentwesens, denn sie sind ja selber nichts anderes als «Temperamente», als «Stimmungen» aus dem Reich des Lichtäthers im Zusammenspiel mit dem organisch-astralen Geschehen; sie sind also am besten geeignet, das Wesen der Temperamente zu illustrieren[15].

Da erscheinen im zwölffachen Farbenkreis zwölf repräsentative Seinsstimmungen der Menschheit, für jedes Temperament drei charakteristische Manifestationen derselben, zwei polar übergängliche zu den Nachbartemperamenten und jeweils ein charakteristischer Zentraltypus. Für das sanguinische Temperament erscheint der «Liebhaber» zwischen Bonvivant und Poet; im melancholischen Temperament der «Pedant» zwischen Philosoph und Herrscher; der «Held» zwischen Tyrann und Abenteurer. Der «Lehrer» begegnet uns beim Übergang des phlegmatischen zum melancholischen Temperament.

Die Gegenüberstellung der Temperamente entspricht hier vor allem einer psychologischen Charakteristik aktiver und passiver Temperamentsqualitäten (phlegmatisch-cholerisch; sanguinisch-melancholisch), während wir unsere Anordnung von den Wesensgliedern herleiteten, die den Temperamenten zugrunde liegen (vergleiche Seite 325). Dies bestätigt die Fruchtbarkeit beider Temperamentsdarstellungen.

Die Kinder erleben im Unterricht diesen bis ins «farbige Kostüm» ausgestalteten Mummenschanz der Schicksalskonstitutionen und prüfen in höchster Spannung die ihnen verwandten Rollen, die sie selber vielleicht einmal zu spielen haben, wobei mit dem schönsten Humor, wie bei einem Schauspiel, das die Klasse aufführt, ein Ausgleich von Einseitigkeiten und strenge Selbstkorrektur einsetzt.

> Die ganze Welt ist Bühne,
> Und alle Frau'n und Männer bloße Spieler.
> Sie treten auf und gehen wieder ab,
> Sein Leben lang spielt einer manche Rollen,
> Durch sieben Akte hin. Zuerst das Kind,
> Das in der Wärt'rin Armen greint und sprudelt;
> Der weinerliche Bube, der mit Bündel

Und glattem Morgenantlitz wie die Schnecke
Ungern zur Schule kriecht; dann der Verliebte
Der wie ein Ofen seufzt, mit Jammerlied
Auf seiner Liebsten Brau'n; dann der Soldat,
Voll toller Flüch' und wie ein Pardel bärtig,
Auf Ehre eifersüchtig, schnell zu Händeln,
Bis in die Mündung der Kanone suchend
Die Seifenblase Ruhm. Und dann der Richter,
In rundem Bauche, mit Kapaun gestopft,
Mit strengem Blick und regelrechtem Bart,
Voll weiser Sprüch' und Allerweltssentenzen
Spielt seine Rolle so. Das sechste Alter
Macht den besockten hagern Pantalon,
Brill' auf der Nase, Beutel an der Seite;
Die jugendliche Hose, wohl geschont,
'ne Welt zu weit für die verschrumpften Lenden;
Die tiefe Männerstimme, umgewandelt
Zum kindischen Diskante pfeift und quäkt
In seinem Ton. Der letzte Akt, mit dem
Die seltsam wechselnde Geschichte schließt,
Ist zweite Kindheit, gänzliches Vergessen
Ohn' Aug', ohn' Zahn, Geschmack und alles.

Shakespeare*

Die Temperamentsrose Schillers und Goethes war von menschenkundlich-ätherisch-dramatischem Interesse getragen. Ebenso hat auch vor allem schon Shakespeare Bühne und Schauspiel verstanden.

Die Einheit der Temperamentenvierheit in der menschlichen Natur

Alle Lebensfunktionen des Erdenlebens und des Organismus sind auf Daseinsharmonie und Steigerung angelegt. Die Grundlage dieser Harmonie und dieser Kräftesteigerung ist die vollkommene Zirkulation der organischen Kräfte in uns. Wir haben gesehen, daß es hauptsächlich vier Organsysteme sind, die harmonisch zusammenwirken können:

das belebende Lymphsystem,
das ernährende Venenblutsystem,
das atmende Arterienblutsystem,
das gestaltende Nerven-Knochen-System[16].

* Wie es euch gefällt, zweiter Aufzug, siebente Szene.

Jedes einseitige Überwiegen eines dieser Systeme würde im Menschen als «Fehlmischung», Dyskrasie, als gestörte Kräftemischung, also als Krankheit wirken. Die Seelenstimmung, die mit solch einer einseitigen Organkonstitution zusammen auftreten würde, wäre in ihrer organischen Fixiertheit eher als psychopathologischer Zustand wie als Temperament zu bezeichnen. Bei der Besprechung der Sanguinik berührten wir die angrenzenden Zustände der Hysterie. Bei der Melancholie wäre auf die jenseits der Grenze gesunder Seelendynamik liegende Neurasthenie und Schizophrenie hinzuweisen, bei der Phlegmatik auf dysplastische und bei der Cholerik auf manische Zustände.

Die Betrachtung der Temperamente muß davon ausgehen, daß der Mensch auf das harmonische Wechselspiel seiner «vier» Organbereiche rechnen kann, daß uns also die Möglichkeit gegeben ist, uns mit allen vier Organbereichen, mit allen vier Ätherwirkungen wechselweise frei zu verbinden und wieder von ihnen zu lösen, so daß der ausgereifte Mensch durchaus fähig sein könnte, eine vierfache Temperamentskonstitution zu verwirklichen. Es leuchtet ein, daß die organische Evolution bis zur Lebensmitte jeweils ein bestimmtes Temperament betont hervortreten läßt. Dies ist, wie wir gesehen haben, innerhalb der Entwicklung notwendig. Doch der Wesenskern des Menschen darf nicht von einer temperamentsmäßigen Altersstufenkonstitution für die Zukunft bestimmt werden. In jedem Augenblick ist ihm die Möglichkeit der «Wahl» eines harmonisierenden «Gegentemperamentes» gegeben.

Auf solche «Gegentemperamente» oder «Gesamttemperamente» hat Henrik Steffens in seiner Anthropologie deutlich hingewiesen. Nachdem er die Seelenqualitäten der einzelnen Temperamente aufgezeigt hat – für das sanguinische Temperament den «Genuß», für das melancholische Temperament die «Sehnsucht», für das cholerische Temperament die «Tat», für das phlegmatische Temperament den «Gleichmut» –, macht er mit Recht darauf aufmerksam, daß diese Qualitäten im Seelischen einander fordern. Das genießende Temperament nimmt Sehnsucht, das tätige Gleichmut in Anspruch. Aber auch die Tat bezieht sich auf Genuß, wie die Sehnsucht auf Gleichmut bezogen werden kann. Jedes Temperament erhält seine Bedeutung nur durch den Kreis der übrigen, und einseitige Veranlagung begründet die entschiedene Forderung nach innerer Ergänzung.

Aus diesem Grund hat Rudolf Steiner in seiner Pädagogik auf die Pflege und Harmonisierung der Temperamente, vor allem während der ersten sieben Schuljahre, so großen Wert gelegt. Jedes in sich selbst isolierte Temperament des Kindes erzeugt in diesem Alter noch vom Organisch-Ätherischen her die «komplementären» Temperamente, wenn es nur die entsprechende pädagogische Leitung genießt.

Nach der Pubertät, vor allem in späteren Lebensaltern, sind solche harmonisierenden Regulationen viel schwerer. Andererseits greift möglicherweise nach dem 21. Lebensjahr der innere Arzt, das Ich, regulierend und harmonisierend ein. Wenn die Temperamentsdynamik im Sinne der Lebensalterentwicklung gesund fortgeschritten ist, dann verwirklicht sich die Ichaktivität gegen die Lebensmitte zu im «Gesamttemperament» in der Temperamentenvierheit. (Dies ist um so leichter möglich, je weniger unverarbeitete Entwicklungsreste im Wege stehen.) Das Ich wird selbst zum Zentraltemperament (Temperamentum temperatum, Idealtemperament nach P. V. Troxler).

Das vollkommen entwickelte Ich steht als Herr über den organischen Elementen und ruft im Schicksalsgang jeweils die notwendigen Temperamentskräfte auf den Plan des Wirkens. Wirkt das Ich in der ätherischen Lymphe, so bewirkt es phlegmatische Seelenstimmung; wirkt das Ich in der Seelenleiblichkeit, so entfaltet sich die sanguinische Seelenstimmung; wirkt das Ich in die Kräfteorganisation unmittelbar herein, dann entsteht cholerisches Wirken, und im Physischen entsteht Bewußtsein, Melancholie. Wenn wir alle diese Kräfte auf den Zusammenhang des Menschen mit seinem Lebensumkreis beziehen, dann können wir erleben, wie das Ich melancholische Tiefe im Denken, cholerische Kraft in der sozialen Tat, sanguinische Beweglichkeit, Freude und Phantasie in der Kunsttätigkeit und phlegmatische Gelassenheit im Lebensgenuß aufruft.

Das Ich, das in freier Lebensmeisterschaft über jeder Einseitigkeit steht, wählt wie der Organist seine Register, um das Kunstwerk des Schicksals zu meistern. So wird es im Menschen der Erzieher nach der seelisch-geistigen Seite; der immer harmonisierende Arzt nach der physischen Daseinsseite hin und in der Vereinigung beider Wirkungsrichtungen zum schöpferischen Künstler des Schicksals.

Vom seelischen Standpunkt aus nannten wir das bewegliche sanguinische Temperament das Temperament der Temperamente. Von der Kraft her offenbart das cholerische Temperament als Wärme- und Willenstemperament am deutlichsten das Wesen der Ichinkarnation. Die Melancholie verwirklicht am vollkommensten menschengemäßes Bewußtsein auf der Grundlage des physischen Leibes (Ichorganisation). So hat jedes Temperament einen Qualitätsbereich, den die freie Natur der Persönlichkeit nicht missen könnte. Auch das phlegmatische Temperament gewinnt von hier aus an Bedeutung. Wir können es insofern als Grundlage aller Temperamente bezeichnen, als in ihm gewissermaßen Gleiches in Gleichem wirkt, Ätherisches im ätherischen Milieu; es ist das gemäßigste, das temperierteste Temperament, das protoplasmatisch alle Entwicklung in sich birgt und in seiner Wesenssubstanz empfänglich für alle Zukunftsentwicklung ist.

Können wir einem der vier Temperamente den Vorzug geben, daß es das menschengemäßeste, das edelste oder das mächtigste sei? Es vollendet sich das Bild der Temperamentenvierheit als Einheit. Das kosmische Menschenbild des Evangeliums stellt das «Ich» in die Mitte der vier geflügelten Wesenheiten[17].

IX
Mensch und Tier

Das Tierreich ist nur ein Tier, das heißt die Darstellung der Tierheit mit allen ihren Organen, jedes für sich ein Ganzes. – Ein einzelnes Tier entsteht, wenn ein einzelnes Organ sich vom allgemeinen Tierleib ablöst und dennoch die wesentlichen Tierverrichtungen ausübt. Das Tierreich ist nur das zerstückelte höchste Tier: «Mensch». Oken*

Und so können wir annehmen, daß der Mensch ein Mittelgeschöpf unter den Tieren, d. i. die ausgearbeitete Form sei, in der sich die Züge aller Gattungen um ihn her im feinsten Inbegriff sammeln. Herder**

Die Dreigliederung des Menschen ist das Ergebnis eines inneren organischen Gleichgewichtes, das nicht als bloße Naturgabe aufgefaßt werden darf, sondern das als das Ergebnis der im Menschenwesen ringenden Ichnatur betrachtet werden muß. Dreigliederung und Aufgerichtetheit der menschlichen Gestalt sind miteinander identisch.

Ein umfassendes Studium dieser menschlichen Dreigliederung ist möglich durch die Betrachtung aller jener charakteristischen Abweichungen von der harmonischen Mitte, die uns in der Tierwelt begegnen.

Wenn Goethe von seinen Brüdern im stillen Busch, in Luft und Wasser spricht und nicht ruht, bis er das noch fehlende Glied in der «Reihe der Lebendigen», den bisher beim Menschen nicht bekannten Zwischenkieferknochen findet, so kann es den Anschein haben, als ob er auf dem Boden der «natürlichen Schöpfungsgeschichte» und einer Einheit von Mensch und Tier stünde.

In der Tat sind Goethes Metamorphosensätze und das von ihm entdeckte Gesetz der Kompensation Bildungsprinzipien, die in der Tierreihe wie in der menschlichen Entwicklung ihre Fruchtbarkeit erwiesen haben. Aber gerade diese beiden Bedingungen aller organischen Entwicklung und Vervollkommnung offenbaren bereits einen tiefen, nicht zu übersehenden Unterschied der tierischen und menschlichen Bildung:

Die sogenannte Höherentwicklung im Tierreich, wie das Auftreten diffe-

* In Goethes Naturw. Schr., Bd. I, S. XXXIX.

** Ideen zur Philosophie der Geschichte der Menschheit, S. 75.

renzierterer Einzelorgane, ist stets begleitet von einer Rückbildung eines auf früherer Stufe bevorzugten Organisationsprinzips.

Der Ausbildung eines komplizierten Sinnesapparates geht der Verlust entsprechender Stoffwechselorganisation parallel. Stoßzahn und Geweih treten alternativ, nicht gleichzeitig auf.

So tritt vor Goethes naturforschenden Blick erstmals eine Gliederung der tierischen Organisation in Kopf – Rumpf – Gliedmaßen als Typus, der als Idee allen tierischen Formen zugrunde liegt, jedoch von keiner Art jemals erreicht wird. Sie sind alle Repräsentanten eines der drei Bildungselemente, und auch innerhalb der Betonung eines Gliedes (Kopf, Rumpf oder Gliedmaßenorganisation) sind die kompensativen Einseitigkeiten ungezählt.

Nur ein Wesen offenbart den Typus in harmonischem Ebenmaß: der Mensch. Bei ihm herrscht nicht das Gesetz der organischen Kompensation, sondern dasjenige der Gleichzeitigkeit, der Harmonie.

Die Prinzipien der Bildungsmetamorphose und der Kompensation erschöpfen sich beim Tier in einer unübersehbaren Vielfalt von Spielarten zwischen den genannten drei Gliedbereichen: stoffwechselbetonte «Kopftiere» (Medusen, Polypen), sinnesnervenbetonte Gliedertiere (Insekten, Spinnen), sinnesbetonte Kopftiere (Vögel), stoffwechselbetonte Rumpftiere (Reptilien) und so fort.

Wird die menschliche Organisation in die vergleichende anatomische und physiologische Untersuchung der Tiere mit einbezogen, so drängt sich dem unbefangenen Blick dieser wesentliche Unterschied auf: beim Tier Bevorzugung ganz bestimmter Organisations- und Funktionsprinzipien auf Kosten anderer Glieder eines idealtypischen Gesamtplanes, beim Menschen Ausgewogenheit sowohl der Systemgliederung als auch der konstituierenden Gliedorgane: Sinnes-Bewußtseins-Organe, rhythmische Organe und Stoffwechsel-Willens-Organe.

Im Menschen kommt der übersinnliche Typus aller tierischen Formen in höchster Vollkommenheit zur Anschauung.

Richten wir den Blick auf die spezifischen Organfunktionen, so finden wir die volle Bestätigung dessen, was das Studium der vergleichenden Morphologie schon ergeben hat. Die einseitige Übersteigerung eines ganzen Systems beziehungsweise eines Organs wie der Kopforganisation und des Auges beim Raubvogel läßt die Funktion anderer Organe (zum Beispiel unteres Gliedmaßen-Darm-System) weit hinter ihrer ursprünglichen Veranlagung zurücktreten. So kommt das Kugelgelenk der Hüfte beim Säugetier nicht im Sinne seiner vollen Bewegungsmöglichkeit (Rotation, Abduktion und Adduktion) in Funktion, sondern wird so gut wie ausschließlich im Sinne eines Scharniergelenks (wie das Ellenbogengelenk des Menschen) eingeschränkt. Ähnliches gilt für das Schultergelenk und ganz besonders für das axiale Drehgelenk der Speiche, das bei sämtlichen Lauftieren zwar im Sinne des menschlichen Typus veranlagt ist, aber rudimentär bleibt. Und selbst ein hochentwickeltes Organ wie das Auge beim Raubvogel ist einseitig auf Fernsichtigkeit hin orientiert. Nur beim Menschen kommt das Kugelgelenk der Schulter (beziehungsweise der Hüfte) im Sinne seines idealen Bauplanes zur vollkommenen, freien Funktion. Dasselbe gilt vom Speichenköpfchen, Ellbogengelenk (Gebärde des Gebens und Nehmens, des Segnens und Empfangens) und schließlich von allen Organen, wie Herz, Lunge, Gehirn nicht ohne weiteres sinnenfällig aus der äußeren morphologischen Beschaffenheit ablesen lassen[1].

So erweist sich die menschliche Organisation auch im Hinblick auf ihre Physiologie als idealtypisches Vorbild für die Funktionen der gleichgesetzlichen tierischen Organe. Vom Typus her werden die Arten und deren spezielle Organbildungen erst verständlich. Der Typus aber ist der Mensch.

Die tierische Organisation weicht in jedem Falle und auf allen Stufen ihrer Bildungsmetamorphosen in bestimmter Weise vom harmonischen Typus ab. Es ist also ein differenzierendes, in die Spezialisierung hineinführendes Prinzip, das zur tierischen Organisation führt.

Die menschliche Organisation zeichnet sich dagegen durch Verzicht auf einseitige Bevorzugung spezieller Organe aus; sie bleiben, was ihre Differenzierung, Ausbildung und Leistung betrifft, durchweg weit hinter den jeweils entsprechenden tierischen Organen zurück zugunsten der idealtypischen Bildung eines harmonisch ausgewogenen Ganzen. Das Prinzip der Universalität setzt sich gegenüber der – selbst in der menschlichen Organik wirksamen – Spezifizierung durch.

Wenn die tierischen Bildungen Sonderformen eines idealtypischen, universellen Bauplanes sind, so ist leicht einzusehen, daß der Typus das Primäre, die Abweichungen von ihm aber das Sekundäre sind. «Das Tier gerät in Sackgassen» (Goethe)*. Der Verlust der Universalität zugunsten spezifischer Organleistung ist möglich, nicht jedoch eine «Höherentwicklung» aus einseitiger Sonderform in den Zustand noch unbestimmter Universalität. Ein Ganzes kann in seine Teile zerfallen, nicht hingegen ein Teilorgan einen ganzen Organismus hervorbringen. In diesem Sinne ist der einzelne Mensch mehr als die Vielheit der Tiere[2].

Der Modellcharakter der menschlichen Organisation für die tierische wird besonders deutlich, wenn man die Ausbildung einzelner Organe, wie zum Beispiel der Gliedmaßen, bei Mensch und Tier ins Auge faßt. Die außerordentliche Vielfalt tierischer Extremitätenbildungen (Walflosse, Vogelflügel, Huf, Krallenbildung und so weiter) geht aus einer einheitlichen Urform der fünfgliedrigen Gliedmaßenknospe hervor. Der Mensch allein behält dieses Urmodell sämtlicher Gliedmaßenabwandlungen, die fünffingrige Hand, bei. Es bestätigt sich also auch hier, was wir von der Gesamtorganisation gesagt haben.

* Briefe, Bd. 8 an W. von Humboldt, 17. März 1832 (Goethes letzter Brief).

Die morphologischen Untersuchungen zeitlich vergleichbarer Stadien bei Mensch und Tier haben darüber hinaus eine für die menschliche beziehungsweise tierische Bildung fundamentale Unterscheidung zutage gefördert: zeitlich beschleunigte Entwicklung beim Tier, Verzögerung beim Menschen. Die tierische Organisation überholt gewissermaßen die Bildungsschritte des Menschen und eilt noch während ihrer intrauterinen Entwicklungsperiode rasch auf ihr endgültiges Gattungsziel zu[3].

Der Mensch entfernt sich nur zögernd von seinem Ursprung. Auch im Verlaufe seiner extrauterinen Entwicklung folgen Phasen, die biologisch wie Ruhepausen, geistig jedoch wie Rückverbindungen, Ursprungsbesinnungen anmuten können (biologische Stauungsphänomene, Schad).

Obwohl biologisch und morphologisch der embryonale, frühkindliche Bildungszustand auch in der späteren Entwicklung des Menschen vorherrscht, zeigt sich im Unterschied zum Tier noch ein besonderes Phänomen: die intrauterinen Wachstumsgesetzmäßigkeiten (Gewichts- und Längenzunahme) erhalten sich über die Geburt hinaus noch während des ersten Lebensjahres. Dieses Phänomen spricht mehr aus als eine bloße biologische Eigentümlichkeit. Beim Tier erschöpft sich die Bildung während des intrauterinen Lebens. Das Bildungsziel ist ein ausschließlich organisch-biologisches. Die extrauterine Anpassung an die Umwelt, Lern- und Nachahmungsphase, ist deshalb auf eine extrem kurze Zeit beschränkt.

Beim Menschen fällt ein ganzes Jahr einer gleichsam verlängerten Embryonalzeit in die nachgeburtliche Periode. Nun sind es nicht mehr die embryonalen Eihüllen, sondern die menschlich-sozialen Hüllen, die die Bildungskräfte vermitteln und modifizieren. Die Einsicht in diese Zusammenhänge läßt erst die Bedeutung der Organisation des Neugeborenen ermessen. Die Bildung des Menschen ist nicht eine ausschließlich natürliche, sondern eine zunehmend geistig-moralische.

Die immerwährende Offenbarung und Verwirklichung der dreigliedrigen Urgestalt ist für den organischen wie geistigen Menschen das eigentliche Bildungsziel, denn geistige und organische Bildung sind bei ihm zur Identität veranlagt. Sich immer in dieser harmonisch-universellen physisch-geistigen Koinzidenz zu halten und zu entwickeln ist seine wahre Gesundheit. Jegliche Spezialisierung, nach welcher Seite auch immer, führt zur Krankheit.

Die veranlagte innere Identität von organischer und geistiger Natur darf nicht aufgegeben werden. Der Verlust dieser Einheit ist ein echter «Tierbildungsprozeß».

X
Dreigliederung

Von der Zukunftsbedeutung einer organischen Natur- und Geistesanschauung

> Die ganze Welt außer dem Menschen ist ein Rätsel, das eigentliche Welträtsel; und der Mensch ist selbst die Lösung.*
>
> Rudolf Steiner

In der Menschenkunde schließt sich im letzten Sinne alles Wissen und Erkennen zusammen.

Geht der Forscher von der Naturwissenschaft aus, so vollzieht sich für ihn in der Betrachtung der Erscheinungen durch die Naturreiche hindurch bis herauf zum Menschen mit Notwendigkeit eine Sublimierung. Er wird genötigt, in den Formen und Funktionen immer höhere Seinsformen: das Leben, das Seelische und zuletzt die Formen des Bewußtseins als Stufen der Phänomenfolge anzuerkennen. Auch dem geisteswissenschaftlich Forschenden ordnen sich seine Erfahrungen über die Natur des Menschen zu einer immer klareren Anschauung. Die mannigfaltigen Seelenregungen, Triebe, Bewußtseinsgrade, die zunächst in einem noch ungeordneten Erleben durcheinander wogten, entmischen sich im Lichte wachsender Einsicht und ergeben zuletzt ein eindeutig gegliedertes Bild des Menschen, als eines *denkenden, fühlenden* und *wollenden Wesens*[1].

Beide Wege, der naturwissenschaftliche und der philosophisch-geisteswissenschaftliche, lassen sich in ihrem Entwicklungsgang bis zu diesem Erfahrungsergebnis verfolgen. Dabei kann man erleben, wie sie in immer dichteren, wesentlicheren Beziehungen aufeinander zustreben und sich zuletzt zu einer höheren Anthropologie vereinigen. Physiologie, Psychologie und Philosophie waren bisher getrennte Forschungsgebiete, obwohl sie doch ihre Thematik vom dreigliedrigen Menschen empfangen hatten.

Rudolf Steiner erst brachte bei konsequent vollzogener Vereinigung von Natur- und Geisteswissenschaft[2] die Dreigliedrigkeit der menschlichen Natur zur Darstellung. Ihre Bedeutung kann uns bewußt werden, wenn wir die Entwicklung bis zu dieser Entdeckung im Lebensgang Rudolf Steiners und ihren

* Aus dem sozialwissenschaftlichen Vortragswerk.

geistesgeschichtlichen Zusammenhang betrachten: «Ich darf wohl sagen, daß ich damit die Ergebnisse einer dreißig Jahre währenden geisteswissenschaftlichen Forschung verzeichne.»*

Durch diese Worte deutet Rudolf Steiner auf die Epoche seines Lebens, in der wir die Quellstudien zur Dreigliederungsentdeckung finden können, in die Epoche seiner Goethestudien (1879–1893)[3].

Wer die Einleitungen und Anmerkungen Rudolf Steiners zu Goethes naturwissenschaftlichen Schriften aufmerksam durcharbeitet, findet hier immer wieder Keime der Morphologie der Dreigliederung. Das Wesen der Dreigliederung tritt in seinem Gehalt dann 1899 in dem Aufsatz zu Goethes 150. Geburtstag «Goethes geheime Offenbarung» – wenn auch noch nicht dem Begriffe nach ausgesprochen – klar hervor. Rudolf Steiner schildert hier, wie Goethe in seinem «Märchen von der grünen Schlange und der schönen Lilie» die Kräftebeziehungen der seelisch-geistigen Natur des Menschen als Mikrokosmos darstellt. In der symbolisch-heiligen Handlung, durch die der «Jüngling» befähigt wird, das neubegründete Reich einer neuen Weltepoche zu regieren, übergeben ihm *drei Könige* ihre Insignien: Von dem ehernen König erhält er das Schwert mit dem Auftrag: «Das Schwert in der Linken, die Rechte frei.» Der silberne gibt ihm das Zepter, indem er den Satz spricht: «Weide die Schafe»; der goldene drückt ihm den Eichenkranz aufs Haupt mit den Worten: «Erkenne das Höchste.» Die drei Könige sind Symbole für die drei Grundkräfte der menschlichen Seele.

«Der Leib als Ganzes, nicht bloß die in ihm eingeschlossene Nerventätigkeit, ist physische Grundlage des Seelenlebens. Und wie das letztere für das gewöhnliche Bewußtsein sich umschreiben läßt durch Vorstellung, Fühlen und Wollen, so das leibliche Leben durch Nerventätigkeit, rhythmisches Geschehen und Stoffwechselvorgänge.»**

In diesen Worten finden wir die erste Darstellung der großen morphologischen Entdeckung.

Ehe Rudolf Steiner die neuen Erkenntnisse in pädagogisch-menschenkundliche und medizinische Mitteilungen einfließen ließ, trat er 1917, der Not der Zeit begegnend, mit der *«Dreigliederung des sozialen Organismus»* hervor, um an die Stelle überalterter und überlebter Sozialformen, die in chaotisch-verwirrtem Ringen der Interessengruppen das Sozialleben zu einem Teratom*** machten, einen gesunden Organismus zu entwickeln.

Rudolf Steiner geht bei der Schilderung des sozialen Organismus unmittelbar von der organischen Dreigliederung aus. Die Selbständigkeit der drei Systeme, die nicht durch eine «absolute Zentralisation» zusammengehalten wer-

* Von Seelenrätseln, S. 231.

** Von Seelenrätseln, 6. Anhang, S. 243.

*** Teratoma = Dreikeimblättrige Mißbildung

den, sondern in der vollkommenen wechselseitigen Ergänzung ihrer Kräfte eine Einheit ausmachen, wird unmittelbar zum Gleichnis, wie sich der soziale Organismus aus seinen eigenen Kräften heraus gestalten kann[4].

Als Glieder des sozialen Organismus haben wir das *Wirtschaftsleben*, das *Rechtsleben* und das *Kultur-* oder *Geistesleben*. Jedes dieser Glieder beansprucht für sich, wenn das Ganze gedeihen soll, die eigendynamische Entfaltung seiner Kräfte, das heißt, kein Glied darf über ein anderes herrschen, jedes Lebensgebiet muß die Gesetze seiner Organisation aus sich selbst heraus entwickeln, nur so kann jedes in der Erfüllung seines Wesens dem anderen dienen.

Auch im sozialen Organismus gilt das Goethesche Gesetz von Polarität und Steigerung; denn auch hier handelt es sich nicht um zufällig zueinander gebrachte Bereiche, sondern um echte Glieder eines organischen Ganzen.

Wirtschaftsleben und Kulturleben stehen in einem polaren Verhältnis zueinander, das Rechtsleben nimmt eine höhere organisierende Stellung in der Mitte ein. Dies sagt nicht, daß es über die beiden anderen Gebiete nach willkürlichen Bestimmungen verfüge, es ergibt sich daraus vielmehr, daß es die für jedes Gebiet systemgerechte Ordnung rechtlich gewährleiste. Die Harmonie des Ganzen, die Freiheit besteht in dieser Rechtsfunktion. Man kann dann sagen:

Unbedingte Freiheit im Geistesleben, Freiheit der Lehre und der Forschung sowie des Unterrichts ist die Rechtsbestimmung der Kultur. Für die Wirtschaft gilt eine andere Wesensfunktion. Die Wirtschaft hat vor allem die Aufgabe, die physischen Bedürfnisse des Menschen zu befriedigen. Dies ist nur möglich, wenn die menschliche Gemeinschaft den freien Zugang zur gemeinsamen Naturgrundlage (Boden) und zu den Arbeitsmitteln (Kapital) für jeden einzelnen sowie eine der Gemeinschaft dienende Zirkulation rechtlich sichert. Brüderlichkeit ist die Freiheitsform der Wirtschaft. Jede Wirtschaftsform, die die Brüderlichkeit gefährdet, ist widerrechtlich.

Das Rechtsleben selbst repräsentiert sich durch die Legislative, in der wiederum die schöpferische Freiheit des Geisteslebens in verwandelter Form erscheint, durch die Exekutive, in welcher der Zusammenschluß der Gemeinschaftsverantwortung wirksam werden muß und durch die den beiden übergeordnete Konstitution – die Verfassung. In ihrem Wesen liegt es, stets aufs neue das Rechtsganze des sozialen Organismus im Sinne einer Herzfunktion der Wesensnatur des Menschen anzunähern, woran dann jeder Rechtsfall – aus welchem Sozialbereich er auch stammt – seinen Maßstab findet. Wie das Rechtsleben bilden die polaren Gebiete der Wirtschaft und der Kultur in sich wieder jeweils einen selbständigen Organismus, der nach Polarität und Steigerung entschlüsselt werden kann. In der Wirtschaft verhalten sich das Produktionsgebiet und die Konsumtion zueinander polar. Die Zirkulation verbindet beide miteinander, ja sie macht überhaupt erst ihre Funktionen möglich. Sie ist das regulierende Prinzip, das gewissermaßen die Rechtsfunktion in diesem Bereich in der

Verwandlung wiederholt. «Gegenseitigkeit ist die Formel der Gerechtigkeit im Wirtschaftsleben» (Proudhon)* – diese Gegenseitigkeit kann allein durch ein selbstlos dienendes Zirkulationsmittel gewährleistet werden.

Das Wesen der Kultur offenbart sich ebenfalls in drei Gliedern. Hier treten die Pole als Bereiche auf, die im Übersinnlichen urständen: Wissenschaft und Religion. Im Bereich der Religion treten göttlich-geistige Kräfte in die moralische Willenssphäre des Menschen ein. In der Wissenschaft dagegen erhebt sich der menschliche Geist zur Ideenwelt. Die Steigerung und Realisation geistig-menschlichen Seins in der Sphäre des Irdischen vollzieht sich in der Kunst.

«Wenn die Hoffnungen sich verwirklichen, daß die Menschen sich mit allen ihren Kräften mit Herz und Geist, mit Verstand und Liebe vereinigen und voneinander Kenntnis nehmen, so wird sich ereignen, woran jetzt kein Mensch denken kann» (Goethe)**.

Durch die umfassende Menschenkunde Rudolf Steiners, der diese Arbeit dienen will, ist die welterneuernde Epoche, von der Goethe in seinem Märchen spricht, eingeleitet.

Der soziale Organismus ist der wahre höhere Mensch, dem wir den Weg bereiten müssen.

* Die Widersprüche der Nationalökonomie oder die Philosophie der Not.

** In Maximen und Reflexionen (hg. von Max Hecker), S. 234.

XI
Zum menschenkundlichen Lehrplan der Waldorfschule

Der Menschenkundeunterricht nimmt in der Pädagogik Rudolf Steiners eine zentrale Stellung ein. Da jedes Unterrichtsgebiet von den untersten Klassen bis zum Abschluß des zwölften Schuljahres menschenkundlich begründet ist, so ist es verständlich, daß die Menschenkunde als eigenes Unterrichtsgebiet höchste Bedeutung erlangt, da sie ja in allen Gebieten den methodischen Ausgangspunkt und das Ziel bestimmt[1]. Die Menschenkunde, aus der heraus der Lehrer seinen Stoff ordnet und gliedert, bildet das Medium, durch das alle Gebiete in ihrer inneren Übereinstimmung vom Kinde erlebt werden können, zumal es gerade in der Menschenkunde den Schlüssel erhält, durch den es sich jedes Gebiet, das den Menschen umgibt, aufzuschließen vermag.

Klasse 1–8

In den ersten beiden Schuljahren gliedert sich freilich noch keine Menschenkunde aus dem Lernen des Kindes heraus. Alle Arbeitsgebiete bilden miteinander eine Einheit, die stark von der kosmischen Erlebniskraft des Kleinkindes durchdrungen sein darf. Märchen, Legenden und Fabeln sind es, die alles einzelne miteinander zu innerer Einheit verschmelzen. Aber gerade die Märchenwelt mit ihren kosmischen Beziehungen (Sternenwanderung, Geburts- und Lebensmythos) darf als mythische Menschenkunde angesprochen werden, die Fabel als märchenhafte Psychologie, die Legende als Schilderung eines geistigen Menschenbildes.

Im vierten Schuljahr, also mit dem Übergang vom neunten zum zehnten Lebensjahr, beginnt der eigentliche Naturkundeunterricht, und zwar im Zeichen der Menschenkunde. Die Menschenkunde erbringt die richtige Vorbereitung für alle naturgeschichtlichen Gebiete. Gleich am Anfang soll das Kind erleben: «Der Mensch selbst ist der Gipfel und die Einheit der Naturreiche», in ihm finden sie ihre Steigerung und Vollendung.

Rudolf Steiner erwartet hier, daß der Lehrer mit höchstem Nachdruck die «Wichtigkeit des Menschen innerhalb der ganzen Weltordnung» darstellt. Bei dieser Darstellung geht Rudolf Steiner sofort auf die Gestalt des Menschen, auf die Dreigliederung zu. Er weist darauf hin, daß man das Kind aufmerksam machen soll auf die Hauptgliederung des Menschen in

Kopf,
Rumpf,
Gliedmaßen.

Dabei soll auf die äußere Erscheinung, auf die äußere Form Rücksicht genommen werden. Aufbauend auf dem vorher gepflegten Formenzeichnen, kann für das Hauptsächlichste in der Menschenform eine Vorstellung davon hervorgerufen werden, daß der Kopf kugelförmig ist. Das ruft dann zu gleicher Zeit Gefühls- und Willenselemente wach. Dadurch erlebt das Kind den Kopf von der künstlerischen Empfindung her als Kugel. – Dann soll in dem Kinde die Vorstellung hervorgerufen werden, daß der Rumpf gewissermaßen ein Fragment des Kopfes ist. – Für die Gliedmaßen soll dann die Vorstellung geweckt werden, daß sie von außen in den Rumpf eingesetzt erscheinen.

Abb. 159: *Der dreigliedrige Mensch* (nach Rudolf Steiner).*

* Erziehungskunst, Methodisch-Didaktisches; S. 98, GA 294.

Es ist wohl selbstverständlich, daß diese Dreigliederung in Kopf, Rumpf und Gliedmaßen in dieser fast symbolisch anmutenden Vereinfachung nur auf dem Hintergrund gründlicher Studien über die dreigliedrige Organisation des Menschen dargestellt werden darf. Denn diese Gliederung sollte nie als eine bloße Dreiteilung mißverstanden werden, sondern muß mit den Erfahrungen über die Funktionen des Sinnes-Nerven-Systems, des rhythmischen Systems und des Stoffwechsel-Gliedmaßen-Systems erfüllt sein, wie sie durch Rudolf Steiner immer wieder dargestellt wurden. Für das Kind aber ist die Einführung in die Naturkunde durch dieses einfache Bild des Menschen aufs bedeutsamste eröffnet.

Das Erlebnis des Kindes wird dann vom Menschenbild ausgehend durch die Naturreiche, durch Tier- und Pflanzenreich bis zum Mineralreich herabgeführt.

Das in dieser Weise zusammengefaßte Naturerleben führt von hier aus wieder zum Menschen herauf, zunächst in einer allgemeinen, umfassenden Form in der Gesundheits- und Ernährungslehre des siebenten Schuljahrs. Diese Gesundheitslehre ist vor allem Funktionslehre (bei der man an die hygienische Medizin des Griechentums denken kann), sie berührt gerade noch die Physiologie, macht aber halt vor der Anatomie[2].

Der Lehrplan der Menschenkunde erfährt dann im achten Schuljahr einen ersten Abschluß, indem der Schüler jetzt schon ein vorläufiges Bild des Menschen als einer Ganzheit im harmonischen Zusammenwirken der Organsysteme erhalten kann.

Klasse 9–12

Mit dem neunten Schuljahr beginnt im Aufbau der Waldorfschule ein in sich geschlossener, menschenkundlich begründeter vierjähriger Zyklus, der der organischen und seelisch-geistigen Entwicklung des jungen Menschen mit Eintritt der Erdenreife entspricht[3].

Während sich im Heranwachsenden im Wachstumsprozeß der Organe, in der Verdichtung und Mineralisierung des Knochengerüsts, in der Vertiefung der Atmung bis zur Umstimmung der Stimmbänder und der Spannungsverhältnisse innerer und äußerer Bewegungsorgane (Stoffwechsel und Ernährungsorganismus, Gliedmaßen-Muskel-System) die Reife vollzieht, wobei gleichzeitig ein seelisch bewußteres Sinnesorganleben einsetzt, bietet auch der Unterricht jetzt für diese physisch-seelischen Organprozesse das ordnend harmonisierende Übungsfeld.

Die Eurythmie betont für dieses Lebensalter in der Dreiheit ihrer Kunstelemente (Charakter, Gefühl und Bewegung) den in die Ichorganisation des Menschen eingreifenden «Charakter», während Gefühl und Bewegung vorübergehend zurücktreten können.

In den gymnastischen Übungen tritt das «Schwereerlebnis» dieses Alters und die Überwindung der Schwere besonders in den Mittelpunkt der Übungen.

Der Kunstunterricht behandelt vorwiegend das Körper- und Raumerleben in der bildenden Kunst, beginnend mit der Plastik der Ägypter und der Griechen, weitergeführt in Plastik und Malerei der Renaissance bis zur Entwicklung der nordischen Kunst in Hell und Dunkel.

Die Erdkunde schildert in der Behandlung der Gebirgsformationen den «Knochenbau der Erde».

In der Physik werden besonders die mechanischen Gesetze (Hebel usw.) behandelt.

So wird der Unterricht des neunten Schuljahres fast durchgängig aus den Elementen des Raum- und Körpererlebens gestaltet. Dieses Erleben gipfelt im Menschenkundeunterricht selbst in der Behandlung des Knochenskeletts in seiner statischen und mechanisch-körperlichen Gesetzmäßigkeit (Gelenkmechanik, Hebel, Gewicht, Bewegungsmechanik) und in der Behandlung der Sinnesorgane als physischer, physikalisch-gesetzmäßiger Organisation (Refraktion, Schall).

Der Lehrplan ergibt also im ganzen – was dem inneren Wesen des Pubertätsgeschehens im Organismus entspricht – das Erlebnis der physischen Welt und des physischen Menschen.

Gleichwie eine längere, einseitige Übung des Helldunkels, der Schwarzweißtechnik im künstlerischen Unterricht der Vierzehn-, Fünfzehnjährigen ein entschiedenes, seelisches, ja bis ins Leibliche wirkendes Bedürfnis nach einer Neueroberung der Farbe und der «flüssigen» Malweise weckt, so legt auch die entschieden einseitige Behandlung physisch-mechanischer Zusammenhänge im Unterrichtsgeschehen den Grund für ein neues Bedürfnis, die Weltgegenstände in ihren umfassenden Lebenszusammenhängen kennenzulernen. Nach der «verarmenden, kausal-begrifflichen Helldunkelmanier» der verschiedenen repräsentativen Unterrichtsgebiete, die den Reifeprozeß therapeutisch begleitet, darf nun eine lebensvolle, farbig bewegte Weltansicht folgen.

In diesem Sinne ist der Menschenkundeunterricht der zehnten Klasse vorbildlich für den ganzen Lehrplan dieser Altersstufe. Der Mensch wird in der Ganzheit seiner dynamisch flüssigen Leiblichkeit behandelt. Der «Flüssigkeitsmensch» ist am meisten der Mensch der ätherischen Organisation.

Im strömenden, fließenden Leben der inneren Organe erscheint der Lebensleib am unmittelbarsten in Phänomenen, die in zarter Weise die seelischen Impulse in allen rhythmischen Vorgängen aufnehmen, bei denen Spannung und Lösung, Systole und Diastole, Formung und Auflösung aufeinander folgen, wie im Wechselgeschehen von Tag und Nacht, Sommer und Winter, Schlafen und Wachen, Einatmung und Ausatmung und so weiter. Alle diese rhythmischen Ereignisse des Natur- und Organlebens haben ihre Grundlage in der strömenden Matrix, in die sich die Seelendynamik hineinformt und wieder herauszulösen vermag. Am deutlichsten werden uns diese Wechselfunktionen in Freude und Schmerz, in Mut und Angst, in Lust und Unlust als die Wirkung seelischer Kräfte bewußt, die tief in die Leiblichkeit gestaltend, fördernd, aber auch hemmend oder sogar zerstörend einzugreifen vermögen.

Die Thematik des Herzens, des Blutkreislaufes und der Atmung erfüllen am vollkommensten diese Lehrplanaufgaben, welche nach der Formulierung Caroline von Heydebrands für dieses Lebensalter lauten: «In der Anthropologie werden Organe und Organverrichtungen im Zusammenhang mit Seelisch-Geistigem geschildert.» *

Im Umkreis des Herzens sind alle übrigen Organe (Lunge, Leber, Milz, Niere), wenn wir sie auf ihre jeweils charakteristische Durchblutung, auf ihre innere Gefäßstruktur (Angioarchitektonik) hin betrachten, Metamorphosen des Blutkreislaufs. Für jedes Organ, für jede Kreislaufmetamorphose, die wir in ihm antreffen, ist der seelisch-geistige Organbezug herauszuarbeiten; nur so ist das Organ als ein Zentrum besonderer Kräfte im Organismus verständlich.

Auch in den übrigen Hauptepochen des zehnten Schuljahres wird die Welt vorwiegend von ätherischen Vorgängen her geschildert. Hier ist es besonders die Erdkunde, die, nun mit dem Thema «die Erde als Ganzheit», vorwiegend strömende, bewegte Prozesse behandelt, die die Erde als einen lebendigen Leib erscheinen lassen. Die Schollenbewegung der Kontinente, die Meeresströmungen, Wasserkreisläufe und Mäander, die Wetterbildung, Wolken und Luftbewegung, dies alles regt im jungen Menschen wiederum auf das mannigfaltigste das Erlebnis lebendig-ätherischer und seelischer Kräfte an[4].

Der Lehrplan des elften Schuljahres führt zu einer weiteren, höheren Erlebnisstufe. Durch alle Unterrichtsgebiete hindurch zieht das Erlebnis einer selbständigen Geist-Seelen-Welt, der sich der junge Mensch innerlich aufzuschließen vermag.

Diese innere Seelenwelt findet vor allem durch die ausführliche Behandlung des Parzivalepos Pflege und Nahrung. Das Menschenwesen wird hier durch die verschiedensten Stufen seelenhafter Erlebnisse bis zur höchsten und geistigsten Liebe heraufgeführt (Jeschute, Sigune, Kondviramur), und Parzival erscheint zuletzt auf der höchsten Stufe als Gralskönig, als der siegreiche Herr der Seelenwelten.

Was der Planeten Bahn umzirkt,
Wohin ihr Glanz sich nur erstreckt,
Dem bist zum Herrscher du erwirkt;
So weit ist dir dein Ziel gesteckt.
Der Gral gewähret alles Dir.
Wolfram v. Eschenbach**

* Caroline von Heydebrand: Lehrplan der Freien Waldorfschule, Stuttgart 1986, S. 44.
** Nach San Marte, Parsival, S. 437, Leipzig 1858.

In gleichem Sinne entwickelt der Lehrplan auf dem Felde der Biologie für dieses Lebensalter eine neue, höhere Stufe der «Menschenkunde» durch die Vermittlung des weiten Geist-Seelen-Erlebnisses in der Polarität, die sich in den Unterrichtsgebieten Astronomie und Mikroskopie eröffnet. Beide Gebiete führen den Menschen in eine Welt kosmischer Gestaltungskräfte, die im größten wie im kleinsten Maßstab walten und die als Gesetzes- und Formgeistigkeit den jungen Menschen unmittelbar zu einer seelischen Kultur führen können.

Wenn die Menschenkunde über niedere Botanik und Zoologie nun unter besonderer Betrachtung organischer Mikrostrukturen des menschlichen Organismus behandelt wird, dann gewinnen wir für dieses zunächst spezielle Gebiet wieder den vollen Bedeutungswert, wenn wir erkennen, daß in Form und Gestaltbildung im Menschen wie in Einzellern (Foraminiferen, Radiolarien, Algen und so weiter) kosmisch-astrale Kräfte unmittelbar anschaulich zum Erlebnis kommen.

Über das seelische Erleben und die Entwicklung seelisch-geistiger Kräfte in der elften Klasse führt der Lehrplan des zwölften Schuljahres hinaus, indem durch alle Gebiete hindurch ein erstes Icherlebnis vermittelt werden kann. Hier werden dem Geschichtsunterricht, dem Sozialkundeunterricht und dem Kunstunterricht die gewichtigsten Aufgaben gestellt, die von der Mathematik und der Naturkunde im allgemeinen gestützt werden.

Wie die Menschenkunde jetzt zur Darstellung der Ichnatur heraufgeführt werden kann, ist besonders bedeutungsvoll. Darin steht der Lehrplan der zwölften Klasse in einem polaren Verhältnis zum Menschenkundeunterricht der neunten mit der Betrachtung der physischen Gesetze des Leibeslebens. Leibesnatur und Ichgestalt kann in diesem Sinne unter dem Motto des Okenschen Wortes dargestellt werden: «Die Tierwelt ist eigentlich der auseinandergelegte ganze Mensch»[5].

Der «Kuppelbau» des Waldorflehrplanes schließt sich für die Menschenkunde dann zusammen, wenn es gelingt, den Tierkreis morphologisch durch alle Formen und Bildungen so zu verfolgen, daß die *Gestalt des Menschen* in der «Kreismitte» als Ideen- und Freiheitswesen, als Ichgestalt geistig erlebt wird. Dies geschieht um so deutlicher, je mehr es gelingt, den Menschen im «Tierkreis» gleichsam intervallisch auszusparen[6], ihn als die beziehungsreichste Kraft in der *Mitte des Seins* zu erleben. Die Geistgestalt des Menschen erscheint, wenn auch – dieser Altersstufe gemäß – immer noch mehr empfindungsgemäß, als der wahre Pantokrator in der Natur, der bei herannahender Ichgeburt um das einundzwanzigste Lebensjahr immer bewußter erlebt werden kann.

Innerhalb der Polarität des neunten und zwölften Schuljahres steht der Lehrplan des zehnten und elften Schuljahres, der, wie wir zeigten, vorwiegend Funktionen des ätherischen und astralischen Organgeschehens beinhaltet. Beide Klassen bilden eine echte Mitte zwischen dem lehrplanmäßigen Erlebnis des physischen Geschehens und der ersten empfindungsmäßigen Ichwahrnehmung.

Zwischen ätherischem Leben und astralisch-seelischer Formkraft erscheint als Steigerung innerhalb des Ganzen der Rhythmus. Die rhythmischen Lebensfunktionen der Organe stehen in ihren fließenden, pulsierenden und atmenden Wechselströmen im Mittelpunkt der Arbeit. Der Rhythmus schafft in seinem Wechselleben für jede Entwicklung im Organischen den Freiheitsraum zu Steigerungen auf höhere Seinsstufen, er erzeugt jene Wendeprozesse, in denen sich die Metamorphosen verwirklichen.

Aus dem Lehrplan der vier oberen Klassen geht also schon das Bild des dreigliedrigen Menschen in voller methodischer Konsequenz hervor.

Es ist das Ziel der Darstellung, das leibliche und seelisch-geistige Wechselleben, soweit es in unseren Kräften steht, von materialistisch-mechanischen Vorstellungen zu befreien, die falsche Empfindungen und Schlüsse da wecken, wo das Erlebnis des geistigen Wirkens in der Gestalt und in der Funktion des Organlebens wahrgenommen werden sollte als Grundlage eines zur Freiheit veranlagten Menschentums. Wenn wir den am Lehrplan gemachten Unterrichtserfahrungen unmittelbar auch in der Darstellung dieser Arbeit folgen, so erhalten wir, wie ich hoffe, ein Ergebnis, das aus der Menschenkunde heraus für künftige Menschenkundearbeit im Studium und in der Unterrichtsvorbereitung fruchtbar sein wird.

Anhang

Anmerkungen I bis XI

Anmerkungen

TEIL I

Kapitel I
Erkenntnismethodische Betrachtung zur Morphologie

[1] Rudolf Steiner bringt in seinem Buch «Von Seelenrätseln» die erste systematische Darstellung der Dreigliederung des Menschen. Von jetzt an beherrscht diese morphologische Erkenntnis das Vortragswerk Rudolf Steiners, wo er das Menschenbild in sozialen, pädagogischen und medizinischen Themen behandelt.

[2] Rudolf Steiner: Das Kleinkind ist ein Sinneswesen. Vgl. auch «Die Erziehung des Kindes vom Gesichtspunkt der Geisteswissenschaft» und «Allgemeine Menschenkunde», «Die geistig-seelischen Grundkräfte der Erziehungskunst» (GA 305).

[3] Goethe realisiert in seiner Lebenshygiene das Evangelienwort des Lukas (XI, 34–36): «Das Licht des Leibes ist dein Auge. Und wenn dein Auge klar und rein ist, wird auch dein ganzes Leibessein erleuchtet sein. Ist aber dein Auge trübe, so ist auch dein Leibessein von Finsternis erfüllt. Gib also acht, daß nicht in dir das Licht in Finsternis verwandelt wird. Und wenn dein Leibeswesen ganz und gar erleuchtet ist, so daß die Finsternis keinen Raum mehr darin hat, so wird in dir ein volles Leuchten sein, als ob ein heller Blick dich ganz und gar durchhellt» (aus der Evangelienübersetzung von Lic. E. Bock).

[4] Goethe war sich seiner Gotteswahrnehmung voll bewußt, wenn er schreibt: «Betrachten wir das alles genauer, so hätten wir es kürzer, bequemer und vielleicht gründlicher, wenn wir eingestünden, daß wir, um das Vorhandene zu betrachten, eine vorhergegangene Tätigkeit zugeben müssen und daß, wenn wir uns eine Tätigkeit denken wollen, wir derselben ein schicklich Element unterlegen, worauf sie wirken konnte, und daß wir zuletzt diese Tätigkeit mit dieser Unterlage als immerfort zusammenbestehend und ewig gleichzeitig vorhanden denken müssen. Dieses Ungeheure personifiziert, tritt uns als ein Gott entgegen, als Schöpfer und Erhalter, welchen anzubeten, zu verehren und zu preisen wir auf alle Weise aufgefordert sind» (Naturw. Schr. Bd. I S. 119 f.).

[5] Vergleich zwischen Platos und Goethes «Höhlengleichnis». «Da wo Plato im Griechentum steht, da steht Goethe innerhalb des fünften nachatlantischen Zeitraums» (Rudolf Steiner). Vgl. «Der Goetheanismus, ein Umwandlungsimpuls und Auferstehungsgedanke». Morphologische Wissenschaft ist schon Kunst. «Da im Wissen sowohl als in der Reflexion kein Ganzes zusammengebracht werden kann, weil jenem das Innere, dieser das Äußere fehlt, so müssen wir uns die Wissenschaft notwendig als Kunst denken, wenn wir von ihr irgendeine Art von Ganzheit erwarten. Und zwar haben wir diese nicht im allgemeinen, im überschwenglichen zu suchen, sondern wie die Kunst sich immer ganz in jedem einzelnen Kunstwerk darstellt, so sollte die Wissenschaft sich auch jedesmal ganz in jedem Behandelten erweisen ... Um aber einer solchen Forderung sich zu nähern, müßte man keine der menschlichen Kräfte bei wissenschaftlicher Tätigkeit ausschließen. Die Abgründe der Ahndung, ein sicheres Anschauen der Gegenwart, mathematische Tiefe, physische Genauigkeit, Höhe der

Vernunft, Schärfe des Verstandes, bewegliche, sehnsuchtsvolle Phantasie, liebevolle Freude am Sinnlichen, nichts kann entbehrt werden zum lebhaften, fruchtbaren Ergreifen des Augenblickes, wodurch ganz allein ein Kunstwerk, von welchem Gehalt es auch sei, entstehen kann» (Goethe, Naturw. Schr. Bd. I, S. 127 f.).

6 «... alle Seelenkräfte in Anspruch nehmen. Man dachte nicht, daß man nach der Sonderung wieder verkünden müsse, daß man Vernunft und Sinnlichkeit zum Einklang zu rufen habe» (Goethe, Naturw. Schr. Bd. 4, S. 374, Anm. f.).

7 Die «Gestalt» eines Naturgegenstandes und das Interesse, das wir an der Gestalt nehmen, führt uns in den Forschungsbereich der Morphologie, die von Goethe als Methode begründet worden ist. Lat. «Forma» bedeutet in unserem wissenschaftlichen Sprachgebrauch Gestalt, nicht «Form», mit welcher wir ausschließlich regelhafte, gesetzhafte «Formen» bezeichnen. Man hat daher von geometrischen Formen und von lebendigen Gestalten zu sprechen. Für die Tiergestalt hat Goethe den Begriff Typus gewählt. (τύπος = Schlag, Eindruck; ἐντυπόω = ich präge, bilde. Goethe über das Wesen der Gestalt: «Der Deutsche hat für den Komplex des Daseins eines wirklichen Wesens das Wort Gestalt. Er abstrahiert bei diesem Ausdruck von dem Beweglichen, er nimmt an, daß ein Zusammengehöriges festgestellt, abgeschlossen und in seinem Charakter fixiert sei.» (Naturw. Schr. Bd. I, S. 8).

8 Der Gestaltwesenheit Pandora entspricht auch die Gestalt der Panthalis im Faust II.

9 Über das Wesen des Gehaltes als dem dynamischen Begriff der Qualität der Ichnatur, die Goethe mehr verhüllt als offenbart, werden wir im Fortgang der morphologischen Darstellungen immer wieder zu sprechen haben.

10 Hochbedeutende Beiträge in der hier verfolgten Richtung, das Wesen der Gestalt zu erforschen, hat C. G. Carus gegeben, besonders in seinem Werke «Von den Urteilen des Knochen- und Schalengerüstes», «Physis, Geschichte des leiblichen Lebens», und vor allem in seiner «Symbolik der menschlichen Gestalt».

11 In sehr positiver Weise setzt sich Benninghoff-Goerttler mit der Gestalt auseinander. Aber auch hier erscheint sie noch als bloße Komposition der Teile. Die Zelle wird bereits als Einheit aufgefaßt, die ein Ganzes aufbauen soll. Deutlich wird immerhin die Notwendigkeit einer Ganzheitsbetrachtung hingestellt.

12 Goethe in seinem Aufsatz über den Granit: «... und so wird jeder, der den Reiz kennt, den natürliche Geheimnisse für den Menschen haben, sich nicht wundern, daß ich den Kreis der Beobachtungen, den ich sonst betreten, verlassen und mich mit einer recht leidenschaftlichen Neigung in diesen gewandt habe. Ich fürchte den Vorwurf nicht, daß es ein Geist des Widerspruches sein müsse, der mich von Betrachtungen und Schilderung des menschlichen Herzens, des jüngsten, mannigfaltigsten, beweglichsten, veränderlichsten, erschütterlichsten Teiles der Schöpfung, zu der Beobachtung des ältesten, festesten, tiefsten, unerschütterlichsten Sohnes der Natur geführt hat. Denn man wird mir gerne zugeben, daß alle natürlichen Dinge in einem genauen Zusammenhange stehen, daß der forschende Geist sich nicht gerne von etwas Erreichbarem ausschließen läßt...» (Naturw. Schr. Bd. IV, S. 586).

13 «Als mir im Jahre 1788 der Begriff der Pflanzenmetamorphose deutlich aufging, wollte ich demselben nicht lange nachhängen, ohne daß mir dasselbe Gesetz auch bei den übrigen organischen Wesen aufzufinden gelingen sollte» (Goethes Naturw. Schr. Sophienausg. Bd. 13, Paralip 23).
Die Metamorphose ist bei Goethe ein durch die Naturreiche fließend hindurchgehendes Prinzip: «Aperçu der Pflanzenmetamorphose, insofern sie successiv und doch simultan ist. Metamorphose der Insekten, die uns durch Succession auffallend ist. An-

wendung auf die Mammalien. Hier wird uns das Simultane höchst bedeutend, vorzüglich durch Subordination der Teile. Identität der Teile ist nicht schwer zu bemerken. Man beschaue die Rückensäule des Tiers; von der letzten Schwanzphalange bis zum obersten Halswirbel findet man Übergang aus Übergang. Der Atlas deutet durch seine Figur auf eine Schale, auf ein aufzunehmendes Gefäß. Daß die drei hintersten Knochen des Schädels aus Wirbelknochen abzuleiten seien, läßt sich mit Augen des Leibes gar wohl erkennen» (Goethes Naturw. Schr. Sophienausg. Bd. 13, Paralin 21).

14 Es folgen nun noch weitere für unsere Studie wesentliche Hinweise: «Allgemeine Idee zu einem Typus:

Rumpf, Rückgrat, Brustgrat.
Länge und Stärke des ersten,
Kürze und Weiche des zweiten.
Kopf, oberer Teil.

N. B. Eigentliche Existensbase des Lebens, unter sich zusammenhängend.
Hilfsmittel des Lebens: Untere Kinnlade, Arme, Füße.»

15 Wir haben hier frei nach Goethes letztem Brief zitiert. Es lautet dort: «Die Thiere werden durch ihre Organe belehrt, sagten die Alten. Ich setze hinzu: die Menschen gleichfalls, sie haben jedoch den Vorzug, ihre Organe dagegen wieder zu belehren.»

16 Wir fragen, warum Goethe nicht eindeutiger Typus und Dreigliedrigkeit als Einheit aufgefaßt hat. Seinem Forschungsweg mußte der Typus als ideelle Wirklichkeit über Tier und menschlicher Organisation stehen, weil in den einzelnen Geschöpfen einzelne Teile gewissermaßen unsichtbar bleiben und nur durch den «geistigen Punkt der Vergleichung», der über beiden steht, erfaßt werden können, denn «wir dürfen behaupten, daß der Knochenbau aller Säugetiere, um vorerst nicht weiter zu gehen, nicht allein im Ganzen nach einerlei Muster und Begriff gebildet ist, sondern daß auch die einzelnen Teile in einem jeden Geschöpfe sich befinden und nur oft durch Gestalt, Maß, Richtung, genaue Verbindung mit anderen Teilen unserem Auge entrückt und nur unserem Verstande sichtbar bleiben. Alle Teile, ich wiederhole es, sind bei einem jeden Tiere gegenwärtig; nur unsere Bemühung, unser Scharfsinn muß sie aufsuchen und entdecken, aber jener Begriff ist der Ariadneische Faden. Geben und Entziehen. Allgemeines Gesetz der Bildung»*. Immer wieder sind es Einzelheiten menschlicher oder tierischer Bildung, die Goethe veranlassen, den Typus über Mensch und Tier zu stellen, wenn zum Beispiel beim Menschen der Zwischenkieferknochen scheinbar verschwindet, oder ursprünglich getrennte Knochen (Schläfen und Felsbein) miteinander verschmolzen erscheinen. So gelangt Goethe aus der Ebene der Detailbetrachtung zu dem Urteil: «Wir können den Menschen nicht als das Urbild der Tiere, die Tiere nicht als das Urbild des Menschen anschauen.» Wie nahe er dem reinen Typus in der Menschensphäre allerdings ist, beweisen gleich die folgenden Sätze, wo Goethe auf die Anatomie eingeht. Er sagt, «daß sich bei den übrigen Säugetieren alle diejenigen Teile finden, woraus der menschliche Körper besteht». Dennoch sucht Goethe zunächst ein allgemeines Bild des Typus, welchem der Mensch ebenfalls untergeordnet sein soll, denn der Typus soll auch jene Besonderheiten einschließen, die selbst beim Menschen einen gewissen Grad von Spezifität erreichen. Aus diesem Grunde sucht Goethe nach einem Typus, «nach welchem alles künftig beobachtete verglichen ... werden könnte. Sowenig der Mensch als irgendein Tier kann der Typus sein» (Paral. 204). Diese Notiz, wie alle skizzenhaften Aufzeichnungen zur Metamorphose

* Paraliponemon 205

der Tiere, sollte nicht statisch aufgefaßt werden, denn wirklich tritt ja gerade beim Menschen der Typus als Gliederung durchaus ideell hervor und will in seiner Bedeutung ideell verstanden werden, das heißt aber, daß er sich in der bloßen Gestalthaftigkeit immer nur mehr oder weniger verwirklicht.

Wir beschließen unsere Typusbetrachtung mit dem Hinweis auf das Erkenntnisprinzip, das Goethe immer wieder antönt, daß der Mensch als ein «Bild des eigenen Geistes» unter der organischen Verwendung der Kräfte nach innen jenes allgemeine Prinzip auch für die Tierwelt verwirklicht. Schlüssig wird für die Phänomenologie Goethes der Zusammenhang erst, wenn das vollkommene Prinzip der Gliederung als *Dreigliederung* im Sinne Rudolf Steiners in die Morphologie des Typus eintritt.

Der Mensch, der das Urbild erfaßt und es mit sinnlichen wie mit geistigen Augen schaut, trägt es auch als Organisationsprinzip in sich selber, sonst könnte er es in der Natur nicht erkennen.

[17] Der Begriff «Dreieinigkeit» deutet auf Einheit, der Begriff «Dreifaltigkeit» auf Vielheit. Beide Begriffsfunktionen sind im Begriffe «Dreigliederung» enthalten, denn Gliederung ist Vielheit in der Einheit im Gegensatz zu einer nur äußerlichen Dreiteilung.

Kapitel II
Das Knochensystem

[1] Rudolf Steiner beschreibt diese Funktionen beim Aufbau einer Toneurythmieübung: Schreiten als innere Erregung; Bewegung als in sich Bleiben; Gestalten als nach außen Abschließen. Diese drei Funktionen nennt er einen «Dreiklang» (s. Eurythmie als sichtbarer Gesang).

[2] Mit der «Raumgestalt» des Menschen hat sich Graf Bothmer in seiner gymnastischen Erziehung in fruchtbarer Weise verbunden. (Vgl. auch Olive Whicher: Die menschliche Bewegung im kosmisch-irdischen Raume, in «Bothmer, Gymnastische Erziehung», Dornach 1959).

[3] De Sno: Die Untersuchung beim Menschen spricht im Vergleich zur Tierwelt deutlich die Funktion der Aufrechten aus (De Sno: Menschwerdung S. 286 und S. 292 ff.).

[4] Rudolf Steiner zeichnete einen Oberschenkelknochen in einer Waldorfschulklasse, indem er entwicklungsgemäß in einem Strom ein festes Gebilde als Kern umflossen darstellte (vgl. Abb. 144, S. 373).

[5] «Fortan werde ich daher als eine begründete Wahrheit voraussetzen dürfen, daß die reine Mitte echt menschlicher Bildung und Gestalt, eben darum das Symbol einer hohen göttlichen Idee, eben darum ein zeitliches Ebenbild ewigen göttlichen Wesens und eben darum auch die schönste aller ähnlichen irdischen Bildungen genannt werden dürfe, weil sie, nach Art ihrer Gliederung, unter allen uns denkbaren die mit höchster Weisheit und mit vollendetstem Tiefsinn innerlich und äußerlich konstruierte und ausgeführte ist» (Carus, Symbolik der menschlichen Gestalt, S. 70).

[6] Skelett = σκελέτον im Gegensatz zur heutigen Schreibweise; σκέλλω = austrocknen; σκέλος = Schenkel, Bein, Gebein.

[7] Die Schädelstätte bezeichnet den Gerichts- und Bestattungsort Jerusalems.

[8] Vgl. Hans Holbein d. J.: «Ein Totentanz»; «Gebeyn aller Menschen».

[9] Das Schlangenskelett besteht nur aus Wirbel-Rippen-Gliedern. Es fehlt der eigentli-

che vollausgebildete Schädel (nur Rachengreiforgane sind vorhanden) sowie die Ausbildung des Schulter- und Beckengürtels. Die Rippen sind stark beweglich und ersetzen die Gliedmaßen.

[10] Vgl. Goethe-Lavater: Physiognomik. «Der Schädel ist aufzufassen als die höchste Ausbildung des tierischen Typus, als dasjenige Organ, in welchem die Idee, welche im Tiere zur Erscheinung kommt, ihre angemessenste Entfaltung erlangt ... Dieses Höhere, was sie auf einer untergeordneten Stufe sein könnte, aber nicht ist, das wird sie im Schädel. So stellt sich der Schädel als die Vollendung und Ausgestaltung dessen, was in den untergeordneten Organen nur angedeutet ist, dar.» «Im Jahre 1776 finden wir aber auch, daß Goethe Klarheit darüber gewinnt, wovon auszugehen ist, wenn man die Gestalt des tierischen Organismus betrachten will. Er erkannte, daß die Knochen die Grundfesten der Bildung sind, ein Gedanke, den er später aufrecht erhalten hat, indem er bei den anatomischen Arbeiten durchaus von der Knochenlehre ausging» (R. Steiner: Einleitung zu Goethes Naturw. Schr. Bd. I, S. XXXVI; XXXVII.) Goethe nennt das Knochensystem die «Grundsäulen des Körpers». Er behandelt «die Knochen als einen Text, woran sich alles Menschliche anhängen läßt» (an Lavater und Merk, Nov. 1781). «Ich hatte mich indessen ganz der Knochenlehre gewidmet, denn im Gerippe wird uns ja der entschiedene Charakter jeder Gestalt sicher und für ewige Zeiten aufbewahrt.»

[11] Die Verknöcherung der Wirbel beginnt am Ende des zweiten Fetalmonats (Benninghoff-Goerttler).

[12] Goethe spricht von der Gliederung der Pflanze von Knoten zu Knoten, was exakt auch für die Wirbelorganisation gesagt werden kann: «Gehen wir gerade auf die Gliederung los, denn hier finden wir uns unmittelbar im Pflanzenreiche; die Gliederung der edleren Pflanze ist hier nicht eine fortgesetzte Wiederholung des unveränderten Selbigen ins Unendliche. Gliederung ohne Steigerung gibt uns kein Interesse, wir landen da, wo uns am meisten zugesagt ist: gesteigerte Gliederung, successive gegliederte Steigerung, dadurch Möglichkeit einer Schlußbildung» (Vgl. Naturw. Schr. Bd. I, S. 16, 23).

[13] C. G. Carus (Physis) entwickelt die Skelettbildung aus rhythmisch-periodischen Ringwirbelbildungen, wie sie im Sinne von primären Urwirbeln schon bei Insekten und Würmern veranlagt sind. «Und wenn es schon eine Freude ist, an einer kunstreichen Fuge dem Geiste des Musikers zu lauschen, wie er aus einfachstem Grundsatz hervor durch vielfältigste Modulationen und Kombinationen ein großes Ganzes hinausführt, oder im Geiste der Architekten, wenn er aus gewissen einfachen mathematischen Figuren in tausendfältiger Abänderung und Verschlingung das Kunstwerk eines gotischen Münsters hinaufbildet, so ist die Freude doch eigentlich weit tiefer begründet, diese wunderbaren Prachtbauten von Tausenden lebendiger Gattungen in ihren geheimnisvollen Entwicklungen zu verfolgen ...» Carus unterscheidet nun drei Stufen der Wirbelentwicklung: a) Urwirbel, b) Sekundärwirbel, c) Tertialwirbel: «Mit Urwirbel und Secundarwirbel jedoch sind die Metamorphosen des Gebildes noch nicht beschlossen, sondern wie nach höheren Gesetzen alle Bildungsreihen mindestens auf einer Dreigliederung ruhen, so tritt zu jenen beiden ... noch der Tertialwirbel hinzu» (Physis S. 108 ff.).

[14] «Der Wirbelbogen ist das, was dem Nervengebilde angehört, was eine Abteilung der Zentralmasse der Nerven, Hirn und Rückenmark zu umfassen, zu schützen bestimmt ist – kurzum das sensible (empfindende) Element des Wirbels» (Carus, Physis S. 123).

[15] «Der Atlas deutet durch seine Figur auf eine Schale, auf ein aufnehmendes Gefäß. – Atlas gleichsam der Kelch der Blüte» (Goethe), (vgl. Naturw. Schr. Bd. I, S. 27).

[16] Hyrtl geht ebenfalls auf diese Dreigliedrigkeit der Wirbelsäule ein, indem er ausführt: «Sie besteht eigentlich aus drei übereinandergestellten kurzen Säulen, welche somit zusammen mehr tragen können als eine gerade Säule, deren Länge der Summe der drei kurzen Säulen gleich ist» (Lehrbuch der Anatomie des Menschen, S. 337 ff.).

[17] «Die Bedeutung der einzelnen Formbestandteile des Kreuzbeins als Wirbelelemente wird durch die Untersuchung jugendlicher Knochen, wo die Verwachsung der fünf falschen Wirbel zu einem Knochen noch nicht vollendet ist, aufgeklärt. ... Man denke sich fünf rasch an Größe abnehmende und mit langen und massigen Querfortsätzen sowie mit eben solchen festgewachsenen Rippenhälsen (wie bei den Halswirbeln) ausgestattete Wirbel, an ihren Körpern und an den Enden ihrer Querfortsätze und Rippenhälse miteinander verwachsen, so hat man einen einfachen pyramidalen Knochen mit unterer Spitze geschaffen, welcher dem Kreuzbein gleicht» (Hyrtl. a. a. O. S. 315 ff).

[18] Die physiognomische Bedeutung des Antlitzes ist in wesentlicher und gründlicher Weise von Norbert Glas in seinem Buch «Das Antlitz offenbart den Menschen» dargestellt.

[19] Der Zusammenschluß des Kieferbogens ist entwicklungsgeschichtlich durch die Abstammung vom Kiemenbogen klar begründet, darüber soll im Abschnitt «Über die Entwicklung des dreigliedrigen Schädelorganismus» Genaueres dargestellt werden. «Der Oberkiefer, der im Mittelpunkt der Gesichtsentwicklung steht, kommt nämlich von allen Knochen sozusagen am unfertigsten zur Welt, er dehnt sich erst nach der Geburt aus und gewinnt dadurch wesentlichen Einfluß auf die Gestaltung des Gesichtsschädels. Da beim Neugeborenen der Körper des Oberkiefers noch nicht vorhanden ist, so erklärt sich daraus die geringe Höhe des Gesichtsschädels bei dem Neugeborenen und auch bei den Kindern der ersten Lebensjahre. Ein Vergleich des Schädels eines Erwachsenen mit dem eines Kindes macht die bestehende Verschiedenheit sofort klar: Beim Neugeborenen und beim Kleinkind überwiegen die Schädelkapsel und die Augenhöhlen, während das Kiefergerüst sowohl in seinem Nasenabschnitt (Oberkiefer) als auch in seinem Mundhöhlenabschnitt (Unterkiefer) noch nicht gut entwickelt ist; infolgedessen erscheint das Gesicht im Ganzen niedrig. In der weiteren Entwicklung verlängert sich das Gesicht und gewinnt gleichzeitig an Tiefe ...» (Clara) S. 321 ff.

[20] Der Bau des Unterkiefers entspricht unmittelbar der Analogie des Zungenbeins. Die hier bestehende Analogie wird uns im letzten Schädelabschnitt «Über die Entwicklung des dreigliedrigen Schädelorganismus» beschäftigen.

[21] In dieser Art findet sich die Gliedmaßenorganisation niederer Meerestiere als radial aus der Peripherie eingestrahlte Urgliedmaßen, jetzt in Zahnbildung umgewandelt.

[22] Die Sinnesorganzonen innerhalb der Schädelanlage werden in der Embryologie als Sinneskapseln bezeichnet, womit ausgedrückt ist, daß die Sinnesorganelemente in den Knochenbau eingefügt und von diesem umwachsen werden.

[23] Unter den Tieren sind es besonders die Vögel, die das Auge und eine erstaunliche Sehkraft entwickeln. Gerade bei Vögeln beherrschen die Kopfkräfte die gesamte Leibesorganisation.

[24] Das Ohr als Sinnesorgan in Stoffwechsel-Gliedmaßen-Zuordnung ist bereits von Lorenz Oken in seiner «Allgemeinen Naturgeschichte» so aufgefaßt worden. Auch Rudolf Steiner charakterisiert es in seiner «Meditativ erarbeiteten Menschenkunde» in diesem Sinne. Eine unmittelbare Bestätigung findet sich in den Zusammenhängen zwischen Ohr und Leber.

[25] Falk schreibt über die pneumatischen Räume: «Der eigentliche Zweck der Nebenhöhlen ist sehr umstritten. Gegen die Auffassung, daß es sich um Hohlräume zur Resonanz oder zur Vorwärmung der Luft handelt, spricht die Engigkeit der Nebenhöhlenostien. Das Fehlen von Schleimdrüsen macht die Befeuchtung der Nase durch die Nebenhöhlenschleimhaut unwahrscheinlich. Auch wird durch Lufträume der Kopf nur unwesentlich leichter (!?) ... Für den Geruch bedeuten die Nebenhöhlen ebenfalls keine Förderung.»

[26] Über die Verstärkungspfeiler des Schädels findet sich bei Benninghoff-Goerttler im Lehrbuch der Anatomie des Menschen in dem Kapitel «Statik des Schädels» eine ausführlichere Darstellung und genaue Abbildungen (S. 470 f.).

[27] Mangelnde Aufrichte der Schädelmitte beim mongoloiden Krankheitsbild, ebenso bei der kongenitalen Lues.

[28] Lorenz Oken folgte 1807, ohne sich auf Goethe zu berufen.

[29] «Die verbreitete Meinung, daß das Nervensystem diese Segmentbildung diktiert, ist unrichtig, vielmehr folgt das Nervensystem sekundär durch Formierung der Spinalnerven und Ganglien der vorausgegangenen Gliederung der Somite. Stört man durch operative Eingriffe am Keimling die mesenchymale Urwirbelanlage, so wird auch die segmentale Ordnung der Spinalnerven durcheinandergebracht. Noch der primitive Urwirbel knüpft nun seine Verbindung zum zentralen Nervensystem – zum Rückenmark – über den Spinalnerv, der sich der vom Urwirbel diktierten Ordnung, der Metamerie, unterwirft. Diese Urwirbel (Somite) differenzieren sich in der weiteren Entwicklung in Skelett, Muskulatur und Bindegewebe, das zur Haut und zu den Eingeweiden hinwandert» (Schliak, «Segmentprobleme», S. 18 f.).

[30] Benninghoff-Goerttler gibt zur Schädelentwicklung folgendes Material: «Obwohl aber zu keiner Zeit festgestellt werden kann, daß ausgeformte Wirbel in den Schädel aufgenommen werden, so hat doch eine Angliederung von Rumpfmaterial an den Schädel stattgefunden. Aus dem Verhalten der Austrittsstellen der Nerven muß geschlossen werden, daß die Grenze zwischen Schädel und Wirbelsäule bei höheren Tieren nach Caudal gerückt ist. Während bei den Rundmäulern der letzte Nerv, der durch den Schädel austritt, der N. facialis und stato-acusticus (VII. und VIII. Hirnnerv) ist und bis zu den Amphibien der N. vagus (X. Hirnnerv) als letzter den Schädel durchsetzt, ist bei allen höheren Tieren die Schädelgrenze so weit nach hinten vorgeschoben, daß Wurzeln von Rumpfnerven (N. hypoglossus, XII. Hirnnerv) vom Schädel umfaßt werden. Der Schädel hat sich caudalwärts verlängert, indem er das Anlagematerial von Wirbeln in sich aufgenommen hat.»

[31] «An dem Schädelmodell des menschlichen Embryos hängen an dem Primordial Cranium Knorpelspangen, die den Kiemenspangen (Schlundspangen) entsprechen, wie sie bei Fischen und vielen Amphibien zeitlebens zur Stütze der Kiemen dienen. Die Kiemenspangen umgeben bei Fischen den Kopfdarm, ähnlich wie die Rippen die Brusteingeweide umschließen. Dort, wo ein Spangenpaar sich zentral vereinigt, liegt ein Mittelstück, die Copula, die sich ähnlich wie das Brustbein verhält. Zwischen zwei Kiemenbogen ist die Schlundwand durchbrochen und durch diese Kiemenspalten strömt das durch das Maul aufgenommene Atemwasser an den gefäßführenden Kiemen vorbei nach außen. Die erste Kiemenspange ist vergrößert, mit Zähnen besetzt und damit zu einem Kieferbogen, Mandibularbogen, geworden ... Die zweite Spange wird als Zungenbeinbogen, Hyoidbogen bezeichnet, die folgenden sind die Kiemenspangen im engeren Sinn ... Beim Menschen werden vier Schlundbogen und fünf Schlundtaschen angelegt ... Aus der ersten entsteht die

Paukenhöhle, aus der zweiten die Tonsillarbucht. Die Schlundbogen haben Umbildungen erfahren, die zu den großartigsten Beispielen von ‹Funktionswechsel› in der Stammesgeschichte gehören ... Die erste Kiemenspange (Mandibularbogen) liefert die ‹Mandibula primitiva› ... ferner die Gehörknöchelchen Hammer und Amboß usw.» (Benninghoff).

32 Der Oberkiefer entsteht dabei allerdings als Deckknochen ursprünglich lateral von den Nasenkapseln und wächst dann zum umfangreichsten Knochen des Gesichts heran (Benninghoff).

33 Gelegentlich stößt auch der Fachgelehrte an das Problem der Gliederung an, ohne jedoch wahrzunehmen, daß hier eine Erweiterung der Forschungsmethode dringend notwendig wäre. So konstatiert Benninghoff die Kopf-Rumpf-Gliederung: «Die Grenze zwischen Kopf und Rumpf kennzeichnet zugleich die Einflußgrenze spezifischer ‹Organisatoren›. Sie liegt gewissermaßen in der Interferenzzone eines Kopforganisators mit spinocaudaler morphologischer Wirkungsrichtung und eines Rumpforganisators mit prosencephaler Induktionsrichtung. Die individuelle Variabilität in diesem Grenzgebiet und alle Kopfmißbildungen verweisen auf eine besondere (phasenspezifische) Empfindlichkeit an dieser Grenze ...» Zweifellos wird hier die Qualität der Gestalt als solche schon gefühlt, aber ihre Bedeutung wird durch kausales Denken mit Hilfe qualitätsloser Begriffe («Organisatoren») zugedeckt. Der Begriff eines Organisators wird erst gehaltvoll, wenn man die Wesensgliederfunktionen des Ätherischen, des Seelischen und Ichhaften in der leiblichen Dreigliederung gestaltlich abzulesen vermag.

34 Rippen sind entwicklungsgeschichtlich echte Gliedmaßen.

35 Sieben Rippenpaare sind unmittelbar durch kurze Knorpelstücke mit dem Brustbein verbunden, drei Rippen durch Knorpelbrücken indirekt, zwei Rippen endigen frei.

36 Rudolf Steiner nennt das Brustbein auch Brustgrat. Goethe spricht beim Brustbein von einer «Gegenwirbelsäule». Auch C. G. Carus formuliert Vorstellungen, die in ähnlicher Richtung gehen.

37 Rudolf Steiner (Allgemeine Menschenkunde): «Wenn Sie die Gliedmaßen, die an unseren gesamten Leib angesetzt sind, also die eigentliche Wesenheit des Gliedmaßenmenschen ins Auge fassen, dann werden Sie in der Umkleidung mit Muskeln und mit Blutgefäßen das Wesentliche suchen müssen. Gewissermaßen sind unserem Muskel- und Blutsystem für Arme und Beine, Hände und Füße die Knochen nur eingesetzt ... in Blut und Muskeln liegt die Organik des Willens» (Rudolf Steiner, Allgem. Menschenkunde, GA, 293, 10. Vortr.).

38 Meist bildet sich das erste selbständige Gliedmaßenerlebnis zur Kugel-Kopfgestalt nach dem dritten Lebensjahr aus.

39 «Je mehr die Rippen dem Kopfe zugeneigt sind, desto mehr gelingt es ihnen, sich abzuschließen, aber je weiter nach unten gelegen, desto mehr mißlingt es ihnen. Die letzten Rippen kommen nicht mehr zusammen, weil ihnen da diejenige Kraft entgegenwirkt, die dann in den Gliedmaßen von außen kommt» (Rudolf Steiner, Allgemeine Menschenkunde, 10. Vortr. S. 162 ff.). Vgl. auch O. J. Hartmann: «Dynamische Morphologie», (S. 387).

40 Wir folgen hier der Darstellung Eugen Koliskos: «Die Dreigliederung» (In «Die Drei», 1. Jahrg. 5/6, S. 541 ff.).

Kapitel III
Der Säfteorganismus

[1] Der Begriff der «Entmischung» spielt in der neueren Pathologie eine wichtige Rolle. Vgl. Hueck und Letterer.

[2] Ausführliche Auseinandersetzung mit der Zellularpathologie Virchows nach Ricker in dem Kapitel «Leben und Gestalt».

[3] Protoplasma, urplastische Substanz, πρῶτος = der erste, τὸ πλάσμα = Gebilde, urplastische Substanz (Purkinje 1837).

[4] a) Goethe spricht in Faust II vom Ätherischen: «Des Lebens Pulse schlagen frisch lebendig, ätherische Dämmerung milde zu begrüßen.»
b) C. G. Carus: System der Physiologie, Einleitung, Idee und Äther als Pole des Lebens.
c) R. Steiner: Darstellung der Lebensphänomene als «ätherische Bildekräfte» (Theosophie, Allgemeine Menschenkunde).

[5] Viele Organismen, die noch kein Blut im eigentlichen Sinne ausgebildet haben, zeichnen sich durch ihre Lymphe aus. Diese Lymphe ist die Trägerin von Ernährung und Atmung in einem. Beispiel: Die Weichtiere, Schnecken, Muscheln usw. haben eine Körperflüssigkeit, die zugleich ernährt und atmet – Einheit von Lymphe und Blut; statt des Hämoglobins führt diese Organflüssigkeit kupferhaltiges Eiweiß, Hämozyanin (offener Kreislauf – Hämo-Lymphe). Noch deutlicher treten diese Verhältnisse bei den Zölenteraten, Echinodermen und Würmern auf.

[6] Chylus, Chymus, beides der ernährende Saft, Milchsaft, Nahrungssaft der Pflanzen und Tiere (von Chyma – das Gegossene).

[7] «Die aufgenommene Nahrung fordert zu ihrer Verdauung den Saftfluß aller Verdauungsdrüsen entlang des Verdauungskanals heraus. Das sind im Lauf von 24 Stunden vom Munde bis zum Ende des Dünndarms zusammengerechnet insgesamt 4–5 Liter, d. h. dem Quantum nach die Flüssigkeitsmenge des Blutes selber (Flut). Diese Menge wird im Dickdarm wieder zurückresorbiert (Ebbe). Dadurch wird in der Gesamtflüssigkeit ein Gefälle des Fließens erzeugt und auch ein «Rückstrom von quellender Flüssigkeit.» (Vgl. auch die Nierenabsonderung, von der durch die «Harnkanälchen» eine große Menge lymphartigen Wassers wieder rückresorbiert wird, und zwar ins Lymph-Venen-System.) «Die Strömungen im Ernährungs-Lymph-Bereich – unter Einschluß der Stoffwechselabsonderungsvorgänge – rufen Strömungen des Hin- und Rückflusses hervor in langer Dünung, im Gegensatz zu den rhythmischen Wellen» (Schickler: Vorläufige Ausarbeitung . . .; in Zeitschrift Natura.)

[8] R. Steiner spricht von kosmischer Ernährung, die durch den Lichtäther der Sinnesorgane aufgenommen wird, gegenüber der irdischen Ernährung durch unsere Verdauung (vgl. Rudolf Hauschka, Ernährungslehre).

[9] Die Stillfähigkeit einer Mutter hängt daher nicht unbedingt allein von der Entwicklung der Brust ab, vielmehr ist es häufig so, daß eine zarte Brustanlage vorzüglich und ganz gegen die Erwartung die Anforderung des Stillens erfüllt, während die überfüllige Brust gelegentlich nur mangelhaft in Funktion tritt. Oft wird die Milchbildung durch gesunde Arbeit, durch Bewegung des ganzen Körpers und der Arme gefördert. Dies macht deutlich, was in der Schwangerschaft und Stillperiode beachtet werden sollte. Bewegung und Wärme fördern den Säftestrom. Abkühlung der Arme, besonders durch kaltes Wasser, bringt – manchmal sogar schockartig – die Lymph-Milch-Strömung zum Versiegen.

Über Brustentwicklung, Milchbildung und Gliedmaßenorganisation führt K. König folgende wesentliche Tatsachen an: «Damit aber wird auch verständlich, warum in so allerfrühester Zeit der Embryonalentwicklung die Milchleisten entstehen. Schon in der sechsten Embryonalwoche erscheinen die Milchleisten zu beiden Seiten des Stammes und reichen von der Armknospe bis hin zur Beinknospe. Die Milchleiste scheint daher eng mit dem Entstehen der Gliedmaßen verbunden zu sein und zeigt damit wieder die enge Verknüpfung, die das aus ihr sich bildende Organ mit dem Skelett hat. Morphologisch müßte man die Milchlinie in Wahrheit so beschreiben, das man sie als eine potentielle Gliedmaßenregion bezeichnet. Obwohl nur an ihren beiden Endpunkten die jeweiligen Arm- und Bein-Knospen entstehen, bilden sich entlang dieser Milchlinie weitere Gliedmaßenknospen aus. Beim Menschen entsteht an jeder Seite nur je eine solche Knospe, die dann zur Brustdrüse wird. Damit aber lernen wir dieses Organ als eine verwandelte und nicht zur vollen Ausbildung gekommene Gliedmaße sehen. Statt sich vollständig auszustülpen, tritt eine partielle Invagination auf, welche zur Bildung der Milchdrüse selbst führt. Die Brust aber beginnt in der Pubertät zu wachsen und vergrößert sich; sie ist ein verwandelter Arm. Und als solcher weist sie hinüber in die Existenz der späteren Generation und reicht ihr den Sauerteig für das werdende Brot. Die Milchleiste erscheint deshalb so früh, weil sie gar keine Milchleiste, sondern eine Extremitätenleiste ist, von der ein Teil in Brüste umgewandelt wird. Damit aber offenbart sich der intime Zusammenhang zwischen der Bildung der Gliedmaßen und der Entstehung der Muttermilch. Das der Erde verschworene Geschlecht der Säuger ist auch diejenige Klasse der Tiere, welche die Ausbildung der Extremitäten in besonderer Art vollzieht» (Beiträge zur Erweiterung der Heilkunst, Juli–August 1956).

Über die Qualität der Muttermilch gegenüber jeder künstlichen Kindesernährung ist in der Literatur viel geschrieben worden. (Vgl. auch Dr. zur Linden.) Die Lymphnahrung folgt der intrauterinen «Ernährung» aus dem mütterlichen Plazentarblut. Sie ist noch ganz menschlich-organische Nahrung. Wie weit ist dagegen schon jede andere Ernährungsform von der Natur des Neugeborenen entfernt! Das gesunde Brustkind gewährt in dem Pfirsichblütenduft seiner Haut und seiner Ausatmung den «sinnlich-sittlichen» Ausdruck dieser reinen Ernährung. Dieses von Hebammen und Kinderärzten oft berichtete Phänomen verschwindet mit dem Moment, wo das Kind «irdische» Nahrung erhält.

[10] Braus: Die Lymphströmung wird nur als Seitenbahn des Blutkreislaufes behandelt, Gegenbauer läßt die Lymphe als «Plasma Sanguinis» aus den Blutgefäßen ausströmen und durch den Stoffwechsel verändert wieder ins Blut zurückkehren.

[11] Lymphströmung ist verwandt mit Pflanzenströmung. «Die Pflanze zeigt Strömungen aller Art. Die Armleuchteralge ist von jeher als ein wunderbares Beispiel der Saftströmung angeführt worden. Von einem Propulsator oder Motor ist nichts zu sehen. Von hier aus zu den kunstvollen Saftströmungen der Bäume führen vielerlei Übergänge. Es ist dasselbe Urphänomen des Lebens, fortwährend gesteigert. Die Saftströmungen sind Ausdruck des sich Differenzierens der Polarität in der Pflanze. Was stärker wächst, zieht auch einen Saftversorgungsapparat nach sich. – Wachstum und Saftströmung sind unzertrennlich» (E. Kolisko, Nicht das Herz treibt das Blut).

Leben und Gestalt
(Das Zellproblem)

1 Die Beziehung, die der Naturkundeunterricht der 11. Waldorfschulklasse auf die Menschenkunde nehmen kann, liegt darin, das Lebenserleben, das bei der Organbetrachtung der 10. Klasse gewonnen wurde, entschieden zu erweitern und mit dem Erleben der gestaltenden Seelenkräfte zu verbinden.
Im Lehrplan der Waldorfschule heißt es: «Es wird die Zellenlehre durchgenommen ... Die Zellenlehre wird so dargestellt, daß überall die großen kosmischen Verhältnisse, die sich auch im Kleinsten spiegeln, berücksichtigt werden. In der Zellteilung z. B. wiederholt der Organismus kosmologische Urtatsachen.» Unsere Aufgabe ist es, zu diesen Gesichtspunkten noch einige wenige morphologische Betrachtungen hinzuzufügen (Caroline von Heydebrand: Der Lehrplan der freien Waldorfschule).

2 Robert Hooke war in dem, was er als Zelle fand, auf ein Phänomen gestoßen, das seinem Atomismus entschieden entgegenkam: «So erstaunlich merkwürdig sind die Werke der Natur, daß diese Poren, die die Ernährungsgefäße für den großen Körper zu sein scheinen, doch so außerordentlich klein sind, daß die Atome Epikurs wohl noch zu groß sein würden, um hier hineinzupassen ...» (R. Hooke, «Micrographia», London 1667).

3 «Ein Denken, das sich nur von den Teilen zum Ganzen zu bewegen vermag, muß notgedrungen der Zelle die primäre Existenz zuschreiben und den Gesamtorganismus als die Summe dieser Zellen ansehen, demnach den Sitz der Ursachen für die Lebensvorgänge des Ganzen (einschließlich seiner Krankheiten) im Innern der Zelle suchen. Einem Denken, das vom Ganzen zu den Teilen zu schreiten vermag, zeigt sich, daß, was in der Zelle vor sich geht, nicht als Ursache, sondern als End-Effekt der Lebensvorgänge des Organismus als Ganzem zu werten ist. Daher brauchten wir, um das Leben in seiner makrokosmischen Betätigung kennenzulernen, gar nicht zu berücksichtigen, daß es Zellen gibt, und was in ihnen vor sich geht. Das Gleiche gilt für das Studium der physischen Materie selber» (Lehrs, Mensch und Materie, S. 11 ff.).

4 «Wollen wir also eine Morphologie einleiten, so dürfen wir nicht von Gestalt sprechen, sondern, wenn wir das Wort brauchen, uns allenfalls dabei nur die Idee, den Begriff oder ein in der Erfahrung nur für den Augenblick Festgehaltenes denken. Das Gebildete wird sogleich wieder umgebildet, und wir haben uns, wenn wir einigermaßen zum lebendigen Anschaun der Natur gelangen wollen, selbst so beweglich und bildsam zu erhalten, nach dem Beispiele, mit dem sie uns vorgeht» (Goethe, Naturw. Schr. Bd. 1, S. 8 ff.).

5 «Die Zelle ein Individuum? Wenn man angesichts der abgeschwächten, insbesondere der bildlichen Anwendung des Begriffes der Individualität, auf die man häufig stößt, im Zweifel sein könnte, was Virchow unter ihr verstanden wissen will, so hat er in einer Klarheit, die nichts zu wünschen übrig läßt, zu erkennen gegeben, daß er der Zelle in der Tat eine Individualität beilegt, die die des Einzelvollmenschen sogar übertrifft ... Die Zelle als ein wählendes und handelndes Individuum anzusehen, hat mit Naturwissenschaft nichts zu tun. Diese Auffassung gehört der Naturphilosophie und zwar einer primitiven anthropomorphistischen Stufe derselben an» (Ricker: Pathologie als Naturwissenschaft, S. 1 und A. Fromme: Das Mesenchym [Mesenchymtheorie des Karzinoms].
Auch neuere Forscher bestätigen diese Anschauungen: H. Müller («Medizinische Kli-

nik» 44, 65, 1949) kam zu dem Ergebnis, «daß der Organismus nicht aus Zellen zusammengesetzt ist, die als einzige Lebenszentren die von ihnen gebildete tote Interzellularsubstanz und das tote Plasma des Blutes beherrschen und daß die nach dieser Theorie einzig mögliche Gewebsneubildung durch mitotische oder amitotische Teilung gleichartiger Zellen – die Neubildungsvorgänge nicht zu erklären vermag. Die Gewebe sind zum Teil syncytial gebaut, die Grundsubstanzen sind kein totes Zellprodukt, sondern nehmen als lebende Substanzen an den Lebensvorgängen des Organismus teil.» Lepeschinskaja («Über die Entstehung von Zellen», 12. Beiheft zur Sowjetwissenschaft, Berlin 1959) hat die Entwicklung von Zellen aus lebender Materie und die Entwicklung von Kernen in den Zellen nachgewiesen und nimmt an, «daß sich die Zellen nicht nur durch Teilung vermehren, sondern auch durch Zerfall der Zellen in feinstes Granulat, das sich von neuem entwickelt und neue Zellen mit neuen Eigenschaften entwickelt (Zellbildung aus freiem Zytoplastem)».

6 «Der Mensch muß darauf kommen, welch großer Unterschied in ihm liegt, wenn er sich betrachtet als Hauptes- und als Gliedmaßenmensch, mit allem, was mit den Gliedmaßen zusammenhängt, namentlich den Sexualorganen, die immer nur nach innen gelegene Fortsetzung der Gliedmaßenorgane sind» (Rudolf Steiner: Geisteswissenschaftliche Behandlung sozialer und pädagogischer Fragen, GA 192).

7 Die Teilungsfolge bei der Samenentwicklung aus dem Urkeimgewebe führt im Laufe des männlichen Lebens zur Absonderung von Billionen solcher Spermien, während die Ovarien im ganzen nur 400 000 Eianlagen aufweisen, von denen 200–500 ausreifen und befruchtungsfähig werden (Braus).
Auch die Eigröße und ihre innere Differenzierung läßt sich schlecht mit der klassischen Zellgestalt von Kern, Protoplasma und Membran in mikroskopischer Größenordnung vereinen. Dies zeigt sich schon beim Hühnerei. Der Dotterreichtum (Zell-Leib) kann gewaltige Größen erreichen: Beim japanischen Riesenhai mißt er 22 cm, beim Strauß 10,5 cm, bei fossilen Vögeln werden Dotterdurchmesser von 16 cm gemessen. Das menschliche Ei ist das größte unter den Eiern aller Lebendgeborenen.

8 Rudolf Steiner: «Wege zu einem neuen Baustil.» Vgl. auch Georg Hartmann: «Erziehung aus Menschenerkenntnis» und Friedrich Kempter: «Akanthus», S. 48.

Kapitel IV
Die Dreigliederung von Haut- und Nervenorganisation und die Welt der Sinne

1 Das Sinnes-Nerven-System kann dem Waldorflehrplan gemäß unmittelbar an die Betrachtung des Skeletts und der Bewegungsmechanik angeschlossen werden, und zwar vor allem unter dem Aspekt des physischen Erlebens, das für das Pubertätsalter heilsam wirkt. Besonders gut gelingt dies beim Auge, das vorübergehend durchaus als ein physikalischer Apparat betrachtet werden darf.

2 Haut und Hülle. Ektodermal-epitheliales Gebilde.

3 Bezahnungs- und Pubertätsrhythmen bei Mensch und Tier nach
Dr. Hermann Poppelbaum.
Rudolf Steiner hat stets als ein wesentlich Menschliches bezeichnet, daß die Leibesorganisation in der fortschreitenden Reife immer mehr zum Abbilde des individuellen Ich wird. Die Ausgestaltung der Körperform und der Aufbau seiner Substanzen bleibt

nicht in den Bahnen, die sie aus der Vererbung heraus hat; beide werden in eine neue Richtung gezogen. In einem Dornacher Vortrage hat Rudolf Steiner dem einmal gleichsam radikalen Ausdruck verliehen durch den Satz: «Der Mensch vernichtet den physischen Leib, den ätherischen Leib und den astralischen Leib und *west* das Ich.»
Hierin scheidet sich also der menschliche Organismus aufs schärfste vom tierischen. Denn dieser ist das Abbild des von einem Ich *nicht* durchwirkten astralischen Leibes. Der Unterschied ist in den folgenden Sätzen mit der größten Deutlichkeit gekennzeichnet: «In dem astralischen Leibe ersteht die tierische Gestaltung nach außen als ganze Gestalt und nach innen als Gestaltung der Organe ... Wird diese Gestaltung zu Ende geführt, so bildet sich das Tierische. Beim Menschen wird sie nicht zu Ende geführt ... Sie wird in den Bereich einer weiteren Organisation hineingezogen. Man kann diese die Ichorganisation nennen ... Bis in die kleinsten Teile seiner Substanz hinein ist der Mensch in seiner Gestaltung ein Ergebnis dieser Ichorganisation.»
Hiermit ist der Schlüssel zum Verständnis des morphologischen Unterschiedes zwischen Mensch und Tier geliefert; zugleich liegt auch darin die kürzeste Fassung des Evolutionsunterschiedes zwischen beiden Reichen: Tierwerden ist Ausgestaltung durch den astralischen Leib, Menschwerdung ist Durchprägung der Gestalt mit dem Ich.
Beim Menschen beginnt das Herauskommen des Milchgebisses einige Monate nach der Geburt und endet etwa mit dem zweiten Lebensjahr. Hierauf tritt eine höchst auffallende Ruhepause in der Zahnentwicklung ein, die bis ins 6. Jahr hinein dauert. Erst dann regt sich wieder eine stärkere Tätigkeit in der Zahnregion. Es erscheint zunächst der erste bleibende Molar (M1), und erst dann kommt der eigentliche Zahnwechsel in Gang, indem zunächst die Milchschneide- und Eckzähne (J1 u. J2 und C) und dann die übrigen Milchzähne durch die nachrückenden permanenten herausgestoßen werden. Zuletzt kommt der 2. bleibende Mahlzahn (M2) heraus, der keinen Vorgänger im Milchgebiß hat, und der dritte (M3) läßt als Weisheitszahn bekanntlich oft sehr lange, manchmal das ganze Leben auf sich warten.
Beim Tiere sind die Verhältnisse ganz anders. Beim *Pferde* bricht der erste Milchschneidezahn bereits vor oder einige Tage nach der Geburt durch, also viel zeitiger als beim Menschen; die anderen Milchschneidezähne – das Pferd hat drei auf jeder Kieferseite – folgen im Laufe des ersten Halbjahres. Die Milch-Backenzähne – es sind wiederum drei auf jeder Seite – kommen ebenfalls schon vor oder einige Tage nach der Geburt zum Vorschein: das Milchgebiß ist also in einer viel kürzeren Zeit als beim Menschen vollendet. Die nun eintretende Pause ist ebenfalls sehr kurz; die ersten bleibenden Zähne (M1) tauchen bereits am Ende des ersten Lebensjahres auf! Die übrigen folgen im 3., 4. und 5. Jahre. Das Gebiß ist also um eine Zeit schon endgültig vollendet, in der beim Menschen der Zahnwechsel noch nicht einmal begonnen hat.
Noch sonderbarer zusammengezogen ist der Prozeß beim *Hunde*. Hier dauert das Werden des Milchgebisses überhaupt nur sechs Wochen, bis auf den hintersten Zahn, den Wolfszahn, der mit vier oder fünf Monaten durchbricht. Der Zahnwechsel beginnt – wieder bei den Schneidezähnen – noch im ersten Halbjahr und ist mit sieben Monaten beendet. Von einer Pause zwischen Milchgebiß und bleibendem Gebiß findet sich hier überhaupt nichts.
Besonders interessieren natürlich die Verhältnisse beim *Affen*, weil dieses Geschöpf für eine äußere Betrachtung in manchen Dingen der menschlichen Bildung am nächsten zu kommen scheint. Wir geben die Schilderung des holländischen Anatomen Bolk wieder: «Bei den Affen, schreibt er, beginnt der Durchbruch des Milchgebisses

fast oder unmittelbar im Anschluß an die Geburt; sobald derselbe vollständig ist, setzt sich die Gebißentwicklung ohne Unterbrechung fort, denn kurz nach dem zweiten Milchmolar erscheint der erste permanente Molar, und zur Zeit, wo dieser durchbricht, fängt der Wechselvorgang schon an ... Es finden weiterer Wechsel des Milchgebisses und Zuwachs des permanenten Gebisses gleichzeitig statt ...»

Was dieses eigenartige Ineinanderschieben zweier beim Menschen durch einen weiten Zeitraum getrennter Vorgänge zu bedeuten hat, leuchtet für die anthroposophische Blickeinstellung ohne weiteres ein: beim Tiere fehlt die für die Menschwerdung entscheidende «schöpferische Pause» in der Ausgestaltung des Leibes: *sein astralischer Leib setzt die Arbeit an dem Organismus ohne Unterbrechung fort, da keine Hemmung vonseiten eines individuellen Ich dazwischen tritt.*

Wie gestaltet sich nun die Entwicklung der *Keimdrüse* bei beiden Reichen? Auch hier tritt ein einschneidender Unterschied zutage. Das Wachstum des Ovars ist beim Menschen bereits mit dem fünften Jahre abgeschlossen – eine sehr merkwürdige, mit den gangbaren Vorstellungen vom «Heranwachsen» des Menschen in Widerspruch stehende Tatsache –; die endgültige Reifung der Keimelemente wird aber – durch einen für die bisherige Auffassung gleichfalls rätselhaften Vorgang – auf das zweite Lebensjahrzehnt verschoben; die eigentliche Geschlechtsreife tritt also nach einer fast zehnjährigen Pause ein. Beim Tiere jedoch fallen charakteristischerweise histologische Reife und Infunktiontreten der Keimdrüsen zusammen; es fehlt also die Unterbrechung der Entwicklung auch auf diesem Gebiete. Daher erreicht das Tier seine Geschlechtsreife nicht lange nach der Vollendung des Zahnwechsels. Der Affe z. B. wird nach den Untersuchungen Bolks zu derselben Zeit fortpflanzungsfähig, wo beim Menschen das Aufhören des Keimdrüsenwachstums im weiblichen Geschlecht eintritt, also schon im fünften Jahre. –

Kann man sich eine handgreiflichere Bestätigung der von der Geistesforschung festgestellten Kluft zwischen Mensch und Tier denken? Der Vorgang der Entwicklungsstauung (Retardation nennt ihn Bolk, der dessen Wichtigkeit für die Menschwerdung ahnt, ohne den eigentlichen Sinn zu kennen), das Einschieben der großen Pausen in der Leibesentwicklung ist eben gar nichts anderes als der leibliche Aspekt der beim Menschen einsetzenden plastischen Arbeit des Ich. Die Entwicklungsunterbrechung schafft Raum. Nur dadurch kann der Menschenorganismus zum Träger der individuellen Entelechie werden.

Beim Tiere wird am Bezahnungs- und Pubertätsrhythmus sinnlich anschaulich, wie die Organisation ihrem Entwicklungsziele, der «Fertigstellung» in mächtigen Schritten zueilt, während beim Menschen, die leibliche Vollendung auf Jahre hinaus verschoben und damit der Einwirkung der Eigenwesenheit anheimgegeben wird, die nun erst alle Organe zu Werkzeugen des in die physische Welt hinaustretenden Ich umgestaltet.

Künftige Detailforschung mag auf diesem und auf verwandten Wegen noch manches aufdecken, was durch Rudolf Steiners Kennzeichnung im voraus schon sein Licht bekommt:

«Beim Tiere nimmt der astralische Leib auch die fertige Organgestaltung auf sich; beim Menschen bleibt die Tätigkeit des astralischen Leibes und damit die animalische Natur nur als der allgemeine Untergrund der Ichorganisation bestehen. Die Tierwerdung kommt beim Menschen nicht zu Ende; sie wird auf ihrem Wege unterbrochen und ihr das Menschliche durch die Ichorganisation gewissermaßen aufgesetzt.»

4 «Die Tatsache, daß im Perikarion (Cytoplasma der Nervenzelle) ... laufend eine sehr

lebhafte Proteinsynthese stattfindet, ... und daß ein ständiger Stoffabfluß im Axon (Axoncylinder des Nerven) von der Zelle nach der Peripherie exakt nachweisbar ist, ist das stoffliche Korrelat des sichtbaren Faserwachstums.» (Dietrich Starck: «Embryologie», S. 328).

[5] Die Subarachnoidalräume des Gehirns und Rückenmarks verkehren durch das große Hinterhauptsloch miteinander, und der in ihnen angesammelte Liquor cerebrospinalis kann zwischen beiden Organen zu- und abströmen. Wird nämlich der Blutgehalt des Gehirns vermehrt, wie es bei jeder Ausatmung geschieht, und das Gehirnvolumen dadurch vergrößert, *so muß der Liquor cerebrospinalis aus der Schädelhöhle* in die *Rückgrathöhle ablaufen*. Letztere ist ganz geeignet, ein Plus dieses Liquor aufzunehmen, da sie nicht wie die Schädelhöhle aus starren, durchaus knöchernen Wänden besteht, sondern in den Interstitien je zweier Wirbelbogen durch elastische, nachgiebige Membranen abgeschlossen wird. Nimmt der Blutgehalt und somit das Volumen des Gehirns während der Inspiration wieder ab, so geht der Liquor cerebrospinalis wieder in die Schädelhöhle zurück, von welcher er sozusagen zurückgesaugt wird (Hyrtl, Lehrbuch der Anatomie des Menschen, S. 874 ff.)

[6] Übersicht über die Hirnnerven

I	Nervus, olfaktorius fila olfactoria	Ursprung Telencephalon im Bereich des Bulbus olfaktorius ziehen zum Riechepithel der oberen Nasenkuppel.
II	Nervus opticus	Mehr als ein Nerv, daher besser als fasciculus (Bündel) zu bezeichnen. Ursprung Zwischenhirn (Diencephalon).
III	Nervus oculomotorius (Augenbewegungsnerv)	Ursprung Mittelhirn (Mesencephalon). Funktionsfeld: Augenmuskulatur.
IV	Nervus trochlearis (wie III, Augenbewegungsnerv).	Ursprung Mittelhirn (Mesencephalon). Funktionsfeld: Augenmuskulatur.
V	Nervus trigeminus	Ursprung Rautenhirn (Rhombencephalon) Funktionsfeld: Kaumuskulatur.
VI	Nervus abducens	Den Nr. III und IV verwandt. Ursprung: Übergang Mittelhirn-Rautenhirn. Funktionsfeld: Augenmuskel.
VII	Nervus facialis	Ursprung Rautenhirn (Rhombencephalon) Funktionsfeld: mimische Muskulatur.
VIII	Nervus statoacusticus	Ursprung Rautenhirn (Rhombencephalon) Funktionsfeld: Ohr und Gleichgewichtsorgan.
IX	Nervus glossopharyngeus	Ursprung Rautenhirn (Rhombencephalon) Wirkungsfeld: Zungen-Rachenregion, Geschmacksinn.
X	Nervus vagus	Ursprung Rautenhirn (Rhombencephalon) Wirkungsfeld: als parasympathisch orientierter Eingeweidenerv steht er mit den meisten Eingeweideorganen in Verbindung.
XI	Nervus accessorius	Ursprung Rautenhirn (Rhombencephalon), Vagusverwandt. Wirungsfeld: obere Halsmuskel.
XII	Nervus Hypoglossus	Ursprung vorwiegend Rautenhirn. Wirkungsfeld: tiefe Zungenmuskulatur.

Die Hirnnerven entsprechen in verschiedener Hinsicht den Spinalnerven des Rückenmarks. Die Spinalnerven innervieren den Rumpf und die Extremitäten, die Hirnnerven den Kopf. Da jedoch im Kopfbereich eine Segmentgliederung fehlt, treten bei den Hirnnerven andere strukturbestimmende Faktoren in Erscheinung, vor allem sind es zwei wesentliche Charakteristika, die wir als Individualisation und Spezialisation bezeichnen möchten.

7 Aus dem Gehirn als dem «Kernbereich» strömen die Nervenelemente des Rückenmarks in die Peripherie hinaus und kehren wieder in den zentralen Bereich zurück. In den Gehirnganglien, vor allem im grauen Rindenbereich, dominiert die Seelenleiblichkeit (astrale Funktion), die in sukzessiver «Auspressung» des nervalen Zellprotoplasmas die charakteristische Nerven-«Formgestalt» prägt. So kommt es zur Ausdifferenzierung der astroiden-triangulären Pyramidenzellen. Wir haben dann unterhalb der Brücke (pons) der Kopfregion von der Gegend der *Pyramidenkreuzung* der Mudulla obliongata (vergleiche Abbildung 69) auszugehen. Es folgt als *Mitte* die *Zervicalanschwellung* und als Abschluß am Willenspol des Rumpfes, zu den unteren Gliedmaßen hin orientiert, die Lendenschwellung (Intumescentia lumbalis). Diese «Schwellungen» der Nervensubstanzbündel zielen auf die nervale Versorgung der oberen und unteren Gliedmaßenpaare hin.

8 «Es leuchtet von selbst ein, daß wenn man alle Geflechte ausführlich schildern wollte, welche zu den verschiedenen Organen der Körperhöhlen auslaufen, die engen Grenzen eines Lehrbuches bald überschritten sein würden ... Auch häufen sich die Varietäten so sehr ...» usw. (Hyrtl, Lehrbuch der Anatomie des Menschen, Gehirn und Rückenmark, S. 869 ff.)

9 Der homologe Bau von Großhirn- und Rückenmark ist hier besonders zu beachten. Rudolf Steiner weist auf diesen Zusammenhang in seinen Einleitungen zu Goethes naturwissenschaftlichen Schriften (Bd. 1) hin:

«Goethe dachte sich die Sache folgendermaßen. Das Gehirn stellt nur eine Rückenmarksmasse zur höchsten Stufe vervollkommnet dar. Während im Rückenmarke die vorzugsweise den niedrigeren organischen Funktionen dienenden Nerven enden und von dort ausgehen, enden und beginnen im Gehirne die den höheren (geistigen) Funktionen dienenden Nerven, vorzugsweise die Sinnesnerven. Im Gehirne erscheint nur ausgebildet, was im Rückenmarke der Möglichkeit nach schon angedeutet ist. Das Gehirn ist ein vollkommen ausgebildetes Mark, das Rückenmark ein noch nicht zur vollen Entfaltung gekommenes Gehirn. Nun sind den Partien des Rückenmarkes die Wirbelkörper der Wirbelsäule vollkommen angebildet, sind deren notwendige Umhüllungsorgane. Es erscheint nun auf das höchste wahrscheinlich, daß wenn das Gehirn ein Rückenmark auf höchster Potenz ist, auch die dasselbe umhüllenden Knochen nur höher ausgebildete Wirbelkörper seien. Das ganze Haupt erscheint auf diese Weise schon vorgebildet in den niedriger stehenden körperlichen Organen. Es sind die auch schon auf untergeordneter Stufe tätigen Kräfte auch hier wirksam, nur bilden sie sich im Kopfe zu der höchsten in ihnen liegenden Potenz aus ...»

Die in den sympathischen «Plexus eingeschalteten kleinen Knoten sind ... als untergeordnete Centra anzusehen, in welchen neue Nervenfasern entstehen ... Die Bildung neuer Nervenfasern in den Knoten der Geflechte muß schon a priori postuliert werden, denn die peripherischen Verästelungen des Plexus sind zu zahlreich, um sich nur auf die Wurzeln des Sympathikus aus den Rückenmarksnerven, oder auf die Strahlungen der Strangknoten zu den Ganglien der Geflechte reduzieren zu lassen. Es muß in

dieser Beziehung jedes Ganglion sich wie ein untergeordnetes Gehirn verhalten, welches neue Nervenfasern entwickelt...» (Hyrtl, a.a.O.).
In dieser Richtung deuten auch die Feststellungen Benninghoffs: «Die Zahl der postganglionären Fasern (des sympathischen Systems) ist größer als die der präganglionären, d. h. das periphere Nervennetz ist umfangreicher als die Verbindung zum Zentralnervensystem.» (Lehrbuch d. Anat. d. Menschen, Bd. 3, S. 344 ff.)

10 In Augenblicken höchster Gefahr wirken diese polaren Nervenkräfte in rascher Folge wie Pendelschläge nacheinander. Zuerst das sympathische System: Bisher unbekannte Kräfte schießen ein, und Handlungen der «Geistesgegenwart» wirken unter Umständen lebensrettend. Der physische Spannungszustand, in dem dies geschieht, wird vielfach in seinen Folgen als Schock bezeichnet. Er kann über das Sympathikus-Wirken bis zu tiefer Ohnmacht führen. Dem Schock folgt mit der Regelmäßigkeit des Pendelschlages der Kollaps, der durch das Wiedereingreifen der zentralnervösen Funktionen bestimmt ist (kalter Schweiß, Zittern, beschleunigte Verdauung, Kreislaufversagen). Nervlich wird das Geschehen jetzt vom «parasympathischen» System beherrscht, das vielfach mit dem sympathischen Nervensystem gemeinsam als autonomes Nervensystem bezeichnet wird. Das parasympathische System ist als Gegenspieler des sympathischen das Vollzugssystem des Zentralnervensystems. Seine Ursprünge liegen in bestimmten Gehirnabschnitten und im Sakralmark. Unter den Hirnnerven ist es besonders mit dem Vagus eng verbunden.

11 Es wäre für den Leser gewiß wertvoll, eine gründlichere Behandlung des Nervensystems hier vorzufinden. Wir haben uns jedoch zur Erfüllung der Thematik dieses Buches streng auf die morphologische Gliederung beschränkt. Eine gründlichere Behandlung der Histologie und Physiologie des Nervensystems hätte den uns zur Verfügung stehenden Raum gesprengt.

12 Es ist immer wieder erstaunlich zu hören, daß Nervensubstanz für sich schmerzunempfindlich ist. Kopfschmerzen gehen nicht von der Nervensubstanz des Gehirns aus, sondern von den Gehirnhäuten, wo sich Blut und Nerv begegnen.

13 Man konnte z. B. nachweisen, daß bei experimenteller Abblendung des Lichtes bei Tieren die Blutneubildung nachläßt, ja versiegt (vgl. Holtzapfel).

14 Von der Willensnatur der Sinne spricht Rudolf Steiner immer wieder. Das Kind vor dem siebenten Lebensjahr ist vorwiegend ein Sinnesorganwesen, d. h. aber ganz von der Willensnatur durchdrungen.

15 Ernst Bindel:
Die logarithmische Spirale besitzt eine Fülle von überraschenden Eigenschaften, von denen wir hier nur eine erwähnen wollen. Eine Reihe anderer Eigenschaften findet man in meinem Buche «Die Grundlagen der Mathematik im Lichte der Anthroposophie» aufgezählt und beschrieben; der dortige 16. Abschnitt handelt vorzugsweise von der logarithmischen Spirale. Wir wollen diese Kurve einmal so behandeln, wie wir es mit der gleichseitigen Hyperbel getan haben, als wir aus ihr die Lemniskate hervorgehen ließen, d. h., wir wollen ihre Punkte durch die Konstruktion der Inversion verlagern. Da die Spirale sowohl außerhalb wie auch innerhalb des Kreises unendlich viele Windungen hat, werden die Außenwindungen durch die betreffende Konstruktion in das Innere des Kreises und die Innenwindungen in das Äußere des Kreises kommen. Das Überraschende liegt nun darin, daß die Kurve der neuen Punkte wieder eine logarithmische Spirale ist. Wir wollen die neue Spirale die zur alten reziproke nennen. Es sei mir erlaubt, aus meinem Mathematikbuche ein Zitat über das Verhältnis der ursprünglichen Spirale zu ihrer reziproken Spirale anzuführen:

«Durchläuft man die ursprüngliche Spirale im Sinne wachsender Winkel, so gelangt man auf ihr von innen nach außen, man hat eine *Evolution* vor sich. Wird hingegen die reziproke Spirale im Sinne wachsender Winkel durchlaufen, so bewegt man sich auf ihr von außen nach innen, man hat es mit einer *Involution* zu tun. Was sich auf der ursprünglichen Spirale abspielt, wird also auf der reziproken Kurve *im Spiegelbilde rückwärts* durchlebt, und zwar so, daß man wegen der Identität beider Kurven beide Male die *gleichen* Erlebnisse hat. Hand in Hand geht damit, daß sich gegen früher Innenwelt und Außenwelt vertauscht haben. Wer die von Geistesschau getragenen Schilderungen Dr. Rudolf Steiners über den Zusammenhang des nachtodlichen Erlebens mit dem vortodlichen studiert, wird sich einem Vergleich dieser Schilderungen mit den soeben erwähnten mathematischen Tatsachen nicht entziehen können.»
Mit dem Übergange vom Leben zum Tode vertauschen sich ja ebenfalls Außenwelt und Innenwelt, und der Tote schaut auf sein vergangenes Erdenleben so zurück, daß er es in einem Spiegelbilde noch einmal rückwärts durchlebt.
Das ist überhaupt das Wunderbare an der logarithmischen Spirale, daß sie, welche Manipulation auch mit ihr vorgenommen werden mag, in den meisten Fällen in eine Kurve übergeht, welche wieder eine logarithmische Spirale ist, so, wie wir das soeben an einem Beispiel einer solchen Transformation gesehen haben. Bernoulli war von dieser Eigenschaft so ergriffen, daß er ihr den Namen spira mirabilis, wunderbare Spirale, gab. Die Worte, mit denen er die mathematische Untersuchung dieser Kurve abschloß, sind ein so denkwürdiges kulturgeschichtliches Dokument, daß sie hier in aller Vollständigkeit wiedergegeben werden sollen:
«Da mir diese wunderbare Spirale wegen ihrer einzigartigen und staunenerregenden Eigentümlichkeit so gefällt, daß ich nicht satt werden kann, mich in sie zu versenken, kam ich auf den Gedanken, man könne sie durchaus sinnvoll dazu verwenden, verschiedene Erscheinungen symbolisch darzustellen.
Da sie nämlich immer eine ihr selber ähnliche und gleiche hervorbringt, wie immer sie sich dreht, wendet, strahlt, wird sie ein Bild sein können für das Kind, das in allem den Eltern ähnlich ist: die Tochter, völlig ähnlich der Mutter.»
Wenige Tage vor seinem Tode bat dieser geistdurchleuchtete Mathematiker seine Freunde, nachdem «er sich ganz und gar der Meditation über den Tod hingegeben hatte», sie möchten die logarithmische Spirale, einem Kreise eingeschrieben und mit der Umschrift «Eadem mutata resurgo» (als dieselbe stehe ich verwandelt wieder auf), seinem Grabsteine einmeißeln lassen.
Ahnungen des Unendlichen stiegen in den besten Geistern der Neuzeit auf, wenn sie sich in die Formen vertieften, welche aus der Zahl Acht ihren Ursprung nehmen. Das Göttliche wurde ihnen an Hand dieser Formen zu einem nahen Erlebnis. Schon i. J. 1655, lange bevor Jakob Bernoulli und Graf Fagnano sich mit der Lemniskate beschäftigten, schuf ein englischer Mathematiker, John Wallis, das heutige Zeichen für das Unendlich-Große.

16 Als «physikalischer Apparat» soll das Auge gerade in der Pubertätszeit dargestellt werden, wo es darauf ankommt, der physischen Entwicklungsphase im Kinde das entsprechende seelische Erlebniskorrelat zu verschaffen (Lehrplan der Waldorfschule).

17 Mit der Darstellung des Auges als eines dreigliedrigen Sinnesorgans konnten wir nur wenige methodische Hinweise geben, die eine ausführliche Darstellung im Rahmen einer vollständigen morphologisch aufgefaßten Sinneslehre fordern.

18 «Dieser Äther (den wir aus dem organischen Kohlenstoff in der Kohlensäure des venösen Blutes entwickeln, Z. d. V.) ... ist das, was nun die menschliche Organisation ge-

eignet macht, sich den geistigen Einflüssen zu öffnen, was die astral-ätherischen Wirkungen aus dem Kosmos aufnimmt. Da werden von diesem Äther, den der Kohlenstoff zurückläßt, die kosmischen Impulse angezogen, die wiederum gestaltend auf den Menschen wirken, die z. B. sein Nervensystem so bereiten, daß es der Träger der Gedanken werden kann. Dieser Äther muß fortwährend z. B. unser Auge durchdringen, damit die Augen sehen können, damit die Augen den äußeren Lichtäther aufnehmen können. Wir verdanken es also dem Kohlenstoff, daß wir eine Ätherbereitung in uns haben, die der Welt entgegenkommen kann» (Rudolf Steiner, Der Mensch als Zusammenklang des schaffenden, bildenden und gestaltenden Weltenwortes, S. 129 f.).

TEIL II

Kapitel V
Der rhythmische Organismus

[1] Rudolf Steiner bezeichnet den ätherischen Leib auch als Zeitleib, (GA 145; GA 214).

[2] Hier ist der Ort, wo wir aus der Sache heraus auf die Begriffe «ätherisch» und «ätherischer Leib», «astral» und «astralischer Leib» eingehen müssen.
Rudolf Steiner schildert den Ätherleib in seiner «Theosophie» (GA 9) folgendermaßen: «Die Äußerungen der Lebenskraft nimmt der Mensch durch die gewöhnlichen Sinne nicht wahr ... Aber so wenig der Blindgeborene mit Recht die Farben ableugnet, so wenig dürfen die gewöhnlichen Sinne die Lebenskraft ableugnen. Die Farben sind für den Blindgeborenen da, sobald er operiert worden ist; ebenso sind für den Menschen die mannigfaltigen, durch die Lebenskraft geschaffenen Arten der Pflanzen und Tiere, nicht bloß die Individuen, auch als Wahrnehmungen vorhanden, wenn sich ihm das Organ dafür erschließt ... Er nimmt nun nicht mehr bloß die Farben, Gerüche usw. der Lebewesen, sondern das Leben dieser Lebewesen selbst wahr. In jeder Pflanze, in jedem Tier empfindet er außer der physischen Gestalt noch die lebenerfüllte Geistesgestalt. Um einen Ausdruck dafür zu haben, sei diese Geistgestalt der Ätherleib oder Lebensleib genannt.» (S. 317 f.)
«Der Lebensleib ist noch etwas dem Menschen Äußerliches. Mit dem ersten Regen der Empfindung antwortet das Innere selbst auf die Reize der Außenwelt ... Damit stellt sich zwischen den physischen Leib und den Ätherleib einerseits und die Empfindungsseele andererseits noch ein besonderes Glied der menschlichen Wesenheit hin. Es ist der Seelenleib oder Empfindungsleib ...» (S. 39 f.)
«Der Leib liegt als das gröbste Gebilde inmitten anderer, die ihn und sich selbst gegenseitig durchbringen. Als eine Lebensform erfüllt den physischen Körper der Ätherleib; an allen Seiten über diesen hinausragend erkennt man den Seelenleib (Astralgestalt).» (S. 33 ff.)
Zum weiteren gründlichen Studium sei besonders auf die «Geheimwissenschaft» verwiesen.

[3] Thrasybulos Georgiades: «Was ist aber der Rhythmus? Rhythmus ist weder ein Gegenstand wie etwa eine Kunstgattung oder ein Kunstwerk, noch führt er zu einer isolierten Betrachtungsweise, wie etwa der stilistisch-ästhetischen. Was ist aber der Rhythmus? Eine Definition vermag ich nicht zu geben. Schon deswegen nicht, weil Rhythmus nichts ist. Was wir Rhythmus nennen, ist lediglich etwas auf das geistige, d. h. ganzheitliche Sein Hinweisendes ... Eine Definition des Rhythmus können wir nun nicht geben. Halten wir wenigstens einen wesentlichen Zug fest: Die Kontaktfläche, an der sich das Geistige entzündet, leuchtet uns als Rhythmus auf ... Am nächsten stehen wir ihm, wenn wir uns vergegenwärtigen, daß er sich gerade dort verflüchtigt, wo wir ihn fassen wollen: Suchen wir ihn als musikalisches Element, als Ordnung der Töne in der Zeit, so wird er Sprache; suchen wir ihn als Element der Sprache, so wird er Musik; als Zeit – so versteinert er zum festen Körper; als abstraktes Gesetz der Zeitgliederung – so wird er Vers, oder auch Mehrstimmigkeit. Ein Proteus? Eher ein unsichtbarer Gott, der tausenderlei Gestalt annimmt und doch unangreifbar bleibt.» (Musik und Rhythmus bei den Griechen; Hamburg 1958, S. 64 ff.).

[4] Goethes Gesetz von Polarität und Steigerung als Schlüssel zum Verständnis der Dreigliederungsdynamik: «Die Erfüllung aber, die ihm (dem Prosahymnus an die Natur von 1782) fehlt, ist die Anschauung der zwei großen Triebräder aller Natur: der Begriff von Polarität und von Steigerung, jene der Materie, insofern wir sie materiell, diese ihr dagegen, insofern wir sie geistig denken, angehörig; jene ist in immerwährendem Anziehen und Abstoßen, diese in immer strebendem Aufsteigen. Weil aber die Materie nie ohne Geist, der Geist nie ohne Materie existiert und wirksam sein kann, so vermag auch die Materie sich zu steigern, so wie sich's der Geist nicht nehmen läßt, anzuziehen und abzustoßen; wie derjenige nur allein zu denken vermag, der genugsam getrennt hat, um zu verbinden, genugsam verbunden hat, um wieder trennen zu können» (Weimar, 24. Mai 1828).

[5] Gestaltungsbewegung im Ei bei und nach der Bildung des animalischen Pols beim Huhn nach Grosser, Grundriß der Entwicklungsgeschichte des Menschen, Berlin 1948.

[6] Rudolf Steiner spricht in der «Okkulten Physiologie» von der «Bluttafel», die vom Sinnes-Nerven-System her und von den inneren Organen her – vermittelt durch das sympathische Nervensystem – «beschrieben» wird. Unsere Darstellung der Beschreibung der Bluttafel ist in gleichem Sinne zu denken, indem vor allem seelenleibliche Kräfte eingreifen. (Eine okkulte Physiologie, Prag 20.–28. 3. 1911)

[7] ὀργάς = üppiger Erdboden; ὀργή = heftiger Trieb, Charakter; ὀργάω = strotzen von Feuchtigkeit, Saft und Kraft, Nahrung; ὄργια = heiliger, geheimer Götterdienst; ἔργον (ϝέργον) = Werk, Arbeit, das *Wirken*, Tätigkeit; ἐργάζωμαι = arbeiten; ἐργαστήριον = Arbeitsstätte. Wichtig auch die Form ἔρδω = opfere.

[8] Unter dem Verlauf dieser Furche lassen sich die Muskeln, die zur rechten und linken Kammer gehören, nach Durchtrennung oberflächlich beide miteinander verbindender Muskellagen vollständig voneinander lösen. Man erkennt dann, daß das Herz aus der Vereinigung polarer Blutströme hervorgegangen ist.

[9] Beim selten vorkommenden Situs inversus ist die Rechts-Links-Ordnung der inneren Organisation, vor allem die des Herzens, vertauscht.

[10] Kein bloßer Ausgleich, keine schwache Vermittlung und Nivellierung liegt vor, wie so oft fälschlich dargestellt wird.

[11] Die Wissenschaft nennt das Reizleitungssystem sehr richtig das autonome System.

[12] «Das Phänomen des stetig in jener merkwürdigen Bahn durch Tag- und Nachtseite strömenden Blutes wird nie allein durch den ‹Mechanismus› des Herzens und der Arterien erklärt werden ..., denn das Leben begreift wohl den Mechanismus in sich ... aber der Mechanismus umfaßt nicht das Leben» (Carus, Physiologie). Das Herz als Bewußtseinsorgan im Erlebnis der Griechen: κῆρ von κέαρ = Herz; κῆρες = Schicksalsgottheiten (mit dem Todeslos verbunden).

[13] «... alles das, was wir mit dem Worte Stimmung, was wir mit dem Worte Gemüt bezeichnen, von welchem oft bei einem und demselben Zuge von Vorstellungen in der denkenden Seele, und ohne zum Bewußtsein kommenden Grund, allein der Grad von Traurigkeit, Heiterkeit, Neigung, Verlangen oder Abneigung und Haß diktiert wird, den wir gerade empfinden, kurz daß alles dieses, was in die Region der dunkeln und doch gerade so mächtigen, ja unwiderstehlichen Gefühle gehört, mit jenen unbewußten Offenbarungen der tief innersten Idee unseres Daseins als Blutleben im genauesten Zusammenhange stehen werde, dies ahnet man, sobald man das geistige Auge auf diese Gegenstände richtet und jede nähere Untersuchung bringt es ... immer mehr und mehr zur Gewißheit ... So wird man auch ... das richtige Gefühl der Völker aner-

kennen und bewundern, welche in frühester Zeit und in den verschiedensten Sprachen Blut und Herz mit Gemüt und Mut fast gleich bedeutend genommen haben und noch nehmen» (Carus, System der Physiologie).

14 Dieses Gähnen findet sich manchmal bei Sterbenden – vor dem des Singultus – des letzten Atemtypus vor dem Eintritt des Todes.

15 Wie der Vorgang der Zusammenfügung und regelmäßigen Gestaltung der festen Körper in der unorganischen Natur, so ist auch der Vorgang der Knochenbildung nahe mit jenen des Tönens und Klingens verwandt (G. H. v. Schubert, Geschichte der Seele).

16 «Sterne sprachen einst zu Menschen,
Ihr Verstummen ist Weltenschicksal;
Des Verstummens Wahrnehmung
Kann Leid sein den Erdenmenschen ...» (R. Steiner, Wahrspruchworte, S. 131).

17 «Nur beim Menschen», sagt Benninghoff, «ist zwischen der Nasenhöhle und dem Kehlkopf ein neuer *Zwischenabschnitt entstanden, der Mesopharynx*, innerhalb dessen sich nun der Luft- und der Nahrungsweg frei im Raume kreuzen. Der Kehlkopf liegt weit unterhalb des Nasen-Rachen-Raumes, so daß die bei den Säugern physiologische (und nahezu auch obligatorische!) Nasenatmung beim Menschen durch eine Mundatmung ersetzt werden kann ... Der hochstehende Kehlkopf der Tiere ermöglicht die Nasenatmung ohne Unterbrechung der Nahrungsaufnahme, während der Mensch nur schlucken kann, wenn die Atmung unterbrochen wird ... Der (bei den Tieren) vor dem Gehirn gelegene Nasenschädel schiebt sich zusammen mit dem Ober- und Unterkiefer unter die Schädelbasis. – Das geschieht im Zusammenhang mit der Entwicklung der aufrechten Haltung des Menschen ... Das besonders entwikkelte Stirnhirn überwölbt schließlich das Augendach, und Mund und Nasenhöhle werden in eine Gesichtsebene zurückgeschoben. Als wichtigstes Ausdrucksmittel des Kehlkopfes und damit auch seines Gehirns hat sich beim Menschen zusätzlich die Sprache entwickelt. Die Möglichkeit, (die Stimme) zu Worten und Klangbildern im beweglichen Ansatzrohr oberhalb des Kehlkopfes zu formen, unterscheidet den Menschen vom Tier.» (Vergl. Anatomie des Menschen, Bd. 2, S. 60).

18 «Die den strömenden Luftmassen innewohnenden Kräfte sind von ungeheurer Stärke» (Schmitt).

19 Rudolf Steiner zählt gelegentlich die Atmung ebenfalls zum Stoffwechselsystem: «Wenn wir den Stoffwechsel heraufverfolgen bis zum Atmen, so finden wir ja, daß der Mensch aus sich heraus gestaltet den Kohlenstoff» (Der Mensch als Zusammenklang ...).

20 In der Literatur wird meist nur vom fortschreitenden Wachstum der Nebenhöhlen-Schleimhäute gesprochen, welches wir als vegetative Begleiterscheinung dieses Astralisierungsvorganges auffassen.

21 Auf Grund von Wachstumsstörungen an der Knorpelknochengrenze bei kongenitaler Lues ist es meist nicht möglich, daß sich gesunde Pneumatisation ausbildet. Der Nasensattel und der mittlere Schädel richtet sich nicht auf (Sattelnase).

22 Die inspiratorischen und exspiratorischen Druckschwankungen in den Nebenhöhlen sind experimentell nachgewiesen. Wird ihre Beatmung zu schwach, dann kommt es zu Nebenhöhlenentzündungen. Besonders charakteristisch sind die Mittelohreiterungen, die eintreten, wenn durch Verschluß der Ohrtube die Luft im Mittelohr durch die Schleimhäute resorbiert und nicht mehr ergänzt wird. Der Mittelohreiterung geht oft ein Tubenkatarrh mit Verschluß der Tuba auditiva voraus. Dann wird das Trommelfell angesaugt, Hammer, Amboß und Steigbügel werden in die Kuppel des Mittel-

ohres heraufgepreßt und versagen als schwingende Klangbrücke. Es gibt mehrere Phänomene, die die «exspiratorische Einatmung» des Hauptes demonstrieren. Beim Gähnen zum Beispiel kann im Übergang von Inspiration zu Exspiration die verschlossene Tuba plötzlich aufgehen und knackend Luft ins Mittelohr gesaugt werden; das von außen eingepreßte Trommelfell wird dabei plötzlich wieder entspannt. Bei Exspirationsstoß (Niesen) dringt ebenfalls Luft in Nebenhöhlen, und es können bei Nasenverschluß Schleimtropfen und damit Infektionen ins Innere gepreßt werden. Der natürliche Schleimstrom beim Schnupfen fließt rachenwärts. Das Schneuzen befreit nur den vordersten Nasenabschnitt, während das «bäuerliche» Aufziehen die Wege gründlicher befreit und niemals zu Nebenhöhlen- und Mittelohrinfektionen führt. Die Druckschwankungen bei Inspiration und Exspiration in den Nebenhöhlen wurden bereits in den dreißiger Jahren durch Karl Schmücker nachgewiesen. (Karl Schmükker: «Die manometrische Messung des Luftaustausches in der Kiefernhöhle und ihre praktische Bedeutung.» Zeitschrift f. H. N. O.-heilkunde 30. Jg. 1932, S. 638 ff.).

23 «Was der menschlichen Sprache und Singfähigkeit zugrundeliegt, reicht eigentlich viel weiter als die sogenannten Sprach- und Singorgane. Der Kehlkopf, der Nasen- und Rachenraum, der Gaumen, die Zunge, die Mundhöhle, Lippen, Zähne und so weiter gehören den verschiedenen Organsystemen an. Beim Tier z. B. dienen sie ganz verschiedenen Funktionen. Sie sind teils Atmungs-, teils Verdauungs-, teils Bewegungsorgane und Gliedmaßen. Es ist die Sing- und Sprechfähigkeit des Menschen, die diese höchst verschiedenartig funktionierenden und anatomisch ganz verschiedenartigen Organe zu einem Organismus funktionell zusammenfaßt» (Kolisko, Physiologisches und Therapeutisches... in Valborg G. Werbeck: Die Schule der Stimmenthüllung, S. 153 ff.).

24 Wer z. B. der Sprache eines heiseren Redners zuhört, wird selber heiser.

25 «Bei der Stimmbildung... weichen die Conus elastici mit den Stimmbändern unter dem Stoß des anblasenden Luftstromes auseinander und geraten dadurch ganz wie bei einer Gegenschlagpfeife in Vibration. Die Schwingung findet weder in Richtung des Luftstroms statt, noch rein seitlich, sondern in einer schrägen Richtung, gewissermaßen in einer Mittellage zwischen beiden Möglichkeiten. Sie unterbrechen damit den unter Druck stehenden Luftstrom periodisch, so daß die Luft durch die abwechselnd geöffnete und geschlossene Glottis (Stimmritze) in Stößen durchtritt. Diese Schwingung des Luftraums erzeugt einen Ton. Der Stimmeinsatz beginnt also mit geschlossener Stimmritze und gespanntem Stimmband (sog. Phonationsstellung). Jedoch ist die Stimmritze nicht luftdicht verschlossen, und es hängt von der Stärke des zu entwickelnden Tones ab, wieviel Luft sie durchläßt» (Benninghoff).

26 Hier beziehen wir uns auf Darstellungen des Kunstunterrichts von Dr. E. Schwebsch.

27 R. von Ranke Graves, Griechische Mythologie I.

Kapitel VI
Lebensorganisation, Ernährung

1 Rudolf Steiner charakterisiert in den Anmerkungen zu Goethes naturwissenschaftlichen Schriften die Entsprechung der Schädelgliederung als der dem Typus am nächsten kommenden zu den untergeordneten Organen.
«...aber hier ist ihre Verkörperung (die der unteren Organisation) dem, wonach sie

strebt, noch nicht völlig angemessen, ihre Äußerungen und ihr Wesen ihrer inneren Möglichkeit noch nicht gleich, sie könnte mehr sein, etwas Höheres sein, als sie ist, und dieses Höhere, was sie auf einer untergeordneten Stufe sein könnte, aber nicht ist, das wird sie im Schädel. So stellt sich der Schädel als eine höhere Bildung den niederen Organen gegenüber, als die Vollendung und Ausgestaltung dessen, was in den letzteren nur angedeutet ist... Und weil dies so ist, darum ist man berechtigt, in einzelnen Teilen des Kopfes entsprechende Umbildungen niederer Organe zu sehen.»

2 Dies Bild der Beere gebraucht Hueck in seiner Morph. Pathologie. G. Husemann in ganz ähnlichem Sinne in «Erdengebärde und Menschengestalt». Es weist mit entschiedener Deutlichkeit auf den pflanzenhaft ätherischen Charakter des Organs hin.

3 Die Sternzellen (Kupferschen Sternzellen) gehören dem Lymphorganismus an, dessen gestaltbildenden Elementen an dieser Stelle besonders gedacht werden muß. Bisher betrachteten wir das Lymph-Protoplasma-Element als den rein flüssigen Organzustand.
Die einfachste Lymphorganbildung besteht in der Ausgestaltung strömender Netze, zwischen deren Maschen wiederum Lymphe strömt. Solche Protoplasmanetze erscheinen auf höherer Bildungsstufe als Synzytium und schließlich zuletzt als Zellverband, von dem sich einzelne Zellen abzulösen vermögen, um zu wandern oder neue Plasmaverbindungen einzugehen. Den ganzen Bildebereich nennt man das retikuloendotheliale System (endothelial – weil die Bildung der inneren [Blut-]Gefäßwandungen dieser Lymphplasmaorganik entstammt).
Zu diesem System gehören ausgebreitete Zonen des Organismus, so der Thymus, die Milz, das Knochenmark, das Lebergewebe, die verbreiteten Lymphknoten und die mannigfaltigen Mandelbildungen.
«Frappierend ist neben seinen im einzelnen noch wenig bekannten Stoffwechselleistungen die Mannigfaltigkeit seiner wanderzellbildenden Reaktionen. Ein und derselbe Gewebekomplex bildet zum Beispiel im lymphoretikulären Gewebe, je nach dem Reiz, der ihm aus der Gewebsflüssigkeit kommt, immer wieder andere, sich aus dem Reticulumgerüst loslösende freie Zellen: das eine Mal speichernde und zellzerstörende Makrophagen, Histiozyten und Monozyten, das andere Mal Plasmazellen mit der Fähigkeit der Antikörperbildung, heparin- und histaminhaltige Mastzellen, wenn allergische oder hypergische Reaktionen lokaler oder allgemeiner Natur notwendig sind, Fibrozyten aber, wenn es gilt, neue Fasern in das Gewebe einzubauen, und schließlich Lymphozyten in so ungeheuren Mengen, daß sie alle andere Zellproduktion in den Hintergrund drängen» (Zilch, Lymphsystem und Lymphatismus).

4 «Die Leber ist eine Wasserdrüse», sagt G. Husemann (Erdengebärde und Menschengestalt, S. 43 ff.).

5 «Man findet mit dem Mikroskop immer nur Einschlüsse irgendwelcher Art in den Zellen: Pigmente, Eiweißkörper, Lipoide, Glycogen oder zahlreiche Zellorganellen wie Plastosomen, Mitochondrien und den Golgiapparat. Auch das elektronenoptische Bild hat uns bisher in dieser Hinsicht keine entscheidenden Aufklärungen geben können... Alle überhaupt im Blute kreisenden Stoffe gelöster, kolloidaler oder korpuskulärer Art, z. B. Kohlehydrate, Eiweiß, Fette, aber auch Hormone, Fermente, Medikamente, Giftstoffe und Gewebetrümmer können durch das Eingreifen der Leber verändert werden. Das heißt, sie können abgebaut oder synthetisiert und damit dem Körper in neuer Form dienstbar gemacht, oder sie können ausgeschieden werden» (Benninghoff-Goerttler).

6 Die Gallengänge nehmen einen charakteristischen Zickzackverlauf (Blitzfiguren) als

Ausdruck der hier stark wirksamen astral-sekretorischen Kräfte. Die Blutkapillarnetze und die Gallengangkapillarnetze berühren einander nicht!

7 Der Mensch wird von seiner Embryonalzeit her mit einer zu großen Leber geboren (G. Husemann). In der Leber bleibt uns ein embryonales Organ erhalten:

Alter	Lebergewicht in % des Körpergewichts
5. Monat	5,9
9. Monat	5,0
Neugeborener	4,4
2. Lebensjahr	4,3
5. Lebensjahr	3,8
10. Lebensjahr	3,6
Erwachsener	2,4

Pankreas	100 g
Ohrspeicheldrüse	10 g
Leber	1500 g (ohne Blut)
	Sie ist die schwerste Drüse des Körpers.

8 G. Husemann gibt eine sehr einleuchtende Stufenfolge der kosmologischen Ordnung der Leber:

Saturn:	Wärmeproduktion	morulaartiger Bau
Sonne:	Kohlenstoffassimil.	Glykogen
	Pflanzliche Wuchsform	
Mond:	Wasser, Eiweiß	Tangente-Radius zwischen Vena port. Vena hepatic. animalisch
Erde:	Blutabbau	
	Galle	Erde
	Eisendepot	

(nach Husemann, gekürzt)

9 Rudolf Steiner schildert im «Heilpädagogischen Kurs» Willensschwäche als Leberschwäche. Seit dem Ende der dreißiger Jahre haben die Leberkrankheiten zugenommen, sie sind zu einer Zeitkrankheit ersten Ranges geworden. Bei Kindern verläuft dabei die Hepatitis zu 50 % ohne Gelbsucht (G. Husemann).

10 Der Längsdurchmesser der Niere beträgt 10–12 cm. Der Querdurchmesser 5–6 cm. Die Dicke 4 cm. Gewicht je 120–200 g. Die rechte Niere ist kleiner und leichter als die linke.

11 Die Arteria renalis tritt meist in mehrere Äste aufgegliedert, etwa 3–4, in den Nierenhilus ein. Gelegentlich kommen noch akzessorische Nierenarterien vor, die direkt von der Aorta abzweigen.

12 Man spricht bei Nieren und Augenfettlagern von hungerfestem Fett, weil sie auch bei Hunger und aufzehrenden Krankheiten noch lange ihren Bestand im Dienste ihrer Funktion wahren.

13 H. Ferner, Entwicklungsgeschichte des Menschen.

14 Goethe gebraucht diese Ausdrücke in seiner Meteorologie (Gespräch mit Eckermann, 22. 3. 1824).

15 Dieser Plasmaaustausch zwischen Gefäßsystem und Bindegewebe ist ein sehr umfangreicher.

16 Die Nierenentwicklung hat viel Verwandtschaft mit der Entwicklung des Auges. «Der sprossende Urnierengang (der spätere Harnleiter) ist dem vordringenden Augen-

bläschen zu vergleichen. Er induziert aus dem mesenchymalen Gewebe das tubuläre Organ, an dem sich der entsprechende Einstülpungsvorgang abspielt... Wie beim Auge liegt hier ebenfalls ein polar wirksames Prinzip, eine Art ‹Selbstbegegnung› vor, aus der sich die eigentliche Bildung des Nephrons und dessen Funktion ergibt; beim Auge ist es ein venöses Adergeflecht, das den Augenbecher umhüllt und damit zur typischen Sinnesorganbildung beiträgt; beim Glomerulus ist es ein arterielles Aderknäuel, das in den Tubulus-Becher eindringt» (H. H. Vogel: «Die Niere»).

17 Die harnbereitenden Kanälchen faßt man unter der Bezeichnung Nephrone zusammen. Sie beginnen mit den Nierenkörperchen (Glomeruli), die sich in den Nierenkanälchen (pars contorta, pars recta), Henlesche Schleife, dünnen Teil, dicken Teil differenzieren. Sie endigen mit den Sammelröhrchen, die den Harn der Mündung eines Hauptsammelrohrs (Ductus papillaris) zuführen.

18 Auch die im Glomerulusfiltrat vorhandenen Aminosäuren und das Vitamin C werden im Tubulusbereich wieder zurückresorbiert.

19 Der Begriff Primärharn und Ultrafiltrat (wir haben uns für den Ausdruck Glomerulusfiltrat entschieden) ist deshalb so irreführend, weil unter Harn ein bereits aus dem Lebenszusammenhang herausgefallenes Ausscheidungsprodukt verstanden wird. Das Glomerulusfiltrat dagegen ist eine dem Liquor cerebrospinalis und der Bindegewebslymphe verwandte lebendige Flüssigkeit. Der Gehalt an Elektrolyten (Na, K, Ca, Cl, H_2Co_3, H_2PO_4, SO_4), Aminosäuren, Glukose, Harnsäure, Harnstoff, Kreatinin sind dem Blutplasma gleich, während in bezug auf die Eiweißkonzentration zwischen Plasma und Glomerulusfiltrat einerseits und Liquor cerebrospinalis und Bindegewebslymphe andererseits zum Teil große Unterschiede bestehen. So ist die Eiweißkonzentration des Glomerulusfiltrates gegenüber der des Plasmas sehr gering – dagegen im Vergleich zu der des Liquors cerebrospinalis immer noch hoch.

Eiweiß der Bindegewebslymphe	1–2 %
Eiweiß der Darmlymphe	4 %
Blut-Plasma-Eiweiß	7 %
Glomerulusfiltrat	30 mg %
Liquor cerebrospinalis	2 mg %

Glukose ist interessanterweise in Plasma, Liquor cerebrospinalis und im Ultrafiltrat ungefähr in der gleichen Konzentration enthalten, zu etwa 70–90 mg %.

20 Den Funktionszusammenhang von Nieren und Augen hat Hollwich bereits 1950 und auch in späteren Arbeiten dargestellt. Die Harnbildung geht im Tierversuch bei sonst Nierengesunden zurück, wenn die Augen verbunden wurden. Vgl. Walter Holtzapfel, «Auge und Stoffwechsel».

21 Charakteristisch für die Niere ist es auch, daß ihre Krankheiten im zeitlichen Ablauf und in der Prognose ganz verschiedenartig erscheinen können. Bald beobachten wir einen plötzlichen, bald einen ganz schleichend einsetzenden Beginn, in einigen Fällen tritt überraschend schnell der Tod ein, in anderen ebenso schnell völlige Heilung, wieder in anderen Fällen zieht sich die Krankheit lange Zeit hin und kann noch nach Jahrzehnten schließlich den Tod bewirken (vgl. H. H. Vogel, Die Niere, Wala Schriftenreihe, 4. Auflage).

22 «Wir müssen zugestehen, daß die Milz trotz so vieler Mikroskopie und der Verwirrung durch täglich sich massenhaft mehrende Literatur heutzutage nicht viel Besseres ist, als wie sie zu Galens Zeiten war: ein mysterii plenum Organon» (Hyrtl).

23 Dieses *milt* hat sich in der englischen und dänischen Benennung der Milz unverändert

erhalten. Altfranzösisch: le mou, von mollis = weich (Hyrtl, Anatomie des Menschen, S. 730 ff.).

24 Gewöhnliche Kapillaren haben ein Lumen von 5–15 μ; hier handelt es sich um Bluträume von 80–150 μ Durchmesser; 1 μ = 1/1000 mm.

25 Im Zusammenhang mit dieser krankheitsüberwindenden Funktion hat der Pathologe Rössle die Milz geistvoll als «organgewordene Entzündung» bezeichnet.

26 Letterer schreibt unter dem Abschnitt Ontologie der Antikörper: «Aus den bisherigen Resultaten wird man annehmen müssen, daß zwar den undifferenzierten und wandlungsfähigen Zellen des histiozytären Systems eine beherrschende Rolle bei der Antikörperbildung zukommt, daß aber die Orte der Bildung je nach der Beibringungsweise und der Art des Antigens wechseln. Je nachdem sind Milz, Leber und Lymphknoten das generell vorhandene retikulohistiozytäre System und auch der Typ der Zellen verschieden beteiligt.» (Allgemeine Pathologie, S. 653 ff.) Immerhin spricht der Umstand der Milzreaktion bei allen allgemein infektiösen und konsumierend entzündlichen Krankheiten das besondere Wesen der Milz aus, zumal sie das vollkommenste retikulohistiozytäre Organ rein mesenchymaler Abkunft ist.

27 Welches zum Beispiel durch die Nahrung im Überschuß oder auch gelegentlich biologisch inaktiv in den Organismus gelangt sein kann.

28 «Die Bauchspeicheldrüse, Pankreas, hält in ihrem ... Baue den Typus der Speicheldrüsen ein, zählt also zu den zusammengesetzten acinösen Drüsen, mit länglichen, keulenförmig gestalteten Acini» (Hyrtl, Anatomie des Menschen, S. 728 f.).

29 Die anatomischen Bezeichnungen der Bauchspeicheldrüse, Caput und Cauda, gehen nur von der äußerlich aufgefaßten Form aus, ohne auf die Funktion und das Wesen des Organs in der Begriffsbildung einzugehen. Wir vermeiden es daher, von «Kopf» und «Schwanz» der Drüse zu sprechen.

30 «Aufregung, Ärger, Hetze ... dürften keine geringe Rolle spielen, so daß wir die Pankreopathien zu einem Teil vielleicht schon unter den Begriff der Zivilisationskrankheiten einordnen und auf diese Weise die Zunahme ihrer Häufigkeit erklären können» (Heinsen).

31 Durch die Mittelstellung des Geschmackssinns in der organischen Reihe der Sinnesorgane wird es verständlich, daß man in der Kunst bei der Beurteilung des Stils sich nicht auf eine bestimmte Sinnestätigkeit stützt, sondern im universellen Begriff von Geschmack spricht.

32 Die Aktivierung der Amylase erfolgt durch Chloride (Salzsäure) aus dem Magen (Kohlehydratverdauung) im Optimum bei pH 6,8; die Aktivierung des Trypsins durch die Enterokinase; für die Lipase wirkt unmittelbar die Galle.

33 Langerhans, Pathologe, 1847–1888.

34 Vgl. K. König: «Das System der Drüsen mit innerer Sekretion» (In Zeitschrift Natura, 2. Jahrg., Heft 7). Es handelt sich hier um einen Lichtätherstrom von oben und von unten.

35 Sowohl der Hypophysenvorderlappen als auch das Nebennierenmark lösen isoliert eine Glykosurie aus, jedoch mit dem Unterschied, daß das Adrenalin gleichsinnig mit den Glukagon-A-Organellen, das Hypophysenvorderlappenhormon jedoch hemmend und schließlich zerstörend auf das Insulin B-Zellsystem wirkt (Diabetes häufig bei Hypophysenüberfunktion – Akromegalie).

36 Bei den Tieren ist ein ständiger Umbau im Inselsystem festzustellen (Entstehen und Vergehen der Insel-Organellen A- und B-Zellen im Zusammenwirken der azinösen Pankreasteile, wobei immer eine Seite der Polarität überbetont wird!) Beim Igel ist der

rein quantitative Anteil nach Winterschlafzeit und Sommerwachzeit schwankend. A- zu B-Zellen im Wachzustand im Juni 1 : 3,3; Blutzucker 125 mg%; im Winterschlaf Dezember 1 : 6,2; Blutzucker 50 mg%.

[37] Was auch daraus hervorgeht, daß bei Vögeln nur mit extrem hohen Insulindosen überhaupt ein vorübergehender Einfluß auf den Blutzuckerspiegel möglich ist. Eine längere Hypoglykämie ist kaum zu erreichen. Bei Winterschläfern, z. B. beim Igel, kann man durch Insulingaben im Sommer und bei mäßiger Unterkühlung ohne weiteres einen künstlichen Winterschlaf hervorrufen.
Es sei hier noch auf eine Besonderheit des B-Zellensystems hingewiesen. In den B-Zellen findet sich das «Inselzink», das offenbar für die «Aktivierung des Insulins» eine bedeutsame Rolle spielt. Es wurde festgestellt, daß das Insulin mit dem Zink einen unlöslichen Komplex bildet. Das darüber hinaus vorhandene Zink verhindert ein Freiwerden von Insulin. Die im Blut vorhandene Glukose geht mit dem Inselzink eine lösliche Verbindung ein und setzt eine entsprechende Menge Insulin ins Blut frei. Soweit die bisher herrschende Anschauung. Die Frage ist nun, ob dem «Inselzink» wirklich «nur» eine Art zeitweilige Blockierungsfunktion für das Insulin zukommt oder ob es nicht vielmehr eine ähnliche Rolle spielt wie vergleichsweise das Eisen im Blut, d. h. daß es für das Ich als Katalysator bei der Zuckerverwandlung in Wärme wirkt. Überblicken wir die besonderen Eigenschaften des Zinks: metallisches Zink ist bei gewöhnlicher Temperatur ein grobkristallinisches, ausgesprochen sprödes Metall. Zwischen 100 und 150° C ist es jedoch sehr geschmeidig, um bei etwa 300° C wieder so brüchig zu werden, daß man es zu Pulver zerstampfen kann. Dieses Intervallphänomen – brüchig-geschmeidig-brüchig bei zunehmender Erwärmung – könnte einen Hinweis für die erwähnte katalysatorische Funktion sein.
Eine andere Eigenschaft ist sein gegenüber allen anderen Schwermetallen mit Abstand größter Ausdehnungskoeffizient. Ein drittes, nicht unwichtiges Verhalten ist die Tatsache, daß es in der Nähe des Siedepunktes an der gewöhnlichen Luft zu Zinkoxyd verbrennt (H. H. Vogel, Wala Schriftenreihe, ohne Datum, Die Bauchspeicheldrüse).

Kapitel VII
Der Bewegungsorganismus

[1] G. W. F. Hegel: «Naturphilosophie», S. 603: «Dies ist aber nur die äußere, d. h. gar keine Notwendigkeit. Die Ursache ist selber wiederum ein Ding, nach dessen Ursachen wieder zu fragen ist, und so fort, immer zu etwas anderem, in die schlechte Unendlichkeit, welche die Unfähigkeit ist, das Allgemeine, den Grund, das Einfache, welche die Einheit Entgegengesetzter ist und daher das Unbewegbare, das aber bewegt ist, zu denken und vorzustellen.»

[2] Vgl. E. Blechschmidt: «Vom Ei zum Embryo.» (4. Auflage).

[3] Weswegen Rudolf Steiner in seiner Sinneslehre häufig vom «Eigenbewegungssinn» spricht.

[4] Cicero: «Traum des Scipio.» Nach der Übersetzung von R. A. Schröder: «Daher – so geht es weiter in der Mahnung an den jüngeren Scipio: Rühre dich wohl und halte dafür, daß nicht du sterblich seiest, sondern dieser Leib. Denn du bist auch nicht der, den jenes Bild da vortäuscht, sondern wo jedermanns Geist ist, da ist jedermann. Nicht

in der Gestalt, auf die man mit den Fingern weisen kann. Wisse also, daß du ein Gott bist: wenn nämlich der ein Gott ist, der da lebt und empfindet, der da gedenkt und voraussieht, der diesen Leib, dem er zum Herrn gesetzt ist, so regiert, lenkt und bewegt wie jener höchste Gott die Welt» (hier Anschluß an unser Zitat).

5 Victor von Weizsäcker: Bewegung ein überräumlicher, überzeitlicher Prozeß. «Da es die Biologie mit Lebewesen zu tun hat, kennt sie kein System widerspruchsloser Aussagen, sondern sie muß einen Weg der Bemächtigung eigentümlicher, ja einmaliger Ereignisse und Wesen gehen. Die Gegenwart enthält ihre eigentliche Verwirklichung, aber doch nur als Gegenwart von aus Vergangenheit in die Zukunft durchgehenden Wesen. Diese Wirklichkeit spielt sich also *nicht im Raum* und in der *Zeit* ab, sondern sie läuft durch Raum und Zeit hindurch und besteht in diesem Durchgang und nicht im Darinenthaltensein» (Der Gestaltkreis, Leipzig 1943).

6 Bewegung pflanzlich-vegetativer Organismen erinnert an die Bewegungsart der vegetativen Organmuskulatur (glatte Muskelfasern). 1. Hierher gehört das einfache Strömen und Kreisen der Säfte in Pflanzen und niederen tierischen Organismen; Stoffwechselbewegungen (Assimilation, Dissimilation) – Bewegungen, die ohne deutlichen Rhythmus verlaufen. 2. Oszillationen (Eiweißpendelschwingungen). 3. Öffnen und Schließen der Blüten (Licht und Dunkelheit). 4. Falten und Spreiten der Blätter (Wärme, Kälte, Feuchte, Trockenheit). 5. Heliotropismus, Geotropismus. Alle diese «Bewegungsformen» sind keine eigenrhythmisch-intentionale Bewegungen, sondern unmittelbare Aktionen des Kosmos und mittelbare Reaktionen des Organismus.

7 Wohlbold: «Das Wunder des Instinkts.»

8 Vgl. Grimm: «Deutsches Wörterbuch.»

9 W. Holtzapfel: «Zur Heilpädagogik», «Raumesrichtungen der menschlichen Gestalt.»

10 Die Knochenbildung der Osteoblasten und Osteoklasten beim Knochenwachstum widerspricht dem funktionellen Geschehen aus dem «Flüssigen» heraus nicht.

11 R. Steiner: «Das Rätsel des Menschen, sein irdischer und sein kosmischer Ursprung» (GA 170, 272). – Hier wird eine Funktionsordnung der Gesamtorganisation des Menschen in ihrer kosmischen Bezogenheit angegeben: «Ersterbendes Leben» (Saturn); «Bewahrendes Leben» (Jupiter); Atmendes Leben (Mars); «Zirkulationsleben» (Sonne); «Stoffwechselleben» (Venus); «Bewegendes Leben» (Merkur); «Erneuerndes Leben» (Mond).
Diese Funktionsreihe liegt unserem Versuch zugrunde, Funktion und Gestaltung der Dreigliederung in ihrer gesamtorganischen Einheit zur Darstellung zu bringen.

12 Man denke auch an die «gerade und krumme Linie». R. Steiner in «Erziehungskunst, Methodisch-Didaktisches» (GA 294).

13 Rauber-Kopsch: «Lehrbuch der Anatomie des Menschen», Bd. I, S. 119 ff.: «Am Musculus errector spinae werden zwei, auch funktionell verschieden zu bewertende Teile unterschieden. Der laterale Trakt (Musculus sacrospinalis) erstreckt sich vom Becken bis zum Occiput und setzt sich aus langen Muskeln zusammen ... Der mediale Trakt (Musculus multifidus) liegt versteckter als der laterale ... und besteht aus einem medialen Teil mit Ursprung und Ansatz an den Dornfortsätzen und einem lateralen Teil, dessen einzelne Muskelindividuen schräg von den Quer- zu den Dornfortsätzen ausgespannt sind.
Beim Lebenden zeichnen sich die beiden vom Errector spini gebildeten kräftigen Muskelstränge als Längswulst zu beiden Seiten der Medianfurche des Rückens ab.»

14 V. Seelbach: «Das Schlüsselbein.» «Das Schlüsselbein eignet besonders dem Men-

schen und erreicht bei ihm seine differenzierteste Gestalt und reichste Funktion. Um es voll würdigen zu können, ist ein Blick auf seine Evolution ebenso nötig wie ein Vergleich seiner Bildung bei den Säugetieren.
Die Clavicula ist Bestandteil des Schultergürtels, der von den Amphibien bis zu den Vögeln mehr oder weniger fest zwischen Sternum und Wirbelsäule eingefügt ist. Er gliedert sich in einen dorsalen und einen ventralen Teil, der sich ventral weiter untergliedern kann (siehe Goodrich). Beide Teile gehen aus einer Ersatzknochen-Anlage hervor – dorsal: Scapula, ventral: Coracoid –; ihr fügt sich jeweils eine Deckknochen-Anlage an – dorsal: Cleithrum, ventral: Thoracale, bei den Säugern Clavicula genannt. – Die ventrale Verbindung zwischen Schultergelenk und Sternum wird bis zu den Vögeln vom Coracoid mehr oder weniger starr übernommen, während das Thoracale nur bei den flugtüchtigen Vögeln als Sonderbildung größere Bedeutung erlangt: Die proximalen Enden beider Knochen verschmelzen und bilden die Furcula, der eine abstützende Funktion bei den Flugbewegungen zukommt (‹Strebepfeiler›, Grau).
Bei den Säugetieren werden Bau und Funktion des Schultergürtels neu gegriffen: Mit der Verlagerung der Gliedmaßen unter den Rumpf rudimentiert die ursprüngliche Verbindung zum Sternum – Ausnahme beim Schnabeltier Ornithorhynchus – und wird zum Processus coracoideus des Schulterblatts. Bei Grab-, Kletter- und Flattertieren übernimmt die Clavicula in verschieden beweglicher Weise die Funktion des Coracoid; bei Läufern und Springern (z. B. Huf- und Raubtieren) unterbleibt ihre Ausbildung weitgehend. Bei Hund und Katze findet man an ihrer Stelle in einem Sehnenquerstreifen liegende Knochenspangen oder -plättchen, die keine Berührung mit dem Schultergelenk oder Sternum haben.
Der nur über Sehnen und Muskeln mit dem übrigen Skelett verbundene Schultergürtel der meisten Säuger eignet sich vorzüglich, um bei Lauf und Sprung die Körperschwere elastisch aufzufangen. Die Bewegungsmöglichkeit der Vordergliedmaßen ist hierauf jedoch weitgehend eingeschränkt, und bei vielen sind sogar einzelne Kopfbewegungen mit ihnen gekoppelt, z. B. das Kopfnicken des Pferdes beim Gehen. Die anatomische Untersuchung (Abb. 1) zeigt, daß ein Teil des M. deltoideus (M. cleidobrachialis) an dem Schlüsselbein-Sehnenstreifen mit einem Teil des M. cleidomastoideus verbunden ist. Dadurch können viele Huf- und Raubtiere nur bei festgestellter Gliedmaße Kopf und Rumpf bewegen und nur bei festgestelltem, erhobenem Kopf die Gliedmaße nach vorn bringen.
Beim Menschen befreit das Schlüsselbein die Kopf- von der Armbewegung. Letzterer schenkt es den vollen Bewegungsreichtum, z. B. ermöglicht es die große Drehbewegung des Oberarms. Außerdem fixiert es die Lage des Schultergelenks in der Rückenebene des Brustkorbs, wodurch der Bewegungsspielraum der Arme, z. B. gegenüber dem der Affen (Abb. 2), weiter gesteigert wird.
Die aufrechte Gestalt ermöglicht es dem Menschen, Überblick und Distanz zur Welt zu gewinnen; Freiraum und Eigenständigkeit der Armbewegung begaben ihn, seine Abhebung von der Welt tätig zu überwinden.»
Literatur: H. Grau in Ellenberger-Raum: «Handbuch der vergleichenden Anatomie der Haustiere», Berlin, 18. Aufl. 1943. – E. S. Goodrich: «Studies on the Structure and Development of Vertebrates», London 1958. – A. Portmann: «Einführung in die vergleichende Morphologie der Wirbeltiere», Basel, 2. Aufl. 1959. – A. S. Romer: «Vergleichende Anatomie der Wirbeltiere», Hamburg 1959. – A. H. Schultz: «Die Primaten», in: «Die Enzyklopädie der Natur», Bd. 18, Lausanne 1972.
15 R. Steiner: «Pädagogischer Ergänzungskurs», GA 302 2. Vortrag: «Das Urteilen ist

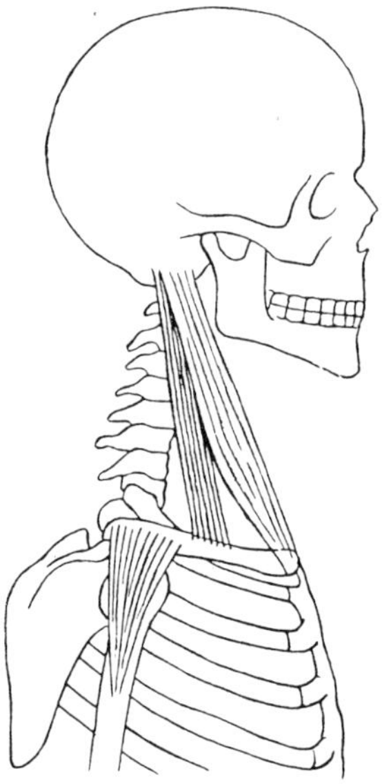

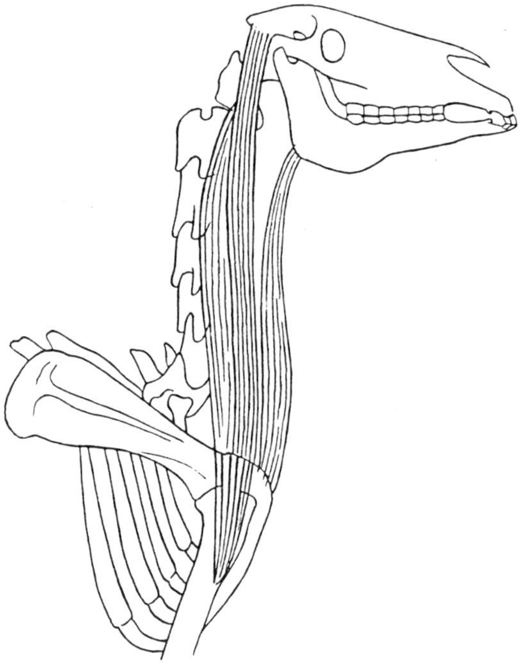

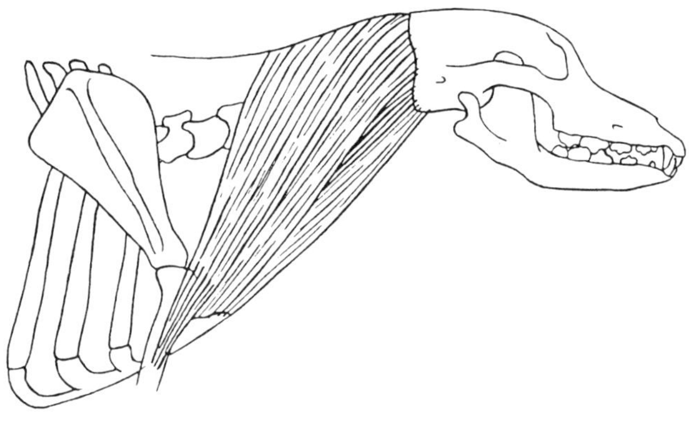

eigentlich gebunden an den mittleren Organismus und namentlich an die Arme und Hände. Vorstellen tun wir mit dem Kopf... Sie können sich sagen: der mittlere Organismus ist eigentlich dazu da, die Gefühlswelt zu vermitteln, das ist im wesentlichen der Sitz des rhythmischen Organismus des Menschen. Das Urteilen hat doch eine tiefe Verwandtschaft mit dem Fühlen... Wenn wir ein Urteil fällen, dann haben wir das Gefühl der Bejahung und Verneinung... Nun ist beim Menschen, weil er vorzugsweise ein urteilendes Wesen sein soll, sein Organismus in Einklang gebracht mit dem rhythmischen Organismus, aber zu gleicher Zeit von dem fortdauernden rhythmischen Organismus befreit. So haben wir... in der Verbindung zwischen rhythmischem Organismus und dem befreiten Armorganismus, physisch-sinnlich ausgedrückt, die Art, wie das Gefühl zusammenhäng mit dem Urteil.»

[16] R. Steiner: «Allgemeine Menschenkunde» (GA 293); «Menschenerkenntnis und Unterrichtsgestaltung» (GA 302).

[17] R. Steiner: «Sprachgestaltung und Dramatische Kunst.» G. Husemann: «Beiträge zu einer Erweiterung der Heilkunst nach geisteswissenschaftlichen Erkenntnissen» (29. Jg., Heft 3, 1976): «Untersuchung zur Sprachentwicklung in Abhängigkeit von der Fingerbeweglichkeit des Kindes» (Bericht über eine Arbeit von Prof. M. Kolzowa).

[18] Schon beim Embryo sind die Beugestellungen der Arme und Hände für den Menschen besonders charakteristisch (Blechschmidt).

[19] Benninghoff: Das Heben der Arme gehört zur «Streckfunktion», das Senken zur Beugefunktion. – «Obwohl das Senken des erhobenen Armes allein durch die Schwerkraft bewirkt werden kann, ist doch die Arbeitsfähigkeit der Senker aus der reinen Seithebung mehr als doppelt so groß wie die der Heber. Auch das Rückführen des Armes aus der Vorhebung kann durch Muskeln geschehen, deren Arbeitsleistung doppelt so groß ist wie die der Antagonisten. Es entfalten also wie beim Bein die Muskelgruppen die größte Arbeitsleistung, die die Gliedmaßen aus der erhobenen, abducierten Lage in die Grundstellung zurück führen. Die Kraftentfaltung ist somit bei den Bewegungen am größten, bei denen die Arme auf den Körper zu bewegt werden und etwas an den Körper heranziehen oder bei denen der Rumpf gegen die fixierten Arme bewegt wird... Das Übergewicht der Armsenker über die Armheber wird verständlich, wenn man die einseitige und willkürliche Betrachtung des frei bewegten Armes verläßt und jene Bewegungsakte berücksichtigt, bei denen das Ende der Gliederkette fixiert ist und der Körper gegen den Arm zu bewegt wird. Schließlich sei bemerkt, daß aus der Grundstellung heraus die Einwärtskreiseler über die Auswärtskreiseler das Übergewicht haben, so daß der frei herabhängende Arm in leichter Pronationsstellung gehalten wird... Ferner kann der gebeugte Unterarm durch die Oberarmdrehung mit größerer Kraft auf den Körper zu als von ihm weggeführt werden. Auch hier kehrt dieselbe Regel wieder, daß die Bewegungen des Armes auf den Körper zu mit größerer Kraft ausgeführt werden als die entgegengesetzten, obwohl diese letzten gegen die Schwere erfolgen» («Anatomie» I, S. 254, Aufl. 1939).

◀ Abb. 160: Die Muskeln der Schultergliedmaßen bei Mensch, Pferd und Hund. Man beachte die bei den Tieren – im Gegensatz zum Menschen – rudimentäre Ausbildung des Schlüsselbeins. (Nach H. Braun, Handbuch der Anatomie der Haustiere, hg. von Ellenberger/Baum, 18. Aufl., Berlin 1943.)

[20] Vgl. Benninghoff.

[21] Fr. Graf v. Bothmer: «Gymnastische Erziehung.»

[22] Dietrich Starck: «Embryologie»: «Jeder Somit differenziert sich in Myotom, Sklerotom und Dermatom. Die Zahl der Somiten ist beim menschlichen Embryo größer als die Zahl der Wirbelsegmente. (3) 4 Occipitalsomite – (7) 8 Cervicalsomite – 12 Thoracalsomite – 5 Lumbalsomite – 5 Sacralsomite – 8 – 10 Caudalsomite.»

[23] Das Stratum lucidum der Haut zeigt noch in der späteren Lebenszeit diesen Entwicklungszustand.

[24] Schon von dieser Gegebenheit her ist es daher verfehlt, bei der Muskulatur den Begriff der «Zelle» zu verwenden. Es ist charakteristisch, daß man selbst bei voll ausgebildeten Muskeln nicht eigentlich von Zellen sprechen kann, sondern vielmehr dem Phänomen des Bewegungsorgans gemäß allgemein mehr von «Muskelfasern» spricht. Muskelfasern können ganze Faserströme bilden, die miteinander zu spindelförmigen Einheiten wie in einem Wellenfluß vereint bleiben; wie sich der Muskel in seiner Ganzheit ja auch makroskopisch als «Welle» oder «Woge» unserem Auge darstellt. Von Muskelzellen zu sprechen ist vom Phänomen her unsachgemäß, da der Begriff der Zelle Form, Abgeschlossenheit, ja oft sogar Starrheit involviert, während muskuläre Gestaltungen von ihren Kräfteströmungen, von ihrer Dynamik und Elastizität herrühren (vgl. Hueck: «Morphologische Pathologie», Leipzig 1937, S. 22 und unser Kapitel «Leben und Gestalt»).

«Hier finden sich ganze Faserströme, Flüsse und Wirbel, die in ihrer Gesamtheit als Muskeln über gemeinsame rhythmische Elastizität in Spannungs- und Lösungsbewegungen verfügen. Die Muskelfaserfibrillen bilden häufig untereinander netzförmig fließende Verbindungen (Synzytien), durch die das Myoplasma frei zu strömen vermag. Diese Synzytien sind vor allem bei Eingeweidemuskeln weit verbreitet (flächenhaft ausgebreitete Muskelgeflechte).

Für die Körperbewegungsmuskulatur sind jedoch die reinen Spindelformen, die sich an die Körper- und Gliedmaßenachsen anschließen, charakteristisch.»

[25] Für das Verständnis dieser Gegebenheiten ist die Identität des Klangäthers mit dem chemischen – dem Flüssigkeitsäther wesentlich. Das periodische System der Elemente erscheint als «Harmonielehre» des Klangäthers. Vgl. Bindel-Blickle: «Zahlengesetze in der Stoffeswelt...» (Privatdruck).

[26] R. Steiner: «Meditativ erarbeitete Menschenkunde»: «Die musikalischen Kräfte sind mehr aus der äußeren Welt, aus der außermenschlichen Welt, aufgenommen... Durch alles, was in der Natur vor sich geht, geht ja eine geheimnisvolle Musik, die irdische Projektion der Sphärenmusik. In jeder Pflanze, in jedem Tier ist eigentlich ein Ton der Sphärenmusik inkorporiert, das ist auch in bezug auf den menschlichen Leib der Fall» (GA 302 a).

[27] Vgl. «Gestaltkreis» (Weizsäcker).

[28] R. Steiner: «Die Gliedmaßen sind wie eingesetzt.» Vgl. «Erziehungskunst, Methodisch-Didaktisches» (GA 294).

[29] Haben die eigenständigen Mesenchyminseln der Glieder vielleicht sogar etwas mit der pathologischen Form der Myopathien mit peripherem Muskelschwund zu tun, die ja oft nur vom Fuß bis zu den Knien reichen, bzw. bis zu den Oberarmen? Die Glieder bilden sogar ein «selbstdifferenzierendes System», das sich unabhängig von den nervlichen Zentren entwickelt. Man hat hier ganz erstaunliche Tatsachen gefunden: Wenn Gliedknospen von Embryonen verpflanzt werden, ehe Nervenfasern in sie eingewachsen sind, dann differenzieren sich die Gliederenden dennoch normal! Ja sogar

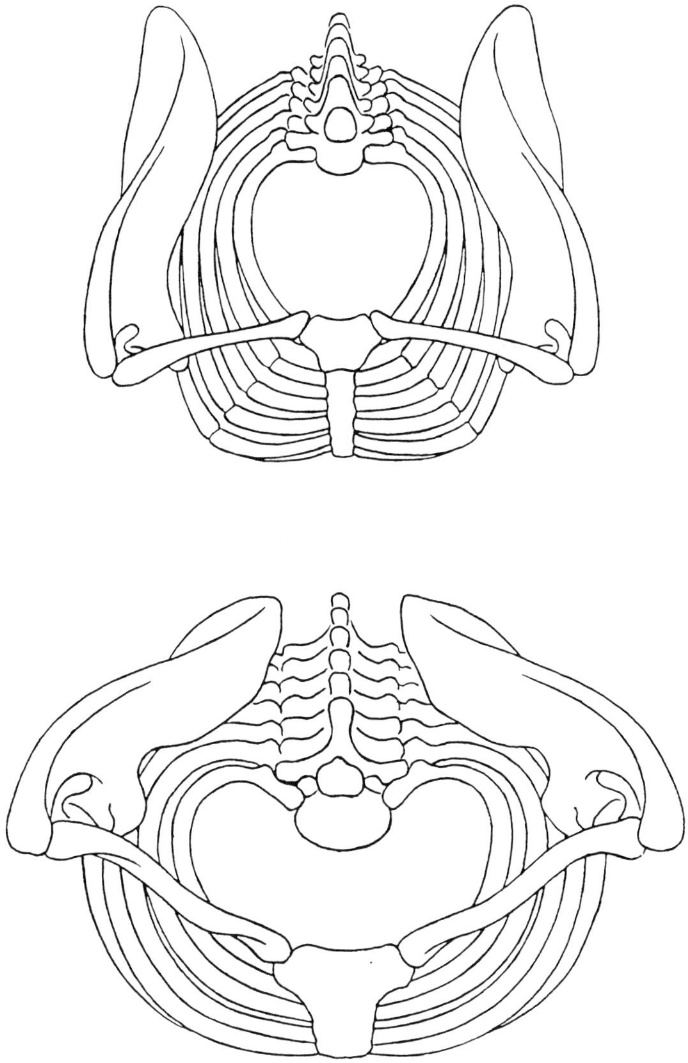

Abb. 161: Brustkorb und rechter Teil des Schultergürtels bei Menschen (unten) und Affe (oben). (Nach A. H. Schultz, Die Primaten, in: Die Enzyklopädie der Natur, Band 18, Lausanne 1972.)

wenn Ursegmente (mesenchymale Substanz, die den Gliedknospen zugrunde liegt) zerstört oder entfernt werden, so entwickelt sich dennoch die Muskulatur des betroffenen Gliedes in seiner gewöhnlichen Weise. Es bleibt noch die Frage, ob das Mesoderm der Gliedknospe fähig ist, eine eigengesetzliche Differenzierung zu bewirken, oder ob sogar das darüberliegende Ektoderm maßgeblich in den Prozeß der Gliedmaßeneinstrahlung und -einformung einbezogen ist. Dies ist ja bei den Zähnen der Fall, die wir an den Gliedmaßen des Schädels als die periphersten Glieder durchaus in Analogie zu Fingern und Zehen entstanden denken können. Vom Ektoderm aus senkt sich die Zahnleiste, eine einfache Verstärkung des Mundepithels, in das tieferliegende Mesoderm ein und gliedert sich dabei bis zur Ausbildung der Zähne, die man als radial vereinfachte, extrem sklerotisierte «Eingliederungen» auffassen kann, die wie in funktionslosen Gelenken in ihre Alveolen eingefügt sind.
Bei Markierungsversuchen an Hühnerembryonen und Amphibienlarven hat es sich gezeigt, daß der aktivste Wachstumsteil eines Gliedkeimes seine äußerste Peripherie ist, also nicht seine Wurzelzone. Gliedmaßen wachsen und gliedern sich also von außen nach innen und gewinnen erst zuletzt Anschluß an das Rumpfskelett, an Schulter- und Beckengürtel. Der Bewegungsorganismus hat seine eigene kosmische Dynamik. Auch das Kreislaufgeschehen, die kapillare Venenperipherie und die umkreisbildende Lymphströmung müssen hier mitbetrachtet werden, wenn das Wesen einströmender, ernährender, bewegender und Willen anfachender Kräfte aus dem «Umkreis» verständlich werden soll.

[30] Die Entwicklungsstörung der Dysmelie legt diesen Tatbestand durch den pathologischen Befund offen. Die Hand ist gegebenenfalls schon vollkommen ausgebildet, während Unterarm und Oberarm in Folge der Schädigung (Kontergan) nicht mehr zur Entwicklung kommt. Blechschmidt hat die Ausgestaltungsfolge der Gliedmaßen von der Peripherie gegen das Leibeszentrum hin zuerst genauer beschrieben.

[31] Viszerale Muskulatur entsteht aus nicht segmentiertem Mesoderm der Splanchnopleura (Starck, Embryologie, 1955, S. 585).

[32] Querstreifung des Muskelgewebes kommt also bei somatischer, wie bei viszeraler Muskulatur vor – bestimmend ist letztlich die Funktion (Benninghoff, siehe allgemeine Muskellehre, S. 89 ff.).

[33] «Die genetisch-morphologische Eingruppierung der äußeren Augenmuskeln ist bisher nicht mit Sicherheit möglich, denn diese Muskeln entstehen aus lokalisierten mesenchymatischen Anlagen in einem Körperabschnitt, in dem echte Somiten nicht vorkommen, andererseits aber auch kein Coelom auftritt. Ihre histologische Struktur ist nach dem Gesagten kein Wegweiser für ihre genetische Deutung. Auch die Innervation läßt in diesem Fall keine Deutung zu, denn die Augenmuskelnerven sind weder mit Sicherheit den Spinalnerven noch den Branchialnerven homologisierbar. Ihr histologischer Aufbau aus quergestreiften Muskelfasern ist aus ihrer Beziehung zur Umwelteinstellung (Blickorientierung) zureichend erklärt. Die Muskulatur der Iris (musculi sphincter und dilatator pupillae; siehe S. 417) und die Muskulatur der apokrinen Hautdrüsen (myoepitheliale Elemente) entstehen aus dem Ektoderm. Diese Muskulatur ist bei Säugetieren aus glatten Muskelzellen aufgebaut. Beim Vogelauge kann die Irismuskulatur jedoch auch aus quergestreiften Muskelfasern bestehen» (Dietrich Starck: «Embryologie», S. 606).

[34] «Haltung» ἕξις wurde im Altertum der Ordnungscharakter der physisch-materiellen Welt bezeichnet: «Überhaupt wird uns die Haltung (ἕξις) als das Feststehende, Ausdauernde im Vergleich mit der wandelbaren Affektion (διάθεσις) der Dinge bezeich-

net. Sie ist das feste Band, welches die Körperlichkeit zusammenhält, ... ja die Kraft, welche jedem Körper seine eigentümliche Form gibt, so daß nichts Körperliches ohne Haltung gedacht werden kann (G. H. v. Schubert, «Geschichte der Seele», Anm. zu § 5).

[35] Benninghoff: «Über das Mienenspiel der Gesichtszüge» in Anatomie des Menschen, Bd. I., S. 511.

[36] «Es muß bedacht werden, daß die bewegte und gefaltete Gesichtshaut nur die Oberfläche des Gesichts darstellt, das unter der Haut noch einen gestalteten Untergrund besitzt. Diese Gestalt verkörpert einen bestimmten Baustil, der selbst schon einen seelischen Stil zum Ausdruck bringt. Erst auf dieser Grundlage erhebt sich der Gebrauch der Gesichtszüge in der Mimik – und wir pflegen meist die Form des Gesichtes zusammen mit der mimischen Haltung der Gesichtshaut als den Gesichtsausdruck zu bezeichnen; ohne zwischen der Grundgestalt und dem mimischen Ausdruck zu unterscheiden. Dabei wird die Annahme gemacht, daß zwischen Baustil und Bewegungsstil Einklang bestehe» (Benninghoff: «Anatomie» I, S. 514).

[37] Kongruenz des Bewegungsrhythmus und des Herzrhythmus. Vgl. Zink: «Sehen und Bewegen», in: «Der Beitrag der Geisteswissenschaft zur Erweiterung der Heilkunst», Bd. I, Dornach 1950.

[38] Vgl. Dietrich Starck: «Embryologie», S. 529, Abb. 486.

[39] Vgl. Dietrich Starck, ebenda.

[40] Auf diese Zusammenhänge hat Karl König zuerst hingewiesen: Siehe den Aufsatz «Das logogenetische Grundgesetz» in der Zeitschrift «Natura», 1928/29, 3. Jahrg.

[41] «Die Vokalismuskulatur zeigt auch histologisch Besonderheiten, die wahrscheinlich durch ihre herkunftsgemäße Beziehung zur Herzmuskulatur erklärt werden können. Sie soll sich auch physiologisch von der viel schneller ermüdbaren Skelettmuskulatur unterscheiden» (Benninghoff: «Anatomie» I, 1. Aufl., S. 190).
Dazu auch: «Herzmuskel und Kehlkopfmuskulatur»; in «Die Gewebe», vierter Teil: Gewebe und Systeme der Muskulatur; bearbeitet von Gösta Häggqvist. Handbuch der mikroskopischen Anatomie. Berlin, Göttingen, Heidelberg 1956.

[42] Hier ist noch einmal daran zu erinnern, daß die Skelettsubstanzverdichtung ungewöhnlich spät entsteht, im Gegensatz zu allen Weichteilen und vor allem der Muskulatur.

[43] Benninghoff spricht von der Verschiebungs-Beweglichkeit der «inneren Gelenke» des «bindegewebigen Skeletts». «Anatomie» I., 1. Aufl., S. 87.

[44] Bei niederen Organismen führt eine Erhöhung der Wärme um 10° zu einer Verdoppelung der Wachstumsgeschwindigkeit.

[45] Pflanzen in ihrer vorwiegenden Ätherität sind dagegen einseitig endotherm organisiert; Tiere nach Maßgabe ihrer Astralität exotherm. Hierzu kommt noch die «Stenothermie» der Meerestiere – Leben mit der Temperatur des umgebenden Elementes (Isothermie). Wechselwarme, einfach organisierte Landtiere (Poikilothermie), Heterothermie der Übergangsformen. Selbstregulatorische Eigenwärme der höheren Wirbeltiere. Euthermie = höchste Stufe = Wärmekonstanz.

[46] Meteorisches Eisen: Wir gebrauchen diesen Ausdruck in Nachfolge G. H. von Schuberts, der die Beziehung des Bluteisens zur Atmung über den bloß chemischen Aspekt der beiden Eisen-Sauerstoff-Verbindungs-Möglichkeiten (fero-feri = Eisen) hinaus damit im Sinne eines kosmischen Substanzprozesses charakterisieren wollte (vgl. das Kapitel: «Die Atmung», Geschichte der Seele, S. 91 ff.)

[47] Im Lehrbuch der Anatomie von Rauber-Kopsch (20. Auflage) sind hierzu folgende Zahlen angegeben:

Auf 1 mm^2 Muskulatur kommen beim Pferd 1400, beim Hund 2600 Kapillaren. Die Gesamtlänge der Muskelkapillaren beim Menschen wird auf 100 000 km, die Gesamtoberfläche auf 6300 m^2 geschätzt (Bargmann).

48 Wärme und Bewegungsphasen nach A. Bleichert in «Landois-Rosemann» Physiologie: Im Bestreben, die Phänomene dem Bewegungs- und Wärmephänomen im Dienste möglichster Anschaulichkeit einzugliedern, habe ich die Wärme und Bewegungsphasen, wie sie A. Bleichert in «Landois-Rosemann» angibt, unter Beibehaltung der Reihenfolge unter menschenkundlichen Gesichtspunkten und nach der qualitativen Bedeutung der Phänomene zu gliedern gesucht.
Wo Bleichert von *Initialwärme* spricht, möchte ich diesen Begriff nur für die «*Aktivierungswärme*» anwenden, «die schon vor dem Beginn der *mechanischen* Ereignisse der Muskelkontraktion einsetzt...» und die Wärme, die die Muskelkontraktion begleitet als Arbeitswärme, als mittlere Phase des Wärmeflusses hervorheben, der dann die dritte Phase als Erholungsphase (wie bei Bleichert) folgt.
Für den genauer Interessierten gebe ich die Bleichertsche Darstellung im Auszug, da sie Anregungen für weitere Studien über Wärme und Bewegung geben kann:
«Für das Studium der Energiefreisetzung im Muskel ist der Nachweis des zeitlichen Ablaufs der Wärmebildung während der Kontraktion unerläßlich. Dieses ungewöhnlich schwierige experimentelle Problem ist im Wesentlichen von A. V. Hill und seiner Schule bearbeitet und für den Skelettmuskel gelöst worden... Als Ergebnis solcher Untersuchungen haben sich *zwei verschiedene Phasen der Wärmebildung ergeben*:
1. die mit der Kontraktion verbundene initiale Wärme,
2. die nach der Beendigung der mechanischen Ereignisse auftretende Erholungswärme.
Die initiale Wärme beginnt bereits in der Latenzzeit(!) Die weitere Analyse der initialen Wärme erfordert vor allem eine Berücksichtigung der Arbeitsbedingungen des Muskels, denn die gesamte Wärme ist bei einer isotonischen Kontraktion unter sonst gleichen Bedingungen größer als bei einer isometrischen. Bei einer isometrischen Kontraktion (Anspannung und Erschlaffung) ist die initiale Wärme aus drei Anteilen zusammengesetzt:
1. Aktivierungswärme, die von Hill dem Energie liefernden Fundamentalvorgang zugeordnet wird und die unabhängig ist von den Spannungsänderungen;
2. mechanische Verlustwärme, durch innere Dehnung und Entdehnung;
3. Verkürzungswärme, die (unabhängig von der Belastung) der Verkürzung der kontraktilen Elemente parallel geht. Sie beträgt am Froschmuskel pro Zentimeter Verkürzung 0,008 cal/cm^2. Bei einer isometrischen Kontraktion fehlt die mechanische Verlustwärme durch Dehnung der elastischen Elemente. Dafür ist aber die Verkürzungswärme entsprechend der stärkeren Verkürzung der kontraktilen Elemente größer, so daß die gesamte initiale Wärme die der isometrischen Kontraktion übertrifft.
Die gesamte initiale Wärme einer Kontraktion beträgt rund 0,003 cal/g Muskel.
Da die Bildung der initialen Wärme weder durch Sauerstoffmangel noch durch Hemmung der Glykolyse beeinflußt wird, kann sie nicht auf Oxydation oder glykolytischen Prozessen beruhen. Für unsere Darstellung ergibt sich also, daß die Aktivierungswärme (Hill), d. h. die Initialwärme und die Arbeitswärme (Verkürzungswärme, Bleichert) – der aufbauend-ätherischen Seite des Gesamtgeschehens zugerechnet werden muß.
An die Kontraktion, besonders deutlich nach einem Tetanus (anhaltende Verkürzung des Muskels, wenn ihn zahlreiche rasch folgende Reize treffen), schließt sich die

zweite Phase der Wärmebildung an (bei unserer Darstellung also die dritte). Diese Erholungswärme ist um so größer, je länger der Tetanus gedauert hat.
Die Bildung der Erholungswärme muß ausschließlich chemischen Prozessen zugeschrieben werden. Sie ist daher in hohem Maße von der Sauerstoffversorgung abhängig.
Da im Verlauf der Erholungsprozesse nicht nur exotherme, sondern auch endotherme chemische Reaktionen ablaufen, ist die jeweils gemessene Wärmebildung die Summe der von den chemischen Reaktionen gebildeten und verbrauchten Wärmemengen usw....
Diese (Erholungs-)Phase der Wärmebildung kann nur zu einem kleinen Teil auf glykolytischen Prozessen beruhen, denn sie ist auch noch bei Hemmung der Milchsäurebildung nachweisbar. Bei genügender Sauerstoffversorgung wird in der Erholungsphase erheblich mehr Wärme gebildet als unter anaeroben Bedingungen (aerobe Erholungswärme). Auch dauert die aerobe Wärmebildung wesentlich länger an. Bei ausreichender Sauerstoffversorgung geht die Bildung der Erholungswärme der Sauerstoffaufnahme parallel. Das Verhältnis der von einem Muskel gebildeten initialen Wärme zur Erholungswärme ist nicht konstant. Bei Einzelzuckungen liegt es nahe bei eins. Die Erholungswärme ist also etwa gleich der initialen Wärme. Bei tetanischen Kontraktionen nimmt aber die Erholungswärme stärker zu als die initiale Wärme.»
Wesentlich zur Ergänzung unserer Ausführungen sind auch die weiteren Darstellungen bei «Landois-Rosemann», Lehrbuch der Pysiologie des Menschen, Bd. 2, S. 488 ff.

49 Es wird hier an die Sinneslehre Rudolf Steiners angeknüpft. Wesentliche Anregungen bei V. von Weizsäcker, «Der Gestaltkreis», Theorie der Einheit von Wahrnehmen und Bewegen.

50 Rudolf Steiner: «Exkurse in das Gebiet des Markus-Evangeliums»:
«Die motorischen Nerven sind auch Empfindungsnerven; nur sind sie dazu da, die entsprechenden Bewegungen in den Muskeln selbst zur Empfindung zu bringen. Es wird gar nicht viel Zeit dazu gehören, so werden die Menschen es einsehen, daß der Muskel allerdings nicht in Bewegung gebracht wird durch Nerven, sondern daß er in Bewegung kommt durch unseren astralischen Leib..., was in diesem zunächst nicht unmittelbar so wahrgenommen wird, wie es ist. Denn das ist ein Gesetz, daß das, was wirken soll, nicht unmittelbar wahrgenommen wird... Und daß wir etwas von unseren Muskelbewegungen kennen, dazu haben wir die motorischen Nerven, wie man sie unrichtig nennt... Dies ist jedoch nur eine Art von solchen Wahrheiten, die immer mehr und mehr die Menschen davon überzeugen werden, daß der Mensch wirklich ein geistiges Wesen ist, wirklich eingesponnen ist in die Weltensphärenharmonien, bis in seine Muskeln hinein... Gerade wie der Ton in einer gewissen Beziehung in eine höhere Sphäre heraufkommt, wenn er aus dem musikalischen Ton zum menschlichen gesprochenen Wort wird, so ist es auch im Weltenzusammenhange: Die Sphärenharmonie wird etwas Höheres, wenn sie zum Weltenwort, zum Logos wird... Und wenn die Menschen... sich als Geistwesen kennengelernt haben, werden sie nicht mehr an der Phantasterei festhalten, daß die Muskeln durch die motorischen Nerven in Bewegung kommen, sondern sie werden erkennen, daß die Muskeln aus der persönlich gewordenen Sphärenharmonie heraus bewegt werden.»

51 Faust wird der raum-zeitlichen Welt entrückt: «in der Gebilde losgebundne Reiche»... «Gestaltung, Umgestaltung, des ew'gen Sinnes ew'ge Unterhaltung».

52 Rudolf Steiner bezeichnet das rhythmische System als den Arzt in uns,... harmoni-

sche Durchdringung der Wesensglieder («Weltenwunder, Seelenprüfungen und Geistesoffenbarungen», GA 129).

53 R. Steiner: «Die sieben Lebensstufen», siehe in GA 208, Vortrag vom 29. 10. 21.

54 Denervierte Muskulatur fällt infolge ausfallender trophischer Funktionen, die der Nerv ebenfalls vermittelt, auf einen primitiven Zustand zurück, der zwar keine organgerechte Muskelfunktion, aber in den Muskelfibrillen noch immer «Spontankontraktionen zu vollziehen vermag» (Hinweis von Prof. H. Hensel, Marburg).

55 Rudolf Steiner charakterisiert die Vereinigung von Blut und Nerv als das Wesen des «*Sinnesorgans*».

56 H. J. Scheurle: «Die Überwindung der Subjekt-Objektspaltung in der Sinneslehre.» Marburg 1976.

Kapitel VIII
Die Temperamente

1 Das sanguinische Temperament hätte insofern auch an erster Stelle in unserer Reihenfolge stehen können, wir hätten uns nur damit den Weg für das Verständnis des Organisch-Ätherischen erschwert. Caroline von Heydebrand beginnt in ihrem Buche «Vom Seelenleben des Kindes» mehr vom seelischen Gesichtspunkt aus mit vollem Recht mit dem sanguinischen Temperament.

2 Es wurde bereits auf die vier Ätherarten hingewiesen. Hier handelt es sich um den Lichtäther im Menschen.

3 Im physischen Leib wirkt von den Ätherarten am meisten der Lebensäther.

4 Pais παῖς = Knabe; aber auch als Paidaia = das Kindesalter, das das Mädchen mit einschließt; παιδαγωγία = Erziehung.

5 Diese Melancholie des Kleinkindes erscheint fast regelmäßig als Phänomen des Hospitalismus, als Folge fehlender Mutterliebe oder als Folge übermäßiger früher seelischer Überforderung des Kindes, wobei die leibliche Entwicklung zurückbleibt.

6 Eine vierte Möglichkeit der menschlichen Lebensäußerung, die aber nicht als echtes Temperamentsbild gezählt werden sollte, erscheint in der Krankheit, beim «Versagen der Person» als reine Bestimmtheit des Menschen aus der Leiblichkeit.

7 Rudolf Steiner weist auf diese Zusammenhänge in vielen pädagogischen Vorträgen hin.

8 Die Hülsenbeckschen Kinder von Philipp-Otto Runge.

9 Vgl. W. Holtzapfel: «Krankheitsepochen der Kindheit», Jugendbiographie des jungen Novalis und der «schönen Seele» in Goethes Wilhelm Meister.

10 Natürlich findet sich in der Erfahrung auch das Bild des phlegmatischen Knaben oder das Bild des melancholischen Mädchens – wie umgekehrt des sanguinischen Backfisches und des cholerischen Flegels –, aber diese Temperamente stützen sich dann auf eine individuelle Konstitution, die auch für das spätere Leben von Bedeutung bleibt, weniger auf die hier als Grundlage der Betrachtung gewählten Funktionen der Wesensglieder, die das Allgemeingültige sind.

11 Aus Goethes Briefwechsel mit Zelter; Bd. II, S. 246.

12 G. H. v. Schubert, in «Geschichte der Seele»: «... das phlegmatische Temperament, welches öfters die Sinnesart des höheren Alters zu sein pflegt.» (S. 146 f.).

[13] Der ganze Organismus wird im späteren Alter von den Kopfkräften erfaßt. Vgl. die Schilderung des greisenhaften Atemtypus, wie auch alle Wandlungen gerade im Bewegungs-, Ernährungs- und Generationssystem.

Kapitel IX
Mensch und Tier

[1] In diesem Zusammenhang ist es immerhin von Interesse, daß z. B. das Gehirn des Delphins sowohl der Form nach als auch im Hinblick zu seiner Masse im Verhältnis zum Gesamtkörpergewicht den menschlichen Verhältnissen sehr nahe kommt und doch nur zu einem ganz geringen Teil funktionell in Anspruch genommen wird. Der Mensch allein ist in der Lage, jene Bezirke in Funktion zu nehmen, die beim Delphin offenbar brachliegen.

[2] Die vorangegangene Anschauung von Mensch und Tier findet ihre volle Bestätigung durch die vergleichende Embryologie. In seinem Buch «Mensch und Tier» hat. H. Poppelbaum schon 1928 darauf hingewiesen, daß die menschliche Keimesentwicklung eine Erinnerung, ein dynamisches Bild der kosmisch-tellurischen Bildung darstellt.

[3] Am Beispiel der Ausbildung des Gebisses (Milchgebiß und bleibendes Gebiß) und der Keimdrüsen weist Poppelbaum auf die unterschiedliche Entwicklungsdynamik von Mensch und Tier hin: Beginn des Zahnens bei den meisten Säugern bereits im Mutterleib und pausenloser Übergang zum bleibenden Gebiß, z. B. beim Affen im zweiten Lebensjahr. Funktionsbeginn der Keimdrüsen im fünften Lebensjahr bei den Anthropoiden. Zahnen beim Menschen dagegen erst in der zweiten Hälfte des ersten Lebensjahres; Abschluß des Milchgebisses im dritten Lebensjahr; Pause bis zum sechsten Lebensjahr; Ausbildung des bleibenden Gebisses vom sechsten (siebenten) Lebensjahr bis zum zehnten; Funktionsreife der Keimdrüsen im vierzehnten Lebensjahr. (Auf das Problem der Akzeleration in jüngerer Zeit kann hier nur hingewiesen werden.) (Vgl. Kap. Zahnbildung – Zahnwechsel, Teil I, S. 141 ff.)

Kapitel X
Dreigliederung

[1] Johann Nikolaus Tetens (1736–1807): «Er kam bei seinen Forschungen über die Seele zu einer Unterscheidung der Seelenfähigkeiten, welche gegenwärtig in das allgemeine Bewußtsein übergegangen ist: Denken, Fühlen und Wollen. Vorher unterschied man nur das Denk- und das Begehrungsvermögen» (R. Steiner: «Rätsel der Philosophie» Bd. I, S. 106).

[2] Dies geschah schon in seiner «Philosophie der Freiheit», die er auch «seelische Beobachtungsresultate nach naturwissenschaftlicher Methode» genannt hat, vor allem aber dann in seinem ganzen anthroposophischen Lebenswerk.

[3] Biographischer und bibliographischer Abriß der Goethestudien Rudolf Steiners:
Rudolf Steiner kam bereits als Student der Technischen Hochschule in Wien 1879, also achtzehnjährig, durch Karl Julius Schröer mit dem Werk Goethes in Berührung. Durch eigene Studien in Optik, Botanik und Anatomie (dieses Fach hörte er bei Hyrtl)

«entdeckte» er Goethe als Naturforscher. 1883 (zweiundzwanzigjährig!) wurde er auf Empfehlung Schröers dazu berufen, innerhalb der «Deutschen Nationalliteratur» die Herausgabe von Goethes Naturwissenschaftlichen Schriften mit ausführlichen Einleitungen und Kommentaren zu besorgen. Auf Grund dieser Arbeiten wurde er 1889 zur Mitarbeit an der großen Weimarer Sophienausgabe nach Weimar ans Goethearchiv berufen. Wiederum wurde ihm die Herausgabe der Naturwissenschaftlichen Schriften übertragen. Diese Arbeiten, die ein tiefes Verständnis der Goetheschen Naturanschauung bei dem jugendlichen Forscher offenbarten, wurden von ganz selbständigen Werken ergänzt und erweitert. So erschienen bereits 1886 «Grundlinien einer Erkenntnistheorie der Goetheschen Weltanschauung», 1897 «Goethes Weltanschauung» und 1899 (im Magazin für Literatur, Berlin) der bedeutungsvolle Aufsatz «Goethes Geheime Offenbarung» zu Goethes hundertfünfzigstem Geburtstag, wo er das «Märchen» behandelt. In diese Epoche fällt aber auch die Begründung seiner eigenen Erkenntnistheorie, die die Grundlage für sein ganzes späteres Wirken bildete: «Wahrheit und Wissenschaft» Oktober 1891 und «Die Philosophie der Freiheit» 1893.

4 «Ein gesundes Denken und Empfinden, ein gesundes Wollen und Begehren mit Bezug auf die Gestaltung des sozialen Organismus kann sich nur entwickeln, wenn man, sei es auch mehr oder weniger bloß instinktiv, sich klar darüber ist, daß dieser soziale Organismus, soll er gesund sein, ebenso dreigliedrig sein muß wie der natürliche Organismus» (Rudolf Steiner: Die Kernpunkte der sozialen Frage, GA 23).
Damit, so führt Rudolf Steiner aus, ist kein Analogiespiel zwischen dem natürlichen und dem gesellschaftlichen Organismus gemeint, bei dem versucht wird, die Erkenntnisse des ersteren auf das soziale Leben herüber zu verpflanzen, sondern es handelt sich darum, das Erleben des Lebensgemäßen als Empfindungsweise auch im sozialen Organismus anwenden zu können. Der soziale Organismus muß durchaus selbständig aus seinen eigenen Gesetzen heraus erforscht und verstanden werden.

Kapitel XI
Zum menschenkundlichen Lehrplan der Waldorfschule

1 Rudolf Steiner spricht dies ausdrücklich im 7. Vortrag von «Methodisch-Didaktisches» aus: «Da ist es von großer Bedeutung zu wissen, daß man das, was im naturgeschichtlichen Unterricht im Kinde bewirkt werden soll, gründlich verdirbt, wenn man nicht im naturgeschichtlichen Unterricht beginnt mit der Auseinandersetzung über den eigentlichen Menschen ... Das Wenige, das man dem Kinde vom Menschen beibringen kann, das bringe man ihm als Vorbereitung für allen anderen naturgeschichtlichen Unterricht bei.»
Im Menschen haben wir eine Synthese aller drei Naturreiche. Rudolf Steiner legt großen Wert darauf, daß in dem Kinde ein Gefühl für diese Stellung des Menschen innerhalb der Weltordnung zum Erlebnis gebracht wird. «Sie werden es aufmerksam machen auf die Hauptgliederung des Menschen in Kopf, Rumpf und Gliedmaßen.»
Es folgt nun eine charakteristische Beschreibung der gestaltlichen Differenzierung von Kopf, Rumpf und Gliedmaßen als Grundlage späteren Verständnisses der Dreigliederung unter Berücksichtigung wesentlicher Funktionen.
In vielen anderen Kursen hat Rudolf Steiner noch von der Bedeutung der Menschenkunde im Zusammenhang mit den Naturreichen, besonders mit dem Pflanzen- und

Tierreich gesprochen (Basel 1920, Dornach 1921/22, Oxford 1922, Torquay 1924; vgl. E. A. Karl Stockmeyer, Rudolf Steiners Lehrplan für die Waldorfschulen). Wenn auch bei diesen Lehrplanangaben Rudolf Steiner den Einsatz der Menschenkunde zeitlich gegenüber der Pflanzenkunde und Tierkunde gelegentlich variiert, so bleibt doch die grundsätzliche Bedeutung derselben immer vorherrschend. Der ganze hier in Betracht kommende Fragenkreis ist in dem Buch «Tierform und Menschengeist, erste Tier- und Menschenkunde in der Pädagogik Rudolf Steiners» von Gerbert Grohmann behandelt. (G. Grohmann, Zur ersten Tier- und Pflanzenkunde in der Pädagogik Rudolf Steiners, 1979)

[2] Vgl. Caroline von Heydebrand: «Vom Lehrplan der Freien Waldorfschule», siebente und achte Klasse.

[3] Die pädagogisch-menschenkundlichen Grundlagen für die Erziehungsarbeit in diesem Lebensalter hat Rudolf Steiner im sog. «Pädagogischen Ergänzungskurs» (GA 302) mitgeteilt.

[4] Noch viele Beispiele könnten hier gegeben werden, die wir uns aber an dieser Stelle sparen müssen. Nur auf die besondere Möglichkeit der Darstellung der Mineralogie möchte ich noch hinweisen, die nach Behandlung von Lauge-, Säure- und Salzbildung ebenfalls zum Erlebnis bringen kann, daß alles fest Erscheinende aus flüssigen, ja dem Leben selbst entstammenden Prozessen hervorgegangen ist.

[5] Vgl. Dr. E. Kolisko: Gedanken zur anthroposophischen Tierkunde, in «Gäa-Sophia», Dornach 1926.

[6] Der junge Mensch sollte vor dem 21. Lebensjahr nur an Ideen «herangeführt» werden, die Ideen selbst muß er nach erlangter geistiger Mündigkeit selber finden, nur so gelangt er zu schöpferischem Lebenseinsatz.

Literaturhinweise

Goethes Naturwissenschaftliche Schriften werden nach der Ausgabe von 1982 (fotomechanischer Nachdruck der Erstauflage in «Deutsche Nationalliteratur» 1883–1897) zitiert. – Alle übrigen Zitate nach der Gedenkausgabe der Werke, Briefe und Gespräche (Artemis). Im weiteren einzelne Zitate nach der Sophien-Ausgabe.

Rudolf Steiner wird durchgehend nach der Gesamtausgabe zitiert (G. A.).

Anthony/Venerath: Die Funktionsprüfung der Atmung, Leipzig 1962.

Baldszun, G. A.: Warum ist es absurd, das Herz als Pumpe zu denken? «Erziehungskunst» Oktober 1963.

Bauer, H.: Zur Geometrie der Kegelschnitte, «Erziehungskunst» Juni 1965.

Baumgarten A. G.: Meditationes philosophicae, Frankfurt an der Oder 1735.

Der Beitrag der Geisteswissenschaft zur Erweiterung der Heilkunst. Dornach 1950 Bd. I und Bd. II; Dornach 1951.

Benninghoff/Goerttler: Anatomie des Menschen, München/Berlin 1961.

Biedermann, W. Frh. v.: Goethes Gespräche, Leipzig 1909.

Bindel-Blickle: Zahlengesetze in der Stoffeswelt und in der Erdenentwicklung (Sonderdruck aus dem Buche: Beiträge zur Substanzforschung; Dornach 1952).

Blechschmidt, E.: Die Frühentwicklung der Greifbewegungen in der Zeitschrift «Bild der Wissenschaft» Nr. 9, 1965.

– Vom Ei zum Embryo.

Bodmer, Fritz Graf von: Gymnastische Erziehung. Herausgegeben von Gisbert Husemann, Stuttgart 1959.

Boenig, H.: Leitfaden der Entwicklungsgeschichte des Menschen; Leipzig 1957.

Braus, H.: Anatomie des Menschen, Berlin 1929.

Bun-ichi-Hasana: Über den Einfluß der Labyrinthreizung auf die Leber, Zeitschrift für Biologie 99.

Burdach, C. F.: Anthropologie, Stuttgart 1847.

Carus, C. G.: Symbolik der menschlichen Gestalt, Dresden 1938.

– System der Physiologie, Leipzig 1847.

– Physis, Geschichte des leiblichen Lebens, Stuttgart 1851.

– Zwölf Briefe über das Erdleben, Zelle 1926.

Cicero: Somnium Scipionis, Stuttgart (bei Klett, ohne Erscheinungsjahr).

Clara, M.: Entwicklungsgeschichte des Menschen, Leipzig 1943.

De Snoo, K.: Menschwerdung, Jena 1942.

Du Bois-Reymond: Jugendbriefe, Berlin 1918.

Eckermann, J. P.: Gespräche mit Goethe, Leipzig 1921.

Ellenberger-Raum: Handbuch der vergl. Anatomie der Haustiere, Berlin 1943.

Ennenmoser, J.: Der Geist des Menschen in der Natur, Stuttgart 1849.

Eschenbach, W. v.: Parsival, nach der Übersetzung von San Marte, Leipzig 1858.

Falk, P.: Einführung in die Hals-Nasen-Ohrenheilkunde, Leipzig 1943.

Fromme, A.: Das Mesenchym und die Mesenchym-Theorie des Karzinoms, Beiträge zur Krebsforschung, Bd. 1; Dresden und Leipzig 1953.

Gäa-Sophia, Jahrbuch der Naturwissenschaftlichen Sektion der Freien Hochschule für Geisteswissenschaft am Goetheanum, Bd. V «Die Tierwelt», Dornach 1930.
Gegenbauer, C.: Lehrbuch der Anatomie des Menschen, Leipzig 1899.
Georgiades, Th.: Musik und Rhythmus bei den Griechen, Hamburg 1958.
Glas, N.: Das Antlitz offenbart den Menschen, 3. Auflage, Stuttgart 1974.
– Das Auge und die Pflege des Sehsinnes, «Weleda Nachrichten» Nr. I, 57, Ostern 1960.
Goerttler, K.: Entwicklungsgeschichte des Menschen, Berlin/Göttingen/Heidelberg 1950.
Goethe, J. W.: Gedenkausgabe der Werke, Briefe und Gespräche, Zürich 1953.
– Sophienausgabe, Weimar, München 1987.
– Naturwissenschaftliche Schriften, hg. von Rudolf Steiner in Kürschners «Deutsche Nationalliteratur», Neuauflage Dornach 1975.
– Briefe, hg. von Ph. Stein, Berlin 1924.
Goethe in unserer Zeit, Rudolf Steiners Goetheanismus als Forschungsmethode, Dornach 1949.
Grohmann, G.: Die Dreigliederung der Pflanze in ihrer Beziehung zum Menschen, in «Der Beitrag der Geisteswissenschaft zur Erweiterung der Heilkunst» Bd. I, Dornach 1950.
– Tierform – Menschengeist, Stuttgart 1954.
Grosser, E.: Grundriß der Entwicklungsgeschichte des Menschen, Berlin 1948.
Häggquist, G.: Handbuch der mikroskopischen Anatomie, Berlin/Göttingen/Heidelberg 1956.
Hartmann, G.: Erziehung aus Menschenerkenntnis, 3. Aufl., Dornach 1976.
Hartmann, O. J.: Menschenkunde, Frankfurt a. M. 1959.
– Dynamische Morphologie, Frankfurt a. M. 1959.
Hauschka, M.: Rhythmische Massage, menschenkundliche Grundlagen, Boll 1972.
Hauscha, R.: Substanzlehre, 6. Aufl., Frankfurt a. M. 1976.
– Ernährungslehre, 6. Aufl., Frankfurt a. M. 1977.
– Heilmittellehre, Frankfurt a. M. 1974.
Hegel, Fr. W.: Naturphilosophie, Stuttgart 1942.
Heinroth, J. Chr. A.: Anthropologie, Leipzig 1822.
Heinsen, H. A.: Die internistische Behandlung der Pankreopathien, Lübeck 1953.
Heitzmann: Bilderatlas (zu Hyrtls «Lehrbuch der Anatomie des Menschen»): Descriptive und topographische Anatomie, Wien/Leipzig 1896.
Hensel, H.: Allgemeine Sinnesphysiologie, Berlin/Heidelberg/New York 1966.
Herder, J. G.: Ideen zu einer Philosophie der Geschichte der Menschheit; Darmstadt 1960 (bei J. Melzer).
Hertwig, O.: Die Elemente der Entwicklungslehre des Menschen und der Wirbeltiere, Jena 1920.
Heydebrand, C. v.: Zum Lehrplan der Freien Waldorfschule, 2. Aufl., Stuttgart 1975.
Hiebel, Fr.: Goethe – Die Erhöhung des Menschen, Bern 1961.
Hippokrates: Werke, Stuttgart 1940.
Holtzapfel, W.: Seelenpflegebedürftige Kinder, Bd. I, 2. Aufl., Dornach 1976.
– Auge und Stoffwechsel, in «Beiträge zu einer Erweiterung der Heilkunst», Stuttgart Juli/August 1952.
– Kopf und Gliedmaßen, mütterliche und väterliche Vererbungseinflüsse, in «Beiträge zu einer Erweiterung der Heilkunst», Stuttgart Juni 1961.
Hueck, W.: Morphologische Pathologie, Leipzig 1937.

Husemann, Fr.: Das Bild des Menschen als Grundlage der Heilkunst, Bd. I, 7. Aufl., Stuttgart 1977.
– Goethe und die Heilkunst, Dresden 1936.
Husemann, G.: Erdengebärde und Menschengestalt, Stuttgart 1962.
Huzella, Th.: Die zwischenzellige Organisation auf der Grundlage der Interzellulartheorie und der Zellularpathologie, Jena 1941.
Hyrtl, J.: Lehrbuch der Anatomie des Menschen, Wien 1885.
Kayser, H.: Bevor die Engel sangen, Basel 1953.
Kipp, Fr.: Höherentwicklung und Menschwerdung, Stuttgart 1948.
Kolisko, E.: Die Dreigliederung des menschlichen Organismus, in «Die Drei», 2. Jg., Heft 6, Stuttgart 1922.
– Die zwölf Gruppen des Tierreiches, in Gäa-Sophia», Dornach 1930.
– Nicht das Herz treibt das Blut, sondern das Blut das Herz, in «Die Drei», 2. Jg., Heft 9, Stuttgart 1922.
Kolisko, E.: Physiologisches und Therapeutisches zum Kehlkopf, in: Valborg Werbeck-Svärdström «Die Schule der Stimmenthüllung» 2. Aufl., Dornach 1975.
– Vom ersten Unterricht in der Chemie, «Erziehungskunst», Heft 6, 1931/32 und Heft 1–3 1932/33.
Kollmann, J.: Handatlas der Entwicklungsgeschichte des Menschen, Jena 1907.
König, K.: Geisteswissenschaftliche Beiträge zur Funktion der Milch . . ., in «Beiträge zu einer Erweiterung der Heilkunst», Stuttgart Juli/August 1956.
– Das Problem der «Inneren Sekretion» in Zeitschrift Natura, 2. Jg., Heft 7.
– Das logogenetische Grundgesetz, in Zeitschrift Natura, 3. Jg., Heft 6/7.
– Beiträge zu einer reinen Anatomie des menschlichen Knochengerüstes, in Zeitschrift Natura, 4. Jg., Heft 7/8.
Kraus, L. A.: Kritisch-etymologisches medizinisches Lexikon, Göttingen 1844.
Landois-Rosemann: Lehrbuch der Physiologie des Menschen, München–Berlin 1962.
Lehrs, E.: Mensch und Materie, Frankfurt a. M. 1966.
– Vom Geist der Sinne, Frankfurt a. M. 1973.
Lepechinskaja: Über die Entstehung von Zellen, 12. Beiheft zur Sowjetwissenschaft 1959.
Letterer, E.: Allgemeine Pathologie, Stuttgart 1959.
Lucerna, C.: Das Märchen, Goethes Naturphilosophie als Kunstwerk, Leipzig 1910.
Manteuffel-Szoege, L.: Die Energiequellen des Blutkreislaufes und die mechanische Tätigkeit des Herzens, in «Beiträge zu einer Erweiterung der Heilkunst», Stuttgart Jan./Febr. 1965.
– Über die Bewegung des Blutes. Hämodynamische Untersuchungen, Schriftenreihe «Beiträge zu einer Erweiterung der Heilkunst» 13, Stuttgart 1977.
Mathaei, R. M.: Neue Funde zu Schillers Anteil an Goethes Farbenlehre, Goethejahrbuch Köln 1958.
Müller, H.: Med. Klinik, 44-65-1949.
Novalis: Sämtliche Werke, hg. von Minor, Jena 1923.
Oken, L.: Allgemeine Naturgeschichte, Stuttgart 1942.
Paede, P.: Das Ohr als Abbild des dreigliedrigen Organismus, in «Der Beitrag der Geisteswissenschaft zur Erweiterung der Heilkunst», Bd. I, Dornach 1950.
– Eine dynamische Anatomie des Herzens, Ärzterundbrief 9/10, Stuttgart 1948.
Petry, G.: Neuere Einsichten in die menschliche Embryonalentwicklung, in «Universitas», 18. Jg., Heft 5, 1963.

Peyer, B.: Goethes Wirbeltheorie des Schädels, Zürich 1950.
Pischinger, A.: Das System der Grundregulation, Grundlagen für eine ganzheitsbiologische Theorie der Medizin, Heidelberg 1975.
Platon: Sämtliche Werke, herausgegeben von Otto Apelt, Leipzig 1922.
Plutarch: Schriften, herausgegeben von C. N. v. Osiander und G. Schwab, Stuttgart 1835.
Poppelbaum, H.: Entwicklung, Vererbung und Abstammung, 2. Aufl., Dornach 1974.
– Mensch und Tier, 7. Aufl., Dornach 1975.
– Tierwesenskunde, 2. Aufl., Dornach 1954.
– Warum nannte Rudolf Steiner sensible und motorische Nerven wesensgleich? In «Der Beitrag der Geisteswissenschaft zur Erweiterung der Heilkunst.» Dornach 1950.
– Menschwerdung und Tiergestalten.
– Über das Bewußtsein der niederen Tiere.
– Über das Bewußtsein der höheren Tiere.
– Polaritäten im Tierreich: Polyp und Meduse, in «Gäa-Sophia», Bd. V «Die Tierwelt», Dresden 1930.
– Bezahnungs- und Pubertätsrhythmen bei Mensch und Tier, in «Gäa-Sophia», Bd. II, Basel 1924.
Portmann, A.: Biologische Fragmente zu einer Lehre vom Menschen, Basel 1944.
– Einführung in die vergleichende Morphologie der Wirbeltiere, Basel 1959.
Ranke, J.: Der Mensch, Leipzig 1886.
Rein, J.: Einführung in die Physiologie des Menschen, Berlin 1941.
Ricker, G.: Pathologie als Naturwissenschaft, Berlin 1924.
Riemer, Fr. W.: Mitteilungen über Goethe, Leipzig 1921.
Rolland, R.: Empedokles von Agrigent und das Zeitalter des Hasses. (Mit den Fragmenten des Empedokles in der Nachdichtung von Eduard Saenger), Leipzig 1948.
Romer, Alfred: Vergleichende Anatomie der Wirbeltiere, Hamburg 1966.
Rusznyak/Földi/Szabo: Physiologie und Pathologie des Lymphkreislaufes, Budapest 1947.
San-Marte (– A. Schulz –) Parzival, Magdeburg 1836.
Schad, Wolfgang: Stauphänomene am menschlichen Knochenbau, in «Elemente der Naturwissenschaft», Heft 3, Dornach 1965.
– Säugetiere und Mensch, Stuttgart 1971.
Schaefer, K. G.: Environmental on Consciousness, New York 1962.
Scheffer, Thassilo von: Die Argonauten, Leipzig 1940.
Scheurle, H. J.: Überwindung der Subjekt-Objekt-Spaltung in der Sinneslehre, Marburg 1976.
Schickler, E.: Ist die Herzlehre Rudolf Steiners mit den Ergebnissen der Hochschulwissenschaft vereinbar? Ärzterundbrief, 2. Jg. 1/2, 1948.
Schiek, F.: Grundriß der Augenheilkunde, Berlin 1943.
Schiller, Fr.: Briefe zur ästhetischen Erziehung, Stuttgart 1835.
Schleich, C. L.: Wunder der Seele, Herausg. C. G. Jung, Berlin 1940.
– Zur Entwicklung, Morphologie und Physiologie der Großhirnrinde (in «Schmerzlose Operation»), Berlin 1899.
Schleiden: Die Pflanze und ihr Leben.
Schliak, H.: Segmentprobleme, Stuttgart 1956.
Schmitt, J. L.: Atemheilkunst, München/Berlin 1956.
Schmücker, K.: Die manometrische Messung des Luftaustausches in der Kieferhöhle und ihre praktische Bedeutung, in der Zeitschrift für H.N.O.-Heilkunde, 30. Jg. 1932.
Schubert, G. H. v.: Geschichte des Lebens, Leipzig 1806.

– Geschichte der Natur, Erlangen 1836.
– Geschichte der Seele, Stuttgart 1877.
Schubert, G.: Die Physiologie des Menschen im Flugzeug, Prag 1936.
Schubert, R.: Die Kabiren vom Gesichtspunkt der Anatomie, in «Gäa-Sophia», Bd. II, Dornach 1927
Schulz, A. H.: Die Primaten (in Enzyklopädie der Natur Bd. 18), Lausanne 1972.
Schwenk, Th.: Das sensible Chaos, 4. Aufl., Stuttgart 1976.
Seelbach, V.: Das Schlüsselbein, Manuskript, 1977.
Selawry, A.: Grundphänomene des Blutkreislauforgans, Ärzterundbrief, a. Jg., Heft 3, Dez. 1948.
– Zinn und Zinn-Therapie, Ulm 1963.
Shakespeare, W.: Sämtl. Werke (Schlegel-Tieck), Berlin 1863.
Shettles Landrum, B.: Ovum Humanum, München/Berlin 1960.
Sobotta, J.: Atlas der descriptiven Anatomie des Menschen, München 1933.
Spalteholz, W.: Handatlas und Lehrbuch der Anatomie des Menschen, Zürich/Stuttgart 1953.
Starck, D.: Embryologie des Menschen, Frankfurt 1975.
Steffen, A.: Goethes Geistgestalt, 2. Aufl., Dornach 1977.
Steffens, H.: Anthropologie, Stuttgart 1922.
Steiner, R.: Allgemeine Menschenkunde als Grundlage der Pädagogik, GA 293, 7. Aufl., Dornach 1973.
– Anthroposophie. Eine Einführung in die anthroposophische Weltanschauung, GA 234, 4. Aufl., Dornach 1974.
– Das Hereinwirken geistiger Wesenheiten in den Menschen, Freiburg 1955.
– Der Goetheanismus, ein Menschen-Umwandlungspuls und Auferstehungsgedanke, Dornach 1942.
– Die Erziehung des Kindes vom Gesichtspunkte der Geisteswissenschaft, Dornach 1978.
– Die Geheimwissenschaft im Umriß, GA 13, 29. Aufl., Dornach 1977.
– Die Kernpunkte der sozialen Frage in den Lebensnotwendigkeiten der Gegenwart und Zukunft, GA 23, 6. Aufl., Dornach 1976.
– Die Philosophie der Freiheit, GA 4, 14. Aufl., Dornach 1978.
– Erziehungskunst, Methodisch-Didaktisches, GA 294, 5. Aufl., Dornach 1974.
– Geisteswissenschaftliche Behandlung sozialer und pädagogischer Fragen, GA 192, Dornach 1964.
– Geistige Zusammenhänge in der Gestaltung des menschlichen Organismus, GA 218, 2. Aufl., Dornach 1976.
– Goethes Weltanschauung, GA 6, 5. Aufl., Dornach 1963.
– Grundlinien einer Erkenntnistheorie der Goetheschen Weltanschauung mit besonderer Rücksicht auf Schiller, GA 2, 6. Aufl., Dornach 1960.
– Meditativ erarbeitete Menschenkunde in «Erziehung und Unterricht aus Menschenerkenntnis», GA 302a, 2. Aufl., Dornach 1977.
– Menschenerkenntnis und Unterrichtsgestaltung, Pädagogischer «Ergänzungskurs», GA 302, 4. Aufl., Dornach 1978.
– Rhythmen im Kosmos und im Menschenwesen, GA 350, Dornach 1962.
– Von Seelenrätseln, GA 21, 4. Aufl., Dornach 1976.
– Theosophie, GA 9, 30. Aufl., Dornach 1978.
– Wege zu einem neuen Baustil, Dornach 1982.

– Weltenwunder, Seelenprüfungen und Geistesoffenbarungen, GA 129, 4. Aufl., Dornach 1960.
– Der Mensch als Zusammenklang des schaffenden, bildenden und gestaltenden Weltenwortes, GA 230.
– Die Rätsel der Philosophie, GA 18.
Steiner, R./I. Wegmann: Grundlegendes für eine Erweiterung der Heilkunst nach Geisteswissenschaftlichen Erkenntnissen, GA 27, 5. Aufl., Dornach 1977.
Stockmeyer, E. A. K.: Rudolf Steiners Lehrplan für die Waldorfschulen. Eine Quellensammlung für die Arbeit der Lehrerkollegien, 3. Aufl., Stuttgart 1976.
Strindberg, A.: Ein drittes Blaubuch, S. 906.
Suchantke, G.: Einführendes über die Dreigliederung des menschlichen Organismus, in «Natura», 4. Jg., Heft 4/5, Arlesheim 1929.
Tauler, Johannes (1300–1361): In «Der Turm», Insel «Schriften der Mystik».
Troll, W.: Goethes morphologische Schriften, Jena.
Troxler, I. P. V.: Blicke in das Wesen des Menschen, Stuttgart 1921.
Vogel, D.: Freiheitliche Ordnung von Kultur, Staat und Wirtschaft. Manuskriptveröffentlichung, Wöllstein 1948.
Vogel, H.: Goethes Menschheitsidee in Naturschau und Dichtung, dargestellt an Faust II, Erlangen 1937.
Vogel, H. H.: Jenseits von Macht und Anarchie, 2. Aufl., Meisenheim 1970.
– Die Bauchspeicheldrüse. Ein Beitrag zum Verständnis ihrer Physiologie und Pathologie, in «Beiträge zu einer Erweiterung der Heilkunst», Heft 4, Stuttgart 1965.
– Die Niere, in «Beiträge zu einer Erweiterung der Heilkunst», Heft 1/2, Stuttgart 1966.
– Die Wirbelsäule, Eckwälden 1964.
– Blut und Lymphe, Eckwälden 1967. Beiträge zu einer medizinischen Menschenkunde.
– Beiträge zu einer medizinischen Menschenkunde. Drei Bände; Heidelberg 1984 und 1987.
Vogel, L.: Das Bild der Krankheit in Natur- und Geistesanschauung Goethes, Tübingen 1945. Dissertation.
– Die Verwirklichung des Menschen im sozialen Organismus, Eckwälden 1973.
– Die Temperamente, in «Erziehungskunst», Februar 1962.
– Der Dreigliedrige Mensch, Dornach 1967 (1. Aufl.).
– Die Anthropologie Goethes, Sonderdruck Fragen der Freiheit; Boll 1982.
– Einheit von Mensch und Welt im Simileprinzip, in Beiträge zu einer medizinischen Menschenkunde.
– Das Naturgedicht – Naturgeschichten in Gedichten –. Bad Boll 1986 und Dornach 1988.
Wachsmuth, G.: Erde und Mensch, 3. Aufl., Dornach 1965.
Wegman, I.: Der dreigliedrige Mensch als Grundlage unserer Heilmittellehre, in «Natura», 2. Jg., Heft 2, Arlesheim 1926.
Weizsäcker, V. v.: Der Gestaltkreis, Leipzig 1943.
– Pathosophie, Göttingen 1956.
Wesenhöfer, M. W.: Der Eigenweg des Menschen, Berlin 1942.
Willmann, Otto: Geschichte des Idealismus; Braunschweig 1907.
Zilch, M. J.: Lymphsystem und Lamphatismus, München 1963.
Zink, K. H.: Sehen und Bewegen – ein Metamorphosen- und Dreigliederungsproblem, in «Der Beitrag der Geisteswissenschaft zur Erweiterung der Heilkunst», Bd. I, Dornach 1950.
zur Linden, Wilhelm: Geburt und Kindheit, 10. Aufl., Frankf. a. M. 1978.

Verzeichnis der Abbildungen

Abb.-Nr. Seite

TEIL I

TEIL II

Sachverzeichnis

Dieses vom Autor erstellte Verzeichnis enthält eine Auswahl an Begriffen und erhebt keinen Anspruch auf Vollständigkeit.

A

B

C

D

E

F

G

S

T

Eine Gedichtsammlung zur Menschenkunde

Lothar Vogel, Hrsg.: Das Natur-Gedicht

Naturgeschichte in Gedichten.
Eine Anthologie. Bd. 1 Menschenkunde.

457 S., Ln., Fr. 33.–/DM 39.– (Geering-Vlg./Verlag am Goetheanum)
ISBN 3-7235-0478-7

Lothar Vogel hat mit seiner weitgespannten Sammlung von poetischen Texten zur Menschenkunde einen wesentlichen Teil seiner Lebensarbeit als Lehrer und Schularzt vorgelegt. Seine ausführliche Einleitung zur Philosophie des Naturgedichts wird von vielen Lesern als willkommener Beitrag zur lebendigen Auseinandersetzung mit dem Kunstcharakter eines modernen Goetheanismus verstanden werden.

Der Leser findet in dieser Sammlung für viele Bereiche des Schullebens, vor allem für den Unterricht in Oberstufenklassen, aber auch für Monatsfeiern und Jahresfeste eine Fülle von Anregungen in Texten, die für Rezitation, für Leitsprüche und für dichterische Zusammenfassungen geeignet sind. Der Unterricht der Menschenkunde, Erdkunde, Himmelskunde, Pflanzen- und Tierkunde wird bereichert, auch für Deutsch-, Religions- und Eurythmieunterricht lassen sich bedeutende, vielfach wenig bekannte Texte finden.

Die 22 Kapitel sind so angeordnet, daß von der Leiblichkeit bis zur Ichwesenheit kein wesentliches anthroposophisch-anthropologisches Gebiet fehlt; einige seien genannt: Erschaffung des Menschen – das Ätherische – Schlafen und Wachen – Rhythmus-Sprache – die vier Temperamente – Schmerz – Todeserleben – Phantasie. Eine solche Sammlung ist angesichts der Frage, wie wissenschaftlicher Unterricht künstlerisch durchdrungen werden kann, notwendig, impulsierend, ethisch hilfreich fundierend.

Lothar Vogel hat aus allen Kulturepochen von der Antike bis zur Gegenwart die Worte von über 60 Dichtern so angeordnet, daß ein vielfältig individualisiertes, einheitliches Werk zur Geistnatur der Menschenwesenheit entstanden ist. Die zentrale Bedeutung Goethes für den harmonisch vereinigten Zusammenklang von Natur, Poesie und Menschenwesen wird vielfach deutlich. Die neuen Bewußtseinsqualitäten eines erweiterten Goetheanismus werden dort sichtbar, wo Beiträge von Christian Morgenstern, Albert Steffen und Rudolf Steiner erscheinen.

Durch Register und Quellenangaben ist jeder Text vorbildlich erschlossen. Nicht zuletzt ist durch das handliche Format (das Buch hat Oktavgröße) dafür gesorgt worden, daß »Das Naturgedicht« für den Lehrer in der Wirklichkeit täglichen Unterrichtens stets gegenwärtig sein kann. Er kann mit diesem Buch leben, arbeitend lernen, sich und seinen Schülern offenbare Geheimnisse enthüllen und am Kunstwerk aller Kunstwerke arbeiten: der harmonisierten Menschenwesenheit.

Martin Berg

(Aus: „Erziehungskunst" 2/Februar 1987)